Systematik der Pflanzen kompakt

Birgit Gemeinholzer

Systematik der Pflanzen kompakt

Birgit Gemeinholzer
AG Spezielle Botanik
Universität Gießen
Gießen, Deutschland

ISBN 978-3-662-55233-9 ISBN 978-3-662-55234-6 (eBook)
https://doi.org/10.1007/978-3-662-55234-6

Die Deutsche Nationalbibliothek verzeichnet diese Publikation in der Deutschen Nationalbibliografie; detaillierte bibliografische Daten sind im Internet über http://dnb.d-nb.de abrufbar.

Springer Spektrum

Verantwortlich im Verlag: Stefanie Wolf

Springer Spektrum ist ein Imprint der eingetragenen Gesellschaft Springer-Verlag GmbH, DE und ist ein Teil von Springer Nature
Die Anschrift der Gesellschaft ist: Heidelberger Platz 3, 14197 Berlin, Germany

Inhaltsverzeichnis

Serviceteil

Theoretische Grundlagen und Begriffsdefinitionen

B. Gemeinholzer, *Systematik der Pflanzen kompakt*, https://doi.org/10.1007/978-3-662-55234-6_1

Lernziele

Pflanzliche Vielfalt stellt für den Menschen eine wichtige Ressource dar (► Abschn. 1.1). Der Mensch hat einen gravierenden Einfluss auf die Natur und verändert Lebensräume, Herkünfte und pflanzliche Wachstumsbedingungen nachhaltig, was auch von gesellschaftspolitischer Relevanz ist. Deshalb bedarf es des Naturschutzes. Allerdings kann nur das genutzt und geschützt werden, was man benennen kann. Dazu ist Systematik eine Voraussetzung (► Abschn. 1.1.2). Durch die Benennung und Kategorisierung von Arten können naturschutzpolitische Ziele im nationalen und internationalen Rahmen definiert und überwacht werden (► Abschn. 1.1.3). Es wird auf das Berufsbild eines Systematikers eingegangen (Kasten 1.1), und Institutionen und Netzwerke im Dienste der pflanzlichen Systematik werden vorgestellt (► Abschn. 1.1.4).

Um Systematik und Phylogenie zu verstehen, bedarf es eines Verständnisses der Grundbegriffe und der Diskussionen darüber (► Abschn. 1.2.1). Seit Carl von Linné (1753) die binäre Nomenklatur eingeführt hat (► Abschn. 1.2.2), wird dieser gefolgt, und trotzdem werden Organismen bezüglich ihrer Benennung kontinuierlich umkombiniert, neu kombiniert oder neu beschrieben. Warum dies so ist und welcher Erkenntnisgewinn dahintersteht, wird in ► Abschn. 1.2.3 erläutert. Im Detail werden Arten, Artbegriffe, die Evolution und Rekonstruktion von Arten sowie deren Einordnung im System erklärt (► Abschn. 1.2.4).

Wie entstehen Arten und welchen Mechanismen liegen Artbildungsprozesse zugrunde? Diese Fragen werden in ► Abschn. 1.3 geklärt. Verschiedene Formen der Mutation werden erklärt (► Abschn. 1.3.1), durch Rekombination (► Abschn. 1.3.2) werden Gene und Merkmale neu kombiniert. Wenn Mutationen sich in Taxa manifestieren, liegt meist ein Selektionsvorteil zugrunde (► Abschn. 1.3.3). Häufig entstehen neue Arten durch die Isolation von Teilpopulationen (► Abschn. 1.3.4). Wie Mutation, Selektion und Isolation in adaptiver Radiation resultieren können, wird in ► Abschn. 1.3.5 erklärt.

In ► Abschn. 1.4 wird auf die systematische Forschung und die Rekonstruktion der Phylogenie eingegangen. Merkmale und ihre Interpretation sind zur Klassifikation von großer Bedeutung (► Abschn. 1.4.1), z. B. um evolutionäre Zusammenhänge zu erkennen und Stammbäume zu berechnen (► Abschn. 1.4.2). Verschiedene Stammbaumberechnungsmethoden werden in ► Abschn. 1.4.3 vorgestellt und in ► Abschn. 1.4.4 in einen größeren Zusammenhang gestellt.

1.1 Bedeutung der Systematik

1.1.1 Artenvielfalt – ein globaler Schatz

Für die Menschen stellt die große **Artenvielfalt** auf der Erde ein immenser Schatz an **Ressourcen** und **Konstruktionslösungen** dar, der intensiv genutzt wird, z. B. in der Landwirtschaft, der Bio- und Lebensmitteltechnologie, der Energiegewinnung durch fossile Brennstoffe, in manchen medizinischen Verfahren und zur Erholung und Regeneration (Akademie der Wissenschaften Leopoldina 2014, Lohrmann et al. 2012). Weltweit gibt es ca. **8,7 Mio. verschiedene Arten (ohne Mikroorganismen)** (Locey und Lennon 2016), wovon 6,5 Mio. Arten landlebende Organismen sind. Davon gehören ca. **298.000** verschiedene Arten zur Gruppe der **Pflanzen,** wobei davon immer noch ca. **86.000 Pflanzenarten** als **unbeschrieben** gelten (Mora et al. 2011).

Um über **biologische** Vielfalt (Biodiversität) kommunizieren zu können, diese zu schützen und/oder zu nutzen, bedarf es der Erfassung, Benennung und Beschreibung von Organismen in ihrem Lebensraum (Ökosystem). Dies wird durch die **Taxonomie,** einem Teilgebiet der **Systematik,** gewährleistet. Dafür müssen Arten miteinander verglichen und ihre jeweiligen Merkmalsunterschiede erkannt und beschrieben werden

(Taxonomie). Durch diesen Vergleich und die Beschreibung von Merkmalen ist es möglich, Arten zu benennen. Dies bildet die Grundlage, um Einheiten in ein hierarchisches System zu gliedern (Systematik, Klassifikation). Damit ist die biologische Systematik eine der wichtigsten Grundlagen aller Lebenswissenschaften und des Naturschutzes (Akademie der Wissenschaften Leopoldina 2014).

1.1.2 Systematik und Naturschutz

In den letzten drei Jahrhunderten hat die **Menschheit** die **globale Umwelt gravierend verändert.** Der Mensch hat entscheidend in Stoffkreisläufe im Meer, der Atmosphäre und im Boden eingegriffen (Chapin et al. 2000). Durch den Abbau und das Nutzen fossiler Brennstoffe und die Abholzung großer Waldregionen hat sich z. B. die CO_2-Konzentration in der Atmosphäre in den letzten 300 Jahren um 30 % erhöht, während sich Methangase in der Luft um mehr als die Hälfte verdoppelt haben (Chapin et al. 2000). Die Menschheit hat 40–50 % der eisfreien Landoberfläche in landwirtschaftliche oder besiedelte Flächen verwandelt. 54 % des verfügbaren Trinkwassers werden vom Menschen verwendet. Die große globale Mobilität hat ehemalige geographische Grenzen, die biotische Regionen der Erde getrennt hatten, verändert, sodass viele Arten in neue Lebensräume transportiert wurden (Chapin et al. 2000). So stammen z. B. der bei uns kultivierte Mais *(Zea mays)*, die Kartoffel *(Solanum tuberosum)*, die Paprika *(Capsicum annuum)*, die Aubergine *(Solanum melongena)* aus Lateinamerika, die Gerste *(Hordeum vulgare)* aus dem Himalajagebiet und der Roggen *(Secale cereale)* und der Weizen *(Triticum aestivum)* aus Kleinasien. Aber auch viele fremde und zum Teil invasive (sich ausbreitende) Arten werden mit den Nutzpflanzen in neue Regionen gebracht, mit teilweise großem Einfluss auf die natürlicherweise dort vorkommenden Lebensräume und Lebensgemeinschaften (◘ Abb. 1.1).

Viele einheimische Wildpflanzenarten werden aus stark besiedelten Regionen verdrängt, oder ihre Areale wurden durch Straßen, Siedlungsbau oder landwirtschaftliche und industrielle Flächennutzung beschnitten. Dadurch existieren viele Wildarten heute nur noch in kleinräumigen Refugialräumen, in denen sie – manchmal trotz aktiver Naturschutzmaßnahmen – stark gefährdet sind. Naturschutzbehörden vergeben Fördermittel, um den Zustand von Pflanzen- und Tierarten an ihren Naturstandorten zu pflegen und zu dokumentieren (monitorieren) (Naturschutzoffensive 2020, 2015). Gefährdete Arten werden in den Roten Listen der Naturschutzbehörden der jeweiligen Bundesländer und dem Bundesamt für Naturschutz (BfN) gelistet. Die Rote Liste der gefährdeten Pflanzen Deutschlands umfasst zurzeit neben den Blütenpflanzen, Farnen und Moosen auch die Pilze (obwohl diese heute in die Supergruppe der Unikonta als Schwestergruppe zu den Tieren gegliedert werden; ► Abschn. 2.2.3.3) und viele Algengruppen (BfN, Rote Liste der Pflanzen Deutschlands, Ludwig und Schnittler 1996; Sukopp 1974). Von den **ca. 4100 in Deutschland vorkommenden Farn- und Blütenpflanzen sind ein Drittel gefährdet oder im Rückgang begriffen (29,9 %, 1152 Arten), während dieser Anteil bei den Moosen noch deutlich höher ist (41 %).** Auf internationaler Ebene pflegt die **International Union for Conservation of Nature (IUCN) Rote Listen** (► www.iucn.org).

Aussterbeereignisse sind natürliche Prozesse, allerdings wird vermutet, dass seit Beginn der Menschheit vor ca. 10.000 Jahren die Aussterberate um das 100- bis 1000-fache gestiegen ist. **Der Erhalt und die nachhaltige Nutzung von Organismen auf dieser Erde sind für den Menschen von hoher gesellschaftspolitischer Relevanz.** Allerdings kann nur das genutzt und geschützt werden, was man benennen kann. Hierbei ist die Systematik und Taxonomie zur Gliederung und Benennung der Vielfalt eine grundlegende Voraussetzung.

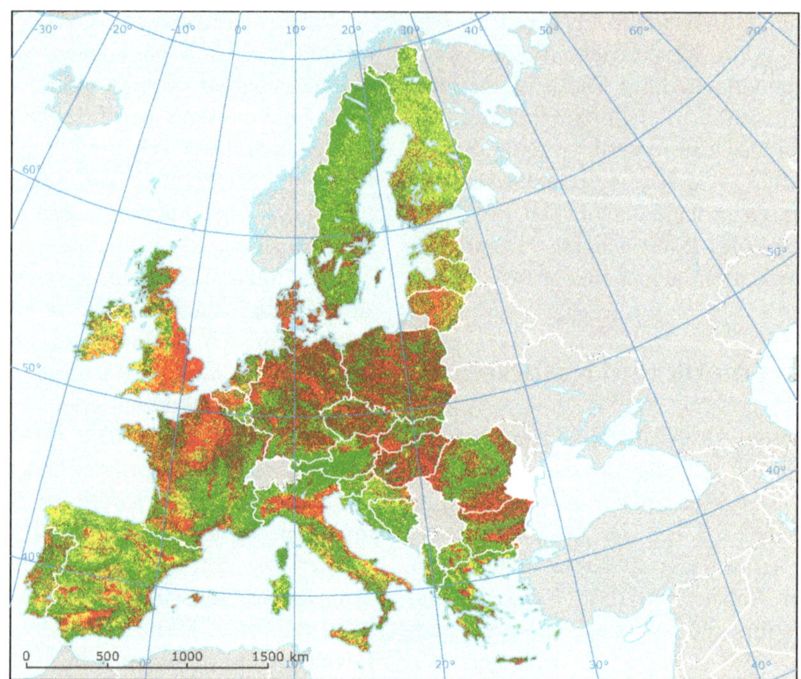

Abb. 1.1 Schätzwerte der Verbreitungsdichte fremder und invasiver Pflanzenarten in der Europäischen Union. grün: weniger als 1 %, gelb: 1–5 %, rot: mehr als 5 %, weiß: keine Daten, grau: außerhalb des Erfassungsgebiets. (© European Environment Agency 2016)

1.1.3 Systematik zur Umsetzung naturschutzpolitischer Ziele

Unter dem Dach der Vereinten Nationen finden seit 1959 internationale Konferenzen zum Schutz der globalen Vielfalt statt. So entstand 1973 das **Washingtoner Artenschutzübereinkommen (CITES,** *Convention on International Trade in Endangered Species of Wild Fauna and Flora*), um den internationalen Handel mit gefährdeten Arten frei lebender Tiere und Pflanzen zu regeln. Ca. 30.000 Pflanzenarten und 5659 Tierarten sind CITES-gelistet (Abb. 1.2), sodass für diese spezielle **Ausfuhr- oder Einfuhrgenehmigungen weltweit** notwendig sind. Informationen über den aktuellen Schutzstatus von Arten findet man online beim Wissenschaftlichen Informationssystem zum Internationalen Artenschutz (▶ http://www.wisia.de/index.html). 1992 wurde in Rio de Janeiro das **Übereinkommen über die biologische Vielfalt (*Convention on Biological Diversity,* CBD, Biodiversitätskonvention)** verabschiedet.

Die Ziele der CBD sind:

1. der Erhalt der biologischen Vielfalt,
2. die nachhaltige Nutzung ihrer Bestandteile und
3. der gerechte Vorteilsausgleich aus der Nutzung genetischer Ressourcen.

Biologische Vielfalt oder Biodiversität umfasst dabei die **Artenvielfalt,** die **genetische Vielfalt innerhalb einzelner Arten** sowie die **Vielfalt der Ökosysteme.** Im Sinne der CBD wurden mittlerweile zwei völkerrechtlich verbindliche Abkommen umgesetzt: 1) das **Cartagena-Protokoll,** das den **grenzüberschreitenden Verkehr von gentechnisch veränderten Organismen** regelt, und 2) das **Nagoya-Protokoll,** das einen rechtlich verbindlichen Rahmen für den **Zugang zu genetischen Ressourcen und gerechten Vorteilsausgleich** dazu regelt (*Access and Benefit Sharing,*

Abb. 1.2 Pflanzen, die dem CITES-Schutz unterliegen. **a** beispielsweise alle Orchideen, wie z. B. der Frauenschuh (*Cypripedium calceolus*); **b** alle Palmfarngewächse, wie z. B. *Cycas circinalis;* **c** alle Alpenveilchen (*Cyclamen repandum* subsp. *peleponesiacum*); **d** das Holz diverser Savannen- und Tropenbäume, z. B. Sandelholz (*Osyris* sp.) aus Süd- und Zentralafrika; **e** Mahagoni (*Swietenia macrophylla*) aus Nord-, Mittel- und Südamerika; **f** alle Ebenholzarten (*Diospyros* sp.), zu welcher auch die Kakifrucht (*Diospyros kaki*) gehört; **g** auch Tiere sind CITES-gelistet, z. B. das Nashorn. (Foto **b**: Tato Grasso, CC-BY-SA 2.5; **c**: Dinesh Valke, CC-BY-SA 2.0; **d**: Jayeshpatil912, CC-BY 2.0.; **f**: Lazaregagnidze, CC-BY-SA 4.0; alle unverändert)

ABS). Hierbei soll das Nagoya-Protokoll insbesondere der von Entwicklungsländern angeprangerten **Biopiraterie** entgegenwirken, indem Völker und Herkunftsländer einen Anspruch auf einen gerechten Ausgleich haben, wenn aus ihren Regionen Organismen, Teile von Organismen oder Zelllinien kommerziell genutzt werden. Neue Ergänzungen beziehen auch genetische Ressourcen und traditionelles Wissen indigener Völker hier mit ein, was die wissenschaftlichen Arbeiten erschwert, da es einer Sammelgenehmigung, einer Transportgenehmigung aus dem Herkunftsland und einer Deklaration zur Einfuhr von Organismen nach Deutschland bedarf. Informationen hierzu findet man beim Bundesamt für Naturschutz (► https://www.bfn.de/index_abs.html) (Korn et al. 1998).

Im Rahmen der CBD werden diverse Arbeitspakete mit konkreten Zielvorgaben und entsprechenden Umsetzungsstrategien entwickelt. Systematik-relevante Programme sind z. B. die Globale Strategie zur Erhaltung der Pflanzen, die Globale Taxonomie-Initiative, Untersuchungen zu invasiven gebietsfremden Arten, und es wurden weltweite Artenschutzziele formuliert („Aichi-Ziele"). Diese beinhalten fünf Hauptziele mit diversen Unterpunkten, die bis spätestens 2020 von den Vertragsstaaten umgesetzt werden müssen:

1. Bekämpfung der Ursachen des Rückgangs der biologischen Vielfalt,
2. Reduktion des Druckes auf die Biodiversität und Förderung ihrer nachhaltigen Nutzung,
3. Verbesserung des Zustands der biologischen Vielfalt durch Sicherung der Ökosysteme und Arten, sowie der genetischen Vielfalt,
4. Erhöhung des Nutzens für die Gesellschaft, der sich aus der biologischen Vielfalt und aus den Ökosystemleistungen ergibt,
5. Verbesserung der Umsetzung des Biodiversitätsschutzes durch partizipative Planung, Wissensmanagement und Kapazitätsaufbau.

Zur Umsetzung der Aichi-Ziele in Deutschland wurde 2007 die Nationale Strategie zur biologischen Vielfalt (NBS) vom Bundeskabinett verabschiedet, eine für die gesamte Bundesregierung verpflichtende Strategie. Die NBS beinhaltet ungefähr 330 Zielvorgaben und 430 konkrete, akteursbezogene Maßnahmen zum Schutz der Biodiversität. 2015 wurde erkannt, dass die NBS-Maßnahmen nicht ausreichend greifen, insbesondere im Bereich der Artenvielfalt und Landschaftsqualität, sodass ein weiterer Maßnahmenkatalog unter dem Begriff Naturschutz-Offensive 2020 (2015) ins Leben gerufen wurde, z. B. mit Forderungen bezüglich eines bundesweiten Monitorings, einer Taxonomie-Ausbildungsinitiative von Bund und Ländern, der Gründung eines „Rote-Liste-Zentrums" (▶ http://www.bmub.bund.de/) sowie des Monitorings und der Überwachung von Biodiversitätsveränderungen in Deutschland.

Kasten 1.1: Arbeitsfeld Systematik

Ein Arbeitsmarkt für Systematiker kann sowohl im **akademischen Bereich** sein als auch in der **Industrie** (Agrar- und Landwirtschaft, Pharmaindustrie, Biochemie) oder in Nichtregierungsorganisationen (non-governmental organizations, **NGOs**) und **Behörden** (Akademie der Wissenschaften Leopoldina 2014). Allerdings verlangt dieses Berufsziel meist bis zu einer gewissen beruflichen **Qualifikation mobile Flexibilität,** die sowohl **national** als auch **international** sein kann. Universitäten, Naturkundemuseen und Forschungsinstitutionen lehren und erforschen biologische Systematik. Hier bedarf es neben **organismenspezifischem Wissen** einer großen Bandbreite relevanter **Sammlungstechniken** (Herbarsammlung, DNA-Sammlung, Datenarchivierung etc.), morphologischer, anatomischer bzw. genomischer **Analyseverfahren** und **datenbankbasierter Forschung.** Musterbasierte Anwendungen komplexer Systeme dienen mehr und mehr als Grundlage für **Metaanalysen und Modellierungen globaler Umweltveränderungen** (Akademie der Wissenschaften Leopoldina 2014). Rein systematische Arbeiten umfassen das **Sammeln** von Organismen im Gelände (Expeditionen, Forschungsreisen), eine sorgfältige **Dokumentation** und **Archivierung** des Materials, **Analysen** zur systematischen Klassifikation und die **Präsentation** der Ergebnisse in Form von **Publikationen** und **wissenschaftlichen Vorträgen.** Systematik kann aber auch in diverse andere Arbeitsbereiche mit einfließen, z. B. in Naturschutz und Naturschutzpolitik, die Landwirtschaft und Agrarindustrie, die Pharmaindustrie im Bereich der Naturstoffforschung oder in den Lebensmittelbereich.

1.1.4 Institutionen und Netzwerke im Dienste der pflanzlichen Systematik

In **Botanischen Gärten** werden lebende Pflanzen gepflegt und kultiviert. Dabei werden zum einen didaktische Konzepte verfolgt:
- Pflanzen können in einem systematischen Kontext gezeigt werden, oder
- es werden Gärten mit diversen thematischen Schwerpunkten, in Form von Medizinalgärten bzw. Duft- und Tastgärten, angelegt, und/oder
- es wird ein biogeographischer Kontext verfolgt, z. B. in Form eines Alpinums, bei dem Pflanzen der Gebirgsregionen der Erde präsentiert werden, bzw. Tropenhäuser, die versuchen, einen Einblick in die tropische Pflanzenvielfalt zu bieten.

Bildungsveranstaltungen, wie öffentliche Führungen, Workshops, Schulprojekte, Ausstellungen und Aktionstage dienen dazu, die Öffentlichkeit anzulocken, um ein besseres Verständnis für Natur, Lebensraum, Artenvielfalt und Diversität zu vermitteln. Daneben bewahren und erhalten Botanische Gärten aber auch gefährdete Pflanzenarten, die *ex-situ*-Kulturen genannt werden. Diese Pflanzen werden außerhalb ihres natürlichen Lebensraums bewahrt und vermehrt und bei Bedarf auch wieder am Naturstandort angesiedelt. Die größten Botanischen Gärten in Deutschland sind in Berlin, München und Marburg. Der älteste Botanische Garten, der sich noch an seinem eigentlichen Ursprungsort befindet, ist in Gießen. Zu den größten und berühmtesten Botanischen Gärten gehört der Royal Botanic Garden Kew in London. Des Weiteren gibt es diverse Sonderformen von Lebendsammlungen, etwa Arboreten (nur Bäume und Sträucher, z. B. das Arnold-Arboretum in Boston, USA, oder das Ellerhoop-Thiensen-Arboretum nördlich von Hamburg) oder Rosarien (nur Rosengewächse, z. B. das Europa-Rosarium Sangerhausen im Harz), und viele Botanische Gärten haben sich auf bestimmte Schwerpunktthemen konzentriert.

In **Herbarien** werden getrocknete, gepresste und gut dokumentierte Pflanzenbelege mit arttypischen Merkmalen hinterlegt, um der Forschung zu dienen. Die Belege können für morphologische, anatomische, genetische, biogeographische und ökologische Analysen verwendet werden und bieten einen Überblick über die Formenvielfalt eines bestimmten Taxons von verschiedenen Orten unter verschiedenen Selektionseinflüssen und zu verschiedenen Zeiten. Dies ist ein unschätzbarer Wert, denn beispielsweise bei kurzen Blütezeiten und einem großen Verbreitungsgebiet ist es unmöglich, die gesamte Formenvielfalt und Variationsbreite eines Taxons anders zu erfassen. Herbarien digitalisieren mittlerweile ihre Herbarbelege und stellen diese kostenlos hochauflösend online zur Verfügung (Netzwerke, s. unten). Die größten Herbarien Deutschlands sind das Herbarium des Botanischen Gartens und Botanischen Museums Berlin-Dahlem (mit 3,6 Mio. Belegen), das Herbarium Haussknecht in Jena (ca. 3,5 Mio. Belege) und das Herbarium der Botanischen Staatssammlung München (etwa 3,2 Mio. Belege). Wissenschaftliche Sammel- und Forschungsreisen dienen dazu, kontinuierlich neue Herbarbelege zu erhalten (Kasten 1.1). Die Herbarbelege abgeschlossener Forschungsprojekte sollten grundsätzlich in öffentlichen Herbarien hinterlegt und öffentlich zugänglich gemacht werden.

Naturwissenschaftliche Museen beherbergen umfangreiche Sammlungen gut dokumentierter Belege aus der Natur, um diese zu zeigen, darüber zu informieren, aber auch um sie zu erforschen und zu bewahren. Klassische Sammlungsgebiete naturwissenschaftlicher Museen sind die Geologie, Paläontologie, Zoologie und die Botanik. Das Botanische Museum Berlin-Dahlem ist in Deutschland das einzige Museum, das sich ausschließlich den Pflanzen und der öffentlichen Präsentation dieses Themas widmet. Andere Museen, wie z. B. das Naturkundemuseum Berlin und das Naturmuseum Senckenberg in Frankfurt a. M., haben umfangreiche paläobotanische Abteilungen.

Saatgutbanken werden zum Teil auch als Samenbanken oder Genbanken bezeichnet. Sie dienen der Bewahrung von Genmaterial mit umfangreicher Dokumentation, um die Vielfalt eines Taxons bzw. einer Herkunft oder spezifische Eigenschaften eines Genotyps zu erhalten. Dafür werden lebende Pflanzensamen getrocknet und gekühlt aufbewahrt, um einen Ruhezustand zu simulieren. Das Leibniz-Institut für Pflanzengenetik und Kulturpflanzenforschung (IPK) in Gatersleben pflegt die bedeutendste Nutzpflanzen-Saatgutbank Deutschlands, während ein Netzwerk verschiedener botanischer Gärten diese Aufgabe für Wildpflanzen übernommen hat. Regelmäßig müssen Keimfähigkeitstests durchgeführt werden, um zu gewährleisten, dass sich das Saatgut noch vermehren lässt, bzw. es müssen durch Aussaaten und neue Samenernten Verjüngungsprozesse eingeleitet werden. Ein umstrittenes, aber sehr öffentlichkeitswirksames Projekt wurde 2008 in Spitzbergen gestartet, als der Welttreuhandfond für Kulturpflanzenvielfalt (*Global Crop Diversity Trust*, GCDT) eine Saatgutbank im Permafrost eröffnete, um die pflanzlichen Genressourcen der Erde langfristig zu sichern.

Netzwerke im Dienste der pflanzlichen Systematik gibt es viele. Botanische Gärten sind über einen internationalen Samentausch verbunden, sodass jeder Garten an jeden anderen Garten bei zu viel geerntetem Material Saatgut abgibt. Dieser internationale Samentausch heißt **Index Seminum.** Herbarien und naturwissenschaftliche Sammlungen sind international durch die ***Global Biodiversity Information Facility*** (GBIF, ► www.gbif.org) miteinander und nach außen verknüpft. Digitalisierte Sammlungsbelege naturkundlicher Objekte mit ihrer Dokumentation werden kostenfrei online zur Verfügung gestellt und können zum Teil hochauflösend morphologisch analysiert werden. Dies erspart viele aufwendige Expeditionen bzw. Sammlungsbesuche, und momentan stehen so Informationen über 727 Mio. Belege von 1,6 Mio. Arten weltweit von 889 global vernetzten Institutionen zur Verfügung. Die ***International Nucleotide Sequence Database Collaboration*** (► www.insdc.org) verknüpft die drei weltweit größten Genbanken bzw. Genbibliotheken, die in Japan, Europa und Nordamerika alle publizierten Sequenzinformationen von DNA, RNA oder Proteinen der weltweiten Diversität beherbergen (NCBI, ► https://www.ncbi.nlm.nih.gov; DDBJ, ► http://www.ddbj.nig.ac.jp/; ENA, ► http://www.ebi.ac.uk/ena/submit/data-formats). Das ***Global Genome Biodiversity Network*** (► www.ggbn.org) dient dazu, physisch DNA- und RNA-haltiges Material der weltweiten biologischen Vielfalt zu bewahren. ***The Plant List*** (► www.theplantlist.org/1) ist eine Initiative des Royal Botanic Garden Kew und des Missouri Botanical Garden mit einer gemeinsamen Internetseite, um das Wissen über alle bekannten höheren Pflanzen zusammenzuführen bzw. verschiedene Netzwerke miteinander zu verlinken. Über eine Million wissenschaftliche Pflanzennamen von 350.699 akzeptierten Pflanzenarten sind über das Webportal gelistet. ***Tropicos*** (► http://www.tropicos.org/) ist eine Datenbank des Missouri Botanical Garden für systematische Recherchen. Die Erstautoren von Pflanzennamen mit den entsprechenden Publikationen sind dort ebenso zu finden wie ihre systematische Klassifikation, Synonyme, Bilder, Verlinkungen zu Herbarbelegen, Verbreitungsgebieten und Chromosomenzahlen. Genomgrößen von Pflanzen lassen sich über die ***Plant DNA C-values database*** (► http://data.kew.org/cvalues/CvalServlet?querytype=1) des Royal Botanic Garden Kew finden. Auf der ***Angiosperm Phylogeny Website*** (► http://www.mobot.org/MOBOT/research/APweb) wird kontinuierlich der aktuelle Stand der Forschung über phylogenetische Informationen der Bedeckt- und Nacktsamer eingepflegt. Die ***German Federation for Biological Data*** (GFBio, ► www.gfbio.org) ist die nationale Kontaktstelle zur standardisierten Erfassung, dem Management und der Bewahrung biologischer Forschungsdaten, um sie langfristig verfügbar zu halten. GFBio unterstützt biologisches Datenmanagement und bietet Analysetools, Visualisierungstools sowie Schulungsmaterialien zur international standardisierten Datenerfassung und Hinterlegung und verlinkt Forschungsdaten zu internationalen Netzwerken als Service für die Wissenschaft.

1.2 Systematik, Taxonomie und Nomenklatur

1.2.1 Überblick über Begrifflichkeiten

Weltweit gibt es schätzungsweise ca. 298.000 Arten, die zu den Moosen, Farnen und Farnverwandten sowie den Blütenpflanzen gezählt werden (Mora et al. 2011). Um diese große Vielfalt des Pflanzenreichs (pflanzliche **Biodiversität**) übersichtlich darzustellen und darüber zu kommunizieren, ordnet man die Pflanzen **(Klassifikation).** Mithilfe einer Klassifikation können wissenschaftliche Erkenntnisse, die meist auf stichprobenartigen Erhebungen basieren, in einen allgemeinen Kontext übertragen werden, um summarische Aussagen zu treffen oder Zusammenhänge zu erklären. Dabei basiert eine Klassifikation *per se* auf einem rein operativen System. Dieses dient dazu, eine Gruppe von Lebewesen mit gleichen Merkmalseigenschaften zusammen zu gliedern und diese von Individuen anderer Merkmalseigenschaften zu trennen, zu differenzieren. Die Klassifikation in der **biologischen Systematik** beruht darüber hinaus auf einem hierarchischen System aus Einheiten verschiedener einander in Beziehung gesetzter **Rangstufen** (◘ Tab. 1.1). Dabei charakterisieren die engeren oder weiteren Merkmalszusammenhänge diejenigen Rangstufen **(taxonomische Gruppen),** die jeweils die Abgrenzungen und Verwandtschaftsbeziehungen der Sippen zueinander zum Ausdruck bringen sollen. Die Vielfalt der Pflanzen basiert nicht auf einem Formenkontinuum, weshalb der Systematik dementsprechend eine diskontinuierliche, hierarchische Gliederung zugrunde liegt. Einzelne Gruppen von Individuen – egal welcher taxonomischen Rangstufe – können als Taxa (Singular: Taxon) bezeichnet werden, ein Begriff, der häufig verwendet wird, wenn die Rangstufen noch ungeklärt sind.

Traditionell nutzte man äußere Merkmale der Pflanzen für die Einteilung in systematische Gruppen **(Morphologie),** während später

◘ **Tab. 1.1** Beispiel taxonomischer Rangstufen und ihre jeweilige Bezeichnung

Deutsch	Latein bzw. Altgriechisch	Beispiel wissenschaftliche Bezeichnung	Beispiel deutsche Bezeichnung
Reich	Regnum	Plantae	Pflanzen
Abteilung/Stamm	Divisio oder Phylum	Angiospermae	Bedecktsamer oder Blütenpflanzen
Klasse	Classis	Eudikotyledoneae	Zweikeimblättrige
Unterklasse	Subclassis	Superasteridae	Asternähnliche
Ordnung	Ordo	Asterales	Asternartige
Familie	Familia	Asteraceae	Korbblütengewächse
Unterfamilie	Subfamilia	Cichorioideae	
Trieb	Tribus	Cichorieae	
Gattung	Genus	*Crepis* L.	Pippau
Art	Species	*Crepis aurea* L. (Cass.)	Gold-Pippau
Unterart	Subspecies	*Crepis aurea* subsp. *olympica* (K. Koch) Lamond	

weitere Merkmale hinzugezogen wurden, wie z. B. die des inneren Aufbaus **(Anatomie)**, der Merkmale des Pollens und seine Verteilung in Raum und Zeit **(rezente** und **fossile Palynologie)**, der Chromosomen **(Karyologie)**, der sekundären Inhaltsstoffe **(Naturstoffchemie)**, der Ultrastrukturen **(Mikromorphologie)**, fossiler Erkenntnisse **(Paläobotanik)**, der Individualentwicklung **(Ontogenese)** sowie des genetischen Codes **(molekulare Merkmale)**.

Ursprünglich erfolgte die systematische Einteilung nach nur wenigen, meist morphologischen Merkmalen. Die Ergebnisse waren sogenannte **künstliche Systeme**, die nur zufällig natürliche Verwandtschaftsgruppen abbildeten. Der schwedische Naturforscher Carl von Linné (1707–1778, ◻ Abb. 1.3a) versuchte bereits durch Berücksichtigung mehrerer – meist morphologischer – Merkmale ein **natürliches System** zu entwickeln. Gleichzeitig bildet sein 1753 erschienenes Werk *Species Plantarum* bis heute die Grundlage und den Startpunkt der wissenschaftlichen Namensgebung, der **Nomenklatur.** Carl von Linné war sich der Notwendigkeit eines natürlichen Systems bewusst, aber ihm und seinen Zeitgenossen fehlte die Kenntnis über die Vererbung als verbindendes Band der Generationen und Arten. „Daß was sich schaaret und paaret ist eine Art" war eine verbreitete Aussage im 19. Jahrhundert. Erst Charles Robert Darwin (1809–1882, ◻ Abb. 1.3b) erkannte, dass unterschiedliche Gruppen im Laufe der Stammesgeschichte **(Phylogenie)** auch gemeinsame Vorfahren gehabt haben können (◻ Abb. 1.4). Diese haben sich durch **natürliche Selektion** voneinander differenziert, was Darwin (1859) als **Deszendenztheorie** oder Abstammungslehre bezeichnete. Unter anderem angeregt durch die Wiederentdeckung der Arbeiten Gregor Mendels (1822–1884) zur Vererbung von morphologischen Merkmalen bei Pflanzenarten im Jahr 1900, begannen in den 1920er-Jahren internationale Wissenschaftler, die Genetik und Evolutionstheorie miteinander zu verbinden. Aus dieser Bewegung heraus entstand die **Synthetische**

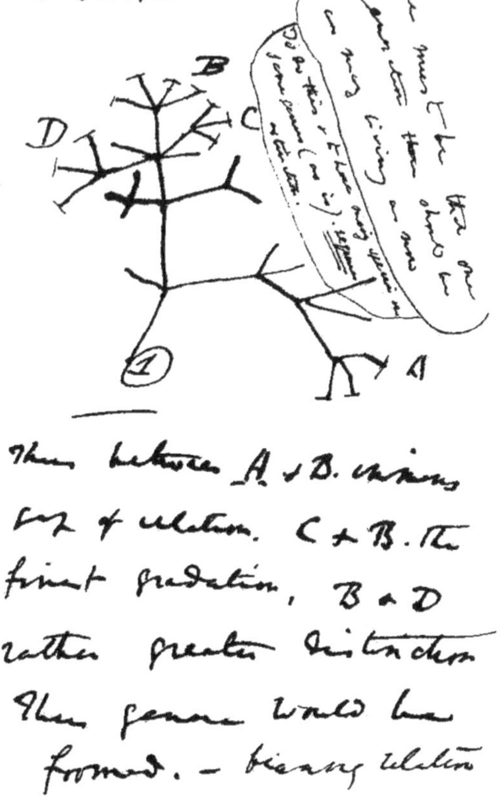

◻ **Abb. 1.3** Charles Darwin und seine Ideen über einen Stammbaum des Lebens aus seinem Notizbuch B (1837).

Evolutionstheorie. Seitdem versucht die Wissenschaft, die natürlichen Verwandtschaftsverhältnisse unter Berücksichtigung aller verfügbaren Merkmale möglichst naturgetreu in der Systematik abzubilden. Dieses wird als „natürliches System" bezeichnet, was die in der Natur tatsächlich bestehenden verwandtschaftlichen (stammesgeschichtlichen) Beziehungen reflektiert.

In den letzten Jahrzehnten wurde aufgrund neuer Techniken, Untersuchungs- und Datenverarbeitungsmethoden eine Fülle neuer Erkenntnisse über den äußeren und inneren Bau der Organismen sowie der zugrunde liegenden Erbsubstanz gewonnen;

Abb. 1.4 a Carl von Linné; b Charles Robert Darwin; zwei Büsten bedeutender Naturforscher entlang des Darwinpfads im Botanischen Garten Gießen. (Fotos: S. Stille)

hinzu kamen ein genaueres Verständnis von Fortpflanzungs- und Vererbungsmechanismen, der Evolution sowie von geographischen und ökologischen Wechselbeziehungen. Alle diese Erkenntnisse können in die Systematik einfließen, wobei die Schwierigkeit darin besteht, dass verwandtschaftliche Beziehungen nicht immer unmittelbar durch Merkmale erkennbar sind, sondern indirekt durch Indizien erschlossen werden müssen. Bemühungen, alle Merkmale in die Systematik einfließen zu lassen, führen zu ständigen Veränderungen in der Umgrenzung von Pflanzensippen und damit in ihrer systematischen Stellung. Dabei basiert die systematische Neugliederung nicht nur auf einem mehr oder weniger kontinuierlichen Erkenntnisgewinn, sondern zum Teil auch auf unterschiedlichen Interpretationen der Regeln zur Methodik der Systembildung. Die Regeln umfassen Vorgaben zur Beschreibung der Pflanzen **(Phytographie)**, deren Abgrenzung und Gruppierung **(Taxonomie)**, der Benennung der Sippen **(Nomenklatur)**, der Sippendifferenzierung **(Evolutionsforschung)** sowie der Rekonstruktion der Stammesgeschichte (**Phylogenie**, ▶ Abschn. 1.4).

1.2.2 Taxonomische Rangstufen

Taxonomie ist als Teilgebiet der Systematik „die Wissenschaft der korrekten Klassifikation von Organismen". Der systematischen Klassifikation liegt ein **hierarchisches System** aus verschiedenen Rangstufen zugrunde. Dabei werden die unterschiedlichen Rangstufen als **Taxa** (Einzahl: **Taxon**) bezeichnet, wobei ein Taxon stellvertretend für jede Rangstufe sein kann. Die taxonomischen Rangstufen sind für die Pflanzen im **Internationalen Code der Nomenklatur für Algen, Pilze und Pflanzen** (ICN, zuletzt überarbeitet in Melbourne 2011; Miller et al. 2012) festgelegt und sind in ihrer wissenschaftlichen Namensgebung durch eine normierte Endung gekennzeichnet.

In einem natürlichen System spiegelt die Hierarchie der Taxa die stammesgeschichtliche Divergenz der zugrunde liegenden Sippen wider. Individuen mit prinzipieller Merkmalsidentität werden zu einer **Art (Species, sp.)** zusammengefasst. Arten mit ähnlichen Merkmalseigenschaften, die von einem gemeinsamen Vorfahren abstammen, werden zu einer **Gattung (Genus)** gruppiert, die wiederum Teile einer **Familie (Familia)** sind, was sich bis zum Organismenreich fortsetzen lässt (◘ Tab. 1.1). Dabei kann, aber muss nicht, eine höhere Rangstufe aus mehreren Taxa der nächstniedrigeren Rangstufe bestehen. So gibt es beispielsweise auch Familien mit nur einer Gattung (**monogenerische** oder monotypische Familie) und einer Art (**monospezifische oder monotypische** Gattung und/ oder Familie), z. B. beinhaltet die Familie der Ginkgoaceae heute nur eine Gattung, *Ginkgo* L., und diese wiederum nur eine Art, *Ginkgo biloba* L.

Dabei ist die Art jedoch nicht die niedrigste Rangstufe innerhalb der taxonomischen Klassifikation, sondern sie lässt sich wiederum in **infraspezifische Taxa** gliedern, Kategorien wie Unterart, Varietät und die Form sind der Art untergeordnet. Diese werden jedoch als "Teile einer Art" aufgefasst und nicht umgekehrt die Art als Summe dieser Taxa. Als **Unterart (Subspecies,** abgekürzt **subsp.** oder häufig fälschlicherweise **ssp.)** werden Taxa bezeichnet, die durch geographische Isolation oder unvollkommene Kreuzungsbarrieren auf dem Wege der Artbildung sind, sich jedoch noch nicht durch Merkmalseigenschaften deutlich von der Art abtrennen lassen. Taxa mit geringerer genetischer Fixierung von Merkmalseigenschaften, die jedoch nicht isoliert sind, werden als **Varietät (var.)** oder mit geringeren Merkmalsunterschieden als **Form (Forma, f.)** bezeichnet; bei Kulturpflanzen werden Züchtungen als **Sorten (Cultivar, cv.)** benannt.

1.2.3 Arten und Artbegriff

Die **Art (Spezies, species, sp.)** ist in der Systematik von großer Bedeutung, da sie die Basis für alle höheren Rangstufen darstellt. Die Bedingung an eine Art ist, dass alle Individuen einer Art durch gemeinsame Merkmalseigenschaften charakterisiert sind und sich von allen Individuen anderer Arten deutlich unterscheiden.

Über Jahrhunderte hinweg – schon seit dem antiken Griechenland – waren Naturforscher von der Konstanz der Arten überzeugt: „Da Gott jede Art in einem getrennten Schöpfungsakt erzeugt habe, könne man jede Art prinzipiell und eindeutig von den anderen Arten unterscheiden" (Junker 2011). Auch Carl von Linné und seine Schüler hatten noch keine genaue Vorstellung von der Formenvielfalt des Lebens oder Kenntnis der evolutiven Prozesse, die zu deren Entstehung führen. Eine Art galt als unveränderlicher Typus, der sich anhand einer Reihe spezifischer Merkmale von anderen Arten unterscheidet und aufgrund dieser identifiziert werden kann. Dieser Artbegriff wird heute essenzialistisches oder **typologisches Artkonzept** genannt.

Beruht die Identifizierung eines Typus auf morphologischen Merkmalen, so wird dies als **morphologisches Artkonzept** bezeichnet, die so definierten Arten werden **Morphospezies** genannt. Mit einer zunehmenden Abkehr von der wortgetreuen Übertragung des Schöpfungsgedankens und der Erkenntnis, dass sich Merkmale von einer zur nächsten Generation weitervererben, wurde deutlich, dass die Natur der Organismen kein starres, langfristig bestehendes System ist, sondern ständigen Veränderungen unterliegt, was mit den Erkenntnissen der Evolutionsbiologie nicht vereinbar ist. Dies führte zu der Notwendigkeit, einen neuen Artbegriff zu entwickeln, der neben abstrakten Unterschiedlichkeiten oder subjektiven Einschätzungen von Merkmalseigenschaften auch allgemeingültigen, objektiven Kriterien gerecht wird.

Ernst Mayr (1904–2005), einer der zentralen Wissenschaftler der Synthetischen Theorie der Evolution, definierte in seinem **biologischen Artkonzept** die Art als eine Gruppe sich untereinander kreuzender natürlicher Populationen, die hervorbringt (**Biospezies;** Mayr 1979, 2003). Seine Definition beinhaltet, dass Individuen einer Art Populationen bilden, die 1) eine Fortpflanzungsgemeinschaft sind, innerhalb der 2) Genfluss – also der Austausch von Genen – besteht, 3) sie sich einen Genpool teilen und die 4) eine Einheit bilden, in der evolutionärer Wandel stattfindet. Ferner erkannte er, dass es 5) biologische Fortpflanzungsbarrieren zwischen Populationen unterschiedlicher Arten gibt. Dadurch basiert die „biologische Art" nicht auf einer willkürlichen Definition, da sie das Kriterium der Fortpflanzungsisolation gegenüber anderen Populationen erfüllen muss. Ein weiterer Fortschritt ist, dass die biologische Art nicht durch den Besitz bestimmter sichtbarer Merkmale, sondern durch ihre Relation zu anderen Arten definiert ist. Allerdings besteht das Problem des biologischen Artkonzeptes darin, dass nicht alle Arten biologische Isolationsbarrieren aufweisen, z. B. bei manchen geographisch getrennten (allopatrischen ► Abschn. 1.3.4) Arten. Im Pflanzenreich kann eine ganze Reihe verwandter Arten, die sich aufgrund ihrer unterschiedlichen Areale unter natürlichen Bedingungen nie kreuzen würden, bei experimenteller Kreuzung fertile, also fruchtbare, Nachkommen erzeugen. Dieses Phänomen kann häufig in Botanischen Gärten beobachtet werden, wo Arten unterschiedlicher Regionen der Welt unter Kulturbedingungen fertile hybridogene Nachkommen erzeugen, also im Umkehrschluss dann ihren Artstatus verlieren müssten. Darüber hinaus bleibt der Zeitfaktor beim biologischen Artkonzept in seiner ursprünglichen Form unberücksichtigt. Kreuzen können sich selbstverständlich nur gleichzeitig lebende Organismen, dadurch fehlt dem biologischen Artkonzept ein Kriterium, ob früher lebende Organismen zur selben Art zu zählen sind oder nicht. Ein weiterer Kritikpunkt ist die Tatsache, dass sich ungeschlechtlich vermehrende Organismen unberücksichtigt bleiben. So ist z. B. die klonal vermehrte kultivierte Form der Banane, die keine fertilen Samen mehr entwickelt, nach dem biologischen Artkonzept keine Art. Ebenso bleiben viele Protisten und alle **Apomikten** (Fortpflanzung ohne Meiose oder Verschmelzung von Gameten) unberücksichtigt.

Erweitert und verbessert wurde das biologische Artkonzept durch die Zusatzdefinitionen von **Agamospezies,** einer Bezeichnung für eine entlang der Zeitachse betrachteten Gruppe verwandter klonaler Organismen, die von anderen Organismengruppen genetisch divergiert. Ferner wurden **Chronospezies** definiert, die eine Gruppe von Organismen charakterisiert, die in verschiedenen Zeiten lebten und aufgrund morphologischer Unterschiede mit verschiedenen Artnamen bedacht werden. Diese Zusatzdefinitionen der Agamo- und Chronospezies zur Biospezies sind eine pragmatische Lösung. Erkenntnistheoretisch ist die Definition eines biologischen Artkonzeptes jedoch unelegant gelöst, da eine allumfassende Begriffsdefinition basierend auf objektiven Merkmalen weiterhin fehlt.

Ab den 1950er-Jahren wurden deshalb diverse andere Definitionen des Artbegriffes postuliert. Willi Hennig (1913–1976), der Begründer der **Kladistik,** entwickelte aufgrund der Annahme, dass Arten ein zeitlich begrenztes Stadium der Evolution darstellen, den **phylogenetischen Artbegriff**. Ihm zufolge entstehen Arten durch Speziationsereignisse (Artbildungsereignisse durch Spaltung) und lösen sich mit der nachfolgenden Speziation auf oder erlöschen durch Aussterbeereignisse. Schwierig ist die Diskrepanz zwischen tatsächlichem Ereignis und theoretischer Definition, da ein neues Artbildungsereignis nicht unmittelbar aus der biologischen Auslöschung der Herkunftsart resultieren muss, sondern meistens nur ein Teil des Gesamtgenpools aus der einen Art in die neue Art eingeht. Auch das Vorkommen von Vernetzung von Arten durch Hybridisierung ist im phylogenetischen Artbegriff von Hennig unberücksichtigt. Auch wenn daher der phylogenetische Artbegriff wissenschaftstheoretisch nicht vollständig zufriedenstellend definiert ist, beruhen auf ihm diverse Methoden der phylogenetischen Stammbaumberechnung (**Phylogenie,** ► Abschn. 1.4), die in der naturwissenschaftlichen Systematik sehr starken Eingang gefunden haben.

Edward O. Wiley postulierte in den 1980er-Jahren ein **evolutionäres Artkonzept**, in dem eine Art durch eine einzelne Linie von Vorfahr-Nachkommen-Populationen mit einer eigenständigen Identität, einer jeweils eigenen Evolutionstendenz gegenüber anderen Linien, charakterisiert ist. Kritiker argumentieren jedoch, dass eine „Linie" im Raum-Zeit-Gefüge nicht evolvieren kann und diese weder durch einen Anfang noch durch ein Ende gekennzeichnet ist. Ferner findet Evolution auch auf Populationsebene statt, was im evolutionären Artkonzept unberücksichtigt bleibt. Joel Cracraft (1989) definiert eine Art als ein nicht unterteilbares Cluster von Organismen mit Vorfahren-Nachkommen-Beziehungen, gekennzeichnet durch diagnostische Merkmale, die anderen Clustern fehlen. Allerdings basiert auch dieses Artkonzept wiederum auf einer subjektiven Einschätzung, was ein „diagnostisches Merkmal" ist, und differenziert die Art nicht von rangniedrigeren taxonomischen Kategorien (Willmann 1985). Alan R. Tempelton definierte 1989 das ***cohesion species concept,*** das besagt, dass eine Art die umfassendste Gruppe von Organismen ist, die das Potenzial zum genetischen und/oder demographischen Austausch hat. Dies trifft jedoch nur auf sich generativ fortpflanzende Organismen zu und ist nicht allgemeingültig.

In den letzten Jahrzehnten haben Biologen derart gegensätzlich über die Definition des Artbegriffs diskutiert, dass allein diese Tatsache den Verdacht weckte, es gäbe in der Natur keine Gruppe, die als „Art" in realistischer Weise von der Umgebung abgegrenzt werden kann. In der Praxis sind Biologen heutzutage jedoch dazu übereingekommen, den Artbegriff in Bezug auf evolutionär entstandene Einheiten *(evolutionary lineages),* die sich durch Differenzialmerkmale unterscheiden, zu verwenden und die allgemeingültige Begriffsfindung den Philosophen zu überlassen.

1.2.4 Beschreibung und Benennung von Arten

Traditionell werden Pflanzen mit regional gebräuchlichen Volksnamen (Trivialnamen) versehen. Berühmt und in vielen Lehrbüchern genannt ist das Beispiel der „Butterblume", der im süddeutschen Raum *Caltha palustris* L. oder *Trollius europaeus* L. entspricht (beides Ranunculaceae, Hahnenfußgewächse), im westdeutschen Raum und den Niederlanden *Ranunculus* sp. und im mittel- und ostdeutschen Raum *Taraxacum officinale* L. (Compositae, Asteraceae, Korbblütengewächs). *Taraxacum officinale* L. wiederum heißt in Süddeutschland aber Kuhblume oder Löwenzahn, sodass ein deutscher Name auf vier verschiedene wissenschaftliche Taxa verweist bzw. ein wissenschaftlicher Name drei verschiedene deutsche Namen haben kann. Dieser Beispiele gibt es zahllose. Auch in anderen Ländern herrscht das gleiche Problem. So hat *pineapple* weder etwas mit der Kiefer *(Pinus)* noch mit dem Apfel *(Malus)* zu tun, es ist die Ananas, eine Bromeliaceae. *Summa summarum:* Eine regionale Namensgebung kann verwirrend, unpräzise und ungenau sein.

Aus diesem Grund gibt es ein klares Regelwerk zur Benennung von Organismen, das regional übergreifend und international anerkannt ist, und **Nomenklatur** genannt wird. Die Nomenklatur regelt weltweit die einheitliche Kennzeichnung von Pflanzennamen durch den *International Code of Nomenclature for algae, fungi, and plants* (ICN) (zuletzt verändert in Melbourne 2011; McNeill et al. 2012). Der Code beruht auf einem System, das von Carl von Linné (1753) eingeführt wurde und **binäre Nomenklatur** genannt wird (Kasten 1.2).

Kasten 1.2: Binäre Nomenklatur – der wissenschaftliche Artname

Die binäre Nomenklatur besagt, dass ein wissenschaftlicher Artname aus zwei Teilen sowie dem beschreibenden Erstautor besteht, z. B. *Cichorium intybus* L. (Gemeine Wegwarte). Hierbei ist der erste Name der **Gattungsname,** während der zweite das **Artepitheton** (den Artbeinamen) darstellt, was auch artbestimmender Zusatz zum Gattungsname genannt wird. Der Gattungsname wird stets in Großbuchstaben, das Artepitheton in Kleinbuchstaben geschrieben. Gedruckt wird beides kursiv geschrieben. Ist nur die Gattung, nicht aber das Artepitheton bekannt, wird dies wie folgt gekennzeichnet, z. B. *Cichorium* sp., um zu zeigen, dass es sich um eine unbekannte Art (species, sp.) aus der Gattung *Cichorium* handelt. In wissenschaftlichen Abhandlungen wird dem **Artnamen** der **Namen des Autors** beigefügt, der diese Art zum ersten Mal beschrieben hat. Dies erfolgt häufig in abgekürzter Form, z. B. lautet der korrekte wissenschaftliche Name für die Kohl-Gänsedistel, die von Linné beschrieben wurde, *Sonchus oleraceus* L. Besteht das Epitheton aus zwei Wörtern, werden diese immer mit einem Bindestrich verbunden, wie z. B. bei *Ribes uva-crispa* L. Ist eine Art eine Kreuzung zweier verschiedener Arten einer Gattung, wird dies durch ein x vor dem Artnamen symbolisiert. So ist z. B. *Medicago* x *varia* Martyn ein Hybrid aus dem einen Elter *Medicago falcata* L. sowie dem anderen Elter *Medicago sativa* L. Hybriden zwischen verschiedenen Gattungen werden mit einem x vor dem Gattungsnamen gekennzeichnet, z. B. bei ×*Triticale*, eine Kreuzung aus Weizen (*Triticum aestivum* L.) als weiblichen und Roggen (*Secale cereale* L.) als männlichen Partner. Obwohl korrekterweise immer der erstbeschreibende Autor zu einem korrekten Artname gehört, wird in den folgenden Kapiteln auf diesen zur Vereinfachung verzichtet.

Neue Namen werden vergeben, wenn ein neues Taxon identifiziert wurde, für das es bisher noch keine eigene Benennung gab. Für die Beschreibung eines neuen Taxons sind eine Diagnose in lateinischer oder englischer Sprache und deren „wirksame" und „gültige" Veröffentlichung erforderlich (ICN, Artikel 29–45). Hierfür müssen zum einen die für das Taxon charakteristischen Eigenschaften präzise in lateinischer Sprache beschrieben werden, zum anderen wird in der Regel der neue Name für die Festlegung von Gattungen, Arten oder niedrigeren Rangstufen mit einem **nomenklatorischen Typus** verbunden (ICN, Artikel 7–9) (Kasten 1.3). Ein Typusbeleg ist in der Regel bei Pflanzen ein Herbarbeleg, der die charakteristischen Eigenschaften des neuen Taxons aufweist und in einer öffentlich zugänglichen Sammlung hinterlegt ist. Der Typusbeleg ermöglicht späteren Bearbeitern eine zweifelsfreie Vergleichsmöglichkeit zu den vom Erstautor beschriebenen Merkmalen.

Kasten 1.3: Holotypus, Isotypus, Lectotypus, Neotypus

Ein **Holotypus** (Holotyp) ist dann definiert, wenn der Erstbeschreiber eines Taxons ein einziges Herbarexemplar oder eine Illustration als solchen definiert (ICN, Artikel 9.1). Es ist nicht nötig, dass ein Holotypus typisch ist, aber mit ihm bleibt der Artname auch bei Änderung des taxonomischen Konzeptes stets verbunden. Der Ort des erstmaligen Auffindens eines Holotypus wird als *locus classicus* bezeichnet. Wurden von einem Erstautor mehrere Exemplare zur Beschreibung eines Taxons verwendet, wird im Nachhinein ein einzelnes Exemplar als Typus bestimmt, das dann **Lectotypus** heißt (ICN, Artikel 9.2). Ein **Isotypus** ist ein Duplikat des Holotypus und wurde bzw. wird an verschiedene Herbarien weltweit weitergegeben, um einen Vergleichsmaßstab zur Verfügung zu stellen. Ein **Neotypus** ist ein Exemplar oder eine Abbildung, das ausgewählt wird, wenn der ursprüngliche Holotypus verloren ist (z. B. ist das Herbarium Berlin mit sehr vielen Typusbelegen im Krieg abgebrannt), der Neotypus dient dann als nomenklatorischer Typus.

1

Der ICN regelt, dass jeweils der seit Linnés *Species Plantarum* (1753) älteste, in einer bestimmten Rangstufe mit allen vollständigen Angaben korrekt publizierte, Name der richtige Name ist. Sind für ein Taxon im Verlauf der Zeit oder in verschiedenen Ländern parallel mehrere gleiche Namen für ein und dasselbe Taxon in Gebrauch gekommen, so nennt man diese **Synonyme** (=gleichbedeutende Namen). Wenn ein Name für unterschiedliche Sippen doppelt verwendet wurde, werden diese **Homonyme** genannt (=gleichlautende Namen). Der ICN regelt, welches Homonym das nomenklatorisch korrekte ist, und welcher von mehreren veröffentlichten Namen weiter gebraucht werden darf – in der Regel ist es der älteste vergebene Name der Sippe **(Prioritätsregel)**, es gibt jedoch auch Ausnahmen hiervon.

Wissenschaftlicher Erkenntnisgewinn führt häufig dazu, dass Namen von Arten und Gattungen geändert werden. Was für den Laien, aber auch für den Wissenschaftler zuweilen sehr lästig ist, ist die Folge der korrekten Anwendung des ICN. Zum Beispiel hat Carl von Linné den Wiesenkerbel der Gattung Kälberkropfe zugeordnet und ihm 1753 den wissenschaftlichen Namen *Chaerophyllum sylvestre* gegeben. Georg Franz Hoffmann hat 1816 erkannt, dass diese Art nicht in die Gattung *Chaerophyllum* gehört, sondern in die Gattung der Kerbel, *Anthriscus*. Dementsprechend muss die Art *Anthriscus sylvestris* heißen. Als Kennzeichnung einer solchen taxonomischen Neukombination wird der Erstautor in Klammern geschrieben (Klammerautor) und der neue Autor wird dem bisher gültigen Taxonnamen hinzugefügt. Im oben genannten Beispiel wurde der alte Name, das sogenannte Basionym, „*Chaerophyllum sylvestre* L." in „*Anthriscus sylvestris* (L.) Hoffm." umkombiniert.

Wenn die Erstbeschreibung (◘ Abb. 1.5) und der Typus übereinstimmen, es aber aufgrund von zusätzlichen Merkmalen einer Abtrennung einer Gruppierung bedarf, so behält die eine Gruppierung, deren Merkmale

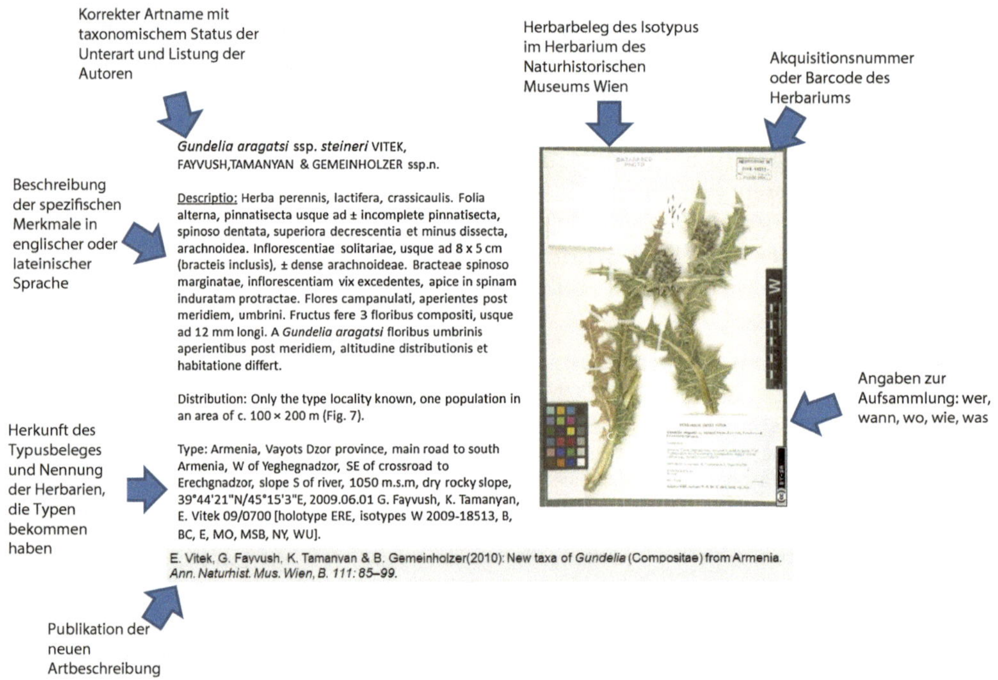

Gundelia aragatsi ssp. *steineri* VITEK, FAYVUSH,TAMANYAN & GEMEINHOLZER ssp.n.

Descriptio: Herba perennis, lactifera, crassicaulis. Folia alterna, pinnatisecta usque ad ± incomplete pinnatisecta, spinoso dentata, superiora decrescentia et minus dissecta, arachnoidea. Inflorescentiae solitariae, usque ad 8 x 5 cm (bracteis inclusis), ± dense arachnoideae. Bracteae spinoso marginatae, inflorescentiam vix excedentes, apice in spinam induratam protractae. Flores campanulati, aperientes post meridiem, umbrini. Fructus fere 3 floribus compositi, usque ad 12 mm longi. A *Gundelia aragatsi* floribus umbrinis aperientibus post meridiem, altitudine distributionis et habitatione differt.

Distribution: Only the type locality known, one population in an area of c. 100 × 200 m (Fig. 7).

Type: Armenia, Vayots Dzor province, main road to south Armenia, W of Yeghegnadzor, SE of crossroad to Erechgnadzor, slope S of river, 1050 m.s.m, dry rocky slope, 39°44'21"N/45°15'3"E, 2009.06.01 G. Fayvush, K. Tamanyan, E. Vitek 09/0700 [holotype ERE, isotypes W 2009-18513, B, BC, E, MO, MSB, NY, WU].

E. Vitek, G. Fayvush, K. Tamanyan & B. Gemeinholzer(2010): New taxa of *Gundelia* (Compositae) from Armenia. *Ann. Naturhist. Mus. Wien, B. 111: 85–99.*

◘ **Abb. 1.5** Die Erstbeschreibung einer Unterart. Artbeschreibungen bedürfen äquivalenter Dokumentation.

mit dem Typus übereinstimmen, ihren ursprünglichen Namen. Sehr viel komplizierter sind die Benennungen der vom Menschen über Artgrenzen hinweg gezüchteten Kulturpflanzen, weshalb für diese eine eigene Nomenklatur eingeführt wurde (Kasten 1.4).

Kasten 1.4: Benennung von Kulturpflanzen

Im Gegensatz zu Wildpflanzen wird die Benennung von Kulturpflanzensorten durch den **Internationalen Code der Nomenklatur der Kulturpflanzen** (*International Code of Nomenclature for Cultivated Plants,* ICNCP, ISHS 2016) geregelt (Ochsmann 2004). Der Code regelt nur die Benennung von Sorten, nicht aber rechtliche, phänotypische oder genetische Aspekte des Sortenschutzes. Der Code differenziert nur zwei verschiedene Rangstufen: Sorten (Cultivare) und Sortengruppen (Cultivargruppen), die jeweils Gattungen, Arten, Unterarten, Varietäten oder Formen zugeordnet werden. So kann ein Cultivarname einer Varietät zugeordnet werden (z. B. *Capsicum baccatum* var. *baccatum* ‚Criolla Sella'), einer Art (z. B. *Malus sylvestris* ‚Gravensteiner'), einer Gattung (z. B. *Rhododendron* ‚Gartendirektor Rieger') oder von zwei Gattungshybriden aus sommergrünen Azaleen und immergrünen Rhododendronarten stammen (z. B. x *Azaleodendron* ‚Fragrans', wobei das x vor dem Namen den Hybridstatus zwischen Azalee und Rhododendron verdeutlicht). Ein Cultivar kann zu mehreren Cultivargruppen gehören. Diese Kategorie wurde im ICNCP erst 1995 eingeführt, um die ehemalige Begriffsvielfalt (Rasse, Typ, Convarietät, Kulturschwarm) zu reduzieren.

Damit neue Sorten anerkannt werden und gehandelt werden dürfen, müssen ihre Cultivarnamen in international anerkannten Sortenregistern (*International Cultivar Registration Authorities,* ICRAs) hinterlegt werden. Zum Teil verwenden Händler jedoch zusätzlich eigene Handelsnamen oder sogenannte Markennamen, die häufig besser vermarktet und auch patentiert werden können, aber nicht registriert werden. Deshalb gibt es für viele registrierte Sorten diverse patentierte Handelsnamen, die nur mit Genehmigung des Patenthalters verwendet werden dürfen. Dies sorgt für erhebliche nomenklatorische Verwirrung, insbesondere im Bereich der Nutz- und Zierpflanzen. Es wird empfohlen, Handelsnamen nie und Cultivarnamen immer in Anführungsstriche zu setzen, um den Unterschied zwischen beiden zu verdeutlichen.

1.3 Artbildung

Die Entstehung neuer Taxa ist eine der wichtigsten Folgen der Evolution und basiert immer auf einer Isolation von Teilpopulationen, die sich unabhängig von der Hauptpopulation weiter reproduzieren und entwickeln. Dabei umfasst eine **Population** eine Gruppe von Individuen der gleichen Taxa in einem Areal, wobei die Individuen durch einen gemeinsamen Entstehungsprozess miteinander verbunden sind und eine Fortpflanzungsgemeinschaft (generativ oder vegetativ) bilden. Ab einem gewissen Grad der Differenzierung entwickeln sich Taxa zu Arten. Die Theorie, nach der Arten aus gemeinsamer Abstammung durch allmähliche Veränderung hervorgehen und Individuen durch Selektion differenzielle Reproduktionserfolge erlangen, heißt **Evolutionstheorie** und wurde von **Charles Darwin** in seinem Werk ***On The Origin of Species*** (Über die Entstehung der Arten im Thier- und Pflanzen-Reich durch natürliche Züchtung, oder Erhaltung der vervollkommneten Rassen im Kampfe um's Daseyn, 1859) begründet, erklärt und beschrieben.

Die Triebkräfte und Mechanismen der Evolution basieren auf folgenden Faktoren bzw. einer Kombination dieser Faktoren:

1. Veränderung der Erbanlagen durch **Mutation**,
2. Neukombination der Erbanlagen durch **Rekombination** (inklusive **Hybridisierung**),

3. **Selektion** (Auslese) einzelner Genotypen durch einen Fitnessvorteil,
4. Fixierung von Merkmalen durch **Isolation**.

Die **adaptive Radiation** bezeichnet eine gegenseitige Wechselwirkung der verschiedenen Evolutionsfaktoren miteinander, die zu einer beschleunigten Evolution führen können. In Ergänzung zu diesen in natürlichen Populationen wirkenden **Evolutionsfaktoren** spielt die „Gentechnik" als ein vom Menschen entwickelter Mechanismus zunehmend eine wichtige Rolle, insbesondere in der Evolution der Kulturpflanzen. In beiden Gruppen, Wildpflanzen wie Kulturpflanzen, wirken die gleichen Evolutionsfaktoren, mit Ausnahme der Gentechnik. In der Natur spielt für den Fortbestand der reproduktive Erfolg die wichtigste Rolle *(„survival of the fittest")*, in der Kultur die Nutzung und Selektion durch den Menschen *(„survival of the fattest")*.

1.3.1 Mutationen

Eine **Mutation** ist *per se* eine dauerhafte, ungerichtete Veränderung des Erbgutes, also der DNA. Eine Mutation kann sich auf die DNA des Zellkerns (z. B. Gen-, Chromosomen- oder Genommutation), der Chloroplasten (Plastommutation) und/oder der Mitochondrien (Chondrommutation) beziehen. Man unterscheidet **letale Mutationen,** die einen Organismus nicht mehr lebensfähig machen und zum Tod des Individuums führen. Ferner gibt es **stille Mutationen,** die keinerlei Folgen für den Organismus haben, z. B. in nicht-codierenden Regionen des Erbgutes, und **neutrale Mutationen,** die den **Phänotyp** (das äußere Erscheinungsbild) verändern, aber keine Konsequenz für die Fitness des Organismus haben. Dem gegenüber stehen **vorteilhafte Mutationen (*gain-of-function*-Mutationen).** Diese vergleichsweise seltenen Mutationen verschaffen ihrem Träger einen leichten Vorteil gegenüber seinen Artgenossen. Die Veränderung der DNA kann nur eine Zelle betreffen, oder sie wird an die Tochterzellen weitergegeben. Mutationen in Gewebezellen werden somatische Mutationen genannt, während Mutationen, die an Nachkommen weitergegeben wird, als Keimbahnmutationen bezeichnet werden. Beinhaltet ein Organismus detektierbare Mutationen, die von der natürlichen Reaktionsnorm abweichen, wird er auch **Mutante** genannt.

Als **Genmutation** werden punktuelle Veränderungen der DNA, z. B. durch Veränderung eines (Punktmutation) oder mehrerer Nukleotide, bezeichnet. Dieser Begriff wird fälschlicherweise sowohl auf codierende **(Gene)** als auch auf nicht-codierende Bereiche (z. B. **Spacer**) der Erbsubstanz angewendet. Die Veränderung kann auch auf dem Einschub von Nukleotiden basieren **(Insertion)** bzw. auf einem Verlust **(Deletion),** wobei beide Mutationstypen im codierenden Bereich aufgrund der Triplettcodierung des genetischen Codes einen *frameshift,* also eine Veränderung des Ableserahmens, bewirken und damit essenzielle Auswirkungen auf die Funktionalität eines Organismus haben können. **Spontane Mutationen** (willkürlich auftretend) sind in der Natur relativ seltene, aber doch mehr oder weniger konstant auftretende Ereignisse **(Mutationsrate),** die man sich z. B. bei der Rekonstruktion der molekularen Uhr ***(molecular clock)*** zunutze macht, indem man die Mutationsereignisse in einen zeitlichen Rahmen stellt, um die evolutionäre Aufspaltung taxonomischer Gruppen zu datieren. Die Mutationsrate kann jedoch auch zwischen verschiedenen Genen und Chromosomenabschnitten eines Individuums, zwischen verschiedenen Genotypen einer Sippe, aber auch zwischen verschiedenen Sippen zum Teil große Unterschiede aufweisen.

Chromosomenmutationen (◘ Abb. 1.6) entstehen durch **Deletion** (Verlust eines Teilstücks des Chromosoms), **Translokation** (Chromosomenbruchstücke werden an anderer Stelle wieder angeheftet), **Duplikation** (z. B. Verdoppelung von Chromosomenarmstücken) und/oder **Inversion** (Einfügen eines

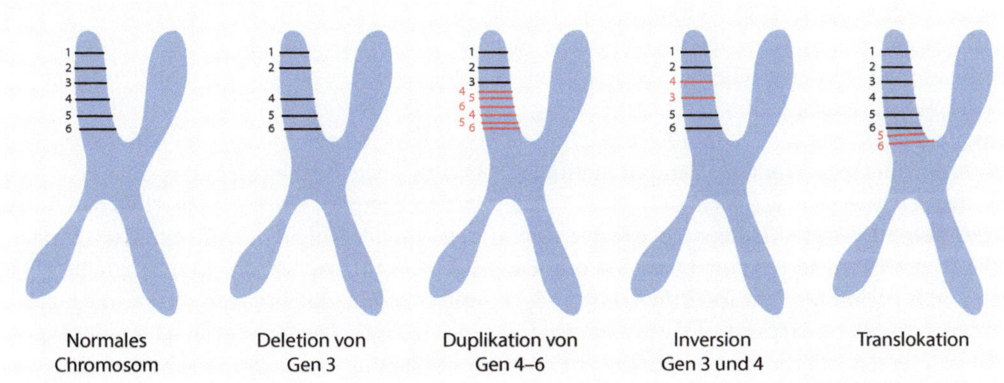

Abb. 1.6 Chromosomale Mutationen. **a** Normales Chromosom. **b** Deletion von Gen 3. **c** Inversion der Gene 3 und 4. d Duplikation der Gene 5 und 6. **e** Translokation der Gene 5 und 6

Chromosomenbruchstückes in veränderter Reihenfolge). Durch Umbau von Chromosomenteilen kann sich aber auch die Chromosomenzahl eines Organismus ändern, z. B. in Form einer aufsteigenden oder absteigenden **Dysploidie**. Ändert sich die Chromosomenzahl, kann dies jedoch auch auf eine **Genommutation** durch ungleiche Verteilung der Chromosomen während der Mitose oder Meiose **(Aneuploidie)** zurückzuführen sein, was auch in einer Vervielfachung der Chromosomensätze **(Polyploidie)** resultieren kann. Zum Teil hat eine Veränderung des Chromosomensatzes rein morphologisch für den Phänotyp keine Auswirkungen. Dies ist z. B. bei dem Farn *Asplenium trichomanes* L. der Fall. Hier unterscheiden sich die diploiden Taxa nur durch eine Habitatpräferenz auf saurem Boden gegenüber den triploiden Vertretern, die bevorzugt auf basischen Böden wachsen; beide Formen sind jedoch morphologisch nicht unterscheidbar. Chromosomen- und Genommutationen treten häufig bei Hybridisierungsereignissen zwischen verschiedenen Arten auf. Chromosomenmutationen sind besonders eingehend an Vertretern der Gattungen *Crepis* (Compositae, Asteraceae) untersucht worden (z. B. Babcock 1947).

1.3.2 Rekombination (inklusive Hybridisierung)

Unter **Rekombination** versteht man in der Biologie den Austausch von Allelen (Genvarianten, die an identischen Stellen auf dem jeweils gleichen Chromosom vorkommen). Bei der Rekombination findet eine Neuverteilung und Neuanordnung von genetischem Material zweier Individuen statt, wodurch es zu neuen Gen- und Merkmalskombinationen kommen kann. Gregor Johann Mendel (1822–1884) war der Erste, der dies anhand von Kreuzungsversuchen an ausgewählten Erbsensorten 1855 erkannte, wobei er Merkmale heranzog, die jeweils von nur einem Gen festgelegt werden (Mendel 1866). Dabei gilt zu beachten, dass jedes Gen in Form von zwei Kopien **(Allelen)** im Genom vorliegt. **Mendel** entdeckte, dass diploide Organismen auf ihren beiden (gleichen) **homologen** Chromosomen am betreffenden Genort entweder zwei gleiche Allele **(Homozygotie)** des betreffenden Gens oder aber zwei unterschiedliche Allele **(Heterozygotie)** eines Gens besitzen können (Kasten 1.5).

Durch Rekombination verändern sich Merkmalsausprägungen, weshalb insbesondere Rekombinationen und Mutationen hauptverantwortlich für Heterozygotie sind und damit die genetische Variabilität von Populationen fördern. Hierbei bilden genetische Variationen die Basis für Anpassungsmöglichkeiten und Veränderungen im Evolutionsprozess. Wie viele Rekombinationen in einer Population erfolgen, hängt von der **Rekombinationsrate** (Häufigkeit der Neuverteilung des Erbmaterials) ab. Diese kann hoch sein, z. B. wenn der Ausbreitungsradius der Pollen und/oder **Diasporen** (Verbreitungseinheit, die einen oder mehrere Samen enthält) groß ist, eine Fremdbefruchtung erfolgt **(Allogamie)** sowie bei einer kurzen Generationsdauer. Rekombinationsraten können aber auch niedrig sein, bedingt durch Selbstbefruchtung **(Autogamie), Apomixis** (Verlust der sexuellen Fortpflanzung), Isolationsbarrieren, lange Generationszeiten und geringe Populationsgrößen.

Rekombinationsvorgänge, die über die normale Fortpflanzungsgemeinschaft hinausgehen – also Taxa-übergreifend sind –, nennt man **Hybridisierung oder Bastardierung.** Eine Sonderform der Hybridisierung ist die **Introgression.** Hier hybridisieren verschiedene Eltern nur punktuell miteinander, z. B. bei veränderten Klimaverhältnissen oder ausgelöst durch Diasporen- oder Pollenverbreitung via Wirbelstürme, sodass neue Gene in den Genpool eines Taxons eingebracht werden. In den folgenden Generationen paaren sich jedoch wieder die ursprünglichen Taxa miteinander und kreuzen sich wieder zurück zum eigentlichen Phänotyp. Der Genotyp verweist häufig jedoch noch sehr viel länger auf die punktuelle Hybridisierung, die sehr lange nachweisbar sein kann. Dieser Effekt wird im Pflanzenreich zum Teil häufig bei den meist maternal (mütterlich, d. h. über die Eizelle) vererbten Organellen sichtbar. Ist zufällig der ungewöhnliche Hybridpartner maternal und etabliert sich in einer Population, so verweisen der Phänotyp und der Genotyp des Kerngenoms aufgrund seiner Rekombination auf die Ursprungspopulation, während die Organellen der Taxa die Introgression widerspiegeln.

Abb. 1.7 Geflammte Blütenfarbe durch kodominante Vererbung bei der Japanischen Wunderblume (*Mirabilis jalapa*). (Foto: Kenpei, CC-BY-SA 2.1, unverändert)

Kasten 1.5: Mendel'sche Regeln

Gregor Johann Mendel entdeckte 1865 wie Gene vererbt werden, indem er Erbsen mit verschiedenen Merkmalseigenschaften über mehrere Generationen hinweg gezielt kreuzte und dabei die Veränderung von Merkmalen analysierte. Dabei untersuchte Mendel Merkmale, die nur durch ein Gen ausgeprägt werden (monogener Erbgang), während man heute weiß, dass viele Merkmale einen polygenen Ursprung haben, d. h. es werden mehrere Gene zur Merkmalsausprägung benötigt. Dadurch weiß man heute, dass zusätzlich zu den Mendel'schen Regeln noch **Genkopplungen** und extrachromosomale Vererbungswege (unabhängig von den Chromosomen, z. B. in Bezug auf das Genom der Chloroplasten und Mitochondrien, die nicht der Rekombination unterliegen, sondern im Pflanzenreich meist maternal vererbt werden) für den Erbgang von Bedeutung sind.

Mendel stellte drei Thesen auf:

1. Die **Uniformitätsregel** besagt, dass bei Kreuzung von zwei reinerbigen, **homozygoten Eltern** (die beiden Allele [Ausprägungen eines Merkmals/Gens] sind identisch, z. B. XX oder xx), die sich in einem Merkmal unterscheiden, die Tochtergeneration uniform ist, sowohl im **Phänotyp** (äußeres Erscheinungsbild) als auch im **Genotyp** (genetische Ausstattung eines Organismus). Dabei ist die Form des Erbgangs von Bedeutung. Handelt es sich um einen **dominant-rezessiven** Erbgang, so wird im Phänotyp der heterozygoten Tochtergeneration, deren Allele sich in einem bestimmten Merkmal unterscheiden, nur der Phänotyp des dominanten Elter ausgeprägt, während die Information des rezessiven Elter weitergegeben, aber nicht ausgeprägt wird. Beim **intermediären Erbgang** findet sich in der Tochtergeneration die Ausprägung einer Mischform zwischen beiden Elternmerkmalen, z. B. wenn der eine Elter rote und der andere weiße Blüten hat, bildet die Tochtergeneration rosa Blüten aus. Beim **kodominanten Erbgang** werden die Merkmale beider Eltern ausgeprägt (◘ Abb. 1.7).
2. Die **Spaltungsregel** besagt, dass eine Kreuzung der Tochtergenerationen aus Eltern mit einem reinerbigen homozygoten Merkmal in einem bestimmten Verhältnis Nachkommen mit entsprechenden Merkmalsausprägungen bilden. Bei einem dominant-rezessiven Erbgang wird sich die dominante Merkmalsausprägung in ¾ aller Individuen wiederfinden **(Spaltungsverhältnis 3:1)**, bei einem intermediären Erbgang ist das Verhältnis **1:2:1**, d. h. jeweils ein Individuum bildet einen der beiden Elterphänotypen aus, während zwei intermediär sind. Werden die gekreuzten Tochtergenerationen wiederum gekreuzt, spaltet sich das Verhältnis weiter auf, was man sich in der Pflanzenzüchtung zunutze macht, indem gezielt reinerbige bzw. mischerbige Generationen auch durch Rückkreuzungen erzeugt werden.
3. Die **Unabhängigkeitsregel** besagt, dass zwei voneinander unabhängige Merkmale des Phänotyps auch genetisch unabhängig vererbt werden können.

1.3.3 Selektion

Nach der Evolutionstheorie erfolgt eine **Selektion** in der Regel immer nach einer Mutation oder Rekombination bzw. Hybridisierung, wenn diese nicht auf stillen oder neutralen Mutationsereignissen beruhen. Selektion wirkt also als Evolutionsfaktor erst nachgeordnet, auf einer späteren Ebene als die anderen Evolutionsfaktoren. Mit Selektion wird die Auslese einzelner, besser an die vorherrschenden biotischen oder abiotischen

Bedingungen angepasster Genotypen bezeichnet. Bereits **Charles Darwin** (1809–1882) erkannte in seinem Werk *On the Origin of Species* (1859), dass es Selektionsfaktoren geben muss, die einen größeren Erfolg mancher Individuen gegenüber anderen bewirken, wenn diese einen Fitnessvorteil aufweisen (*„survival of the fittest"*). Dabei ist wichtig, dass Fitness Reproduktionserfolg bedeutet – und nicht gleichbedeutend mit Kraft, Größe oder Stärke ist. So kann es z. B. nach der Fernausbreitung von Diasporen (Ausbreitungseinheiten) auf eine Insel dort zu einer dauerhaften Besiedlung kommen **(Gründereffekt).** In dieser neuen, kleinen Population kann es zufällig zur Eliminierung oder Fixierung von Allelen kommen, die sich aufgrund der kleinen Populationsgröße leichter etablieren, was als **genetische Drift** – mit Variation zur ursprünglichen Herkunftspopulation – bezeichnet wird. Individuen mit hoher Fitness werden in der Regel gegenüber denen mit niedriger Fitness durch Selektion ausgelesen. Eine **stabilisierende Selektion** verhindert eine Dominanz von Extremformen in einer Population, eine **gerichtete Selektion** verschiebt die Populationsvariabilität einseitig, während die **disruptive Selektion** zu einer Populationsaufspaltung aufgrund verschiedener Fitnessanpassungen führen kann. Neben der **natürlichen Selektion** durch einen Fitnessvorteil von besser an ihre Umwelt angepassten Individuen gegenüber anderen unterscheidet man in der Regel auch sexuelle und künstliche Selektion. Dabei bezieht sich **sexuelle Selektion** meist auf innerartliche phänotypische Merkmalsausprägungen (Merkmale der äußeren Gestalt), die zu einem erhöhten Reproduktionserfolg führen, jedoch im Sinne der natürlichen Selektion eigentlich von Nachteil wären (Beispiel: Die Entwicklung auffälligerer Blütenfarben dient der optimierten Bestäuberanlockung, kann aber auch Fraßfeinde anziehen). Die **künstliche Selektion** wird vom Menschen gesteuert zur Förderung bestimmter Merkmalseigenschaften, z. B. in der Landwirtschaft, um höhere Erträge zu erzielen. Häufig bedürfen künstlich selektierte Pflanzen starker menschlicher Pflege, da diese Pflanzen den Konkurrenzbedingungen natürlich selektierter Pflanzen nicht im vergleichbaren Maß standhalten würden, was daran zu erkennen ist, dass sich Kulturpflanzen nur sehr selten in Naturräumen ausbreiten.

1.3.4 Isolation

In der Evolutionsbiologie unterscheidet man zwischen verschiedenen **Isolationsfaktoren,** die zur Fixierung von Merkmalen führen und damit zu Artbildungsprozessen im Organismenreich beitragen. Sippen mit erhöhter Fitness, die sich durch Selektion herausdifferenziert haben, können durch Rekombination wieder verloren gehen, wenn kein Isolationsmechanismus den Genaustausch verhindert. Dabei muss jedoch nicht immer eine Selektion der Isolation vorangegangen sein, eine Isolation kann auch eine Selektion von spezialisierten Genotypen bewirken. Ist eine Isolation von Teilpopulationen erfolgt, können sich diese aufgrund von Mutationen, Rekombination und/oder genetischer Drift weiter differenzieren: Somit entwickeln sich unterschiedliche Phäno- und Genotypen, die sich morphologisch, anatomisch, genetisch und/oder im Stoffwechsel voneinander unterscheiden.

Artbildungsprozesse in der Evolution sind häufig durch geographische Veränderungen ausgelöst (getriggert; z. B. Gebirgsbildung, Kontinentaldrift, Vulkanismus etc.), was als **geographische Isolation** bezeichnet wird.

Grundsätzlich werden drei verschiedene Formen der Isolation und Artbildung unterschieden (◼ Abb. 1.8):

- allopatrische Artbildung,
- parapatrische Artbildung,
- sympatrische Artbildung.

Bei der **allopatrischen Artbildung** wird das Verbreitungsgebiet einer Art durch äußere Einflüsse geteilt, z. B. durch Gebirgsbildung

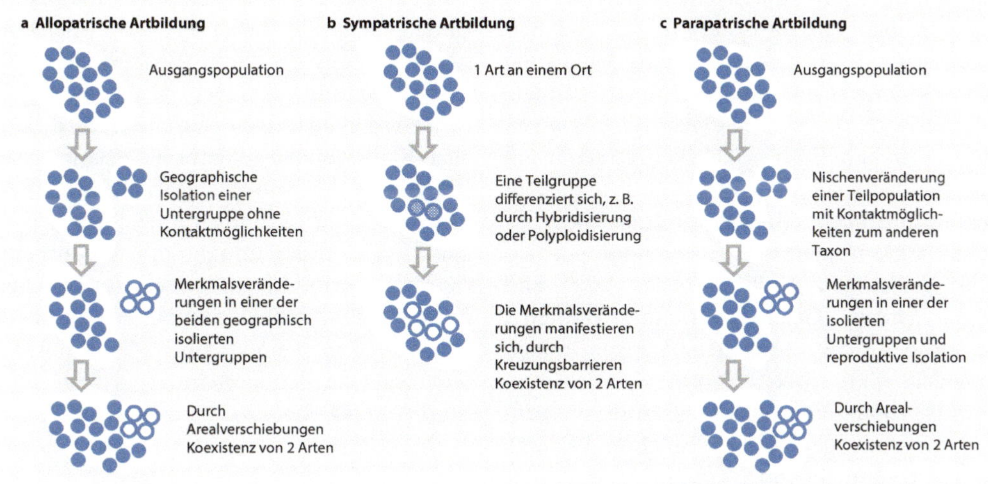

Abb. 1.8 Formen der Artbildung. **a** Allopatrische, **b** sympatrische, **c** parapatrische Artbildung

oder Kontinentaldrift. Unterliegen die Teilpopulationen unterschiedlichem Selektionsdruck und findet eine jeweilige Anpassung statt, kann dies dazu führen, dass sich die Individuen der beiden regionalen Bestände nicht mehr paaren können. Somit hat sich die ursprüngliche Art allopatrisch in zwei oder mehrere neue Arten aufgespalten. Als **Allopatrie** bezeichnet man die vollständige räumliche Trennung der Verbreitungsgebiete von Arten, Unterarten oder Populationen. Sind zwei Arten einer Gattung allopatrisch verbreitet, bedeutet dies, dass eine Begegnung und Kreuzung dieser Arten in freier Natur durch **geographische Isolation (Separation)** ausgeschlossen ist. Wenn die Verbreitungsgebiete unmittelbar benachbart sind, sich aber nicht überlappen, so spricht man von **parapatrischer Verbreitung.** Ausgangspunkt für eine **parapatrische Artbildung** ist die Verbreitung einer Art in einem Areal mit z. B. relativ einheitlichen Umweltbedingungen. Ändern sich nun in Teilarealen die Umweltfaktoren, so wirken unterschiedliche Selektionsdrücke auf die Art. Reagieren die Teilpopulationen daraufhin mit unterschiedlichen Evolutionsmustern, können lokale Unterarten entstehen. Werden diese Unterschiede zwischen den Teilpopulationen so groß, dass sich die Individuen der Unterarten nicht mehr weitervermehren, hat sich die ursprüngliche Art parapatrisch in zwei oder mehrere neue Arten aufgespalten. **Sympatrische Artbildung** beruht auf einem Artbildungsereignis im selben geographischen Gebiet ohne geographische Isolation. Lange wurde kontrovers diskutiert, ob Artbildung ohne Isolation überhaupt erfolgen kann. Während sympatrische Artbildung bislang in nur wenigen Beispielen im Tierreich nachgewiesen ist, ist es im Pflanzenreich häufiger, da es neben einer geographischen Isolation auch weitere Isolationsformen gibt, z. B. die genetische Isolation oder blütenökologische Isolation. Bei Pflanzen wird genetische Isolation häufig durch Polyploidisierung ausgelöst. Verdoppelt sich der Chromosomensatz in Individuen einer Population, so können sich Polyploide nicht mehr mit diploiden Individuen kreuzen. Der Genfluss zwischen den Teilpopulationen wird unterbrochen, dies kann den Beginn eines sympatrischen Speziationsprozesses darstellen.

Isolation kann aber auch durch eine unterschiedliche ökologische Anpassung zweier Populationen erfolgen, z. B. durch

Anpassung an unterschiedliche Mikrohabitate **(ökologische Isolation).** So sind beispielsweise diverse Arten durch Anpassung an Schwermetallstandorte entstanden, wie etwa *Cerastium dominici* C. Favarger, eine Caryophyllaceae (Nelkengewächs) in Griechenland auf der Insel Rhodos, die auf serpentinhaltigen Böden **endemisch** (nur lokal vorkommend) ist, während *Cerastium glomeratum* Thuill auf der Insel und angrenzenden Gebieten weiter verbreitet ist und nicht-schwermetallhaltige Böden besiedelt. Eine weitere Form der Isolation wird **reproduktive Isolation** genannt, die zum Teil auf einer genetischen Isolation basieren kann, sie kann aber auch ökologisch oder biochemisch begründet sein. Reproduktive Isolation führt dazu, dass der Genfluss zwischen Organismen einer Art aufgrund von Mutationen im generativen System unterbrochen wird. Dieser Isolationsfaktor spielt daher bei Organismen mit sexueller Fortpflanzung eine Rolle. Ein Beispiel für reproduktive Isolation ist die Blühzeitverschiebung der einheimischen Holunderarten. So blüht der Rote Holunder, *Sambucus racemosa* L., früh im Jahr, während der Schwarze Holunder, *S. nigra* L., später blüht; experimentell sind beide Arten jedoch kreuzungsfähig. Ferner können genetische Mutationen zu sexueller Inkompatibilität führen, z. B. wie oben beschrieben aufgrund unterschiedlicher Chromosomenzahlen (Ploidiestufen).

1.3.5 Adaptive Radiation

In der Evolutionsbiologie versteht man unter **adaptiver Radiation** die Auffächerung (Radiation) einer wenig spezialisierten Art durch Herausbildung spezifischer Anpassungen (Adaptationen) an vorhandene Umweltverhältnisse in eine Reihe stärker spezialisierte Arten. In der Regel ist mit diesem Mechanismus der adaptiven Radiation häufig sowohl eine Isolation als auch eine Anpassung an neue ökologische Nischen verbunden. Voraussetzungen für adaptive Radiationen sind genetische Variation sowie Selektion, häufig begünstigt durch Neubesiedlung von Habitaten und geringer Konkurrenz. Der Prozess der adaptiven Radiation wird häufig auch **Kladogenese** genannt. So gelangten z. B. Individuen des Natternkopfes, *Echium* (Boraginaceae oder Rauhblattgewächse), auf die kanarischen Inseln und durchliefen dort einen rasanten Artbildungsprozess, sodass heute über 28 verschiedene *Echium*-Arten auf den Inseln zu finden sind, wobei 24 von ihnen im Gegensatz zu den Festlandarten zudem verholzt sind (◘ Abb. 1.9).

1.4 Systematische Forschung und Phylogenie

Die systematische Forschungsarbeit umfasst nicht nur die Beschreibung von natürlichen Abstammungsgemeinschaften (Systematik), sondern resultiert in der Regel auch in der Inventarisierung von regionalen Pflanzenwelten **(Flora)** durch die Inventarisierung von Arten in Checklisten. **Bestimmungsschlüssel** dienen der Identifikation von Pflanzen. In **Florenwerken** oder kurz **Floren** (Singular: **Flora**) werden in der Regel alle in einer Region vorkommenden Pflanzen inklusive Bestimmungsschlüssel und häufig zusätzlicher taxonomischer, morphologischer, ökologischer und biogeographischer Angaben aufgelistet. Die **Vegetation** umfasst im Gegensatz zur Flora die gesamte Pflanzenwelt, die durch abiotische (z. B. Klima, Boden, Relief, Gestein, Wasserhaushalt) und biotische Einflüsse gekennzeichnet ist. Systematiker schreiben ferner **Monographien** (umfassende taxonomische Abhandlungen über Taxa), **Revisionen** (taxonomische Überarbeitungen) sowie **Chorologien** (Arbeiten zur Arealkunde einzelner Taxa). Dafür gehen Botaniker ins Feld und sammeln, pressen und trocknen Pflanzenmaterial, das in Herbarien langzeitgelagert wird. An diesen Belegen findet in der Regel systematische Forschung statt, denn

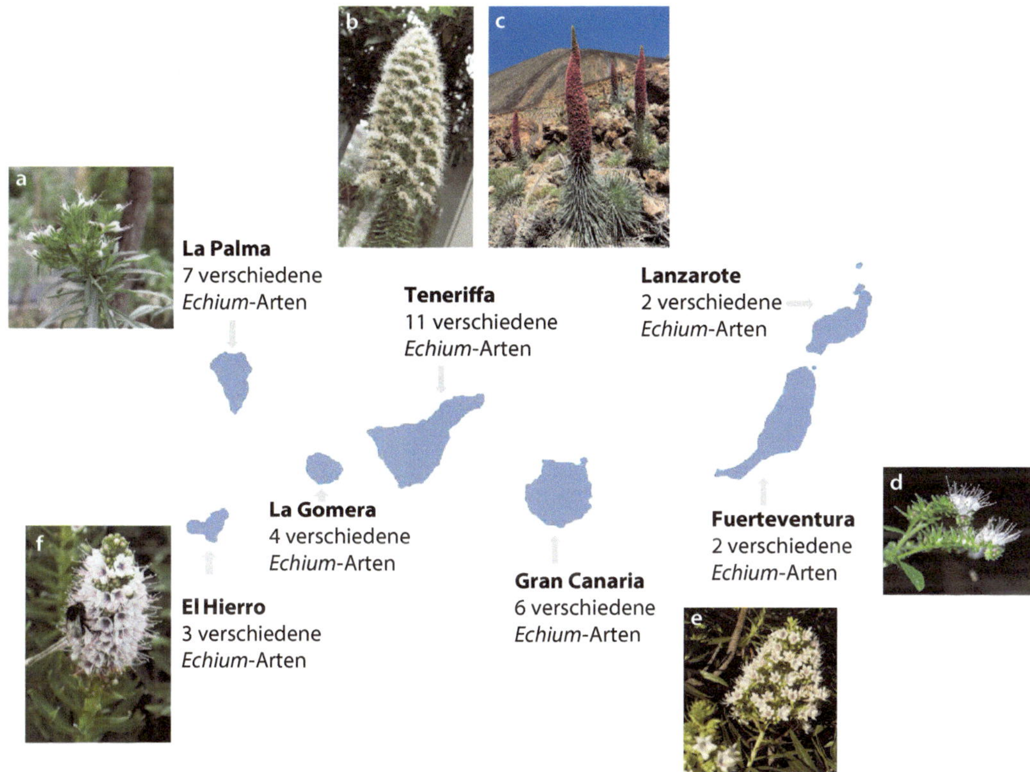

◘ Abb. 1.9 Adaptive Radiation der Natternköpfe (Gattung *Echium*) innerhalb der Familie der Rauhblattgewächse (Boraginaceae) auf den Kanarischen Inseln, wobei manche Arten auf mehreren Inseln vorkommen. **a** *Echium brevirame* (La Palma); **b** *Echium simplex* (Teneriffa); **c** *Echium wildpretii* (Teneriffa); **d** *Echium handiense* (Fuerteventura); **e** *Echium callithyrsum* (Gran Canaria); **f** *Echium hierrense* in der Nähe von San Andrés (El Hierro). (Karte verändert nach García-Maroto et al. 2009; Fotos **a**, **b**, **d**: S. Mutz; **c**: Jörg Hempel, CC-BY-SA 3.0; **f**: H.-U. Küenle, CC-BY-SS 4.0, alle leicht verändert)

nur wenn umfangreiches Vergleichsmaterial (meist zur Blüte oder Fruchtreife) aus unterschiedlichen Regionen zur Verfügung steht, können eingehende Studien daran erfolgen (◘ Abb. 1.5, 1.10).

1.4.1 Merkmale zur Beurteilung von Ähnlichkeit und Verwandtschaft

Die Beurteilung von Ähnlichkeiten beruht auf einem Merkmalsvergleich verschiedener Individuen (Taxa) miteinander (Templeton 1989). In einem evolutionären Kontext wird davon ausgegangen, dass sich Merkmale (engl. *character*) und Merkmalsunterschiede (engl. *character states*) von einer zur nächsten Generation weitervererben. Darauf basiert die Grundannahme, dass Individuen, die sich ähnlicher sind, näher miteinander verwandt sind; mit steigender Unähnlichkeit sinkt auch der Verwandtschaftsgrad. Der Grad der Verwandtschaft zwischen verschiedenen Taxa ist durch den **Zeitpunkt ihrer Isolation** voneinander gekennzeichnet, also dem Ende der regelmäßigen wechselseitigen Befruchtung zwischen ihnen. Dies kann zwischen Individuen einer Population, aber auch zwischen verschiedenen Populationen, Arten, Familien etc. auf jeder taxonomischen Ebene evaluiert werden, wenn für die jeweils kennzeichnende Rangstufe **charakteristische Merkmalsunterschiede** zur Verfügung stehen. Um die Ähnlichkeit

1

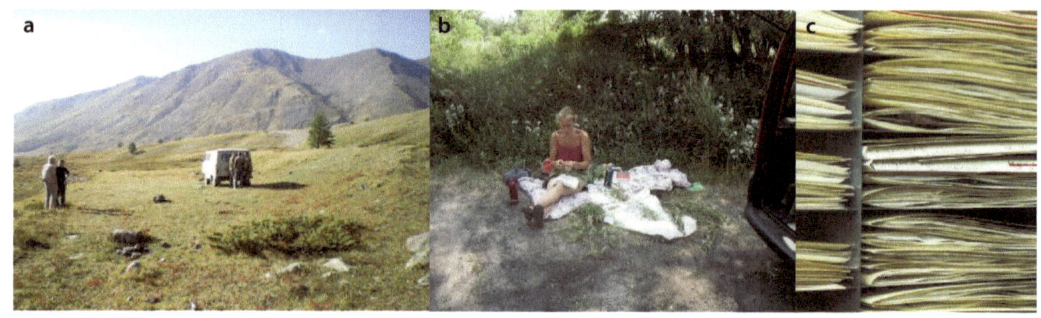

Abb. 1.10 Systematische Arbeiten. **a** Systematiker auf Expedition; **b** Herbarisieren und Identifizieren von Pflanzen im Feld; **c** Herbarien, die getrocknete Pflanzen über Jahrhunderte hinweg bewahren, um als Referenzmaterial zum Vergleich, zur Verifikation und Identifikation zu dienen.

oder Unähnlichkeit in einen evolutionären Zusammenhang zu stellen, bedarf es Vergleichsmaßstäben, z. B. in Form von Fossilien, die auf einen gemeinsamen Vorfahren einer Verwandtschaftsgruppe verweisen, oder in Form einer **„Außengruppe"** (engl. *outgroup*), von der bekannt ist, dass sie mit der zu analysierenden Fokusgruppe nahe verwandt ist, aber nicht Bestandteil derselben ist. Als Merkmale werden heute meist **molekulare Merkmale** zum Vergleich herangezogen (Hall 2011, 2013). Mit dem Erbgut (den Genen und nichtkodierenden Regionen) steht eine Vielzahl von Merkmalen zur Verfügung, von welchen bekannt ist, dass sie von einer Generation zur nächsten weitervererbt werden, eine Umweltunabhängigkeit besitzen, zahlreich vorhanden sind, leicht und reproduzierbar zu generieren sind und für sehr viele verschiedene taxonomische Rangstufen indikative Merkmalsunterschiede aufweisen. Neben molekularen Merkmalen können jedoch auch alle anderen evolutionär informativen Merkmale zur Beurteilung von Ähnlichkeiten und Verwandtschaften herangezogen werden, z. B. **morphologische, anatomische, karyologische, physiologische** und **biogeographische Merkmale** Sober 2008. Hierbei bleibt zu unterscheiden, ob die Merkmalsausprägungen aufgrund genetischer Vererbungsprozesse entstanden sind oder sich durch **ökologische Anpassungen (Epigenetik)** entwickelt haben, wobei Letztere als Merkmale zur Rekonstruktion von evolutionären Verwandtschaftsverhältnissen ungeeignet sind. Außerdem gilt zu berücksichtigen, dass mit einer zu geringen Anzahl an Merkmalen als Vergleichsmaßstab nur eine sehr ungenaue Beurteilung von Ähnlichkeiten und Verwandtschaften erfolgen kann.

Es bedarf der Erstellung einer **Merkmalstabelle (Matrix),** um Stammbaumrekonstruktionen durchführen zu können (Felsenstein 2004); bei einem Vergleich von definierten molekularen Sequenzabschnitten wird diese Merkmalstabelle **Alignment** genannt. Bei der Erstellung einer Merkmalstabelle ist es wichtig, dass vergleichbare (homologe) Merkmale (z. B. Nukleotide der Sequenz der gleichen Position) zueinander gleich angeordnet sind, um die Unterschiede zwischen Taxa zu ermitteln. Dabei müssen – nach kladistischen Prinzipien (► Abschn. 1.2) – die **Homologiekriterien** erfüllt sein[1], und es dürfen Merkmalsausprägungen nicht auf **Homoplasie**[2] oder **Analogie**[3] beruhen (► Abschn. 1.2.1).

---

1 Homologien bestehen, wenn sie evolutionär auf einen gemeinsamen Bauplan eines gemeinsamen Vorfahrens zurückgehen. Dabei müssen die Merkmale 1) eine gleiche Lage im Gefügesystem aufweisen, 2) übereinstimmende oder vergleichbare Feinstrukturen aufweisen und 3) durch Zwischen- oder Übergangsformen miteinander verbunden sein.

2 Ähnlichkeiten in einzelnen Merkmalen die auf keinen gemeinsamen evolutionären Ursprung zurückzuführen sind.

3 Merkmalsähnlichkeiten aufgrund einer Anpassung an gleiche Funktionen.

Nicht alle molekularen Merkmale besitzen auf allen taxonomischen Rangstufen ein Auflösungsvermögen, das zur Rekonstruktion der jeweiligen evolutionären Verwandtschaftsverhältnisse durch **Sequenzierung** und **Sequenzvergleich** (Ablesen einer bestimmten DNA-Region und Vergleich dieser mit derjenigen anderer Taxa) geeignet ist. Der Photosyntheseapparat des Chloroplasten bei Pflanzen ist z. B. so überlebenswichtig, dass nur wenige Mutationen erfolgen dürfen, um die Gesamtfunktionalität nicht zu gefährden und das Überleben der Pflanzen zu gewährleisten – deshalb sind Gene der Chloroplasten-DNA nur zur Rekonstruktion höherer taxonomischer Rangstufen geeignet. Für „niedere taxonomische Fragestellungen" in evolutionär kürzeren Zeitabständen müssen variablere DNA-Regionen, z. B. des Zellkerns, herangezogen werden. Da jedoch nur 10 % des nukleären Genoms codierend ist und somit viele ähnliche, aber „stillgelegte Regionen" vorhanden sind, die nicht funktional sind, ist die Amplifikation von Kernregionen zum Teil schwierig. Hier werden mitunter Multi-*copy*-Marker verwendet, die häufiger im Genom vorhanden sind, wobei jedoch das Problem unterschiedlicher Kopien und deren Interpretation besteht. Viele systematische Analysen jüngerer evolutionärer Prozesse, z. B. in Bezug auf populationsgenetische Analysen, beruhen deshalb auf einem **Fragmentlängenvergleich** multipler DNA-Regionen verschiedener Taxa zueinander (z. B. *amplified fragment length polymorphism*, **AFLP**; *restriction fragment length polymorphism*, **RFLP;** *inter simple sequence repeat*, **ISSR;** *random amplified polymorphic DNA*, **RAPD**) unter der Grundannahme, dass eine gleiche Fragmentlänge auf einem gleichen Merkmal beruht, was jedoch nicht unbedingt gewährleistet ist. Diese Techniken werden als **anonyme Markertechniken** bezeichnet und sind deshalb für Untersuchungen höherer taxonomischer Rangstufen ungeeignet und auf niedrigen Rangstufen (Populationsvergleich, Artvergleich) umstritten.

Neue Sequenzierhochdurchsatzmethoden (*Next Generation Sequencing*, NGS) ermöglichen im *Omics*-Zeitalter, dass multiple Genregionen oder Fragmente von multiplen Individuen im Hochdurchsatz gleichzeitig sequenziert werden können (z. B. via *hybrid enrichment; genotyping by sequencing*, GBS; *restriction site associated DNA markers*, Rad-Seq u. a.) und so eine Fülle von Merkmalen zur Verfügung steht, deren Interpretation allerdings schwierig und bioinformatisch extrem aufwendig ist. Dies führt jedoch dazu, dass die taxonomische Forschung extrem integrativ geworden ist, sodass neben herkömmlichen Techniken neue molekularbiologische Datensätze, moderne Bildgebungsverfahren, global vernetzte Online-Datenbanken und diverse statistische Analyseverfahren angewandt werden können, um Merkmalstabellen zu erstellen, aus welchen z. B. phylogenetische Stammbäume rekonstruiert werden können.

1.4.2 Stammbäume

Stammbäume bestehen aus Ästen, an deren Enden **(Terminalen)** die rezenten Taxa stehen, sowie aus **Knoten,** die den gemeinsamen Vorfahren repräsentieren. Jeder Knoten in einem Stammbaum repräsentiert eine taxonomische Einheit, wobei innere Knoten oft als hypothetische taxonomische Einheiten bezeichnet werden, da die entsprechenden Taxa nicht mehr beobachtet werden können. Stammbäume können zum einen das Ergebnis eines hierarchischen Clusterings darstellen **(Kladogramm),** dann haben die Astlängen keine Bedeutung. Zum anderen können sie die Anzahl der Merkmalsunterschiede **(Mutationen),** die zwischen den beiden Evolutionslinien bestehen, repräsentieren **(Phylogramm)** (▪ Abb. 1.11) (Knoop und Müller 2009).

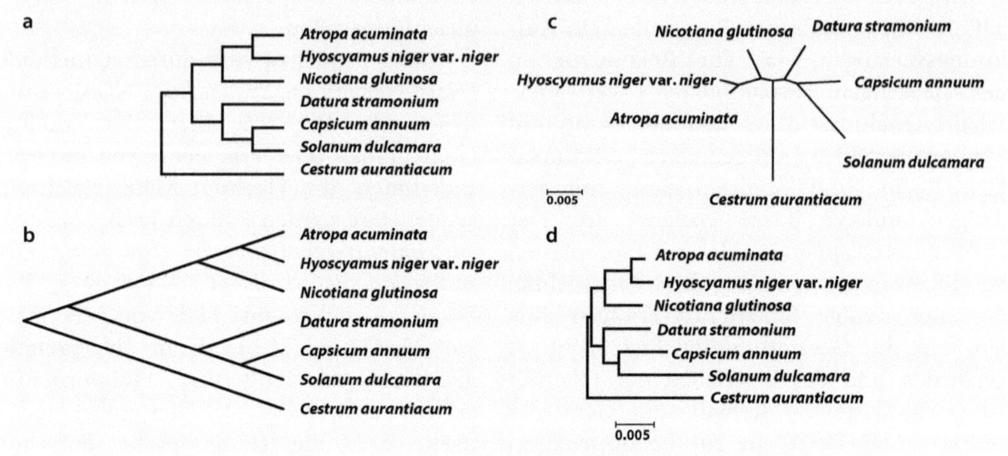

Abb. 1.11 Verschiedene Stammbaumdarstellungen desselben Datensatzes, wobei die Cluster immer auf die gleichen Gruppierungen verweisen. **a**, **b** Kladogramme; **c** ungewurzeltes Phylogramm; **d**, gewurzeltes Phylogramm. Die Maßstäbe in c und d verweisen auf den Zusammenhang zwischen prozentualen Merkmalsähnlichkeiten und horizontalen Astlängen im Stammbaum.

Ein Stammbaum kann eine Wurzel haben (Abb. 1.11d), entweder durch die Wahl einer Außengruppe oder die Definition eines inneren Knotens als Wurzel. Dies führt dazu, dass in einem Stammbaum nicht nur Taxa aufgrund ihrer Ähnlichkeiten und Unähnlichkeiten gruppiert werden, sondern Merkmalsveränderungen in einem evolutionären (phylogenetischen) Kontext repräsentiert werden. Dies zeigt jedoch auch die Bedeutung der Außengruppe, die sorgfältig gewählt werden muss, um sinnvolle Ergebnisse erzielen zu können. Neben der Außengruppe (Abb. 1.12) gibt es eine Innengruppe sowie **Schwesterngruppen,** die benachbarte monophyletische Linien repräsentieren. **Monophyletische Taxa** (Abb. 1.12) besitzen einen gemeinsamen Vorfahren und umfassen alle Taxa, die von diesem gemeinsamen Vorfahren abstammen. Das Monophylum ist durch **Apomorphien** (Abb. 1.12) gekennzeichnet: Merkmalsentwicklungen – die auch **Synapomorphien** genannt werden, wenn es gemeinsame Weiterentwicklungen sind –, die für diese monophyletische Gruppe charakteristisch sind und diese von anderen Gruppen eindeutig unterscheiden. **Paraphyletische Taxa** besitzen zwar eine gemeinsame Stammform, aber nicht alle Taxa dieses Schwestergruppenverhältnisses lassen sich aufgrund von Merkmalen eindeutig zu dieser Gruppe gliedern. Ein Paraphylum begründet sich durch **Plesiomorphien,** wobei ein Merkmal als plesiomorph bezeichnet wird, wenn es den Merkmalszustand gegenüber den Vorfahren nicht geändert hat. **Polyphyletisch** hingegen bedeutet, dass eine Gruppe keine gemeinsamen Vorfahren besitzt, also aus unterschiedlichen Evolutionslinien heraus entstanden ist.

Nur monophyletische Gruppen können nach kladistischen Prinzipien (▶ Abschn. 1.2.3, 1.4.3.2) realen taxonomischen Rangstufen entsprechen (Hennig 1966). Durch Hybridisierung über Artgrenzen hinweg, Introgression von Fremdgenen und nicht rekonstruierbare Evolutionsgeschichten aufgrund fehlender Fossilien kann diesem Prinzip jedoch nicht vollständig Rechnung getragen werden. Deshalb wird die Taxonomie voraussichtlich auch in Zukunft aus Praktikabilitätsgründen im Einzelnen mit nicht-monophyletischen Gruppen agieren bzw. wird es Dispute über die Auffassung

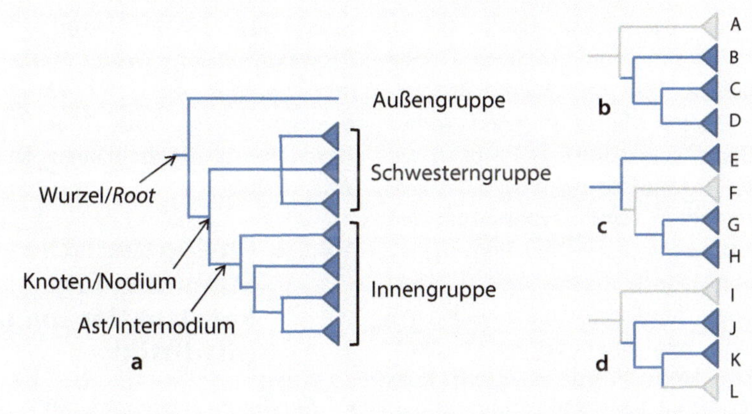

Abb. 1.12 **a** Stammbaumdefinitionen; **b–d** Grundbegriffe der Kladistik. **b** B, C, D sind monophyletisch. Betrachtet man B, C, D als Innengruppe, besitzen sie ein gemeinsames apomorphes Merkmal (Apomorphie) gegenüber der Außengruppe A, deren Merkmalszustand als ursprünglich oder plesiomorph (Plesiomorphie) bezeichnet wird. Kennzeichnet dieser Merkmalszustand nur ein Taxon, spricht man von Autapomorphie oder Autplesiomorphie; besitzen mehrere Individuen den Merkmalszustand, bezeichnet man dies als Synapomorphie oder Symplesiomorphie. Dementsprechend können z. B. die Taxa B, C, D ein synapomorphes Merkmal und I, L ein symplesiomorphes Merkmal besitzen, **c** E, G, H sind paraphyletisch; **d** J, K sind polyphyletisch.

taxonomischer Rangstufen sowie systematischer Veränderungen geben.

Phylogenetische Stammbäume basieren auf diversen Prinzipien. So besagt z. B. die **Dollo'sche Regel**, dass der Verlust einer gewissen Komplexität in Organismen niemals in phylogenetisch jüngeren Organismen wieder vollständig re-evolviert. Eine Rückkehr zu vorteilhaften Strukturen und Lebensformen wird bei einer **Selektion immer auf neuen Wegen** erfolgen. Dies hat zur Folge, dass eine Spezialisierung nicht unbedingt einen Verlust der Anpassungsfähigkeit bedeutet; allerdings ist für spezialisierte Taxa unter Umständen der Weg zur Ausbildung bestimmter neuer Merkmalseigenschaften weiter. Dies widerspricht partiell den Methoden der Stammbaumrekonstruktion, die auf der Annahme basieren, dass die geringste Zahl an evolutionären Mutationen die wahrscheinlichste ist, wobei Letzteres jedoch die einzig mögliche Hypothese ist, die die Berechenbarkeit ermöglicht.

1.4.3 Methoden der Stammbaumrekonstruktion

Der folgende Text stellt eine Kurzbeschreibung der komplexen Stammbaumberechnungsmethoden dar und soll dazu dienen, Stammbäume interpretieren zu können. Für Details, wie sie berechnet werden, wird am Ende des Kapitels auf weiterführende Literatur verwiesen.

1.4.3.1 Nummerische Stammbaumrekonstruktionsmethoden (Phänetik)

Die nummerische Stammbaumrekonstruktionsmethode entstammte ursprünglich einer Idee aus den 1960er- und 1970er-Jahren (Sokal und Sneath 1963, Sneath und Sokal 1973), eine biologische Taxonomie anhand morphologischer Merkmale mithilfe eines **Clusteralgorithmus** zu generieren. In der nummerischen Taxonomie werden Taxa in Cluster zusammengefasst, die gemeinsame Merkmalszustände haben. Das Cluster wiederum wird als neue Einheit gegen die anderen Taxa und Merkmalseigenschaften der weiteren Matrix gruppiert, sodass **„ein bester Baum"** entsteht. Das Problem der nummerischen Taxonomie ist, dass **nicht zwischen konvergenten und synapomorphen Merkmalen unterschieden** wird. Konvergente Evolution kann jedoch häufig eine Vielzahl morphologischer Merkmale nach sich ziehen, sodass ein rein **quantitativer Vergleich** irreführend sein kann. Würde man z. B. Kakteen und Wolfsmilchgewächse miteinander vergleichen, ist die Sukkulenz konvergent entstanden. Würde man weitere abhängige Merkmale in die Stammbaumrekonstruktion mit einbeziehen, wie z. B. große Zelllumina, dicke Kutikula, Anpassung an trockene Klimabedingungen etc., würde dies zu falschen Schlüssen und damit zu einem falschen Stammbaum führen. Die Wahl der Merkmale hat dementsprechend eine große Bedeutung.

Die Verwendung molekularer Merkmale zur nummerischen Stammbaumekonstruktion bedarf der Umwandlung der Merkmalsmatrix in eine **Distanzmatrix.** Die Taxa mit der geringsten Distanz zueinander werden zusammengeclustert und als neue Einheit betrachtet und wiederum gegen die Gesamtmatrix gestellt, bis alle Taxa in die Stammbaumrekonstruktion eingeflossen sind. **Nachteile** bei der Umwandlung in die Distanzmatrix sind, dass Informationen verloren gehen, Mutationen an unterschiedlichen Positionen dieselbe genetische Distanz hervorrufen können und Distanzen niemals in die ursprüngliche Merkmalsmatrix zurück umgewandelt werden können. Trotzdem gibt es auch heute noch Anwendungsbereiche, für die die nummerische Stammbaumrekonstruktion gut ist, insbesondere, wenn Ähnlichkeiten und Unähnlichkeiten evaluiert werden sollen bzw. Artkonzepte nicht anwendbar sind. Dies ist z. B. bei **populationsgenetischen Fragestellungen** sowie in der **Paläontologie** der Fall. Häufig verwendete Clusteranalysemethoden, insbesondere für molekulare Daten, sind z. B. **UPGMA** ***(Unweighted Pair Group Method with Arithmetic mean)*** oder **NJ** (***Neighbor Joining,*** ► Abschn. 1.2.3) mit Modifikationen und Optimierungsmöglichkeiten an evolutionäre Ansprüche.

1.4.3.2 Phylogenetische Stammbaumrekonstruktionsmethoden (Kladistik)

- ***Maximum Parsimony*** **(MP)**

Die phylogenetische Stammbaumrekonstruktion ist **optimiert für Sequenzdaten** und beruht auf den **kladistischen Ideen von Hennig** (► Abschn. 1.2.3), die Merkmale in einer Merkmalsmatrix als apomorphe bzw. plesiomorphe Merkmale zu bewerten (◘ Abb. 1.12). Durch die alleinige Verwendung apomorpher Merkmale sollte die Verwandtschaftsrekonstruktion eigentlich eindeutig sein. Dies ist jedoch aufgrund von konvergenten Mutationen, Parallelentwicklungen und Rückmutationen des Öfteren nicht der Fall. Widersprüchliche Signale fließen häufig in die Stammbaumrekonstruktion mit ein. Diese werden nach dem Prinzip der **größten Sparsamkeit** (***Maximum Parsimony,*** **MP)** bewertet, wobei davon ausgegangen wird, dass die geringste Zahl an plesiomorphen Merkmalen in einem evolutionären Kontext zur wahrscheinlichsten Verwandtschaftsrekonstruktion führt. Bei der Bewertung der Merkmalsübergänge in einem Stammbaum werden plesiomorphe Merkmale mit einer **„Kostenmatrix"** belegt. Stammbäume mit den minimalsten Kosten für die Übergänge sind nach kladistischen Bewertungsmethoden die wahrscheinlichsten. Um diese zu ermitteln, werden sehr viele verschiedene Stammbäume berechnet, bewertet, verworfen oder gespeichert. Die Suche nach dem besten Stammbaum kann sehr rechen- und damit zeitintensiv sein, weshalb man sich häufig **„heuristischen" Suchmethoden** bedient:

Durch oftmalige Wiederholung der Stammbaumkonstruktion, Veränderung der Topologie des erhaltenen Stammbaums *(Branch swapping)* und der Astlängen *(Branch-length optimization)* sowie die jeweilige „Kostenermittlung" wird nach einem Stammbaum gesucht, für den die Gesamtwahrscheinlichkeit der Matrixrepräsentation möglichst hoch (idealerweise eben „maximal") ist, ohne wirklich jede einzelne Baumtopologie für jeden Merkmalsübergang vollständig gerechnet zu haben. Dieses Verfahren verkürzt die Rechenzeit und Rechenkapazität. Die „kürzesten" Stammbäume werden als die wahrscheinlichsten gewertet. Häufig erhält man jedoch mehrere „beste Bäume", deren Verzweigungsmuster dann in statistischen Verfahren verglichen und bewertet werden müssen. Dies erfolgt meist in Form von **Konsensusbäumen,** die häufig statt Bifurkationen multiple Verzweigungen an einem Knoten aufweisen, weil die Merkmalsmatrix uneinheitliche Signale für diesen Knoten beinhaltet. Bei Konsensusbäumen verliert die Astlänge an Aussagekraft, weshalb diese immer als Kladogramme und nie als Phylogramme dargestellt werden, zum Teil mit prozentualen Angaben an den Ästen, zu wie viel Prozent dieses Verzweigungsmuster in multiplen „besten Stammbäumen" wiedergefunden wurde.

1.4.3.3 Wahrscheinlichkeitsmethoden

- ***Maximum Likelihood* (ML)**

Die ***Maximum Likelihood*** (ML)-Methode **testet die Wahrscheinlichkeit der Daten gegen eine Hypothese** (Wägele 2001). Die Hypothesen sind Baumtopologien mit verschiedenen Verzweigungsmustern, Astlängen und Evolutionsmodellen, die durch die Sequenzen hervorgerufen wurden. Es wird also der Baum gesucht, der mit der größten Wahrscheinlichkeit die Daten repräsentiert. ML testet alle möglichen Modelle, d. h. sehr viele verschiedene Topologien. Die **Gesamtwahrscheinlichkeit** eines Stammbaums setzt sich hierbei durch die **Summe der Einzelwahrscheinlichkeiten** an jedem Knoten zusammen. **Evolutionsmodelle,** die in die Berechnung mit einfließen können, sind beispielsweise, dass bei einem codierenden Gen die dritte Position eines Tripletts (Codons) variabler sein kann, ohne die Genfunktionalität zu beeinträchtigen, dass Austauschraten von Nukleinbasen mit gleicher Zahl an Wasserstoffbrückenbindungen wahrscheinlicher sind als mit ungleicher, die Austauschraten der vier Nukleotide in Sequenzen nicht gleichverteilt sind und demnach deren Mutationsraten auch nicht gleich wahrscheinlich sind etc. Wie MP basiert die ML-Berechnung auf dem **Alignment,** sie berücksichtigt neben den Ähnlichkeiten zweier Sequenzen auch die Art der Ähnlichkeit durch die Integration der Evolutionsmodelle und operiert mit einem Suchalgorithmus, der unter vielen möglichen Bäumen den optimalsten herausfiltert, denjenigen, der die größte Gesamtwahrscheinlichkeit durch die Summe der Wahrscheinlichkeiten an jedem Knoten hervorbringt. **Limitierend** ist bei der ML-Berechnung, dass mit wachsender Artenzahl (respektive Zahl der Gensequenzen im Alignment) die Zahl der möglichen Stammbäume sehr schnell zunimmt und die Berechnungsmethode somit **rechenkapazitäts**- und **zeitaufwendig** ist. Ferner ergeben nur **geeignete Evolutionsmodelle** sinnvolle Stammbäume, während die Wahl eines falschen Evolutionsmodells zu einem falschen Stammbaum führen kann. Zu berücksichtigen ist außerdem, dass die *Maximum Likelihood* eines Baums nicht die Wahrscheinlichkeit des Baums unter der Berücksichtigung der Daten ist, sondern die Wahrscheinlichkeit der Daten unter der Voraussetzung, dass ein Baum gegeben ist. Dies kann problematisch sein, wenn Bäume ähnliche *Likelihood*-Werte besitzen, aber einer von ihnen aufgrund seiner Verzweigungsmuster sehr unwahrscheinlich ist.

- **Bayes'sche Stammbaumberechnungsmethoden**

Hier bieten theoretisch die Bayes'schen Stammbaumrekonstruktionsmethoden einen Vorteil, indem man ***a-priori*-Informationen** der Verzweigungsstruktur in die Berechnung mit einfließen lässt. Bayes'sche Stammbaumrekonstruktionen berechnen die Wahrscheinlichkeit des Baums, bedingt durch die Daten, unter der Annahme, dass das Evolutionsmodell bekannt ist. Es wird also der Baum gesucht, der mit der größten Wahrscheinlichkeit die Baumtopologie repräsentiert, die aufgrund der Daten unterstützt wird, indem man mithilfe von Daten etwas über den **Wahrscheinlichkeitsgehalt einer Hypothese** erfahren möchte. Hierzu wird die bedingte Wahrscheinlichkeit der Gesamtbaumtopologie berechnet, die Auskunft darüber gibt, wie sich die Wahrscheinlichkeit einer Hypothese beim Eintreffen bestimmter Daten (Experimentalergebnisse, Beobachtungen) verändert. Hierbei berücksichtigt man die Wahrscheinlichkeit der Hypothese, bevor man die Daten gesehen hat, die ***a-priori*-Wahrscheinlichkeit,** und nachdem man die Daten gesehen hat, die ***a-posteriori*-Wahrscheinlichkeit,** unter der Voraussetzung der *Likelihood.* Problematisch ist jedoch, dass man die Wahrscheinlichkeiten der meisten Hypothesen überhaupt nicht einschätzen kann und die absolute Wahrscheinlichkeit der Daten nur dann praktisch zu berechnen ist, wenn es eine relativ kleine Menge von möglichen Hypothesen gibt. Dadurch ist die Anwendung des Bayes-Theorems in der Praxis problematisch, denn schon für wenige Taxa gibt es sehr viele unterschiedliche Hypothesen (Baumtopologien), sodass die absolute Wahrscheinlichkeit der Daten nicht mehr zu berechnen ist. Hier behilft man sich mit einer Näherungslösung, indem man **Zufallsstichproben** von Stammbäumen **in Abhängigkeit von ihrer Wahrscheinlichkeit** sammelt, die jeweilige *Likelihood* berechnet und sie mit *Likelihoods* nach Veränderung der Baumtopologie vergleicht. Erhöht sich die *Likelihood,* wird der Baum akzeptiert, und es wird versucht, durch weitere Baumtopologieveränderungen noch höhere *Likelihoods* zu erzielen, verschlechtert sich der Baum, hat diese Topologie eine geringe Gesamtwahrscheinlichkeit und das Programm sucht eine neue Topologie. Dieses wird sehr oft wiederholt (bis zu mehrere Millionen Mal), wobei nicht jeder, sondern nur jeder x-te Baum gespeichert wird, um die Zufallswahrscheinlichkeit der Stichproben zu gewährleisten. Das Programm „wandert" auf diese Weise sozusagen von einem Baum zum nächsten und sammelt Bäume proportional zu ihrer *Likelihood,* was als **Markov-Ketten-Monte-Carlo-Verfahren** bezeichnet wird und näherungsweise eine Zufallsstichprobe sammelt. Das Verfahren hat den Vorteil, dass die Wahrscheinlichkeit jedes beliebigen Parameters der Phylogenie (z. B. einer bestimmten Evolutionslinie oder Astlänge) der Häufigkeit seines Auftretens in dieser Stichprobe entspricht. Es handelt sich um eine **schnelle Lösung komplexer phylogenetischer Probleme** und mit **astspezifischen Wahrscheinlichkeitsangaben** mit Werten von 0 (unwahrscheinlich) bis 1 (wahrscheinlich); allerdings ist die Methode auch wahrscheinlichkeitstheoretisch umstritten, wird jedoch häufig publiziert.

1.4.3.4 Statistische Bewertungsmethoden

Die via Stammbaumrekonstruktionen errechneten Verwandtschaftshypothesen von NJ, MP und ML können statistisch abgesichert werden, um die **Qualität der Ausgangsdaten** zu **bewerten.** Dies ist mittlerweile Standard fast aller publizierten Verwandtschaftshypothesen. Durch vielfache Wiederholung wird die **Merkmalsmatrix** des Ausgangsdatensatzes **zufällig neu zusammengestellt und analysiert.** Dabei behalten die neu generierten Datenmatrices jeweils den gleichen Umfang wie die Ausgangsmatrix, unterscheiden sich von dieser jedoch, indem manche Merkmale bzw. Merkmalszustände multipliziert werden, während andere fehlen. Nach Stammbaumberechnung für jeden neu generierten (artifiziellen) Datensatz wird ein gemeinsamer **Konsensusbaum** erstellt, wobei die Häufigkeit des Auftretens jeder Verzweigung bewertet wird und als **prozentuales Qualitätsmaß** entlang der Äste in Prozent angegeben wird. Die Prozentzahl ist ein Indikator der Abweichung des optimalen Baums vom „wahren" Baum. Besitzt ein Ast eine hohe prozentuale Unterstützung, bedeutet dies, dass aus den Daten dieser mit großer Präzision ermittelt werden kann, während niedere Werte auf wenig vertrauenswürdige Verzweigungsmuster verweisen. In wissenschaftlichen Publikationen werden meist nur Werte größer 50 % angegeben bzw. größer 75 % als vertrauenswürdig und statistisch gut abgesichert betrachtet. Werden **Merkmale** verändert und reanalysiert, wird das Verfahren ***Bootstrap*-Analyse** genannt, während die Variation von **Merkmalszuständen** als ***Jackknife*-Methode** bezeichnet wird.

1.4.4 Anwendungsbereiche der phylogenetischen Systematik

Oftmals sind neben den Verwandtschaftsverhältnissen viele weiterführende Fragen in Bezug auf die Evolution der Innengruppe von Interesse, die mithilfe phylogenetischer Stammbäume beantwortet werden können. So können z. B. **Merkmalseigenschaften** morphologischer, anatomischer, biochemischer oder anderer Eigenschaften auf Grundlage eines molekularen Stammbaums **in einem phylogenetischen Kontext evaluiert** werden, um festzustellen, welche Mutationen Synapomorphien darstellen und evolutionär z. B. zur Radiation einer Gruppe beigetragen haben bzw. welche Merkmalseigenschaften konvergent entstanden sind oder Homologien darstellen. Auch **biogeographische Muster** können manche adaptiven Radiationen (▶ Abschn. 1.3.5, ◘ Abb. 1.8) erklären, wenn Vorfahren eines Klades neue Habitate besiedeln konnten, um dort unter veränderten Selektionsbedingungen schnelle evolutionäre Prozesse mit rapider Artbildung zu durchlaufen. Dies ist ein häufig beobachtetes Phänomen insbesondere auf Inseln mit verringertem Konkurrenzdruck, geringen Rückkreuzungsraten zum Ursprungsorganismus und veränderten abiotischen Bedingungen, die häufig eine Anpassung bedingen und somit zum Artbildungsprozess beitragen (◘ Abb. 1.8). Dadurch finden sich insbesondere auf stark geographisch isolierten **Inseln** erhöhte **Endemismusraten,** die häufig auf einen evolutionären Vorfahren zurückverfolgt werden können und damit eine monophyletische Verzweigung im phylogenetischen Stammbaum besitzen.

Molekulare Phylogenien können auch in einem zeitlichen Kontext evaluiert werden. Zuckerkandl und Pauling (1965) vermuteten ursprünglich, dass Substitutionen mit konstanten Mutationsraten in das Genom eingebaut werden, weil sie beobachteten, dass genetische Unterschiede häufig mehr oder weniger linear mit dem Verwandtschaftsgrad zwischen Taxa korrelieren. Diese Hypothese konstanter Substitutionsraten war die Grundlage der **„Theorie der molekularen Uhr"**, die auch in die **„neutrale Evolutionstheorie"** von Kimura (1968, 1983) eingeflossen ist. Diese besagt, dass molekulare Evolution als Zufallsprozess nur von der Zeit und keinem weiteren Faktor abhängig ist. Würde die Hypothese der molekularen Uhr stimmen, wären genetische Distanzen zwischen Taxa streng proportional zur Zeit, was **Kreationisten** als Argumentation nutzen, um zu beweisen, dass das gesamte Erdzeitalter nicht ausreicht, um die bestehende Vielfalt hervorzubringen, und damit den Einfluss höherer Mächte zu begründen. Dies ist jedoch nicht richtig, denn auch **DNA-Regionen sind häufig nicht selektionsneutral,** sodass **nicht** von einer **konstanten Mutationsrate** ausgegangen werden kann, sondern diese immer wieder variiert, z. B. abhängig von der Reproduktionsrate, Populationsgrößen (genetische Drift ist in kleinen Populationen wahrscheinlicher als in großen), artspezifischen Unterschieden (Stoffwechsel, Ökologie, Biogeographie) bzw. natürlicher Selektion. Seit den späten 1990er-Jahren sind deshalb verschiedene Evolutionsmodelle vorgeschlagen worden, die die Annahme strikt konstanter Mutationsraten lockern. Diese Modelle werden als **„relaxierte molekulare Uhren"** bezeichnet und ermöglichen es, Knoten zu datieren, während Substitutionsraten auf verschiedenen Ästen des Stammbaums variieren können. Zur Berechnung einer „relaxierten molekularen Uhr" müssen rezente (heute lebende) Taxa auf einer zeitlichen Achse gleichgestellt sein. Darüber hinaus benötigt man historische Datierungen, die mit der **Mutationsrate in einen zeitlichen Zusammenhang** gestellt werden können. Dies können z. B. geographische Ereignisse sein, etwa Vulkanausbrüche, die zur Inselbildung geführt haben. So entstand El Hierro, die jüngste Insel der Kanarischen Inseln, vor etwa 1,2 Mio. Jahren, sodass Endemiten, die nur dort vorkommen und erst auf der Insel entstanden sind, auf keinen Fall älter sein können. So kann ihnen ein Mindestalter zugewiesen werden. Datierungen können auch mithilfe von Fossilien erfolgen, die mit bestimmten Merkmalseigenschaften einem spezifischen Knoten der Untersuchungsgruppe eindeutig zugeordnet werden können. Nun werden phylogenetische Verzweigungsmuster mithilfe spezifischer Evolutionsmodelle in einen zeitlichen Kontext gestellt. Eines der am weitesten verbreiteten Modelle ist z. B. die ***uncorrelated log-normal (ULN) relaxed molecular clock,*** die im Computerprogramm BEAST implementiert ist. Das größte Problem der Molekularen-Uhr-Rekonstruktion ist, dass meist eindeutige Fossilreihen nicht vorliegen. Fossile Belege gibt es zwar viele in Stein- und Braunkohleablagerungen, besonders von primitiven Gefäßpflanzen (Nacktfarnen, Samenfarnen, Progymnospermen, Urkoniferen), aber kaum von Algen, Pilzen und krautigen Samenpflanzen. Meist werden Fossilien, die einem Taxon zugeordnet werden können, nur punktuell und häufig bruchstückhaft gefunden, und oft ist aufgrund einer weiter vorangeschrittenen Evolution nicht klar, ob das fossile Taxon genau dem rezenten Taxon entspricht, es einem gemeinsamen Vorfahren der heute vorkommenden Taxa entstammt oder ein Individuum einer heute ausgestorbenen Evolutionslinie darstellt. Diese Faktoren erschweren eine Zuordnung und Charakterisierung von Fossilien, ermöglichen jedoch trotz gewissen Unsicherheiten ein besseres Verständnis von **zeitlichen Abläufen evolutionärer Prozesse** (◘ Abb. 1.13).

Zusammenfassung

Um die weltweite Artenvielfalt übersichtlich darzustellen und darüber kommunizieren zu können, gibt es international verbindliche Regeln der Klassifikation (**Internationaler Code der Nomenklatur für Algen, Pilze und Pflanzen, ICN).** Taxonomische Rangstufen und Begrifflichkeiten rund um Benennung, Beschreibung und Einordnung von Arten sind international gültig definiert. Dabei sind die Arten selbst sowie eine allgemeingültige Artdefinition aufgrund vielfältiger Konzepte (**Artkonzepte**) stark umstritten.

Triebkräfte und Mechanismen der Evolution basieren auf der Veränderung von Erbanlagen durch **Mutationen.** Punktuelle Veränderungen der DNA können in letalen, stillen, neutralen und vorteilhaften Mutationen resultieren, was zur Rekonstruktion **molekularer Uhren** herangezogen werden kann. Chromosomenmutationen sind im Pflanzenreich häufig und entstehen durch Deletion, Duplikation, Inversion und Translokation. Sie können in Dysploidie, Aneuploidie und Polyploidie resultieren. Rekombination ist der Austausch von Allelen der sexuellen Fortpflanzung, was zur Homozygotie bzw. Heterozygotie führen kann. Die Mendel'schen Regeln (Uniformitäts-, Spaltungs- und Unabhängigkeitsregel) sowie die Genkopplung und extrachromosomale Vererbung erklären die Weitergabe und Ausprägung von Merkmalen von einer Generation zur nächsten. Treiber unterschiedlicher Rekombinationsraten sind die Ausbreitung der Pollen und Diasporen. **Selektion** erfolgt in der Regel im Anschluss

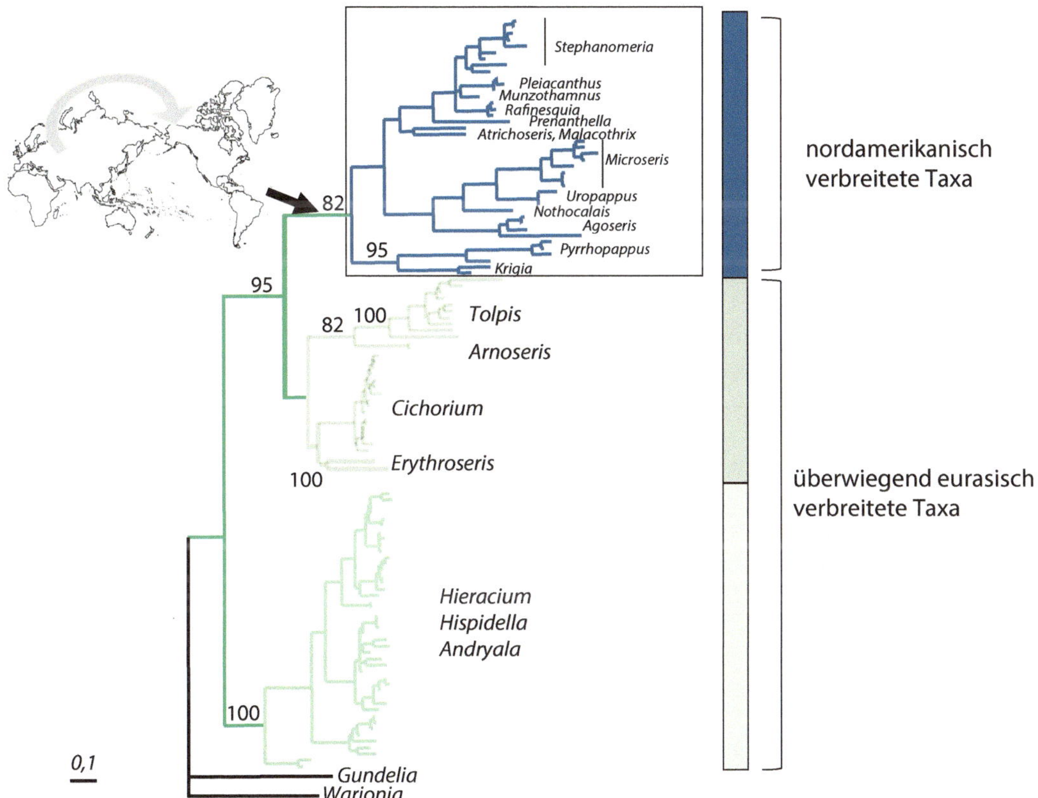

Abb. 1.13 Phylogenetische Stammbaumrekonstruktion. *Neighbor Joining*-Stammbaum (NJ) einer Gruppe von Korbblütengewächsen (Asteraceae), generiert aus molekularen Sequenzdaten des *„Internal Transcribed Spacers"* (ITS), einer nuklearen DNA-Region, die häufig für Phylogenierekonstruktionen im Pflanzenreich verwendet wird. Die Werte entlang der Internodien verweisen auf Bootstrap-Werte > 75 %. Einige Gattungen der Gruppe haben mit einer monophyletischen Klade den amerikanischen Kontinent erreicht, woraufhin adaptive Radiation stattgefunden hat. (Verändert nach Kilian et al. 2009)

an Mutation oder **Rekombination** und kann stabilisierend, gerichtet, disruptiv, natürlich, sexuell oder künstlich sein. **Isolation** kann zur allopatrischen, parapatrischen oder sympatrischen Artbildung führen, was in eine adaptive Radiation münden kann, durch evolutionäre Artbildungsprozesse infolge der Anpassungen an spezielle Umweltverhältnisse.

Phylogenetische Systematik beruht auf einem Merkmalsvergleich verschiedener Individuen **(Taxa)** miteinander und deren Beurteilung von Ähnlichkeiten in einem evolutionären Kontext. Zur Rekonstruktion bedarf es einer Merkmalstabelle **(Matrix),** die bei molekularen Merkmalen Alignment genannt wird. Häufig werden phylogenetische Rekonstruktionen in Form von Stammbäumen dargestellt. Möglichkeiten und Grenzen der nummerischen Stammbaumrekonstruktionsmethoden **(Phänetik)** werden erörtert. Ferner werden phylogenetische Berechnungen **(Kladistik)** in Form von ***Maximum Parsimony*** (MP), aber auch Wahrscheinlichkeitsmethoden in Form von ***Maximum Likelihood*** (ML) und **Bayes'schen Stammbaumrekonstruktionsmethoden** sowie deren statistischen Bewertungsmöglichkeiten erklärt; mögliche Anwendungsgebiete der phylogenetischen Systematik werden erläutert.

1.5 Vokabelheft

- Rote Liste gefährdeter Pflanzenarten in Deutschland, UNEP, CBD, CITES, Nagoya-Protokoll, ABS
- Herbarien, naturwissenschaftliche Sammlungen, Botanische Gärten, Arboreten, Rosarien, Alpinum, Saatgutbanken
- Biodiversität, Klassifikation, taxonomische Rangstufe, Gattung, Art, Art-Epitheton, Population, infraspezifische Taxa, Taxon/Taxa, Typus, Synonyme, Homonyme, Prioritätsregel, Phytographie, Taxonomie, Nomenklatur
- Morphologie, Anatomie, rezente und fossile Palynologie, Karyologie, Paläobotanik, Ontogenese, Phylogenie, Evolutionsforschung
- Bestimmungsschlüssel, Floren, Vegetation, Revisionen, Chorologien, monospezifische/monotypische Taxa, Artkonzepte, künstliches und natürliches System
- Population, Mutation, Rekombination, Hybridisierung, Selektion, Isolation, adaptive Radiation, Evolutionsfaktoren, Evolutionstheorie
- Phänotyp, Genotyp, Gene, Spacer, Insertion, Deletion, spontane Mutation, Translokation, Duplikation, Inversion, Dysploidie, Aneuploidie, Polyploidie, Allele, Homozygotie, Heterozygotie, Autogamie, Allogamie, Apomixis, Introgression
- Mendel'sche Regeln, Uniformitätsregel, dominant-rezessiver, intermediärer und kodominanter Erbgang, Spaltungsregel, Spaltungsverhältnis, Genkopplung, extrachromosomale Vererbung
- Genetische Drift, stabilisierende, gerichtete, disruptive, natürliche, sexuelle und künstliche Selektion
- Isolationsfaktoren, allopatrische, parapatrische und sympatrische Artbildung, endemisch, ökologische bzw. reproduktive Isolation, adaptive Radiation, Kladogenese
- Matrix, Alignment, Homologiekriterien, Homoplasie, Analogie, Stammbaum, Terminalen, Knoten, Kladogramm, Phylogramm, Apomorphie, Synapomorphie, Plesiomorphie, monophyletische Taxa, paraphyletische Taxa, polyphyletische Taxa, UPGMA, *Neighbor Joining, Maximum Parsimony,* heuristische Stammbaumrekonstruktion, Konsensus-Bäume, *Maximum Likelihood,* Bayesische Stammbaumberechnungsmethoden, *Bootstrap*-Analyse, *Jackknife*-Methode.

Fragen

1 Warum ist Systematik die Grundlage aller Lebenswissenschaften und des Naturschutzes?
2. Wie viele in Deutschland vorkommende Farn- und Blütenpflanzen sind gefährdet? Wer definiert Gefährdung, und wie wird diese dokumentiert?
3. Welchen Einfluss hat der Mensch auf die Biodiversitätsveränderungen?
4. Welche Bedeutung haben internationale Abkommen für den globalen Artenschutz?
5. Welche Institutionen sind im Dienst der botanischen Systematik und nennen Sie globale Netzwerke?
6. Welche Merkmale werden für die systematische Klassifikation herangezogen, und spiegeln diese ein „natürliches System" wider?
7. Warum ist die Definition einer Art so schwierig, und warum sind Artkonzepte umstritten?
8. Welche taxonomischen Rangstufen gibt es?
9. Wie werden Arten benannt?
10. Wer begründete die Evolutionstheorie, und welche Mechanismen müssen dieser zugrunde liegen?
11. Erklären Sie verschiedene Formen von Mutationen und welchen Einfluss Mutationen auf die nächste Generation haben.
12. Welche Erkenntnisse analysierte Gregor Johann Mendel (1855), und

welche neuen Erkenntnisse kamen seitdem zu diesen hinzu?
13. Erklären Sie Selektion, Isolation und adaptive Radiation sowie verschiedene Artbildungsmechanismen.
14. Welche Merkmale eignen sich am besten zur Berechnung von Ähnlichkeiten und Verwandtschaften?
15. Wodurch unterscheiden sich phylogenetische Stammbaumberechnungsmethoden?
16. Warum bedarf es statistischer Methoden, um Stammbaumrekonstruktionen zu testen?
17. Welche weiterführenden Analysen kann man mit Stammbäumen als Grundlage durchführen?
18. Warum ist die neutrale Evolutionstheorie nicht allgemeingültig?

Weiterführende Literatur

Akademie der Wissenschaften Leopoldina (2014) Herausforderungen und Chancen der integrativen Taxonomie für Forschung und Gesellschaft. Deutsche Akademie der Naturforscher Leopoldina e. V., Leopoldina

Babcock EB (1947) The genus *crepis* I. The taxonomy, phylogeny, distribution and evolution of crepis. University of California Publications 21. University of California Press, Berkeley

Chapin FS et al (2000) Consequences of changing biodiversity. Nature 405:234–242

Cracraft J (1989) Speciation and its ontology: the empirical consequences of alternative species concepts for understanding pattern and process of differentiation. In: Otte D, Endler JA (Hrsg) Speciation and its consequences. Sinauer Associates, Sunderland, S 28–59

Darwin CR (1837) Notebooks on transmutation (Notizbuch B) Desmond & Moore. ► http://darwin-online.org.uk/content/frameset?viewtype=side&itemID=F1497&pageseq=120

Darwin CR (1859) Über die Entstehung der Arten im Thier- und Pflanzen-Reich durch natürliche Züchtung, oder Erhaltung der vervollkommneten Rassen im Kampfe um's Daseyn. E. Schweizerbart'sche Verlagshandlung und Druckerei, Stuttgart

European Environment Agency (2016) Mapping and assessing the condition of Europe's ecosystems: progress and challenges. EEA Report 3

Felsenstein J (2004) Inferring phylogenies. Sinauer Associates, Sunderland

García-Maroto F, Mañas-Fernández A, Garrido-Cárdenas JA, Alonso DL, Guil-Guerrero JL, Guzmán B, Vargas P (2009) Delta 6-desaturase sequence evidence for explosive Pliocene radiations within the adaptive radiation of Macaronesian *Echium* (Boraginaceae). Mol Phylogenet Evol 52:563–574

Hall BG (2011) Phylogenetic trees made easy: a how-to manual, 4. Aufl. Sinauer Associates, Sunderland

Hall BG (2013) Building phylogenetic trees from molecular data with MEGA. Mol Biol Evol 30:1229–1235

Hennig EHW (1966) Phylogenetic systematics. University Illinois Press, Urbana

Hoffmann GF (1816) Genera plantarum umbelliferarum. N.S. Vsevolozskianis, Moskau

ISHS (International Society for Horticultural Science, Hrsg) (2016) International code of nomenclature for cultivated plants, 9. Aufl. ► http://www.ishs.org/scripta-horticulturae/international-code-nomenclature-cultivated-plants-ninth-edition

Junker T (2011) Der Darwinismus-Streit in der deutschen Botanik: Evolution, Wissenschaftstheorie und Weltanschauung im 19. Jahrhundert, 2. Aufl. Books on Demand, Norderstedt

Kilian N, Gemeinholzer B, Lack HW (2009) Cichorieae (Lactuceae). In: Funk V, Susanna A, Stuessy TF et al (Hrsg) Systematics and evolution of the compositae. International Association for Plant Taxonomy IAPT, Vienna

Kimura M (1968) Evolutionary rate at the molecular level. Nature 217:624–626

Kimura M (1983) The neutral theory of molecular evolution. Cambridge University Press, Cambridge

Knoop V, Müller K (2009) Gene und Stammbäume, 2. Aufl. Springer Spektrum, Heidelberg

Korn H, Stadler J, Stolpe G (1998) Internationale Übereinkommen, Programme und Organisationen im Naturschutz – Eine Übersicht. BfN Skripten 1. ► http://www.bfn.de/fileadmin/MDB/documents/international2.pdf

Linné C von (1753) The neutral theory of molecular evolution. Lars Salvius, Stockholm

Locey KJ, Lennon JT (2016) Scaling laws predict global microbial diversity. Proc Natl Acad Sci USA 113:5970–5975

Lohrmann V, Vohland K, Ohl M, Häuser C (Hrsg) (2012) Taxonomische Forschung in Deutschland – Eine Übersichtsstudie. ► http://www.biodiversity.de/sites/nefo.biodiv.naturkundemuseum-berlin.de/files/products/studies/nefo_taxo-studie-01-2012_0.pdf

Ludwig G, Schnittler M (1996) Rote Liste gefährdeter Pflanzen Deutschlands. Bundesamt für Naturschutz, Bonn-Bad Godesberg. ► https://www.bfn.de/0322_rote_liste.html

Mayr E (1979) Evolution und die Vielfalt des Lebens. Springer, Berlin

Mayr E (2003) The growth of biological thought. Diversity, evolution and inheritance, 12. Aufl. The Belknap Press of Harvard University Press, Cambridge

McNeill J et al (2012) International code of nomenclature for algae, fungi, and plants (Melbourne Code) (= Regnum Vegetabile. Bd 154). A. R. G. Gantner, Ruggell

Mendel G (1866) Versuche über Pflanzen-hybriden. Verhandlungen des Naturforschenden Vereines Brünn, Bd IV. S 3–47

Miller JS, Funk VA, Wagner WL, Barrie F, Hoch PC, Herendeen P (2012) Outcomes of the 2011 botanical nomenclature section at the XVIII international botanical congress. PhytoKeys 5:1–3

Mora C et al (2011) How many species are there on earth and in the ocean? PLoS Biol 9:e1001127

Naturschutzoffensive 2020 (2015) ► http://www.bmub.bund.de/fileadmin/Daten_BMU/Pools/Broschueren/naturschutz-offensive_2020_broschuere_bf.pdf

Ochsmann J (2004) Some notes on problems of taxonomy and nomenclature of cultivated plants. In: Knüpffer H, Ochsmann J (Hrsg) Rudolf Mansfeld and plant genetic resources. Schriften Genet Ressourcen 22, Gatersleben, S 43–50

Sneath PH, Sokal RR (1973) Numerical taxonomy: the principles and practice of numerical classification. Freeman Books, San Francisco

Sober E (2008) Evidence and evolution. The logic behind the science. Cambridge University Press, Cambridge

Sokal RR, Sneath PH (1963) Principles of numerical taxonomy. Freeman Books, San Francisco

Sukopp H (1974) „Rote Liste" der in der Bundesrepublik Deutschland gefährdeten Arten von Farn- und Blütenpflanzen (1. Fassung). Natur und Landschaft 49:315–322

Templeton AR (1989) The meaning of species and speciation: a genetic perspective. In: Otte D, Endler JA (Hrsg) Speciation and Its Consequences. Sinauer Associates, Sunderland, S 3–27

Wägele J-W (2001) Grundlagen der phylogenetischen Systematik, 2. Aufl. Pfeil, München

Willmann R (1985) Die Art in Raum und Zeit. Das Artkonzept in der Biologie und Paläontologie. Parey, Hamburg

Zuckerkandl E, Pauling L (1965) Evolutionary divergence and convergence in proteins. In: Bryson V, Vogel HJ (Hrsg) Evolving genes and proteins. Academic Press, New York, S 97–166

Entstehung des Lebens – die Hauptgruppen

B. Gemeinholzer, *Systematik der Pflanzen kompakt*, https://doi.org/10.1007/978-3-662-55234-6_2

Lernziele

Die Erde entstand vor ca. 4,5 Mrd. Jahren. Erste Lebewesen entwickelten sich aus unbelebter Materie (chemische Evolution; Kasten 2.1). Durch die Entwicklung von Vererbungsmechanismen entstand die biologische Evolution. Erste Organismen waren autotrophe Prokaryoten (Kasten 2.2), die mit ihren Merkmalen vorgestellt werden.

Alle heute lebenden Organismen lassen sich einer von drei Hauptgruppen zuordnen, den Bacteria, Archaea oder Eukarya, die sich in ihrem Aufbau und ihrer Lebensweise unterscheiden (► Abschn. 2.2). Typische Merkmale der Bacteria, ihre Lebensformen und Fortpflanzung, ihr Nutzen und Schaden für den Menschen werden vorgestellt (► Abschn. 2.2.1). Die Systematik der Bacteria ist immer noch umstritten, weshalb nur die wichtigste Gruppe vorgestellt wird, die Blaualgen (Cyanobakterien), die sich durch die Evolution der oxygenen Photosynthese auszeichnen (► Abschn. 2.2.1.1). Die Archaea sind mit bisher nur ca. 430 Arten eher unbedeutend (► Abschn. 2.2.2), während die Eukarya einen großen Teil der gegenwärtig lebenden Organismen umfassen (► Abschn. 2.2.3). Eukarya weisen typische Merkmale auf (► Abschn. 2.2.3.1), und ihre Fortpflanzung erfolgt durch einen Generationswechsel (► Abschn. 2.2.3.2). Die Vielfalt der Eukarya kann in verschiedene „Supergruppen" geordnet werden (► Abschn. 2.2.3.3).

2.1 Leben und wie es entstand

Die Erde entstand vor ca. **4,5 Mrd. Jahren** (◘ Abb. 2.1). Als älteste unumstrittene Spuren des Lebens werden rund **3,8 Mrd. Jahre** alte Mikrofossilien angesehen. Dabei ist Leben als sich selbst herstellend, erhaltend und fortpflanzend definiert. Das erste Leben auf der Erde entwickelte sich mit großer Wahrscheinlichkeit aus unbelebter Materie, was als **chemische Evolution** bezeichnet wird (Kasten 2.1) (Dickerson 1979). Dafür waren folgende Schritte notwendig:

1. Es erfolgte eine abiotische Synthese zu kleineren organischen Molekülen, wie Aminosäuren und Nukleotiden.
2. Diese verknüpften sich zu polymeren Makromolekülen (Proteine und Nukleinsäuren).
3. Diese entwickelten sich wiederum zu Protozellen, die hypothetischen Vorläufer einzelligen Lebens mit Lipidmembran, Proteinen und Nukleinsäuren sowie einfachen Energiegewinnungsmöglichkeiten.
4. Ferner musste sich ein Vererbungsmechanismus entwickeln (**Biogenese** – Entstehung von Leben aus Leben).

Die chemische Evolution war die Voraussetzung für die biologische Evolution (Rauchfuss 2006). Die ersten Organismen waren **autotrophe** („sich selbst ernährende") **Prokaryoten** (Kasten 2.2), die durch Umwandlung von anorganischen Substanzen organische Stoffe selbst herstellten, indem sie Energie aus Licht (z. B. durch **anoxygene Photosynthese,** bei der statt Sauerstoff andere anorganische Stoffe entstehen, etwa elementarer Schwefel; Photoautotrophie) oder chemischen Quellen (Chemoautotrophie) gewinnen konnten (Wächtershäuser 2008). Im weiteren Verlauf der Evolution entstanden Prokaryoten mit **heterotropher** Lebensweise, die organische Verbindungen aufnehmen und verwerten können bzw. sich sowohl von organischem als auch von anorganischem Material ernähren können.

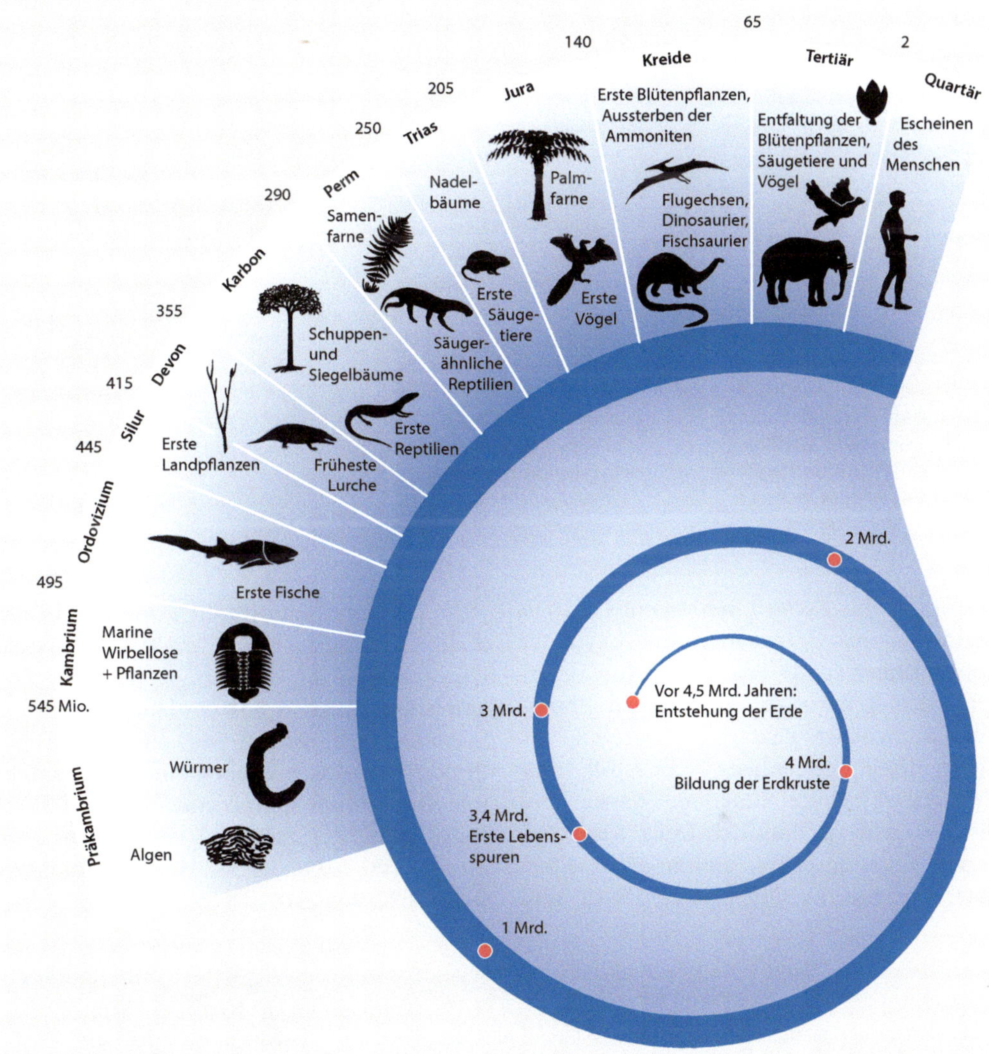

Abb. 2.1 Übersicht über die Evolution der Organismen im Erdzeitalter

Kasten 2.1: Wie es begann

Miller und Urey simulierten 1959 experimentell Bedingungen der vermuteten damaligen Hydrosphäre, Lithosphäre und des Klimas in Form einer **„Ursuppe"** und **„Uratmosphäre"** (Miller 1953). Starke Gewitter und sehr hohe Temperaturen beherrschten das Klima. Wasserdampf, Wasserstoff, Methan, Ammoniak, Kohlenstoffmonoxid und Kohlenstoffdioxid umhüllten die Erdoberfläche, und UV-Licht konnte ohne den Schutz der damals noch nicht vorhandenen Atmosphäre ungehindert eindringen. Unter dem Einfluss von Funken als Blitzsimulation konnten Miller und Urey komplexe organische Verbindungen wie Aminosäuren und niedere Carbon- und Fettsäuren experimentell erzeugen. Durch Zuführung anderer

2

Gase bildeten sich weitere organische Moleküle. Es wird vermutet, dass sich so auch **Proteine, Nukleotide** und **Lipide** bilden konnten, die durch die Abkühlung der Erde zum Teil stabil blieben. Alternative Theorien besagen, dass sich die ersten komplexen Biomoleküle der Erde in der Nähe von eisen- und schwefelhaltigen Tiefseevulkanen entwickelten, die eine verlässlichere Energiequelle als Blitze darstellten (Wächtershäuser 1988; Dörr et al. 2003). **Fox** konnte 1969 zeigen, dass sich bestimmte Proteine bei Erhitzung mit einer doppelmembranähnlichen Lipidschicht umgeben können und so Kompartimente bilden. Er bezeichnete diese Kompartimente als **Mikrosphären,** die sich durch eine semipermeable Membran von der Umgebung abgrenzen, aber weiteres proteinartiges Material aus der Umgebung aufnehmen und dadurch wachsen und sich teilen können. Er stellte die Hypothese auf, dass es sich hier um **Protozellen** handelt, in welchen Proteine wachsen und sich reproduzieren können. Seit es möglich ist, ganze Genome zu sequenzieren, kennt man die Baupläne einiger Lebewesen. Seit 2002 können Wissenschaftler einfach gebaute Viren unter Laborbedingungen künstlich nachbauen (Cello et al. 2002), allerdings besitzen diese keine Zellwände, reagieren nicht auf Reize und sind außerhalb ihrer menschengemachten Lebensräume nicht selbstständig lebensfähig, sodass sie die Kriterien des „Lebens" nicht erfüllen. So ist bisher die Entstehung des Lebens immer noch eine Hypothese, deren Beweisführung fehlt.

Vor etwa **3,8 bis 2,6 Mrd. Jahren** entwickelten sich die ersten Organismen mit **oxygener Photosynthese** (unter Freisetzung von Sauerstoff, im Gegensatz zur anoxygenen Photosynthese mancher Bakterien). Der aus der Photosynthese gewonnene Sauerstoff oxidierte zuerst gelöste Stoffe im Wasser und führte dann dazu, dass sich freier Sauerstoff in der Erdatmosphäre ansammelte (Pflug 1984). Für manche Organismen führte dies zur „Sauerstoffkatastrophe", während sich andere Organismen die erhöhte Sauerstoffkonzentration in der Atmosphäre im **Präkambrium** (vor **1,5 Mrd. Jahren**) zunutze machten, z. B. indem sie photoautotrophe Prokaryoten durch Endocytobiose aufnahmen (ein Organismus nimmt einen anderen durch Einstülpung der Zellwand in sich auf, ohne diesen zu schädigen: **Endosymbiontentheorie;** Kasten 2.4).

Kasten 2.2: Organisationstyp Prokaryoten

Die prokaryotische Zelle (Protocyte, ◘ Abb. 2.6) hat weder Zellkern noch Mitochondrien, endoplasmatisches Reticulum, Dictyosome und Tonoplasten-begrenzte Vakuolen (Kadereit et al. 2014). Die **DNA** liegt als **ringförmiger Doppelstrang (Nukleoid)** vor; häufig in mehrfacher Form infolge vorauseilender Teilung. Die Gesamtheit aller Nukleoide wird **Genophor** genannt. Die Teilung eines Bakteriums erfolgt ohne Mitose und Meiose, unter vorübergehender Aufteilung und Anheftung des Genophors an die Zellmembran und Bildung einer Querwand, die sich später der Fläche nach spaltet. Außer dem Genophor finden sich in der Prokaryotenzelle noch kleinere, zur selbstständigen Replikation befähigte DNA-Ringe, sogenannte **Plasmide,** die in 5000- bis 50.000-facher Kopienzahl in der Zelle vorliegen können. Das **Cytoplasma** ist gegenüber der Zellwand durch eine **Cytoplasmamembran** abgegrenzt. Diese kann stark eingestülpt sein und durch Abschnürungen nach innen **endocytotische Vesikel** abgeben, kleine Zellkompartimente für verschiedene zelluläre Prozesse, z. B. den Stofftransport. Die Wand der prokaryotischen Zelle besteht aus heteropolymeren Substanzen, die bislang bei keinem eukaryotischen Lebewesen nachgewiesen werden konnten. Die Zellwand ist ein netzartiges, sackförmiges, polysaccharidhaltiges Riesenmolekül.

Geißeln zur Fortbewegung sind teilweise vorhanden, wobei die Bewegungsfähigkeit auf einem kontraktilen Protein, dem Myosin beruht. Geißeln werden aus langen, schlanken Ausstülpungen der Plasmamembran gebildet und besitzen ein röhrenförmiges Skelett aus Bündeln von **Mikrotubuli** (stabilisierende Proteinfäden). Die Geißeln der eukaryotischen Organismen weisen zwei zentrale und neun periphere Doppelmikrotubuli auf, was als (9 × 2 + 2)-Struktur bezeichnet wird. Die Geißeln der Prokaryoten sind grundsätzlich anders gestaltet, es kommt **nie eine (9 x 2 + 2)-Struktur** vor. Die Fähigkeit, **Luftstickstoff** zu **binden,** ist auf die Prokaryoten beschränkt. Während Eukaryoten weitgehend auf Sauerstoff angewiesen sind, vollzieht sich bei Prokaryoten ein Übergang von der absoluten Intoleranz gegenüber Sauerstoff zu einer vollkommenen Abhängigkeit. Während die Prokaryoten eine **beeindruckende Vielfalt an Stoffwechselaktivitäten** ausbildeten, ist ihre morphologische und verhaltensbiologische Vielfalt relativ unspektakulär. Demgegenüber entwickelten die Eukarya (► Abschn. 2.2.3) eine Vielfalt morphologischer und verhaltensbiologischer Ausprägungen mit weit geringeren metabolischen Möglichkeiten.

2.2 Die drei Hauptgruppen der Lebewesen

Aufgrund ultrastruktureller Untersuchungen des Zellaufbaus sowie molekulargenetischer Erkenntnisse unterscheidet man heute **drei Hauptgruppen der Lebewesen (Domänen,** ◘ Abb. 2.2, Kasten 2.3), die sich wahrscheinlich bereits sehr früh (vor ungefähr 3,5 bis 1,5 Mrd. Jahren) stammesgeschichtlich voneinander differenziert haben. Die **Domänen** gliedern sich in **Bacteria (Bakterien** oder veraltet: Eubacteria), **Archaea** (**Archaeen** oder veraltet: Archaebacteria) und **Eukarya (Eukaryota** oder **Eukaryoten).** Auch heute noch sind die verwandtschaftlichen Beziehungen zwischen den Domänen umstritten, da im Verlauf der Evolution viel lateraler Austausch von genetischem Material stattgefunden

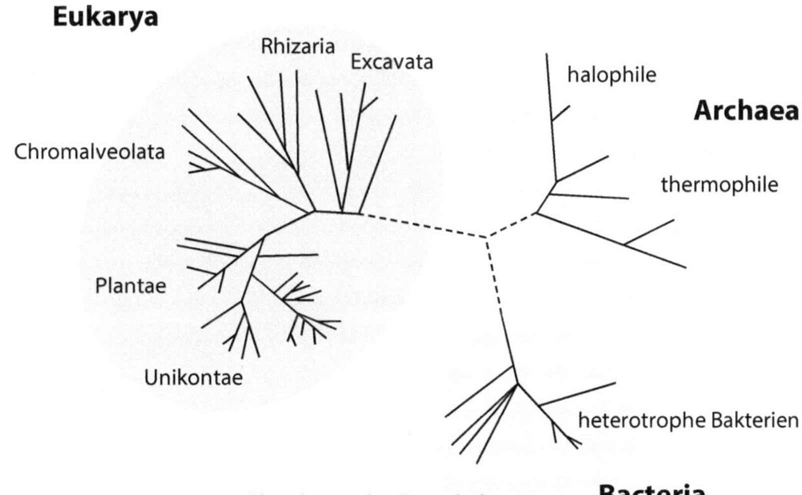

◘ **Abb. 2.2** Schema eines Stammbaums der drei Hauptgruppen der Lebewesen. Der Ursprung und die verwandtschaftlichen Beziehungen zwischen den Hauptgruppen sind umstritten, weshalb die *Linien gestrichelt* dargestellt sind (nach Woese et al. 1990)

2

hat, was auch als **horizontaler Gentransfer** bezeichnet wird. Diese Übertragung von genetischem Material eines Organismus auf einen anderen, (meist) nicht näher verwandten Organismus ist nicht selten, aber erschwert die Rekonstruktion evolutionärer Zusammenhänge.

Bacteria und Archaea werden hinsichtlich ihrer **Zellstruktur** als **Prokaryoten** bezeichnet (Kasten 2.2) und den Eukarya **(Eukaryoten)** gegenübergestellt (◘ Tab. 2.1), während **Viren, Viroide** und **Prionen** einer eigenen Klassifikation unterliegen, da sie nicht generell den Lebewesen zugeordnet werden. Sie besitzen keinen eigenen Stoffwechsel und gelten deshalb nur dann als Organismen, wenn die Stoffwechseltätigkeit nicht Teil der Definition des Lebendigen ist. Die Domänen werden folgendermaßen weiter unterteilt:

- Die Domänen der Bacteria und Archaea sind in **Phyla (Stämme)** unterteilt.
- Die Domäne der Eukarya ist in **Reiche** unterteilt.

◘ **Tab. 2.1** Wesentliche Unterscheidungsmerkmale zwischen den drei Domänen, wobei aufgrund sekundärer Reduktionen oder konvergenter Evolution nicht immer alle Merkmale auf alle Vertreter einer bestimmten Domäne zutreffen

	Prokaryoten		**Eukaryoten**
Wissenschaftliche Bezeichnung	**Bacteria**	**Archaea**	**Eukarya**
Nukleolus	Fehlend	Fehlend	Vorhanden
Kernmembran	Fehlend	Fehlend	Vorhanden
DNA	Einzelnes ringförmiges Molekül, keine Histone, als Genophor im Nukleoplasma	Einzelnes ringförmiges Molekül, keine Histone, als Genophor im Nukleoplasma	Mehrere lineare Moleküle (Chromosomen), meist mit Histonen, im Zellkern
Organellen (Mitochondrien und Plastiden)	Fehlend	Fehlend	Vorhanden (mit wenigen Ausnahmen)
Cytoskelett	Fehlend	Fehlend	Vorhanden
Chlorophyll-abhängige Photosynthese	Ja	Nein	Ja
Ribosomen	70 S	70 S	80 S, außer 70 S-Ribosomen von Mitochondrien und Chloroplasten
Zellwände	Meist aus Peptidoglycan	Diverse Polysaccharide, Proteine, Glycoproteine	Andere polysaccharid-haltige Riesenmoleküle (Mureinsacculus) in Pflanzen, Algen und Pilzen, fehlen in Tieren und den meisten Protozoen, bei Vorhandensein besteht sie aus einem Geflecht von Makromolekülen (Chitin, Cellulose)
Atmungssystem	Teil der Cytoplasmamembran, keine Mitochondrien	Teil der Cytoplasmamembran, keine Mitochondrien	Überwiegend durch Mitochondrien

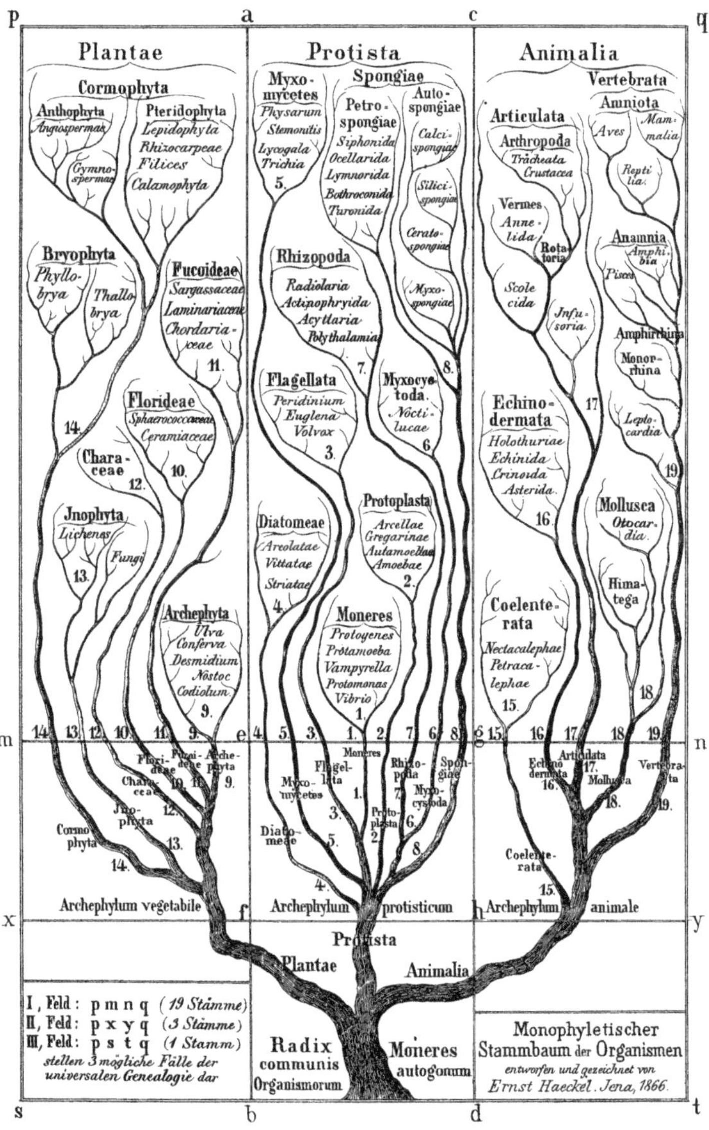

Abb. 2.3 Monophyletischer Stammbaum der Organismen von Ernst Haeckel (1866)

Kasten 2.3: Historische Gliederung der Organismen

Früher, ehe die Vielfalt der Mikroorganismen bekannt wurde, gliederte man die Organismen in zwei bis drei Reiche (Abb. 2.3): das Pflanzenreich (***regnum vegetabile*** oder **Plantae** genannt), das Tierreich (***regnum animale*** oder **Animalia**) und die Protisten (**Protista;** Kasten 2.5). Die jeweilige Zugehörigkeit wurde anhand ernährungsphysiologischer Ähnlichkeiten definiert. So wurden alle **photoautotrophen** Organismen, wie alle Pflanzen und Organismengruppen, die sich davon ableiten, zu den Plantae gestellt, während sich **heterotroph** ernährende Organismen zu den Animalia gegliedert wurden. **Pilze** wurden aufgrund ihrer **Flechtensymbiose** sowie **Prokaryoten** wegen der **Endosymbiontenhypothese** (Kasten 2.4) im Rahmen der Botanik (Pflanzenwissenschaft) behandelt. Bei Pilzen (Fungi) vermutete man ursprünglich auch, dass sie eine größere morphologische Ähnlichkeit mit den Pflanzen hätten, besonders, da viele von ihnen im und nahe

2

dem Erdboden wachsen, und gliederte sie deshalb zu diesen. Mittlerweile hat man jedoch festgestellt, dass dies auf **konvergente Merkmalsentwicklungen**[1] zurückzuführen ist, und das Reich der Fungi wird den Opisthokonta zugerechnet, die zusammen mit den Amoebozoa zu den Unikontae gerechnet werden, hierzu gehören auch die Tiere ◘ Abb. 2.14). Ab den 1950er-Jahren realisierten Wissenschaftler, dass ein System mit drei Reichen die Vielfalt der Bakterien, Pilze und **Protisten** (Protista, eukaryotische, ein- bis wenigzellige Lebewesen) nicht adäquat widerspiegelt. So setzte sich in den kommenden 20 Jahren eine Klassifikation aller Lebewesen in **fünf Reiche** durch, wobei man als übergeordnete Einteilung die prokaryotischen Bakterien (Bacteria) von den vier eukaryotischen Reichen der Eukarya (Pflanzen, Tiere, Pilze und Protisten) aufgrund des Vorkommens von Zellkernen, eines Cytoskeletts sowie interner Membranen abtrennte. Erst Ende der 1970er-Jahre entdeckte man anhand molekulargenetischer Untersuchungen eine weitere Gruppe prokaryotischer Bakterien: die Archaea (◘ Abb. 2.2, ◘ Tab. 2.1). Ferner stellte sich heraus, dass die Protisten nicht monophyletisch sind und somit nicht näher miteinander verwandt sind, sondern aus verschiedenen Evolutionslinien stammen (Kasten 2.5).

Heute haben sich weltweit Wissenschaftler zusammengeschlossen, um den Stammbaum und die Enzyklopädie aller Lebewesen zu rekonstruieren (z. B. *Encyclopedia of Life*, eol.org; *Tree of Life*, tolweb.org). Diese werden – soweit Finanzierungen vorhanden sind – kontinuierlich weiterentwickelt und aufgrund neuer Erkenntnisse durch verbesserte Analysetechniken ständig optimiert. Dadurch ist die Systematik zum Leidwesen vieler zum Teil noch immer stark im Wandel begriffen.

Kasten 2.4: Endosymbiontentheorie

Um die Herkunft und Entstehung der Chloroplasten und Mitochondrien in der Zelle zu erklären, hatten bereits 1883 Andreas Schimper und 1905 Konstantin Mereschkowski (Margulis 1967; Mereschkowsky 1905; Schimper 1883) die Vermutung, dass dies durch Endocytobiose geschah, was sich aber erst 1967 durch eine Publikation von Lynn Margulis bestätigte. Die Endosymbiontentheorie besagt, dass Einzeller mit einer weichen Membran Prokaryoten in sich aufgenommen haben, was sich zu einem gegenseitigen Nutzen (Mutualismus oder Symbiose) entwickelte. Genomanalysen lassen vermuten, dass die Chloroplasten von Cyanobakterien abstammen, während Mitochondrien in der pflanzlichen Zelle wahrscheinlich auf aerobe Proteobakterien zurückzuführen sind. Chloroplasten und Mitochondrien weisen zwei Hüllmembranen auf, was durch die Einstülpung der Endocytose erklärt wird. Manche Vertreter anderer Reiche besitzen noch weitere Membranhüllen um die Organellen, sodass nicht nur primäre, sondern auch sekundäre Endocytose erfolgt sein muss, insbesondere wiederholt mit Rotalgen. Das Auftreten verschiedener Chlorophylle und Phycobiline in den unterschiedlichen Gruppen, die aufgrund dieser Strukturen in die verschiedenen Reiche gruppiert werden, wird mit der Endosymbiontentheorie erklärt (◘ Abb. 2.4).

1 Auch Parallelismus oder konvergente Evolution genannt (in der Molekularbiologie häufig auch als Homoplasien bezeichnet), es bezeichnet die Ausbildung von ähnlichen Merkmalen bei nicht näher verwandten Arten, die im Laufe der Evolution meist durch Anpassung an ähnliche funktionale Anforderungen und/oder ähnliche Umweltbedingungen (ähnliche ökologische Nischen) ausgebildet wurden.

2.2.1 Bacteria (Eubacteria, Bakterien)

Die Bacteria umfassen momentan mehr als 10.000 gültig publizierte Arten (Kasten 2.5), wobei diese Zahl durch weitere wissenschaftliche Erkenntnisse sich noch um ein Vielfaches steigen wird. Die **Systematik** der

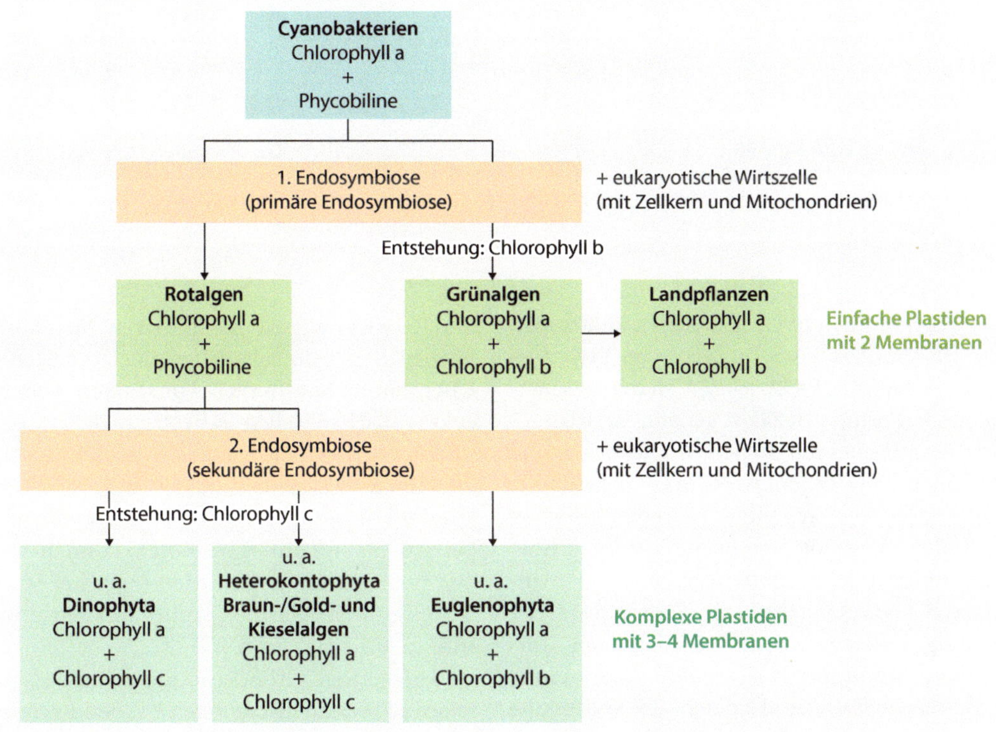

Abb. 2.4 Endosymbiontentheorie und die Evolution der verschiedenen Reiche

Bacteria gliedert diese zurzeit in 24 Gruppen, wobei die Verwandtschaft der Gruppen zueinander und deren jeweilige taxonomische Rangstufe noch umstritten sind. Die taxonomische Zuordnung beruht heute vorwiegend auf 16 S-rDNA-Sequenzanalyse; häufig vorkommender lateraler Gentransfer erschwert jedoch die Interpretation. Um die kontroverse Diskussion der aktuell gültigen Klassifikationen zu umgehen, wird im Rahmen dieses Buches nur auf die Blaualgen (Cyanobakterien) näher eingegangen, die für das weitere Pflanzenreich von evolutionärer Bedeutung sind.

Kasten 2.5: Mikroorganismen, Mikroben und Protisten

Diese Begriffe sind Sammelbegriffe für mikroskopisch kleine Lebewesen, die mit bloßem Auge meist nicht erkennbar sind. Bei **Mikroorganismen (Mikroben)** handelt es sich überwiegend um Einzeller, z. B. Bakterien, mikroskopische Algen und Pilze, sowie ein- bis wenigzellige Tiere (auch Protozoen genannt, z. B. das Pantoffeltierchen und der Malariaerreger *Plasmodium*) (Wagenitz 2003). Ob die Viren als Mikroorganismen gelten, ist abhängig von der Definition, der dem Begriff des Lebens zugrunde gelegt wird (► Abschn. 2.1, Kasten 2.1). Die Wissenschaft und die Lehre von den Mikroorganismen ist die Mikrobiologie.

Die **Protisten** (Protista) sind ebenso eine nicht näher miteinander verwandte Gruppe von Lebewesen. Sie umfassen alle ein- bis wenigzellige Eukaryoten (z. B. viele Algen, einige Pilze und Tiere), jedoch nie die Prokaryoten.

Mikroorganismenzahlen, die erstaunen:
- Geschätzte Anzahl an Mikroorganismenarten weltweit: 5×10^{30}
- Anzahl an Mikroorganismen in allen Menschen: 6×10^{23}
- Durchschnittliches Gewicht der Mikroorganismen im Mensch: 2 kg
- Anzahl an Mikroorganismen in einem menschlichen Magen: 10^{14}

(Zahlen vom *NIH Human Microbiome Project,* ► http://hmpdacc.org/)

Bacteria kommen in verschiedenen **Zellformen** vor (◘ Abb. 2.5), etwa in Form von **Stäbchen** (z. B. *Bacillus, Escherichia*), deren sporenbildende Formen **Bazillen** genannt werden; es gibt Einzelzellen mit Stielen *(Caulobacter)* und Anhängen *(Hyphomicrobium);* gekrümmte **(Vibrionen)** bis schraubig gedrehte Stäbchen **(Spirillen);** kugelförmige Bacteria werden **Kokken** genannt (z. B. *Staphylococcus*). Bei manchen Bakterien bleiben die Zellen nach der Teilung miteinander in kolonieartigen Verbänden zusammengeschlossen **(Coenobien),** z. B. *Bdellovibrio,* und bilden **Zellaggregate**; so gibt es **Kugelketten** (z. B. *Streptococcus*), Pakete oder auch **Sarcinen** genannt (z. B. *Closteridium*), Fäden (oder auch **Trichome** oder Stäbchenketten genannt, z. B. bei *Caryophanon, Oscillatoria,* die sich verzweigen können [**Hyphen**]) oder netzartige Strukturen, sogenannte **Mycelien** (Streptomyceten). Zellfäden stecken teilweise in einer Scheide (**Scheidenbakterien,** z. B. bei *Leptothrix*), oder sie sind begeißelt. Bereits bei Bakterien ist also die Entwicklung zu komplexeren Strukturen festzustellen, jedoch ist selten eine arbeitsteilige Übernahme bestimmter Funktionen wie bei eukaryotischen Zellen zu beobachten.

Die **Größe** der Bakterien ist sehr unterschiedlich: Ihr Durchmesser liegt zwischen etwa 0,1 und 700 µm, im Durchschnitt etwa bei 0,6 bis 1,0 µm. Coenobien können zum Teil bis 500 mm lang werden (z. B. bei Spirochäten), Mycoplasmen und Kokkensporen sind ca. 0,12 mm groß.

Die geringe Größe und die dadurch große relative Oberfläche bedingen bei den Bacteria:
- einen hohen Stoffumsatz (Atmungsintensität ca. 100-fach höher als von Blattgewebe),
- rasche Vermehrungsraten (z. B. die Generationsdauer bei *Escherichia coli* beträgt ungefähr 20 min) (Meier-Kolthoff et al. 2014),
- große Individuenzahlen (im Abwasser bis zu 10 Mrd./g, im Boden 100 Mio./g, im Trinkwasser möglichst < 50/g, Kasten 2.7),
- eine rasche und weite Verbreitung über die ganze Erde in Boden, Wasser und Luft.

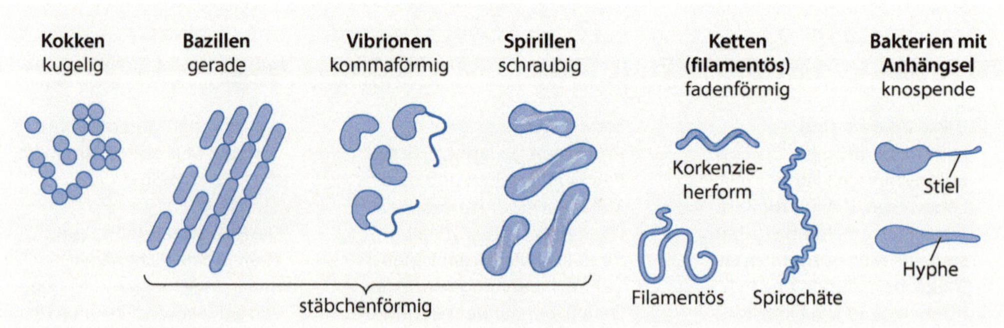

◘ **Abb. 2.5** Vielfalt der bakteriellen Zellformen

Bacteria sind durch die besondere chemische Struktur der Zellhülle aus Zuckern und Aminosäuren (Peptidoglycanen, PGN) gekennzeichnet, die auch **Mureinsacculus** (Mureinschicht) genannt wird und Stabilität verleiht (Ausnahmen sind Mycoplasmen und Spiroplasmen, die keine Zellwand und damit auch keinen Mureinsacculus besitzen). Manche Bakterien bilden oberflächig aus verschiedenen Polysacchariden oder Polypeptiden Schleim oder „Kapseln" aus oder schützen sich durch Cellulosehüllen. Manche Bacteria bilden zahlreiche feine Fäden **(Pili)** zur Anheftung an einen Sexualpartner oder ein Substrat (◘ Abb. 2.6 Kasten 2.6). Geißeln können als Einzelgeißel **(monotrich)** oder in Büscheln **(lophotrich, polytrich)** gebildet werden oder über den Körper verteilt vorkommen **(peritrich).** Durch **Zug** oder **Schub** werden Geschwindigkeiten von einigen Millimetern pro Minute erreicht. Die Anzahl der Geißeln kann vom Ernährungszustand des Organismus abhängen. Die Ernährung ist vielfältig, mit einer großen Bandbreite an Stoffwechseltypen. Energie kann z. B. durch den Abbau von Substraten **(Chemotrophie)** oder durch Lichtnutzung **(Phototrophie,** Cyanobacteria) gewonnen werden, als Elektronendonator dienen organische oder anorganische Stoffe wie NH_3, H_2S oder Fe^{2+} **(Litotrophie),** als Kohlenstoffquelle vorwiegend organische Verbindungen **(Heterotrophie),** seltener auch CO_2 **(Autotrophie,** Photosynthese). Am häufigsten sind **Saprophyten,** die organische Substanz abbauen; seltener gibt es (meist fakultative) **Parasiten,** die durch Toxine pathogen sein können. Obligat oder fakultativ phototroph lebende Bacteria unterschiedlichster Evolutionslinien bilden verschiedene Pigmente aus, z. B. **Carotinoide** und/oder Bacteriochlorophylle. Ferner bildet eine Gruppe der Bacteria – die Blaualgen (► Abschn. 2.2.1.1) – das Photosynthesepigment **Chlorophyll a** aus, während Vertreter der Prochlorophyten sowohl **Chlorophyll a** als auch **b** ausbilden. Die Photosynthesepigmente phototropher Bacteria werden in der Cytoplasmawand gebildet. Diese kann sich schlauchförmig einstülpen und zu photosynthetisch aktiven **Vesikeln** werden, die in Analogie zu den entsprechenden Strukturen in den Chloroplasten der grünen Pflanzen **Thylakoide** genannt werden. Dabei sind die Membranen der Thylakoide Träger der lichtabsorbierenden Pigmente (Chlorophyll, Bacteriochlorophylle und/oder Carotinoide) sowie der Komponenten des Photosynthese-Elektronentransport- und Phosphorylierungssystems. Interzellulär abgelagerte Substanzen sind in der Regel Reservestoffe, z. B. Glycogen, Lipide und Polyphosphate. Reservestoff-speichernde Strukturen im Cytoplasma werden **Grana** genannt. Viele im Wasser lebende Formen bilden des Weiteren Gasvakuolen aus, die die Schwimmtiefe regulieren.

Zur **Überdauerung** ungünstiger Lebensbedingungen bilden manche Bacteria **Dauerzellen** oder **Sporen**. Bei einigen Bacteria werden diese im Inneren der Zelle als Endosporen angelegt, die sich von den vegetativen Zellen durch ihre geringere Färbbarkeit und starkes Lichtbrechungsvermögen unterscheiden. Als Sporen sind die Organismen sehr widerstandsfähig gegen Trockenheit, Kälte und Hitze, einige vertragen jahrhundertelanges Austrocknen und stundenlanges Kochen.

Kasten 2.6: Bakterien – Warum sie sich stark vermehren und Resistenzen bilden können

Die Fortpflanzung und Vermehrung der Bacteria ist in der Regel asexuell ohne Meiose, was als parasexuelle Fortpflanzung bezeichnet wird (Slonczewski und Foster 2012). Diese erfolgt meist durch Zweiteilung der Zellen; bei gestreckten Formen stets senkrecht zur Längsachse durch Einzug einer Querwand. Manche Zellen bleiben nach der Teilung in lockeren Ketten miteinander verbunden (z. B. *Streptococcus*).

Man unterscheidet drei verschiedene Formen parasexueller Vermehrung:

- **Konjugation:** Übertragung von DNA-Stücken (horizontaler und vertikaler Gentransfer) einer Spender- auf

2

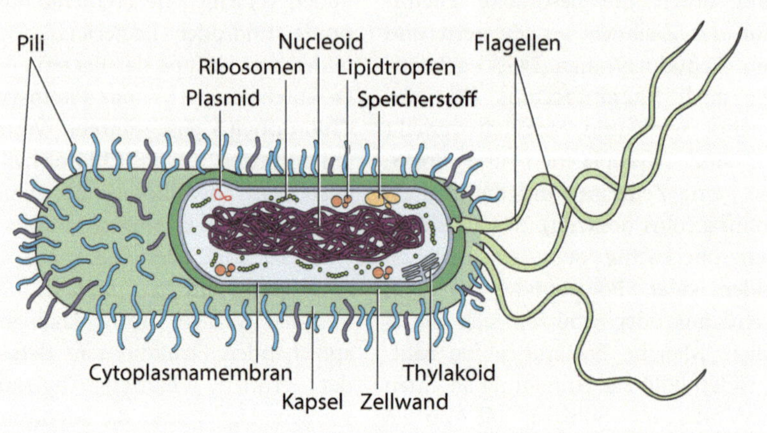

Abb. 2.6 Schema einer Prokaryotenzelle (Aus Munk, Grundstudium Biologie – Mikrobiologie)

eine Empfängerzelle durch direkten Kontakt, entweder über fadenförmige Sexualpili oder direkte Aneinanderlagerung von Bakterienzellen. Der DNA-Austausch erfolgt über eine Plasmabrücke (z. B. bei Gram-negativen Bakterien). Häufig werden durch Konjugation Plasmide übertragen (kleine, in der Regel ringförmige, autonom replizierende, doppelsträngige DNA-Moleküle, die in Bacteria und Archaea vorkommen können, aber nicht zum Bakterienchromosom [Kernäquivalent] zählen). Modellcharakter hat der sogenannte F-Pilus (auch Sexpilus) bei *E. coli.* Über diesen übertragen F^+-Bakterien das Plasmid auf F^--Empfängerbakterien.

- **Transduktion**: Veränderung der Bakterien durch Bakteriophagen[2] (z. B. bei Gram-positiven Bakterien), diese transferieren entweder bakterielle DNA zwischen den Bakterien (klassische Transduktion) oder verändern Bakterien durch Einbau zusätzlicher Phagen-codierter Gene (Lysogenisierung z. B. von *Corynebacterium diphtheriae*).
- **Transformation:** ungerichtete Aufnahme freier DNA aus der Umgebung, was jedoch nicht die Regel ist (z. B. *Neisseria,* Erreger der Hirnhautentzündung).

Konjugation, Transduktion und Transformation können dazu führen, dass Resistenzfaktoren auf Krankheitserreger übertragen werden, die dann schwer zu bekämpfen sind. Der laterale Gentransfer (auch mit Archaea) verwischt alte phylogenetische Signale und erschwert die Rekonstruktion der Phylogenie. Ferner ermöglicht er aber auch den gentechnischen Einbau von Eukaryoten-DNA in die Genstruktur der Bakterien, deren Ring durch Restriktionsendonukleasen geöffnet wird (Produktion einer Vielzahl von medizinisch oder technisch nutzbaren Proteinen, z. B. von Insulin).

2 Phagen bezeichnet eine Gruppe von Viren, die auf Bakterien und Archaea als Wirtszellen spezialisiert sind. Die Wirtsspezifität dient der taxonomischen Einordnung, z. B. unterscheidet man Koli-, Staphylokokken-, Diphtherie- oder *Salmonella*-Bakteriophagen. Zählt man Viren zu den Lebewesen, so sind Phagen aufgrund ihres extrem zahlreichen Vorkommens im Meer die häufigsten Lebewesen auf der Erde.

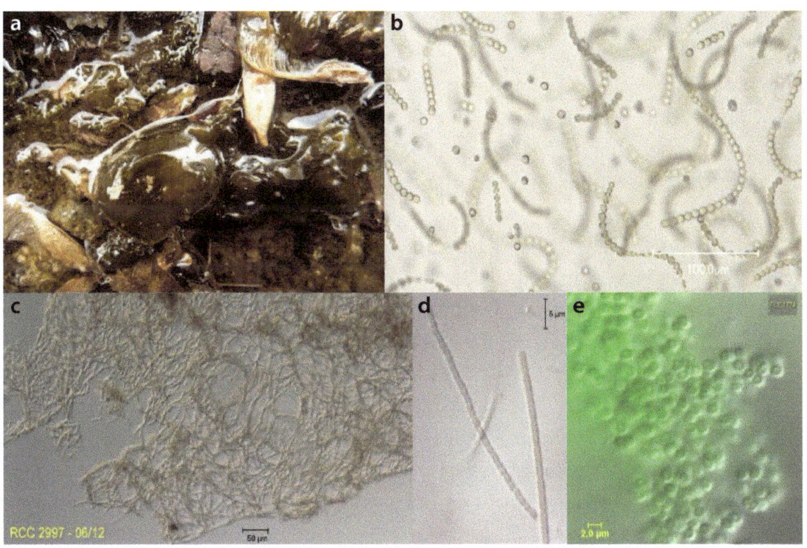

Abb. 2.7 „Blaualgen" (Cyanobakterien). **a** Auf dauerfeuchten Oberflächen in Mitteleuropa sehr häufig zu findende Gattung *Nostoc* sp. als Gallerte über Steinen. **b** *Nostoc* bei 300-facher Vergrößerung als Quetschpräparat mit mehrzelligen Zellfäden. **c, d** Die fadenbildende Blaualge der Gattung *Phormidium* sp. aus dem Pazifik nahe der Ishigaki-Inseln vor Japan aus 14 m Wassertiefe (Roscoff-Kulturensammlung Nr. RC2997). **e** Die kokkoide Blaualge der Gattung *Acaryochloris* sp. aus dem Ärmelkanal, der bisher einzig bekannte photosynthetische Organismus mit Chlorophyll d als Hauptpigment (Roscoff-Kulturensammlung Nr. RC1774). (Fotos **b**: E. Magel; **c, d, e**: Daniel Vaulot, *Roscoff Culture Collection)*

Kasten 2.7: Bakterien – Nutzen und Schaden!

- Bakterien sind Reduzenten nahezu aller organischer Substanzen im Stoffkreislauf der Natur: aerobe Verwesung, anaerobe Fäulnis, Gärung; Stickstoffmineralisation: Ammonifikation, Nitrifikation, Denitrifikation; Sulfurikation, Desulfurikation; Abwasserreinigung und Müllaufbereitung, Biogas, Erdölabbau.
- Bakterien sind Krankheitserreger von Mensch und Tier (Pest, Cholera, Typhus, Ruhr, Milzbrand usw.), werden aber auch in der biologischen Schädlingsbekämpfung eingesetzt.
- Bei Pflanzen verursachen phytopathogene Bakterien meist Gewebetot (Apoptose) durch Auflösen der Mittellamellen.
- Sie fungieren aber auch als nützliche Symbionten (Haut- und Darmflora des Menschen und der Tiere; Luftstickstoffbinder in Leguminosen-Wurzelknöllchen und in Wurzeln von Erlen, Silberweiden und Rosaceae-Gehölzen).
- Bakterien dienen der industriellen biologischen Synthese: z. B. zur Proteingewinnung auf Erdöl- und Methanolbasis, Vitamine, Antibiotika, Enzyme, Impfstoffe, zur Gärung für Silage, Käse, Sauergemüse, Essigsäure und zum Herauslösen von Metallen, z. B. aus niedrigprozentigen Kupfer- und Uranerzen (leaching) (Drews 2010; Slonczewski und Foster 2012).

2.2.1.1 Blaualgen (Cyanobakterien)

Die Blaualgen (Cyanobakterien, Cyanobacteria, Cyanophyta) (Abb. 2.7) zeichnen sich durch ihre Fähigkeit zur **oxygenen Photosynthese** aus (als H_2-Donator wird Wasser verwendet und O_2 freigesetzt; wenige Arten können unter anaeroben Bedingungen wahlweise H_2S oxidieren, Kasten 2.8).

Einige der weltweit ca. 2000 Arten enthalten neben anderen Photosynthese-Farbstoffen **blaues Phycocyanin,** weshalb sie blaugrün erscheinen, daher der Name „Blaualgen". Diese Bezeichnung wurde für alle Cyanobakterien verwendet – auch für diejenigen, die kein Phycocyanin enthalten und nicht blaugrün gefärbt sind. Allerdings ist die Bezeichnung „Blaualge" irreführend, da sie im Gegensatz zu Algen keinen echten Zellkern besitzen, keine Mitochondrien, keine Lysosomen, kein endoplasmatisches Reticulum und keine membranbegrenzten Chloroplasten oder von Tonoplasten umgebene Zellsaftvakuolen haben; sie gehören zu den Bacteria.

Cyanobakterien sind meist **große** (bis 10 µm), stets **unbegeißelte,** einzellige oder mehrzellige **photoautotrophe Prokaryoten,** die in Kolonie mit bestimmter Zellanzahl mit oder ohne Spezialisierung **(Coenobien)** leben können. Die Zellwand der Cyanobakterien besteht aus einer dicken **Mureinschicht** (► Abschn. 2.2.1) mit aufgelagerten **Lipopolysacchariden,** einer meist voluminösen Gallerte aus sauren, hydratisierten Polysacchariden. Die Gallerten weisen zum Teil eine feste Konsistenz auf oder bilden deutlich strukturierte, geschichtete Scheiden oder Kapseln. Geißeln wurden bisher bei keiner Art gefunden. Die für Blaualgen typische Bewegungsweise ist ein Gleiten, durch Schwingungen der Zellfäden; daher auch die Benennung einer weitverbreiteten Gattung: *Oscillatoria.*

Im Cytoplasma liegt das farblose **Zentroplasma** mit dem **Nukleoid** (einem oder mehreren ringförmigen DNA-Strängen), das von dem unscharf abgegrenzten **Chromatoplasma** umgeben ist. Dort ist das Chlorophyll a an **Thylakoide** gebunden (zusätzlich vereinzelt auch Chlorophyll b und d), die durch Einstülpung der Cytoplasmamembran entstehen. Als akzessorische Pigmente finden sich neben Carotinoiden zwei wasserlösliche Chromoproteide, die **Phycobiline** oder **Phycobiliproteine** (das blaue Phycocyanin und das rote Phycoerythrin), die als Hilfspigmente der Photosynthese dienen. Aufgrund der Chromoproteide wirken Cyanobakterien blaugrün, olivgrün oder schwarz, in Tiefengewässern rot oder violett. Als Reservestoffe dienen **Cyanobakterienstärke,** das Polyphosphat **Volutin** (Phosphorreserve und potenzieller Energiespeicher [ATP]) und das Polypeptid **Cyanophycin** (eine Stickstoffreserve). Der Vorgang der **Stickstofffixierung** ist extrem **sauerstoffempfindlich** und **energieaufwendig;** ein wesentlicher Grund, weshalb sich innerhalb eines Zellfadens **(Trichom)** eine Arbeitsteilung (räumliche Trennung unterschiedlicher funktioneller Einheiten) herausgebildet hat, was einen Stofftransport zwischen den Zellen erfordert.

Bei mehrzelligen Arten treten morphologische und funktionelle Zelldifferenzierungen auf:

- (blau-)grüne photoautotrophe Zellen für den normalen Stoffwechsel;
- häufig große, pigmentarme, dickwandige **Heterozysten** als Orte der Luftstickstofffixierung;
- planktische Formen, die **Gasvakuolen** bilden können, welche der Auf- und Abbewegung im Wasser dienen;
- Dauerzellen oder Dauerstadien **(Akineten)** – an Reservestoffen reiche Zellen, die lange Zeiträume (Jahrzehnte) und extreme Temperaturen überdauern können.

Die **Vermehrung** erfolgt meist durch Zweiteilung (Kasten 2.6). Selten bilden sich Endosporen (simultane Vielfachteilung innerhalb einer stark anwachsenden Zelle mit fester Schleimhülle), lösen sich Exocyten oder fragmentieren Fäden (Hormogonienbildung).

Kasten 2.8: Blaualgen – anpassungsfähig und wichtig

Als **photoautotrophe Organismen** sind die Blaualgen weltweit an der Biomasseproduktion beteiligt. Insbesondere in Gewässern sind sie von großer ökologischer Bedeutung. Die meisten Cyanobakterien leben aquatisch im **Süßwasser,** entweder planktisch (frei schwimmend) oder festsitzend auf Substrat oder höheren Pflanzen (benthisch). Sehr kleine Cyanobakterien bilden außerdem einen wichtigen Bestandteil des Picoplanktons (0,2–2,0 mm) in der

Schwachlichtzone warmer **Meere.** Seekreide wird durch Kalkablagerung in der Gallerthülle gebildet, und durch periodisches Wachstum entsteht die Bänderung der Stromatolithen, die zu den ältesten Spuren des Lebens auf der Erde zählen (Präkambrium, Nordwestaustralien, vor 3,5 Mrd. Jahren; ► Abschn. 8.1, ◘ Abb. 2.8). Blaualgen sind für Fische und andere Tiere eine wichtige Nahrung. Wasserblüten im warmen Süßwasser können aber auch Fisch- und Wasservogelsterben durch Peptidtoxine und Alkaloide verursachen. Cyanobakterien kann man sowohl auf Gletschern als auch in bis zu 75 °C heißen Thermalquellen finden. Einige Arten leben in Symbiose mit Pilzen und bilden damit neue Organismengruppen, wobei sie entweder Endosymbionten sind, wie z. B. bei der Pilzgattung *Geosiphon,* oder eine extrazelluläre Assoziation eingehen, z. B. bei Flechten oder grünen Pflanzen. So lebt beispielsweise eine *Anabaena*-Art in Symbiose mit dem Wasserfarn *Azolla* (die Blaualge versorgt den Farn mit stickstoffhaltigen Verbindungen, die Pflanze liefert Polysaccharide und andere sekundäre Pflanzenstoffe; ► Abschn. 2.1). *Nostoc*-Arten wurden in Thalli verschiedener Lebermoose, in Wurzelzellen einiger Palmfarnarten (► Abschn. 6.1) und in Rhizomen von *Gunnera* (► Abschn. 7.5.1) nachgewiesen. Ferner leben Blaualgen vielfach in Symbiose mit anderen Bakterien. Durch Endocytobiose von Cyanobakterien sind die Plastiden als Organellen der Photosynthese der eukaryotischen grünen Pflanzen entstanden (Endosymbiontentheorie; Kasten 2.4).

2.2.2 Archaea (Archaeen, früher auch Archaebakterien oder Urbakterien genannt)

Die Archaea umfassen ca. 430 Arten und sind meist **einzellige** (selten fädige) **Organismen.** Die Untergliederung der Archaea in eine eigenständige Domäne ist durch deutliche Unterschiede in der Sequenz der kleinen ribosomalen Untereinheit (16 S-rRNA) und weiterer genetischer, physiologischer, struktureller und biochemischer Eigenschaften begründet. Archaea unterscheiden sich von den Bacteria durch wesentliche Struktur- und Stoffwechseleigenschaften. So besteht z. B. die **Zellwand** (wenn sie vorhanden ist) aus **Glycoproteinen** oder **Polysacchariden,** jedoch nie aus Murein, weshalb sie **Penicillin-resistent** ist. Bacteriochlorophyll fehlt, und **Lipide** bestehen **aus Glycerolethern,** statt aus Glycerolestern. **Primäre CO_2-Fixierung** erfolgt über den **reduktiven Carbonsäurezyklus,** statt dem Calvin-Zyklus.

Archaea besitzen wie alle Prokaryoten **weder ein Cytoskelett noch Zellorganellen.** Die Größe bzw. Länge der Archaeen-Zelle ist durchschnittlich etwa 1 µm. Die Archaea sind in ihrer Form äußerst divers; wie bei Bakterien gibt es beispielsweise **Kokken** (z. B. *Methanococcus jannaschii* und *M. limicola,* ◘ Abb. 2.9), **Stäbchen** *(Thermoproteus neutrophilus),*

◘ **Abb. 2.8** Blaualgen, so genannte Stromatolithen vor der Küste Australiens

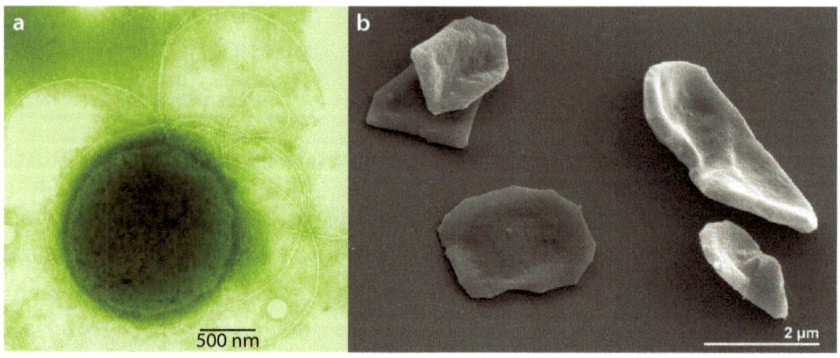

Abb. 2.9 Archaea. **a** Mikroskopische Aufnahme von *Thermococcus gammatolerans*. **b** Elektronenmikroskopische Aufnahmen von *Methanoplanus limicola* M3T. (Fotos **a**: Angels Tapias, **b**: M. Rohde, HZI 2015) (Göker et al. 2014)

Spirillen-förmige Organismen *(Methanospirillum hungatei)*, gelappte Kokken *(Archaeoglobus fulgidus)*, **Scheiben** *(Thermodiscus maritimus* lange **Filamente** *(Thermofilum pendens),)* oder sogar **quadratische Zellen** *(Haloquadratum walsbyi)*. Archaea besitzen oft Geißeln zur Fortbewegung und fadenartige Anhängsel **(Pili)** zur Anheftung an Oberflächen.

Viele Arten der Archaea sind an **extreme Habitate** angepasst **(Extremophile).** So gibt es Arten, die bevorzugt bei Temperaturen über 80 °C wachsen (hyperthermophil), andere leben in hoch konzentrierten Salzlösungen (halophil) oder in stark saurem (pH bis 0; acidophil) bzw. stark basischem Milieu (pH > 10; alkaliphil; Kasten 2.9). Vertreter der thermoacidophilen Archaea (Abteilung Crenarchaeota) überleben am Tiefseeboden zum Teil bei Temperaturen bis +250 °C, wobei sie aerob Schwefel zu Schwefelsäure oxidieren. Methanbakterien können CO_2 und H_2 von Faulschlamm als Kohlenstoff- und Energiequelle nutzen, während Vertreter der Halobacteriales, die in Salzseen und Salinen leben, teilweise auch durch Photophosphorylierung mit Bacteriorhodopsin ATP gewinnen können.

Kasten 2.9: Archaea – Forschung und anthropogene Nutzung

Archaea sind von großem wissenschaftlichem Interesse, da sie Merkmale des frühen Lebens auf der Erde aufweisen (Sergeev et al. 2007). Die Bionik interessiert sich für den außergewöhnlichen Stoffwechsel der Extremophilen, und Archaeen werden zur Methangewinnung in Biogasanlagen oder zur Boden- und Gewässersanierung eingesetzt. Zur Kupfer-, Zink- und Nickelgewinnung werden Erze mit niederwertigen Sulfidanteilen mithilfe mikrobieller Erzlaugung (engl. *microbial ore leaching* oder *bioleaching*) zu Sulfat oxidiert und dadurch in einen löslichen Zustand überführt. Ferner dienen Archaea als Vorbilder für die Nanotechnologie. So werden Zellwandbestandteile von Archaeen (sogenannte S-Layer) zur Ultrafiltration verwendet oder dienen als Träger für Impfstoffe. Für molekularbiologische Analysen ist insbesondere die Gewinnung hitzeresistenter Enzyme attraktiv, z. B. α-Amylasen, proteolytische Enzyme, DNA-Polymerasen und Restriktionsenzyme. Archaeen wurden beim Menschen im Darm, im Mund (Zahnflora) und in der Vagina nachgewiesen (Conway de Macario und Macario 2009). Sie können z. B. chronisch-entzündliche Darmerkrankungen auslösen, in der Regel sind sie jedoch nicht humanpathogen.

2.2.3 Eukarya (Eukaryota, Eukaryoten)

Nach Artenzahlen und Masse stellen die Eukarya **einen großen Teil der gegenwärtig lebenden Organismen** dar. Eukarya umfassen **makroskopische Organismen,** z. B. Tiere und Pflanzen, sowie **mikroskopische Organismen,** insbesondere im Boden und im Gewässer. Sie entstanden im Präkambrium (Kasten 2.10).

Kasten 2.10: Entwicklungsgeschichte der Eukarya

Man vermutet, dass sich Eukarya parallel zu den Bacteria und Archaea entwickelten und nicht direkt von diesen abstammen. Morphologische und genetische Untersuchungen lassen vermuten, dass Eukarya und Archaea mehr Gemeinsamkeiten zueinander aufweisen als zu den Bacteria. Die ältesten Fossilien, die als Überreste der Eukarya gewertet werden, sind etwa 1,85 Mrd. Jahre alt. Jedoch treten erst seit ca. 1,4 Mrd. Jahren Zellen mit deutlich größeren Volumina auf, wie sie für die Eukarya heute typisch sind. Ein größeres Zellvolumen ist für die Aufnahme von Organellen notwendig. Allerdings ist nicht bekannt, ob die Eukarya ihre Größe bereits vor der Aufnahme der Organellen besaßen oder diese erst nach der Erhöhung ihres Organisationsgrades erwerben konnten, da eine größere Größe auch ein nachteiliges Oberflächen-Volumen-Verhältnis mit sich bringt. Der Größenzuwachs bedarf einer Erhöhung des Stoffumsatzes. Eukaryotische Zellen müssen sich demnach wahrscheinlich in nahrungsreichen Biotopen entwickelt haben. Diese Annahme ist naheliegend, denn durch Photosyntheseaktivitäten der Cyanobakterien entstanden nicht nur große Mengen an freiem Sauerstoff, sondern auch fixierter Kohlenstoff. Damit erfolgte wahrscheinlich eine Akkumulation von Biomasse in vorher nicht da gewesenem Ausmaß, wovon primitive eukaryotische Zellen vermutlich profitierten. Heterotrophe Organismen nutzten das Nahrungsangebot, und sie gewannen an Größe.

Auf ebenfalls vor ca. 1,4 Mrd. Jahren wird der Erwerb der Mitochondrien geschätzt. Die Mitochondrien können wahrscheinlich aufgrund großer genetischer Übereinstimmung auf ein Bakterium der Gattung *Rickettsien* zurückgeführt werden. Heute handelt es sich bei der Gruppe um Pathogene, die in Wirtszellen einwandern und diese parasitieren. Ungeklärt ist bisher, ob sich auch andere Organellen, wie z. B. das endoplasmatische Reticulum, aus Prokaryoten entwickelt haben. Die Trennung von Pflanzen und Tieren durch Endocytobiose von Cyanobakterien erfolgte wahrscheinlich vor ca. 0,7 bis 1 Mrd. Jahren.

2.2.3.1 Typische Merkmale der Eukarya

Eukarya besitzen charakteristische Zellen (auch **Eucyten** genannt) (■ Abb. 2.10). Die Zelle der Eukaryoten ist mit durchschnittlich 10–100 µm in der Regel wesentlich größer als die der Prokaryoten, Pollenschlauchzellen können sogar mehrere cm groß werden. Da ihr Volumen das etwa 100- bis 10.000-fache beträgt, bedarf es für die Funktionalität zellulärer Abläufe über größere Entfernungen hinweg eines **höheren Organisationsgrades** (Kasten 2.11, ■ Abb. 2.11) und einer Aufteilung des Zellraums in **Kompartimente** (abgegrenzte Räume) sowie eines **Transports** zwischen diesen. Deshalb zeichnen sich eukaryotische Zellen, im Vergleich zu denjenigen der Bacteria und Archaea, durch eine deutlich stärkere Kompartimentierung und Komplexität sowie durch ein umfangreiches intrazelluläres Membransystem aus, bestehend aus dem **Cytoskelett** aus **Mikrotubuli**, **Aktinfilamenten** (auch Mikrofilamente genannt, aus dem Protein Aktin für kurze Zelltransportwege) und **Intermediärfilamenten** zur mechanischen Stabilisierung.

Als wesentlicher Unterschied zu den prokaryotischen Zellen haben Zellen der Eukarya einen **echten Zellkern** (Nukleus)

2

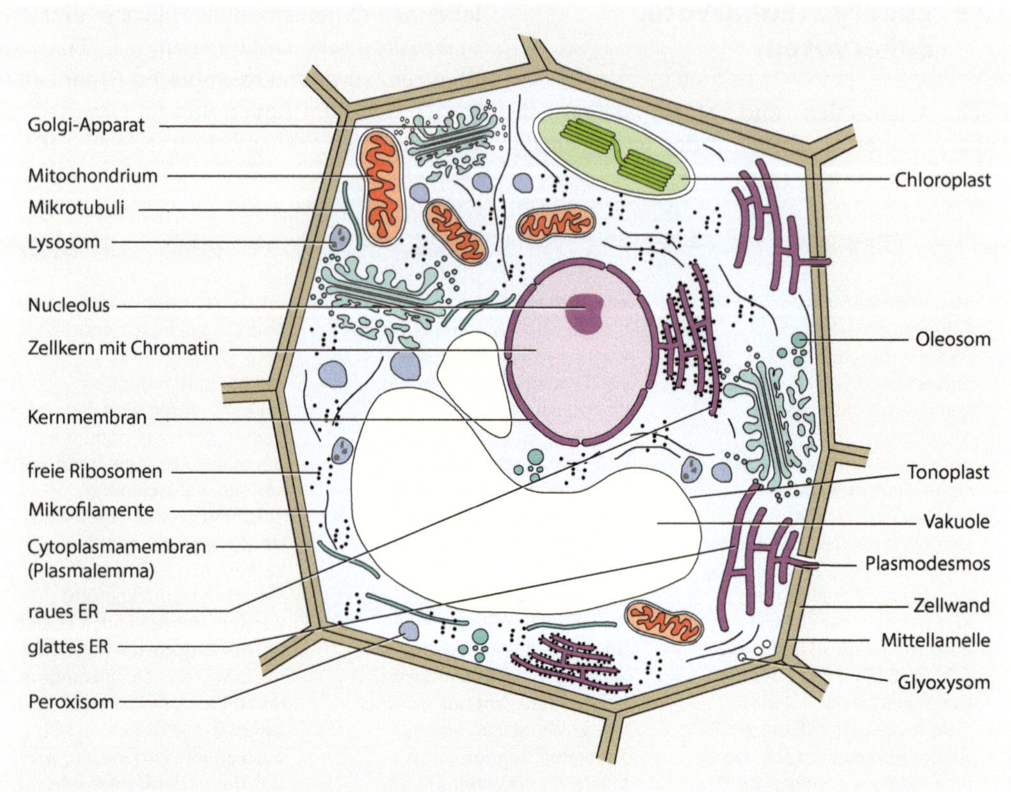

Abb. 2.10 Schematische Darstellung einer Eukarya-Zelle

mit einer **Kernhülle** um die in **Chromosomen** organisierte **lineare DNA**. Der Zellkern wird durch eine **Doppelmembran** (Kernhülle oder Kernmembran genannt)[3] vom Cytoplasma abgegrenzt. Außerdem sind verschiedene **Organellen** ebenso deutlich vom Cytoplasma abgegrenzt: das ER (endoplasmatische Reticulum), Dictyosomen (Golgi-Apparat), Mitochondrien und Peroxisomen. Wenn eine **Zellwand**[4] vorhanden ist, wird sie aus Makromolekülen gebildet, die durch Nebenvalenzen (zwischenmolekulare Kräfte von Molekülen, die hauptvalenzmäßig abgesättigt sind) zusammengehalten werden (z. B. **Cellulose, Chitin** etc.). Bei begeißelten eukaryotischen Zellen sind die **Geißeln** einheitlich aus zwei zentralen einfachen und neun peripheren doppelten Mikrotubuli zusammengesetzt **((9 x 2 + 2)-Struktur aus Proteinfilamenten).**

Die äußere Zellmembran **(Plasmalemma)** ist sehr flexibel und kann sich äußeren

3 Die Außenmembran der Kernhülle ist von Ribosomen besetzt und geht an einigen Stellen in das endoplasmatische Reticulum (ER) über, sodass das Kernlumen mit dem ER im Cytoplasma verbunden ist. An die innere Kernmembran grenzen nach innen Laminfilamente *(nuclear lamina)*. Sie stabilisieren den Zellkern, dienen als Fixierung für die Chromatinfäden und werden während der Mitose ab- und wieder aufgebaut. Ferner befinden sich in der Kernhülle zahlreiche Poren für einen kontrollierten Austausch großer Moleküle zwischen dem Kern- und Zellplasma.

4 Ein aus Polymeren aufgebautes Exoskelett, das das Cytoplasma umgibt. Es wird als Ausscheidungsprodukt lebender Zellen gebildet und liegt stets außerhalb der Plasmamembran der Zelle. Pflanzen, Bakterien, Pilze, Algen und manche Archaeen besitzen Zellwände, Tiere und Protozoen dagegen nicht.

Unebenheiten anpassen oder Ausstülpungen ausbilden, und Vesikel können nach innen und nach außen abgegeben werden. Dies ermöglicht es, Partikel, aber auch andere Zellen zu umhüllen und zu verinnerlichen. Dieser Prozess wird **Endocytose** bzw. **Phagocytose** genannt. Die Vorteile daraus führten letztendlich zur dauerhaften Vereinigung verschiedener Lebensformen via **Endosymbiose.**

Die Entstehung der Eukarya und damit die Bildung von membranbegrenzten Organellen **(Mitochondrien, Plastiden,** z. B. **Chloroplasten)** wird mit der **Endosymbiontentheorie** (Stanier 1970; Kasten 2.4) begründet, die besagt, dass sich Mitochondrien und Chloroplasten aus prokaryotischen Organismen (Bakterien) entwickelten, die sich in die frühen Eukaryoten einlagerten bzw. dort eingelagert wurden.

Die Prokaryoten wurden durch Phagocytose aufgenommen und sind zu Endosymbionten geworden, die sich zu Mitochondrien und Plastiden in ihren Wirtszellen entwickelten. Für diese Theorie sprechen der Membranaufbau der Plastiden, das Vorhandensein und die Struktur des genetischen Materials (Chloroplasten und Mitochondrien) und der Ribosomen sowie die vergleichsweise hohe Selbstständigkeit (Vermehrung durch Teilung statt sexuelle Reproduktion). Es gibt jedoch auch Eukaryoten ohne Mitochondrien, wobei diskutiert wird, ob diese auf eine sekundäre Reduktion zurückzuführen sind.

Kasten 2.11: Organisationsstufen der Eukarya – vom Einzeller zum Vielzeller

Innerhalb der verschiedenen Evolutionslinien der Eukarya wurden unabhängig voneinander verschiedene **Organisationsstufen** erreicht (◻ Abb. 2.11), die durch konvergente Evolution entstanden sind. Als Organisationsstufen werden Lebewesen bezeichnet, die ähnliche morphologische Merkmale und Lebensweisen aufweisen, unabhängig davon, ob sie einen gemeinsamen Vorfahren haben, also monophyletisch sind, oder nicht. Einzeller gruppieren sich häufig in Lebensgemeinschaften mit definierten Zellzahlen (Coenobien, Aggregationsverbände), wobei ein Zerfall dieser den Fortbestand des einzelnen Organismus nicht gefährdet. Coenobien finden sich z. B. bei den Grünalgen (► Abschn. 3.1.3). Durch eine extrazelluläre Matrix stehen die Einzeller zueinander in Verbindung, was durch die Evolution biologischer Rezeptoren in der Zellmembran möglich wurde – ein wichtiger Schritt zur Evolution der Mehrzelligkeit. Mehrzelligkeit ist in verschiedenen phototrophen Eukarya mehrfach unabhängig voneinander entstanden. Einfache vielzellige Vegetationskörper werden als Thalli (Einzahl: Thallus) bezeichnet. Die einfachsten Vielzeller besitzen einen fadenförmigen Thallus mit meist sehr ähnlichen Zellen; sie können verzweigt oder unverzweigt sein. Die Polarität hat in der Evolution dazu geführt, dass sich Zellen zur Anheftung am Substrat (Rhizoid) und zum Spitzenwachstum (apikale Scheitelzellen) herausdifferenzierten. Durch Änderung der Teilungsrichtung der Scheitelzellen entstanden Verflechtungen einzelner Zellfäden (Flechtthalli, z. B. bei Rotalgen, ► Abschn. 3.1.2) und Gewebethalli (bei Moosen, ► Abschn. 3.3, und allen Kormophyten).

2.2.3.2 Fortpflanzung der Eukarya – Entstehung des Generationswechsels

Eukarya können sich vegetativ und generativ fortpflanzen. Die **vegetative (ungeschlechtliche oder asexuelle) Fortpflanzung** erfolgt durch Zellteilung **(Mitose),** bei der aus einer Zelle zwei gleiche Tochterzellen entstehen, wobei der Ploidiegrad der Chromosomen nicht verändert wird.

Für die **generative (geschlechtliche oder sexuelle) Fortpflanzung** entwickeln sich spezialisierte haploide Geschlechtszellen (einfacher Chromosomensatz), die **Gameten.** Das Cytoplasma (Plasmogamie) und der Kern (Caryogamie) zweier Gameten müssen zur generativen

2

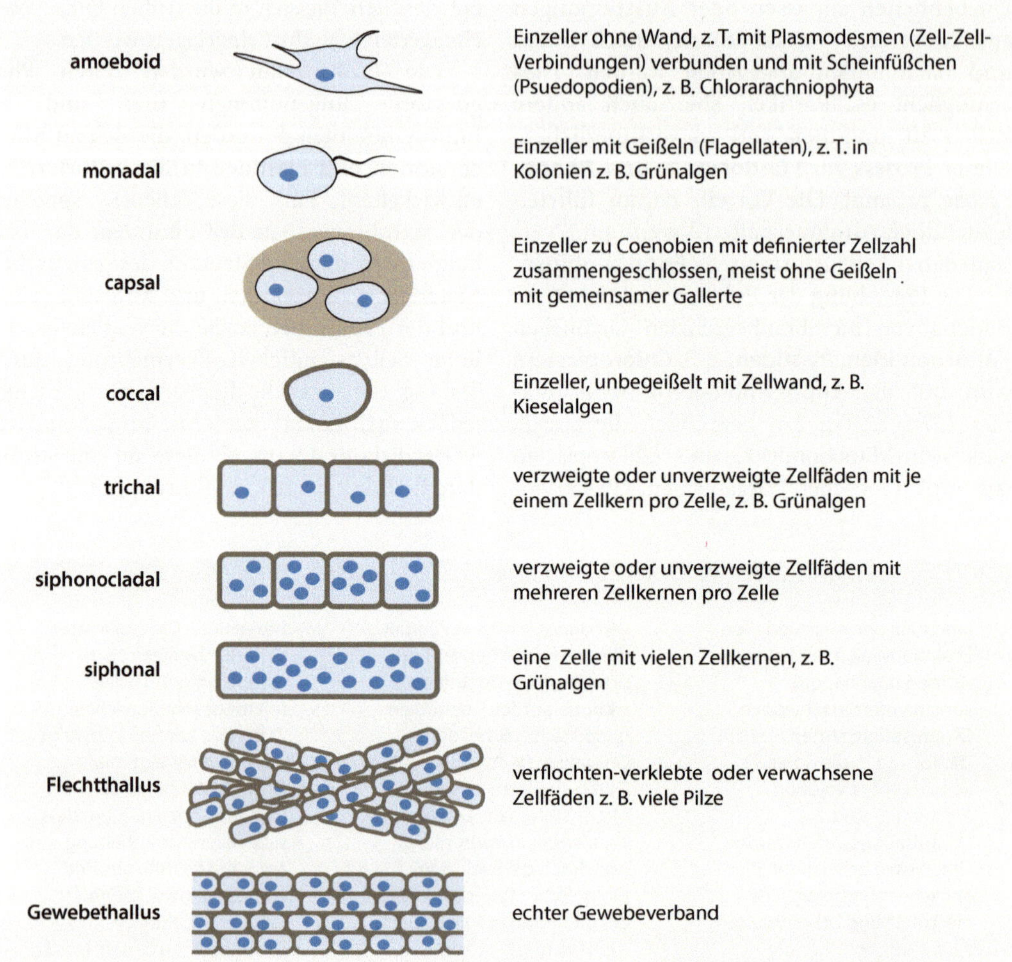

◻ Abb. 2.11 Darstellung verschiedener Organisationsstufen der Eukarya mit der jeweiligen Bezeichnung und Beispielen (verändert nach K. Ehlers)

Fortpflanzung verschmelzen, was zusammen als **Syngamie** bezeichnet wird (◻ Abb. 2.12). Dabei können die Gameten gleichgestaltig und jeweils begeißelt sein **(Isogamie)** bzw. verschiedengestaltig sein **(Anisogamie),** in der Regel gibt es dann kleinere männliche und größere weibliche begeißelte Gameten. Ist der weibliche Gamet unbegeißelt und häufig noch am Mutterorganismus festsitzend, wird dies als **Oogamie** bezeichnet (z. B. bei *Chara*). Verschmelzen Zellen miteinander, ohne vorab Gameten gebildet zu haben, wird dies **Gametangiogamie** genannt (z. B. bei den Oomycota). Fusionieren vegetative Zellen ohne besondere Spezialisierung, wird dies als **Somatogamie** bezeichnet.

Die Neukombination **(Rekombination)** des Erbmaterials als Resultat der Syngamie hat die Evolution der Eukaryoten entscheidend gefördert, denn die sexuelle Fortpflanzung fehlt nur bei sehr wenigen Gruppen (z. B. den Euglenophyta) und wurde bereits zu einem frühen Zeitpunkt der stammesgeschichtlichen Evolution etabliert. Nach der Verschmelzung von zwei Gameten (Syngamie) zu einer

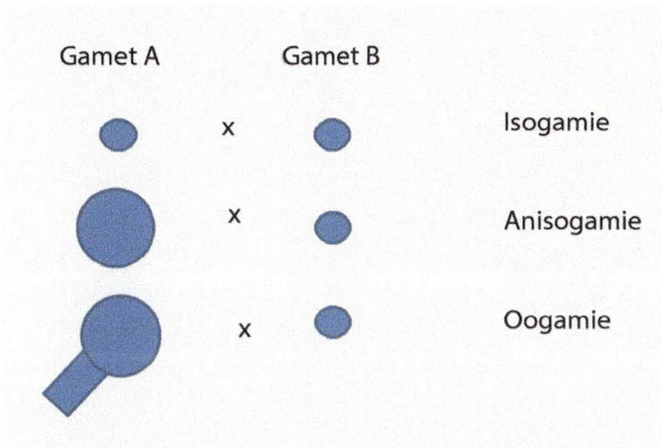

◼ Abb. 2.12 Unterschiedliche Formen der Syngamie, wobei das Rechteck einen Elter darstellt

diploiden Zelle **(Zygote)** erfolgte ursprünglich unmittelbar eine **Meiose (Reduktionsteilung),** sodass der daraus resultierende Organismus ein **Haplont** mit einer nur sehr kurzen diploiden Phase war, was z. B. typisch für **Grünalgen** und **Moose** ist. Bei den **Kormophyten** (Kap. 4–7) wird die haploide Phase verkürzt und die diploide Phase verlängert. Die regelmäßig folgende Meiose führt von der Diplophase wieder zur Haplophase und bedingt so den für die Eukaryoten charakteristischen **Kernphasenwechsel** (◼ Abb. 2.13). Der Kernphasenwechsel ist intermediär zwischen der **Zygotenbildung** und der **Gametenbildung.** Die regelmäßig wiederkehrenden Wechsel zwischen haploider und diploider Lebensphase werden als **Generationswechsel** bezeichnet. Da der Übergang zwischen Diplo- und Haplophase an die Zygote gekoppelt ist, wird dies als **zygotischer Kernphasenwechsel** bezeichnet. Den Lebenszyklus eines einzelnen Lebewesens nennt man Ontogenie.

Bei **Haplo-Diplonten** gibt es im Verlauf der Ontogenese einen diploiden (sporophytischen) sowie einen haploiden Lebensabschnitt. **Diplonten** sind Organismen, deren somatische Zellen (Körperzellen, im Unterschied zu Zellen der Keimbahn, aus welchen sich Geschlechtszellen, die Gameten, bilden können) stets einen doppelten (diploiden) Chromosomensatz aufweisen, nur ihre Gameten sind haploid. Im Reich der Plantae wird die haploide Generation als **Gametophyt** bezeichnet, der aus Meiosporen entsteht und seine Entwicklung durch die Produktion haploider Gameten abschließt. Die diploide Generation wird als **Sporophyt** bezeichnet. Er entsteht aus der Zygote (den fusionierenden Gameten) und dient in seiner diploiden Lebensphase der Bildung von haploiden Meiosporen, die durch die Meiose diploider Kerne entstehen.

Besitzen der Gametophyt und der Sporophyt die gleiche Gestalt, so spricht man von **isomorphem** Generationswechsel (z. B. bei einigen Grünalgen, ► Abschn. 3.1.3). Sind Gametophyt und Sporophyt verschiedengestaltig, spricht man von einem **anisomorphen** bzw. **heteromorphen** Generationswechsel (z. B. bei Braunalgen, Reich: Chromalveolata). Die Mehrheit der Eukarya weist einen **zweigliedrigen Generationswechsel** auf, bei dem die geschlechtlichen und ungeschlechtlichen Lebensphasen abwechselnd auftreten. Zwei Generationen können auch miteinander verbunden bleiben und sich gegenseitig ernähren (**Gonotrophie,** z. B. bei den Moosen, ► Abschn. 3.3). Bei **Haplo-Dikaryoten** liegt ebenso ein **zweiphasiger Generationswechsel** zugrunde, es erfolgt jedoch die **Plasmaverschmelzung** und **Kernverschmelzung** der beiden Gameten **zeitlich getrennt.** Nach der Plasmaverschmelzung von zwei Gameten liegen zwei Geschlechtskerne in einer Zelle (Zygote) in einer Zweikernphase (Dikaryon) vor. Zum Teil verschmelzen die beiden Kerne erst unmittelbar vor der Meiose zu einem diploiden Kern (z. B. bei *Ginkgo*, ► Abschn. 6.2).

2.2.3.3 Die Supergruppen der Eukarya

Die Domäne Eukarya wird momentan in **fünf bis sechs Supergruppen** unterteilt (◼ Abb. 2.14), wozu neben den Pflanzen und Tieren auch Pilze, diverse Algengruppen und viele heterotrophe Mikroorganismen (die zum Aufbau ihrer Körperbausteine bereits vorhandene organische Verbindungen benötigen) gehören. Der Begriff Supergruppen wird anstatt eines klassischen Rangbegriffes verwendet, da die phylogenetische Stellung der

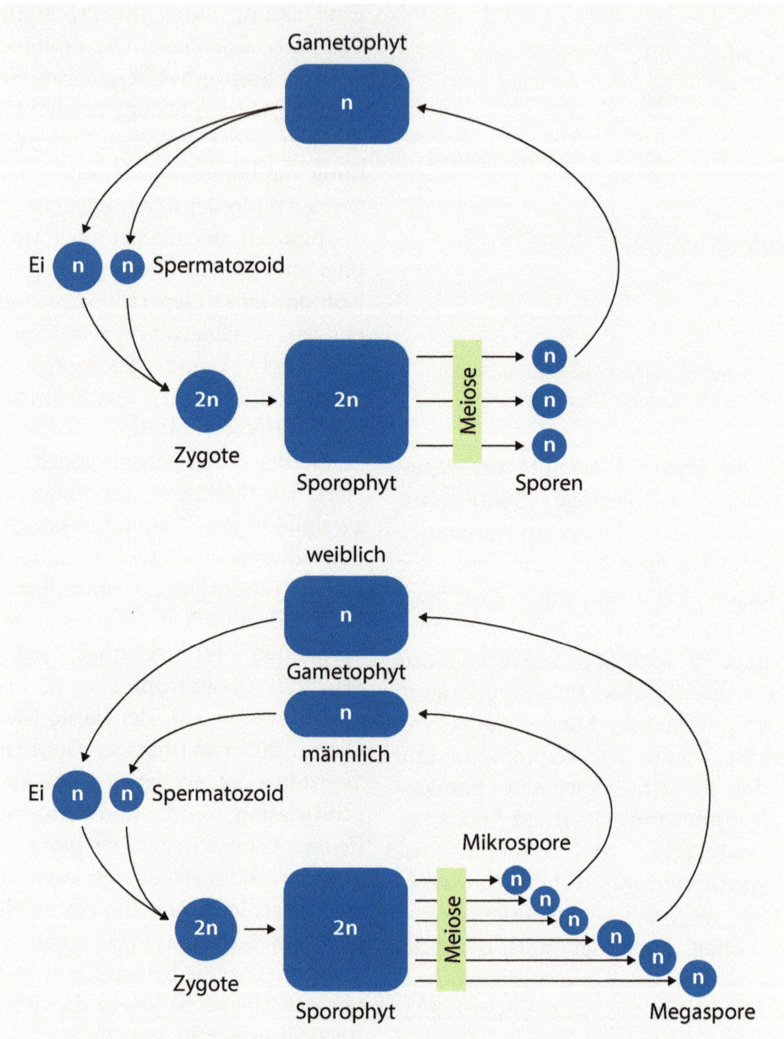

Abb. 2.13 Generationswechsel – Wechsel zwischen der Phase des Sporophyten und des Gametophyten. **a** Heterophasischer Generationswechsel, **b** heteromorpher Generationswechsel

Organismengruppen zueinander sowie deren jeweilige taxonomische Rangstufe noch stark umstritten sind.

Die **Amoebozoa** (früher auch Wechseltiere genannt; Abb. 2.15d) sind einzellige Organismen. Sie weisen meist eine amöboide Gestalt und Fortbewegung auf, d. h. es sind vielgestaltige Einzeller, die ihre Form ständig ändern und sich mithilfe einer internen cytoplasmatischen Fließbewegung fortbewegen. Dafür ist das Cytoplasma in ein inneres, granuläres Endoplasma und ein wässriges, äußeres Ectoplasma, welches das Endoplasma umgibt, untergliedert. Die Bewegung entsteht, indem Endo- und Ectoplasma gegenläufige Fließbewegungen ausführen, sodass die gesamte Zelle häufig wie ein Scheinfüßchen agiert. Außerdem werden auch Plasmaausstülpungen zur Fortbewegung genutzt, sogenannte Scheinfüßchen (Pseudopodien), die aufgrund ihrer breiten variablen Form Lobopodien genannt werden.

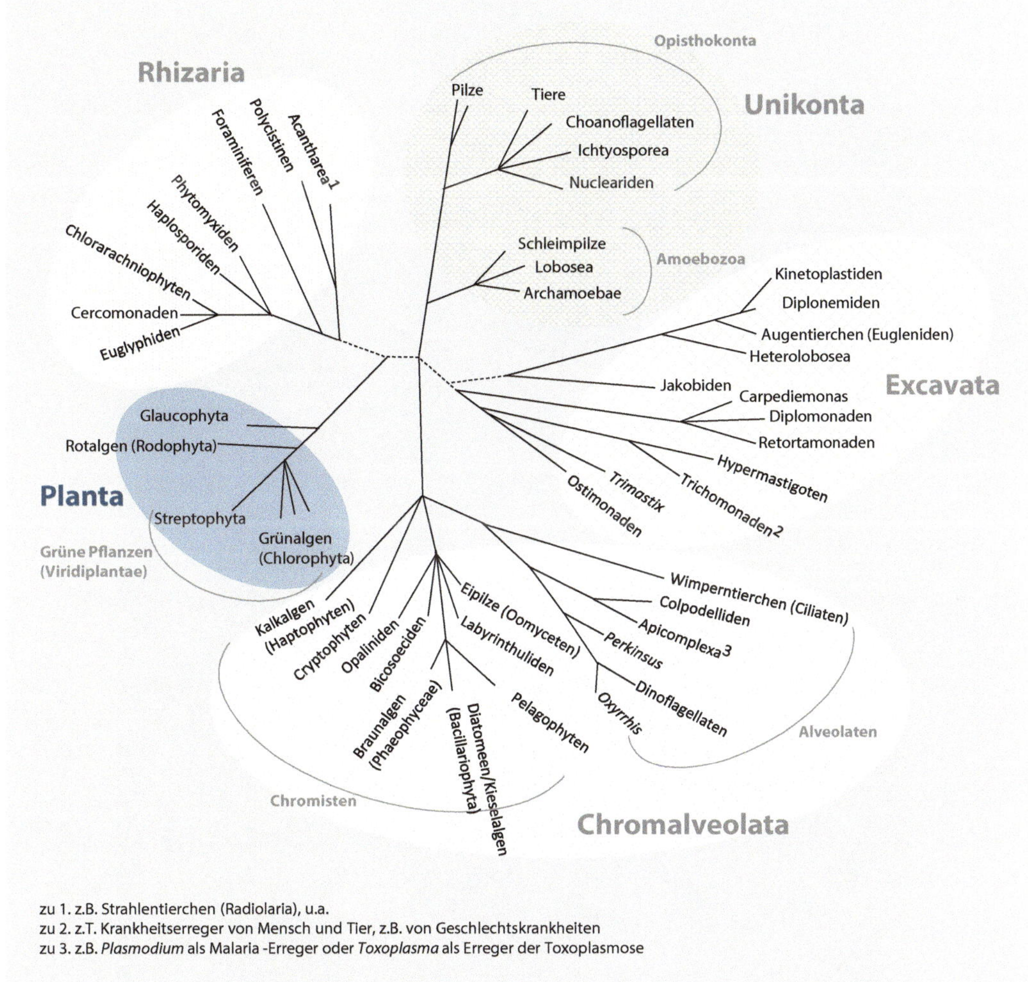

Abb. 2.14 „Supergruppen" der Eukarya. Die *gestrichelten Linien* verweisen auf bislang noch nicht vollständig geklärte Verwandtschaftsverhältnisse. (Nach Keeling 2004)

Die Zellen können nackt sein (z. B. bei *Amoeba* und *Chaos*), sind meistens jedoch von einer Schale umgeben (z. B. bei Thecamoebida). Die Mitochondrien besitzen Cristae vom Tubuli-Typ (die innere Membran bildet Röhren aus, die häufig verzweigt sind, aber auch reduziert sein können). Die meisten Arten besitzen nur einen Zellkern, selten sind zwei oder mehrere Zellkerne vorhanden. Meist ist nur ein Entwicklungsstadium mit einer einzelnen Geißel versehen. Zysten, Einstülpungen der Zellwand (Parasome und Trichozysten) sowie Vesikel werden zur Unterscheidung von Arten herangezogen. Die Amoebozoa ernähren sich via Phagocytose. Sie kommen häufig in Böden oder im Wasser vor und sind zum Teil Symbionten, aber auch Pathogene. Zu den Amoebozoa werden u. a. die Schleimpilze gezählt, vielkernige, vielzellige Aggregationsverbände, die oft mehrzelligen Pilzen ähneln und Sporen produzieren können.

2

Abb. 2.15 Beispiele aus den verschiedenen Supergruppen. **a** Excavata: *Rhyncomonas nasuta*, aus dem Südostpazifik aus 300 m Wassertiefe (Roscoff-Kulturensammlung Nr. 1065, Stamm Biosope_71_GYR2). **b** Rhizaria: Sonnentierchen (Heliozoa) aus dem Süßwasser mit nadelförmigen, steifen Scheinfüßchen (Axopodien) und einer Nahrungsvakuole mit Grünalge. **c** Rhizaria: Strahlentierchen (Radiolaria). **d** Amoebozoa: Schalenamöbe, wahrscheinlich der Gattung *Nebela*, extrahiert aus dem Torfmoos (*Sphagnum*). **e** Amöboide Alge (Amoebozoa) unbekannter Art. **f** Opisthokonta: ein Verwandter des Pfifferlings (*Cantharellus cinnabarinus*). **g** Opisthokonta: Steinpilz (*Boletus*). **h** Opisthokonta: Schaf (*Ovis*). **i** Opisthokonta: Laubfrosch (*Hyla*). (Fotos **a**: Daniel Vaulot - *Roscoff Culture Collection*; **b–e**: R. Schnetter 2013; **f**: K. Föller)

Die **Opisthokonta** (Abb. 2.15f–i) umfassen alle Pilze (Fungi), das frühere Reich Animalia, zu dem alle vielzelligen Tiere (Metazoa) gezählt werden, sowie einige Gruppen einzelliger Organismen. Die Taxa haben ihren Namen aufgrund der dorsalen Position der einzigen Geißel, die in der Regel meist in einem Entwicklungsstadium vorhanden ist bzw.

sekundär verloren gegangen ist. Opisthokonta besitzen in der Regel Centriolen: zylindrische Strukturen im Cytoplasma, die Transport- und Stützfunktionen haben, aber auch während der Mitose sowie Meiose bei der Formierung des Spindelapparats zur Trennung der Chromosomen beitragen. Ferner besitzen Opisthokonta ein Kinetosomenpaar, auch Basalkörperchen genannt, dabei handelt es sich um rundlich-ovale Zellorganellen an der Basis von Flimmerhaaren (Cilien).

Die **Rhizaria** (◘ Abb. 2.15b, c) sind eine artenreiche Gruppe unizellulärer Eukarya, die sehr formenreich sind, teilweise Schalen bilden, aber häufig auch amoeboid sind. Sie besitzen feine Scheinfüßchen (Pseudopodien), die einfach oder verzweigt sein können bzw. sekundär miteinander verknüpft sind. Bei einigen Gruppen gibt es zudem ein versteifendes Cytoskelett aus Mikrotubuli, wodurch die Pseudopodien stachelartig ausgebildet sind. Mitochondrien sind fast immer vorhanden, mit Cristae vom Tubuli-Typ. Innerhalb der Rhizaria gibt es einige Vertreter, die Chloroplasten besitzen und Photosynthese betreiben (Chlorarachniophyta) und deswegen früher zu den Grünalgen gezählt wurden.

Die **Excavata** (◘ Abb. 2.15a) sind ausschließlich einzellige Organismen, die **mehrheitlich begeißelt** sind, wobei zwei, vier oder viele Geißeln vorhanden sein können. Namensgebend für die Organismen ist der typisch geformte Zellmund **(Cytostom)** mit einer ausgeprägten **Mundgrube** (*excavater*-Typ). Dieser ist meistens vorhanden und dient der Phagocytose, kann aber auch sekundär reduziert sein. Die Excavata besitzen zum Teil **Chloroplasten** (Euglenozoa), die es den Organismen ermöglichen, Photosynthese zu betreiben. Manche Excavata besitzen keine Mitochondrien, wobei vermutet wird, dass diese sekundär reduziert wurden und in stark modifizierter Form noch vorhanden sein könnten.

Zu den **Chromalveolata** (◘ Abb. 2.16) gehören verschiedene photosynthetisch aktive Gruppen, die früher als Chromista bezeichnet wurden. Die Vertreter der Chromalveolata sind durch eine sekundäre Endosymbiose zwischen einem Bikont (zweigeißligen Vertreter) sowie einer Rotalge als Vorläufer eines Chlorophyll a und c produzierenden Plastiden entstanden. Im Verlauf der Evolution wurde der Endosymbiont so weit reduziert, dass heute nur noch Plastiden zu erkennen sind. Bei manchen Gruppen können die Plastiden sekundär wieder verloren gegangen oder reduziert worden sein bzw. gibt es auch Plastiden, die wahrscheinlich durch tertiäre Endosymbiose erneut inkubiert wurden. Die Chromalveolata sind meist vielzellige Organismen mit wenigen morphologischen Gemeinsamkeiten, wie z. B. das Vorkommen von **Cellulose** in den Zellwänden sowie die gemeinsame Abstammung des **Chloroplasten.** Ökologisch bedeutsam sind die Chromalveolata zum Teil durch die Bildung toxischer Stoffe, so können manche Kieselalgen (Diatomeen) und Dinoflagellaten ganze Fischschwärme und Austernbänke abtöten. Sporentierchen (Apicomplexa) sind erfolgreiche tierische Parasiten. *Phytophthora infestans* verursacht unter anderem die Kraut- und Knollenfäule bei Kartoffeln, was in der Mitte des 19. Jahrhunderts in Europa zu schweren Ernteausfällen und Hungersnöten führte. Die Kieselalgen (Diatomeen) sind ein Hauptbestandteil des Meeresphytoplanktons sowie marine Hauptprimärproduzenten organischer Stoffe. Ferner erzeugen sie einen großen Teil des Sauerstoffs in der Erdatmosphäre. Braunalgen produzieren im Meer Kelpwälder, die als submarine Gegenstücke der Regenwälder gelten. Chromalveolata dienen der menschlichen Ernährung (z. B. Braunalgen als Dickungsmittel, etwa in Eiscreme) und der Bionik (z. B. Diatomeen in Filtersystemen, Mikrochipdesign und Zahnpasta).

Die **Plantae** (auch **Archaeplastida** genannt) sind in Bezug auf ihre Zellorganisation – von einzelligen zu vielzelligen Organismen – sehr variabel. Zu ihnen gehören die **Grünalgen, Rotalgen** und **höheren Pflanzen**. Die meisten Organismen dieser Gruppen weisen Zellwände auf, die in

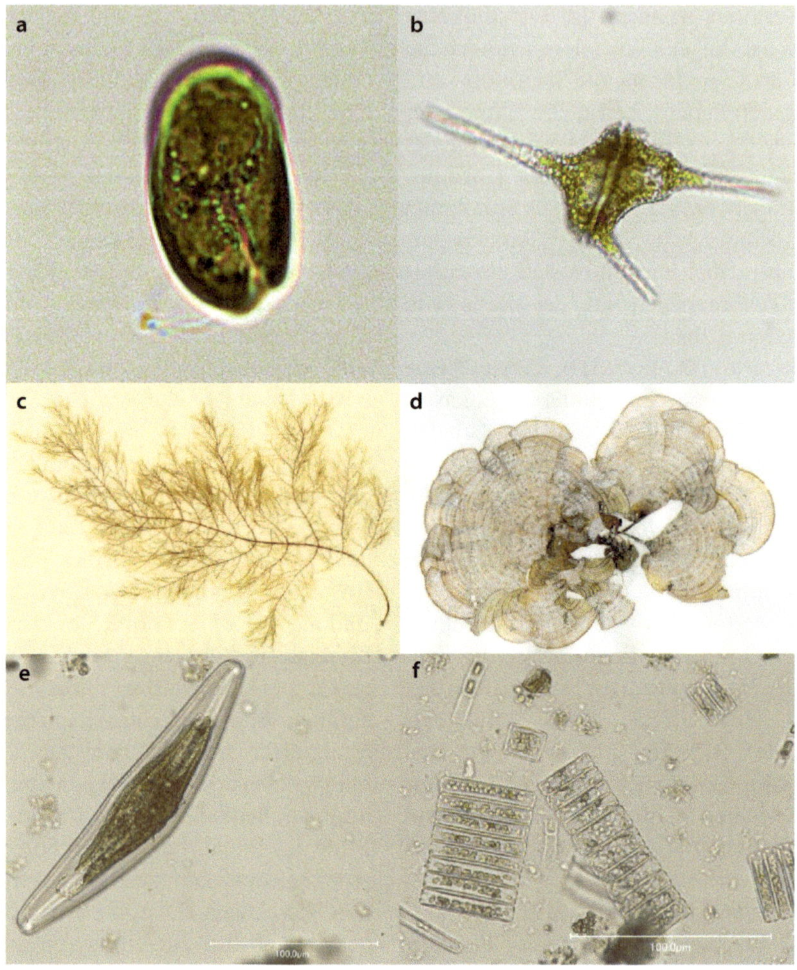

Abb. 2.16 Chromalveolata. Alveolata, Dinoflagellaten: **a** *Hemidinium* sp., **b** *Ceratium* sp.; Chromisten, Braunalgen oder Phaeophyceae: **c** *Desmarestia viridis*, **d** *Padina pavonia*; Diatomeen oder Kieselalgen: **e** *Cymbella* sp., **f** *Diatoma* sp. (Fotos **a, b**: K. Ehlers; **c–f**: E. Magel)

der Regel aus **Cellulose** aufgebaut sind. Die gemeinsame Abstammung der Archaeplastida ist auf den monophyletischen Ursprung des **Chloroplasten** zurückzuführen. Dieser weist zwei Membranen auf, was als Indiz für die Endosymbiose aus Cyanobakterien gewertet wird. Alle anderen Organismen der anderen Supergruppen haben Plastiden mit drei bis vier Membranen, was auf eine sekundäre Endosymbiose einer Rot- oder Grünalge hinweist. Die Zellen der Archaeplastida haben keine Centriolen, die Mitochondrien weisen flache Cristae auf. **Stärke** fungiert als Energiespeicher, was jedoch auch andere eukaryotische Gruppen ausbilden.

Zusammenfassung

Das erste Leben auf der Erde entwickelte sich mit großer Wahrscheinlichkeit aus unbelebter Materie (chemische Evolution). Erste Organismen waren autotrophe Prokaryoten, die zuerst Energie aus anoxygener Photosynthese bzw. chemischen Quellen gewannen, ehe sich heterotrophe Organismen entwickelten. Die Evolution der oxygenen Photosynthese veränderte die Lebensbedingungen auf der Erde

und führte letztendlich dazu, dass Organismen photoautotrophe Prokaryoten durch Endocytobiose aufnahmen, was durch die Endosymbiontentheorie erklärt wird.
Die drei Hauptgruppen der Lebewesen heißen Bacteria, Archaea und Eukarya, wobei die beiden ersten Gruppen als Prokaryoten bezeichnet werden, da sie charakteristische Merkmale vereinen. Charakteristische Merkmale der Bacteria sind das Fehlen eines Zellkerns, der Mureinsacculus und unterschiedliche Zellformen (Spirillen, Kokken, Vibrionen, Bazillen und Ketten). Bakterien können für den Menschen sowohl nützlich als auch schädlich sein. Blaualgen (Cyanobakterien) sind u. a. als Endosymbiosepartner der Eukarya von Bedeutung. Archaea sind meist einzellige, fädige Organismen, die auch Extremophile genannt werden, da sie häufig Extremstandorte besiedeln können. Die Eukarya besitzen den höchsten Organisationsgrad und eine Aufteilung der Zellen in Kompartimente mit einem System um Stoffe zwischen den Zellen auszutauschen und zu transportieren. Die eukaryotische Zelle unterscheidet sich deutlich von der prokaryotischen Zelle, da sie einen Zellkern besitzt, in Kompartimente untergliedert ist und auch die Fortpflanzung wird komplexer. Die Eukarya werden derzeit in fünf bis sechs Supergruppen untergliedert: die Amoebozoa, Opisthokonta, Rhizaria, Excavata, Chromalveolata und Plantae.

2.3 Vokabelheft

- Chemische Evolution, Biogenese, autotrophe bzw. heterotrophe Prokaryoten, anoxygene bzw. oxygene Photosynthese
- Nukleoid, Genophor, Plasmide, Cytoplasma, Cytoplasmamembran, endocytotische Vesikel, Geißel, Mikrotubuli
- Domänen, Phyla, Reiche, konvergente Merkmalsentwicklungen
- Prokaryoten, Protisten, Mikroorganismen, Mikroben
- Mureinsacculus, Flagellen, Myosin, Stäbchen, Vibrionen, Spirillen, Kokken, Coenobien, Zellaggregate, Trichome, Hyphen, Mycelien
- Cyanobakterien, Nukleoid, Lipopolysaccharide, Phycobiline, Heterozysten, Akineten, Plasmotomie, Hormogonien, Gasvakuole
- Zellkern, Chromosomen, Doppelmembran, Endocytose, Endosymbiose, Phagocytose
- Generative/vegetative Fortpflanzung, Gameten, Rekombination, Zygote, Meiose, Haplont/Diplont/Haplo-Diplont, zygotischer Kernphasenwechsel, Gametophyt, Sporophyt, Generationswechsel
- Amoebozoa, Opisthokonta, Rhizaria, Excavata, Chromalveolata, Plantae

Fragen

1. Erklären Sie, wie und wann das Leben auf der Erde entstand und welche evolutionären Weiterentwicklungen dazu notwendig waren.
2. Können Sie den Aufbau eines Prokaryoten erklären und welche Zellbestandteile welche Funktionen haben?
3. Welche Hauptgruppen der Lebewesen gibt es, und wie unterscheiden sie sich? Benennen Sie aus allen drei Hauptgruppen Eigenschaften von Organismen, die für den Menschen von Bedeutung sind.
4. Zu welcher Domäne werden die „Blaualgen" (Cyanobakterien) gezählt, welche Merkmale kennzeichnen sie, und warum sind sie für die Evolution der Pflanzen von Bedeutung?
5. Worin unterscheiden sich die Hauptgruppen der Eukarya, und zu welcher dieser Gruppen gehören die höheren Pflanzen?
6. Nennen Sie zwei Merkmale, die für alle Plantae charakteristisch sind?

2

Weiterführende Literatur

Cello J, Paul AV, Wimmer E (2002) Chemical synthesis of poliovirus cDNA: generation of infectious virus in the absence of natural template. Science 297:1016–1018

Conway de Macario E, Macario AJL (2009) Methanogenic archaea in health and disease: a novel paradigm of microbial pathogenesis. Int J Med Microbio 299(2):99–108

Dickerson RE (1979) Chemische Evolution und der Ursprung des Lebens. Spektrum der Wissenschaft 9:11–98

Dörr M, Kässbohrer J, Grunert R et al (2003) A possible prebiotic formation of ammonia from dinitrogen on iron sulfide surfaces. Angew Chem Int Ed Engl 42:1540–1543

Drews G (2010) Mikrobiologie: Die Entdeckung der Unsichtbaren Welt. Springer, Heidelberg

Fox SW (1969) Self-ordered Polymers and Propagative Cell-Like Systems. Naturwissenschaften 56:1–9

Göker M, Lu M, Fiebig A et al (2014) Genome sequence of the mud-dwelling archaeon *Methanoplanus limicola* type strain (DSM 2279(T)), reclassification of *Methanoplanus petrolearius* as *Methanolacinia petrolearia* and emended descriptions of the genera *Methanoplanus* and *Methanolacinia*. Stand Genomic Sci 9:1076–1088

Haeckel E (1866) Generelle Morphologie der Organismen: Allgemeine Entwickelungsgeschichte der Organismen. Tafel II, Berlin

Kadereit JK, Körner C, Kost B, Sonnewald U (2014) Strasburger – Lehrbuch der Pflanzenwissenschaften, 37. Aufl. Springer Spektrum, Heidelberg

Keeling PL (2004) Diversity and evolutionary history of plastids and their hosts. Am J Bot 91:1481–1493

Margulis L (1967) On the origin of mitosing cells. J Theor Biol 14(3):255–274

Mereschkowsky C von (1905) Über Natur und Ursprung der Chromatophoren im Pflanzenreiche. Biologisches Centralblatt 25(18):293–604

Meier-Kolthoff JP, Hahnke RL, Petersen J et al (2014) Complete genome sequence of DSM 30083T, the type strain (U5/41T) of *Escherichia coli*, and a proposal for delineating subspecies in microbial taxonomy. Stand Genomic Sci 9:2

Miller SL (1953) A production of amino acids under possible primitive earth conditions. Science 117:528–529

Miller SL, Urey HC (1959) Organic compound synthesis on the primitive earth. Science 130:245–251

Pflug HD (1984) Die Spur des Lebens – Paläontologie chemisch betrachtet. Springer, Berlin

Rauchfuss H (2006) Chemische Evolution und der Ursprung des Lebens. Springer, Heidelberg

Schimper AFW (1883) Über die Entwicklung der Chlorophyllkörner und Farbkörper. Bot Zeitung 41:105–160

Schnetter R (2013) Selbstversorger und trotzdem Räuber: Marine amöboide Algen aus dem Lebensraum Biofilm. Spiegel der Forschung 1:78–84

Sergeev VN, Semikhatov MA, Fedonkin MA, Veis AF, Vorob'eva NG (2007) Principal stages in evolution of precambrian organic world: Communication 1. Archean and early proterozoic. Stratigr Geo Correl 15:141–160

Slonczewski JL, Foster JW (2012) Mikrobiologie: Eine Wissenschaft mit Zukunft. Springer, Heidelberg

Stanier (1970) Some aspects of the biology of cells and their possible evolutionary significance. In: Charles HP, Knight BCJG (Hrsg) Organization and control in prokaryotic and eukaryotic cells: 20th symposium of the society for general microbiology. Cambridge Univ Press, Cambridge, S 1–38

Wächtershäuser G (1988) Before enzymes and templates: theory of surface metabolism. Microbiol Rev 52:452

Wächtershäuser G (2008) Die Entstehung des Lebens in einer vulkanischen Eisen-Schwefel-Welt. Von chemischer Notwendigkeit zum genetischen Zufall. In: Betz O, Köhler H-R (Hrsg) Die Evolution des Lebendigen. Attempto, Tübingen

Wagenitz G (2003) Wörterbuch der Botanik. Spektrum Akademischer Verlag, Heidelberg

Woese CR, Kandler O, Wheelis ML (1990) Towards a natural system of organisms: Proposal for the domains Archaea, Bacteria, and Eukarya. Proc Natl Acad Sci USA 87:4576–4579

Vom Einzeller zum thallosen Vielzeller

B. Gemeinholzer, *Systematik der Pflanzen kompakt*, https://doi.org/10.1007/978-3-662-55234-6_3

3

Lernziele

Die Vorfahren der höheren Pflanzen lebten im Wasser. Dadurch konnten die Organe nicht oder nur wenig differenziert sein, und sie benötigten keine komplexen Leitgefäßstrukturen (▶ Abschn. 3.1). Deshalb bezeichnet man die basalen Gruppen der Plantae auch als Thalluspflanzen, die aufgrund ihres hohen Alters zum Teil sehr vielfältig und vielgestaltig sind. Die Thalluspflanzen umfassen keine monophyletische Gruppe (◘ Abb. 3.1). Im Folgenden werden einige Großgruppen der thallosen Vielzeller mit ihren Merkmalen und Besonderheiten in einem systematischen Zusammenhang vorgestellt.

Die Bezeichnung „Alge" wird erklärt; ebenso weshalb manche Algen zu den Plantae gerechnet werden und andere nicht. Innerhalb der Plantae sind Glaucophyten (▶ Abschn. 3.1.1) und manche Grünalgen (▶ Abschn. 3.1.3) Einzeller, während Rotalgen (▶ Abschn. 3.1.2), manche Grünalgen (▶ Abschn. 3.1.3) sowie die Streptophyta (▶ Abschn. 3.1.4) und Moose (▶ Abschn. 3.2) einen Thallus besitzen (▶ Abschn. 3.3) als Teil der Embryophyta. Im vorliegenden Kapitel wird auf morphologische Besonderheiten der jeweiligen Gruppe, ihr Vorkommen und ihre Verbreitung sowie die Bedeutung für den Menschen eingegangen.

3.1 „Algen" – mit Chloroplasten im Wasser leben

Die **Plantae** (◘ Abb. 3.1) umfassen alle Vertreter, die aus einer **Symbiose von heterotrophen eukaryotischen Zellen mit phototrophen Cyanobakterien** entstanden sind. Die Plastiden der Plantae sind wahrscheinlich alle auf eine **primäre Endosymbiose** zurückzuführen und sind deshalb **monophyletisch.** Dadurch besitzen alle Vertreter der Plantae **Plastiden mit zwei Hüllmembranen** (durch die Einstülpungen), oder es handelt sich um Organismen, die durch

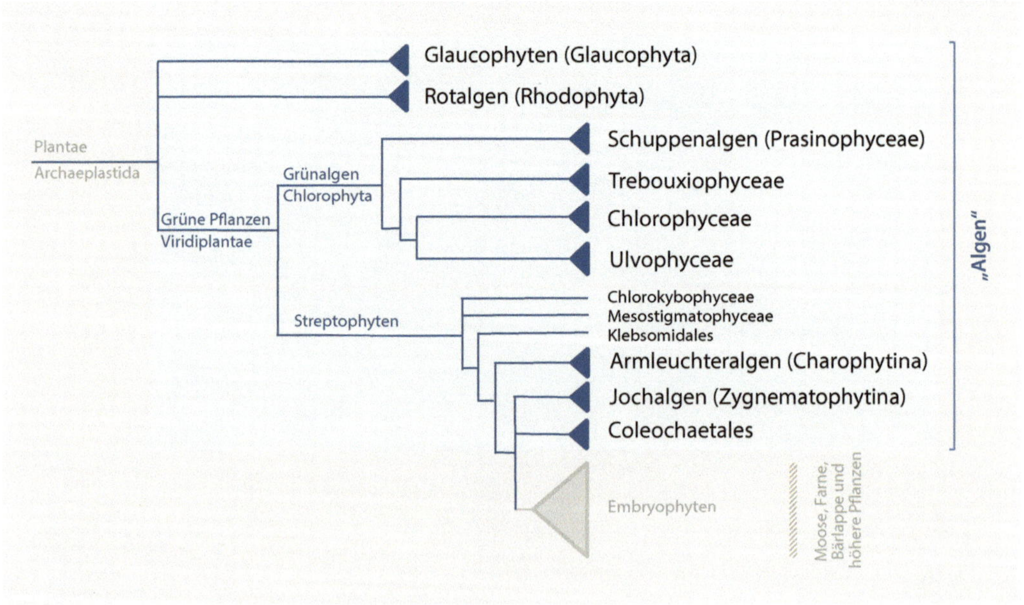

◘ **Abb. 3.1** Stammbaumschema der „Algen" innerhalb der Plantae

späteren Verlust der Plastiden sekundär heterotroph geworden sind (Oltmanns 1904). Die Plantae gliedern sich in die basalen, artenarmen **Glaucophyten** (► Abschn. 3.1.1), die **Rotalgen** (Rhodophyta; ► Abschn. 3.1.2) sowie eine Hauptevolutionslinie, die die **Grünalgen** (► Abschn. 3.1.3), Streptophyten (► Abschn. 3.1.4) und **Embryophyten** (► Abschn. 3.2) umfasst, weshalb die Taxa dieser Gruppe auch als Grüne Pflanzen **(Viridiplantae** oder **Chloroplastida)** bezeichnet werden (Adl et al. 2005). Viele „Algen" gehören zu den Plantae, einige jedoch auch nicht, wie z. B. die Braunalgen, Kieselalgen oder Kalkalgen, die zu anderen Reichen gehören, weshalb der Begriff „Algen" in Anführungszeichen gesetzt ist.

3.1.1 Glaucophyten (Glaucophyta, Glaucocystophyta)

» (4 Gattungen, 13 Arten)

Die Glaucophyten umfassen nur einzellige Arten, die **monadal, kokkal** oder **kapsal** im Flachwasserbereich im **Süßwasser** leben (Reyes-Prieto und Bhattacharya 2007). Ihre Zellwand ist aus **Cellulose** aufgebaut und kann von einer Schleimschicht umgeben sein oder Geißelstrukturen aufweisen (Zug- und Peitschengeißel). Die Glaucophyten besitzen Plastiden, die noch eine sehr große Ähnlichkeit zu frei lebenden Blaualgen (► Abschn. 2.2.1.1) haben und als **Cyanellen** bezeichnet werden. Das Genom der Cyanellen ist jedoch um ein 10-faches kleiner und dadurch der plastidären DNA anderer Plantae ähnlicher als dem der frei lebenden Cyanobakterien. Die Cyanellen besitzen **membranähnliche Strukturen aus Peptidoglycan** (aufgebaut aus Eiweißen und Zucker, was typisch für Bakterien ist), die – wie typisch für die Plantae – von zwei Plastidenmembranen umgeben sind. Die Cyanellen der Glaucophyten besitzen noch **keinen** typischen **Lichtsammelkomplex** (LHC, *light harvesting complex*) (Wagenitz 2003), der in höheren Pflanzen dazu dient, Licht an der inneren Membran der Chloroplasten zu absorbieren und die Energie zum Reaktionszentrum des Photosyntheseapparats zu leiten. In den Cyanellen werden die **Chlorophylle a, c und d,** nicht jedoch b, wie bei der Gruppe der Grünen Pflanzen (Viridiplantae), gebildet. Als akzessorische Pigmente treten **β-Carotin** und **Phycocyanin** in den **Phycobilisomen** auf (c-Phycocyanin und Allophycocyanin), die sich auf der Oberfläche der Thylakoide befinden. Die **Thylakoide sind nicht in Stapeln** angeordnet (Stromathylakoide). Das Hauptphotosyntheseprodukt der Cyanellen ist **Glucose.** Die Fructose-1,6-bisphosphat-Aldolase, die die Spaltung von Fructose-1,6-bisphosphat in Dihydroxyacetonphosphat (DHAP) und Glycerinaldehyd-3-phosphat (GAP) katalysiert, entspricht im Gegensatz zu anderen Eukaryoten, dem Cyanobakterientyp. Stärke wird nicht in den Plastiden, jedoch im Cytoplasma gebildet. Die sexuelle Fortpflanzung ist bislang unbekannt, unbegeißelte Individuen können jedoch begeißelte Zoosporen bilden. Meist erfolgt die Vermehrung durch Teilung (◘ Abb. 3.2).

3.1.2 Rotalgen (Rhodophyta)

» (500 Gattungen, ca. 5000–6000 Arten)

Die Rotalgen (Kasten 3.1, ◘ Abb. 3.2) besitzen meist einen rötlichen, grünlichen, bräunlichen oder violetten Thallus, der zu ihrer Namensgebung führte. Sie kommen fast ausschließlich im **Salzwasser** vor, nur wenige Arten sind im Süßwasser verbreitet. In der Regel sind sie Teil des **marinen Benthos** (Lebewesen der Bodenzonen von Gewässern) und **mit felsigen Substraten verwachsen.** Ihr Verbreitungsschwerpunkt ist in **tropischen Regionen,** man findet sie jedoch auch in kälteren Gewässern (Teichert et al. 2012). Bei ausreichenden Lichtverhältnissen können sie auch in **großen Wassertiefen** siedeln (in über 200 m Tiefe).

Rotalgen besitzen **keine beweglichen Stadien,** es fehlt also die für Eukarya typische $(9 \times 2 + 2)$-Geißel (Kasten 2.2). Sie sind selten einzellig, meist **vielzellig,** wobei der Thallus

3

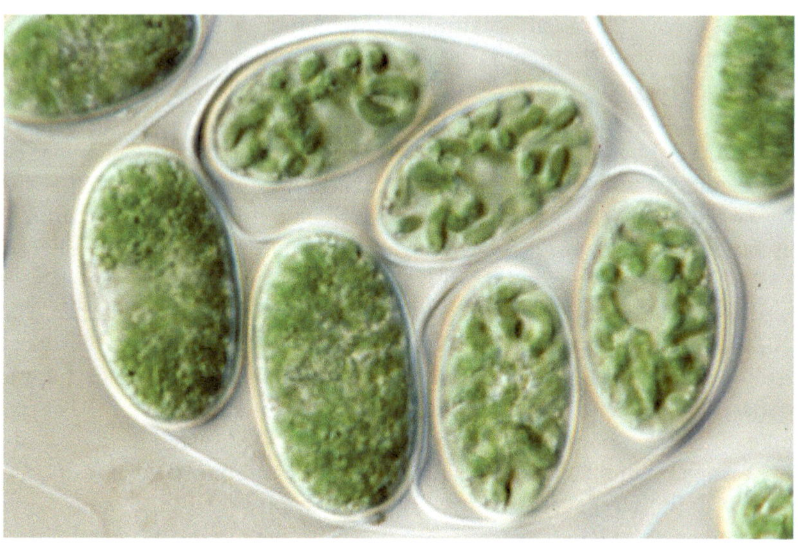

Abb. 3.2 Glaucophyten, kokkale *Glaucocystis nostochinearum*-Kolonie. Die Tochterzellen befinden sich auch nach ihrer Teilung noch in der Mutterzelle und sind von deren Zellwand umgeben. (Foto: R. Schnetter)

entweder trichal (haarförmig) und verzweigt bzw. plektenchymatisch ist (aus einem Flechtgewebe oder Pseudoparenchym bestehend). Es gibt aber auch **blattähnliche Thalli** mit Stiel, Mittel- und Seitenrippen. Die Zellen sind fast immer durch **Septenporen** (tüpfelähnliche Strukturen) miteinander verbunden. Die Zellwand der Rotalgen wird aus **Cellulose** oder **Xylanen** gebildet und ist häufig von einer **Schleimschicht aus Galactanen überzogen.** Galactane sind langkettige, verzweigte, wasserlösliche Polysaccharide und Proteine mit unterschiedlichen Anteilen an D-Galactose, 3,6-Anhydro-L-Galactose und Sulfaten (z. B. Agar und Carrageen). Rotalgen decken ihren Energiebedarf durch Photosynthese **(autotrophe Organismen),** was – wie für die Plantae charakteristisch – durch die endosymbiotische Aufnahme von Cyanobakterien durch einen heterotrophen Vorfahren möglich wurde. Die photosynthetisch aktiven Plastiden der Rotalgen werden als **Chromatophoren** (zum Teil auch als **Rhodoplasten**) bezeichnet, und auf sie ist in der Regel die Thallusfarbe zurückzuführen. Die Chromatophoren mit ihren Doppelmembranen liegen meist wandständig im Cytoplasma. Einfache Rotalgen besitzen vorwiegend nur ein Chromatophor pro Zelle; Chromatophoren können aber auch gehäuft auftreten und sind dann meist scheibenförmig oder gelappt. Innerhalb der Chromatophoren der Rotalgen kommen die **Thylakoide nicht in Stapeln** vor, sondern sind in gleichen Abständen nebeneinander angeordnet (**Stromathylakoide**). An die Oberfläche der Thylakoide sind **Chlorophyll a** sowie **Phycobilisome** mit den wasserlöslichen Photosynthese-Hilfspigmenten, den **Phycobiliproteinen** (Phycoerythrin, Phycocyanin und Phycocyanobilin), gebunden. Diese ermöglichen den Rotalgen, Licht auch im gelb-grünen Wellenlängenbereich als Energiequelle zu verwenden, sodass sie in großen Wassertiefen vorkommen können. In den Chromatophoren sind nur selten Pyrenoide zu finden. Auf der Außenseite der Chromatophoren im Cytoplasma werden häufig Zellreservepolysaccharide in Form von **Florideenstärke** (α-1,4-Glucan) aufgelagert. Jede Zelle enthält einen Zellkern. Häufig ist die Vermehrung der Rhodophyta **asexuell** durch Monosporen. Vertreter mit **sexueller** Fortpflanzung sind **oogam,** sodass die Eizelle auf der Mutterpflanze verbleibt und von dieser versorgt wird und von einem beweglichen Gameten (Spermatozoid) befruchtet wird. Manche Rotalgen leben **parasitisch** und können ihrem Wirt durch Haustorien Nährstoffe entziehen.

Eine Gruppe der Rotalgen, **koralline Rotalgen** (Unterklasse Corallinophycidae), zeichnet sich durch eine extrem starke Verkalkung innerhalb der Zellwände aus, die zu skelettartigen, starren Strukturen führt (**Rodolithe,** ◘ Abb. 3.3). Dadurch tragen die korallinen Rotalgen im Meer zur **Riffbildung** bei und dienen als **ökologische Nische** für andere Organismen. Rodolithe können in **Gesteinsformationen** wiedergefunden werden, und **Fossilien** sind bereits aus dem **Silur** bekannt. Mineralisierte Rotalgenablagerungen werden in gemahlener Form als **Dünger** für die Landwirtschaft in den Handel gebracht (mineralisierter Algenkalk, Leithakalk).

Für den Menschen sind Rotalgen insbesondere durch die Gewinnung von **Carrageen** und **Agar** (auch **Agar-Agar** genannt, bestehend aus etwa 70 % **Agarose** und 30 % **Agaropektin**) von Bedeutung. In der Mikrobiologie dient Agar als Nährboden zur Anzucht von Bakterien. In der Molekularbiologie wird Agarose – ein gereinigtes Extrakt aus Agar – verwendet, um DNA mithilfe der Gelelektrophorese aufzutrennen. Agar ist eine geleeartige, fast völlig geschmacklose Substanz, die in Japan als Delikatesse gilt und bei uns auch in der Lebensmittelproduktion als Dickungsmittel eingesetzt wird (E 406) und insbesondere aus dem **Agartang** (Gattung *Gelidium*) gewonnen wird. Carrageen (E 407) wird meist aus dem **Knorpeltang** (Gattung *Chondrus*) gewonnen. Es dient als Geliermittel, z. B. in Fleischwaren, Marmeladen, Saucen, Ketchup sowie in vielen Milchprodukten. Ferner kann Carrageen Trübungsstoffe in Wein, Bier und Fruchtsäften stabilisieren und reduziert die Eiskristallbildung in Speiseeis. In der Kosmetikindustrie wird Carrageen als Zusatzstoff für Zahnpasta verwendet. *Gelidium* und *Chondrus* werden in Algengärten kultiviert, ebenso wie die Gattung *Porphyra*. Diese wird auch als „Nori" bezeichnet und dient in getrocknetem und geröstetem Zustand der Sushiherstellung.

◘ **Abb. 3.3** Rodolith, *Lithothamnion glaciale* aus Spitzbergen. (Foto: A. Freiwald)

3

Kasten 3.1: Rotalgen

Die **Rhodophyta** wurden ursprünglich in zwei Klassen (Bangiophyceae und Florideophyceae) mit 6–18 Ordnungen gegliedert. Neuere Untersuchungen zeigen, dass die Bangiophyceae paraphyletisch sind, während die Florideophyceae einen monophyletischen Ursprung aufweisen (z. B. Garbary und Gabrielson 1990), wobei die systematischen Klassifikationen noch stark umstritten sind (Ragan et al. 1994). Aus diesem Grund wird hier auf die systematische Klassifikation verzichtet, im Folgenden werden jedoch einige Beispiele präsentiert:

Lappentang *(Palmaria palmata)* (◘ Abb. 3.4a) ist an den europäischen Atlantikküsten in intertidalen Zonen beheimatet und zum Teil relativ häufig bis bestandsbildend. Die Alge ist mit einer scheibenförmigen Basis am Substrat befestigt und bildet bis zu 50 cm lange blattähnliche Lappen mit lederähnlicher Textur. In manchen Ländern dient sie dem menschlichen Verzehr.

Korallenmoos *(Corallina officinalis)* wächst an europäischen Küsten des Mittelmeeres, des Atlantiks und der Nord- und Ostsee in der unteren Gezeitenzone bis etwa 18 m Tiefe. Durch Kalkeinlagerungen ist der Thallus dieser Alge steif und aufrecht. Er ist rosa, mit einer krustenförmigen Basalscheibe und korallenähnlich gegliederten, verzweigten Stämmchen, die sich terminal keulenförmig verdicken. Ehemals wurde die Alge zur Behandlung parasitärer Wurmerkrankungen verwendet.

Borsten-Rotalge *(Lemanea fluviatilis)* ist ein Rotalgenvertreter im Süßwasser in Europa, besonders der Mittelmeergebirgsregionen. Sie kommt in sauberen Kaltwasserbächen vor und bildet kaum verzweigte Fäden mit bis zu 15 cm Länge in dichten, schwarz-violetten Büscheln aus.

Hauttang *(Porphyra umbilicalis)* (◘ Abb. 3.4b) hat ein ähnliches Verbreitungsgebiet wie das Korallenmoos und wächst auf Felsen, Steinen und Holz in der Gezeitenzone. Der Thallus ähnelt dünnen, braun-lila gefärbten Blättern, die bedingt austrocknungsresistent sind. In Japan dienen nahe Verwandte des europäischen Hauttangs der Ernährung unter dem Namen „Nori".

Knorpeltang *(Chondrus crispus)* (◘ Abb. 3.4c) ist an den nordatlantischen Küsten beheimatet. Die Haftscheibe, die die Alge am Substrat befestigt, mündet in ein ästig verzweigtes, flaches, am Rande häufig wellig-krauses, ledriges Laub, das im frischen Zustand gallertig, gelblich-violett-grünlich sein kann und beim Trocknen gelb-bräunlich wird.

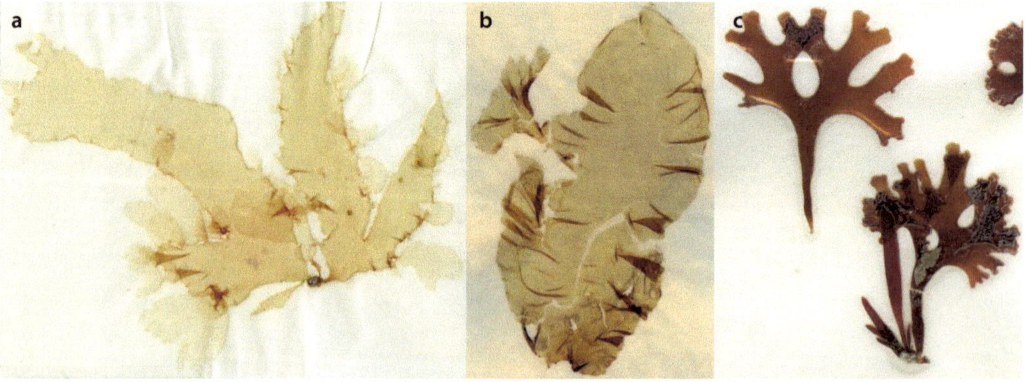

◘ **Abb. 3.4** Rotalgen (Rhodophyta). **a** Lappentang (*Palmaria palmata*); **b** Hauttang (*Porphyra umbilicalis*); **c** Knorpeltang (*Chondrus crispus*). (Fotos: E. Magel)

3.1.3 Grünalgen (Chlorophyta)

» (ca. 450 Gattungen, 4000 Arten)

Die Grünalgen kommen sowohl im Meer, im Süßwasser als auch auf terrestrischen Standorten vor. Sie besitzen eine **große morphologische Formenvielfalt:** von **Einzellern** zu Zellkolonien **(Coenobien)** und verzweigten, fädigen oder flächigen **Thalli,** manchmal dienen Grünalgen sogar als Symbiosepartner (Kasten 3.4). Die Zellwand der Grünalgen besteht aus Cellulose und Pektin, bei einzelligen (monadalen) Arten aus Glycoproteinen, die bei Gameten und Zoosporen fehlen. Einzellige Grünalgen besitzen überdies meist zwei, vier oder viele Geißeln. Die vielfältig gestalteten Plastiden der Grünalgen sind durch **Chlorophyll a und b** grün, außerdem können sie **α- und β-Carotin** sowie **Xanthophylle,** z. B. Lutein, enthalten (Kasten 3.2). Als Assimilationsprodukt wird an **Pyrenoiden** (im Chloroplasten) **Stärke** gebildet. Im Chloroplasten liegen die Thylakoide in **Stapeln** zu zwei bis über sechs vor.

Kasten 3.2: Grüne Pflanzen

Die Grünen Pflanzen (Viridiplantae, Chloroplastida oder Chlorobionta) umfassen die Grünalgen **(Chlorophyta)** und die **Streptophyten**, die neben einigen „Algen" die „Moose", Bärlappe und Farne sowie die Samenpflanzen umfassen. Alle Taxa dieser Gruppe besitzen **photosynthetisch aktive Plastiden,** die **eine Doppelmembran** aufweisen – mit Ausnahme derjenigen Organismen, die sekundär die Fähigkeit zur Photosynthese verloren haben und symbiontisch bzw. parasitisch leben. Die Plastiden der Grünen Pflanzen besitzen lamellenartig angeordnete Membranvesikel, die in dichten Stapeln angeordnet sind und **Granathylakoide** genannt werden. Sie besitzen **Chlorophyll a und b** sowie **Carotine** und **Xanthophylle** als akzessorische Pigmente. Im Gegensatz zu den Rotalgen und Glaucophyta kommen jedoch **keine Phycobiliproteine** vor. **Stärke** dient als Reservestoff. Bei verschiedenen Algengruppen und Hornmoosen befinden sich **Pyrenoide** in Chloroplasten, während später Stärke in speziellen Plastiden **(Amyloplasten)** gebildet und gespeichert wird. Die Mitochondrien besitzen im plasmatischen Innenraum flache Aussackungen **(Cristae).** Die Zellwand wird meistens aus **Cellulose** gebildet. Sind Geißeln vorhanden, sind diese **isokont** (zwei gleichgestaltige Geißeln), die jedoch häufig unterschiedliche Längen aufweisen können. Die Anordnung der Geißelapparatbasis diente lange als morphologisches Unterscheidungsmerkmal zwischen den Chlorophyta und Streptophyta; heute sind beide Gruppen auch durch gemeinsame bzw. differenzierende DNA-Merkmale gekennzeichnet (Pröschold und Leliaert 2007, Leliaert et al. 2012).

Die vegetative Vermehrung erfolgt durch einfache mitotische Teilung in zwei genetisch identische Tochterzellen, Thallus-Fragmentation oder Mehrfachteilung in einer Zelle. Zur sexuellen Fortpflanzung werden fast immer **begeißelte männliche Gameten** (Zoosporen), mit gleich langen Geißeln, einem becherförmigen Chloroplasten und einem Augenfleck (Stigma) gebildet. Die Fortpflanzung kann isogam (gleich große Gameten), anisogam (ungleich große Gameten) oder oogam (ungleich gestaltete Gameten, wobei der größere Gamet [Eizelle] von der Mutter versorgt wird) erfolgen. Meist besitzen die Taxa der Chlorophyta einen **heterophasischen Generationswechsel** mit einer **dominanten haploiden Phase** und einem **diploiden zygotischen Kernphasenwechsel** (◘ Abb. 2.13), wobei der Generationswechsel sowohl isomorph als auch heteromorph sein kann.

Die Evolution der basalen Linien der Grünalgen ist immer noch umstritten, da vor ca. 1500 bis 700 Mio. Jahren im **Präkambrium** eine schnelle Radiation stattgefunden haben muss, deren genaue Rekonstruktion jedoch aufgrund fehlender eindeutiger Fossilien nicht vollkommen geklärt ist (McCourt et al. 1995).

3

Sie führte jedoch zur Evolution der bislang paraphyletischen Schuppenalgen (Prasinophyceae) sowie der monophyletischen Evolutionslinien der Trebouxiophyceae, Chlorophyceae und Ulvophyceae. Die jeweiligen Endungen der Gruppenbezeichnungen implizieren keine taxonomischen Rangstufen (die eigentlich charakteristisch für Familiennamen sind), da diese jeweils umstritten sind.

3.1.3.1 Schuppenalgen (Prasinophyceae)

Die **Schuppenalgen** (Prasinophyceae, Prasinophyta, Micromonadophyceae) (◘ Abb. 3.5) sind weltweit verbreitet. Sie zählen zu den kleinsten eukaryotischen Organismen und leben meistens als **marine Plankter,** selten in Brack- und Süßwasser (Zingone et al. 2002). Die meisten Taxa dieser Gruppe betreiben Photosynthese. In Form von „Algenblüten" können sie einen beachtlichen Teil der **marinen Plankton-Biomasse** ausmachen. Meistens sind Schuppenalgen kleine, bohnen- oder sternförmige **Einzeller.** Ihre Oberfläche ist häufig mit **organischen Schüppchen** bedeckt, wobei verschiedene Schuppentypen vorliegen können. Schuppenalgen besitzen eine, zwei, vier oder acht **Geißeln**, die in einer für sie charakteristischen **Geißeltasche** ansetzen, zum Teil kann die Geißel auch fehlen (kokkale Formen). Sexuelle Vermehrung konnte bislang nur selten beobachtet werden. Bis dato ist noch ungeklärt, ob die neun bis zwölf verschiedenen Evolutionslinien der Schuppenalgen auf einen monophyletischen Ursprung zurückgeführt werden können bzw. paraphyletisch sind.

3.1.3.2 Trebouxiophyceae

» (ca. 4 Ordnungen, 9 Familien, 100 Gattungen)

Die **Trebouxiophyceae** (◘ Abb. 3.6), **Chlorophyceae** und **Ulvophyceae** sind sehr formenreich. Erstere umfassen meist einzellige Organismen; es sind jedoch auch fädige und koloniebildende Formen bekannt – eine Gattung *(Prasiola)* bildet sogar einen Thallus (Kasten 3.5). Die Taxa der **Trebouxiophyceae** leben meist im **Süßwasser** oder sind **terrestrisch** verbreitet. Meistens vermehren sie sich **asexuell,** dann sind nie Geißeln vorhanden. Die **sexuelle** Fortpflanzung erfolgt durch **Oogamie;** hierzu haben die begeißelten Stadien **zwei gleichgestaltige Geißeln**, die apikal ansetzen. Einige Vertreter der Trebouxiophyceae bilden mit Pilzen eine Symbiose und

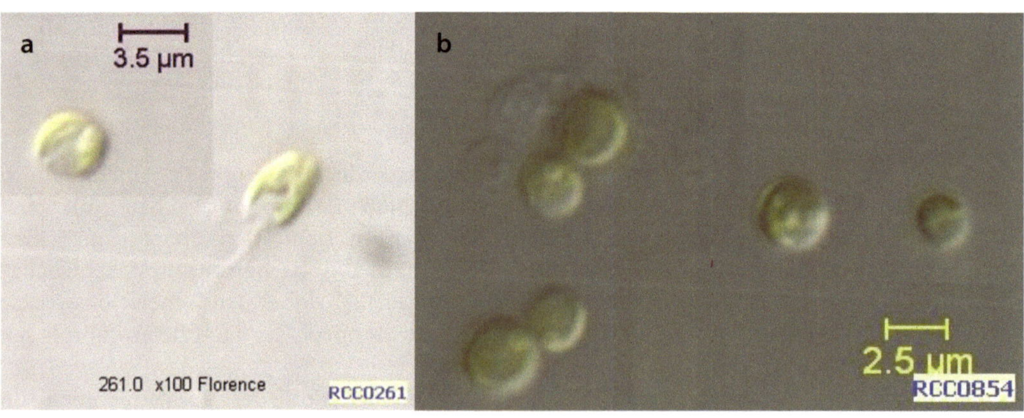

◘ **Abb. 3.5** Schuppenalgen (Prasinophyceae). **a** Die Schuppenalge *Pseudoscourfieldia* cf. *marina* aus dem Pazifischen Ozean nahe des Takapoto-Atolls aus 20 m Wassertiefe (Roscoff-Kulturensammlung Nr. RCC0261, isoliert aus dem Stamm TAK9801). **b** Die Schuppenalge *Prasinoderma coloniale* aus dem Pazifischen Ozean nahe der Marquesas-Inseln aus 10 m Wassertiefe (Roscoff-Kulturensammlung Nr. RCC854, isoliert aus dem Stamm Biosope_34 B2. (Fotos: *Roscoff Culture Collection*, ► http://www.roscoff-culture-collection.org/).

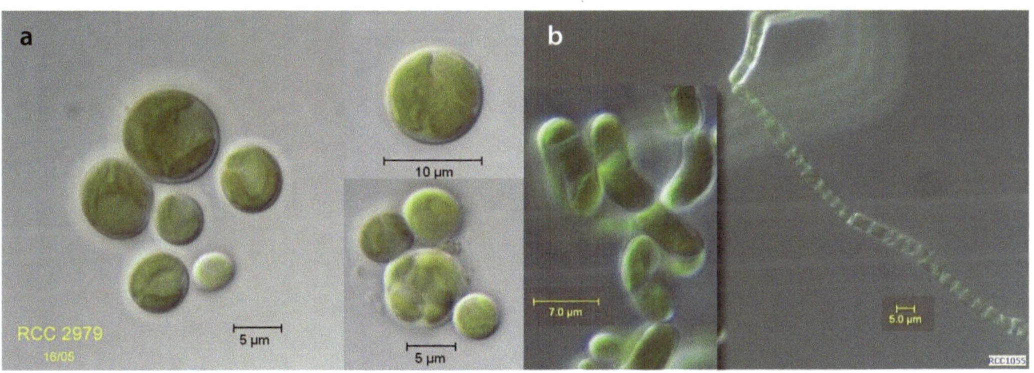

Abb. 3.6 Trebouxiophyceae. **a** Taxa der Gattung *Phyllosiphon* aus dem Pazifischen Ozean nahe der japanischen Ishigaki-Inseln aus 14 m Wassertiefe (isoliert aus dem Stamm Ishigaki 7–11-1-C4, Roscoff-Kulturensammlung Nr. RCC2979). **b** Taxa der fädigen Thalli von *Stichococcus* aus dem südöstlichen Pazifik aus 40 m Wassertiefe (Roscoff-Kulturensammlung Nr. RCC1055, isoliert aus dem Stamm EGY4). (Fotos: *Roscoff Culture Collection*, ► http://www.roscoff-culture-collection.org/)

entwickeln sich zu **Flechten,** während farblose heterotrophe Vertreter *(Prototheca* und *Helicosporidium)* auch Menschen und Tiere parasitieren können. Bei Untersuchungen an der Gattung ***Chlorella*** entdeckte **Calvin** die **Photosynthese,** wofür er 1961 den **Nobelpreis** erhielt.

3.1.3.3 Chlorophyceae

» (ca. 8 Ordnungen, 50 Familien, 214 Gattungen)

Die **Chlorophyceae** sind artenreich. Sie leben vorwiegend im **Süßwasser** bzw. **terrestrisch** auf Erden und Rinden – selten kommen sie im Brackwasser oder marin vor. Meist sind sie **photoautotroph,** selten heterotroph. Die Chlorophyceae sind morphologisch sehr vielfältig: Es gibt **Einzeller, Zellkolonien** und verzweigte bzw. unverzweigte **Fadenthalli** – es werden nie mehrschichtige Gewebethalli gebildet, allerdings können zum Teil Rhizoide beobachtet werden (Engler 1887–1915, Lee 1999). Manche koloniebildende Gruppen entwickeln **charakteristische Aggregationsverbände (Coenobien).** Diese können zweidimensionale (flächige, z. B. *Scenedesmus,* Abb. 3.7a, *Pediastrum,* Abb. 3.7b) oder dreidimensionale Formen (z. B. das Wassernetz *[Hydrodictyon]* oder *Volvox* Abb. 3.7f, g) annehmen und bestehen in der Regel aus definierten charakteristischen Individuenzahlen pro Kolonie. Die begeißelten Einzeller (Flagellaten) der Aggregationsverbände besitzen eine **Zellwand** aus **Glycoproteinen,** sonst besteht die Zellwand aus **Polysacchariden** oder **Cellulose.** Taxa der Chlorophyceae können **zwei bis viele Geißeln** nahe dem Scheitelmittelpunkt (Apex) besitzen, die durch pulsierende Vakuolen gesteuert werden. Die begeißelten einzelligen Chlorophyceae besitzen meist **membranständige Photorezeptoren** sowie am Rande des Chloroplasten einen **Augenfleck (Stigma).** Dieser ermöglicht es den Organismen Licht wahrzunehmen, um „hell" und „dunkel" voneinander zu unterscheiden und dadurch die Schwimmrichtung und Wasserstandshöhe zu optimieren **(Phototaxis).**

Im Chloroplasten befinden sich häufig ein bis mehrere **Pyrenoide. Wandständige, netzförmig durchbrochene Chloroplasten** mit zahlreichen Pyrenoiden kommen in Taxa mit einem **Fadenthallus** vor (z. B. die Kappenalge, *Oedogonium,* Abb. 3.7e). Diese Gruppen weisen auch eine Sonderform der **interkalaren Zellteilung** auf (Zellteilung in Zonen, die nicht an den Spitzen liegen), indem sie charakteristische **Kappen** bilden. Eine zur Teilung bereite Zelle bildet auf der inneren Wandschicht an einem Zellende einen ringförmigen, wulstigen Cellulosering. Erst dann teilt sich der Zellkern. Die **Mitose** erfolgt mithilfe von **Phycoplasten** – Mikrotubuli, die sich zwischen den Tochterzellen formieren und diese separieren.

3

Abb. 3.7 Chlorophyceae. **a** Koloniebildende Taxa der Gattung *Scenedesmus;* **b** *Pediastrum;* **c** *Ankistrodesmus.* **d** *Chlamydomonas* sp. aus der Beaufortsee des Arktischen Ozeans aus 40 m Wassertiefe. **e** Typische Kappenbildung des Fadenthallus von *Oedogonium.* **f, g** *Volvox aureus*, ein Coenobium mit sich teilenden Tochterzellen; grüne Zellstadien im kugelförmigen Verbund in der Übersicht (**f**) und im Detail (**g**). (Fotos **a–c, f, g**: K. Ehlers; **d**: D. Vaulot, Roscoff-Kulturensammlung Nr. RCC2512, isoliert aus dem Stamm MALINA FT34.3 PG4; **e**: Thomas Voekler, CC-BY-SA 3.0, alle unverändert).

Die zwei Kerne wandern zu den entgegengesetzten Zellenden, dazwischen entwickelt sich eine dünne Querwand unterhalb des Ringwulstes. Sobald die Entwicklung des Ringwulstes abgeschlossen ist, zerreißt die Zellwand inklusive der Kutikula der Mutterzelle außerhalb des Celluloserings. Daraufhin kann sich der Zellwulst zu einer zylinderförmigen Zelle strecken. Da durch die Zellstreckung der Innendruck der Zelle verringert wurde, hebt sich die junge Querwand, bis sie am unteren Rand des Querrisses angekommen ist. Nach mehrmaliger Zellteilung entstehen dadurch die charakteristischen Kappen, deren Anzahl äquivalent zur Anzahl der Zellteilungen ist. Diese sind im Lichtmikroskop an älteren Zellen gut zu erkennen (◘ Abb. 3.7e), woran die fadenförmigen Chlorophyceae leicht zu identifizieren sind.

Die **vegetative Fortpflanzung** der Chlorophyta kann durch die Bildung von **Zoosporen** erfolgen. Diese werden innerhalb einer Zelle gebildet und durch Aufreißen der Zelle freigesetzt. Die **sexuelle Fortpflanzung** kann durch das Verschmelzen von Gameten **(Isogamie** und **Anisogamie)** oder von Eizelle und Spermatozoid **(Oogamie)** erfolgen. Gewöhnlich sind die Chlorophyceae Haplonten mit zygotischem Kernphasenwechsel, d. h. die haploide Phase ist dominant und nur die Zygote ist diploid. Selten bildet die Zygote einen Thallus, sodass man von Haplo-Diplonten mit heterophasischem Generationswechsel spricht; nur bei einer Gruppe ist der Diplont dominant. Bei manchen Arten wird die diploide Zygote von dicken Zellwänden umgeben, um als Überdauerungsstadium zu fungieren **(Zygosporen).**

Wichtige **Modellorganismen** für die Grundlagenforschung sind ***Chlamydomonas*** und ***Volvox***, während manche Arten sehr empfindlich auf **Gewässerverunreinigungen** reagieren und in dieser Eigenschaft für **Toxizitätstest** verwendet werden *(Raphidocelis subcapitata).* Chlorophyceae können jedoch auch zur biologischen Gewässerreinigung eingesetzt werden, so z. B. *Scenedesmus quadricauda* bei Chrom-belastetem Wasser. Die Gattungen *Dunaliella* und *Botryococcus* produzieren relativ viel langkettige Kohlenwasserstoffe (Di- und Triene oder Triterpene), die zu **Biokraftstoffen** umgewandelt werden können, sodass sie als nachwachsender Rohstoff für die Industrie von großem Interesse sind.

3.1.3.4 Ulvophyceae

» (ca. 9 Ordnungen, 37 Familien, >129 Gattungen)

Die **Ulvophyceae** sind wahrscheinlich paraphyletisch, da es momentan weder deutliche morphologische noch molekulargenetische Synapomorphien (evolutionäre Weiterentwicklungen) innerhalb dieser Gruppe gibt. Deshalb ordnen manche Wissenschaftler die formenreichen Ulvophyceae in sechs bzw. elf Klassen, je nachdem, welches taxonomische Konzept zugrunde gelegt wird (Leliaert et al. 2012). Kennzeichnende Merkmale zur Einordnung in verschiedene Konzepte sind die Anzahl der Geißeln, die Anzahl der Zellen und Zellkerne pro Organismus, die Plastiden sowie der Thallusbau.

◘ **Abb. 3.8** Ulvophyceae. **a** Meersalat (*Ulva lactuca*) mit einem flächigen Thallus. **b** Die Gattung *Desmochloris leptochaete* aus dem Pazifik nahe der japanischen Iki-Insel mit terminalen Thallusenden, die sich zu einem Gametangium formiert haben (Roscoff-Kulturensammlung Nr. RCC2960, Stamm Iki Island 11P PG1). (Fotos **a**: E. Magel; **b, c**: D. Vaulot, *Roscoff Culture Collection*)

Der Thallus ist meist vielzellig, zum Teil auch vielkernig (siphonocladal), seltener gibt es aber auch Einzeller in dieser Gruppe, zum Teil mit vielen Zellkernen (siphonal), die jedoch auch einzellige Aggregationsverbände ausbilden.

Es kommen selten **Coenobien**, meistens **trichale, verzweigte** (z. B. *Codium*) oder **unverzweigte** (z. B. *Cladophora*) **Fadenthalli** vor. Durch Längsteilung der Zellen können aber auch **flächige Thalli** entstehen (z. B. *Monostrema*), oder es werden blattartige, **mehrschichtige Gewebethalli** gebildet, die teilweise in Rhizoid, Cauloid und Phylloid gegliedert sind (z. B. der Meersalat, *Ulva*, ◘ Abb. 3.8a).

Die Zellwände der Ulvophyceae bestehen entweder aus **Cellulose** oder **Hemicellulose** (Mannan, selten Xylan) und können in den äußeren Schichten zum Teil mit Kalk inkrustiert sein, dann tragen die Taxa zur Riffbildung im Meer bei. Die vegetative Zellteilung erfolgt durch eine Furche im Plasmalemma (Einschnürung) mit einer geschlossenen, zentrischen, persistierenden **Mitosespindel**. Ein Phycoplast tritt bei der Zellteilung nicht auf, und Plasmodesmen fehlen. Die **ein bis vielen Chloroplasten** können je nach Art und Gruppe scheiben- oder plattenförmig sein; bei trichalen Taxa ist der Chloroplast zum Teil wandständig und bandartig, oder es können zylindrische oder regenrinnenförmige Chloroplasten mit je **einem bis mehreren Pyrenoiden** auftreten. Vegetative Fortpflanzung erfolgt durch **Teilung** oder mit **Zoosporen,** die **zwei** oder **vier gleichgestaltige Geißeln** besitzen oder **geißellos** sind. Die generative Fortpflanzung erfolgt meist durch Kopulation von begeißelten Gameten. Dabei ist der Entwicklungszyklus **entweder** rein **haplontisch mit zygotischem Kernphasenwechsel** (z. B. *Ulothrix*), **haplo-diplontisch mit heterophasischem, isomorphem** (selten heteromorphem) **Generationswechsel** (z. B. *Enteromorpha*) oder mit einem **diplobiontischen Generationswechsel,** es gibt also frei lebende Gametophyten und Sporophyten, die **iso- oder heteromorph** sein können (z. B. *Ulva*). Bei manchen **siphonalen** Ulvophyceae (Kasten 3.3, ◘ Abb. 3.9a) wandelt sich der gesamte Thallus während der generativen Fortpflanzung zu einem **Fruchtkörper** um. Nach Entwicklung der zweigeißligen Gameten stirbt die Mutterzelle ab und entlässt die Gameten in die Umgebung (z. B. *Halimeda*). Manche Arten entwickeln sich zum Phycobiont von Flechten (Wirth und Düll 2000). Meistens kommen die Ulvophyceae als Tange im Meer vor oder sind riffbildend, seltener sind sie frei schwimmend. Weniger häufig treten sie im Süßwasser auf oder leben terrestrisch als Epiphyten auf Baumrinden oder Gesteinen.

◘ **Abb. 3.9** Ulvophyceae. **a** Schirmalge *Acetabularia*. **b** Schlauchalge *Halimeda* sp. (Fotos **a**: E. Magel; **b**: Derek Keats, CC-BY 2.0, unverändert)

Kasten 3.3: Besonderheiten der Ulvophyceae

Die **Schirmalge** (***Acetabularia,*** ◘ Abb. 3.9a) kommt im Mittelmeer sowie in vielen tropischen und subtropischen Meeresregionen vor. Sie besitzt einen Thallus aus **Rhizoid, Cauloid** (Stiel) sowie einen **schirmartigen Hut mit pilzlamellenähnlichen Kammern.** Zunächst hat der gesamte Thallus nur einen einzigen diploiden Zellkern **(Primärkern).** Nachdem sich der Thallus vollständig entwickelt hat, teilt sich der Primärkern in diverse **haploide Sekundärkerne,** die in die pilzlamellenähnlichen Kammern des Hutes wandern. Dort werden diejenigen Zellen, die einen haploiden Zellkern besitzen, von dickwandigen Strukturen **(Zysten)** umgeben und in die Natur entlassen. Finden sich zwei Gameten, entwickelt sich nach isogamer Verschmelzung ein neuer Thallus mit wiederum nur einem diploiden Primärkern, und die Entwicklung beginnt von neuem. Die Zellwände der Schirmalgen weisen häufig starke **Kalkeinlagerungen** auf und sind dadurch wichtige Elemente der **Riffbildung.** Als weitere Besonderheit besitzen die Schirmalgen viele kleine Chloroplasten, jedoch ohne Pyrenoide, denn statt Stärke werden **Fructosane** gebildet.

Die **Schlauchalgen (Bryopsidales,** ◘ Abb. 3.9b) entwickeln perlschnurartig aufgereihte, verkalkte Thallussegmente, die häufig nur aus einem Stützskelett und Zellen ohne Zellquerwände bestehen, also aus einer einzigen vielkernigen Riesenzelle, wobei die Form der Segmente artspezifisch ist. Häufig ist der Organismus dann von Kalknadeln umgeben, z. B. bei der tangbildenden Grünalge *Halimeda,* deren Arten vorwiegend in warmen Meeresregionen vorkommen und dort bis zu 1 m lang werden können. Sie tragen zur Riffbildung bei.

Kasten 3.4: Organismen mit sekundärer Endosymbiose einer Grünalge

Die primäre Endosymbiose entstand durch die Aufnahme eines Cyanobakteriums in eine Wirtszelle. Dort verlor das Bakterium seine Autonomie und entwickelte sich zum Chloroplasten **(Endosymbiontentheorie),** z. B. bei den Grünalgen. Taxa mit primärer Endosymbiose sind jedoch in manchen Fällen sekundär nochmals in andere Wirtszellen aufgenommen worden, was als sekundäre Endosymbiose oder **Endocytobiose** bezeichnet wird. Im Folgenden werden zwei Endocytobiosen mit photoautotrophen Grünalgen vorgestellt:

Euglenophyta, Augentierchen

Durch die sekundäre Endosymbiose einer **Schuppenalge** (Prasinophyceae) mit einem Vertreter der **Excavata** sind die Augentierchen entstanden. Es sind **Einzeller,** sehr selten bilden sie Aggregationsverbände *(Colacium).* Sie besitzen einen **Chloroplasten** der von **drei Hüllmembranen** umgeben ist, was auf die Endocytobiose verweist. Dass diese mit Grünalgen erfolgte, wird durch die **Pigmentähnlichkeit zu Grünalgen** (Chlorophyll a und b und diverse Carotinoide) sowie molekulare Merkmale gestützt. Die Mehrzahl der Merkmale der Augentierchen verweist jedoch auf eine Verwandtschaft innerhalb der Excavata – wahrscheinlich dem Wirt. So besitzen die Augentierchen keine Zellwand, sondern eine Zellmembran **(Pellicula)** mit proteinhaltigen Schichten und einem Cytoskelett aus Mikrotubuli. Sie können sich im Wasser mit einer oder zwei meist ungleichen Geißeln schwimmend fortbewegen oder über Schlamm kriechen. Auf einer Seite des Augentierchens stülpt sich die Pellicula ein, was als **Zellmund** bezeichnet wird und der Nahrungsaufnahme dient. Die Stoffabgabe erfolgt durch **kontraktierende Vakuolen.** Bislang ist noch nie sexuelle Vermehrung beobachtet worden – die Vermehrung der Augentierchen erfolgt durch Teilung. Meist leben sie im **Süßwasser,** selten im **Brackwasser** oder **marin.**

Chlorarachniophyta, Amöbenalgen

Wahrscheinlich hat ein Vertreter der **Rhizaria** eine Grünalge aus der Verwandtschaft der **Trebouxiophyceae** oder **Ulvophyceae** aufgenommen, woraus die amöboiden oder begeißelten Einzeller der **Chlorarachniophyta**

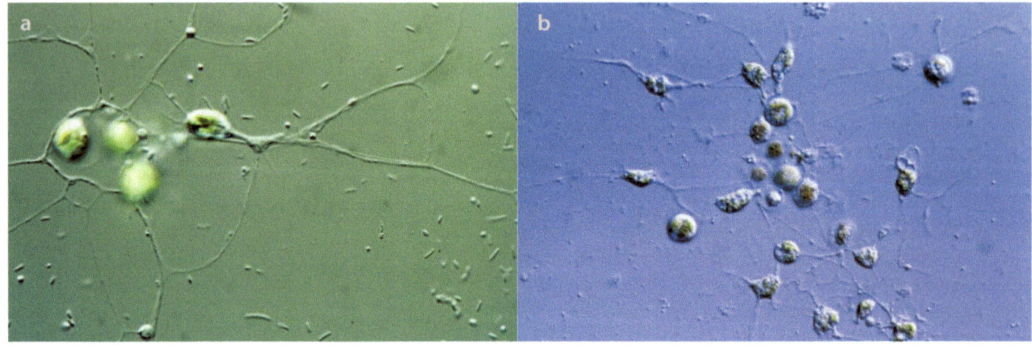

Abb. 3.10 Chlorarachniophyta. **a** *Synchroma pusilum*. **b** *Synchroma grande*. (Fotos: R. Schnetter)

(Abb. 3.10) entstanden sind. Kennzeichnend für diese sekundäre Endosymbiose sind Plastiden mit **vier Hüllmembranen** sowie ein **Nukleomorph** (Zellkernrest der aufgenommenen Grünalge) zwischen der inneren und äußeren Doppelmembran. In den Chloroplasten befindet sich **Chlorophyll a und b**, Photorezeptoren fehlen. Die Zoosporen sind eingeißlig und zart bewimpert. Man findet sie zwischen siphonalen tropischen Grünalgen im **Meerwasser** oder im Sand von Meeresküsten.

3.1.4 Streptophyten (Streptophyta, Streptophytina)

Die Streptophyten umfassen eine Gruppe **photosynthetisch aktiver, mehrzelliger eukaryotischer** Lebewesen, deren **Geißeln** (falls sie vorhanden sind) nicht terminal, sondern **seitlich (unilateral)** ansetzen. Die Streptophyten sind wahrscheinlich **sehr alt** (über 1 Mio. Jahre; Lewis und McCourt 2004), was durch Fossilfunde belegt ist und die große rezente (heute lebende) Formenvielfalt erklärt. Ultrastrukturelle, biochemische und molekulare Merkmale verweisen auf sechs bis sieben verschiedene Hauptgruppen, die nur zum Teil monophyletisch sind.

Mit Ausnahme der Landpflanzen sind die verschiedenen Evolutionslinien der Streptophyten relativ **artenarm.** Hierzu gehören die drei basalen Gruppen (die im Süßwasser lebenden Chlorokybophyceae, Mesostigmatophyceae und Klebsomidiophyceae), auf die hier nicht näher eingegangen wird. Im Verlauf der Evolution entwickelten sich in allen folgenden Evolutionslinien Mikrotubuli, die sich während der Querwandbildung der Zellteilung im rechten Winkel zu dieser anordnen und somit einen **Phragmoplasten**[1] bilden. Weitere gemeinsame Merkmale aller folgenden Evolutionslinien sind meist **Spermatozoiden** mit **gedrehten Geißeln** (was in abgeleiteten Formen wieder reduziert wurde, so besitzen z. B. Palmfarne [Cycadaceae] und *Ginkgo* noch dieses Merkmal, während bei den übrigen Samenpflanzen unbegeißelte und nicht gedrehte Gameten vorkommen). **Sporopollenin** und **ligninartige Verbindungen** entwickelten sich in dieser Gruppe. Alle Streptophyten sind **mehrzellig,** das vegetative Wachstum erfolgt mit einer oder mehreren **apikalen Zellen** am Ende der Seitenäste oder der Hauptachse.

Einige Organismengruppen der Streptophyta haben sich an das **Landleben** angepasst. Bei ihnen entsteht aus der Zygote ein **diploider**

1 Vorstufe der Zellwandbildung bei Pflanzen durch einen Komplex aus Mikrotubuli, Mikrofilamenten und endoplasmatischem Reticulum. Phragmoplasten entstehen während der Telophase der Zellteilung.

Sporophyt. Dieser ist als **mehrzelliger Embryo** angelegt und kann eine Ruhephase überdauern (**Embryophyten,** ► Abschn. 3.2).

3.1.4.1 Armleuchteralgen (Charophytina)

» (1 Familie, 2-3 Gattungen, 80–400 Arten)

Die Armleuchteralgen umfassten ursprünglich drei Ordnungen (Charales, Clavatoraceae, Palaeocharaceae), wobei zwei jedoch nur als Fossilien bekannt sind; die dritte Ordnung umfasst nur eine Familie: Characeae oder Armleuchteralgen genannt. Armleuchteralgen bilden einen 3–60 cm großen **Thallus,** der schachtelhalmähnlich erscheint und mit einem **Rhizoid** (**Würzelchen,** ► Abschn. 3.2) am Grund verankert ist. Das **Apikalmeristem** bildet **lange Internodien- und kurze Knotenzellen.** Die Letzteren teilen sich weiter und bilden **wirtelige kurze Triebe,** teilweise mit einer **Rinde.** Diese sind unmittelbar nach der Zellteilung einkernig, der Kern zerfällt jedoch in zahlreiche Kernfragmente, sodass sie vielkernig werden. In einer Zelle kommen mehrere Chloroplasten vor, die randständig entlang der Protoplastenwand angeordnet sind. Die Zellwand besteht u. a. aus **Cellulose.**

Eine vegetative Vermehrung erfolgt durch überwinternde **Speicherknöllchen,** die viel Stärke enthalten. Zur sexuellen Vermehrung **(Oogoniogamie)** werden an den Knoten der kurzen Triebe **Oogonien** (◘ Abb. 3.11b) entwickelt, die eine mit **Öltröpfchen und Stärkekörnern** dicht gefüllte **Eizelle** enthalten. Ferner bilden sich an den kurzen Trieben kugelige **Antheridien** (◘ Abb. 3.11b). Die **Spermatozoiden,** die in den Antheridien gebildet werden, sind **korkenzieherartig gewunden,** während sie bei allen anderen Grünalgen radiärsymmetrisch sind. Die Oogonien werden sekundär von fünf schraubigen Zellen umhüllt, die an der Spitze fünf oder zehn **Krönchenzellen** abgliedern (◘ Abb. 3.11b). Bei der Keimung findet eine Reduktionsteilung statt (Meiose), die Pflanzen sind dementsprechend **Haplonten.** Die unberindete Gattung *Nitella* und die meist berindete *Chara* bilden in Seen oder flachem Brackwasser ausgedehnte, oft kalkinkrustierte Rasen. Bei Phosphateintrag in die Gewässer verschwinden sie.

3.1.4.2 Jochalgen (Zygnematophytina, Zygnematophyceae, Zygnematales, Conjugatae)

» (2 Familien, 6 Gattungen, 4000–6000 Arten)

Jochalgen sind **Einzeller** oder **unverzweigte Fadenthali ohne Polarität** und **Zellspezialisierung.** Die Fadenthalli können leicht zerfallen. Jochalgen entwickelten **nie begeißelte Stadien,** weder als Zoosporen (asexuell) noch als Gameten (der sexuellen Fortpflanzung

◘ **Abb. 3.11** Armleuchteralgen (Characeae). **a** *Chara* spec. am natürlichen Standort. **b** Wahrscheinlich *Chara virgata*, Sprossausschnitt (Quirl) einer Armleuchteralge mit männlichen Antheridien (rot) und weiblichen Oogonien (braun mit grünem Krönchen). (Foto **b**: Christian Fischer, CC-BY-SS 3.0, unverändert)

3

dienend). Die sexuelle Fortpflanzung erfolgt durch die Umwandlung des gesamten Protoplasten einer vegetativen Zelle in einen **unbegeißelten, amöboiden Gameten.** Die **Gameten** zweier Sexualpartner **lagern sich aneinander** und verkleben durch eine Gallerte. Durch Auflösung der Zellwandhälften der jeweiligen Verschmelzungszellen fusionieren die beiden Protoplasten (**Konjugation**) und bilden eine **Zygote.** Die Zygote kann ein Ruhestadium darstellen, entweder vor oder nach der Verschmelzung der Zellkerne **(Syngamie).** Vor dem Auskeimen erfolgt eine Reifeteilung **(Meiose),** von den vier gebildeten Kernen degenerieren drei, sodass Jochalgen **haploide** Organismen sind. Die **Chromatophoren** (pigmenthaltige Plastiden, häufig Chloroplasten) der Jochalgen sind groß, meist axial, mit **zahlreichen Pyrenoiden** (Stärkekörnern). Die Zellwand besteht innen aus Cellulose, außen aus Polysaccharidschleim.

Jochalgen leben meist im Süßwasser und können an Wasseroberflächen sogenannte „Algenwatten“ bilden, selten treten sie im Brackwasser auf, nie jedoch im Meer. Sie sind eine der am häufigsten auftretenden Algengruppe weltweit. Fossilien der Zygnematales sind seit dem Karbon bekannt.

Momentan werden die Jochalgen in sechs Untergruppen gegliedert, wobei die Zygnemataceae und Mesotaeniaceae **Zellfäden** (selten Einzeller ohne Einschnürung) (◘ Abb. 3.12b) und schleimige Watten in Tümpeln und Gräben bilden. Die Gonatozygaceae, Closteriaceae, Peniaceae und Desmidiaceae werden auch als **Zieralgen** bezeichnet (◘ Abb. 3.12d, e). Es sind **kokkale Einzeller** (selten zu kurzen Fäden verbunden), deren **Zellwand aus zwei gleichen Hälften** besteht, die sich an einer Einschnürung überlappen und von denen nach der Zellteilung jeweils eine ergänzt wird. Ihre Gestalt ist oft auffällig, z. B. stern- oder halbmondförmig. Zur Konjugation umgeben sich zwei Zellen mit Gallerte, die Zellwandhälften weichen auseinander und die Protoplasten kopulieren. Zieralgen leben meist planktisch oder benthisch im Süßwasser mit meist saurem pH und sind häufig auch in Mooren zu finden. Manche Arten kriechen durch Ausscheidung von Schleim, während andere Taxa vor allem in den Tropen vorkommen.

3.1.4.3 Coleochaetales

» (1 Familie, 1 Gattung, 15 Arten)

Die Coleochaetales sind nur eine sehr **kleine, artenarme Gruppe;** ihre Bedeutung liegt jedoch darin, dass sie mit den Charophytina die **nächsten Verwandten der grünen Landpflanzen** darstellen. Die Coleochaetales kommen im Süßwasser und an feuchten Standorten vor. Sie bilden verzweigte **Fadenthalli** oder **scheibenförmige Thalli** (◘ Abb. 3.12f), die durch Rhizoidfäden an den Substraten haften. Die Zellen sind **einkernig** mit jeweils **einem Chloroplasten,** der **ein Pyrenoid** besitzt, und ähneln denjenigen der Hornmoose. Asexuell pflanzen sich alle Arten der Coleochaetales durch Zoosporen fort, pro Zelle wird nur eine Zoospore gebildet. Die sexuelle Fortpflanzung ist **oogam.** Dabei bildet sich ein flaschenförmiges **Oogon mit einem Porus.** An der Spitze öffnet sich dieser zur Aufnahme eines **zweigeißeligen Spermatozoiden,** dessen Geißeln **unilateral inseriert** sind, ähnlich denjenigen der Bryophyten und Pteridophyten. Die befruchtete Zygote bleibt mit der Mutterpflanze verbunden und stimuliert das Wachstum einer umgebenden Zellschicht (Plektenchym), zum Teil mit Einstülpungen. Die geschützte Zygote (Oospore) wird als **Beginn einer Embryobildung** angesehen. Die reife Zygote wird durch Sporopollenin und ligninartige Verbindungen vor Austrocknung und mikrobieller Zersetzung geschützt. Bei der Keimung der Oospore entstehen nicht direkt Meiozoosporen, sondern unter Meiose zunächst 16- bzw. 32-zellige haploide Hüllen, in deren Zellen je eine haploide Zoospore frei wird. Die Zellwände sind aus Cellulose.

3.2 Embryophyten – evolutionäre Weiterentwicklungen im Zuge des Landgangs der Pflanzen

Die Embryophyten (Embryophyta) umfassen **Moose, Farne, Bärlappe, Schachtelhalme, Gymnospermen** und **Angiospermen,** insgesamt

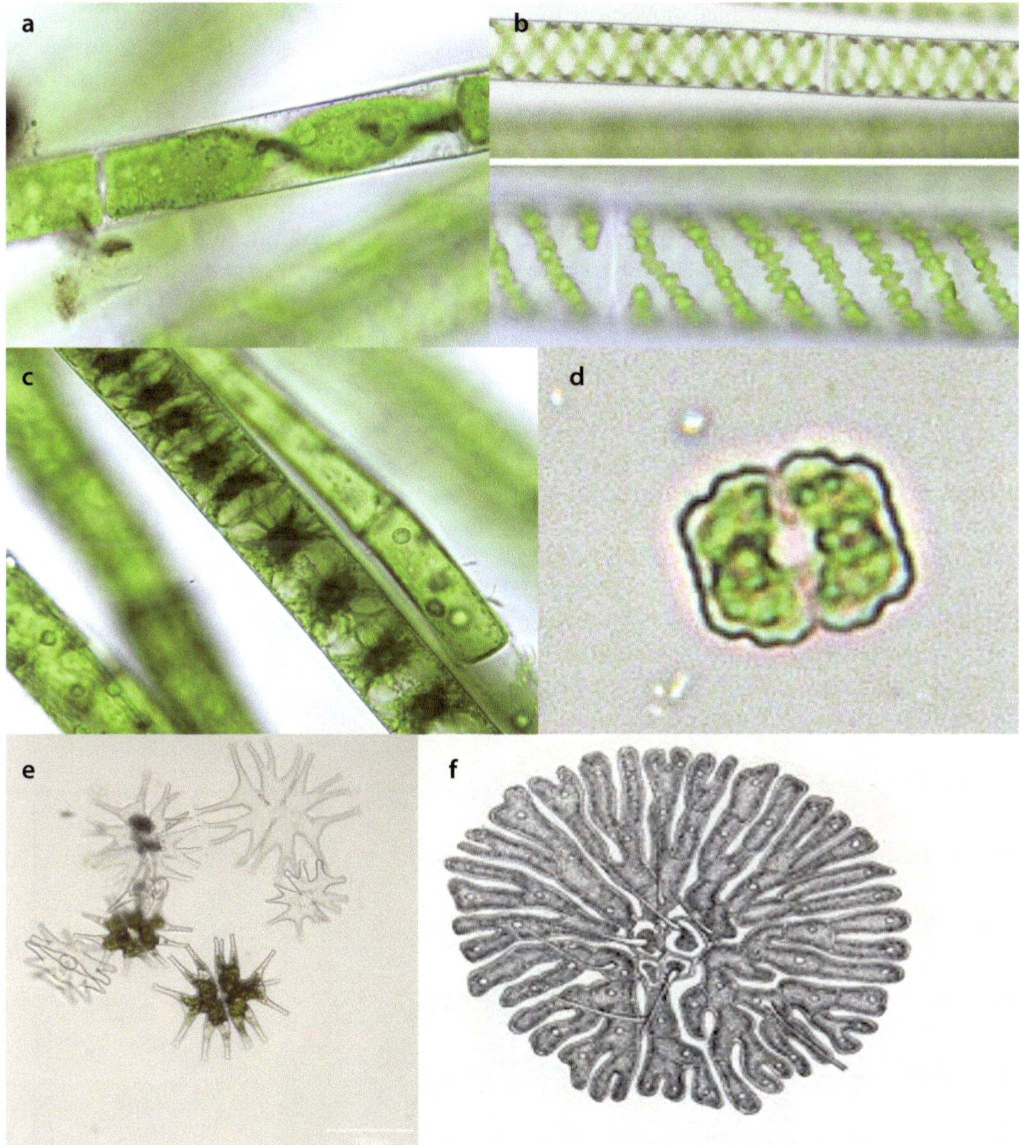

Abb. 3.12 Jochalgen und Coleochaetales. Jochalgen: **a** *Mougeotia* (Detail mit gedrehtem Chloroplasten); **b** *Spirogyra* (mit länglichem, bandförmigen Chloroplasten); **c** *Zygnema* (mit sternförmigem Chloroplasten). Zieralgen: **d** *Cosmarium* spec.; **e** *Micrasterias* spec. **f** Coleochaetales: *Coleochaete* spec. (Fotos **a–e**: K. Ehlers; **f**: R. von Wettstein (1901))

wahrscheinlich mehr als 500.000 Arten. Sie haben einen monophyletischen Ursprung, der auf einen gemeinsamen Vorfahren mit den Armleuchteralgen (► Abschn. 3.1.4.1) zurückzuführen ist. Dafür spricht, dass sie – ebenso wie die Grünalgen – als Hauptphotosynthesefarbstoff Chlorophyll a und als akzessorische Pigmente Chlorophyll b und Carotinoide bilden. Der Hauptspeicherstoff bzw. das Hauptreservekohlenhydrat der Embryophyten und der Grünalgen ist Stärke, und die Zellwände werden (bei Grünalgen meist, bei den Embryophyten

3

immer) aus Cellulose gebildet. Außerdem werden bei der Zellteilung Phragmoplasten und Zellplatten gebildet, was sonst nur bei einer Braunalgenart sowie in einigen Grünalgenarten vorkommt. Deshalb wird vermutet, dass sich die Embryophyta aus einem gemeinsamen Vorfahren der Grünalgen entwickelt haben, dem es gelungen ist, sich im terrestrischen Lebensraum zu etablieren, was wahrscheinlich vor mehr als 400 Mio. Jahren geschah.

Viele Merkmale, die die **Embryophyten** charakterisieren, gelten als **Anpassungsstrategien an das Landleben** (◘ Abb. 3.13). Die veränderten Umweltbedingungen an Land bedurften evolutionärer Veränderungen und Weiterentwicklungen **(Apomorphien),** z. B. in Bezug auf die limitierte Wasserverfügbarkeit, die veränderten Lichtverhältnisse und die an Land fehlenden Wasserauftriebskräfte. Deshalb mussten sich spezielle Strukturen zur **Wasserversorgung** aller Gewebeteile entwickeln. Pflanzen benötigten oberirdisch einen **Verdunstungsschutz** und trotzdem Möglichkeiten zum **Gasaustausch** (Abgabe von Sauerstoff und Wasser [Transpiration] und Aufnahme von Kohlenstoffdioxid). Ferner wurden **stabilisierende Gewebe** als Ausgleich für die an Land fehlenden Wasserauftriebskräfte benötigt (Kasten 3.5). In den basalen Gruppen der Embryophyta, z. B. den „Moosen", ist die evolutionäre Anpassung bereits zu erkennen, aber strukturell noch sehr einfach gelöst, während sich im weiteren Verlauf der Evolution in den verschiedenen Gruppen zunehmend Apomorphien entwickelten. So finden sich z. B. Grundorgane (Wurzel, Blatt, Stängel) sowie Leit- und Stützgewebe erst in den Gefäßpflanzen (▶ Kap. 4), während die ursprünglicheren Moose nur Würzelchen, Blättchen und Stängelchen ohne spezielle Leit- und Stützgewebe besitzen (▶ Abschn. 3.3). Alle Embryophyten weisen jedoch diverse strukturelle Gemeinsamkeiten auf:

- Als Verdunstungsschutz entwickelte sich die **Kutikula**, eine **wachsartige Schutzschicht** auf der Oberfläche der Epidermis

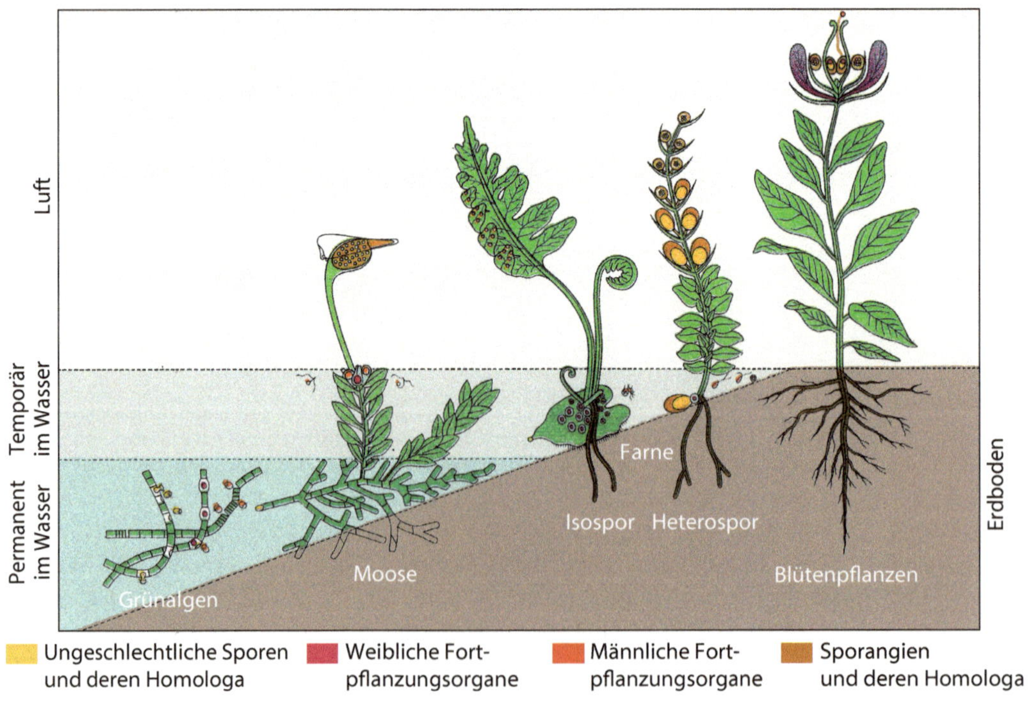

◘ **Abb. 3.13** Landgang der Pflanzen, nach R. von Wettstein (1901)

(Abschlussgewebe) aller **oberirdischen** Pflanzenteile. Die luftdichte, wasserabweisende (hydrophobe) Kutikula besteht aus Cellulose, Pektinen und Wachsen. Sie bildet eine Schutzschicht, aber teilweise auch verschiedene Oberflächenstrukturen aus (Nadeln, Platten, Schuppen u. a.). Diese dienen dazu, Lichteinstrahlungen zu reflektieren oder zu streuen und Luftverwirbelungen zu erzeugen und so die Verdunstungsrate eines Blattes zu verändern, um den Wasserverlust der Pflanze zu reduzieren. Die Kutikula kann auch die Benetzbarkeit eines Blattes verändern, z. B. um Schmutzpartikel von der Blattoberfläche abperlen zu lassen (Lotuseffekt, Kasten 7.5.), oder in Wüstenregionen den nächtlichen Tau durch Nebelkondensation zu „kämmen", um so die Luftfeuchte der Pflanze zugänglich zu machen. Zum Teil dient die Kutikula auch als Fraßschutz.

- Durch die Kutikula bedurfte es der Evolution definierter Atemhöhlen (primitive Formen der „Moose", ► Abschn. 3.3) oder **Spaltöffnungen** bzw. **Spaltporen (Stomata)** zum **Gasaustausch** (◘ Abb. 3.14a). Diese dienen der CO_2-Versorgung und der Aufrechterhaltung eines Verdunstungssogs **(Transpirationssog)**, der für einen Stofftransport zur Wasserversorgung der Pflanzen von der Wurzel in die oberirdischen Pflanzenteile notwendig ist.
- Alle Embryophyten bilden einen **Embryo** aus: ein sich aus der befruchteten Eizelle (Zygote) entwickelnder Spross **(Sporophyt)**, der auf dem Gametophyten wächst und von diesem ernährt wird bzw. auf der Mutterpflanze wächst, wenn der Gametophyt stark reduziert ist.
- Apomorphien der Embryophyten sind außerdem ein **heterophasischer, heteromorpher Generationswechsel**. Hierfür wechselt im Verlauf des Lebenszyklus einer Pflanze jeweils eine **haploide Generation** mit einer **diploiden Generation** (heterophasisch), wobei jede Phase jeweils eine **unterschiedliche Gestalt** besitzt (heteromorph).

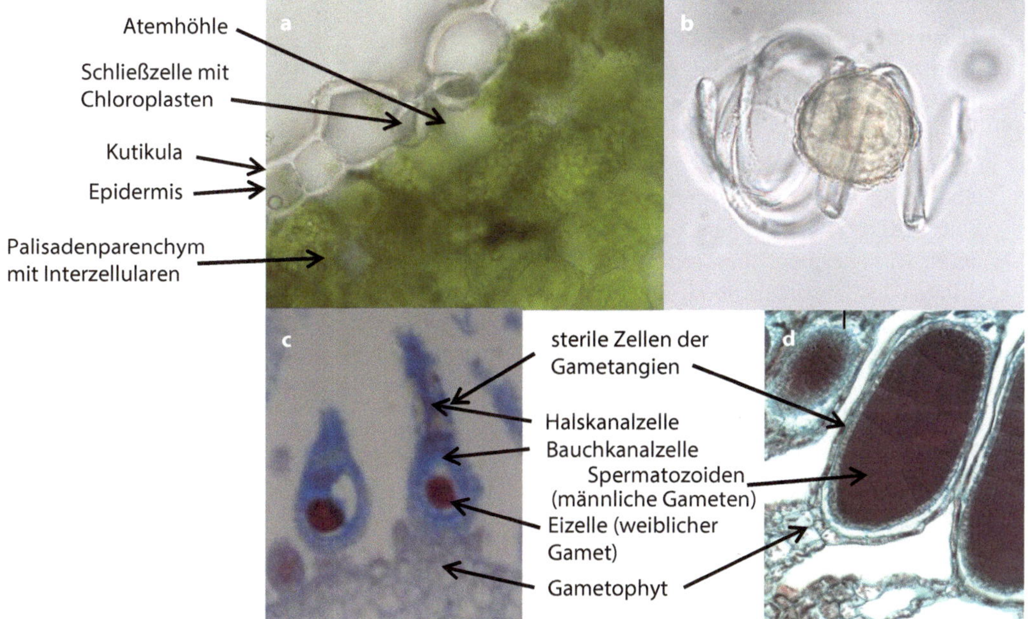

◘ **Abb. 3.14** Evolutionäre Weiterentwicklungen der Embryophyta. **a** Spaltöffnungsapparat. **b** Spore eines Schachtelhalms. **c** Weibliches Gametangium (Archegonium von *Marchantia* spec.). **d** Männliches Gametangium (Antheridium von *Marchantia* spec.). (Fotos **a–c**: K. Ehlers; **d**: Jon Housemann, CC-BY-SA 3.0, leicht verändert)

3

- Weitere apomorphe Merkmale der Embryophyten sind die Entwicklung einer vielzelligen Hülle steriler Zellen als Schutzbehälter **(Gametangien)** um die **Gameten** (haploide Zellen, die der sexuellen Fortpflanzung dienen). Die männlichen Gametangien werden als **Antheridien** (Einzahl: Antheridium) bezeichnet (◘ Abb. 3.14d). Bei den Moosen, Farnen, Bärlappen und Schachtelhalmen sind sie meist kugelig oder keulenförmig und stehen oft auf einem kurzen Stiel. In ihnen entwickeln sich **Spermatozoiden** (begeißelte männliche Gameten). Bei Gymnospermen und Angiospermen ist das Antheridium auf die generative Zelle des Pollenkorns mit unbegeißelten männlichen Gameten reduziert (Blackmore and Ferguson 1986). Die weiblichen Gametangien werden als **Archegonien** bezeichnet (◘ Abb. 3.14c). Archegonien besitzen bei den Moosen, Farnen, Bärlappen und Schachtelhalmen eine charakteristische Form mit einem verdickten **Bauchteil,** in dem die **Eizelle** (weiblicher Gamet) gebildet wird, und einem schmalen **Halsteil;** beides wird von einer einschichtigen Wand steriler Zellen umgeben. Im Archegonium liegt zuunterst die Eizelle, darüber befindet sich die Bauchkanalzelle, über dieser folgen im Archegoniumhals die Halskanalzellen (bei Moosen mehrere, bei den Bärlappen eine bis 20, bei den Farnen meist eine). Bauch- und Halskanalzellen verschleimen bei Reife und ermöglichen dadurch das Eindringen des Spermatozoiden, der **chemotaktisch** durch Pheromone angelockt wird. Der (männliche) **Mikrosporenbehälter** (Mikrosporangium) der **Gymnospermen und Angiospermen** ist der **Pollensack der Staubbeutel (Antheren);** der (weibliche) Megasporenbehälter der Gymnospermen und Angiospermen ist der **Nucellus.**
- Die auffälligste Anpassung der Embryophyten an das Landleben sind die **Sporen** (◘ Abb. 3.14b). Sie besitzen eine widerstandsfähige Außenschicht (Exospor aus Sporopolleninen) und eine zarte Innenschicht (Endospor aus Cellulose). In den weiblichen Megasporen der Angiospermen wurde Sporopollenin zurückgebildet, das somit dort nicht mehr vorkommt.

Kasten 3.5: Thallophyten

Manche **„Algen"** und alle **„Moose"** sind Thallophyten, die zum Teil auch als **Niedere Pflanzen** bezeichnet werden. Es sind Pflanzen mit einem **vielzelligen Vegetationskörper (Thallus) ohne Festigungsgewebe** (aber mit zum Teil arbeitsteiliger Spezialisierung der Zellen). Den Thallophyten fehlen die drei pflanzlichen Grundorgane (Wurzel, Blatt, Stängel; ► Kap. 4). Obwohl manche „Moose" bereits **Stängelchen (Cauloide)** und **Blättchen (Phylloide)** ausbilden und Ansätze differenzierter Zelltypen entwickeln, sind sie Thallophyten, da sie **nie Wurzeln,** sondern **nur Würzelchen (Rhizoide)** ausbilden. Die Rhizoide der Moose dienen **nur der Anheftung an ein Substrat, nicht der Wasser- und Nährstoffaufnahme,** da diese über die gesamte Thallusoberfläche erfolgen kann.

3.3 „Moose"

» (ca. 15.000–20.000 Arten)

„Moose" gehören zu den **ersten Landpflanzen,** deren **Fortpflanzung** jedoch immer noch **von Wasser abhängig** ist. Sie entwickelten sich im **Ordovicium–Silur** vor etwa 450 bis 400 Mio. Jahren (► Abschn. 8.1), wahrscheinlich auf wechselfeuchten Standorten im Süß- oder Brackwasserbereich (Straka 1975). „Moose" besitzen **weder Stütz- noch Leitgewebe,** da diese im Wasser – dem Lebensraum ihrer Vorfahren – nicht benötigt wurden. An Land entwickelten die „Moose" jedoch sehr **effiziente Mechanismen zur Wasser- und Nährstoffaufnahme,** häufig über die gesamte Oberfläche durch äußere kapillare Wasserleitungen. Zeitweise können „Moose" aber auch sehr trockene Perioden in einem fast dehydrierten Zustand überdauern. Dadurch sind sie gut an **wechselfeuchte Klimata (poikilohydrische Pflanzen)** angepasst und besiedeln verschiedenste **terrestrische** und **aquatische Standorte,** wo sie aufgrund ihrer Spezialisierungen nur bedingt der Konkurrenz anderer

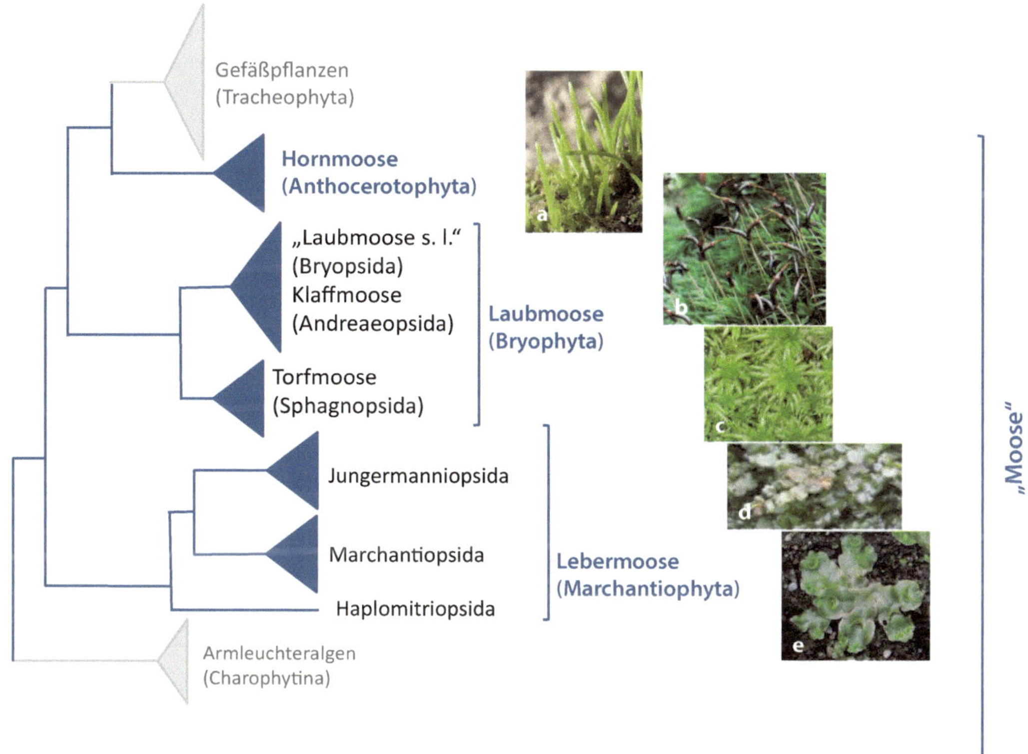

Abb. 3.15 Stark reduzierte Übersicht der paraphyletischen Evolutionslinien der „Moose" mit den wichtigsten Gruppen und ihren systematischen Verwandtschaftsverhältnissen (nach Shaw et al. 2011). **a** Acker-Hornmoos (*Anthoceros punctatus*). b. Mauer-Drehzahnmoos (*Tortula muralis*). c Torfmoos (*Sphagnum* sp.) **d** Großes Schiefmundmoos (*Plagiochila asplenioides*); **e** Mondbechermoos (*Lunularia cruciata*). (Foto:, Jonatan Svensson Glad, CC-BY-SA 2.0, unverändert)

Pflanzen ausgesetzt sind. „Moose" kommen auf **allen Kontinenten** vor, mit einem **Verbreitungsschwerpunkt in wechselfeuchten Regionen** und der **größten Biomasse in kalten, temperaten Zonen** der Erde (Esser 2013; Frahm 2001).

Der Begriff **„Moose"** bezieht sich nach neuestem Stand der Forschung auf drei verschiedene **paraphyletische Evolutionslinien,** die **Lebermoose (Marchantiophyta), Laubmoose (Bryophyta)** und **Hornmoose (Anthocerotophyta),** und nicht mehr auf eine monophyletische Gruppe (Abb. 3.15) (Zentralstelle Deutschland, Moose Deutschlands). Deshalb bezeichnet der Begriff „Moose" keine Verwandtschaftsgruppe, sondern nur einen gemeinsamen Organisationstyp dreier verschiedener pflanzlicher Evolutionslinien, die ähnliche Generationswechsel (Kasten 3.6) aufweisen.

Kasten 3.6: Generationswechsel der Moose

Moose sind **Haplo-Diplonten** mit **heteromorphem Generationswechsel** (Gametophyt und Sporphyt besitzen einen unterschiedlichen Morphotyp, Abb. 2.13).

Reife haploide Sporen keimen und bilden einen fadenförmigen Vorkeim **(Protonema).** Das Protonema der „Moose" besteht aus **chloroplastenreichen** Zellen und kann fadenförmig oder thallos sein. Die Form des Protonemas ist abhängig von den Scheitelzellen, die an den jeweiligen Protonemaspitzen vorkommen und sich teilen. **Einschneidige Scheitelzellen** können Zellen nur in eine

Richtung abgeben – es entstehen **Zellfäden** mit **senkrecht stehenden Zellwänden. Zweischneidige** Scheitelzellen mit schräg stehenden Zellwänden können Tochterzellen in zwei Richtungen abgeben, was zu flächigen Strukturen führt, z. B. bei den **thallosen Lebermoosen** (oder den Blättchen der Laubmoose später auf dem Gametophyt). **Dreischneidige** Scheitelzellen kommen im Protonema der Moose nicht vor, werden aber häufig vom Gametophyt an den Sprossspitzen der Embryophyten gebildet und ermöglichen eine dreidimensionale Verzweigung bzw. spiralige Blattstellung. Durch Lichtinduktion können sich einschneidige Scheitelzellen zu **zwei- bis dreischneidigen Scheitelzellen** entwickeln, sodass entweder ein flächiges, thalloses Protonema oder eine Knospe des Gametophyten entstehen kann.

Der **Gametophyt** (haploide Generation) ist **ausdauernd** (mehrjährig) und **dominant** in Bezug auf die **Lebensdauer, Biomasse und Größe** und kann je nach „Moos" unterschiedlich gestaltet sein (► Abschn. 3.3.1–3.3.3). Auf dem Gametophyten können sich Fortpflanzungsbehälter bilden. Männliche Fortpflanzungsbehälter werden als Antheridium (♂) und weibliche als Archegonium (♀) bezeichnet. Diese können auf einer Pflanze **(monözisch)** oder auf verschiedenen Individuen **(diözisch,** ◻ Abb. 3.16) vorkommen. In den **Antheridien** entwickeln sich **zweigeißlige Spermatozoiden** (männliche Gameten, die von einer Schutzhülle steriler Zellen umgeben sind). Diese werden bei Reife entlassen. Sie benötigen **Wasser als Transportmittel,** um mit ihren Geißeln zur Eizelle in einem Archegonium schwimmen zu können. In den **Archegonien** entwickelt sich je eine **Eizelle,** die durch je ein Spermatozoid befruchtet wird. Da das weibliche Archegonium auf dem Gametophyten verbleibt und von diesem ernährt wird, handelt es sich um eine **oogame** Fortpflanzung, d. h. es wird eine unbewegliche Eizelle durch einen männlichen Gameten befruchtet.

Es entsteht eine **diploide Zygote** (befruchtete Eizelle, Embryo), die zu einem **diploiden Sporophyten** auf dem Gametophyten heranwächst. Der Sporophyt der „Moose" ist in der Regel **klein, unverzweigt und kurzlebig.** Er bleibt während seines gesamten Lebenszyklus mit dem Gametophyten verbunden. Der Sporophyt ist **alleine nicht lebensfähig,** und wird vom Gametophyt ernährt **(Gonotrophie).** Der Sporophyt besteht aus einem **Fuß (Haustorium),** einem **Kapselstiel (Seta)** und einer **Kapsel**[2] **(Sporangium, Sporogon**, Sporenbehälter). Der Fuß dient der Ernährung des Sporophyten. In ihm (zum Teil auch im Gametophyten) werden **Transferzellen (Plazenta)** gebildet, mit stark eingestülpten Zellwänden, deren Zelloberfläche zur Wasser- und Nahrungsaufnahme sowie Weiterleitung stark vergrößert und dadurch optimiert wird. Der Kapselstiel dient dazu, die Kapsel emporzuheben. In der Kapsel entwickelt sich sporenbildendes Gewebe. In diesem bilden sich aus diploiden Sporenmutterzellen durch Meiose **haploide Sporen (Meiosporen).** Die Sporen besitzen eine widerstandsfähige Sporenwand **(Sporoderm),** die eine gewisse Überdauerungsfähigkeit auch bei schlechten Bedingungen gewährleistet. Sie besteht aus zwei Schichten: eine innere dünne Celluloseschicht mit Pektinen **(Endospor)** und eine widerstandsfähige äußere Wand **(Exospor)** aus schwer abbaubaren Sporopolleninen, deren Gehalt an Carotinoiden zusätzlich dem UV-Schutz dient. Bei Reife werden die haploiden Sporen zur Ausbreitung aus der Kapsel entlassen. Die meisten „Moose" sind **isospor** (gleichgestaltige Sporen), wenige Gattungen sind anisospor, sodass sich aus morphologisch unterschiedlichen Sporen weibliche bzw. männliche Gametophyten entwickeln.

3.3.1 Lebermoose (Marchantiophyta)

» (15 Ordnungen, 45 Familien, 377 Gattungen, ca. 5200 Arten)

Die Lebermoose sind morphologisch sehr variabel, was zum einen wahrscheinlich auf ihr hohes Alter als **älteste Moosevolutionslinie** (450 bis 400 Mio. Jahre) und zum anderen auf ihre **weltweite Verbreitung** von

2 Die Kapsel der Moose (Sporangium) darf nicht mit den Kapselfrüchten der Angiospermen verwechselt werden (► Abschn. 7.1)!

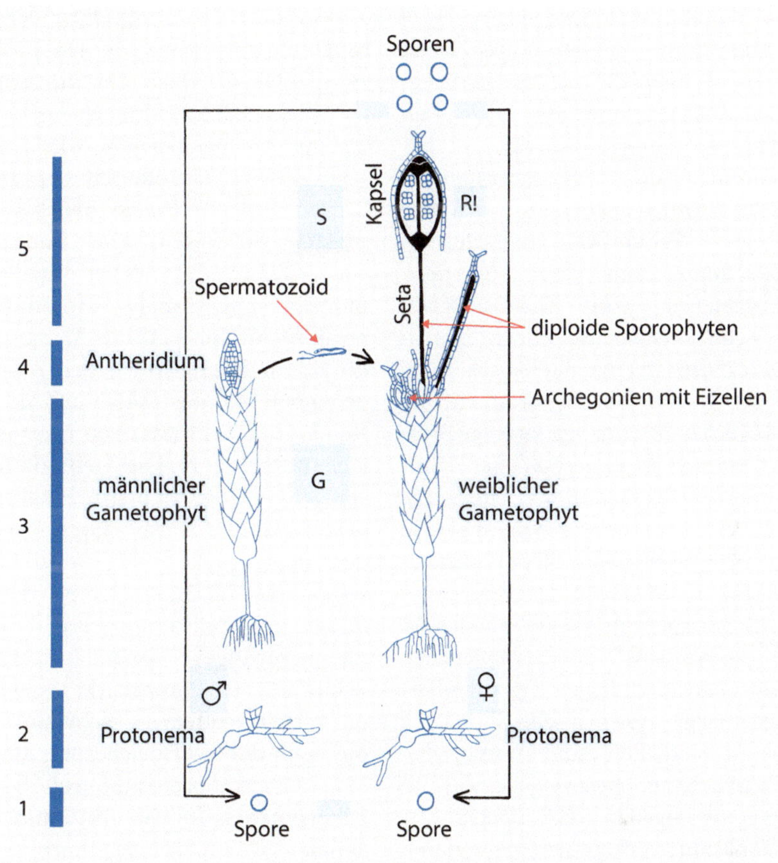

Abb. 3.16 Generationswechsel eines diözischen Laubmooses: (1) Sporen keimen und wachsen zu einem Protonema heran (2), auf dem sich Gametophyten (3) entwickeln. (4) Antheridien (♂) bilden zweigeißlige Spermatozoide, die mit der Eizelle im Archegonium (♀) zu einer diploiden Zygote (5) verschmelzen und sich zu Sporophyten entwickeln. In deren Kapseln entwickeln sich Sporen. Befruchtung, Sporophyt, Reduktionsteilung, Sporen). *Blau:* Haplophase, *schwarz*: Diplophase; *G*: Gametophyt, *R!*: Reduktionsteilung, *S*: Sporophyt. (aus Kadereit et al. 2014; R. Harder)

jedoch häufig geographisch isolierten Taxa zurückzuführen ist. Die Lebermoose sind primär landbewohnende Moose (obwohl manche Arten sekundär wieder unter Wasser leben). Sie bevorzugen saure Standorte.

Apomorphe Merkmale (d. h. abgeleitete, neue Merkmale), die die Lebermoose kennzeichnen und sie von allen anderen „Moosen" unterscheiden, sind spezielle **Ölkörperchen** in den Zellen. Die Ölkörperchen sind von einer Membran aus endoplasmatischem Reticulum umgeben und enthalten **terpenartige Sekundärstoffe** (als Energiespeicher und Fraßschutz) und **phenolische Inhaltsstoffe,** insbesondere **Lunularsäure** (zur Wachstumsregulierung). Viele Lebermoose riechen deshalb beim Zerreiben. Die Blättchen der foliosen Lebermoose weisen **keine Mittelrippe** auf; in der Regel sind die **Blättchenspitzen zwei- bis dreizipfelig oder halbrund.** Perforierte Wasserleitungszellen dienen dem Stofftransport. Der Gasaustausch erfolgt passiv, Mechanismen zum geregelten Gasaustausch fehlen **(keine Spaltöffnungen, Stomata)**. Ferner bilden Lebermoose einzellige **Elateren („Schleuderzellen"),** d. h. diploide, sterile Zellen mit spiralig verdickten Zellwänden, die sich in den Sporenkapseln (Sporangium) bilden und der optimierten Sporenausbreitung dienen (◘ Abb. 3.18b). In der Regel leben Lebermoose in Symbiose[3] mit mykorrhizierenden Pilzen. Dabei dringen die Pilzhyphen in den Thallus der Lebermoose ein und bilden dort bäumchenartige Hyphenstrukturen (arbuskuläre Mykorrhiza durch Pilze der Klasse Glomeromycetes). **Vegetative,** ungeschlechtliche **Fortpflanzung** kann durch die hohe Regenerationsfähigkeit von **Thallusstücken** erfolgen. Manche Lebermoose bilden hierfür spezielle **Brutkörperchen** (charakteristische Auswüchse auf der Thallusoberseite, ◘ Abb. 3.18a) oder leicht abbrechende, zum Teil kugelige **Brutzellen** (auch Gemmen, Brutknospen oder Keimkörner genannt) (Renzaglia und Schuette 2007).

Früher gliederte man die Marchantiophyta in thallose und foliose Lebermoose. Neue systematische Erkenntnisse haben gezeigt, dass sich jeweils einfach und komplex gebaute thallose und foliose Lebermoose **konvergent**[4] in verschiedenen Evolutionslinien entwickelt haben. Dadurch lässt sich diese ehemalige systematische Einteilung nicht mehr aufrechterhalten, sondern man gliedert heute die Marchantiophyta mit insgesamt 15 verschiedenen Ordnungen in drei Gruppen:

1. foliose Haplomitriopsida (im Folgenden unberücksichtigt, da artenarm),
2. **Marchantiopsida** mit **komplexem thallosem Aufbau** (▶ Abschn. 3.3.1.1),
3. **Jungermanniopsida,** eine Gruppe, die die **Metzgeriidae** mit Metzgeriales u. a. mit **einfachem thallosem Aufbau** und die **Jungermanniidae** (Jungermanniales u. a.) mit **foliosem Aufbau** umfasst (▶ Abschn. 3.3.1.2).

3.3.1.1 Marchantiopsida

» (5 Ordnungen, 19 Familien, 32 Gattungen, ca. 400 Arten)

Die Vertreter der Marchantiopsida sind sehr **vielgestaltig.** Der Gametophyt ist ein flächiger, meist mehr oder weniger **gabelig verzweigter Gewebethallus,** der **stark differenziert** ist, was ihn von den einfach strukturierten Gewebethalli der Jungermanniopsida (▶ Abschn. 3.3.1.2) unterscheidet.

Die Thallusoberseite wird in der Regel von einer **einreihigen Epidermisschicht** begrenzt, deren Zellen meist **keine Chloroplasten** aufweisen. Die **Kutikula** ist fast wasserdicht. Bei vielen thallosen Lebermoosen sind deshalb **Luftkammern** (**Atemhöhlen**) im Inneren des Thallus ausgebildet, die durch **Atemporen** (auch **Atemöffnungen** genannt) mit der Außenluft in Verbindung stehen und dem **passiven Gasaustausch** dienen (◘ Abb. 3.17). Die Atemporen sind relativ statisch, ermöglichen aber einen gering regulierten Gasaustausch durch Veränderungen des Turgordrucks in den umgebenden Begleitzellen (◘ Abb. 3.17). Unter der Epidermis findet sich **Palisadenparenchym** (ein- oder mehrschichtiges Assimilationsgewebe und Hauptort der Photosynthesegewinnung) mit darunterliegendem **Schwammparenchym,** das auch der Stoffspeicherung dient. Die thallosen Lebermoose sind durch das **Fehlen von Ölkörperchen in den mittleren Parenchymzellen** gekennzeichnet und unterscheiden sich hierdurch von den foliosen Lebermoosen der Jungermanniopsida (▶ Abschn. 3.3.1.2). Der Thallus wird unterseits (ventral) von einer Epidermis mit **Rhizoiden** und **Bauchschuppen** (**Ventralschuppen**, ◘ Abb. 3.17) begrenzt. Die Rhizoide sind fadenförmige Zellen, deren Innenwand **glatt oder mit warzigen Wandverdickungen** versehen ist **(Zäpfchenrhizoide)** und die sowohl der Anhaftung als auch der kapillaren Wasser- und Nährstoffaufnahme dienen. Bauchschuppen befinden sich besonders im Bereich der Mittelrippe, es sind flächige, chlorophyllfreie Zellreihen, die meist quer zur Vegetationsachse stehen, stets einschichtig sind und der besseren Verankerung am Substrat dienen. Einige Marchantiopsida vermehren sich **asexuell** durch linsenförmige Brutkörper, die in **Brutbechern** auf dem Thallus gebildet werden (◘ Abb. 3.18a). Ihre Ausbreitung erfolgt durch Regentropfen, die die Brutkörper aus

3 Lebensgemeinschaft zum gegenseitigen Nutzen.
4 Sehr ähnlich oder gleichgestaltig, aber aufgrund verschiedener, unabhängiger Evolutionswege.

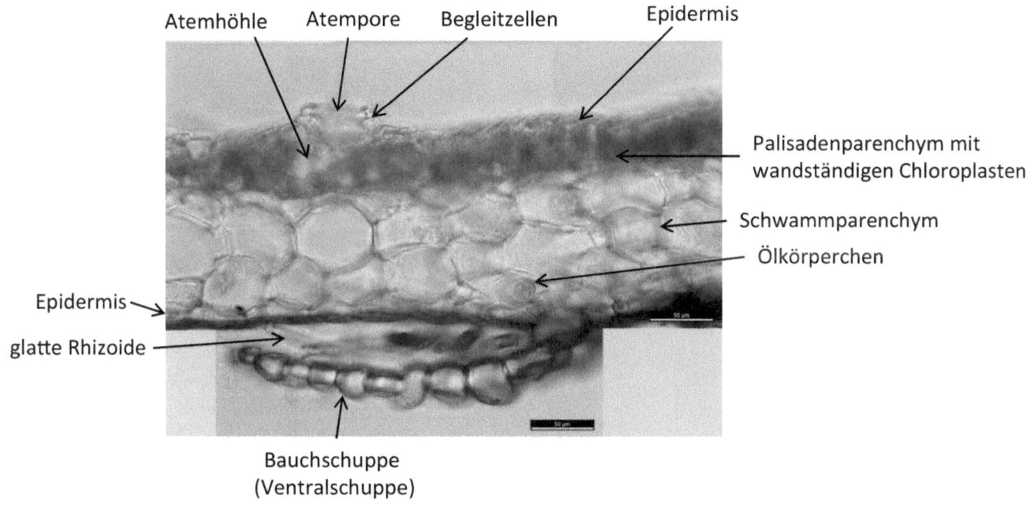

Abb. 3.17 Schematischer Querschnitt eines Gametophytenthallus der Marchantiopsida. (Foto: K. Ehlers)

dem Brutbecher schleudern (*splash-cup*-Mechanismus).

Die **sexuelle** Fortpflanzung erfolgt durch Gameten. Diese werden in den Antheridien und Archegonien gebildet, die auf speziellen, meist **schirmchenförmigen Gametangienständen** auf **Seitenästen des Thallus** gebildet werden. Die Antheridienstände schließen mit einem Schirm ab, in dessen **Oberseite** die Antheridien eingesenkt sind. Das Öffnen der Antheridien erfolgt in der Regel durch Verschleimung und Verquellung der Wandzellen, sodass sich die Spermatozoiden in dem Wassertropfen (Tau oder Regen) auf dem Antheridienstand sammeln und von dort fortgeschwemmt werden können. Die Archegonienstände ähneln in ihrer frühen Entwicklung den Antheridienständen, allerdings bilden sich die Archegonien auf der **Unterseite** des Schirmchens. Die Befruchtung erfolgt mithilfe von Wasser, in dem die männlichen Spermatozoiden auf die weiblichen Schirmchen gespritzt werden. Man vermutet, dass die Spermatozoiden chemotaktisch von den Archegonien angelockt werden. Wenige Tage nach der Befruchtung der Eizelle durch den Spermatozoid entwickelt sich die **Zygote** zu einem vielzelligen Embryo, der sich zu einem **sehr kurz gestielten, kleinen, ovalen Sporogon** entwickelt. Aus der oberen Zelle der Zygote entwickelt sich die **Kapsel,** während die untere Zelle den Fuß und oder **Kapselstiel (Seta)** entwickelt. Die Kapsel entwickelt sich vor der Seta. Sie weist eine **einschichtige Wandung** (leptosporangiat) auf, nur am Deckel ist sie zweischichtig. Dort beginnt das Einreißen der Sporenkapsel, indem das Deckelstück zerfällt und die Wandung sich mit **mehreren Zähnen (Klappen)** zurückkrümmt. Der diploide Sporophyt ist bei den Marchantiopsida noch sehr lange bis kurz vor der Reife des Sporophyten von der mitwachsenden Wand des Archegoniums (der Embryotheka) verdeckt. Die Wand wird bei der Streckung des Stils durchbrochen und bleibt an der Basis als Scheide zurück. Innerhalb der Kapsel teilt sich die Archesporzelle durch Längsteilung in eine **Sporenmutterzelle** und eine **Elatere.** Die Sporenmutterzelle teilt sich wiederum mehrmals mitotisch, bevor sie durch Meiose haploide Sporen bilden, die zum Teil warzige, papillenartige oder stachelige Oberflächen haben. Die Elatere teilt sich ebenfalls; wobei die Zellen zunächst der Ernährung der Sporenmutterzellen dienen. Später werden in die Zellwände der Elateren schraubenförmig-streifige Ver-

3

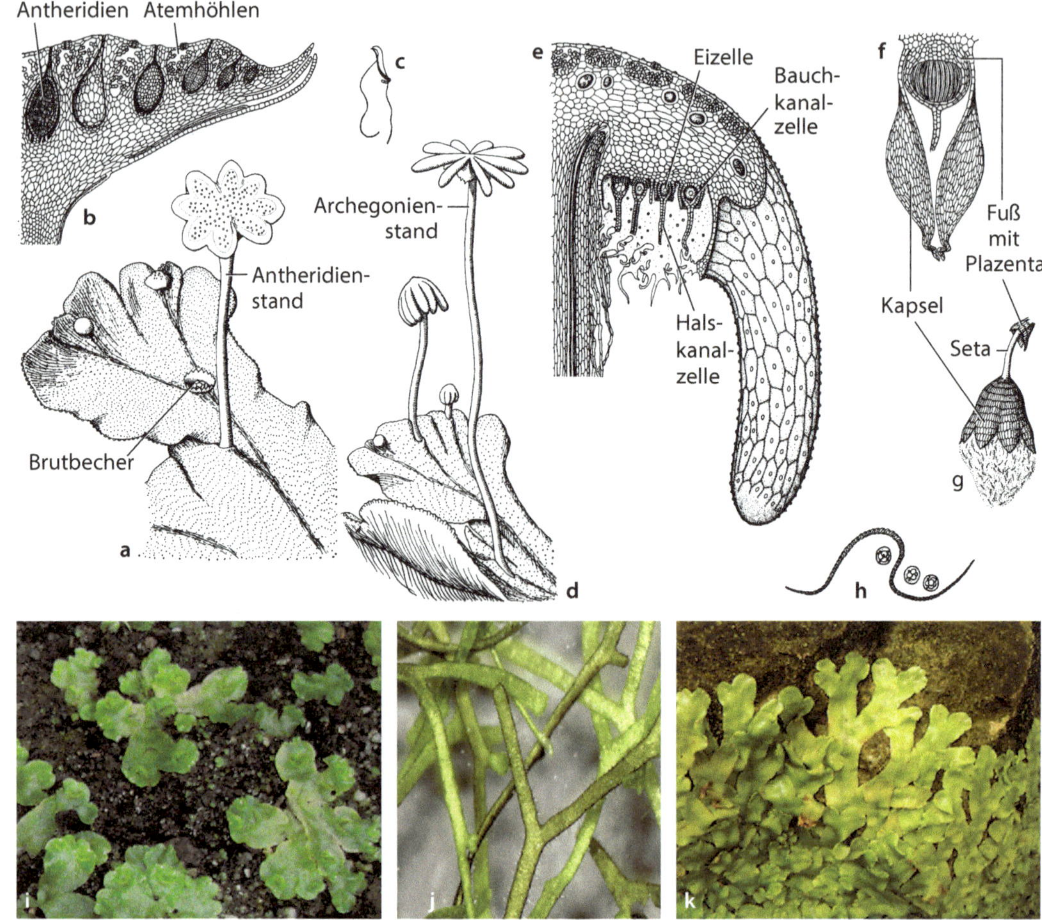

Abb. 3.18 Marchantiopsida. **a** Männliche Pflanze mit Brutbecher und schirmchenförmigem Antheridienstand; **b** Querschnitt durch einen Antheridienstand mit eingesenkten Antheridien; **c** Spermatozoid. **d** Weibliche Pflanze mit Archegonienständen; **e** Längsschnitt durch einen Archegonienstand; **f** Archegonium (vergrößert). **g** Sporogonium mit sich öffnender Sporenkapsel; **h** aufgesprungene Spore (verändert nach L. Kny aus Kadereit et al. 2014). **i** Mondbechermoos (*Lunularia cruciata*). **j** Untergetauchtes Sternlebermoos (*Riccia fluitans*). **k** Kegelkopfmoos (*Conocephalum conicum*). (Foto **b**: S. Mutz)

dickungen eingelagert, die sich bei Austrocknung spiralig zusammenziehen können. Bei der Öffnung der Kapsel bewegen sich die Elateren hygroskopisch und schleudern dadurch mehrere Hunderttausend Sporen einige Zentimeter weit aus der Kapsel. Aus den Sporen entwickeln sich **Keimfäden (Protonemata),** die durch Scheitelzellenwachstum zu einem Gametophytenthallus werden.

3.3.1.2 Jungermanniopsida

» (8 Ordnungen, 27 Familien, 350 Gattungen, 7271 Arten)

Die Jungermanniopsida sind die **artenreichste Gruppe der Lebermoose.** Sie umfassen sowohl die meisten **foliosen** (beblätterten) **Lebermoosarten** (**Jungermanniales,** ca. 4500 Arten) sowie **einfach gebaute**

thallose Lebermoose (z. B. **Metzgeriales,** ca. 600 Arten).

Die **foliosen Jungermanniopsida** besitzen dreischneidige Scheitelzellen und bilden so **Stängelchen (Cauloide)** mit einfachen **Blättchen (Phylloide):** zwei seitliche, spiegelsymmetrische Blättchen und meist eine dritte Reihe kleinerer „Bauchblättchen“ auf der Unterseite des Stämmchens, die zum Teil auch umgebildet werden können (z. B. beim Wassersackmoos *[Frullania]* zu helmförmigen Wassersäcken, ◘ Abb. 3.19c). Die Blättchen bestehen aus einer **einfachen Zellschicht undifferenzierter Zellen ohne Mittelrippe** und können **einfach, ganzrandig, gelappt** oder **gebuchtet** sein. Wird der untere Rand eines seitlichen Blättchens von dem Rand des darunterliegenden Blättchens überdeckt, bezeichnet man dies als **oberschlächtig,** ist dies nicht der Fall, wird die Blattanordnung als **unterschlächtig** bezeichnet.

Die **thallosen Jungermanniopsida** besitzen zweischneidige Scheitelzellen am Apikalmeristem[5], sodass ein **flächig-lappiger, einfach gebauter, ein- bis wenige Zellschichten dicker Gametophyt** mit **geringer morphologisch-anatomischer Differenzierung** entsteht. Thallose Jungermanniopsida haben im Gegensatz zu den Marchantiopsida nur **glatte Rhizoide** ohne wandförmige Verdickungen. **Spaltöffnungen** und **Atemporen fehlen,** sodass der Wasser- und Gasaustausch direkt über die Zelloberflächen erfolgen muss. Alle Jungermanniopsida besitzen in ihren Zellen in der Regel **mehrere Chloroplasten. Ölkörperchen** können vorhanden sein oder fehlen. Sind sie vorhanden, kommen in der Regel mehrere Ölkörperchen pro Zelle vor, und ihr Vorkommen ist nicht wie bei den Marchantiopsida auf bestimmte Gewebe beschränkt. Ölkörperchen finden sich dann sowohl im Gametophyten als auch im Sporophyten.

Die **vegetative Vermehrung** der Jungermanniales erfolgt entweder durch leicht abbrechende Brutsprosse und Brutblätter oder durch wenig- bis einzellige Brutkörper. Für die generative Vermehrung werden im Gegensatz zu den Marchantiopsida **keine schirmchenförmigen Gametangienstände** gebildet, sondern die **Gametangien** sind **einzeln oder in kleinen Gruppen** über den Thallus verteilt an kurzen Seitenästen. Die Antheridien können kurz gestielt sein; die **Archegonien** stehen **endständig.** Sie sind von einem **„Perianth“** (auch Hülle oder Perichaetium genannt) umgeben, das aus drei miteinander verwachsenen Blättchen besteht und es Spermatozoiden durch äußere Wasserkapillarkräfte ermöglicht, zum Archegonium zu gelangen. Bei manchen Jungermanniopsida entwickelt sich das Archegonium in einer sack- bis röhrenförmigen Thallusausstülpung, die in die Erde wächst **(Marsupium)** und dann kein Perianth besitzt. Nach erfolgreicher Befruchtung der Eizelle entsteht im Archegonium der Sporophyt mit einem kugel- oder eiförmigen Sporenbehälter (Sporogon, Sporangium, Kapsel) der von einem kurzen oder langen Kapselstiel **(Seta)** aus dem Archegonium emporgehoben wird. Die Kapseln haben in der Regel kein steriles Mittelsäulchen (Columella), was sie von den Bryophyta unterscheidet. In den Kapseln bilden sich mehrere 1000 sehr kleine **Sporen** und **Elateren.** Die Kapseln öffnen sich mit **vier Klappen** und schleudern beide heraus. Die Sporen keimen und entwickeln sich zu **fädigem Protonema,** auf dem der Gametophyt entsteht.

In Mitteleuropa sind in waldreichen, nicht zu trockenen Silikatgebieten die **Beckenmoose** der Gattung *Pellia* (**thallose Jungermanniopsida,** ◘ Abb. 3.19f) häufig und werden durch menschliche Einflüsse, z. B. Wegebau im Wald, begünstigt. Vertreter der **Igelhaubenmoose** der Gattung *Metzgeria* (◘ Abb. 3.19b) wachsen an schattigen Felsen und kommen, wenn überhaupt nur in Süddeutschland häufig vor; einige Arten sind gefährdet. Die **foliosen Jungermanniopsida** sind in den Tropen artenreich und in Mittel-

5 Scheitelmeristem, Geweberegionen, die der Neubildung von Zellen dienen.

3

Abb. 3.19 Jungermanniopsida. **a** Folioses Lebermoos der Jungermanniales: Großes Schiefmundmoos bzw. Großes Muschelmoos (*Plagiochila asplenioides*). **b** Thalloses Lebermoos der Metzgeriales: Breites Igelhaubenmoos (*Metzgeria conjugata*). **c** Unterseite eines oberschlächtigen Tamarisken-Wassersackmooses (*Frullania tamarisci*, Jungermanniales) mit seitlichen Blättchen aus einer einfachen Zellschicht undifferenzierter Zellen ohne Mittelrippe und helmförmigen Wassersäcken. **d** Sich entwickelndes Sporogon auf einer langen Seta eines Bartkelchmooses (*Calypogeia neesiana*, Jungermanniales). **e** Zweizipflige Blättchen des Verschiedenblättrigen Kammkelchmooses (*Chiloscyphus profundus*, Synonym: *Lophocolea heterophylla*). **f** Thallus und Sporogon des Gemeinen Beckenmooses (*Pellia epiphylla*). (Fotos **b**: Bernd Haynold, CC-BY-SA 1.0; **c–f**: Hermann Schachner, CC0 1.0, alle unverändert)

europa nur mit ca. 250 Arten vertreten. Die **Wassersackmoose** (*Frullania;* Abb. 3.19c), die aus dem Bauchblatt einen flaschenförmigen Wassersack bilden, kommen mit fünf Arten in Deutschland vor. Sie wachsen in lichten Wäldern auf der Borke meist von Laubbäumen. Aufgrund von Luftverschmutzungen sind sie gebietsweise stark im Rückgang begriffen. Die **Kammkelchmoose** der Gattung *Lophocolea* (◘ Abb. 3.19e) sind relativ häufig und wachsen als „Rasenunkraut" oder auf Totholz in Wäldern Deutschlands.

3.3.2 Laubmoose im weiteren Sinne (Bryophyta, Musci *sensu lato*[6])

» (26 Ordnungen, ca. 78 Familien, 700 Gattungen, ca. 13.000 Arten)

Die Laubmoose sind die **drittgrößte Gruppe der Landpflanzen** nach den Bedecktsamern und Farnen. Sie sind **einhäusig (monözisch)** oder **zweihäusig (diözisch).** Das haploide **Protonema** ist meist **fädig, einreihig, verzweigt** sowie **kurzlebig.** Aus dem Protonema entwickelt sich der **Gametophyt,** der das **dominante** Lebensstadium in Bezug auf die Größe, Biomasse und Lebensdauer darstellt. Die **Würzelchen (Rhizoide)** sind verzweigt, und auch das **Stängelchen (Cauloid)** kann sich verzweigen. Das Stängelchen ist meist deutlich differenziert und weist im Querschnitt **Epidermis, Rinde (Parenchym)** und **Zentralstrang** auf. Im Zentralstrang befinden sich **Hydroide (wasserleitende Zellen)** und manchmal auch **Leptoide (assimilatleitende Zellen**). Das Stängelchen besitzt eine dreischneidige Scheitelzelle, dadurch sind die Blättchen im Gegensatz zu den foliosen Lebermoosen der Jungermanniopsida (► Abschn. 3.3.1.2) nicht seitlich-spiegelsymmetrisch, sondern meist **schraubig** angeordnet. Die **Blättchen (Phylloide)** wachsen mit einer **zweischneidigen Scheitelzelle** und besitzen eine Blattspreite **(Lamina, Blattfläche)** und eine **Mittelrippe. Ölkörperchen fehlen.** Die **Antheridienstände** auf dem Gametophyten sind häufig von einer Hülle steriler Blätter umgeben **(„Perianth").** Diese sind napfförmig, sodass darin aufprallende Regentropfen wieder wegspritzen und dadurch Spermatozoiden mitnehmen können. Dementsprechend fehlt den **Archegonienständen** ein „Perianth", sondern eng anliegende Blättchen dienen hier dem **kapillaren Wasseraufstieg**, um eine Befruchtung durch Spermatozoiden zu optimieren. Nach erfolgreicher Befruchtung entwickelt sich aus der **Zygote** der **Sporophyt.** Dieser besteht aus dem **Fuß** (Haustorium, zur Nahrungsaufnahme durch den Gametophyten), dem **Kapselstiel** (Seta, zum Emporheben der Sporenkapsel) und der **Sporenkapsel** (Sporangium, in dem die Sporen gebildet werden; ◘ Abb. 3.20). Im Verlauf des Wachstums durchstößt der Sporophyt das Gametopyhtengewebe der Archegoniumhülle, sodass der Sporenkapsel häufig ein Geweberest des Gametophyten in Form eines **Häubchens (Kalyptra)** aufsitzt. Die Sporenkapsel besitzt in der Mitte eine zentrale Säule sterilen Gewebes **(Columella),** die der Wasser- und Nährstoffspeicherung dient. Um diese herum bildet sich sporenbildendes Gewebe, und dort entstehen die **haploiden Meiosporen,** die durch Meiose entstehen. **Elateren fehlen** bei den Laubmoosen. Der Sporophyt besitzt meist **Spaltöffnungen,** die dem Gasaustausch dienen und bei Sporenreife auch zur Kapselaustrocknung beitragen. Die Kapsel wird meist von einem **Deckel** verschlossen, der bei Reife durch einen Ring quellbarer Zellen **(Anulus)** abgesprengt werden kann. Rund um die Kapselöffnung bilden die meisten Laubmoose ein bis zwei Reihen kleiner, sehr unterschiedlich gestalteter Zähnchen **(Peristom).** Die Anzahl der Peristomzähne ist immer ein **Vielfaches von 4.** Die Zähnchen können sich hygroskopisch (durch Feuchtigkeit) bewegen und sind ein potenzieller Schutz, nachdem der Deckel abgesprengt worden ist. In trockenem Zustand spreizen sich die Zähnchen ab und die Kapsel ist geöffnet, sodass Sporen austreten können, die trockene Bedingungen zur besseren Fernausbreitung bevorzugen. Im feuchten Zustand legen sich die Zähnchen über die Kapselöffnung, schließen diese und schützen so die Sporen. Viele Moose

6 s. l. sensu lato oder im weiteren Sinne (i. w. S.).

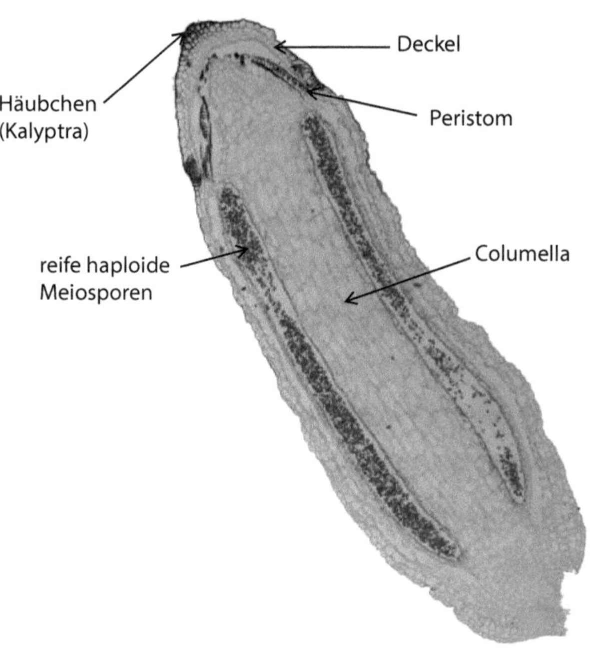

Abb. 3.20 Reife Sporenkapsel des Sporangiums vom Schwanenhals-Sternmoos (*Mnium hornum*). (Foto: K. Ehlers)

bilden in unseren Breiten in den feuchten Winterhalbjahren Gametangienstände, da die Spermatozoiden Wasser als Transportmedium benötigen und hier anhaltende Feuchtigkeit besser gewährleistet ist. Der Sporophyt entwickelt sich dann im Verlauf des Frühjahres und Sommers, sodass die Sporen in den trockeneren Sommermonaten durch Wind besser ausgebreitet werden können.

Mittlerweile werden die Laubmoose *sensu lato* (im weiteren Sinne) in 26 Ordnungen und darin in 78 Familien gegliedert. Eine detaillierte Vorstellung aller Gruppen sprengt den Umfang eines Grundlehrbuches, weshalb im Folgenden sehr minimalistisch drei Hauptgruppen vorgestellt werden:

1. Die Torfmoose (Sphagnopsida: Sphagnales und Takakiales) stehen paraphyletisch basal am Stammbaum der Bryophyta (Abb. 3.21, ► Abschn. 3.3.2.1).
2. Die Klaffmoose (Andreaeopsida) unterscheiden sich von den Torfmoosen durch einen akrokarpen Wuchs (Abb. 3.23, ► Abschn. 3.3.2.2).
3. Die „Laubmoose *sensu stricto*“ (im engeren Sinne, Bryopsida) weisen gegenüber den Torfmoosen und Klaffmoosen ein Peristom auf. Die „Laubmoose *sensu stricto*“ sind monophyletisch, besitzen jedoch viele konvergente morphologische Merkmale. Sie werden zurzeit in 22 Ordnungen gegliedert, die im Folgenden gemeinsam beschrieben werden, weshalb der Begriff „Laubmoose *sensu stricto*“ oder Bryopsida verwendet wird (► Abschn. 3.3.2.3).

3.3.2.1 Torfmoose (Sphagnopsida)

» (2 Ordnungen, 3 Familien, 4 Gattungen, ca. 400 Arten)

Die wichtigste und artenreichste Gruppe der Sphagnopsida sind die **Torfmoose** (*Sphagnum;* Abb. 3.21). Die Lebensräume der Torfmoose sind nährstoffarme, meist saure Feuchtgebiete, besonders in den kühlen bis gemäßigten Zonen der Erde; insbesondere in den Mooren (Kasten 3.7) der borealen Regionen (► Abschn. 8.2) auf

Abb. 3.21 Torfmoos (*Sphagnum* sp.). **a** Ästchen und Blättchen. **b** Basales Absterben des Sprosses ohne Wurzeln im Erdreich und keimende Prothallien. **c** Gametophyten (links und mitte) und Gametophyten mit einem Sporophyten mit langem Pseudopodium und rundlicher Sporenkapsel. (Fotos **a–c**: S. Mutz)

der Nordhalbkugel. Torfmoose fehlen in den tropischen Regenwäldern, Wüsten und Steppen.

Die Sporen der Torfmoose entwickeln sich nach der Keimung zu einem **flächigen (thallosen) Protonema**. Dieses ist in der Regel mit **Mykorrhizapilzen** vergesellschaftet **(Symbiose, Lebensgemeinschaft),** um die Torfmoose auf den sauren Hochmoorböden besser mit Stickstoff zu versorgen. Auf dem Protonema entwickelt sich der Gametophyt, der nur im Jungendstadium basal ein **Rhizoidbüschelchen** entwickelt, das bald **abstirbt**. Das **Stängelchen (Cauloid)** ist in (teilweise verzweigte) **lange Ästchen** und in **dichte Büschel kurzer Ästchen** und Blättchen gegliedert. Terminal bilden die Ästchen und Blättchen einen Schopf (Abb. 3.21); basal sterben die Stängelchen ab und werden zu Torf zersetzt. Aus Seitenverzweigungen entstehen so nach und nach eigenständige Pflanzen. Die Rinde des Stämmchens besitzt tote Zellen mit stark perforierten Zellwänden, die der Wasserversorgung dienen. Durch Kapillareffekte kann Wasser aus den toten Zellen „gesaugt" werden. Ein Zentralstrang ist nicht vorhanden, und so haben die **Blättchen (Phylloide)** auch **keine Mittelrippe.** In allen Pflanzengeweben liegen neben schmalen chloroplastenführenden lebenden Zellen größere, transparente (hyaline), wasserspeichernde, tote Zellen **(Hyalinzellen).** Diese sind von Poren durchsetzt und mit ring- und schraubenförmigen Versteifungen versehen und dienen der Wasser- und Nährstoffversorgung der Torfmoose in trockeneren Perioden. Durch die Hyalinzellen können Torfmoose Wasser um ein Vielfaches des eigenen Trockengewichts speichern. Ferner sind in den Zellwänden ligninähnliche Stoffe bzw. Zellwandfarbstoffe eingelagert, die manche *Sphagnum*-Arten braun oder rot färben. Torfmoose sind **monözisch.** In den **Blattachseln** der Verzweigungen werden langgestielte rundliche **Antheridien** gebildet, die **Archegonien** entwickeln sich an den **Zweigspitzen.** Der sich nach der Befruchtung entwickelnde Sporophyt besteht nur aus einem verdickten Fuß, einem kurzen Stiel und der Kapsel **ohne Peristom.** Der Sporophyt wird von einem Scheinfuß des Gametophyten **(Pseudopodium)** angehoben. Eine **Kalyptra (Häubchen) fehlt,** es befindet sich jedoch am Fuß des Sporophyten eine Scheide (kragenförmiges, gesprengtes Häutchen).

Die Torfmoose wachsen bis zu 10 cm pro Jahr und sterben basal ab, sodass sie ihr eigenes Substrat bilden, das Torfmoor. Dieses ist aufgrund des hohen Säuregehaltes fast keimfrei, weshalb es ein wichtiges Substrat im Gartenbau ist. Früher wurde Torf als Brennstoff abgebaut. In Deutschland stehen alle Torfmoosarten unter Schutz.

3

Kasten 3.7: Moore

Moore werden in Hoch- und Niedermoore unterschieden. **Hochmoore** (Regenmoore; ■ Abb. 3.22) werden nur vom Regen gespeist und sind dadurch saure, nährstoffarme (oligotrophe) Lebensräume. **Niedermoore** werden auch von Oberflächen-, Boden- oder Grundwasser gespeist, weshalb sie oft basen- und bedingt nährstoffreich sind und sich als Lebensraum deutlich von den Hochmooren unterscheiden. Bei zunehmendem Torfwachstum geht der Einfluss des Grundwassers zurück, und es entwickelt sich ein basen- und nährstoffarmes Niedermoor. Dieses sogenannte **Übergangsmoor** ist oft ein Zwischenstadium zu den Hochmooren.

Durch das saure Milieu der Hochmoore erfolgt kaum eine Zersetzung des abgestorbenen Pflanzenmaterials. Natürliche Moore, die sich noch regenerieren können, akkumulieren auf diese Weise jährlich pro Hektar 250–350 kg Kohlenstoff und entziehen dadurch der Atmosphäre weltweit jährlich 150–250 Mio. Tonnen Kohlenstoffdioxid (Höper 2007). Moore sind deshalb extrem wichtige Kohlenstoffspeicher. Moore bedecken lediglich 3 % der Erdoberfläche, binden in ihren Torfschichten jedoch ein Drittel des terrestrischen Kohlenstoffs – doppelt so viel wie die Wälder der Erde (Höper 2007).

Hochmoore sind durch Torfabbau, Nährstoffeinträge und Entwässerung zur landwirtschaftlichen Nutzung stark gefährdet. Unter den heutigen klimatischen Bedingungen regenerieren abgetorfte Hochmoore in Deutschland fast nicht mehr (Höper 2007). Erst in den letzten Jahrzehnten erkannte man die Bedeutung der Hochmoore und stellte die verbliebenen Hochmoore unter Schutz bzw. vernässt und renaturiert ehemalige Moorflächen, um die biodiversitätsreichen, hoch spezialisierten Lebensräume zurückzugewinnen.

■ **Abb. 3.22** Hochmoor in Oberbayern

3.3.2.2 Klaffmoose (Andreaeopsida)

» (1–4 Gattungen, ca. 120 Arten)

Die Klaffmoose leben auf **kalkfreien Felsen** der **Hochgebirge weltweit, insbesondere in der Arktis** und **Antarktis** und bilden dort kleine, dichte, dunkelbraune, schwärzliche bis rötliche Rasen und Polster.

Das Protonema der Klaffmoose ist lappig bis bandförmig (thallos!) und mit meist einreihigen Zellfäden am Untergrund befestigt. Der Gametophyt ähnelt dem der Bryopsida, er besitzt ein einfaches, aufrechtes, wenig verzweigtes Stämmchen, an dem kleine, einförmig-lanzettliche Blättchen sitzen, die meist keine Mittelrippe besitzen. Die Klaffmoose wachsen **akrokarp** (► Abschn. 3.3.2.3). Antheridien und Archegonien werden an verschiedenen Ästen derselben Pflanze (monözisch) oder auf verschiedenen Pflanzen (diözisch) gebildet. Ein Pseudopodium, das vom Archegonienstiel (dem Gametophyten) gebildet wird, hebt den Sporenbehälter empor (zum Teil wie beim Torfmoos, *Sphagnum*), damit die reifen Sporen vom Wind besser erfasst und ausgebreitet werden können (◼ Abb. 3.23). Eine **Seta (Kapselstiel)**, der **Deckel der Sporenkapsel** und ein **Peristom fehlen.** Die anfangs von einer Kalyptra bedeckte Kapsel öffnet sich durch vier (seltener ein bis sechs) Längsspalten, wobei die Klappen an der Spitze und an der Basis miteinander verbunden bleiben. Daher stammt der Name Klaffmoose. In der Art der Kapselöffnung mit Längsklappen ähneln die Klaffmoose den Lebermoosen, im Bau des Protonemas, der halbkugeligen Columella und des Pseudopodiums hingegen den Torfmoosen.

◼ **Abb. 3.23** Gametophyt und Sporophyt eines Klaffmooses mit länglichen, sich bei Reife seitlich öffnenden Sporenkapseln, deren Kapselstiele von einem Pseudopodium emporgehoben werden. (Foto: Butlerlst, CC-BY-SA 3.0, unverändert)

3

3.3.2.3 „Laubmose *sensu stricto*" (Bryopsida)

» (> 13.000 Arten)

Die „Laubmoose s. str." umfassen rund **98 % der Bryophyta-Arten.** Aus den haploiden Meiosporen entsteht das Protonema, das lang- oder kurzlebig sein kann. Es bildet verzweigte chlorophyllhaltige Fäden, die später den Gametophyten – die eigentliche Moospflanze – bilden. Der Gametophyt ist in Spross und Blättchen gegliedert, selten ist er stark reduziert. Laubmoose besitzen häufig im Cauloid einen Zentralstrang, der erste Ähnlichkeiten mit der Protostele hat (Kasten 4.1). Die Blättchen (Phylloide) bestehen aus einer einzigen, mehr oder weniger undifferenzierten Zellschicht, häufig existiert eine Mittelrippe. Die meisten Laubmoose sind schraubig, manche aber auch zweizeilig beblättert. Durch meist vielzellige Rhizoide sind die Laubmoose im Boden verankert. Man unterscheidet die Laubmoose aufgrund ihres Wuchses, was jedoch evolutionär ein konvergentes Merkmal ist, da der Wuchs in den verschiedensten Gruppen immer wieder gewechselt hat.

Als **akrokarpe Laubmoose** (◘ Abb. 3.24a, b) werden diejenigen bezeichnet, deren Cauloid mehr oder weniger **aufrecht** und wenig oder **unverzweigt** ist. Die Cauloide stehen dicht nebeneinander, wodurch **Mooskissen** entstehen. Die Blättchen (Phylloide) der akrokarpen Laubmoose besitzen meist **parenchymatische,** dünnwandige **Zellen** ohne explizite Spezialisierung oder Form sowie eine **Mittelrippe,** die aus rechteckigen, quadratischen oder rundlichen Blattzellen gebildet wird. Die **Sporophyten** sitzen auf dem **Ende der Stämmchen** oder am Ende kurzer Hauptäste.

Die **pleurokarpen Laubmoose** (◘ Abb. 3.24c) sind meist **reich verzweigt** und weisen einen **kriechenden-liegenden Wuchs** auf. Sie sind eher rasenähnlich und bilden keine Polster. Ihre lang gestreckten, faserähnlichen Zellen in den Blättchen (Phylloiden) weisen eine Wuchsrichtung auf und werden als **prosenchymatische Zellen** bezeichnet. Die **Sporophyten sitzen auf kurzen Seitenästen.**

Die Gametangien stehen an den Enden der Haupttriebe oder an kleinen Seitentrieben. Häufig sind sie von besonders gestalteten Hüllblättern **(Perichaetialblättern)** umgeben. Antheridien und Archegonien können bei Laubmoosen gemeinsam an einem Spross stehen, was jedoch nicht immer der Fall ist. Sind sie an einem Spross, können zwischen Antheridien und Archegonien sterile mehrzellige „Safthaare" **(Paraphysen)** vorkommen. Der **Sporophyt ist dreigeteilt** in einen **Fuß,** mit dem er im Gametophyten verankert ist und als Haustorium der Mutterpflanze Wasser und Nährstoffe entzieht, einen **Stiel** (Seta) und die **Kapsel**, auf der wiederum eine Haube (Kalyptra) sitzt, die noch vom Gametophyten stammt. Bei der Bildung der Sporenkapsel entwickeln sich eine innere **(Endothecium)** und eine äußere **(Amphithecium)** Zellschicht.

◘ Abb. 3.24 Akrokarpe und pleurokarpe Laubmoose. Akrokarpe (gipfelfrüchtige) Laubmoose: **a** Wetteranzeigendes Drehmoos (*Funaria hygrometrica*), der Name bezieht sich auf den Kapselstiel, der sich ruckartig bei Niederschlag oder Austrocknung drehen kann und so die Sporenausschleuderung beeinflusst; **b** Stumpfdeckel-Kissenmoos (*Grimmia donniana*). Pleurokarpes (seitenfrüchtiges) Laubmoos: **c** Eingekrümmtes Hakenmoos (*Sanionia uncinata*). (Fotos **a**: Sam Droege CC-BY 2.0, unverändert; **b, c**: Hermann Schachner, CC0 1.0)

Das Amphithecium bildet die **Kapselwand,** während das Endothecium sich wiederum unterteilt. Das äußere Endothecium (wird zum Archespor **(Sporenmuttergewebe),** während die innere Schicht des Endotheciums als sterile Säule **(Columella)** bestehen bleibt und der Wasser- und Nährstoffversorgung dient. Die Kapsel wird meist von der Kalyptra verschlossen, die nach der Reife abfällt. Dies wird durch einen Ring von quellbaren Zellen, dem **Anulus**, bewirkt. Dadurch werden die **Peristomzähne** frei, die sich bei trockenen Bedingungen nach außen öffnen und eine Verbreitung der Sporen durch die Luft ermöglichen.

Zurzeit werden die „Laubmoose s. str." in **22 Ordnungen** gegliedert. Durch die steigende Anzahl molekulargenetischer Studien verändert sich die Klassifikation jedoch teilweise immer noch stark. Viele Bryopsida sind **polyploid.** Typische Habitate der Laubmoose sind **feuchte, schattige Standorte,** da sie in der Regel nur eine geringe Lichtintensität benötigen. Viele Arten sind an extreme Standortbedingungen wie **große Trockenheit, hohe Temperaturen** und **starke Strahlungsintensitäten** adaptiert. Dabei ist der Formenreichtum der epiphytischen, tropischen Moose am größten, besonders in den **Nebel- und Bergregenwäldern.** Die Laubmoose der gemäßigten Zonen besitzen häufig einen jahreszeitlich bedingten Wachstumsrhythmus, wobei sie ihre Blättchen auch im Winter behalten. Selten sind sie einjährig, **meist mehrjährig.** Fossilfunde der Laubmoose sind selten. Die ältesten Nachweise stammen aus dem Devon (▶ Abschn. 8.1).

3.3.3 Hornmoose (Anthocerotophyta)

» (ca. 200 Arten)

Die Hornmoose (◘ Abb. 3.25) bilden (wie die Lebermoose) einen **thallosen, lappigen Gametophyten.** Glatte **Rhizoide** dienen der Befestigung am Substrat. Sowohl der Gametophyt als auch der Sporophyt besitzen **Spaltöffnungen** (Söderström et al. 2016). Beim Gametophyten befinden sich die Spaltöffnungen auf der **Thallusunterseite und**

◘ **Abb. 3.25** Hornmoose mit Thalluslappen und Sporenständen. **a** Acker-Hornmoos (*Anthoceros agrestis*). **b** Kahles Braunhornmoos (*Phaeoceros laevis*. (Fotos **a**: Ingrid Kottke, CC-BY-SA 4.0, leicht verändert; **b**: Oliver_S, CC-BY-SA 3.0, unverändert)

besitzen zwei Schließzellen zum aktiven Gasaustausch, im Gegensatz zu den Lebermoosen, die nur Atemhöhlen aufweisen. Häufig sind die Interzellularräume hinter den Spaltöffnungen mit Schleim besetzt, in die sich Blaualgen, insbesondere der Gattung *Nostoc*, einlagern. Im Gegensatz zu den Lebermoosen werden **keine Ölkörperchen** gebildet, und jede Zelle besitzt nur **einen becherförmigen Chloroplasten** (der Sporophyt manchmal zwei). Der Chloroplast besitzt **Pyrenoide,** die aus **Rubisco,** einem Schlüsselenzym der Photosynthese bestehen. Pyrenoide kommen außer bei den Hornmoosen nur bei einigen Algenarten vor und sind wahrscheinlich wiederholt konvergent (ohne evolutionäre Zusammenhänge) entstanden.

Die Antheridien und Archegonien der Hornmoose sind in den Thallus eingesenkt. Bei erfolgreicher Befruchtung der Eizelle durch den Spermatozoiden teilt sich die Zygote, wobei sich die obere Zelle zum Sporogon entwickelt, während sich die untere Zelle als Fuß (Haustorium) in den Thallus einsenkt. Das 1–7 cm lange Sporogon ist **ungestielt ohne Seta.** Es ist eine hornförmige Kapsel, die an zwei Längsklappen aufspringt. Die Sporogonwand enthält Spaltöffnungen und Chloroplasten. In der Mitte des Sporogons befindet sich eine Columella, die von einer dünnen sporenbildenden Zellschicht sowie von darin eingebetteten Elateren umgeben ist. Die Kapsel wird durch ein meristematisches Gewebe an der Kapselbasis immer wieder verlängert.

Die Hornmoose sind vielfältig hinsichtlich ihrer Lebensweise und ihrer Standortansprüche. In den gemäßigten und tropischen Regionen der Erde sind sie weit verbreitet. In Deutschland gibt es drei Gattungen mit fünf Arten, die alle stark im Rückgang begriffen sind. In den borealen Wäldern Kanadas und Sibiriens sind Hornmoose jedoch zum Teil noch häufig. Die Arten der Tropen sind in der Regel ausdauernd, während sie in den gemäßigten Breiten meist winterannuell (einjährig) sind, d. h. im Herbst keimen und im Frühjahr Sporen bilden. Die Hornmoose sind mit großer Wahrscheinlichkeit die nächsten Verwandten der Tracheophyten (Farne und höhere Pflanzen).

Zusammenfassung

Plantae umfassen alle Vertreter, die aus einer Symbiose von heterotrophen eukaryotischen Zellen mit phototrophen Cyanobakterien entstanden sind (Endosymbiontentheorie). Zu den Plantae gehören die Glaucophyten, die Rotalgen, die Grünalgen und die Streptophyten, in die die Embryophyten gegliedert werden, die auch als Grüne Pflanzen (Viridiplantae oder Chloroplastida) bezeichnet werden.

Während die Glaucophyten und Grünalgen primär im Süßwasser vorkommen, sind die Rotalgen meist auf Salzwasserstandorten zu finden. Die Grünalgen weisen eine große morphologische Vielfalt auf. Die Streptophyten umfassen eine Gruppe photosynthetisch aktiver, mehrzelliger eukaryotischer Lebewesen, deren Geißeln (falls sie vorhanden sind) nicht terminal, sondern unilateral ansetzen. Einige Organismengruppen der Streptophyta haben sich an das Landleben angepasst. Bei ihnen entsteht aus der Zygote ein diploider Sporophyt. Dieser ist als mehrzelliger Embryo angelegt und kann eine Ruhephase überdauern (Embryophyten). Die Embryophyten umfassen Moose, Farne, Bärlappe, Schachtelhalme, Gymnospermen und Angiospermen. Viele Merkmale, die die Embryophyten charakterisieren, gelten als Anpassungsstrategien an das Landleben (Wasserversorgung, Verdunstungsschutz, Spaltöffnungen, stabilisierendes Gewebe, ein heterophasischer, heteromorpher Generationswechsel u. a.).

„Moose" gehören zu den ersten Landpflanzen, deren Fortpflanzung jedoch immer noch von Wasser abhängig ist. Der Begriff „Moose" bezieht sich nach neuestem Stand der Forschung auf drei verschiedene paraphyletische Evolutionslinien, die ähnliche Generationswechsel aufweisen:

1. die Lebermoose (Marchantiophyta; untergliedern sich in die Haplomitriopsida, die Marchantiopsida mit komplexem thallosem Aufbau und die

Jungermanniopsida, eine Gruppe, die die Metzgeriidae mit Metzgeriales u. a. mit einfachem thallosem Aufbau sowie die Jungermanniidae (Jungermanniales u. a.) mit foliosem Aufbau umfasst;
2. die Laubmoose s. l. (Bryophyta) mit den Torfmoosen, den Klaffmoosen und den Laubmoosen s. str.
3. und die Hornmoose (Anthocerotophyta).

Die charakteristischen Merkmale der verschiedenen Evolutionslinien der „Moose" werden vorgestellt.

3.4 Vokabelheft

- Embryophyten, Apomorphien, Kutikula, Epidermis, Atemhöhlen, Spaltöffnungen, Palisadenparenchym, Schwammparenchym
- Heterophasischer, heteromorpher Generationswechsel, Gameten, Gametangien, Antheridien, Spermatozoiden, Archegonien, Sporophyt, Zygote, Spore, Sporopollenin
- Haustorien, Seta, Kapsel, Protonema, Scheitelzelle (zweischneidig/dreischneidig)
- Thallophyten, Thallus, Cauloid, Phylloid, Rhizoid
- Marchantiophyta, Ölkörperchen, Elateren, Brutkörperchen, Brutzellen, foliose und thallose Lebermoose, Bauchschuppen, Brutbecher, Perianth
- Bryophyta, Lamina, Mittelrippe, Hydroide, Leptoide, Columella, Anulus, Deckel, Peristom, Hyalinzellen, Kalyptra, Pseudopodium
- Anthocerotophyta, Pyrenoide, Rubisco, Haustorium
- Hochmoor, Niedermoor, Übergangsmoor
- Akrokarpe und pleurokarpe Laubmoose, Perichaetialblätter, Paraphysen, Anulus, Peristomzähne

Fragen

1. Sind „Algen" eine monophyletische Gruppe, und wie werden sie charakterisiert?
2. Können Sie charakteristische Merkmale der Glaucophyten nennen?
3. Was charakterisiert Rotalgen, welche ökologischen Nischen besiedeln sie, und haben sie einen Nutzen für den Menschen?
4. Beschreiben Sie die Vielfalt der Grünalgen und gehen Sie dabei auf die verschiedenen Gruppen der Grünalgen und ihre charakteristischen Merkmale ein.
5. Erklären Sie, welche evolutionären Weiterentwicklungen im Zuge des Landgangs bei der Evolution der Embryophyten nötig wurden.
6. Was bedeutet der Begriff Thallophyten, und welche Merkmale und Organismengruppen umfassen die Thallophyten?
7. Sind die „Moose" monophyletisch, und welche Großgruppen können unterschieden werden?
8. Erklären Sie den Generationswechsel der Moose.
9. Welche Merkmale charakterisieren die Lebermoose (Marchantiophyta), und welche Hauptevolutionslinien kann man differenzieren?
10. Können Sie einen Querschnitt durch einen Gametophytenthallus von Marchantiopsida zeichnen und beschriften?
11. Können Sie einen Archegonien- bzw. Antheridienstand von Marchantiopsida skizzieren und korrekt beschriften?
12. Wodurch unterscheiden sich die Jungermanniopsida von den Marchantiopsida?
13. Beschreiben Sie die Laubmoose s.str. (Bryophyta) mit ihren charakteristischen Merkmalen.
14. Warum ist die Bedeutung der Torfmoose so groß und welche charakteristischen Merkmale haben sie?
15. Beschreiben Sie den Unterschied zwischen akrokarpen und

3

pleurokarpen Laubmoosen und nennen Sie weitere Merkmale, die die Laubmoose kennzeichnen.

16. Erklären Sie, wie die diploide Phase bei den Hornmoosen entsteht, welche besonderen morphologischen Kompartimente für den Generationswechsel notwendig sind und welche Gestalt sie bei den Hornmoosen besitzen.
17. Anhand welcher Merkmale können Sie Lebermoose, Laubmoose s. l. und Hornmoose eindeutig voneinander unterscheiden – können Sie die folgende Tabelle ausfüllen (in manchen Zellen können mehrere Eigenschaften untergebracht werden)?

	Leber-moose	**Laub-moose s. l.**	**Horn-moose**
Protonema			
Organi-sationsform			
Gestalt der Blättchen			
Ölkörper-chen			
Gasaus-tausch			
Rhizoide			
Sporen-kapsel			
Elateren			

18. Können Sie die Bedeutung der Moore sowie den Unterschied zwischen Hochmoor und Niedermoor erklären?
19. Beschreiben Sie den Aufbau eines Laubmooses s. str.

Weiterführende Literatur

Adl SM, Simpson AG, Farmer MA et al (2005) The new higher level classification of eukaryotes with emphasis on the taxonomy of protists. J Eukaryot Microbiol 52:399–451

Blackmore S, Ferguson IK (1986) Pollen and spores, form and function. Academic Press, London

Engler A (1887–1915) Die Natürlichen Pflanzenfamilien. Wilhelm Engelmann, Leipzig

Esser K (2013) Kryptogamen: Blaualgen, Algen, Pilze, Flechten. Praktikum und Lehrbuch. Springer, Heidelberg

Frahm J-P (2001) Biologie der Moose. Spektrum Akademischer Verlag, Heidelberg

Garbary DJ, Gabrielson PW (1990) Taxonomy and evolution. In: Cole KM, Sheath RG (Hrsg) Biology of the red algae. Cambridge University Press, Cambridge, S 477–498

Höper H (2007) Freisetzung von Treibhausgasen aus deutschen Mooren. TELMA 37:85–116

Kadereit JW, Körner C, Kost B, Sonnewald U (2014) Strasburger – Lehrbuch der Pflanzenwissenschaften, 37. Aufl. Springer Spektrum, Heidelberg

Lee RE (1999) Phycology. Cambridge University Press, Cambridge

Leliaert F, Smith DR, Moreau H et al (2012) Phylogeny and molecular evolution of the green algae. Critic Rev Plant Sci 31:1–46

Lewis LA, McCourt RM (2004) Green algae and the origin of land plants. Am J Bot 91:1535–1556

McCourt RM, Karol KG, Kaplan S et al (1995) Using *rbc*L sequences to test hypotheses of chloroplast and thallus evolution in conjugating green algae (Zygnematales, Charophyceae). J Phycol 31(6):989–995

Oltmanns F (1904) Morphologie und Biologie der Algen. Gustav Fischer, Jena

Pröschold T, Leliaert F (2007) Systematics of the green algae: conflict of classic and modern approaches. In: Brodie J, Lewis J (Hrsg) Unravelling the algae. The past, present, and future of algal systematics (Systematics Association Special Volume Series 75:123–153)

Ragan MA, Bird CJ, Rice EL et al (1994) A molecular phylogeny of the marine red algae (Rhodophyta) based on the nuclear small-subunit rRNA gene. Proc Natl Acad Sci USA 91:7276–7280

Renzaglia KS, Schuette S (2007) Bryophyte phylogeny: advancing the molecular and morphological frontiers. Biologist 110:179–213

Reyes-Prieto A, Bhattacharya D (2007) Phylogeny of nuclear encoded plastid targeted proteins supports an early divergence of glaucophytes within Plantae. Mol Biol Evol 24:2358–2361

Shaw AJ, Szövenyi P, Shaw B (2011) Bryophyte diversity and evolution: windows into the early evolution of land plants. Am J Bot 98:1–18

Söderström L, Hagborg A, von Konrat M et al (2016) World checklist of hornworts and liverworts. PhytoKeys 59:1–828

Straka H (1975) Pollen- und Sporenkunde, eine Einführung in die Palynologie. Gustav Fischer, Stuttgart

Teichert S, Rüggeberg A, Woelkerling WJ et al (2012) Rhodolith beds (Corallinales, Rhodophyta) and their physical and biological environment at 80°31'N in Nordkappbukta (Nordaustlandet, Svalbard Archipelago, Norway). Phycologia 51:371–390

Wagenitz G (2003) Wörterbuch der Botanik, 2. Aufl. Spektrum Akademischer Verlag, Heidelberg

Wettstein RR von (1901) Handbuch der systematischen Botanik. Deuticke, Leipzig

Wirth V, Düll R (2000) Farbatlas Flechten und Moose. Ulmer, Stuttgart

Zentralstelle Deutschland, Moose Deutschlands. ► http://www.moose-deutschland.de/

Zingone A, Borra M, Brunet C et al (2002) Phylogenetic position of *Crustomastix stigmatica* sp. nov. and *Dolichomastix tenuilepis* in relation to the Mamiellales (Prasinophyceae, Chlorophyta). J Phycol 38:1024–1039

Die basalen Gruppen der Gefäßpflanzen – die ersten Kormophyten

B. Gemeinholzer, *Systematik der Pflanzen kompakt*, https://doi.org/10.1007/978-3-662-55234-6_4

Lernziele

Es werden die Gefäßpflanzen vorgestellt. Dabei handelt es sich um eine Pflanzengruppe, die durch die Anpassung an das Landleben charakterisiert ist, auch wenn manche Vertreter sekundär wieder Wasserstandorte besiedeln. Lernen Sie im vorliegenden Kapitel die morphologischen Anpassungen kennen, sowie die Stelartheorie (Kasten 4.1) und die Telomtheorie (Kasten 4.4).

Die Bärlappverwandten waren im Devon und Karbon formenreich, heute existieren nur noch drei Ordnungen mit insgesamt sechs Gattungen. Es werden die typischen Merkmale der Bärlappverwandten behandelt (► Abschn. 4.1), des Weiteren die Bärlappe (Lycopodiales, ► Abschn. 4.1.1), die Brachsenkräuter (Isoëtales, ► Abschn. 4.1.2) und die Moosfarne (Selaginellales, ► Abschn. 4.1.3).

Die „Farne" lassen sich in vier Klassen unterteilen: die Gabelfarne (Psilotopsida (► Abschn. 4.2.1), die Schachtelhalme (Equisetopsida, ► Abschn. 4.2.2), die Marattiopsida (► Abschn. 4.2.3) sowie die Echten Farne (Polypodiopsida, ► Abschn. 4.2.4). Die Gemeinsamkeiten und die Unterschiede in diesen Gruppen werden vorgestellt.

Als **Gefäßpflanzen** (auch Tracheophyta oder **vaskuläre Pflanzen** genannt) werden pflanzliche Organismen bezeichnet, die spezialisierte Leitgefäße zum Wasser- und Nährstofftransport besitzen (◘ Abb. 4.1). Auch manche Moose haben zwar Leitbündel, diese sind jedoch funktionell und strukturell viel einfacher gebaut. Kennzeichen der Gefäßpflanzen sind insbesondere das Vorkommen von **Tracheiden**[1] (im Xylem) und **Siebzellen**[2] (im Phloem), um die Versorgung aller Pflanzenteile mit Wasser und Nährstoffen zu gewährleisten. Im Zuge der Anpassung der Gefäßpflanzen an terrestrisches Leben hat sich die Leitbündelanordnung zunehmend ausdifferenziert und entsprechend ihren Funktionen zur Wasser- und Nährstoffleitung sowie zur Festigung angepasst (Kasten 4.1, Stelartheorie). Zu den Gefäßpflanzen gehören die **Bärlappe** (► Abschn. 4.1), **Farne** (► Abschn. 4.2) und **Samenpflanzen** (► Kap. 5).

Gefäßpflanzen besitzen einen vielzelligen Vegetationskörper **(Kormus),** der in die **drei pflanzlichen Grundorgane** (Wurzel, Spross, Blatt) mit unterschiedlichen Funktionen gegliedert ist, weshalb diese Gruppe auch häufig als Kormophyten bezeichnet wird. Die Wurzel (Radix) dient der Verankerung im Boden und der Wasser- und Nährstoffaufnahme, die **Blätter (Phylla)** der Photosynthese und dem Gasaustausch und die **Sprossachse** (**Caulis,** oft auch als Schaft, Halm, Stängel oder Stamm bezeichnet) dem Wasser- und Nährstofftransport sowie der Speicherung und Stabilität.

Weitere evolutionäre Anpassungen der Gefäßpflanzen bzw. Kormophyten an das Landleben war die zunehmende Differenzierung der Gewebe, z. B. in Bildungsgewebe (Meristem oder Kambium), Grund- und Speichergewebe (Parenchym[3]), Leitgewebe (Xylem, Phloem), Abschlussgewebe (Epidermis) und totes (Sklerenchym) sowie lebendes Festigungsgewebe (Kollenchym). Der Generationswechsel der Gefäßpflanzen ist wie bei den „Moosen" heterophasisch-heteromorph, wechselt also zwischen dem haploiden Gametophyten und dem diploiden Sporophyten, wobei

1 Diese Zellen besitzen ring- oder schraubenförmige Verdickungen durch Ligninablagerungen zur Stabilität.

2 Gefäße der Farne und Gymnospermen mit Zellen, die spitz zulaufen und mit zerstreuten Siebfeldern versehen sind. Bei höheren Pflanzen entwickeln sich später Siebröhren und Geleitzellen, wobei die Siebröhren stumpfe Enden mit Siebplatten als Durchlass- und Regulationsmechanismus aufweisen, was durch die Geleitzellen gesteuert wird. Transportiert werden Stoffe, die durch Assimilation (Stoffwechselvorgänge), meist durch Photosynthese gewonnene Kohlenhydrate, gebildet wurden.

3 Das Parenchym gliedert sich häufig in Palisadenparenchym (lang gestreckte Zellen mit vielen Chloroplasten zur Assimilation) und Schwammparenchym (Speichergewebe mit verschiedengestaltigen Zellen und vielen Interzellularräumen zum Gasaustausch).

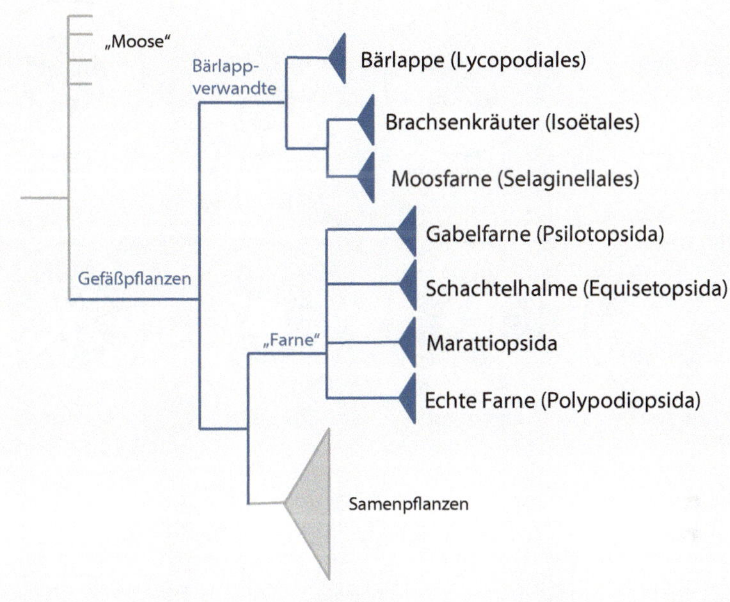

Abb. 4.1 Systematik der basalen Gruppen der Gefäßpflanzen

Gametophyt und Sporophyt verschiedene Gestalten (Morphen) aufweisen. Der Sporophyt der Gefäßpflanzen ist jedoch dominant in Bezug auf Größe, Lebensdauer und Biomasse und im Gegensatz zum Sporophyt der Moose vom Gametophyten unabhängig.

Kasten 4.1: Stelartheorie (Johannes Cornelis, 1903)

Der Begriff Stele stammt aus dem Altgriechischen und bedeutet Säule. Als Stele wurde ursprünglich das primäre zentrale Leitbündelsystem bezeichnet, das Wurzel, Spross und Blätter miteinander verbindet und das von einem Parenchym- und Abschlussgewebe (Epidermis) umschlossen ist. Dabei umfassen die Leitgewebe das Phloem (die Siebelemente, die durch Photosynthese umgewandelte [assimilierte] Stoffe leiten) und das Xylem, das Wasser und darin gelöste mineralische Substanzen in der Pflanze transportiert, sowie umgebendes Festigungsgewebe, meist aus ligninhaltigen, toten Sklerenchymzellen. Das Phloem umfasst in seiner ursprünglichen Form Siebzellen (längliche Parenchymzellen, schräg zulaufend mit verstreuten Siebflächen) und bei den Bedecktsamern Siebröhren und Geleitzellen (ein Komplex aus kurzlebigen assimilatleitenden Zellen ohne Zellkern und mit abgeflachten Enden und Siebfeldern sowie langlebigen parenchymatischen Zellen mit Zellkern, die durch viele Plasmodesmen mit den Siebröhren eng verbunden sind). In der Evolution haben sich verschiedene Stelentypen entwickelt, wobei diese unterschiedliche Optionen zur morphologischen Weiterentwicklung ermöglichten.

Xylem und Phloem haben sich im Verlauf der Evolution unterschiedlich im Spross angeordnet (Abb. 4.2), sodass unterschiedliche Verzweigungen möglich wurden. Außerdem ermöglichte die Evolution der Eustele die zusätzliche Bildung eines sekundären Kambiumrings im Parenchym, was zum sekundären Dickenwachstum führte. Die Stelartheorie erklärt, warum z. B. die Monokotyledoneae (Einkeimblättrigen) mit einer Ataktostele nur ein sehr eingeschränktes sekundäres Dickenwachstum aufweisen.

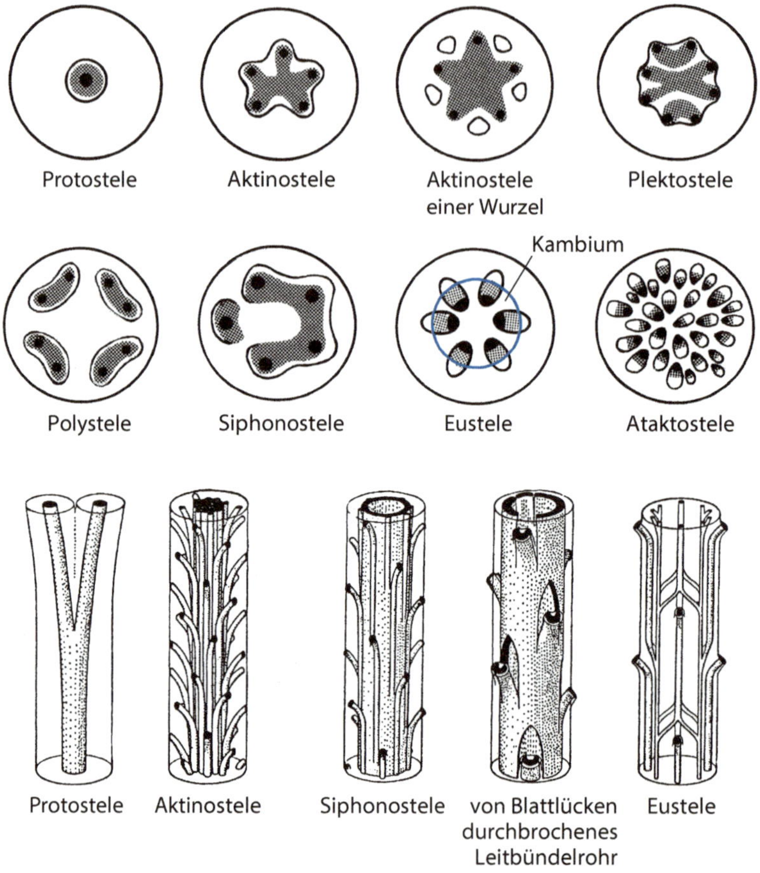

Protostele Aktinostele Aktinostele einer Wurzel Plektostele

Kambium

Polystele Siphonostele Eustele Ataktostele

Protostele Aktinostele Siphonostele von Blattlücken durchbrochenes Leitbündelrohr Eustele

Abb. 4.2 Anordnung der Leitgewebe in der Sprossachse. *Oben:* Querschnitt; Xylem: *grau,* Protoxylem: *schwarz,* Kambiumring: *blau. Unten:* räumliche Darstellung (nach Kadereit et al. 2014)

4.1 Bärlappverwandte

» (3 Ordnungen, 3 Familien, 6 Gattungen, 950 Arten)

Die Bärlappverwandten (Lycopodiopsida) waren in früheren Erdzeitaltern, dem **Devon** und insbesondere im **Karbon, formenreich.** In Sumpfwäldern beherrschten sie die Vegetation, aus der die **Steinkohle** entstanden ist (► Abschn. 8.1, Kasten 4.2). Heute existieren von den Bärlappgewächsen nur noch drei Ordnungen mit sechs Gattungen: die **Bärlappe (Lycopodiales,** 4 Gattungen, 400 Arten; ► Abschn. 4.1.1), die **Brachsenkräuter** (Isoëtales, 1 Gattung, 130 Arten; ► Abschn. 4.1.2) und die **Moosfarne** (Selaginellales, 1 Gattung, 420 Arten; ► Abschn. 4.1.3), die nach molekularen Erkenntnissen die **Schwestergruppe aller übrigen Gefäßpflanzen** darstellen.

Das **dominante** Stadium aller Bärlapppflanzen ist der **Sporophyt,** während der Gametophyt stark reduziert ist. Der Sporophyt ist meist **gabelig-verzweigt.** Er ist niederliegend bis schwach aufsteigend und mit **einfachen, ungegliederten, kleinen,** schmalen Blättern **(Mikrophylle)** in meist schraubiger, wechselständiger oder vierzeiliger Anordnung. An der Basis der winzigen Mikrophyllen befindet sich jeweils eine sogenannte **Ligula** (Saugschuppe), ein

Organ zur Wasseraufnahme. Häufig sind die Mikrophyllen anisophyll (leicht verschiedengestaltig mit geringen Größen- bzw. Formvariationen im Gegensatz zu heterophyll). Die **Sporangien stehen einzeln, adaxial** (der Sprossachse zugewandt) auf oder **am Grund von Blättern** (Sporophyllen), die häufig zu endständigen **Sporophyllständen** („Blüten") zusammengelagert sind. Dabei werden die Sporophyllstände und Mikrophyllen häufig als **Emergenzen** (Auswüchse) **der Sprossachse** gedeutet. Die **Spermatozoiden** sind bei den Bärlappen **zweigeißelig,** bei *Isoetes* sowie den Farnen und Schachtelhalmen vielgeißelig.

4.1.1 Bärlappe (Lycopodiales)

» (ca. 400 Arten weltweit, 9 davon einheimisch)

Die Lycopodiales sind **krautige, immergrüne** Pflanzen mit meist nadelförmigen Blättern, die jedoch noch **kein sekundäres Dickenwachstum** besitzen. Die Sprossachse ist meist **kriechend** mit **gabeliger (dichotomer) Verzweigung,** wobei die Seitentriebe einander übergipfeln, sodass es zu scheinbar monopodialen Trieben kommt (die Achse erscheint durchgehend). Die Wurzeln sind in der Regel **mykorrhiziert** und ebenfalls dichotom verzweigt. Das Leitbündelsystem der Sprossachse ist eine **Plektostele** (◼ Abb. 4.2).

Die **Siebzellen** im Phloem besitzen, im Unterschied zu den Siebröhren der höheren Pflanzen, spitz zulaufende Zellen, an deren Enden **zerstreute Siebfelder** liegen, die nicht mit den Geleitzellen verbunden sind. Höhere Pflanzen besitzen abgeflachte Zellen im Phloem mit **Siebplatten.** Die Plektostele ist von einer **Scheide aus parenchymatischen Zellen** umgeben, darauf folgt eine ein- bis zweizellige **Endodermis** mit **lignifizierten** (verholzten) **Zellwänden** sowie eine **Epidermis** mit **Sklerenchymzellen** (Zellen mit sekundär verdickten Zellwänden, meist mit Lignin, die dann absterben). Die nadelförmigen Blättchen (Mikrophyllen) stehen dicht und unregelmäßig an den Sprossachsen. Nur bei wenigen Arten ist das Gewebe der Blättchen in Palisaden- und Schwammparenchym differenziert.

Beim Bärlapp (*Lycopodium,* ◼ Abb. 4.3a) gibt es reine Mikrophyllstände, die nur aus Blättchen bestehen und **Trophophylle** genannt werden. Außerdem wird zum Teil aber auch oberhalb der Mikrophyllen ein dichter, ährenförmiger **Sporophyllstand** (Blüte) gebildet **(Sporo-Trophophyll),** oder in der Gattung *Huperzia* werden noch vom Spross durchwachsene Sporophyllstände entwickelt (◼ Abb. 4.3b, c). Am Grund des Sporophylls sitzt je ein häufig abgeflachtes, nierenförmiges Sporangium. In diesem werden zahlreiche gleich große Meiosporen gebildet **(Isosporie**). Die **Sporangienwand** ist **mehrere Zellschichten** dick **(eusporangiat),** nach innen

◼ **Abb. 4.3** Bärlappe (Lycopodiales). **a** Keulen-Bärlapp (*Lycopodium clavatum).* **b** Teufelsklaue (*Huperzia squarrosa).* **c** Tannenbärlapp (*Huperzia selago)*

4

schließt sich ein **Sekretionstapetum** an. Dies ist ein ein- oder mehrschichtiges Gewebe plasmareicher Zellen an der Innenwand der Sporenbehälter, das der Ernährung der Sporen dient. Die Öffnung des Sporangiums erfolgt durch einen Längsriss. Bis zur Reife bleiben *Lycopodium*-Sporen in Tetraden zusammen. Die Sporen keimen erst nach sechs bis sieben Jahren. Sie teilen sich zunächst in fünf Zellen und treten dann in eine Ruhephase ein, die erst durch Mykorrhizapilze aufgehoben wird. Danach entwickelt sich das (haploide) Prothallium. Es wächst meistens unterirdisch und ernährt sich **heterotroph** durch die **Mykorrhizierung.** Das Prothallium wird rund, wulstig gelappt und ist mit **Rhizoiden** besetzt, die der Wasseraufnahme dienen. Nach 12–15 Jahren bilden sich monözisch weibliche **Archegonien** und männliche **Antheridien** meist an den Spitzen des Prothalliums. Die vielzelligen Antheridien sind in das Gewebe eingesenkt und bilden ovale, **zweigeißelige** Spermatozoiden. Die ebenfalls eingesenkten Archegonien besitzen meist zahlreiche Halskanalzellen. Durch Verschmelzung der Gameten zu einer Zygote und Teilung derselben entsteht ein Embryo, der durch einen **Suspensor** weiter in das Gewebe des Prothalliums gedrückt wird und ein **Haustorium** bildet, mit dem er Nährstoffe aus dem Prothallium aufnimmt. Die erste Wurzel entsteht sprossbürtig (primäre Homorrhizie bezeichnet die Bildung von gleichgestaltigen Wurzeln im Gegensatz zur Allorhizie bei höheren Pflanzen mit einer Pfahlwurzel).

Die Bärlappe sind **weltweit** verbreitet. Die meisten Arten wachsen **terrestrisch,** manche aber auch auf Gesteinen (epilithisch) oder Pflanzen (epiphytisch). Die fossilen Vertreter der Bärlappe aus dem Oberdevon ähneln den heutigen rezenten Arten, sodass sich die Bärlappe seit mehr als 300 Mio. Jahren kaum verändert haben.

Kasten 4.2: Fossile Vorfahren der heutigen Bärlappverwandten

Der Landgang der Pflanzen erfolgte im Ordovizium (► Abschn. 8.1.3), während sich im Devon (vor 419–358 Mio. Jahren, ► Abschn. 8.1.5) die Landpflanzen weiter diversifizierten und ausbreiteten, was als Radiation bezeichnet wird. Aus dem unteren Devon (vor ca. 400 Mio. Jahren) finden sich erste Versteinerungen von Landpflanzen. Es handelt sich um fossile Reste der Urfarne (*Rhynia* sp.) – niedere Pflanzen mit kriechenden Rhizomen und aufsteigenden Ästen mit gabeliger Verzweigung. Die Leitbündel sind Protostelen (Kasten 4.1, ◘ Abb. 4.2), Sporangien sitzen terminal, und es wurden noch keine Blättchen gebildet, sondern die Sprossachse übernahm die Photosynthesefunktion.

Im Devon entstanden auch die Vorfahren der Bärlappverwandten: die Gattungen *Asteroxylon* und *Drepanophycus. Asteroxylon* erhielt seinen Namen aufgrund der sternförmigen Aktinostele (Kasten 4.1, ◘ Abb. 4.2). *Asteroxylon* war ebenfalls noch dichotom verzweigt und besaß ein kriechendes Rhizom mit wurzelähnlichen Organen, die bereits mit Mykorrhizapilzen vergesellschaftet waren. An den oberirdischen, ungleichmäßig verzweigten Gabelastsystemen (Übergipfelung, Kasten 4.4) finden sich schuppenförmige Anhängsel, die den Mikrophyllen der Bärlappe (► Abschn. 4.1.1) ähneln, aber keine Leitbündel besitzen.

Im Karbon (vor 359–299 Mio. Jahren, ► Abschn. 8.1.6) – dem Steinkohlezeitalter – waren Farne und Bärlappverwandte weltweit verbreitet und bildeten ausgedehnte Sumpflandschaften, die heute als Steinkohlewälder oder -sümpfe bezeichnet werden. In diesen waren die Schuppenbäume (Lepidodendraceae) und Siegelbäume (*Sigillaria*) dominant, bis zu 30–40 m hohe „Bäume" mit dichotom verzweigten Kronen und „verholztem" Stamm, wobei das Xylem nur Leitfunktion übernahm, während die Stabilität durch Einlagerungen in die Rinde (Periderm) als sekundäres Abschlussgewebe erhöht wurde. Die Schuppenbäume hatten Protostelen (Kasten 4.1, ◘ Abb. 4.2) mit einem parenchymhaltigen Kern.

Weitere Florenelemente der Steinkohlesümpfe sind heute ausgestorbene Formen der Schachtelhalme, die Kalamiten (*Calamites*). Sie wurden bis zu 20 m hoch und besaßen bereits sekundäres Dickenwachstum. Allerdings gab das Kambium damals erst in eine Richtung Zellen ab (unifaziales Kambium), und es wurde nur Xylem und noch kein Phloem gebildet. Im Perm starben die Kalamiten aus, während sich die Vorfahren der heute lebenden Schachtelhalme (▶ Abschn. 4.2.2) entwickelten.

Auch die Fossilien der Marattiopsida (▶ Abschn. 4.2.3) sind aus dem Karbon bekannt – mit bis zu 6 m langen Blattwedeln und Wurzeln, die zur zusätzlichen Stabilität der bis zu 10 m hohen Baumfarne beitrugen. Die Sporangien standen bereits in Sori, das Leitbündelsystem wies eine (leicht veränderte) Siphonostele (Kasten 4.1, ◘ Abb. 4.2) auf.

4.1.2 Brachsenkräuter (Isoëtales)

» (1–2 Gattungen, ca. 60 Arten)

Die Brachsenkräuter bilden mehrjährige, ausdauernde Pflanzen mit stark gestauchtem Stamm. Sie wachsen im Wasser oder auf feuchtem Boden und sind fast weltweit verbreitet. Ihre Sprossachse ist kurz, fleischig und aufrecht und wird als **„Stammknolle"** ausgebildet (◘ Abb. 4.4a). Die Sprossachse wächst **unterirdisch,** ist selten verzweigt und meist kugelig-länglich. Die Sprossachse verfügt über ein **sekundäres Dickenwachstum** mit einer **Kambiumzone** (Region mit meristematischem Gewebe – Zellbildungszone), was eine Besonderheit der Brachsenkräuter in den basalen Gruppen der Gefäßpflanzen ist. An der Unterseite der „Stammknolle" bilden sich **gabelig-verzweigte Wurzeln.** Diese besitzen ein einzelnes Leitbündel, das von einer zweischichtigen Rinde umgeben ist: Die äußere Rinde dient dem Schutz und der Stabilität, während die innere auch zahlreiche Luftkanäle **(Lacunae)** aufweist, die es den Pflanzen in anaeroben Sumpfböden ermöglicht, Sauerstoff zu den Wurzeln zu transportieren. Die Blätter **(Mikrophyllen)** sind 1–70 cm lang und schmal, mit einem basalen Blatthäutchen **(Ligula).** Junge Blätter stehen zunächst in zwei Reihen **(distich),** bilden jedoch später eine **Rosette.** Die Blätter sind von einem einzelnen, häufig sehr dünnen Leitbündel durchzogen, das von vier Luftkanälen umgeben ist. Auf der Blattoberseite entlang der Luftkanäle bilden sich basal grubenartige Vertiefungen **(Fovea).** Dort entwickeln die meisten Blätter **Sporophylle mit je einem Sporangium.** Die äußeren Blätter bilden **Megasporangien** mit vielen **Megasporen,** nach innen hin bilden sich an den jüngeren Blättern **Mikrosporangien** mit **Mikrosporen (Heterosporie).** Die Prothallien sind sehr klein

◘ **Abb. 4.4** Brachsenkräuter (Isoëtales). **a, b** Durieus Brachsenkraut *(Isoetes duriei)* **c** alte Olivenhaine und Äcker als Lebensraum des Durieus Brachsenkrauts

und werden in den Mikro- und Megasporen gebildet. Das männliche Prothallium entlässt vier schraubig gewundene, am vorderen Ende vielgeißelige Spermatozoiden. Das weibliche Prothallium füllt die ganze Megaspore und entwickelt einige wenige Archegonien an einer Stelle, an der die Sporenwand reißt. Bei erfolgreicher Befruchtung entsteht die Zygote, die sich zu einem Embryo und einer Jungpflanze entwickelt. Teilweise ist eine ungeschlechtliche Fortpflanzung mittels Knospenbildung möglich. Manche Vertreter der Isoëtales können CO_2 für die Photosynthese aus Sedimenten gewinnen. Die Blätter dieser Arten besitzen **keine Spaltöffnungen** und eine **dicke Kutikula,** sodass **kein Gasaustausch mit der Atmosphäre** erfolgen kann. Manche Isoëtales weisen einen **CAM-Stoffwechsel** auf[4].

4.1.3 Moosfarne (Selaginellales)

» (1 Gattung, ca. 700 Arten)

Die Selaginellales bilden teils kriechende, terminal häufig aufrechte, gabelig-verzweigte Sprosse und können Rasen bilden oder sogar mit der Sprossachse klettern. Die Leitsysteme der Sprossachsen sind **Protostelen, Plektostelen** oder **Siphonostelen** (Kasten 4.1, ◘ Abb. 4.2); sekundäres Dickenwachstum ist nicht möglich. An den Sprossverzweigungen sitzen häufig zylindrische, nach unten gerichtete farb- und blattlose Sprosse, die Wurzelträger oder **Rhizophoren** genannt werden. Rhizophoren sind Teile der Sprossachse und entstehen exogen (aus den äußeren Gewebeschichten), im Gegensatz zu den endogen gebildeten (aus den inneren Gewebeschichten abzweigenden) Wurzeln, die in Büscheln am Ende der Rhizophoren stehen. Die Blättchen **(Mikrophyllen)** sind klein, schuppenartig, vierzeilig-kreuzgegenständig (dekusiert) angeordnet, mit zwei Reihen kleiner „Rücken- oder Oberblätter" und diesen gegenüberstehenden größeren „Flanken- oder Unterblättern" **(Anisophyllie).** Die Blätter besitzen nur eine **unverzweigte Mittelrippe.** Am Grund der Mikrophyllen aus der Epidermis bilden sich kleine, häutige, chlorophyllfreie Schuppen, die **Ligula** genannt werden. Sie dienen der Wasseraufnahme und sind bei manchen Arten durch Tracheiden mit dem Leitbündel verbunden.

Die **Sporophyllstände** sind endständig, einfach (◘ Abb. 4.5d) oder verzweigt, vierkantig radiär oder zweireihig. Ein Sporophyllstand kann sowohl Mega- als auch Mikrosporangien ausbilden, allerdings an unterschiedlichen Orten. Meist entwickeln sich die Megasporangien am unteren Teil des Sporophyllstandes. Die Sporophylle sind breit schuppenförmig mit **je einem großen Sporangium am Grunde ihrer Oberseite** (◘ Abb. 4.5d). Die Sporangien sind **heterospor** und enthalten entweder Mega- oder Mikrosporen. Mikrosporen werden zahlreich gebildet. Sie entwickeln sich häufig im Sporangium zu einem **Prothallium** (Gametophyt), das stark reduziert ist und mit einem **stark reduzierten Antheridium viele zweigeißelige Spermatozoiden** hervorbringt. Bei Reife werden die Spermatozoiden durch zwei Klappen der Mikrosporangienwand entlassen. Pro **Megasporangium** wird meist nur **eine Megaspore** gebildet (zum Teil jedoch mehr). Diese können bereits im Sporangium keimen bzw. nach dem Ausschleudern. Die Spore keimt zunächst zu einem Prothallium, das sich weiter teilt. Es ist **chlorophyllfrei** mit **Rhizoiden** zur Wasseraufnahme und Verankerung. An der Spitze entwickeln sich einige wenige Archegonien. Die Spermatozoiden gelangen mittels Wasser zur Eizelle und verschmelzen zur Zygote, aus der der Embryo und schließlich der Sporophyt entstehen.

Der Verbreitungsschwerpunkt der Moosfarne ist in den Tropen; nur relativ wenige Arten kommen in den gemäßigten Zonen vor. Bei Trockenheit rollen sich die Stängel ein und können als **„Steppenroller"** überdauern, bis sich die Pflanzen bei ausreichender

4 In der Nacht wird CO_2 aufgenommen und in Form von Apfelsäure in den Vakuolen gespeichert. Tagsüber wird es wiederum freigesetzt und dient als Kohlenstoff dem Calvin-Zyklus zur Photosynthese.

Abb. 4.5 Moosfarne (Selaginellales). **a** Blutähnlicher Moosfarn *(Selaginella haematodes)*. **b** Mooskraut *(Selaginella serpens)*. **c** Wiesen-Moosfarn *(Selaginella apoda)*. **d** Sporophyllstand von *Selaginella denticulata* mit kleinen rötlich-braunen Sporangien *(Pfeil)*

Feuchtigkeit wieder zu dunkelgrünen Rosetten entrollen. So können Vertreter der Moosfarne auch Trockenzeiten überdauern und in einen Ruhezustand übergehen, wie z. B. *Selaginella lepidophylla,* die **„Falsche Rose von Jericho“.** Wie die Bärlappe sind auch die Moosfarne ein sehr alter, schon aus dem Karbon nachgewiesener Verwandtschaftskreis.

4.2 „Farne“

Die „Farne“ (Pteridophyta) umfassen nach heutigen Erkenntnissen vier Klassen (Abb. 4.6): die **Gabelfarne (Psilotopsida,** ► Abschn. 4.2.1), **Schachtelhalme (Equisetopsida,** ► Abschn. 4.2.2), **Marattiopsida** (► Abschn. 4.2.3) sowie die **Echten Farne (Polypodiopsida,** ► Abschn. 4.2.4, Kasten 4.3). Sie werden häufig als **Monilophyten** bezeichnet, was jedoch nach dem Internationale Code der Nomenklatur für Algen, Pilze und Pflanzen kein gültiger Name ist (Smith et al. 2006). Ursprünglich unterschied man zwei Gruppen von Farnen: 1) **eusporangiate Farne,** deren Sporangium von einer Gruppe von Zellen gebildet wird und die **keinen Anulus**[5] besitzen, und 2) **leptosporangiate Farne,** deren Sporangium aus einer Initialzelle gebildet wird. Die heute noch eusporangiaten Farne (Gabelblattfarne und Marattiopsida) bzw. leptosporangiaten Farne (Schachtelhalmgewächse und Echte Farne) sind nicht näher miteinander verwandt, sodass unklar ist, ob es sich um konvergente Evolution (► Abschn. 1.4) oder ein Verlust dieses Merkmals im Verlauf der Evolution in verschiedenen Gruppen handelt.

Kasten 4.3: Die Gefäßsporenpflanzen (Pteridophyta)

Die Gefäßsporenpflanzen (Pteridophyta) oder Farnartigen Pflanzen waren lange Zeit eine systematische Großgruppe der Gefäßpflanzen. Die Bezeichnung umfasste ehemals die sporenbildenden Gefäßpflanzengruppen (Bärlappe und Farne). Gekennzeichnet waren die Pteridophyta durch eine besondere Form der Gefäßbündel, wobei das Protoxylem auf bestimmte Bereiche des Xylemstrangs beschränkt ist (Kasten 4.1). Mittlerweile hat sich jedoch herausgestellt, dass die „Farne“ mit den Samenpflanzen näher verwandt sind als mit den Bärlappen. Dadurch sind die „Farne“ paraphyletisch (► Abschn. 1.4) und werden heute nicht mehr als taxonomische Einheit betrachtet.

Es gibt weltweit rund 12.000 Farn-Arten. In Mitteleuropa sind etwa 200 Arten beheimatet. Die Farne sind über alle Klimazonen verbreitet, mit einem Verbreitungsschwerpunkt in den Tropen. Die **Prothallien** der Farne sind **vor Austrocknung** ebenso **wenig geschützt**

5 U-förmig verdickte, randständig-ringförmig angeordnete Zellen im Sporangium von Farnen, wobei ein bestimmter Bereich diese Verdickung nicht aufweist und bei Trocknung dadurch aufreißt – durch Kohäsionskräfte werden die Sporen beim Aufreißen ausgeschleudert.

4

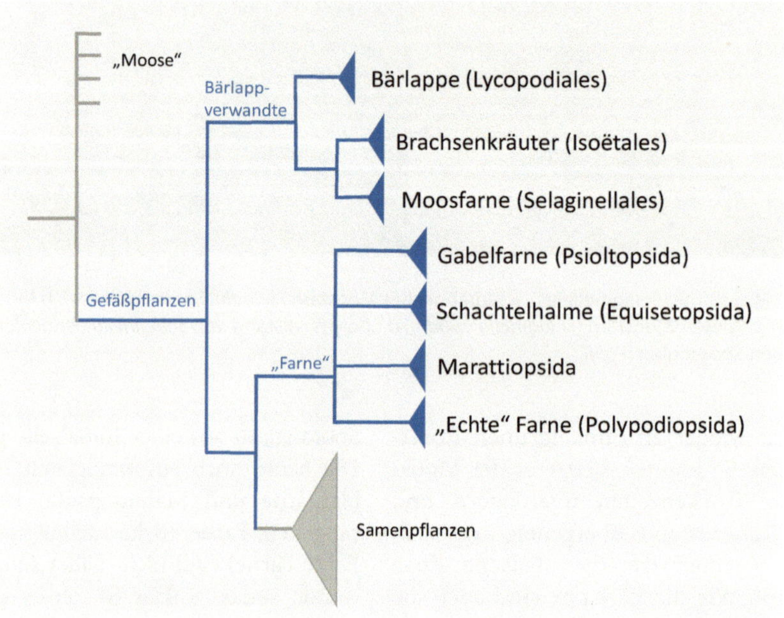

Abb. 4.6 Systematik der „Farne“

wie die Protonemen der Moose, weshalb **feuchte Standorte** bevorzugt besiedelt werden. Farne kommen **nie auf Salzstandorten** vor. In ausgewachsenem Zustand kann der dominante Sporophyt seinen Wasserhaushalt regulieren. Xerophyten (Trockenhabitatbewohner) gibt es, jedoch sind sie selten. Farne haben meist eine dicke Kutikula, Schuppen und/oder Haare und teilweise Sukkulenz (Dickfleischigkeit zur Wasser- und Nährstoffspeicherung) im Spross oder in den Blättern. Bei Hygrophyten (Bewohner feuchter Standorte) erfolgt die Wasserregulation zum Teil durch **Guttation** (Abgabe von Wasser in Tropfenform) durch wasserabscheidende Drüsen, sogenannte **Hydathoden,** an den Zähnchen der Blattscheide.

Die Wuchsform (Kasten 4.4) reicht von den Baumfarnen (z. B. der Gattung *Dicksonia,* Abb. 4.13g) über Schwimmfarne (*Salvinia*-Arten, Abb. 4.14b) und Sumpfpflanzen (diverse *Equisetum*-Arten, Abb. 4.9), Kletterfarne (*Lygodium*-Arten) und Spreizklimmer (*Pteridium*-Arten) zu Felsbewohnern (z. B. *Pteris*-Arten), immergrünen (z. B. *Equisetum,* Abb. 4.9; *Psilotum,* Abb. 4.8a; viele Echte Farne, Abb. 4.13) sowie in kühleren Regionen auch sommergrünen (z. B. *Athyrium*-Arten) mehrjährigen Pflanzen.

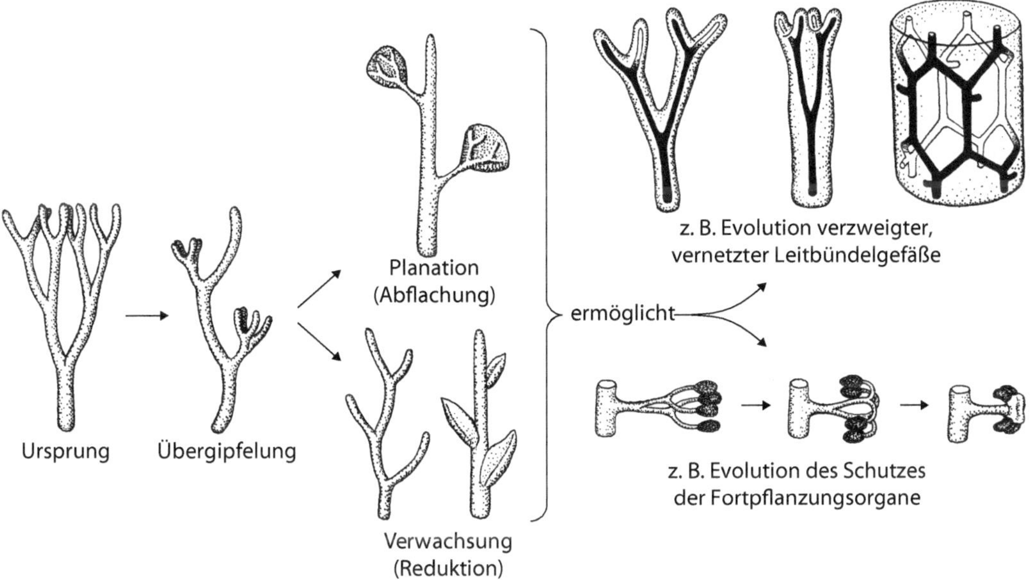

Abb. 4.7 Telomtheorie. Evolutionäre Weiterentwicklungen des Sprosswachstums der Gefäßpflanzen: Übergipfelung, Planation, Reduktion, Verwachsung und Einkrümmung. Verändert nach Smith (2006), Zimmermann (1956), Kadereit et al. (2014)

Kasten 4.4: Telomtheorie (Walter Zimmermann, 1930)

Die Telomtheorie erklärt die Entstehung des komplexen morphologischen Aufbaus der Landpflanzen aufgrund von evolutionären Weiterentwicklungen im Zuge des Landgangs der Pflanzen. Als Telom wird dabei ein Sprossabschnitt bis zur nächsten Verzweigung oder dem Sprossende bezeichnet. Ursprünglich waren die Telome gerade und unverzweigt, evolutionäre Weiterentwicklungen der apikalen Scheitelzellen (► Abschn. 3.3) ermöglichten eine Verzweigung, wobei ursprüngliche Telome gleichwertig waren, was in manchen Fossilfunden noch zu erkennen ist. Nach der Telomtheorie musste eine Übergipfelung evolvieren (Abb. 4.7), die dazu führte, dass sich Haupt- und Nebentriebe herausdifferenzieren konnten. Darauffolgend evolvierten:

- Planation: Ehemals dreidimensional angeordnete Telome verlagerten sich in eine Ebene, was z. B. zur Evolution der Blätter und optimierten Photosyntheseaktivitäten führte;
- Verwachsungen: Telome verwuchsen miteinander und ermöglichten z. B. bei den Bedecktsamern die Bildung von Netznervaturen in den Laubblättern);
- Reduktionen bzw. Einkrümmungen, die z. B. zum Schutz der Fortpflanzungsorgane entwickelt wurden und große morphologische Anpassungen in den generativen Organen zur Folge hatten.

4.2.1 Gabelfarne (Psilotopsida)

» (6 Gattungen, ca. 92 Arten)

Die Gabelfarne umfassen zwei eher ungleiche Ordnungen, die Natternzungenfarne (Ophioglossales) und die Gabelblattgewächse oder Urfarne (Psilotales), die zum Teil auch in benachbarte einzelne Klassen gruppiert werden. Die Verwandtschaft der beiden Ordnungen wurde erst in den letzten Jahren mit molekularbiologischen Methoden erkannt, da beide Gruppen stark reduzierte morphologische

Merkmale aufweisen, wie z. B. die **Reduktion des Wurzelsystems,** wobei die Urfarne gar keine Wurzeln ausbilden, sondern die unterirdische Sprossachse (Rhizom) übernimmt hier die Wasser- und Nährstoffaufnahme aus dem Boden. Die **Gametophyten** der Gabelfarne sind **mit Mykorrhiza vergesellschaftet.** Sie leben unterirdisch und betreiben **keine Photosynthese.** Die **Sporangien** sitzen **adaxial** (auf der Unterseite von Blättern) an der Sprossachse und entwickeln sich **eusporangiat** (Sporangienwand mit mehreren Zellschichten).

Die Ordnung der **Gabelblattgewächse (Psilotales,** ◘ Abb. 4.8a, b) innerhalb der Gabelfarne umfasst vier Gattungen und ungefähr 80 Arten. Sie besitzen sehr urtümliche Merkmale durch das **Fehlen von Wurzeln, reduzierte, schuppenförmig** und häufig **schraubig angeordnete Blätter (Gabelblätter)** sowie die **gabelige Verzweigung.** Ihre Vertreter sind meist **tropische** bis **subtropische Epiphyten.** Der Sporophyt ist ausdauernd und bildet statt Wurzeln **Rhizome,** an deren Enden **Rhizoide** (Würzelchen) sitzen. Die Sprossachse ist niedrig und gabelig verzweigt. Sie trägt **reduzierte Blätter,** die nur zum Teil **Leitbündel** besitzen. Die wurzel- und blattlosen Sprossachsen haben eine **Protostele,** die Sprosse eine **Aktinostele** (oder **Siphonostele**). Das **Mark** ist **verholzt.** Sporangien stehen zu mehreren in kugelförmigen **Synangien.** Die walzenförmigen **Prothallien** (Gametophyten) sind **farblos** und können sich **verzweigen.** Die Antheridien sitzen an der Oberfläche der Thalli und sind vielkammerig, die Spermatozoiden sind vielgeißelig. Die Archegonien sind klein und eingesenkt. In den Archegonien ist die Zahl der Halskanalzellen meist auf eine reduziert, selten auf zwei. Zum Teil bilden **Prothallien Leitbündel mit Tracheiden sowie ein Abschlussgewebe (Endoderm).** Von den Gabelblattgewächsen gibt es keine Fossilien. Trotzdem wird aufgrund von Berechnungen der molekularen Uhr vermutet, dass sie sich bereits im Karbon entwickelt haben müssen.

Die **Natternzungenfarne (Ophioglossales,** ◘ Abb. 4.8c, d) mit zwei Gattungen und zwölf Arten sind kleine, **isospore, eusporangiate Farne.** Sie leben **meist terrestrisch,** seltener epiphytisch und kommen vorwiegend in den **temperaten** und **borealen** Zonen der Erde vor (► Abschn. 8.1), während einige Arten auch pantropisch verbreitet sind. **Wurzelhaare fehlen,** und das Rhizom und die Blattstiele sind fleischig. **Pro Jahr** wird meist nur **ein Blattwedel** gebildet, mit einem fertilen und einem sterilen Teil. Der fertile Teil besteht aus einem Sporenträger mit Sporangien, die ähren- (◘ Abb. 4.8d) oder rispenförmig (◘ Abb. 4.8c) angeordnet sind. Die Sporangien besitzen **keinen echten Anulus** (► Abschn. 4.2), sondern reißen an einer Zone feinwandiger Zellen **(Stomium)** auf. Pro Sporangium werden mehr als 1000 rundlich-eckige Sporen gebildet. Die Sporen keimen zu stark reduzierten, kleinen **Prothallien,** die mit **Mykorrhizapilzen** vergesellschaftet sind.

◘ **Abb. 4.8** Gabelfarne (Psilotopsida). **a, b** *Psilotum nudum.* **c** Echte Mondraute *(Botrychium lunaria).* **d** Portugiesische Natternzunge *(Ophioglossum lusitanicum)*

4.2.2 Schachtelhalme (Equisetopsida)

» (1 Ordnung, 1 Familie, 1 Gattung, 15 Arten)

Die Schachtelhalme haben ihren Namen aufgrund des Stängels erhalten, der in **Nodien** (Knoten oder auch Nodi genannt) und dazwischenliegende **Internodien** gegliedert ist (◘ Abb. 4.9d). Die Halme bilden am Knoten zum Teil Seitenverzweigungen sowie sehr kleine, schuppenförmige, wirtelig angeordnete Blätter, die als **Mikrophylle** bezeichnet werden. Die Blätter bilden dabei eine schützende Scheide für die interkalaren Sprosswachstumszonen (im Gegensatz zu Spitzenwachstum durch ein Apikalmeristem). Der Name Schachtelhalm rührt daher, dass man die Sprossachse aus der von den Blättern gebildeten Scheide herausziehen und wieder zurückstecken kann. Die Mikrophylle besitzen meist an ihren Spitzen wasserabscheidende Drüsen, die als **Hydathoden** bezeichnet werden. Da die Schachtelhalme meist Wasserstandorte besiedeln **(Hygrophyten)** dienen die Hydathoden der verstärkten Wasserabgabe durch **Guttation** (Wasserabgabe in Tröpfchenform).

Der **Sporophyt ist dominant** und hat unterirdisch kriechende dünne **Rhizome,** an deren Enden sich die hohle, photosynthetisch aktive Sprossachse aufrichtet. Je nach Art unterscheiden sich die Sprossquerschnitte, die eine **Eustele** aufweisen. In die Zellwand der Sporophyten wird **Silizium** als **Ligninersatz** zur Stabilisierung eingelagert; die Pflanzen enthalten bis zu 7 % **Kieselsäure.** Daher wurden Schachtelhalme früher häufig als „Zinnkraut" zum Putzen metallischer Gegenstände verwendet. Die **endständigen Blüten** sind kurze **Ähren** von **pilzförmigen Sporangienbehältern (Sporangiophoren,** ◘ Abb. 4.9a). Diese tragen auf der Unterseite fünf bis zwölf sackförmige Sporangien, die aus einer Zelle **(leptosporangiat)** entstehen, aber zwei Wandschichten entwickeln.

Equisetum ist **isospor**. Die kurzlebigen, chlorophyllhaltigen Sporen tragen bei Feuchtigkeit spiralförmig eingerollte Fortsätze **(Hapteren),** die der besseren Ausbreitung dienen. Die **Prothallien** können **monözisch oder diözisch** sein. Ob die ca. 1 cm großen, grünen Prothallien Archegonien oder Antheridien oder beide bilden, hängt u. a. von den Ernährungsverhältnissen ab. Die Antheridien sind in das Prothallium eingesenkt, die Archegonien ragen aus der Oberfläche hinaus. Die schopfig-vielgeißeligen **Spermatozoiden**

◘ **Abb. 4.9** Schachtelhalme (Equisetopsida). **a** Spross eines Acker-Schachtelhalms *(Equisetum arvense)* mit Seitenverzweigungen und einem terminalen Sporophyllstand mit bräunlichen pilzähnlichen Sporangiophoren. **b** Bunter Schachtelhalm *(Equisetum variegatum)*. **c** Riesenschachtelhalm (*Equisetum telmateia)*, Sporophyllstand und Blättchen, **d** *Equisetum bogotense*. (Foto **a**: SuperSorex, CC-BY-SA 3.0, unverändert)

4

entstehen zu 250 bis 1000 pro Antheridium. Bei erfolgreicher Befruchtung der Eizelle entwickelt sich die Zygote zu einem Embryo und einem Sporophyten.

Von den 15 rezenten Arten der Gattung *Equisetum* können einige bis zu 5 m groß werden und durch Spreizklimmen bis auf 12 m Höhe gelangen. Meistens sind Schachtelhalme jedoch niedrige, ausdauernde Pflanzen. Die Equisetopsida haben ihren Ursprung im **Devon** (▶ Abschn. 8.1). Die größte Vielfalt der Equisetopsida war in den **Steinkohlewäldern** des **Karbons**

4.2.3 Marattiopsida

» (3 Gattungen, ca. 260 Arten)

Die Marattiopsida werden – wie die Gabelfarne – als **eusporangiate Farne** bezeichnet, deren Sporangium von mehreren Zellen gebildet wird und die keinen Anulus besitzen. Sie umfassen nur eine Ordnung und eine Familie, die pantropisch verbreitet ist, mit einem Verbreitungsschwerpunkt in Südostasien. Marattiopsida wachsen meist terrestrisch, selten auf Gestein. Die ältesten Fossilien sind aus dem Karbon bekannt (▶ Abschn. 8.1).

Alle Organe der Marattiopsida sind von **Schleimkanälen** durchzogen. Die **fleischigen Wurzeln** entwickeln ein **vielstrahliges Xylem.** Die rezenten (heute lebenden) Arten besitzen ein kurzes, kriechendes oder aufrechtes **Rhizom** (unterirdische Sprossachse) mit einer **Diktyostele** (Kasten 4.1), oder sie haben einen kurzen, knolligen Stamm, der im jungen Stadium eine **Protostele** aufweist. Dieser entwickelt sich später zu einer **Polystele** (selten Siphonostele), dadurch ist der **Stamm** an der Basis schlanker und **verdickt sich terminal.** Sekundäres Dickenwachstum fehlt. Die Blattbasis abgestorbener Blätter bleibt häufig zur Verstärkung der Stammstabilität bestehen. Die Blätter sind einige Meter lang, fleischig und meist ein- bis mehrfach gefiedert, selten sind sie ungeteilt. Junge Blätter sind eingerollt und besitzen ein großes, fleischiges **Nebenblattpaar** am Grunde jedes Laubblattes. Am Blatt wie an den Fiedern sitzen Gelenke **(Pulvini),** die relativ schnelle, wachstumsunabhängige Bewegungen ermöglichen. Stamm und Blattflächen können von **Schuppen** besetzt sein. Es gibt keine Trennung in sterile und fertile Blätter, sondern es handelt sich um **Sporo-Trophophylle.** Die Sporangien sitzen auf der Blattunterseite (◻ Abb. 4.10b) und sind bei manchen Gattungen seitlich zu **Synangien verwachsen.** Diese sind kapselartig gefächert und springen bei Reife auf (◻ Abb. 4.10b). Seltener sind die **Sporangien frei** oder in **Sori** (Sporangiengruppen) zusammengefasst. Jedes Sporangium bildet 1000 bis 7000 Sporen, die gleichgestaltig **(isospor)** sind. Die Prothallien sind grün und autotroph und bilden mit endophytischen **Mykorrhizapilzen** eine Symbiose. Der **Thallus der Prothallien ist flächig, mehrschichtig** und ähnelt dem der Lebermoose. Antheridien und Archegonien sitzen an der **Thallusunterseite** und sind eingesenkt.

4.2.4 Echte Farne (leptosporangiate Farne, Polypodiopsida)

» (7 Ordnungen, ca. 24 Familien, ca. 300 Gattungen, ca. 12.000 Arten)

Neben den Samenpflanzen sind die Echten Farne die formenreichste Gruppe lebender Landpflanzen. Die einheimischen Echten Farne sind **meist krautig** mit einem bodenbürtigen, ausdauernden oder verzweigten **Rhizom.** In den Tropen können Farne aber auch sehr klein bzw. groß und baumförmig werden. Die Baumfarne bilden dicke, unverzweigte Stämme, an deren Spitze eine Rosette von bis zu 3 m langen Blättern steht. Besitzen Farne Stämme, so erfolgt die Wasser- und Nährstoffleitung mithilfe von zentralen **Protostelen,** die später zu **Siphono-** oder **Polystelen** (Kasten 4.1) umgebildet werden können. Dabei ist das Xylem in der Regel zentral und wird vom

Abb. 4.10 Marattiopsida – Bootfarn (*Angiopteris evecta*). **a** Habitus. **b** Unterseite eines Sporo-Trophophyll-Fieders mit dunklen, bandförmigen Synangien (seitlich verwachsenen Sporangien). (Fotos: Forest & Kim Starr, CC-BY-SA 3.0. unverändert)

Phloem umgeben. **Selten werden Tracheen**[6] **gebildet.** Der Leitbündelstrang wird von einer stabilisierenden **Endodermis** (Zellen mit verdickten Zellwänden) umschlossen. **Sekundäres Dickenwachstum fehlt.** Die Stabilität wird oft durch einen Mantel persistierender Blattstiele und Blattspurstränge in der Rinde erhöht; zusätzlich werden zum Teil sprossbürtige Wurzeln gebildet. In der **Epidermis** befinden sich meistens **Chloroplasten** (ein Merkmal, das bei höheren Pflanzen nicht mehr auftritt). Das Parenchym (Grundgewebe) ist oft in **Palisaden-** und **Schwammparenchym** (Abb. 3.17) gegliedert.

Die Blätter der Farne werden auch als **Megaphylle** oder **Wedel** bezeichnet. Selten sind sie einfach und ganzrandig, häufig ein- bis mehrfach gefiedert. Die Megaphylle haben sich im Laufe der Evolution durch **Planation** und Verwachsung aus räumlich verzweigten **Telomsystemen** herausgebildet (Kasten 4.4). In den Farnen haben sich die Blätter in mehreren Gruppen zu **Trophophyllen** (rein vegetativ), **Sporophyllen** (rein generativ) und **Sporo-Trophophyllen** entwickelt. Die Sporangien sitzen auf den Wedeln zunächst in randlicher Stellung; der umgebogene Blattrand übernimmt dann Schutzfunktionen. Bei stärker abgeleiteten Sippen sind die Sporangien zu Gruppen (Sori) auf der Blattunterseite zusammengerückt (Abb. 4.11). Hier kann ein **Indusium** (Schleier, Hüllschuppe) vorhanden sein, das die generativen Fortpflanzungsorgane bis zur Reife schützt und dann trocknet und schrumpelt (Abb. 4.11c).

Der Bau der Sporangien und ihr Öffnungsmechanismus ist ein wichtiges Merkmal für die Gliederung der mannigfaltigen und artenreichen Gruppe der Echten Farne. Die Sporangien entstehen hier aus einer Epidermiszelle, und ihre Wand ist einschichtig (**leptosporangiat**). **Heterosporie** kommt bei den Wasserfarnen und einigen fossilen Gruppen vor, sonst sind fast alle Echten Farne **isospor**. Die **Prothallien** sind meist **oberirdisch** und **grün.** Sie sind in der Regel kurzlebig und **monözisch.** Archegonien und Antheridien entstehen meist auf der Prothalliumunterseite und sind kaum oder nicht in das Gewebe eingesenkt. Die Antheridien bilden zahlreiche vielgeißelige Spermatozoiden, die chemo-

6 Leitgefäßröhren aus toten Zellen mit charakteristischen Wandverdickungen, die der Versorgung mit Wasser und Mineralsalzen dienen.

◘ Abb. 4.11 **a** Aus einem Prothallium keimende Jungpflanzen des Frauenhaarfarns *(Adianthum capillus-veneris)*. **b** Tüpfelsori des Zarten Frauenhaarfarns *(Adianthum diaphanum)*. **c** Streifensori, zum Teil noch mit einem Indusium bedeckt *(Pfeile)*, des Hirschzungenfarns *(Asplenium scolopendrium)*. **d** Streifensori beim Rippenfarn *(Blechnum petersonii)*. **e** Randständige Sori mit leicht umgewelltem Blattrand des Saumfarns *(Pteris cretica)*

taktisch in den Archegoniumhals zur Eizelle gelockt werden.

Eine vegetative Vermehrung erfolgt bei manchen Echten Farnen nicht nur über das Rhizom, sondern auch über **Brutknospen** an den Blättern, die abfallen können. Ferner können sich bei manchen Farnen Sprosse und Blätter ausläuferartig umbilden. Teilweise erfolgt auch eine ungeschlechtliche Fortpflanzung, häufig von **polyploiden Farnen** mit hoher Chromosomenzahl.

Momentan werden die Echten Farne in sieben Ordnungen untergliedert (◘ Abb. 4.6), wobei die Vertreter von sechs Ordnungen durch Isosporie gekennzeichnet sind, während die Schwimmfarne (Salviniales, ◘ Abb. 4.14) durch die Entwicklung von Heterosporie von den anderen Gruppen deutlich abweichen.

Die **Königsfarnartigen (Osmundales)**, die basalste Gruppe innerhalb der leptosporangiaten Farne, umfassen drei Gattungen und ca. 20 Arten. Die meisten Vertreter der Osmundales haben einen sehr kurzen Stamm, wobei der größte Teil des Stammes von Blattbasen und Wurzeln gebildet wird. Die **Blätter besitzen Nebenblätter.** Die **Sporangien** sitzen an eigenen Sporophyllen oder an bestimmten Abschnitten der Trophophylle (z. B. *Osmunda regalis*). Die Sporangien sind **nicht zu Sori zusammengefasst,** und sie besitzen **keinen Anulus.** Bei Reife reißen die Sporangien an einer Gruppe verdickter Zellen am Scheitel auf.

Die **Hautfarnartigen (Hymenophyllales),** auch **Schleierfarnartige** genannt, umfassen acht monophyletische Gattungen mit ca. 600 Arten. Die Benennung der Ordnung ist auf die nur **eine Zellschicht dicke Blattspreite** (mit Ausnahme der Blattrippe) zurückzuführen. Es **fehlen Stomata,** und meist ist **keine Kutikula** vorhanden. Die **Sporangien** sind immer **marginal** (am Blattrand) mit einem **schrägen Anulus.** Die Hautfarne haben ihren Verbreitungsschwerpunkt in tropischen Regenwäldern, wo sie terrestrisch oder epiphytisch wachsen. Nur zwei Arten sind in niederschlagsreichen Gegenden in Mitteleuropa zu finden.

Die **Gleicheniales** weisen gemeinsame Stelenmerkmale in der Wurzel auf, die **Sporangien** haben einen **oberhalb der Mitte quer verlaufenden Anulus.** Die Antheridien besitzen sechs bis zwölf gedrehte oder gekrümmte Zellen in der Antheridienwand. Die etwa 140 Arten von zehn Gattungen sind in den Tropen und Subtropen beheimatet.

Die **Schizaeales** umfassen vier Gattungen und 155 Arten. Die **Blätter** können **grasartig-dichotom, gefiedert** oder sogar **windend** sein. Die fertilen **Sporophylle** sind morphologisch von den sterilen Trophophyllen differenziert. Es gibt **keine** definierten **Sori** wie bei den anderen leptosporangiaten Farnen. Die Sporangien besitzen einen **schrägen Anulus,** der sich unterhalb der Spitze befindet. Es sind **terrestrische** Farne, die in den **Tropen** weit verbreitet sind.

Die **Baumfarne (Cyatheales)** umfassen viele bis zu 20 m hohe **Schopfbäume,** es finden sich in dieser Gruppe aber auch Arten mit **kriechendem Rhizom.** Die Sprossachse mancher Vertreter ist **behaart** oder **mit Schuppen besetzt.** Die Farnwedel von Baumfarnen sind in ausgewachsenen Exemplaren oft über einen Meter lang und fast immer **ein- oder mehrfach gefiedert.** Die **Sori** sitzen **abaxial** (an der Unterseite der Blätter) oder **marginal** (am Blattrand). Sie können von einem **Indusium** bedeckt sein, sind dies jedoch nicht immer.

Tüpfelfarnartige (Polypodiales) ist die **artenreichste Ordnung der Farne** mit ca. 9300 Arten, die in 15 Familien gegliedert werden. Sie sind die Schwestergruppe der Baumfarne und werden zusammen mit den heterosporen Wasserfarnen (Salviniales) als „Kern-Leptosporangiate Farne" bezeichnet. Alle Polypodiales vereinigt, dass ihre **Sporangien** auf der **Blattunterseite** gebildet werden und von einem seitlich oder zentral angehefteten **Indusium** bedeckt sind. Nur selten wurden die Indusien sekundär zurückentwickelt und fehlen. Der Sporangienstiel ist ein bis drei Zellschichten dick und oft relativ lange. Die Sporangien reifen nach und nach und besitzen einen **vertikalen Anulus.** Zum Teil stehen die Sporangien an eigenen Sporophyllen, die sich von den grünen Trophophyllen morphologisch unterscheiden. Wedel und Sori sind vielgestaltig.

Kasten 4.5: Mitteleuropäisch verbreitete Tüpfelfarne

Von den etwa 15 Familien der **Polypodiales** sind folgende in Mitteleuropa die bedeutsamsten:

- **Tüpfelfarngewächse** (Polypodiaceae; ◘ Abb. 4.12a, b, g): 650 Arten; Sori ohne Indusium, beim Tüpfelfarn *(Polypodium)* sind die Sori rund, beim Geweihfarn *(Platycerium,* ◘ Abb. 4.13, Kasten 4.6) großflächig zusammenfließend.
- **Wurmfarngewächse** (Dryopteridaceae): 1680 Arten; Rhizom mit Diktyostele und kahlen Spreuschuppen, Blattstiel mit drei bis sieben Bündeln, z. B. Wurmfarn *(Dryopteris),* und Schildfarn *(Polystichum)* mit Indusium.
- **Sumpffarngewächse** (Thelypteridaceae): 980 Arten; Rhizom behaart oder mit behaarten Schuppen, z. B. Buchenfarn *(Phegopteris).*
- **Rippenfarngewächse** (Blechnaceae; ◘ Abb. 4.12e): 200 Arten; Sori streifenförmig entlang der Fiedermittelrippe angeordnet, mit zu dieser gewendetem Indusium, oft heterophyll.
- **Streifenfarngewächse** (Aspleniaceae; ◘ Abb. 4.12c, f): nur eine Gattung (*Asplenium* s. l.), Streifenfarn, 720 Arten; Sori streifenförmig auf Seitennerven, bei der Hirschzunge (*A. scolopendrium*) und dem Vogelnestfarn (*A. nidus*) sind die Blätter ungeteilt.

4

Abb. 4.12 Echte Farne. **a** Tüpfelfarnartige (Polypodiales, Polypodiaceae): *Arthropteris orientalis* mit Kindel, vegetativen Brutknospen zur Vermehrung. **b** Tüpfelfarnartige (Polypodiales, Polypodiaceae): *Drynaria rigidula* „Whitei". **c** Streifenfarngewächse (Aspleniaceae): *Asplenium oceanicum*. **d** Tüpfelfarnartige (Polypodiales, Adianthaceae): *Adianthum edgeworthii*. **e** Rippenfarngewächse (Blechnaceae): *Blechnum moorei*, „stammbildender" Farn. **f** Streifenfarngewächse (Aspleniaceae): *Asplenium* spec. **g** Baumfarne (Cyatheales, Dicksoniaceae): *Dicksonia fibrosa*

■ **Abb. 4.13** Geweihfarne **a** *Platycerium willinckii*. **b** *Platycerium* sp. mit abgestorbenen bzw. noch lebenden schild- oder nierenförmigen Mantel- oder Nischenblättern (*Pfeil* und *T*) und geweihartigen Sporo-Trophophyllen (*Pfeil* und *S*)

Kasten 4.6: Geweihfarne (*Platycerium*)

Die Geweihfarne der Gattung *Platycerium*, der Tüpfelfarngewächse (Polypodiaceae), umfassen etwa 18 Arten. Es sind Epiphyten, die in den Tropen der südlichen Hemisphäre beheimatet sind. Sie können bis über 1 m groß werden. Die Wedel und Wurzeln entspringen aus einem kurzen Rhizom. Die Wedel sind heterophyll – es bilden sich sterile schild- oder nierenförmige Mantel- oder Nischenblätter (Trophophylle; ■ Abb. 4.14), die nahe am Substrat anliegen und Wurzel und Rhizom vor dem Austrocknen schützen. Nach außen werden immer neue, jüngere Mantel- oder Nischenblätter gebildet, während die älteren am Rhizom verbleiben. So entsteht bei manchen Arten eine schüsselförmige, offene Krone, in der sich Wasser und Humus ansammeln; in dieser können Zersetzungsprozesse durch Mikroorganismen erfolgen. Die Geweihfarne tragen ihren Namen aufgrund ihrer Sporo-Trophophylle, die fiederteilig oder einfach gefiedert sind und einem Geweih ähneln. Die Sporo-Trophophylle sind lang gestreckt und an der Spitze geteilt. Die Sporen werden in den Sporangien gebildet, die meist in großen Sori auf der ganzen Blattunterseite oder in Bogenform entlang der Wedelspitzen gebildet werden. Sporen können auf benachbarten Bäumen auskeimen; die Gametophyten sind kleine, herzförmige Thalli. Eine vegetative Ausbreitung ist bei manchen kolonienbildenden Arten durch das Rhizom möglich. Manche Vertreter der Geweihfarne besitzen einen CAM-Stoffwechsel und sind dadurch trockenheitsresistenter.

Die **Wasserfarne (Salviniales,** veraltet **Marsileales)** umfassen fünf Gattungen und ca. 100 hoch entwickelte sumpf- und wasserbewohnende Arten, die in zwei Familien gegliedert werden (Kasten 4.7, ■ Abb. 4.14). Es sind leptosporangiate, heterospore Farne. Die Sporangien werden an der Basis der Blätter gebildet, die in Sori (Gruppen) stehen, die von kugelförmigen Sporangienbehältern (Sporokarpien) umhüllt sind und von einem zweischichtigen Indusium bedeckt werden. Ihren Sporangien fehlt der Anulus, der durch das feuchte Habitat der Wasserfarne überflüssig geworden ist. Die Sporen sind langlebig. Die Prothallien sind stark reduziert und verbleiben meistens in der Sporenwand.

Abb. 4.14 Schwimm- und Kleefarne. **a** Kleiner Algenfarn (*Azolla caroliniana*). **b** Zweiblättriger Schwimmfarn (*Salvinia biloba*). **c** Kleefarn (*Marsilea quadrifolia*). **d** *Regnellidium diphyllum*. **e** Pillenfarn (*Pilularia globulifera*)

Kasten 4.7: Die zwei ungewöhnlichen Familien der Wasserfarne (Salviniales)

Schwimm- und Kleefarne Salviniaceae (inklusive der ehemaligen Familie Azollaceae) (2 Gattungen, ca. 17 Arten)
Die Vertreter der Gattungen *Salvinia* und *Azolla* (Abb. 4.14a, b) sind vorwiegend tropisch verbreitet, wenige Arten sind jedoch auch in Mitteleuropa heimisch. Es sind meist frei schwimmende Wasserfarne in Gewässern mit keiner oder nur sehr geringer Fließgeschwindigkeit. Bei *Salvinia* bilden sich an jedem Knoten der wenig verzweigten Sprossachse drei Blätter. Bei *Azolla* können die Blätter weiter reduziert sein. Dabei sind die oberen, grünen, meist ovalen Schwimmblätter mit vielen Interzellularen ausgestattet und bilden Stomata an der Blattoberfläche. Die unteren Blätter hingegen sind stark geteilt, fadenförmig und behaart und übernehmen als chlorophyllfreie, submerse Wasserblätter die Funktionen der fehlenden Wurzeln (Heterophyllie). Die Sporen werden in Mikrosporangien oder Megasporangien gebildet (heterospor).
Die Mikrosporen keimen bereits im Sporangium und entwickeln ein Mikroprothallium, das vereinfachte Antheridien ausbildet und vier schraubig gewundene, vielgeißelige Spermatozoiden ins Wasser entlässt. Die Megasporen entwickeln sich ebenfalls an der Mutterpflanze zu einem Megaprothallium, das subapikal wenige Archegonien ausbildet.
Bei Befruchtung bleibt der Embryo zunächst vom Megaprothallium umschlossen, bis sich am jungen Sporophyten die ersten Blätter entwickeln.
In den chlorophyllhaltigen Blättern von *Azolla* lebt das luftstickstofffixierende Cyanobakterium *Anabaena* als Symbiont. Deshalb wird *Azolla* in Reisfeldern häufig zur Gründüngung verwendet.

Kleefarngewächse (Marsileaceae) (3 Gattungen, ca. 60–80 Arten)
Die Kleefarngewächse sind Sumpf- und Wasserpflanzen, die im Schlamm in seichten Regionen von Flüssen und Seen wachsen und sehr lange, verzweigte Rhizome bilden. Wurzeln entspringen meist aus Knoten, die zum Teil auch Blätter hervorbringen und teilweise bereits Leitgefäße zur Wasser- und Nährstoffversorgung haben. Die

Kleefarngewächse sind häufig behaart. Blätter haben einen Blattstiel mit keinem, zwei oder vier (selten sechs) endständigen Fiederblättchen mit verzweigten Blattnerven, woran man die unterschiedlichen Gattungen erkennen kann. Die Gattung *Pilularia* (■ Abb. 4.14e), die auch in Mitteleuropa heimisch ist, hat binsenartig fadenförmige Blätter, die brasilianische Gattung *Regnellidium* (■ Abb. 4.14d) hat zwei Fiederblättchen und *Marsilea*, der Kleefarn (■ Abb. 4.14c), der auch mit einer Art sehr selten bei uns vorkommt, weist vier Fiederblättchen auf, weshalb er häufig am *St. Patrick's Day* als falsches vierblättriges Kleeblatt verkauft wird. Die Blätter entrollen sich, wie für Farne typisch, im Zuge der Blattreife und weisen in reifem Zustand zum Teil eine Schlafbewegung bei Dunkelheit auf. Die Sporokarpe (Sporangienbehälter) sind haarige, gestielte, bohnenförmige Strukturen, die von einem Festigungsgewebe umgeben sind und die Sporen vor harschen Klimabedingungen (Trockenheit, Kälte, Hitze, UV-Einstrahlung etc.) schützen. Die Marsileaceae sind heterospor, wobei Mikro- und Megasporangien im gleichen Sorus angeordnet sind; die Megasporangien zentral mit früher reifenden Sporen, umgeben von Mikrosporen, die später reifen.

Zusammenfassung

Gefäßpflanzen besitzen spezialisierte Leitgefäße zum Wasser- und Nährstofftransport (Tracheiden im Xylem, Siebzellen im Phloem). Zu den Gefäßpflanzen gehören die Bärlappe, Farne und Samenpflanzen. Gefäßpflanzen besitzen einen Kormus, differenzierte Gewebe, einen heterophasischen-heteromorphen Generationswechsel; der Sporophyt ist dominant.

Die Stelartheorie erklärt den Stofftransport von der Wurzel in den Spross und dadurch entstehende Verzweigungsmöglichkeiten. Die Telomtheorie versucht den komplexen morphologischen Aufbau der Landpflanzen aufgrund evolutionärer Weiterentwicklungen im Zuge des Landgangs zu erklären.

Die Bärlappverwandten (Bärlappe, Brachsenkräuter und Moosfarne werden vorgestellt, ebenso wie die „Farne". Zu diesen gehören die Gabelfarne, die Schachtelhalme und die Marattiopsida neben den „echten Farnen". Neben den Samenpflanzen sind die Echten Farne die formenreichste Gruppe lebender Landpflanzen. Morphologische Charakteristika sowie die sieben verschiedenen Ordnungen der Echten Farne wurden vorgestellt.

4.3 Vokabelheft

- Gefäße, Gefäßpflanzen, Tracheiden, Tracheen, Siebzellen, Grundorgane, Radix, Caulis, Phyla, Meristem, Kambium, Parenchym, Xylem, Phloem, Epidermis, Kollenchym, Sklerenchym, heterophasischer-heteromorpher Generationswechsel.
- Protostele, Aktinostele, Plektostele, Polystele, Siphonostele, Eustele, Ataktostele, Telomtheorie, Übergipfelung, Planation.
- Mikrophylle, Ligula, Sporangien, Sporophylle, Sporophyllstände, Emergenzen, Spermatozoiden.
- Siebzellen, Siebfelder, Endodermis, Trophophylle, Sporophylle, Sporo-Trophophylle, eusporangiat, leptosporangiat, Sekretionstapetum, Suspensor, Haustorium.
- Stammknolle, Kambiumszone, sekundäres Dickenwachstum, CAM-Stoffwechsel, Rhizophoren, Anisophyllie.
- Anulus, Guttation, Hydathoden, Stomium, Nodien, Internodien, Pulvini, Synangien, Sori, Indusium, Brutknospen, Sporokarpien.

4

Fragen

1. Durch welche Merkmale sind die Gefäßpflanzen charakterisiert? Nennen Sie die Grundorgane und verschiedene Gewebedifferenzierungen.
2. Erklären Sie die Grundzüge und die Bedeutung der Stelartheorie und der Telomtheorie.
3. Welche Gruppen umfassen die Bärlappverwandten? Beschreiben Sie charakteristische Merkmale für die jeweiligen Gruppen und nennen Sie Beispiele.
4. Welche Lebensräume und Wuchsformen sind typisch für die „Farne"? Können Sie Merkmale zur Anpassung an diese Lebensräume beschreiben?
5. Welche Taxa werden zu den „Farnen" gezählt? Beschreiben Sie die Großgruppen und gehen Sie dabei auf Unterscheidungsmerkmale zwischen den Gruppen ein.
6. Die Echten Farne sind sehr arten- und formenreich – beschreiben Sie Merkmale, die für diese große Gruppe charakteristisch sind und gehen Sie insbesondere auf Merkmale der generativen Fortpflanzung ein.
7. Beschreiben Sie einige Gruppen der Echten Farne detailliert, z. B. die Schwimmfarne, Tüpfelfarne oder Geweihfarne.

Weiterführende Literatur

Esser K (1992) Kryptogamen II Moose – Farne. Springer, Berlin

Frey W, Frahm JP, Fischer E, Lobin W (1995) Kleine Kryptogamenflora. Bd 4: Die Moos- und Farnpflanzen Europas. Gustav Fischer, Stuttgart

Kramer KU, Schneller JJ, Wollenweber E (1995) Farne und Farnverwandte. Georg Thieme, Stuttgart

Schoute JC (1903) Die Stelär-Theorie. Gustav Fischer, Jena

Smith AR, Pryer KM, Schuettpelz E, Korall P, Schneider H, Wolf PG (2006) A classification for extant ferns. Taxon 55:705–731

Zimmermann W (1970) Geschichte der Pflanzen. Deutscher Taschenbuch-Verlag, München

Zimmermann W (1965) Die Telomtheorie (Fortschritte der Evolutionsforschung 1). Gustav Fischer, Stuttgart

Samenpflanzen (Spermatophyta)

B. Gemeinholzer, *Systematik der Pflanzen kompakt*, https://doi.org/10.1007/978-3-662-55234-6_5

5

Lernziele

Die Samenpflanzen sind sehr artenreich und umfassen sowohl die Nacktsamer (Gymnospermen, Abschn. 6) und die Bedecktsamer (Angiospermen, Abschn. 7). Die Samenpflanzen sind weltweit verbreitet und für den Menschen extrem wichtig. Statt Megasporen werden gut versorgte Samen gebildet. Dieser ist wahrscheinlich der evolutionäre Vorteil der Samenpflanzen, der ihre weltweite Verbreitung und Dominanz auf terrestrischen Habitaten begründet. Sie lernen in diesem Kapitel Merkmale kennen, die die Samenpflanzen charakterisieren.

Die Samenpflanzen (Spermatophyta) umfassen die Nacktsamer (Gymnospermen) und die Bedecktsamer (Angiospermen). Sie sind extrem artenreich (ca. 241.000 Arten) und für den Menschen von besonderer Bedeutung, da die meisten Nutzpflanzen zu den Samenpflanzen gehören und sie dadurch einen direkten Einfluss auf die menschliche Existenz haben. Sie dienen z. B. als **Nahrungsmittel, Baustoffe, chemische Inhaltsstoffe** oder **Energie.** Ferner haben Samenpflanzen indirekte Einflüsse auf das menschliche Leben, z. B. in ihrer ökosystemaren Funktion durch **Zersetzungsprodukte und Stoffwechselkreisläufe** (z. B. Kompost), zur **Energiegewinnung** (z. B. in Form von Holz, Biogas oder als Braun- und Steinkohle), als **Futterpflanzen** für landwirtschaftliche Nutztiere und zu Klimazwecken (z. B. **CO_2-Speicherung** der tropischen Regenwälder).

Gekennzeichnet sind die Samenpflanzen durch die Entwicklung von Samen innerhalb einer geschützten Samenanlage mit einem Embryo. Dies setzt **Heterosporie** voraus, also die Bildung von **Mikrosporen** und **Megasporen**[1]. Als Besonderheit der Samenpflanzen verbleiben die extrem reduzierten weiblichen bzw. männlichen Gametophyten in der Mikro- bzw. Megaspore, die vom Sporangium (Mikrosporangium und Megasporangium) umschlossen bleibt.

Im Inneren des **Mikrosporangiums (Pollensack)** entwickeln sich aus vielen Pollenkornmutterzellen durch Reduktionsteilung (Meiose) Pollentetraden, die auch als haploide Mikrosporentetraden bezeichnet werden. Jede Zelle der Tetrade teilt sich wiederum mitotisch, sodass jeweils eine **vegetative** und eine **generative Zelle** von einer gemeinsamen Zellwand innerhalb des **Pollenkorns** umschlossen bleiben. Die generative Zelle teilt sich wiederum in mindestens zwei oder mehr **begeißelte Spermatozoiden** (z. B. *Ginkgo*, Palmfarne) oder zu **unbegeißelten Spermazellen** (Bedecktsamer). Zur Bestäubung werden die Pollen aus dem Mikrosporangium entlassen und durch den Wind oder durch Tiere zu den weiblichen Samenanlagen transportiert. Dort keimt der Pollen mit einem Pollenschlauch. Dieser kann entweder die begeißelten Spermatozoiden entlassen, sodass diese mithilfe von Flüssigkeit zur Eizelle schwimmen können, oder der Pollenschlauch transportiert unbewegliche Spermazellen in die Nähe der Eizelle und entlässt die Spermakerne dort, wozu kein Wasser benötigt wird und was als **Siphonogamie (Pollenschlauchbefruchtung,** ◘ Abb. 5.1a) bezeichnet wird.

Im Inneren des **Megasporangiums (Nucellus)** entwickelt sich eine Megasporenmutterzelle, die sich ebenfalls durch Meiose in vier Megasporen **(Embryosack)** teilt, wobei drei von diesen in der Regel zugrunde gehen. Die eine verbleibende Embryosackzelle entwickelt sich zum Megaprothallium und teilt sich durch drei **freie Kernteilungen** – die zunächst von keiner Zellteilung begleitet sind, sodass mehrkernige Zellen entstehen – zu einer Zelle mit acht Zellkernen. Von diesen wandern drei Kerne in die jeweils entgegengesetzten Regionen des Embryosacks und umgeben sich mit jeweils einer eigenen Membran. In einer Region formieren sich die drei **Antipoden,** in der anderen Region die **Eizelle** mit den beiden **Synergiden** (Begleitzellen).

1 Megasporen werden zum Teil auch als Makrosporen bezeichnet Bei den Samenpflanzen ist die Megaspore die Eizelle im Embryosack.

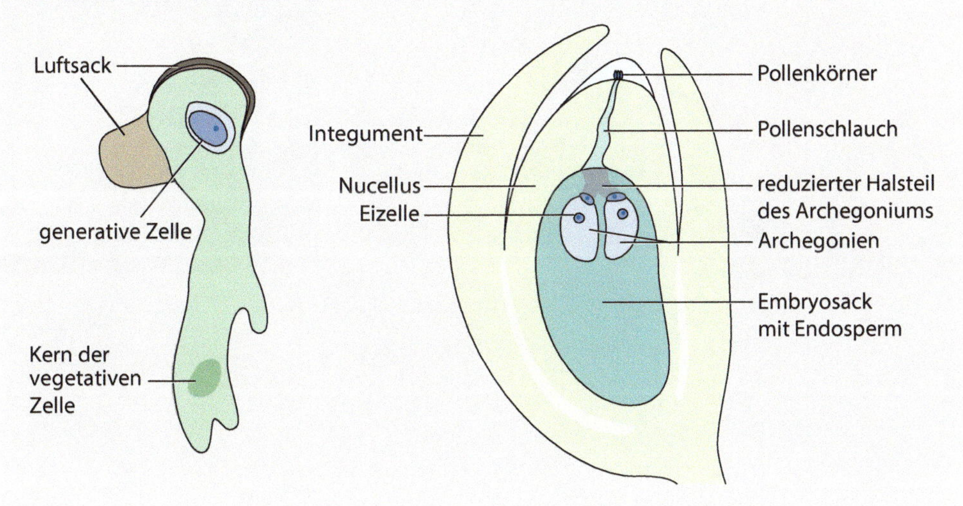

Abb. 5.1 a Gekeimtes Pollenkorn der Waldkiefer *(Pinus sylvestris)*. b Längsschnitt durch die Samenanlage der Gemeinen Fichte *(Picea abies)*. (nach Kadereit et al. 2014)

Die zentral gelegenen Kerne in der Mitte der Zelle verschmelzen zur **diploiden sekundären Embryosackzelle** (wobei es diverse Abweichungen von dieser Embryosackentwicklung gibt, hier wird eine mögliche Variante vorgestellt: der sogenannte *Polygonum*-Typ). Das Megasporangium ist von ein bis zwei mehrschichtigen sterilen Hüllen umgeben, den Integumenten. **Megasporangium** und **Integumente** bilden die **Samenanlage** (Abb. 5.1b, 5.2b). Die Integumente lassen am distalen Ende des Nucellus eine Öffnung frei, die **Mikropyle,** durch die der Pollen oder der Pollenschlauch in die Samenanlage gelangen kann (Kasten 5.1).

Nacktsamer haben eine sogenannte **einfache Befruchtung**, während **Bedecktsamer** eine **doppelte Befruchtung** aufweisen: Einer der beiden sich im Pollenschlauch befindlichen Spermakerne verschmilzt mit der Eizelle zur Zygote, während der andere Spermakern mit der sekundären Embryosackzelle zum **triploiden Endosperm (Nährgewebe)** verschmilzt. Die Zygote entwickelt sich im Rahmen der **Embryogenese** durch Zellteilungen und Proembryostadien zu einem Embryo; die Samenanlage entwickelt sich zum Samen. Dabei wird im Verlauf der Embryogenese der **Bauplan der Pflanze** festgelegt.

Der fertige Embryo besteht aus **Keimblättern** (Kotyledonen), die in unterschiedlicher Zahl vorliegen können, einem **Hypokotyl** – ein Sprossabschnitt, der die Keimblätter mit der Wurzelanlage **(Radicula)** verbindet – und einer **Plumula,** die zwischen den Keimblättern und dem Sprossachsenmeristem liegt und die ersten Laubblattanlagen bildet.

Der **Embryo** ist in der Regel vom **Endosperm** umgeben (Ausnahme: Perisperm, wobei Nährstoffe in den Nucellus eingelagert werden, z. B. bei den Ingwerartigen, den Seerosenartigen und den Nelkenartigen) und wird durch eine **Samenschale** (Testa) geschützt, was als Samen (Abb. 5.2f) bezeichnet wird (Saatgut bei Gärtnern oder Landwirten). Durch teilweise Austrocknung wird der Embryo in dem Samen in einer Art vorläufiger Wartestellung gehalten. Der Samen kann somit ausgebreitet werden und besitzt alle Voraussetzungen, um bei günstigen Keimungsbedingungen zu einer neuen Pflanze heranzuwachsen.

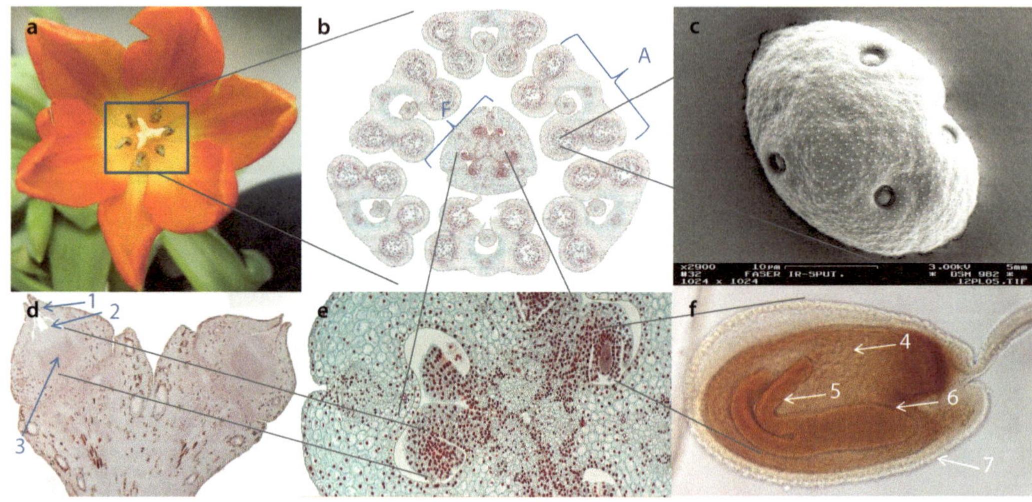

Abb. 5.2 Details verschiedener Blütenpflanzen. **a** Blütenbestandteile: Blütenblätter (Tepalen), Staubblätter (Stamina) und Narbenäste (Stigma) der Gartentulpe *(Tulipa sylvestris)*. **b** Generative Blütenbestandteile im Querschnitt (Lilie, *Lilium* spec.); A: zwei Staubbeutel pro Staubblatt, verbunden durch ein Konnektiv mit jeweils zwei Pollensäcken und Pollenkörnern, F: Fruchtknoten quer, aus drei verwachsenen Fruchtblättern mit zentral-winkelständigen Samenanlagen. **c** Pollenkorn vom Spitzwegerich *(Plantago lanceolata)*, vergrößert mit mehreren Poren. **d** *Ginkgo*, weibliche Samenanlagen im Längsschnitt mit (1) Integument, (2) Nucellus, (3) Eizelle. **e** Fruchtknoten mit Samenanlagen im Querschnitt (Lilie, *Lilium* spec.). **f** Embryoentwicklung im Samen mit (4) Nährgewebe (Endosperm), (5) Embryo mit Kotyledonen (Keimblätter) und (6) Wurzelanlage (Radicula), umgeben von (7) der Samenschale (Testa), beim Hirtentäschel *(Capsella bursa-pastoris)*. (Fotos **b, d, e:** K. Ehlers; **c:** V. Deutschmeyer und A. Möbus)

Folgende Merkmale charakterisieren die Samenpflanzen:

- Die Befruchtung ist unabhängig von Wasser.
- Der Gametophyt ist stark reduziert und stets in die Spore eingeschlossen (Mikrospore = Pollenkorn, Megaspore = Embryosack).
- Statt der Megasporen werden bei den Samenpflanzen nun die besser versorgten Samen ausgebreitet.
- Gegenüber den Farnen gibt es eine starke Gewebedifferenzierung (z. B. Sekretionsgewebe, Epidermis ohne Chloroplasten, Siebröhren im Phloem).
- Das Wachstum erfolgt durch Meristeme (spezielle Regionen der Zellteilung).
- Die Bewurzelung ist primär allorhiz (eine Pfahlwurzel als Hauptwurzel mit seitlichen kleineren Nebenwurzeln).
- Die ursprünglichen Vertreter der Samenpflanzen sind Holzpflanzen.
- Die Sprossachse ist aus den Blattachseln (axillär) verzweigt.
- Die Sprossachse besitzt ursprünglich eine Eustele (Kasten 4.1).
- Sekundäres Dickenwachstum ist möglich.
- Bei fossilen Formen gibt es noch dreidimensionales Blattwachstum, bei Palmfarnen noch lang anhaltendes Spitzenwachstum der zunächst eingerollten Blattfiedern, bei abgeleiteten Sippen interkalares, schließlich basales Blattwachstum.
- Abgesehen von den primär zwei (sekundär viele oder 1) gegenständigen Keimblättern ist die ursprüngliche Blattstellung schraubig.

Die Samenpflanzen sind im **späten Devon** entstanden. Seit dem Beginn des Mesophytikums (vor 225 Mio. Jahren) an der Grenze zwischen Unter- und Oberkreide dominieren sie die terrestrische Vegetation der Erde (► Abschn. 8.1). Heute kann man die Vielfalt der Samenpflanzen in zwei **Hauptevolutionslinien** gliedern: in die sehr vielfältigen und artenreichen **Bedecktsamer** (Angiospermae) und die **Nacktsamer (Gymnospermae)** (◘ Tab. 5.1).

◘ Tab. 5.1 Wesentliche Merkmale zur Unterscheidung zwischen Nacktsamern (Gymnospermen) und Bedecktsamern (Angiospermen)

	Nacktsamer (Gymnospermen)	**Bedecktsamer (Angiospermen)**
Lebensdauer	Mehrjährig	Ein- und mehrjährig
Lebensform	Holzgewächse (Bäume und Sträucher)	Holzige oder krautige Pflanzen
Leitgefäßstrukturen – Holz (Xylem)	Xylem nur mit Tracheiden, Seitenwände mit großen Hoftüpfeln	Xylem mit Tracheengliedern, leiterförmigen Tüpfeln oder Hoftüpfeln
Leitgefäßstrukturen – Bast (Phloem)	Phloem nur mit Siebzellen, statt Geleitzellen Eiweißzellen	Phloem mit Siebröhrengliedern und Geleitzellen
Blattaufbau	Blattquerschnitt gering differenziert, mit meist nur geringen Unterschieden zwischen Blattober- und Unterseite	Blattquerschnitt in der Regel deutlich differenziert oder abgeleitet daraus
Blattnervatur	Blattnervatur meist dichotom	Blattnervatur fieder-, netz- oder parallelnervig
Blütenaufbau	Blüten wenig differenziert, meist monözisch oder diözisch, ohne Nektarien	Blüten stark differenziert, meist zwittrig, mit Nektarien
Samenanlage	Samenanlage frei auf einer Samenschuppe	Samenanlage von einem Fruchtknoten umgeben, der in der Regel Griffel und Narbe besitzt
Staubblattform	Staubblätter sehr variabel	Staubblätter in Filament und Anthere gegliedert
Fortpflanzung	Gametophyt gering reduziert, 4- bis vielzellig; häufig mit einem Archegonium	Gametophyt stark reduziert, Mikrogametophyt 3-zellig, Megagametophyt 7-zellig (aber 8-kernig mit Ausnahmen der Vertreter des ANA-*Grade*), keine Archegonien. Zur Schreibweise s. ► Kap. 7.2.1

Kasten 5.1: Pollen, Samenanlage und Samen

Pollen wird in den Staubbeuteln (Antheren) der Samenpflanzen gebildet. Pollen besteht aus Pollenkörnern (Mikrosporen) mit einer widerstandsfähigen Zellwand aus Sporopollenin und besitzt einen haploiden Chromosomensatz. Die Pollenkörner entwickeln sich zu männlichen Gametophyten, die die männlichen Gameten (Keimzellen) schützen (◻ Abb. 5.2c).

Samenanlagen bestehen aus einem Nucellus, der von ein oder zwei Hüllen **(Integumenten)** umgeben ist. Im Nucellus entwickelt sich durch Reduktionsteilung der Embryosackmutterzelle die Embryosackzelle, die eine oder mehrere Eizellen bildet (◻ Abb. 5.2d).

Samen sind Samenanlage(n) im Zustand der Reife und Trennung von der Mutterpflanze. Ein Samen besteht aus Embryo, Samenschale und (meist) Nährgewebe und entwickelt sich, nachdem die Eizelle durch den männlichen Gametophyten erfolgreich befruchtet wurde (◻ Abb. 5.2 f).

5

Zusammenfassung

Samenpflanzen umfassen die Nacktsamer und die Bedecktsamer. Gekennzeichnet sind die Samenpflanzen durch die Entwicklung von Samen innerhalb einer geschützten Samenanlage mit einem Embryo. Dies setzt Heterosporie voraus, also die Bildung von Mikrosporen und Megasporen. Durch die Evolution der Siphonogamie (Pollenschlauchbefruchtung) transportiert der Pollenschlauch den Spermakern in die Nähe der Eizelle, sodass für die Befruchtung kein Wasser mehr benötigt wird. Die einfache und doppelte Befruchtung wird behandelt. Es werden die charakteristischen Merkmale der Samenpflanzen vorgestellt sowie die Unterschiede zwischen Nacktsamern und Bedecktsamern hervorgehoben.

5.1 Vokabelheft

- Heterosporie, Mikrospore, Megaspore, Mikrosporangium, Megasporangium, Pollen, Pollenkorn, Spermatozoid, Spermazelle, Siphonogamie.
- Nucellus, Embryosack, Embryosackzelle, freie Kernteilung, Eizelle, Antipode, Synergiden, Integumente, Mikropyle, Samenanlage.
- Einfache Befruchtung, doppelte Befruchtung, triploides Endosperm, Embryogenese, Keimblätter, Hypokotyl, Radicula, Samenschale, Saatgut.
- Gewebedifferenzierung, sekundäres Dickenwachstum.

Fragen

1. Warum sind die Samenpflanzen für den Menschen so wichtig?
2. Welchen Schutz haben die Mikrosporen der Samenpflanzen und wie entsteht dieser?
3. Welchen Schutz haben die Megasporen der Samenpflanzen und wie wird dieser gebildet?
4. Können Sie den Vorgang der Befruchtung und anschließenden Samenbildung beschreiben?
5. Welche Merkmale charakterisieren die Samenpflanzen?
6. Definieren und beschreiben Sie Pollen, Samenanlagen und Samen.
7. Worin unterscheiden sich Nacktsamer von Bedecktsamern?

Weiterführende Literatur

Kadereit JW, Körner C, Kost B, Sonnewald U (2014) Strasburger – Lehrbuch der Pflanzenwissenschaften, 37. Aufl. Springer Spektrum, Berlin

Nacktsamer (Gymnospermae)

B. Gemeinholzer, *Systematik der Pflanzen kompakt*, https://doi.org/10.1007/978-3-662-55234-6_6

6

Lernziele

Werden Samen gebildet und liegen diese bei Reife unbedeckt und frei auf den Fruchtblättern, so handelt es sich um Nacktsamer – eine sehr alte und formenreiche Pflanzengruppe. Lernen Sie die verschiedenen Vertreter der Nacktsamer kennen, z. B. die Palmfarne (► Abschn. 6.1), die bereits seit mehr als 140 Mio. Jahren existieren. Der Ginkgobaum ist der weltweit letzte und einzige Vertreter einer ehemals größeren Gruppe sommergrüner Bäume mit fächerförmig-gabeladerigen Blättern (► Abschn. 6.2). *Ephedra, Gnetum* und *Welwitschia* besitzen nur wenige morphologische Gemeinsamkeiten, und doch entstammen sie einer Verwandtschaftsgruppe (► Abschn. 6.3).

Die Koniferen (► Abschn. 6.4) umfassen die Gruppe, die man gewöhnlich als „Nadelbäume" bezeichnet, obwohl nicht alle Taxa wirklich Nadeln besitzen. Im Folgenden lernen Sie die Kieferngewächse (Pinaceae, ► Abschn. 6.4.1), die Zypressengewächse (Cupressaceae, ► Abschn. 6.4.2), die Eibengewächse (Taxaceae, ► Abschn. 6.4.3) und die asiatischen bzw. südhemisphärisch verbreiteten Taxa der Araucariaceae, Podocarpaceae, Sciadopityaceae kennen (► Abschn. 6.4.4).

Nacktsamer (auch Gymnospermae oder Gymnospermen genannt) sind Samenpflanzen, deren **Samenanlagen frei auf den Fruchtblättern** der weiblichen Blüten liegen, wobei die Blüten in der Regel zu mehreren zusammengefasst auf speziellen Blütenständen (Megasporophyllstand) vorkommen. Wahrscheinlich sind alle Nacktsamer auf einen gemeinsamen Vorfahren zurückzuführen (monophyletisch), der sich im mittleren bis frühen Paläozoikum (► Abschn. 8.1) entwickelt hat. Die heute lebenden Vertreter der Nacktsamer sind Relikte einer ehemals sehr großen Vielfalt, deren Reste durch viele Fossilfunde belegt sind. Aufgrund der **sehr langen Evolutionsgeschichte** und diversen **konvergenten Merkmalseigenschaften** ist die Systematik der Nacktsamer immer noch umstritten. Deshalb werden im Folgenden nur die Hauptevolutionslinien vorgestellt, ohne auf die phylogenetischen Verwandtschaftsverhältnisse näher einzugehen (◘ Abb. 6.1).

6.1 Palmfarne (Cycadales)

» (3 Familien, 11 Gattungen, ca. 300 Arten)

Die Palmfarne haben Stämme, die entweder **baumförmig** (◘ Abb. 6.2c) **oder unterirdisch** bzw. bodennah **knollig gedrungen** sind. Ihre meist einfach gefiederten Blätter bilden terminal einen **Blattschopf.** Die Blätter sind sehr derb und besitzen eine **dicke Kutikula** und **eingesenkte Spaltöffnungen.** Die Blattstiele abgestorbener Blätter verbleiben am Stamm und dienen der zusätzlichen Stabilisierung. Zentral im Stamm bildet sich ein **Mark** mit **stärkehaltigen Zellen.** Die Wurzeln dienen der Wasser- und Nährstoffaufnahme, sie können aber auch sukkulent[1] werden und als Speicherwurzel dienen, und/oder sie sind als Zugwurzel angelegt, um die Pflanze stärker im Boden zu verankern. Viele Palmfarne bilden knapp unter der Bodenoberfläche zudem **Korallenwurzeln,** die stickstofffixierenden Blaualgen (**Cyanobakterien,** ► Abschn. 2.2.1; ◘ Abb. 6.2d) Lebensraum und Schutz bieten. Durch die Symbiose (Lebensgemeinschaft mit gegenseitigem Nutzen) mit den Blaualgen können Palmfarne nährstoffarme Böden besiedeln.

Palmfarne sind zweihäusig **(diözisch, getrenntgeschlechtlich)** und bilden auf verschiedenen Pflanzen männliche und weibliche Sporophylle. Diese werden endständig am Spross in **Sporophyllständen** gebildet, die meist gedrungen und schraubig angeordnet sind, was als **Zapfen** bezeichnet wird. Zapfen der Palmfarne können bis 75 cm lang und 40 kg schwer werden. Die männlichen

1 Parenchymatisches, saftiges, großlumiges Gewebe zur Speicherung von Wasser und darin gelöster Nährstoffe als Anpassung an Trockenheit.

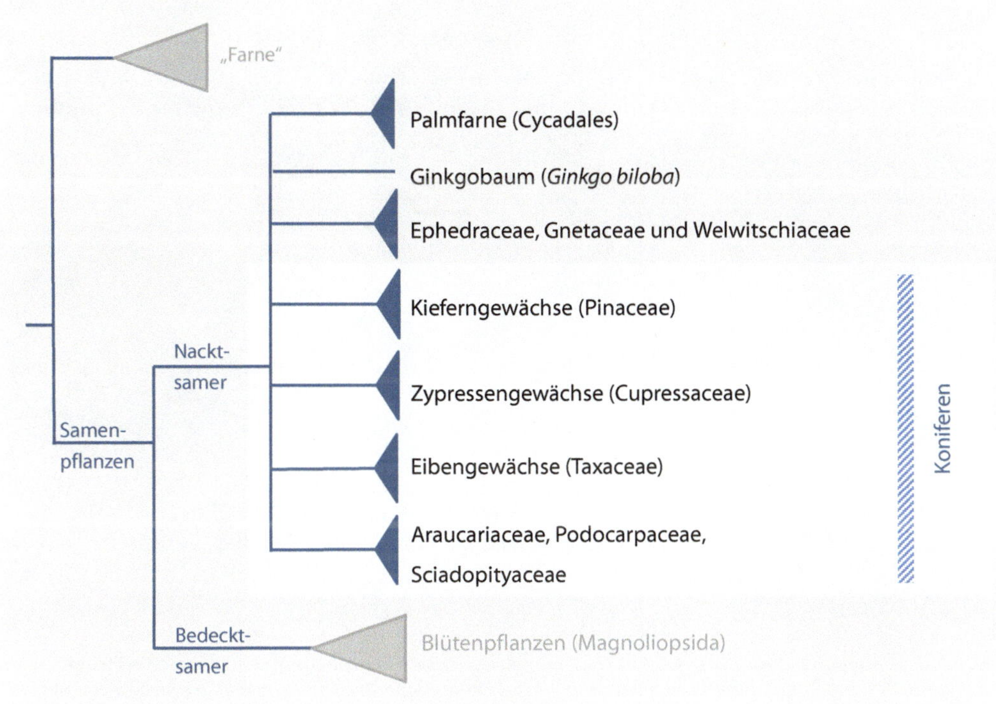

Abb. 6.1 Systematik der Nacktsamer (Gymnospermae)

Zapfen bestehen aus sehr vielen, einzelnen, schraubig angeordneten, derben, stark reduzierten Blättern, die auf der Unterseite sehr viele Mikrosporangien (Pollensäcke) bilden (Mikrosporophylle). Meist sind drei bis vier Pollensäcke auf einem kurzen Stiel gebündelt, was als **Synangium** bezeichnet wird. In den Pollensäcken entstehen haploide Pollentetraden (eine Gruppe von 4). Die Sporangien reißen auf und entlassen die **Sporen (Pollen).** Diese werden in der Regel von Insekten, meist Käfern, zu den weiblichen Samenanlagen transportiert.

Die weiblichen Makrosporophylle sind im Gegensatz zu den männlichen Mikrosporophyllen fiederblattartig, und die (zwei oder) vier bis acht Samenanlagen entwickeln sich an deren Basis. Die Samenanlagen besitzen ein **Integument,** das bei Samenreife zur Samenschale wird und aus mehreren Schichten besteht: Die äußere, fleischige, meist gefärbte Schicht (Sarkotesta) dient der Tierausbreitung (Zoochorie); die innere, stark verholzte Schicht (Sklerotesta, von Skleriden [Steinzellen]) dient als Schutz. Im Nucellus wird eine **Megasporenmutterzelle** gebildet, aus der eine **Megaspore** entsteht. Durch Kernteilung und Zellwandbildung entsteht ein weiblicher **Gametophyt,** der zwei bis sechs (bis zu 100) Archegonien bildet. Bei Reife bildet die Samenanlage durch Zellauflösung einen nektarähnlichen Tropfen, wodurch eine **„Pollenkammer“** entsteht. Pollenkörner, die in diesem Tropfen hängen bleiben, werden durch Eintrocknung in die Pollenkammer hineingezogen und von dem trocknenden Sekret nach außen hin geschützt. Das Pollenkorn keimt in der Pollenkammer, und Spermien werden gebildet. Die Spermien besitzen einen Wimpernkranz, sind also **Spermatozoiden.** Wenn der Pollenschlauch die Eizelle erreicht, was mehrere Monate dauern kann, reißt dieser auf und entlässt die Spermatozoiden, die zu dem Hals des Eisacks schwimmen und die Eizelle befruchten. Die Zygote teilt sich und bildet einen Embryo. Dieser bildet mit umgebendem Gewebe einen **Samen.**

Abb. 6.2 Palmfarne (Cycadales). **a** *Cycas revoluta* mit weiblichen Sporphyllständen unterschiedlicher Jahre *(weiße Pfeile)*. **b** *Zamia furfuracea* (Pflanze mit weiblichem Zapfen). **c** *Zamia pumila*. **d** Korallenwurzeln. **e** *Dioon edulis* (mit männlichem Zapfen). **f** *Cycas revoluta*. **g** *Cycas platyphylla* am Naturstandort in der Savanne in Queensland (Nordaustralien). (Foto **g**: Tanetahi, CC-BY 2.0, unverändert)

Die Palmfarne entstanden vor ca. 290 Mio. Jahren. *Cycas thouarsii* aus Madagaskar ist wahrscheinlich das **älteste noch lebende Fossil** der Palmfarne, das vor 140 Mio. Jahren bereits existierte. Heute kommen die meisten Arten zerstreut auf der Südhemisphäre vor und bevorzugen Wald- und Savannenstandorte in tropischen oder subtropischen Regionen, z. B. in Australien, Südostasien, Süd- und Zentralafrika, Mittelamerika und im nördlichen Südamerika.

Der Mensch nutzte früher die **Stärke** der Palmfarne in den Samen bzw. im Mark als Mehl und zur Herstellung vergorener Getränke (Palmfarn- oder Cycassago, nicht zu verwechseln mit dem echten Sago, das aus der Sagopalme *[Metroxylon sagu]*, einer echten Palme [Arecaceae], hergestellt wird). Allerdings müssen dafür erst die toxischen Alkaloide und Aminosäuren durch mehrmalige Waschgänge und Erhitzung entfernt werden. Heute werden diverse Palmfarne aus zertifizierten Herkünften als **Zierpflanzen** kultiviert. Viele Palmfarne sind an ihrem natürlichen Standort stark gefährdet und fallen unter das **Washingtoner Artenschutzabkommen (CITES)**, das einen Transport von Wildherkünften über Landesgrenzen hinweg stark reglementiert und kontrolliert (▶ Abschn. 1.1.3).

6.2 Ginkgobaum *(Ginkgo biloba)*

» (1 Gattung, 1 Art)

Ginkgo biloba (Abb. 6.3) ist der einzige und letzte Überlebende einer ehemals artenreichen Gruppe, die wahrscheinlich im Unterperm vor ca. 290 Mio. Jahren entstand. Häufig wird der *Ginkgo* deshalb als **„lebendes Fossil"** bezeichnet.

Die **sommergrünen Bäume** bilden einen bis zu 40 m hohen Stamm. An verzweigten, verholzten Kurztrieben werden **fächerförmige, gabeladerige Blätter** gebildet. *Ginkgo biloba* ist diözisch (zweihäusig, männliche und weibliche Fortpflanzungsorgane befinden sich

Abb. 6.3 *Ginkgo biloba.* **a** Samen mit ledrig-fleischiger (Sarkotesta) und harter Samenschale (Sklerotesta). **b** Fächerförmig-gabeladrige Blätter. **c** Habitus. (Foto: c: DeltaWorks, CC 0)

auf verschiedenen Individuen), was durch Geschlechtschromosomen determiniert wird. Die männlichen Bäume bilden an Kurztrieben zahlreiche **kätzchenartige Blüten,** die stark reduziert sind: Die Staubblätter bilden einen Stiel mit zwei Pollensäcken, die sich bei Pollenreife öffnen. Die Pollen werden über den Wind zur Samenanlage transportiert **(Anemochorie).** Die weiblichen Blüten bestehen aus einer Samenanlage mit äußerem **Integument** und einer **Mikropyle** (Öffnung an der Spitze der Samenanlage). Im Inneren der Samenanlagen befindet sich das vom Integument umhüllte Megasporangium **(Nucellus),** in dem sich die Megaspore entwickelt. Die Befruchtung der Eizelle ähnelt dem Prozess der Cycadales, indem ebenfalls ein Befruchtungstropfen und eine Pollenkammer gebildet werden. Der Pollen keimt und entlässt spiralig begeißelte **Spermatozoiden**. Meistens erfolgt die eigentliche Verschmelzung der Spermatozoiden mit der Eizelle erst 4–7 Monate nach der Bestäubung sowie einige Wochen nach dem Abfallen der Samenanlagen von der Mutterpflanze. Die Samen bestehen aus einem einzigen Integument, das sich bei Reife in eine innere, harte, mit Steinzellen versehene **Sklerotesta** zum Schutz des Embryos umbildet; die äußere Schicht **(Sarkotesta)** wird fleischig und riecht stark nach **Buttersäure,** um von Tieren ausgebreitet zu werden **(Zoochorie).**

Ginkgo geht mit verschiedenen **Mykorrhizapilzen** eine **Symbiose** ein. Die Art ist relativ unempfindlich gegenüber Luftschadstoffen und relativ resistent gegen Insektenfraß sowie Pilze, Bakterien und Viren. Der Baum wächst sowohl auf sauren als auch auf alkalischen Böden und wird deshalb häufig weltweit in temperaten Regionen der Erde (▸ Abschn. 8.2) als **Straßen**- und **Parkbaum** angepflanzt. Da hier jedoch die nach Buttersäure riechenden Samen unerwünscht sind, werden oftmals nur männliche Bäume zum Verkauf angeboten.

6.3 Ephedraceae, Gnetaceae und Welwitschiaceae

» (3 Familien, 3 Gattungen, ca. 70 Arten)

Die drei Pflanzenfamilien gehören zur Ordnung Gnetales obwohl alle drei Familien morphologisch sehr unterschiedlich sind. Sie umfassen jeweils eine rezente Gattung. Alle Vertreter der drei Pflanzenfamilien sind **basal verholzt,** es herrschen jedoch verschiedene Wuchsformen vor: als Liane, Baum, Strauch oder Zwergstrauch. Die Blätter können klein und schuppenförmig, elliptisch oder länglich-bandförmig sein, sie sind meist **dekussiert** (kreuzgegenständig). Blüten sind zu Blütenständen zusammengefasst. Der **Gametophyt** ist stark **reduziert.** Das Holz weist im Gegensatz zu allen anderen Nacktsamern, aber wie bei den Bedecktsamern **Tracheen** auf. Häufig werden die Pollen durch Insekten übertragen **(Zoophilie),** selten durch den Wind **(Anemophilie).**

Die Gattung ***Ephedra*** (Meerträubel, ◘ Abb. 6.4a, b) der Familie Ephedraceae umfasst 40 Arten, die vorwiegend strauchförmig sind und in ariden Regionen Südamerikas, der Sahara, des Mittelmeerraums und Asiens vorkommen. Die Blätter sind häufig zu **Schuppen** reduziert. Die grünlichen Zweige übernehmen zum Teil die Photosynthese. Die männlichen Blüten stehen einzeln oder zu zweit (bis zu dritt) an den Nodien (Knoten). Sie haben eine Hülle aus zwei basal verwachsenen Schuppenblättern, aus der die endständig verwachsenen Pollensäcke herausragen. Die weiblichen Blüten sind gegenständig oder zu Wirteln an einem Knoten. Sie besitzen ein Paar verwachsener, ledriger Schuppen, die bei Reife fleischig rot werden können, seltener sind sie häutig und werden braun. Aus *Ephedra* können die Alkaloide **Ephedrin** und **Pseudoephedrin** extrahiert werden, die den Blutdruck steigern, die Herzmuskeln aktivieren, die Bronchien erweitern, Appetit hemmen und euphorisierend sowie aphrodisierend wirken. „Ephis" ist ein illegales Dopingmittel, das aus Ephedrin gewonnen wird. In Deutschland fällt Ephedrin und Pseudoephedrin unter das Betäubungsmittelgesetz als Grundstoff zur Synthese von N-Methylamphetamin, was als Crystal Meth bezeichnet wird.

Die Gattung ***Gnetum*** umfasst ca. 41 Arten, die in den Tropen in Amerika, Westafrika, Indien, Südostasien und Ozeanien beheimatet sind. Alle Arten sind verholzende Pflanzen. Es gibt Lianen, Sträucher oder kleine Bäume. Alle Arten der Gattung *Gnetum* haben **echte Laubblätter mit Blattspreite und Netzaderung** (◘ Abb. 6.4c), ähnlich derjenigen der Angiospermen. Die Blüten stehen in traubenähnlichen Blütenständen. Der Nucellus der Samenanlage ist von drei Hüllen umgeben. Die Samen enthalten zwei Keimblätter.

◘ **Abb. 6.4** Gnetales. **a** *Ephedra aphylla,* Zweige und Knospenansatz. **b** *Ephedra aphylla,* Habitus. **c** *Gnetum gnemon*. **d** *Welwitschia mirabilis,* männliche Pflanze mit verblühtem Blütenstand. **e** Namibwüste – das Habitat von *Welwitschia mirabilis*

Bei *Ephedra* und *Gnetum* gibt es eine **doppelte Befruchtung** (► Kap. 5), die im Gegensatz zu den Angiospermen allerdings zur Bildung einer zusätzlichen Zygote und nicht zu einem triploiden Nährgewebe des Samens führt.

Die Gattung ***Welwitschia*** umfasst nur eine rezente Art, *Welwitschia mirabilis* (◘ Abb. 6.4d, e), die in der Namibwüste Namibias und Angolas beheimatet ist und bis zu 2000 Jahre alt werden kann. Die Pflanzen besitzen lange Pfahlwurzeln. Über dem Boden entwickelt sich ein kurzer, rübenförmiger **Stamm,** der nur **zwei kontinuierlich wachsende bandförmige Blätter** ausbildet, die die Keimblätter ersetzen. Die Blätter wachsen an einem **basalen Meristem** und sterben an ihren Enden ab. Die Pflanzen sind **diözisch** (weibliche und männliche Blütenstände werden auf verschiedenen Pflanzen gebildet). Diese entwickeln sich an zapfenartigen Blütenständen in den Achseln von Deckschuppen. *Welwitschia mirabilis* ist an ihrem Naturstandort zwar nicht bedroht, ihre Vorkommen sind aber regional stark begrenzt, weshalb sie unter das Washingtoner Artenschutzabkommen (CITES, ► Abschn. 1.1.3) fällt.

6.4 Koniferen

» (6 Familien, 68 Gattungen, ca. 545 Arten)

Die Koniferen (auch Kiefernartige, Pinales, Coniferales oder Nadelhölzer genannt) sind die größte heute noch lebende Gruppe der nacktsamigen Pflanzen (Kasten 6.1). Sie sind **weltweit** verbreitet. Häufig findet man sie auf nährstoffärmeren Böden, während sie auf guten Böden in der Regel von Bedecktsamern verdrängt werden.

Ihre genauen Verwandtschaftsverhältnisse sind immer noch nicht vollständig geklärt. Es sind **holzige Pflanzen,** meist Bäume, die einen **monopodialen Wuchs** haben, d. h. einen Hauptstamm aufweisen, der sich seitlich verzweigt. Die Koniferen können zwischen 1 und 100 m hoch werden. Die Leitbündel der Koniferen besitzen **nur Tracheiden, nie Tracheen** (◘ Abb. 6.5a). Das Holz hat **schmale Markstrahlen** und ist häufig reich an **Harzen.** Die **Blätter** sind in der Regel lang, dünn und **nadelförmig** (z. B. *Pinus,* Kiefer, ◘ Abb. 6.6e), sie können aber auch flach und **schuppenförmig** (z. B. *Thuja, Chamaecyparis,* ◘ Abb. 6.7) oder **groß und breit** sein (z. B. *Podocarpus,* ◘ Abb. 6.9d). Die Gattung *Phyllocladus* besitzt anstelle von Blättern flache blattähnliche Kurztriebe, die die Photosynthesefunktion übernehmen, sogenannte **Phyllokladien.** In der Regel sind die Blätter **spiralig,** seltener zweireihig oder in Wirteln angeordnet. Blattquerschnitte

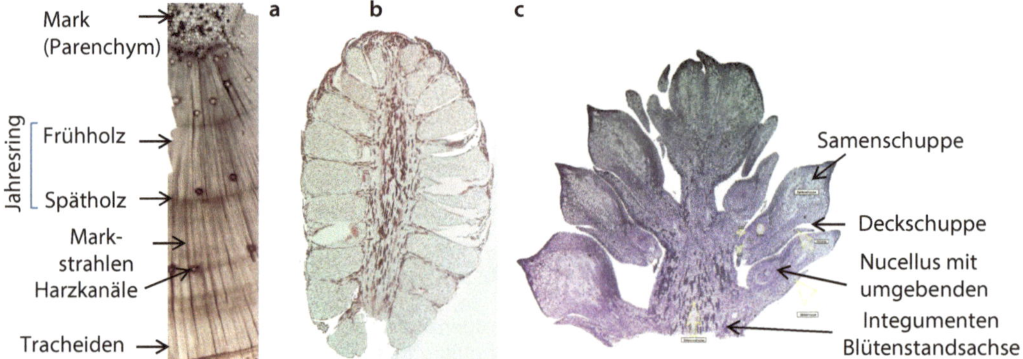

◘ **Abb. 6.5** Typische morphologische Merkmale der Koniferen am Beispiel der Kiefer (*Pinus* sp.). **a** Holzquerschnitt durch einen Kiefernstamm (*Pinus* sp.); **b** männliche Blüten; **c** weibliche Zapfen. (Fotos: K. Ehlers)

◘ **Abb. 6.6** Kieferngewächse (Pinaceae). **a** Himalaja-Fichte *(Picea smithiana).* **b** Kanadische Helmlocktanne *(Tsuga canadensis).* **c** *Keteleeria evelyniana.* **d, e** Kalabrische Kiefer *(Pinus brutia).* **f** Libanon-Zeder *(Cedrus libani)*

Abb. 6.7 Zypressengewächse (Cupressaceae). **a, b** Mittelmeer-Zypresse *(Cupressus sempervirens),* Habitus, schuppenförmige Blätter, reifer Zapfen und Blüte. **c** Abendländischer Lebensbaum *(Thuja occidentalis).* **d** x *Cupressocyparis leylandii* – ein Gattungshybride zwischen einer Zypresse (*Cupressus* spec.) und einer Scheinzypresse (*Chamaecyparis* spec.), was durch das x vor dem Namen ersichtlich wird. **e** Spießtanne *(Cunninghamia lanceolata).* **f** Sawara-Scheinzypresse *(Chamaecyparis pisifera).* **g** Wacholder mit „Beeren", die eigentlich Zapfen sind *(Juniperus horizontalis)*

sind häufig rundlich-oval mit minimierter Oberfläche als Verdunstungsschutz, **Stomata** sind in der Regel auf der **Blattunterseite** in Streifen angeordnet und können bei kalter oder sehr trockener Witterung geschlossen werden. Viele Kiefernartige sind **immergrün,** obwohl sie häufig auch in temperaten und sogar arktischen Regionen vorkommen können, was insbesondere im Winter bei gefrorenem Boden zu einer verringerten Wasserversorgung führen kann. Die Blüten sind stets eingeschlechtig, **monözisch** (einhäusig[2]), selten (zweihäusig[3]), z. B. bei *Taxus,* der Eibe) und **anemophil** (windbestäubt). Die weiblichen Blüten stehen in **zapfenartigen Blütenständen** (Conus = Zapfen, daher der Name Koniferen = „Zapfenträger"). Bei den heutigen Vertretern der Koniferen ist die Spermatozoidbefruchtung abgelöst worden, die Gameten besitzen keine Geißeln mehr, die Spermazellen gelangen durch den Pollenschlauch zur Eizelle **(Siphonogamie, Pollenschlauchbefruchtung).** Die Samenanlagen werden auf der Samenschuppe gebildet, nur von einer darüberliegenden Deckschuppe leicht geschützt. Sie sind noch nicht, wie bei den Bedecktsamern, in einen Fruchtknoten eingeschlossen. Die Koniferen-Samen entwickeln sich langsam (ungefähr 4 Monate bis einige Jahre bis zur Samenreife) in dem sie schützenden Samenstand, dem **Zapfen.**

2 weibliche und männliche (jeweils eingeschlechtliche) Blüten sind an einer Pflanze.

3 weibliche und männliche (jeweils eingeschlechtliche) Blüten sind an verschiedenen Pflanzen.

6.4.1 Kieferngewächse (Pinaceae)

» (12 Gattungen, ca. 232 Arten)

Die **Kieferngewächse** (**Pinaceae**) besitzen **schraubig angeordnete nadelförmige Blätter** und sind immer- oder sommergrün. Die Pflanzen sind immer verholzt und als Baustoff und Nutzholz von großer weltwirtschaftlicher Bedeutung. Die Blüten sind **monözisch** (einhäusig) und stark reduziert (◘ Abb. 6.6e). Die männlichen Blüten bestehen aus zahlreichen Staubblättern, die auf der Unterseite je zwei Pollensäcke ausbilden. Die äußere Wand (Exine) der **Pollenkörner** bildet **Luftsäcke,** sodass die Pollen besser schweben können. Bei den weiblichen Blüten verschmelzen die Blütenachse und die sterilen Schuppenblätter zur Samenschuppe und diese verwächst mit dem Deckblatt der Blüte, der sogenannten Deckschuppe. Viele solche Verwachsungsprodukte stehen spiralig in den Blütenständen **(Zapfen).** Die weiblichen Blüten sind vor der Befruchtung aufwärtsgerichtet, bei der Samenreife ändert sich diese Stellung jedoch häufig und sie hängen herab. Die einseitig geflügelten Samen werden durch den Wind transportiert.

Aufgrund der Blattstellungen und Anordnungen am Spross unterschied man ursprünglich drei Unterfamilien, wobei sich diese Klassifikation nicht bestätigt hat und b und c heute zusammengruppiert werden:

a. Abietoideae: nur benadelte Langtriebe; z. B. Tanne *(Abies),* Fichte (*Picea,* ◘ Abb. 6.6a), Douglasie *(Pseudotsuga)* und Hemlocktanne (*Tsuga,* ◘ Abb. 6.6b).
b. Laricoideae: Nadeln an Kurz- und Langtrieben; Lärche (*Larix,* sommergrün), Zeder (*Cedrus,* immergrün, ◘ Abb. 6.6f).
c. Pinoideae: Nadeln in ein-, zwei-, drei- oder fünfnadeligen Kurztrieben, die in Schuppenblattachseln an Langtrieben stehen, nur im Jugendstadium sind Langtriebe benadelt; nur die Gattung Kiefer (*Pinus,* ◘ Abb. 6.6d, e).

Einheimische Vertreter der Kieferngewächse sind die Föhre oder **Kiefer** *(Pinus sylvestris)* und die **Latsche** oder Legföhre *(Pinus mugo),* häufig wird die südeuropäische **Schwarzkiefer** bei uns kultiviert *(Pinus nigra).* Weitere wichtige einheimische Vertreter sind die **Fichte** *(Picea abies),* die **Weißtanne** *(Abies alba)* und die **Lärche** *(Larix decidua).* Nicht heimisch, aber von Forstwirten immer wieder angebaut werden die nordamerikanischen **Douglasien** *(Pseudotsuga menziesii)* bzw. die **Hemlocktanne** (*Tsuga canadensis*)..

6.4.2 Zypressengewächse (Cupressaceae)

» (28 Gattungen, ca. 133 Arten)

Die **Zypressengewächse (Cupressaceae)** umfassen neben Bäumen (z. B. Zypresse, *Cupressus,* ◘ Abb. 6.7a, b) auch Sträucher (z. B. Wacholder, *Juniperus* spec., ◘ Abb. 6.7g). Zypressengewächse bilden Nadel- (◘ Abb. 6.7e) oder Schuppenblätter (◘ Abb. 6.7b), wobei die Sprossachse junger Triebe oft vollkommen von ihnen bedeckt ist. Die **Blätter** sind meist flächig, kreuzgegenständig oder wirtelig angeordnet und differenziert in etwas größere **Kantenblätter** und kleinere **Flächenblätter,** die teilweise auch unterschiedliche Formen haben können. Die meisten Arten sind **immergrün,** während eine chinesische und zwei nordamerikanische Gattungen bedingt wintergrün bzw. sommergrün sind (Chinazypresse *[Glyptostrobus],* Urweltmammutbaum *[Metasequoia]* und Sumpfzypresse *[Taxodium]*) und viele oder alle Nadeln im Winter abwerfen. In der Regel sind Zypressengewächse **monözisch.** Die Blüten sind meist klein, unscheinbar und sehr einfach gestaltet und in fleischigen oder verholzten **Zapfen** (◘ Abb. 6.7b) angeordnet. Fälschlicherweise wird deshalb z. B. im Volksmund der Zapfen des Wacholders als „Wacholderbeere“ bezeichnet, obwohl es keine echte Beere (Definition, ► Abschn. 7.1), sondern ein Zapfen ist und **Nacktsamer keine Früchte bilden**. Die **Pollenkörner** unterscheiden sich von den Kieferngewächsen, da sie **keine Luftsäcke** haben. Die Samen sind meist flügellos (selten sind zwei bis drei Flügel vorhanden). Keimlinge haben zwei bis fünf (bis zu neun) Kotyledonen (Keimblätter).

Die Zypressengewächse sind die einzige Familie der Koniferen, die außer in der Antarktis weltweit auf allen Kontinenten und in beiden Hemisphären der Erde natürlicherweise verbreitet sind und auch noch in sehr großen Höhen vorkommen können, z. B. im Himalaja auf über 5000 m Höhe. Vertreter der Zypressengewächse gehören zu den **größten Bäumen der Welt,** mit Stammlängen über 135 m (z. B. Küstenmammutbaum *[Sequoia sempervirens]* und Riesenmammutbaum *[Sequoiadendron giganteum]*). Sie gehören mit zu den **ältesten Baumarten** der Erde (Mittelmeer-Zypresse *[Cupressus sempervirens]*), mit einem geschätzten Alter von ca. 4000 Jahren; und sie besitzen zum Teil sehr **große Stammdurchmesser** bis zu 12 m (Mexikanische Sumpfzypresse *[Taxodium mucronatum]*).

Die Sumpfzypressengewächse (Taxodiaceae) waren im Tertiär wichtige **Braunkohlebildner.** Heute sind manche Arten an ihrem natürlichen Standort stark gefährdet. Einige Gattungen (z. B. *Thuja*, Scheinzypresse *[Chamaecyparis]*, Eibe *[Taxus]* und Wacholder *[Juniperus]*) werden als **Zierpflanzen** und **Heckenpflanzen** kultiviert, der Wacholder dient als **Gewürz**. Manche Zypressengewächse dienen der **Holzgewinnung,** z. B. die nordamerikanische Weihrauchzeder *(Calocedrus decurrens)* ist in den USA Hauptlieferant zur Bleistiftherstellung, in Europa wird stattdessen meist Kiefer (*Pinus*, ► Abschn. 6.4.1), Ahorn (*Acer*, ► Abschn. 7.7) oder Linde (*Tilia*, ► Abschn. 7.7) verwendet.

6.4.3 Eibengewächse (Taxaceae)

» (5 Gattungen, > 17 Arten)

Die diözischen **Eibengewächse (Taxaceae)** sind in ozeanischen Gebieten der temperaten Zone beheimatet. Es sind **immergrüne Bäume und Sträucher** mit **abgeflachten nadelförmigen Blättern.** Die männlichen Blüten stehen zapfenförmig, achselständig einzeln oder zu mehreren an einjährigen Zweigen und sind kugel- bis eiförmig. Die weiblichen Zapfen stehen achselständig an einjährigen Zweigen und sind zu einer einzigen Zapfenschuppe reduziert, an deren Basis sich kleine Schuppenblätter befinden. Die weiblichen Zapfen besitzen nur ein oder zwei Samenanlagen, wobei nur ein Samen ausgebildet wird, der zur Reife von einer harten Samenschale sowie einem **fleischigen Arillus** (Samenmantel) umhüllt ist. Dabei wird der Arrilus meist vom Stiel der Samenanlage (Funiculus) oder von Veränderungen der Samenschale gebildet. Der Arrilus ist meist **auffällig gefärbt** und dient der Anlockung von Tieren zur **zoochoren** Ausbreitung. **Harze fehlen** den Eibengewächsen, aber die ganzen Pflanzen sind sehr giftig durch das Vorkommen von ***Taxus*-Alkaloiden**. Eine Ausnahme bildet der Arillus, der giftfrei ist (◻ Abb. 6.8c). In Mitteleuropa und dem Mediterranraum ist als einzige Art die Europäische oder Gemeine Eibe verbreitet (*Taxus baccata*, ◻ Abb. 6.8).

6.4.4 Araucariaceae, Podocarpaceae, Sciadopityaceae

» (3 Familien, 22 Gattungen, ca. 212 Arten)

Die **Araukariengewächse (Araucariaceae,** ◻ Abb. 6.9a–c) sind in **Südamerika und Australien** natürlich verbreitet und umfassen drei Gattungen mit 41 Arten. Es

◻ **Abb. 6.8** Gemeine Eibe – *Taxus baccata*. **a** Männliche Blüten; **b** weibliche Blüten; **c** Samen mit rotem Arillus (Foto: Frank Vincentz, GFDL Vers. 1.2, CC-BY-SA 3.0)

Abb. 6.9 Araukariengewächse (Araucariaceae) und Steineibengewächse (Podocarpaceae). Araucariaceae: **a** Chilenische Araukarie oder Andentanne *(Araucaria araucana);* **b** Norfolk-Tanne *(Araucaria heterophylla);* **c** Wollemie *(Wollemia nobilis).* Podocarpaceae: **d, e** Weidenartige Steineibe *(Podocarpus salignus);* **f** Japanische Sicheltanne *(Cryptomeria japonica)*

sind Bäume mit zum Teil **breiten parallelnervigen Laubblättern.** Die Sämlinge besitzen vier Kotyledonen (Keimblätter), wovon häufig zwei miteinander verwachsen sind. Die Pollenkörner sind ungeflügelt mit Pollen, die aus bis zu 40 vegetativen Zellen bestehen, anstatt wie sonst aus vier (Pinaceae), zehn (Podocarpaceae) oder zwei Zellen (restliche Koniferen). Die **weiblichen Zapfen** stehen aufrecht, sind relativ groß, eiförmig bis fast kugelig und enthalten **Milchsaft.** Die Samenschuppen besitzen nur einen Samen, während die meisten anderen Koniferen zwei Samen pro Samenschuppe ausbilden.

Die **Steineibengewächse (Podocarpaceae,** Abb. 6.9d–f) sind vorwiegend in **tropischen** und **subtropischen Gebirgswäldern** der Südhemisphäre verbreitet. Sie umfassen etwa 19 Gattungen und über 170 Arten und sind **immergrüne** Bäume und Sträucher. Die Blätter sind meist flach, lanzettlich bis oval und meist spiralig oder zweireihig an der Sprossachse angeordnet. Bei der Gattung *Phyllocladus* übernehmen blattartig verbreiterte Kurztriebe **(Phyllokladien)** die Aufgabe der Photosynthese. Die weiblichen Zapfen sind meist stark reduziert und bestehen oft nur aus einem fleischigen Komplex aus Deck- und Samenschuppen. Zum Teil können sterile Samenschuppen mit der Zapfenachse zu einem fleischigen Stielbereich verwachsen sein. Oft stehen die ungeflügelten Samen einzeln und sind vollkommen von einem fleischigen Samenmantel umgeben.

Abb. 6.10 Fossile Gymnospermen. **a** *Cordaites lungatus* (Cordaitales), ein Fossilfund von vor über 300 Mio. Jahren aus dem Botanischen Garten Paris *(Jardin des Plantes de Paris)*. **b** *Walchia piniformis* (Voltziales), ein Fossilfund aus dem Perm aus Nonnweiler (Saarland), Naturhistorisches Museum, Bern. (Foto **a:** Jebulon, CC-BY-SA 3.0, leicht verändert; **b:** Woudloper, CC-BY-SA 3.0, unverändert)

Die **Schirmtannengewächse (Sciadopityaceae)** umfassen nur eine monotypische Gattung mit nur einer Art *(Sciadopitys verticillata)*. Heute ist die Schirmtanne nur noch in Japan in höheren Lagen mit häufigem Niederschlag und hoher Luftfeuchtigkeit verbreitet, während Fossilfunde belegen, dass sich die Familie im Trias entwickelt hat und insbesondere im Tertiär auch in Europa weit verbreitet war. Es handelt sich um langsam wachsende Bäume mit orange-brauner Borke, **schuppenförmig-dreikantigen** und **länglich-flachen Blättern an Kurz- und Langtrieben.** Die männlichen Zapfen stehen an den Zweigspitzen und sind klein und kugelig, während die weiblichen Zapfen kurz gestielt und eiförmig sind und bei Reife bis zu 10 cm lang sein können. Charakteristisch sind Deckschuppen, die sich bei Reife nach oben wölben, damit die Samen entlassen werden können.

Kasten 6.1: Fossile Vorfahren der Koniferen

Die **Cordaiten** (Cordaitales) gelten als die fossilen Vorfahren der Koniferen. Sie waren in den Wäldern des Perms weit verbreitet, ehe sie ausstarben – heute werden diese Wälder als „Steinkohlenwälder" bezeichnet. Die Cordaiten waren Bäume mit lanzettlichen Blättern (Abb. 6.10), die sogar noch in den Blüten zahlreiche sterile Schuppenblätter aufwiesen. Die Pollenkammern in den Samenanlagen lassen darauf schließen, dass noch eine Spermatozoidbefruchtung mit begeißelten Gameten erfolgt sein muss.

Den rezenten Nadelhölzern ähnlicher waren die vom Oberkarbon bis Jura nachgewiesenen **Voltziales** (Urkoniferen), die eine allmähliche Verwachsung der Blütenorgane erkennen lassen.

6

Zusammenfassung

Nacktsamer (auch Gymnospermae oder Gymnospermen genannt) sind Samenpflanzen, deren Samenanlagen frei auf den Fruchtblättern der weiblichen Blüten liegen. Wahrscheinlich sind alle Nacktsamer auf einen gemeinsamen Vorfahren zurückzuführen.

Palmfarne sind baumförmig oder unterirdisch knollig-gedrungen und diözisch; durch die Symbiose mit Blaualgen können Palmfarne nährstoffarme Böden besiedeln. Der Ginkgo ist ein „lebendes Fossil" einer ehemals formenreichen Gruppe. Er ist ein sommergrüner Baum mit fächerförmig-gegabelten Blättern. Die diözischen Blüten werden an Kurztrieben gebildet. Ephedraceae, Gnetaceae und Welwitschiaceae sind drei morphologisch sehr unterschiedliche Pflanzenfamilien mit disjunkten Arealen.

Die artenreichste Gruppe der Nadelgewächse sind die Koniferen. Die Blüten der Koniferen sind stets monözisch in zapfenartigen Blütenständen und werden meist windbestäubt. Die Spermatozoidbefruchtung wurde durch die Pollenschlauchbefruchtung (Siphonogamie) abgelöst. Die Kieferngewächse, Zypressengewächse, Eibengewächse, Araukariengewächse, Steineibengewächse und Schirmtannengewächse sind artenreiche Gruppen der Koniferen.

6.5 Vokabelheft

- Palmfarne, Korallenwurzeln, monopodialer Wuchs, Markstrahlen, stärkehaltiges Mark, fächerförmige-gabeladerige Blätter, echte Laubblätter, Phyllokladien, Kantenblätter, Flächenblätter.
- Synangium, Spermatozoiden, Integument, doppelte Befruchtung, Siphonogamie, Zapfen, Sarkotesta, Sklerotesta, Skleriden, Samen, Arrilus.
- Anemochorie, Zoochorie, Zoophilie, Anemophilie.
- Ephedrin, Taxus-Alkaloide, Buttersäure.

? Fragen

1. Können Sie Fakten zur Evolutionsgeschichte der Nacktsamer nennen?
2. Erklären Sie die generative Fortpflanzung der Palmfarne und welche Apomorphien (evolutionären Weiterentwicklungen) hierzu notwendig waren.
3. Welchen Nutzen hat der Mensch von den Nacktsamern? Kennen Sie streng geschützte Nacktsamer?
4. Welche speziellen generativen Merkmale kennzeichnen den Ginkgobaum?
5. Warum unterscheiden sich die Ephedraceae, Gnetaceae und Welwitschiaceae so stark voneinander – können Sie differenzierende Merkmale nennen?
6. Beschreiben Sie Koniferen und für diese Gruppe typische Merkmale.
7. Nennen Sie einheimische Vertreter der Koniferen, ihre Familienzugehörigkeit und ihre jeweiligen charakteristischen Merkmale, die sie von den anderen Gruppen unterscheiden.

Weiterführende Literatur

Christenhusz MJM, Reveal JL, Farjon A, Gardner MF, Mill RR, Chase MW (2011) A new classification and linear sequence of extant gymnosperms. Phytotaxa 19:55–70

Crane PR (1988) Major clades and relationships in „higher" gymnosperms. In: Beck CB (Hrsg) Origin and Evolution of Gymnosperms. Columbia University Press, New York, S 218–272

Fitschen J, Meyer FH, Hecker J (2006) Fitschen – Gehölzflora: Ein Buch zum Bestimmen der in Mitteleuropa wild wachsenden und angepflanzten Bäume und Sträucher. Mit Knospen- und Früchteschlüssel. Quelle & Meyer, Wiebelsheim

Hill K (2005) Diversity and evolution of gymnosperms. In: Henry RJ (Hrsg) Plant Diversity and Evolution. CABI Publishing, Cambridge, S 25–44

Lüder R (2012) Grundkurs Gehölzbestimmung: Eine Praxisanleitung für Anfänger und Fortgeschrittene. Quelle & Meyer, Wiebelsheim The Gymnosperm Database, ► http://conifers.org/zz/gymnosperms.php

Bedecktsamer oder Blütenpflanzen (Angiospermae, Angiospermen)

B. Gemeinholzer, *Systematik der Pflanzen kompakt*, https://doi.org/10.1007/978-3-662-55234-6_7

(ca.500 Familien, ca. 240.000 Arten)

Lernziele

Lernen Sie in ► Abschn. 7.1 den Aufbau der Blütenpflanzen mit den entsprechenden charakteristischen Merkmalen, ihren jeweiligen Bedeutungen und speziellen Bezeichnungen kennen. Dies ist die Grundlage, um die Begriffe in den folgenden Abschnitten, die die Systematik der Bedecktsamer umfasst, verstehen zu können.

Die Basalen Ordnungen der Blütenpflanzen umfassen evolutionär noch recht ursprüngliche, meist artenarme, morphologisch und geographisch isolierte, zweikeimblättrige Vertreter mit häufig vielzähligen, spiralig angeordneten Blütenorganen (► Abschn. 7.2).

Die Einkeimblättrigen (Monokotyledonen, ► Abschn. 7.3) sind eine der wichtigsten Pflanzengruppen für den Menschen (Süßgräser, ► Abschn. 7.3.7.5; Lilienartige, ► Abschn. 7.3.4; Spargelartige, ► Abschn. 7.3.5).

In ► Abschn. 7.4 werden die „echten Zweikeimblättrigen" (Eudikotyledonen) vorgestellt; unter anderem werden die Hahnenfußgewächse (► Abschn. 7.4.1.3) näher beschrieben. Zwei kleinere Ordnungen stehen basal innerhalb der Kerneudikotyledonen (► Abschn. 7.5).

Die Superrosiden (► Abschn. 7.6) umfassen die Steinbrechartigen und die Rosiden (Eurosiden, ► Abschn. 7.7). Die basalen Vertreter der Rosiden sind die Weinrebenartigen, während Eurosiden I (Fabiden, ► Abschn. 7.8) und Eurosiden II (Malviden, ► Abschn. 7.9) ein Schwestergruppenverhältnis zueinander aufweisen. Viele wirtschaftlich bedeutsame Pflanzen gehören zu den Rosiden.

Die basalen Ordnungen Superasteriden (Asternähnlichen) werden in ► Abschn. 7.10 vorgestellt, die als Schwestergruppen zu den Lamiiden (► Abschn. 7.11) und den Campanuliden (► Abschn. 7.12) stehen. Lernen Sie die evolutionären Weiterentwicklungen, die charakteristischen Merkmale der Gruppen und die typischen Vertreter innerhalb dieser kennen.

7.1 Aufbau der Blütenpflanzen

Mit ihrer großen **morphologischen Mannigfaltigkeit** (vom 100 m hohen *Eucalyptus* bis zur 0,8 mm großen, wurzellosen Wasserlinse, ◘ Abb. 7.23, ► Kasten 7.1) sind die Bedecktsamer (► Kasten 7.4) heute die **arten- und formenreichste Pflanzengruppe** der Erde. Der große Erfolg dieser Gruppe ist wahrscheinlich auf mehrere Faktoren zurückzuführen:

- Schutz der Samenanlagen **(Bedecktsamigkeit);**
- Bildung von teilweise **hoch differenzierten Geweben** (die Bedecktsamer haben **ca. 80**

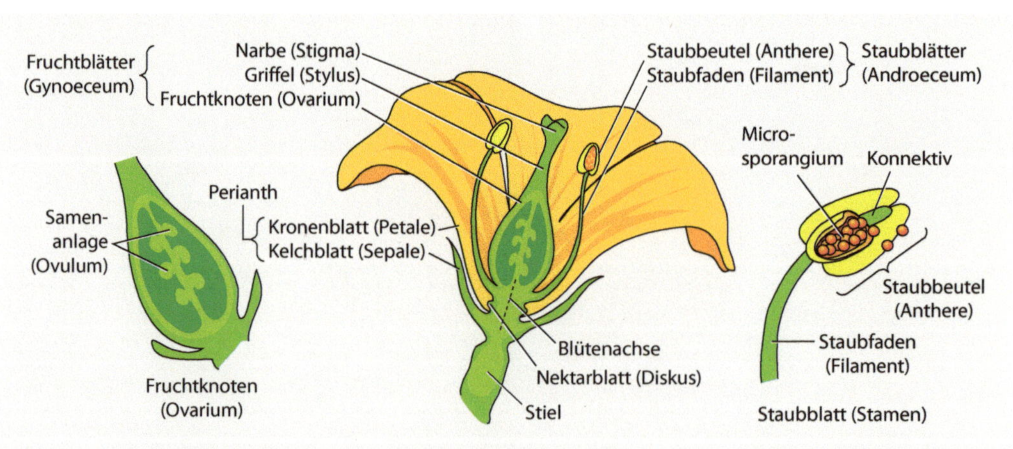

◘ **Abb. 7.1** Aufbau einer Blüte. (nach Ruiz M. 2010)

verschiedene Zelltypen (► Kasten 7.3) mit zum Teil hoch differenzierten Geweben, z. B. dem Leitgewebe, das im Gegensatz zu den meisten Nacktsamern im Xylem Tracheen und Tracheiden und im Phloem Siebröhren mit Geleitzellen aufweist);
- eine große **vegetative und biochemische Plastizität** („Pufferbreite" oder Möglichkeit eines Organismus, auf äußere Veränderungen zu reagieren ohne Veränderung des Genotyps);
- eine relativ **schnelle Samenbildung**;
- Ausbildung von **Abwehrmechanismen** gegen Prädatoren;
- rasche **Koevolution** mit der artenreichsten Tiergruppe, den Insekten (85 % der Insekten Mitteleuropas sind unmittelbar oder mittelbar an die Angiospermen gebunden!).

Die Bedecktsamer sind rezent (heute) **auf allen Kontinenten** – mit Ausnahme der Antarktis – zu finden. Sie besiedeln viele verschiedene Habitate und weisen mancherorts einen extrem hohen Deckungsgrad auf, z. B. in den Galeriewäldern der tropischen Regenwälder.

Während fast alle Nacktsamer Gehölze sind, enthalten die Bedecktsamer viele Kräuter, darunter **Therophyten** (annuelle Pflanzen, die die für sie ungünstigen Jahreszeiten [Hitze, Trockenheit] als Samen im Boden überdauern), **Epiphyten** (Pflanzen, die auf anderen Pflanzen wachsen) und **Hydrophyten** (Wasserpflanzen, die ganz oder teilweise unter Wasser leben). Blütenpflanzen sind Landpflanzen, wobei sich manche Vertreter sekundär wieder an das Leben im Wasser angepasst haben. Die Blätter sind **Megaphylle** und tragen oft Nebenblätter **(Stipel).** Häufig übernehmen die Blätter nicht nur Aufgaben der Photosynthese, sondern dienen auch dem **Klettern** (z. B. Ranken als umgeformte Fiederblätter der Fabaceae, z. B. bei der Wicke, *Vicia*), der **Anlockung von Bestäubern** in Form von Hochblättern (z. B. bei den Wolfsmilchgewächsen, Euphorbiaceae, ► Abschn. 7.8.2.2) oder der **Wasserspeicherung** durch Sukkulenz (z. B. manche Vertreter der Gänsefußgewächse, Chenopodiaceae, z. B. Strand-Sode, *Suaeda maritima*).

Kasten 7.1: Kennzeichen der Blütenpflanzen

Die Angiospermen oder Blütenpflanzen sind Samenpflanzen, deren Samenanlagen von den Fruchtblättern (Karpellen) umschlossen sind **(Bedecktsamer).** Die weiblichen Gametophyten werden in den **Fruchtblättern (Karpellen)** des **Fruchtknotens (Ovarium,** ◘ Abb. 7.1) und die männlichen Gametophyten in den **Staubblättern (Stamina,** ◘ Abb. 7.1) gebildet. Die Gesamtheit aller weiblichen Fortpflanzungsorgane einer Blüte wird **Gynoeceum** genannt, alle männlichen Fortpflanzungsorgane einer Blüte zusammen bezeichnet man als **Androeceum.**

Die Blütenhülle der Blütenpflanzen umhüllt die weiblichen und männlichen Fortpflanzungsorgane. Sie kann aus einem eingestaltigen Kreis Blütenhüllblätter bestehen (auch als einfache Blütenhülle oder **Perigon** bezeichnet) und besitzt dann nur meist bunt gefärbte **Tepalen** (z. B. Tulpe, Magnolie). Sie kann aber auch zweigestaltig und in Kelchblätter **(Sepalen)** und Kronblätter (**Petalen,** gemeinsam auch als Blütenhüllblätter bezeichnet) gegliedert sein; man spricht dann von einer doppelten Blütenhülle (**Perianth,** ◘ Abb. 7.1).

Die **Anordnung** der Hüllblätter und generativen Fortpflanzungsorgane in der Blüte war **ursprünglich spiralig** (◘ Abb. 7.2a). In den basalen Gruppen treten dann zunächst **hemizyklische** Blüten auf, in denen bereits bestimmte Bereiche, z. B. die Kronblätter, in Kreisen stehen, und schließlich **holozyklische** Blüten, bei denen alle Hüllblätter und Sporophylle in Kreisen stehen. Dabei alternieren die Blätter aufeinanderfolgender Kreise **(Alternanzregel),** d. h. die Blütenorgane stehen in jedem Kreis zwischen den Blütenorganen des vorhergehenden Kreises. Nach der Zahl der Kreise unterscheidet man tri-, tetra- und pentazyklische Blüten. Die Zahl der Glieder in den Kreisen, kann gleich (isomer) oder ungleich (anisomer) sein. Als Anpassung an die Tierbestäubung entwickelten sich aus **radiärsymmetrischen** Blüten (mit vielen Symmetrieebenen, ◘ Abb. 7.2c)

Abb. 7.2 Blütensymmetrien. **a** Spiralig (Lotosblume, *Nelumbo* sp.); **b** disymmetrisch (Asiatischer Blütenhartriegel, *Cornus kousa*); **c** radiärsymmetrisch (Gewöhnliche Gewellte Ochsenzunge, *Anchusa undulata*); **d** zygomorph, auch dorsiventral oder monosymmetrisch genannt (die Orchidee *Oncidium leucochilum*). (Foto **a**: C. M. Müller)

oft **zygomorphe** Blüten, die auch als **monosymmetrisch** bezeichnet werden, da sie nur eine Symmetrieebene aufweisen (Abb. 7.2d). Seltener kommen bei den Angiospermen **disymmetrische** Blüten mit zwei Symmetrieebenen vor (Abb. 7.2b), was z. B. für die Kreuzblütengewächse (Brassicaceae, ► Abschn. 7.9.4) charakteristisch ist; oder es werden **asymmetrische** Blüten gebildet.

In der Evolution hat es sich als vorteilhaft erwiesen, Blüten für eine **optimierte Schauwirkung** in **Blütenständen** zu präsentieren. Blütenstände werden anhand ihrer **Verzweigungsmuster** und dem Vorhandensein von kleinen **Tragblättern an der Basis des Blütenstiels** (häufig umgeformt als **Schuppen** oder reduziert bis zu kleinen Haaren, z. B. bei den Asteraceae) jeweils unterschiedlich bezeichnet (Abb. 7.3). Sitzen Blüten ungestielt an einer verdickten Blütenstandsachse, so werden die Blütenstände als **Kolben** bezeichnet, ist die Achse unverdickt, handelt es sich um **Ähren.** Sind die Blüten gestielt, handelt es sich um **Trauben**, sind die Blütenstiele verzweigt, so werden diese als **Rispen** bezeichnet. Weintrauben z. B. sind botanisch korrekt eigentlich Rispen. Entspringen alle Blütenstiele aus einem Vegetationspunkt, um den sich die Hüllblätter anordnen, so spricht man von einer **Dolde,** sind die Doldenstrahlen reduziert und der Blütenstandsboden verdickt, handelt es sich um ein **Köpfchen** bzw. **Körbchen,** was z. B. für die Korbblütengewächse charakteristisch ist. Diese Grundformen der Blütenstände (einfachen Blütenstände) lassen sich fast beliebig kombinieren und variieren, was zu den zusammengesetzten Blütenständen führt (Abb. 7.3 und 7.123), z. B. **Doppeldolden, Rispen** und **Schirmrispen.** Als **zymöse Blütenstände** werden diejenigen bezeichnet, deren Terminale zurückbleibt, während Seitenverzweigungen übergipfeln, was für manche Pflanzengruppen charakteristisch ist`, z. B. bilden manche Nelkengewächse (Caryophyllaceae, ► Abschn. 7.8.2) ein **Dichasium** aus, während ein **Monochasium** für Raublattgewächse (Boraginaceae, ► Abschn. 7.9.4) charakteristisch ist.

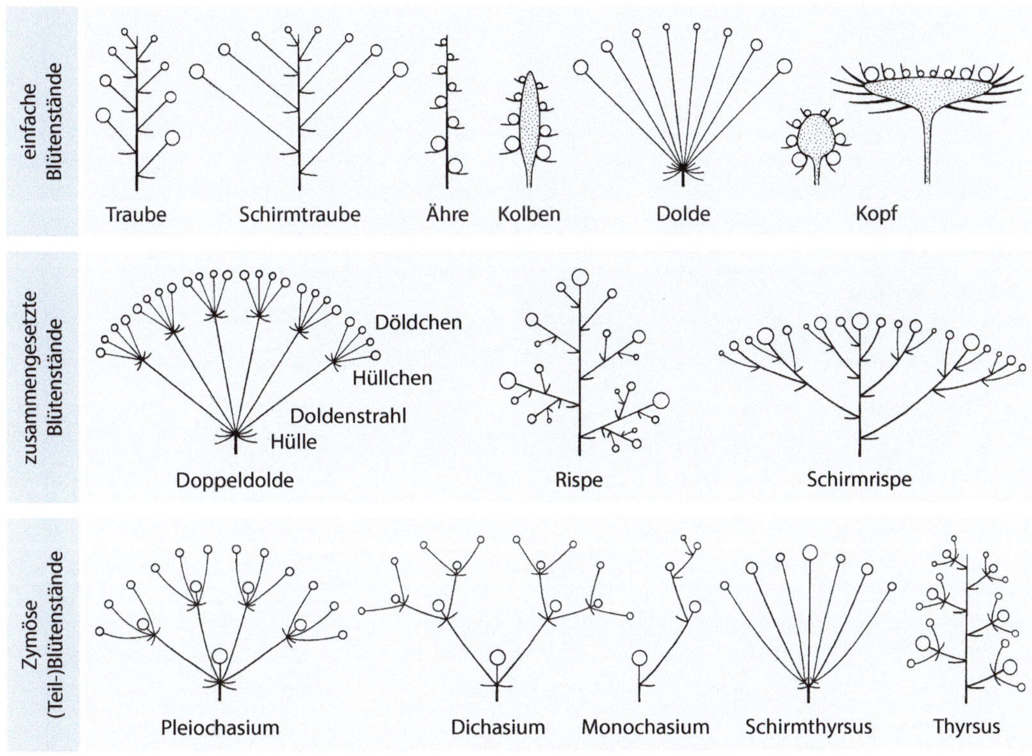

Abb. 7.3 Blütenstände und ihre jeweiligen Bezeichnungen (nach Jäger 2017)

Der gemeinsame Schauapparat vieler Blüten zusammen in einem Blütenstand wird zum Teil als **Blume** oder **Pseudanthium** bezeichnet, z. B. bei der Sonnenblume und anderen Korbblütengewächsen (Asteraceae, ► Abschn. 7.10.3), deren Schauapparat aus vielen zusammengesetzten Einzelblüten in einem Köpfchen besteht.

Die einzelne **Blüte** der Bedecktsamer ist **ursprünglich zwittrig,** wobei sie männliche und weibliche Fortpflanzungsorgane aufweist. Auch heute noch sind 71 % aller Angiospermen zwittrig. Dabei stehen die **Megasporophylle** (Fruchtblätter, Karpelle) **zentral und sind von den Mikrosporophyllen** (Staubblätter, Stamina) **umgeben.** Durch Reduktion von Mikro- bzw. Megasporophyllen wird aus der **zwittrigen** eine eingeschlechtige Blüte. Dabei können die männlichen, Staubblätter-tragenden Blüten und die weiblichen, Fruchtblätter-tragenden Blüten auf einem Individuum an verschiedenen Positionen **(monözisch,** einhäusig) oder auf verschiedenen Individuen stehen **(diözisch,** zweihäusig). Die Getrenntgeschlechtigkeit sichert die **Fremdbestäubung,** die sich in der Evolution als vorteilhaft herausgestellt hat.

Die Staubblätter **(Stamina)** bilden zusammen die männlichen Fortpflanzungsorgane (Mikrosporophylle), das **Androeceum.** Ursprünglich ist die Zahl der Staubblätter vielzählig, spiralig angeordnet und nicht festgelegt (z. B. in den Basalen Ordnungen der Blütenpflanzen, ► Abschn. 7.2). Im Verlauf der Evolution wird die Anzahl der Staubblätter reduziert und kann schließlich auf 1 (viele Orchideen, ► Abschn. 7.3.5) minimiert sein. Ferner können Staubblätter aber auch sekundär vermehrt werden, z. B. bei den Malvales (► Abschn. 7.9.5). Ein **Staubblatt (Stamen)** umfasst einen **Staubfaden (Filament),** auf

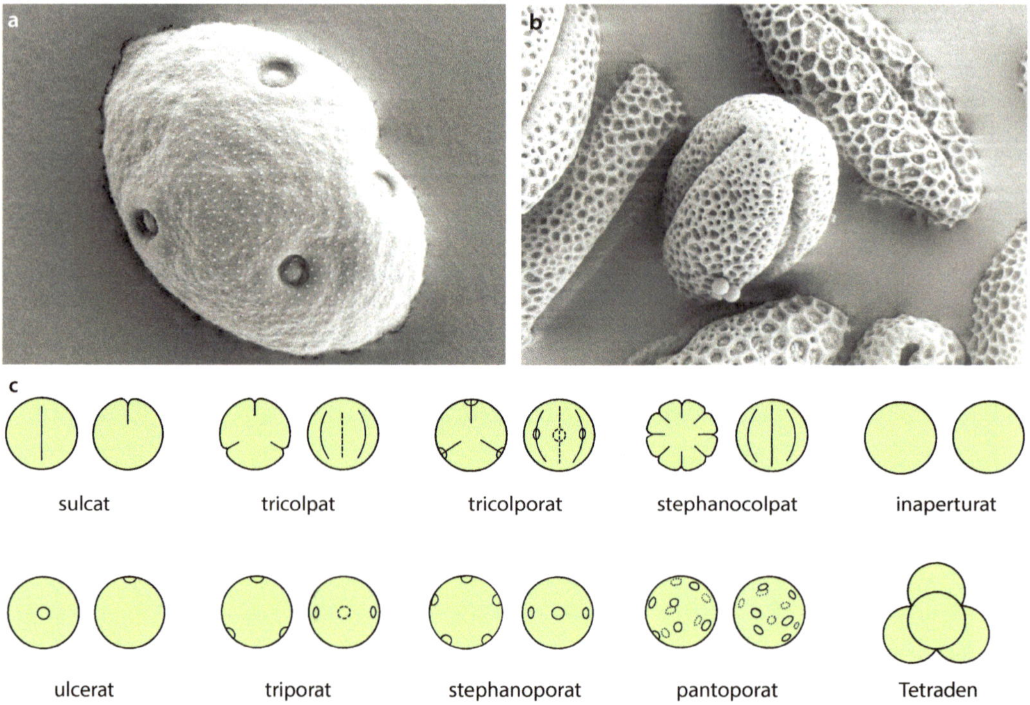

a

b

c

sulcat tricolpat tricolporat stephanocolpat inaperturat

ulcerat triporat stephanoporat pantoporat Tetraden

Abb. 7.4 Pollenkörner mit mehreren Keimöffnungen (Aperturen, **a**) oder mit Keimfalten (Colpi, **b**) und **c** verschiedene Pollenkorntypen. (Aus Kadereit et al. (2014); Fotos: V. Deutschmeyer und B. Hönig)

dem sich ein **Staubbeutel (Anthere)** befindet, der **in zwei Theken mit je zwei Pollensäcken (Loculi)** unterteilt ist, wobei die Theken durch ein **Konnektiv** miteinander verbunden sind (Abb. 7.1 und 7.6). In den Pollensäcken werden die **Pollenkörner** gebildet. Die Wand der Pollenkörner umfasst die **Intine,** die aus **Cellulose** und **Pektin** aufgebaut ist, sowie die **Exine,** die aus **Sporopolleninen** (Polyterpenen) besteht. Die Austrittsöffnungen für den Pollenschlauch werden Keimöffnungen **(Aperturen)** oder Keimfalten **(Colpi)** genannt (Abb. 7.4).

Die Pollenkörner sind Mikrosporen und enthalten ein **dreizelliges Mikroprothallium** (Abb. 7.6e–h) mit einer generativen und einer vegetativen Zelle. Die vegetative Zelle wird zur **Pollenschlauchzelle**, aus der generativen Zelle werden **zwei Spermazellen**. Die unbegeißelten Spermazellen werden durch den Pollenschlauch zum weiblichen Gameten gebracht und dort entlassen, damit eine Befruchtung erfolgen kann. Dies wird als **Siphonogamie** (Pollenschlauchbefruchtung) bezeichnet.

Die Pollenkörner sind witterungsbeständig, weshalb sie in Sedimenten über Jahrtausende hinweg überdauern konnten, eine Tatsache, die sehr aufschlussreich für die **Rekonstruktion der Vegetations- und Florengeschichte** vergangener Zeiten ist.

Die Übertragung des Pollenkorns auf die Narbe anderer Blüten wird als **Bestäubung** bezeichnet. Diese kann durch Tiere erfolgen **(Zoophilie),** dann werden die Tiere meist für ihre Leistung mittels **Pollenüberschüssen** oder **Nektar** belohnt, oder es sind **Fallen- oder Täuschblüten,** die potenzielle Belohnungen vortäuschen. Blüten, die auf **Vogelbestäubung** spezialisiert sind, bilden meist feste Blütenhüllen, oft in grellen Rottönen, aus. **Fledermausblüten** sind meist weißlich-trüb mit sehr vielen Staubbeuteln; und **Nachtfalterblüten** duften meist zur Dämmerung stark, sie sind häufig weiß und öffnen sich erst abends (z. B. beim Gartengeißblatt [*Lonicera caprifolium*]). Manche Blütenhüllen sind zurückgebildet, damit die Pollen mit dem Wind übertragen werden können, ohne dass eine störende Blütenhülle die Fortpflanzungsorgane umgibt; dies wird als **Anemophilie** (Windbestäubung) bezeichnet (z. B. bei Gräsern, ▶ Abschn. 7.3.7). Selten erfolgt eine Bestäubung durch Wasser (**Hydrophilie**, z. B. beim Seegras).

Aus evolutionärer Sicht hat sich **Fremdbefruchtung (Allogamie)** aufgrund der Rekombination der elterlichen Genome als vorteilhaft erwiesen. Deshalb ist im Pflanzenreich **Selbstbefruchtung (Autogamie)** relativ selten. Selbstbefruchtung ist häufig bei Arten zu finden, die neue Lebensräume schnell besiedeln müssen, z. B. bei invasiven Arten oder Inselendemiten. Häufig öffnet sich dann die Blüte nicht mehr **(Kleistogamie)**, was z. B. bei manchen Veilchen der Fall ist. Manche Pflanzen bilden dann auch unnötige, energieaufwendige Schauapparate zurück, wie z. B. der Gift-Hahnenfuß (Ranunculus sceleratus). Um Fremdbestäubung zu gewährleisten, werden **monözische** (einhäusige, jedes Geschlecht auf einer Pflanze in verschiedenen Blüten) und **diözische** Blüten (zweihäusige, jedes Geschlecht auf verschiedenen Pflanzen) gebildet, doch in der Regel scheinen zwittrige Blüten von Vorteil zu sein. Um jedoch Selbstbestäubung zu minimieren, bilden manche Arten unterschiedliche Griffel- und Staubfadenlängen aus (**Heterostylie,** z. B. bei der Primel, ◘ Abb. 7.5b), oder es werden Narbe und Antheren räumlich voneinander getrennt (**Herkogamie,** z. B. bei der Iris, ◘ Abb. 7.5a). Zum Teil wird auch durch **„Vormännlichkeit"** (**Protandrie,** z. B. bei den Korbblütengewächsen), also der Reife der Anthere vor der Reife der Narbe, oder umgekehrt durch **„Vorweiblichkeit"** (**Protogynie,** z. B. beim Wegerich) einer Selbstbestäubung vorgebeugt. Viele Pflanzen können jedoch auch chemotoxisch das Pollenschlauchwachstum des eigenen Pollens im Griffel hemmen, was als **Inkompatibilität** durch **Selbststerilität** bezeichnet wird. Obwohl häufig behauptet wird, dass viele Pflanzen selbstinkompatibel sind, tritt eine Selbstfertilität jedoch trotzdem immer wieder in den unterschiedlichsten Gruppen auf.

Die **Fruchtblätter** (**Karpelle**, Megasporophylle), deren Gesamtheit als **Gynoeceum** bezeichnet wird, werden im Verlauf der Evolution zunehmend differenziert. Fruchtknoten **(Ovar)**, Griffel **(Stylus)** und Narbe (**Stigma;** ◘ Abb. 7.1 und 7.6) werden optimiert, sie verwachsen (◘ Abb. 7.7) und werden von der

◘ **Abb. 7.5** Evolutionäre Weiterentwicklungen, um Selbstbestäubung zu verhindern. **a** Herkogamie – räumliche Trennung von Staubblättern und Narbe, indem die Narbenäste blütenhüllblattähnlich geformt sind (*Gynandriris sisyrinchium*). **b** Heterostylie bei der Primel (*Primula* sp.): Bei der *linken* Blüte sind die Antheren lang und der Griffel ist in der Kronröhre und dadurch nicht zu sehen, bei der *rechten* Blüte ist es umgekehrt. (Foto **b**: S. Mutz)

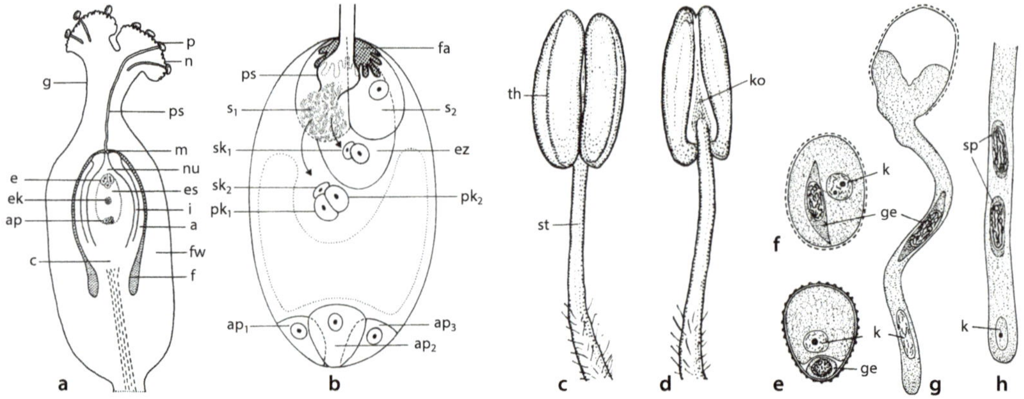

Abb. 7.6 Generative Stadien der Angiospermen. **a** Fruchtknoten. **b** Schema des Embryosacks während der Befruchtung. **c, d** Staubbeutel. **e, f** Männlicher Gametophyt mit vegetativer Zelle mit Zellkern (k) und generativer Zelle (ge) im Pollenkorn. **g** Gekeimtes Pollenkorn mit Pollenschlauchwachstum. **h** Pollenschlauch, in dem sich die generative Zelle in die beiden Spermazellen geteilt hat. a: Anthere, ap: Antipoden, c: Chalaza, e: Eiapparat, ek: sekundärer Embryosackkern, es: Embryosack, ez: Eizelle, f: Funiculus, fw: Fruchtknotenwand, g: Griffel, ge: generative Zelle, k: Kern der vegetativen Zelle, ko: Konnektiv, m: Mikropyle, n: Narbe, nu: Nucellus, p: Pollenkorn, pk: Polkerne, ps: Pollenschlauch, i: Integumente, s: Synergiden, sp: Spermazelle, st: Staubfaden, th: Theken. (**a**: nach H. Schenck; **b**: nach A. Jensen; **e–h**: nach E. Strasburger in Anlehnung an I. L. L. Gignard; **c, d**: nach A. F. W. Schimper, verändert aus Kadereit et al. 2014)

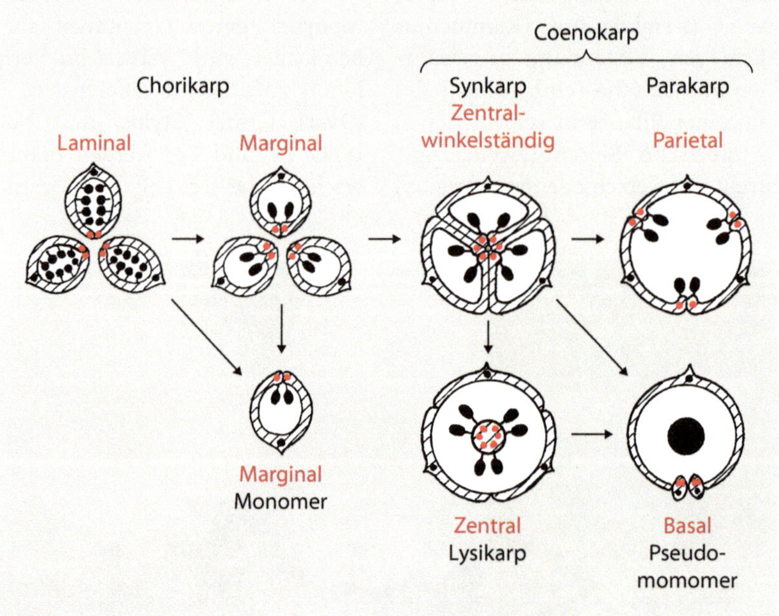

Abb. 7.7 Verschiedene Fruchtknotentypen. **a** Chorikarper (unverwachsener) Fruchtknoten mit randständiger (laminaler) Anordnung der Samenanlagen. **b** Chorikarper Fruchtknoten mit submarginalen Samenanlagen. **c** Synkarper (verwachsener) Fruchtknoten mit zentralwinkelständiger Plazentation. **d, e** Synkarper Fruchtknoten mit parietaler Plazentation und noch vorhandenen (**d**) bzw. aufgelösten Fruchtblattwänden (**e**). **f** Lysikarper Fruchtknoten (mit aufgelösten Fruchtblattwänden) und marginaler (randständiger) Plazentation [verändert nach Kadereit et al. (2014)]

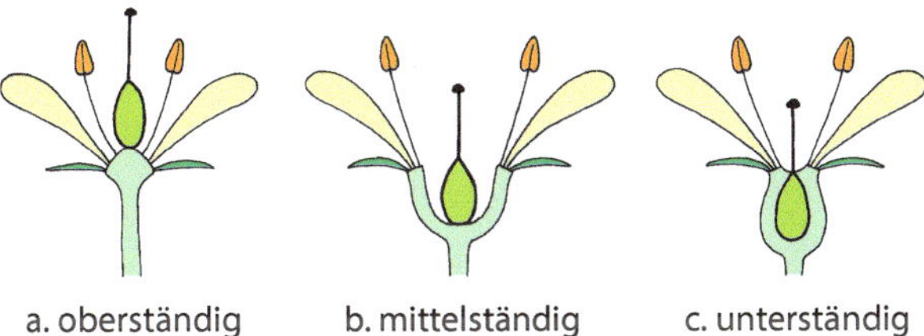

Abb. 7.8 Stellung des Fruchtknotens. (nach Jäger 2017)

Blütenachse zunehmend in den evolutionär abgeleiteten („fortschrittlicheren") Gruppen umhüllt, was zu einem unterständigen Fruchtknoten führt (Abb. 7.8) und einen erhöhten Schutz, etwa vor auf der Blüte krabbelnden Insekten, darstellt. Die Fruchtblätter sind nur bei den Basalen Gruppen der Bedecktsamer noch frei (**chorikarpes Gynoeceum,** z. B. Akelei, Abb. 7.7), meist verwachsen sie untereinander (**coenokarpes Gynoeceum,** Abb. 7.7). Entweder sind dann die Seitenflächen miteinander verbunden und bilden die Trennwände der Fächer des **synkarpen Fruchtknotens** (z. B. Tulpe), oder diese Trennwände weichen nach außen zurück, sodass nur noch die Fruchtblattränder verwachsen sind (**parakarpes Gynoeceum,** z. B. Veilchen). In anderen Fällen werden die trennenden Fächer aufgelöst, wobei die Fruchtblattränder in der Mitte als zentrale Plazenta stehen bleiben (**lysikarpes Gynoeceum,** z. B. bei den Caryophyllaceae, ▶ Abschn. 7.8.2). Durch sekundäre Reduktion von Fruchtblättern kann es auch zur scheinbaren Einblättrigkeit des Fruchtknotens kommen (**pseudomonomeres Gynoeceum,** z. B. bei der Brennnessel). Echt monomer nennt man dagegen ein **einblättriges Gynoeceum,** das in der Phylogenie durch Reduktion eines chorikarpen Gynoeceums entstanden ist, etwa bei den Hülsenfrüchten der Schmetterlingsblütengewächse, z. B. Erbse oder Bohne (▶ Abschn. 7.8.4).

Die Samenanlagen stehen meist am Rande des Fruchtblattes **(marginale Plazentation),** die seltene Flächenständigkeit oder **laminale Plazentation** wird als primitiv angesehen. Bei synkarpem Gynoeceum ist die Plazentation daher zentralwinkelständig, bei parakarpem wandständig (parietal), bei lysikarpem frei-zentral (Abb. 7.7).

Ursprünglich sitzen Perianth und Androeceum an der Blütenachse unterhalb des Fruchtknotens (Blüte **hypogyn** bzw. Gynoeceum **oberständig**). Eine zusätzliche Umhüllung kann der Fruchtknoten durch eine becherförmige Blütenachse oder verwachsene Perianthblattbasen erhalten. Bleiben dabei Fruchtknotenwand und Blütenachse frei, so spricht man von einem **mittelständigen** Fruchtknoten; verwachsen sie fest miteinander, so ist der Fruchknoten **unterständig**, die Blüte **epigyn** (Abb. 7.8).

Die Fruchtblätter bilden eine schützende Hülle um die Samenanlagen, die auf der **Plazenta** mit einem kleinen Stielchen (**Funiculus,** Abb. 7.6) sitzen. Die Samenanlagen bestehen aus dem Nucellus, der von zwei Integumenten (sekundär auch einem oder keinem) umhüllt ist (Abb. 7.6). Diese sitzen am Grunde der Samenanlage, der **Chalaza,** an und lassen am gegenüberliegenden Ende eine Öffnung, die als **Mikropyle** bezeichnet wird. Innerhalb der Fruchtblätter entsteht ein **achtkerniges Megaprothallium (Embryosack).** Aus der Embryosackzelle entwickeln sich **Eizellen** und **Synergiden,** die den **Eiapparat** bilden. Bei der **Befruchtung** dringt der Pollenschlauch durch Narbe, Griffel, Mikropyle (bzw. Chalaza) und Nucellus in den Embryosack ein (Abb. 7.6). Die beiden Spermakerne werden in eine Synergide entleert. Dort befruchtet einer die Eizelle, während der andere mit dem sekundären Embryosackkern zu einem triploiden Kern verschmilzt und das **triploide sekundäre Endosperm (Nährgewebe)** bildet, was als **doppelte Befruchtung** bezeichnet wird. Das sekundäre Endosperm entsteht entweder durch freie Kernteilung (nukleär) oder durch eine damit verbundene Zellwandteilung (zellulär). Aus der **Zygote** entwickelt sich ein Embryo, der im Verlauf seiner Entwicklung das Endosperm aufbrauchen kann bzw. dessen Keimblätter **(Kotyledonen)** die Nährstoffspeicherung übernehmen können (◘ Abb. 7.9). Nährgewebe kann aber auch aus dem Nucellus entstehen und wird dann als Perisperm bezeichnet, was z. B. typisch für die Nelkengewächse (Caryophyllaceae, ► Abschn. 7.8.2) ist.

In den Basalen Gruppen der Bedecktsamer ist die Zahl der **Samenanlagen** noch unbestimmt, während sie zunehmend spezifischer im Verlauf der Evolution wird. Bei windbestäubten Arten oder Blüten, die in dichten Blütenständen vorkommen, wird oft nur eine Samenanlage im Fruchtknoten entwickelt (Poaceae, Asteraceae). Andere Arten vermehren die Zahl der Samenanlagen im Fruchtblatt, etwa die Orchideen. Die Samenanlagen können aufrecht (atrop), herabgebogen (anatrop) oder in sich gekrümmt (kampylotrop) sein.

Aus den **Integumenten** entwickelt sich eine feste **Samenschale**, die **Testa**, deren Bau wichtige systematische Merkmale liefert.

Während der Ausbildung der Samen haben sich die Fruchtblätter, häufig mit Unterstützung zusätzlicher, anderer Blütenteile zur Frucht umgebildet. **Die Frucht ist die Blüte im Zustand der Samenreife.** Die **Fruchtwand**, das **Perikarp**, kann von außen nach innen in **Exokarp**, **Mesokarp** und **Endokarp** gegliedert werden. Alle drei können mehrschichtig und entweder ledrig, fleischig/saftig oder holzig sein.

Das Perikarp kann ein **einzelnes Fruchtblatt** umhüllen, dann entstehen **Einzelfrüchte,** die auch als Monokarpium bezeichnet werden. Als **chorikarpe Früchte (Apokarpium)** werden Sammelfrüchte bezeichnet, die aus zwei oder mehreren freien (unverwachsenen) Fruchtblättern gebildet werden. Als **Synkarpium** werden Sammelfrüchte bezeichnet, die sich aus einem **coenokarpen (verwachsenen) Gymnoeceum** entwickeln (◘ Abb. 7.7). Selten verwachsen ganze Blütenstände, was als **Fruchtverbände** bezeichnet wird (z. B. Ananas, Maulbeere, Feige).

Die **Einzelfrüchte** lassen sich wiederum je nach Aufbau des Perikarps untergliedern (◘ Abb. 7.10). So ist z. B. bei **Steinfrüchten** das Exokarp häutig oder fest, das Mesokarp fleischig/saftig und das Endokarp verholzt. Typische Vertreter von Steinfrüchten sind die

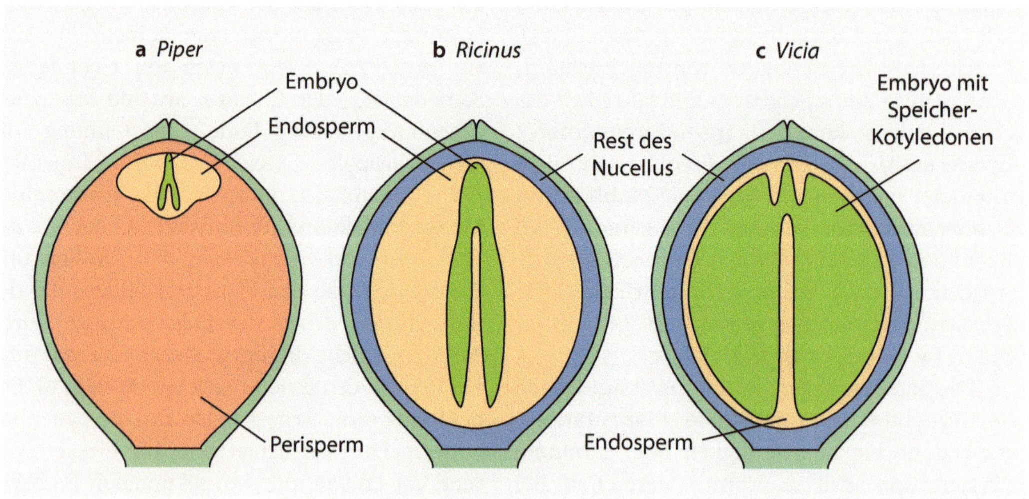

◘ **Abb. 7.9** Unterschiedliche Speichergewebe im Samen der Angiospermen. Stoffspeicherung im Perisperm von Pfeffer (*Piper*, **a**), im Endosperm des Wunderbaums (*Ricinus*, **b**) oder in den Kotyledonen des Embryos der Wicken (*Vicia*, **c**)

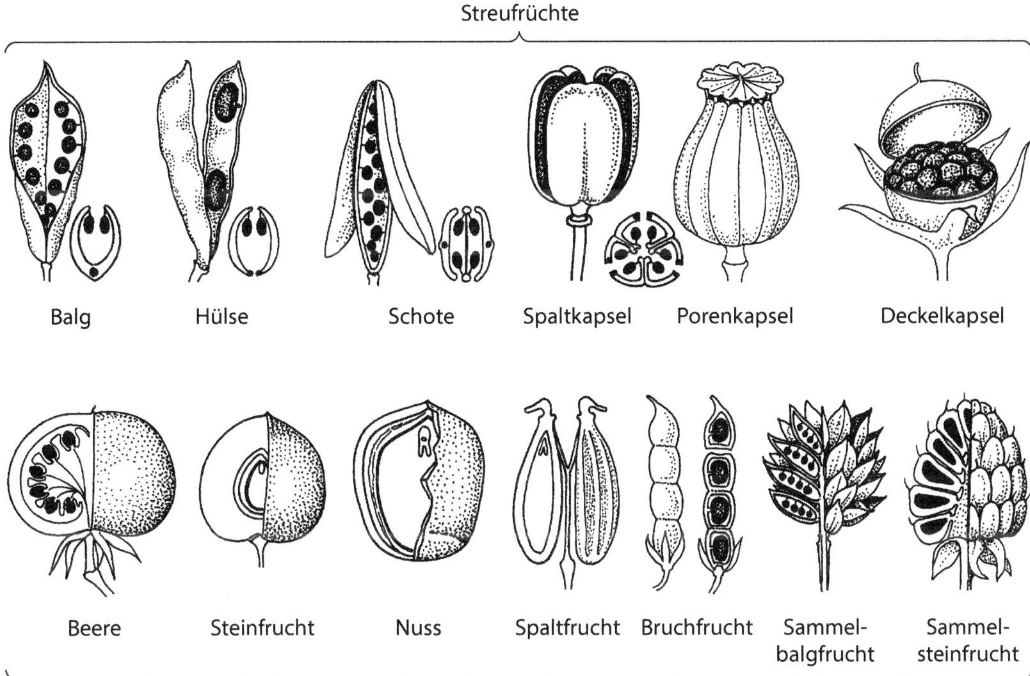

Abb. 7.10 Früchte der Angiospermen (nach Jäger 2017)

Weintraube, die Olive oder die Kirsche, aber auch die Walnuss (► Kasten 7.2). Bei **Beeren (Beerenfrüchten)** ist das gesamte Perikarp saftig. Typische Vertreter der Beerenfrüchte sind Tomate, Heidelbeere, während Sonderformen **Panzerbeeren** mit ledrigem Exokarp sind, z. B. Gurke, Melone, Kürbis und Banane. Bei **Nussfrüchten** besteht das gesamte Perikarp aus sklerenchymatischen (verholzten) Zellen, z. B. bei der Haselnuss, Bucheckern oder der Erdnuss. Sonderformen der Nussfrüchte sind die **Achänen** bei den Asteraceae (Korbblütengewächsen), die aus einsamigen unterständigen Fruchtknoten gebildet werden, und die **Karyopsen** der Poaceae, die aus oberständigen einsamigen Fruchtknoten hervorgehen (► Kasten 7.2). Bei beiden ist jeweils das Perikarp mit der Testa verwachsen.

Die **Sammelfrüchte** (aus chorikarpen oder coenocarpen Fruchtblättern) können **Sammelbeerenfrüchte** (z. B. Kermesbeere), **Sammelsteinfrüchte** (z. B. Himbeere, Brombeere), **Sammelbalgfrüchte** (z. B. Sternanis, Trollblume) oder **Sammelnussfrüchte** (z. B. Erdbeere mit oberständigem Fruchtknoten (► Kasten 7.2), Hagebutte mit mittelständigem Fruchtknoten und Mispel mit unterständigem Fruchtknoten) sein. Die **Sammelfrüchte fallen als Einheit ab.** Eine Sonderform der Sammelbalgfrucht ist die **Apfelfrucht,** eine Balgfrucht, die von fleischigem Achsengewebe umgeben ist.

Bei **Fruchtverbänden** entwickelt sich aus dem **gesamten Blütenstand** mit mehreren Einzelblüten **eine Ausbreitungsseinheit.** Meist sind zur Bildung des Fruchtverbands nicht nur das Perikarp sondern auch weitere Blütenorgane und meistens die Blütenstandsachse beteiligt. So ist z.B. im **Beerenfruchtverband** der Ananas die Sproßachse meist etwas holzig, kann aber gegessen werden, während die Kelchblätter auf der Oberfläche der Ananas dem Fraßschutz dienen. Weitere Fruchtverbände sind z.B. die **Feige**

7

(Steinfruchtverband) und die **Maulbeere** (Steinfrucht- oder **Nussfruchtverband**).

Neben Einzelfrüchten, Sammelfrüchten und Fruchtverbänden unterscheidet man zwischen Streu- und Schließfrüchten (▪ Abb. 7.10). **Streufrüchte** geben bei der Reife durch Öffnen des Perikarps den Samen frei. Typische Vertreter sind die Balgfrucht und die Hülse, die aus je einem Fruchtblatt entstanden sind (▶ Kasten 7.2). Die Balgfrucht öffnet sich an der Bauchnaht, während sich die Hülse an Bauch- und Rückennaht öffnet. Kapseln sind Streufrüchte, die aus mehreren Karpellen gebildet werden. Spaltkapseln öffnen sich entweder durch Längsspalten entlang der Verwachsungsnähte der Karpelle oder entlang der Mittelrippe. Eine Sonderform der Kapsel ist die Schote, die aus zwei Fruchtblättern entsteht. Sie öffnet sich mit zwei Klappen, die sich von einem Rahmen (Replum) ablösen, an dem sich die Samenanlagen entwickelten. Zwischen den Teilen des Rahmens spannt sich meist eine (falsche) Scheidewand (Septum). Bei Porenkapseln werden die Samen durch Löcher entlassen, z. B. beim Klatschmohn. Bei Deckelkapseln löst sich der obere Teil aller Fruchtblätter als Ganzes ab, z. B. beim Eukalyptus. **Schließfrüchte** umschließen den Samen noch bei der Ausbreitung. Hierzu gehören Nussfrüchte, wie z. B. die Haselnuss, aber auch die Sonderformen der Nussfrüchte, z. B. die Achänen der Korbblütengewächse (Asteraceae, ▶ Abschn. 7.10.3) und die Karyopsen der Gräser (Poaceae, ▶ Abschn. 7.3.7)

Kasten 7.2: Früchte und ihre (botanisch unkorrekten) Bezeichnungen im Volksmund

Der Volksmund gebraucht häufig botanisch nicht korrekte Bezeichnungen für Gemüse – so hat z. B. die Erbse Hülsen und keine Schoten. Die Erdbeere ist eine Sammelnussfrucht mit fleischigem Blütenboden und keine echte Beere in botanischem Sinne. Himbeeren und Brombeeren sind botanisch korrekt Sammelsteinfrüchte und haben keinerlei Ähnlichkeit mit einer Beere. Dagegen sind Gurke, Kürbis, Tomate, Paprika und Melonen Beeren. Auch die Banane ist eine Beere. Die Walnuss und die Kokospalme sind keine Nüsse, sondern Steinfrüchte, wie die Kirsche, die Pflaume, die Nektarine und der Pfirsich. Sonnenblumen-„Samen" und Gras-„Samen" sind in Wirklichkeit Früchte (Achänen bzw. Karyopsen).

Bei den Bedecktsamern dient manchmal die Frucht, zum Teil aber auch der Samen, der Blütenstand, Brutzwiebeln oder die ganze Pflanze der Ausbreitung. Die **Ausbreitungseinheit** wird als **Diaspore** bezeichnet. Wird die Diaspore durch Tiere ausgebreitet, so spricht man von **Zoochorie,** wobei dies durch Anheften an die Tiere erfolgen kann (**Exo-** oder **Epizoochorie**), z. B. bei der Klette oder bei Klebfrüchten, oder die Ausbreitungseinheit kann gefressen werden **(Endozoochorie),** was z. B. typisch für Steinfrüchte oder Beeren ist. Häufig erhöhen Ölkörperchen **(Elaiosomen)** als Diasporenanhängsel die Attraktivität der Ausbreitung, z. B. durch Ameisen, was als **Myrmekochorie** bezeichnet wird und typisch für viele waldbewohnende Pflanzen ist, z. B. den Lerchensporn oder das Veilchen. Manche Diasporen sind an die Windausbreitung angepasst – **Anemochorie** genannt. Häufig werden hierfür spezielle flugunterstützende Gewebe gebildet, z. B. bei der Ulme oder der Linde, oder Haare dienen der Optimierung der Flugeigenschaften, z. B. beim Löwenzahn. Die Ausbreitung per Wasser wird **Hydrochorie** genannt, während viele Samen auch einfach nur herunterfallen **(Autochorie).** Mittlerweile breiten sich viele Pflanzenarten entlang von Autobahnen und Bahngleisen aus, was als **Anthropochorie** bezeichnet wird.

Kasten 7.3: Spaltöffnungstypen der Bedecktsamer

Poren in der Epidermis von Pflanzen werden **Spaltöffnungen (Stomata)** genannt. Sie bestehen aus zwei bohnenförmigen Zellen, die **Schließzellen** genannt werden, welche Chloroplasten besitzen (eine Besonderheit in der Epidermis!) und dadurch aktiv zum regulierten Gasaustausch die darunterliegende Atemhöhle öffnen und schließen können. Um diese Schließzellen herum liegen diverse **Nebenzellen,** deren Form und Lage charakteristisch für verschiedene Pflanzengruppen sind.
Man unterscheidet diverse Spaltöffnungstypen (Lage auf der Blattober- bzw. -unterseite und Form des Schließapparates), wobei im Folgenden nur die Lage der Nebenzellen zu den Schließzellen angesprochen wird:

- **Crassulaceae-Typ:** tetracytische Nebenzellen, vier Zellen, die gleichmäßig um die Schließzellen verteilt liegen (◘ Abb. 7.11f), z. B. bei den Lilienverwandten.
- **Ranunculaceae-Typ:** anomocytisch, ohne definierte Zahl oder Lage der Nebenzellen (◘ Abb. 7.11a), z. B. bei den Mohn-, Primel-, Rosen- und Malvengewächsen.
- **Rubiaceae-Typ:** paracytische Nebenzellen parallel zu den Schließzellen (◘ Abb. 7.11d), z. B. bei den Winden- und Johanniskrautgewächsen.
- **Brassicaceae-Typ:** anisocytische Nebenzellen, meist drei Nebenzellen, wobei eine meist deutlich kleiner ist (◘ Abb. 7.11e), z. B. bei den Brennnesselgewächsen und der Tollkirsche.
- **Caryophyllaceae-Typ:** diacytische Nebenzellen, zwei Nebenzellen um 90° versetzt zu den Schließzellen (◘ Abb. 7.11c), z. B. bei den Nachtschatten-, Verbenen-, Lippenblüten- und Akanthusgewächsen.
- **Celastraceen-Typ:** zyklocytisch, viele Nebenzellen liegen ringförmig um die Schließzellen (◘ Abb. 7.11b), z. B. bei *Piper*-Arten, Zitrusverwandten und dem Buchsbaum.

◘ **Abb. 7.11** Spaltöffnungstypen der Blütenpflanzen mit jeweils zwei bohnenförmigen Spaltöffnungszellen, den sie umgebenden Nebenzellen in charakteristischer Anordnung, sowie den Epidermiszellen. (Aus Kadereit et al. 2014)

Kasten 7.4: Bedecktsamer, Blütenpflanzen oder Angiospermen (Angiospermae)

Carl von Linné (1707–1778) definierte ein System der Angiospermen, vorwiegend aufgrund von unterschiedlichen Merkmalen der Blüte – insbesondere der Zahl und Anordnung von Staubblättern (häufig auch Linné'sches System genannt). Dieses System wurde seitdem kontinuierlich durch weitere Merkmale und ihre Interpretation im evolutionären Zusammenhang ergänzt, verändert und optimiert (z. B. A. L. de Jussieu, A. P. de Candolle, G. Bentham und J. D. Hooker, A. Engler, A. Cronquist, R. M. T. Dahlgren, A. Takhtajan und vielen mehr). Die hier vorgestellte Systematik lässt noch Grundzüge des Linné'schen Systems erkennen, beruht aber weitgehend auf den 1998 erstmalig publizierten und seither kontinuierlich aktualisierten Erkenntnissen der ***Angiosperm Phylogeny Group*** **(APG)** (► http://www.mobot.org/MOBOT/research/APweb/).

Die APG-Systematik gliedert die mehr als **260.000 Arten** der Angiospermen in ungefähr **13.200 Gattungen, 445 Familien** und **59 Ordnungen** und beruht vorwiegend auf **molekularen Erkenntnissen** aus den drei Genomen der pflanzlichen Zelle (Zellkern, Mitochondrien, Plastiden). Da Sequenzdaten kumulativ generiert und analysiert werden können, wird die APG-Systematik durch die Einbeziehung weiterer Arten ständig verbessert und optimiert und mithilfe von weiteren molekularen und nicht-molekularen Merkmalen gestützt. Hierbei ist es von vorrangigem Interesse, die **evolutionären Zusammenhänge** zu rekonstruieren, insbesondere durch die Identifikation **monophyletischer Gruppen.** Diese enthalten eine Stammart (in der Regel ein ausgestorbener Vorfahre) sowie alle Nachfahren derselben, jedoch keine Arten, die nicht Nachfahre dieser Stammart sind. Auf höherer taxonomischer Ebene innerhalb der Angiospermen ist die Detektion monophyletischer Gruppen zum Teil schwierig, da Gruppen, die sich molekular charakterisieren lassen, keine gemeinsamen morphologischen Merkmale aufweisen. Dies kann evolutionäre Prozesse widerspiegeln; so können z. B. aufgrund von **divergenten Evolutionsprozessen** von großen und alten Verwandtschaftskreisen ehemals gemeinsame Merkmale verloren gegangen sein, oder Merkmalseigenschaften haben sich durch schnelle **phänotypische Evolution** (Evolution der Merkmale des Erscheinungsbildes) weiterentwickelt, sodass ihr verwandtschaftlicher Ursprung nicht mehr offensichtlich zu erkennen ist. So bilden letztendlich systematische Erkenntnisse Hypothesen über die verwandtschaftliche Beziehung von Organismen im historischen Kontext, die jedoch auch kritisch hinterfragt werden können und müssen. Dies führt dazu, dass es immer wieder zu Veränderungen im System kommt – insbesondere in Bezug auf die Großgruppensystematik der Angiospermen. Da diese bisher immer noch nicht zufriedenstellend geklärt ist, wird – wie momentan international üblich – auf eine formelle Namensgebung im Sinne des Internationalen Codes der Nomenklatur für Algen, Pilze und Pflanzen (ICN oder ICNafp) verzichtet, und die Großgruppen werden informell bezeichnet; erst auf Ordnungsebene (Endung „-ales") folgt die Systematik einer formalen Namensgebung.

Die folgenden Abschnitte erheben keinen Anspruch auf Vollständigkeit, sondern Ziel ist es, einen Überblick über die Systematik der Großgruppen zu geben. Ferner werden in Zentraleuropa weit verbreitete, andererseits aber auch weltweit wirtschaftlich wichtige Familien etwas detaillierter behandelt.

7.2 Basale Ordnungen der Blütenpflanzen

» (ca. 8600 Arten)

Die basalen (ursprünglichen), rezenten (heute noch lebenden) Angiospermen bilden eine Gruppe von zahlreichen meist artenarmen, morphologisch und geographisch isolierten, zweikeimblättrigen Pflanzen. Die **Basalen Ordnungen** (ehemals fälschlicherweise als Magnoliidae oder Magnoliopsida bezeichnet) sind nicht monophyletisch, sie besitzen zwar einen gemeinsamen Vorfahren, aber nicht alle Nachfahren dieser Stammart werden zu dieser Gruppe geordnet (◘ Abb. 7.12). Deshalb werden die Basalen Ordnungen als **paraphyletisches ANA-*Grade* (Amborellales, Nymphaeales** und **Austrobaileyales** ANA]) und die Magnolienähnlichen (Kasten 7.5, ◘ Abb. 7.13) und nicht als monophyletische Klade bezeichnet. Nur etwa 4 % aller rezenten Angiospermen gehören zu den verschiedenen **paraphyletischen Taxa** dieser Gruppe, die nur wenige morphologische Synapomorphien (► Abschn. 1.4.2) aufweisen und untereinander relativ unterschiedlich zueinander sind.

Aufgrund morphologischer und genetischer Merkmale werden diese Ordnungen zu den ursprünglichsten Blütenpflanzen gezählt. Meist handelt es sich um holzige, seltener um

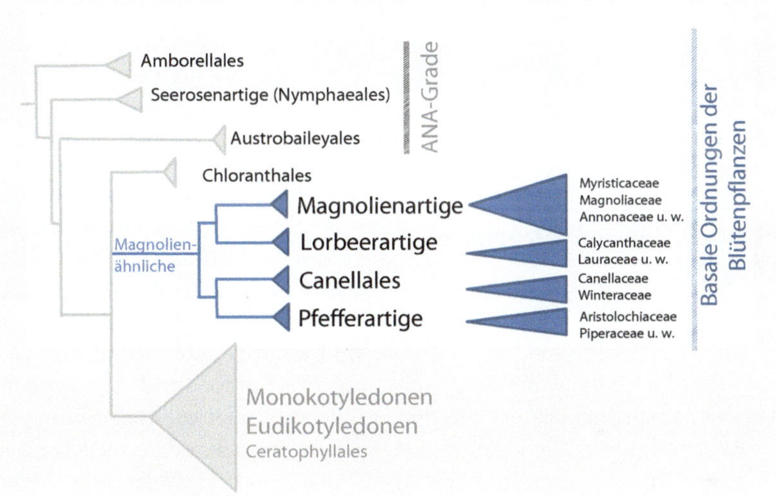

◘ **Abb. 7.12** Systematik der Basalen Ordnungen der Blütenpflanzen (Angiospermen)

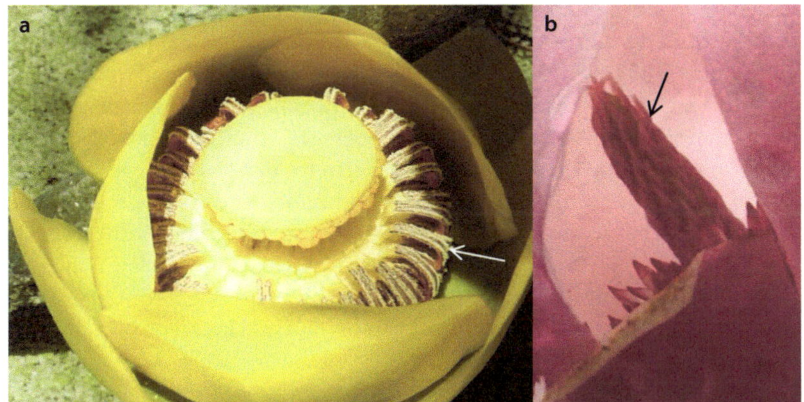

◘ **Abb. 7.13** Evolutionär ursprüngliche Merkmale der Basalen Ordnungen **a** Verbreiterte Staubblätter (*Nuphar polysepala*). **b** Vielzählige, spiralig angeordnete, unverwachsene Fruchtblätter mit breiten Narbenzipfeln (*Magnolia soulangiana*)

krautige Pflanzen mit ursprünglichem Leitgewebe (Gefäße [Xylem] mit leiterartigen Durchbrechungen) und einfachen Blättern. Die Vertreter der Basalen Ordnungen weisen ätherische Öle auf, die in **kugeligen Idioblasten**[1] gespeichert werden. Die Blüten haben charakteristische **ursprüngliche Blütenmerkmale** und bestehen aus wenigen bis vielen schraubig oder wirtelig angeordneten Organen. Die **Stamina** sind meist **blattartig** (◘ Abb. 7.13a), die **Fruchtblätter** sind entweder **einzeln oder mehrfach** vorhanden, dann aber **nicht miteinander verwachsen, spiralig** angeordnet und jeweils mit **verlängerter Narbe, die jedoch nicht durch einen Griffel abgesetzt ist** (◘ Abb. 7.13b). Die Samen haben einen **kleinen Embryo** und **viel Endosperm.**

7

7.2.1 Amborellales – *Amborella trichopoda*

» (1 Familie, 1 Gattung, 1 Art)

Unumstritten ist die basale Stellung der **Amborellales** als ursprünglichster rezenter Vertreter der Blütenpflanzen. Die Ordnung ist mit einer einzigen Gattung **(monogenerisch)** und nur einer Art **(monospezifisch),** ***Amborella trichopoda*** (◘ Abb. 7.14a), auf Neukaledonien beheimatet und wächst im Unterwuchs feuchter, schattiger Bergwälder. Bei *Amborella trichopoda* handelt es sich um **Hermaphroditen**, deren Blüten zum Zeitpunkt x funktional diözische (zweihäusige) sind, was sich im Laufe der Zeit aber ändern kann. Es sind **immergrüne Sträucher ohne Tracheen,** aber mit **Ölzellen** im Parenchym. Die Blüten sind klein (< 5 mm) mit schraubig angeordneten Blütenorganen, was als ursprüngliches Merkmal in der Evolution angesehen wird. Die Blütenhülle ist einfach (Perigon) und nicht in Kelch (Sepalen) und Blütenblätter (Petalen) gegliedert, mit **fünf bis elf Tepalen.** Die sehr variierende Anzahl an Blütenblättern ist ebenfalls ein ursprüngliches Merkmal. Die männlichen Blüten weisen **zehn bis 14 Staubblätter** auf, während die weiblichen Blüten sterile **Staminoide** ausbilden und einige unverwachsene Fruchtblätter entwickeln. Der Embryosack ist neunkernig.Bei erfolgreicher Befruchtung bildet *Amborella* rote **einsamige Steinfrüchte.** Es wird vermutet, dass die Seerosenartigen **(Nymphaeales)** die nächsten lebenden Verwandten von *Amborella* sind (z. B. Soltis et al. 2008).

7.2.2 Seerosenartige (Nymphaeales)

» (3 Familien, 6 Gattungen, 74 Arten)

Die **Nymphaeales** umfassen die sehr artenarmen Familien Hydatellaceae und Cabombaceae (Haarnixengewächse) sowie die Nymphaeaceae (Seerosengewächse). Alle Taxa der Nymphaeales leben **aquatisch;** es sind krautige, am Grund von Gewässern verankerte **Sumpf- und Wasserpflanzen**, die ein **Rhizom** (unterirdischer Spross) aufweisen. Es gibt kein sekundäres Dickenwachstum. Die Wurzeln sind häufig mit **Mykorrhizapilzen** vergesellschaftet. Die Seerosenartigen haben häufig **heterophylle Blätter:** Die Unterwasserblätter unterscheiden sich in Form und Größe von den Schwimmblättern an der Wasseroberfläche (► Kasten 7.5, ◘ Abb. 7.15). Die Schwimmblätter besitzen im Gegensatz zu den meisten anderen Blütenpflanzen Spaltöffnungen zum Gasaustausch auf der Blattoberseite. Im Gegensatz zu *Amborella* bilden Vertreter der Nymphaeales **keine Ölzellen.** Die Leitbündel sind meist ohne Tracheen und zerstreut im Spross angeordnet. Die **Blütenorgane** sind entweder in großer Zahl vorhanden und dann **wirtelig** angeordnet (◘ Abb. 7.14b, mehrere Blütenblätter entspringen einem Knoten, ein ursprüngliches Merkmal, typisch für die Seerosengewächse), oder sie sind ein Vielfaches von drei und stehen in Kreisen (Cabombaceae). Während die Blüten der Seerosenartigen über der Wasseroberfläche blühen, bilden

1 Einzelzellen mit besonderen Aufgaben innerhalb eines pflanzlichen Gewebes

Abb. 7.14 Taxa des ANA-*Grade*. **a** *Amborella trichopoda* (weibliche Blütenstände, mit wirteliger Blütenanordnung). **b** Seerose (*Nymphaea* sp., mit wirteliger Blütenblattstellung). **c** Sternanis-Blüte (*Illicium floridanum*). (Fotos **a, c**: Scott Zona, CC-BY 2.0, unverändert)

sich die Früchte unter Wasser. Der Embryosack ist vierkernig, und die Samen speichern Nährstoffe im Perisperm (▶ Kap. 5). Die Seerosenartigen kommen weltweit vor, außer in arktischen Regionen. Fossilfunde lassen vermuten, dass die Nymphaeales bereits seit der Kreidezeit existieren. Seerosengewächse sind beliebte Zierpflanzen (Abb. 7.14b, 7.15); nur selten wird die Stärke der Seerosengewächse oder werden junge Blätter und Knospen zur menschlichen Ernährung verwendet.

7.2.3 Austrobaileyales

» (3 Familien, 5 Gattungen, 100 Arten)

Die Taxa der Austrobaileyales kommen in Australien, Südostasien und im Pazifik vor. Es sind holzig-lianenförmige Pflanzen. Die meist gegenständigen Blätter werden über zwei Blattspurstränge (Leitbündelstänge) versorgt und es entsteht eine Lücke im Leitgewebezylinder oberhalb der Stelle (unilakünär). Die Blüten sind meist groß. Sepalen, Tepalen, Antheren und Gynoeceum sind meist vielzählig, spiralig angeordnet und unverwachsen. Die Früchte sind meist Beeren. Ausnahmen hiervon bilden manche Sternanisgewächse (Schisandraceae), die auch Balgfrüchte entwickeln. So z. B. beim **Sternanis** (*Illicium* sp., Abb. 7.14c), der anisähnliche **ätherische Öle** besitzt, weshalb die Pflanze als Gewürz in subtropischen Regionen Asiens und Amerikas angebaut wird und auch bei uns in den Handel kommt.

Kasten 7.5: Die Amazonas-Riesenseerose

Die Schwimmblätter von *Victoria amazonica* (Amazonas-Riesenseerose, Nymphaeaceae, Nymphaeales) können kreisrund und im Durchmesser bis zu 3 m groß werden (Abb. 7.15). Sie besitzen einen hochgewölbten Rand mit einer Einkerbung, damit Regenwasser rasch ablaufen kann. Ferner weist die obere Epidermis eine komplexe mikro- und nanoskopische Struktur auf, die dafür verantwortlich ist, dass die Haftung von Schmutzpartikeln minimiert wird (Lotuseffekt). Stabilität und Schwimmfähigkeit verdanken die Blätter einem leistenförmigen Stützgewebe auf der Blattunterseite (Abb. 7.15b) mit großen Interzellularen entlang des Adernetzes. Zum Schutz gegen Fischfraß werden alle unter Wasser liegenden Pflanzenteile durch harte, spitze Stacheln geschützt. Jede Blüte von *Victoria amazonica* öffnet sich an zwei aufeinanderfolgenden Nächten mit unterschiedlichen Farben: In der ersten Nacht blüht *Victoria* weiß, in der zweiten rosarot.

■ **Abb. 7.15** **a** *Victoria* sp.; **b** *Victoria amazonica*, Blattunterseite. (Foto **b**: Amanda Slater, CC-BY-SA 2.0, unverändert)

7

Kasten 7.3: Magnolienähnliche und ihre Vielfalt

Innerhalb der Basalen Ordnungen der Blütenpflanzen sind die **Magnolienähnlichen (Magnoliiden,** engl. ***magnoliids***) eine **monophyletische Gruppe.** Es sind vorwiegend Bäume, Sträucher und krautige Pflanzen mit einem Verbreitungsschwerpunkt in den Tropen, Pantropen und zum Teil in temperaten Gebieten (► Abschn. 8.2). Die Vertreter der Magnolienähnlichen weisen – ähnlich der ANA-Grade-Taxa – überwiegend **ursprüngliche Merkmale** auf, wie z. B. **freie (unverwachsene) Fruchtblätter** (■ Abb. 7.7), einen **radiärsymmetrischen Blütenaufbau** sowie **ätherische Öle.** Im Gegensatz zu den Vertretern des ANA-*Grade* bilden die Magnolienähnlichen **Benzylisochinolinalkaloide.** Sie untergliedern sich in vier monophyletische, gut charakterisierte Ordnungen: in die Magnolienartigen (**Magnoliales,** 6 Familien, 154 Gattungen, 2829 Arten, ► Abschn. 7.2.4), die **Lorbeerartigen (Laurales,** 7 Familien, 91 Gattungen, 2858 Arten, ► Abschn. 7.2.5), die **Canellales** (2 Familien, 9–13 Gattungen, 75–105 Arten) und die **Pfefferartigen (Piperales,** 4 Familien, 17 Gattungen, 4090 Arten, ► Abschn. 7.2.6).

7.2.4 Magnolienartige (Magnoliales)

» (6 Familien, 154 Gattungen, 2829 Arten)

Die Magnolienartigen (Magnoliales) sind **verholzte Pflanzen.** Die Blätter sind **einfach, ledrig,** mit **glattem Blattrand.** Die Blüten sind zwittrig mit meist großen, **vielzähligen Blütenorganen,** die **spiralig** angeordnet sind. Häufig ist die Blütenachse **zapfenähnlich gewölbt.** Die Pollen sind **monocolpat** (■ Abb. 7.4). Die Fruchtblätter sind **chorikarp** und beinhalten meist mehrere Samenanlagen. Der Embryo im Samen ist klein und von relativ viel Endosperm umgeben. Wahrscheinlich ähneln die Vertreter der heutigen Magnoliales in vielen Merkmalen den gemeinsamen Vorfahren der Blütenpflanzen.

7.2.4.1 Magnoliengewächse (Magnoliaceae)

» (2 Gattungen, ca. 227 Arten)

Die Magnoliengewächse (Magnoliaceae) sind nordhemisphärisch in Amerika und Asien verbreitet. Neben den typischen Merkmalen der Magnoliales, besitzen Vertreter der Magnoliaceae wechselständige Laubblätter **mit großen Nebenblättern.** Die Blüten sind meist einzeln, terminal oder achselständig. Magnoliengewächse weisen meist **schraubig angeordnete Blütenorgane** (■ Abb. 7.16a) auf, deren Anzahl in der Blüte nicht definiert und hoch ist. Eine Bestäubung erfolgt häufig durch Käfer. Die Früchte sind meist **Hülsen,** die sich an Bauch- und Rückennaht öffnen, selten finden sich Bälge (■ Abb. 7.16b). Die

Samen sind meist auffällig rot gefärbt und werden von Vögeln verbreitet. Zum Schutz gegen Fraß bilden sie eine **Sarkotesta** (▶ Abschn. 6.1) aus. Magnoliengewächse werden häufig als Zierbäume kultiviert, wie z. B. die Magnolie (*Magnolia soulangiana* und *M. stelata*) aufgrund ihrer schönen Blüten (◘ Abb. 7.16a) und der Tulpenbaum (*Liriodendron tulipifera,* ◘ Abb. 7.16b).

7.2.4.2 Annonengewächse (Annonaceae)

» (107 Gattungen, ca. 2383 Arten)

Die Annonengewächse (Annonaceae) sind verholzte, immergrüne Bäume, Sträucher und Lianen, die vorwiegend in den **Subtropen** und **Tropen** vorkommen. Die Blätter sind einfach, wechselständig, ganzrandig und stets ohne Nebenblätter. Das Perianth wird aus **dreizähligen Wirteln** gebildet, wobei Androeceum und Gynoeceum meist vielzählig sind. Die Blüten sind meist zwittrig, selten eingeschlechtig. Bei erfolgreicher Befruchtung werden **Beerensammelfrüchte** ausgebildet. Manche Annonaceae kann man in gut sortierten Lebensmittelgeschäften bei uns als Tropenfrucht kaufen: **Cherimoya** (*Annona cherimola,* ◘ Abb. 7.17a) und der **Zimtapfel** (*Annona squamosa,* ◘ Abb. 7.17b). Zum Verzehr werden die reifen Früchte aufgebrochen und ohne Schale und Samen aus der Hand gegessen oder ausgelöffelt.

7.2.4.3 Muskatnussgewächse (Myristicaceae)

» (20 Gattungen, ca. 475 Arten)

Die Muskatnussgewächse (Myristicaceae) sind ebenfalls subtropisch bis tropisch verbreitet. Charakteristisch für die Familie ist ein **roter Milchsaft.** Die Blüten sind **diözisch.** Die

◘ **Abb. 7.16** Magnoliengewächse (Magnoliaceae). **a** Magnolienblüte (*Magnolia* sp.). **b** Sammelfrucht der Magnolie mit roten Samen (*Magnolia grandiflora*). **c** charakteristische Blätter des Tulpenbaums (*Liriodendron tulipifera*). (Fotos **a**: Michelia Champaca, CC0; **b**: Berthold Werner, GFDL, beide unverändert)

◘ **Abb. 7.17** Annonengewächse (Annonaceae) und Muskatnussgewächse (Myristicaceae). **a** Cherimoya (*Annona cherimola)*, Frucht. **b** Zimtapfel (*Annona squamosa*), Blüte. **c** Muskatnuss (*Myristica fragrans*). (Fotos **a**: Forest & Kim Starr, CC-BY 3.0; **b**: Jayesh Pail; **c**: Shijan Kaakara, CC-BY 3.0; alle unverändert)

Staubblätter der männlichen Blüten sind **zu einer Säule verwachsen,** während die weiblichen Blüten nur **ein Fruchtblatt** besitzen. Der Muskatnussbaum (*Myristica fragrans,* ◘ Abb. 7.17c) ist ein typischer Vertreter der Muskatnussgewächse – ein immergrüner Baum mit einer Wuchshöhe von 5–15 m. Die Samen des Muskatnussbaums werden im Volksmund fälschlicherweise als Muskatnuss bezeichnet, wobei eine Nuss im botanischen Sinne eine verholzte Fruchtwand charakterisiert, während die Fruchtwand des Muskatnussbaums ledrig ist und sich bei Reife öffnet und somit eine **Balgfrucht** ist (◘ Abb. 7.17c). Der Samen der Muskatnuss wird von einem **netzartig-rötlichen, fleischigen, ölhaltigen** Samenmantel **(Arillus)** umgeben, die harte Samenschale (Testa) führt zu dem verfänglichen Volksnamen. Der Muskatnussbaum ist auf den nördlichen Molukken, einer indonesischen Inselgruppe zwischen Sulawesi und Neuguinea, beheimatet und wird in der Roten Liste gefährdeter Arten der IUCN (► Abschn. 1.1.2) als bedroht gelistet, da in vielen Plantagen meist nur noch weibliche Bäume angebaut werden. Diese bilden ohne Bestäubung sterile Nachkommen, sodass in den „Muskatnüssen" unserer Gewürzregale der Embryo fehlt.

7

7.2.5 Lorbeerartige (Laurales)

» (7 Familien, 91 Gattungen, 2858 Arten)

Die **Lorbeerartigen (Laurales)** sind **meist immergrüne, holzige Pflanzen** mit **einfachen** und **ledrigen Blättern,** die in der Regel **gegenständig** (selten wirtelig) angeordnet sind. Die Blätter am Stängel werden im Gegensatz zu den Magnoliales nur durch einen Leitbündelstrang versorgt **(unilakunär).** Die Blüten sind meist klein, wobei die **Blütenorgane häufig in deutliche Blütenbecher** (Hypanthium) **eingesenkt** sind. Fossilfunde der Lorbeerartigen zeugen von der ehemals sehr weiten Verbreitung dieser Gruppe auch in unseren Regionen, z. B. durch Fossilfunde in deutscher Braunkohle. Fossilien der Laurales können bis in die **frühe Kreidezeit** vor 110 Mio. Jahren zurückdatiert werden. Heute sind die Arten der Laurales überwiegend in den **Tropen** verbreitet, kommen aber auch mit einer einzigen reliktären Art im **Mittelmeergebiet** vor, dem echten Lorbeerbaum (*Laurus nobilis,* ◘ Abb. 7.18a, b). Seine Blätter werden aufgrund des wohlschmeckenden und hohen Gehalts an ätherischen Ölen als Gewürz verwendet. Etliche Vertreter der Laurales werden als **Nutzholz** verwendet. So liefert z. B. das **ätherische Öl** von *Cinnamomum camphora* (◘ Abb. 7.18c) ein farbloses oder weißes, meist krümeliges **Monoterpen** mit einem starken, aromatisch-holzigen Geruch: **Kampfer.** Dieser wird in **Feuerwerkskörpern** sowie als **Mottenabwehrmittel** verwendet. Imker verwenden Kampfer gegen Milbenbefall bei Bienen. Die dünne Rindeninnenschicht zwischen Borke und Mittelrinde von *Cinnamomum verum* (◘ Abb. 7.18d) beinhaltet Zimtöl und kommt bei uns als **Zimtstange** in den Handel. Ferner dient die Frucht von *Persea americana* dem menschlichen Verzehr und wird **Avocado** genannt. Eine Gattung der Laurales (*Cassytha,* ◘ Abb. 7.18e) ist ein **Halbparasit** auf diversen verholzten oder krautigen Pflanzen, insbesondere in Australien, Japan und Amerika. Es handelt sich bei *Cassytha* um mehrjährige krautige Pflanzen, deren Stängel Chlorophyll beinhalten und grün sind, solange sie noch keinen Wirt angezapft haben, aber gelb werden, wenn uniseriate Haustorien den Kontakt zum Leitbündelsystem der Wirtspflanze aufgenommen haben, sodass die eigene Energieversorgung abgestellt wird.

7.2.6 Canellales

» (2 Familien, 9–13 Gattungen, ca. 75–105 Arten)

Die **Canellales** sind eine artenarme Ordnung der Magnolienähnlichen mit nur zwei Familien – den Winteraceae (◘ Abb. 7.19h) und Canellaceae. Es sind immergrüne, verholzte Pflanzen, deren primäre Sprossachse durchgehende Gefäßsysteme ohne Durchbrechungen aufweisen; die Winteraceae besitzen zudem keine Tracheen. Die Blütenhülle ist einfach (Perigon) oder

■ **Abb. 7.18** Lorbeerartige (Laurales). **a, b** Blütenstand (**a**) und Blüte (**b**) des Lorbeerbaums (*Laurus nobilis*). **c** Kampferbaum (*Cinnamomum camphora*). **d** Rinde des Ceylon-Zimtbaums (*Cinnamomum verum*). **e** Fadenförmiger Schlingfaden (*Cassytha filiformis*). (Fotos **b**: Poyt448; **c**: Peter Woodard, CC0 1.0; **d**: Marion Schneider & Christoph Aistleitner, CC0; **e**: Dinesh Valke, CC-BY-SA 2.0, leicht verändert)

doppelt (Perianth) mit sehr unterschiedlicher Anzahl an jeweils unverwachsenen Kelchblättern, Kronblättern, Staubblättern und Fruchtblättern – ein typisches Merkmal der Basalen Ordnungen. Die Früchte sind Beeren oder Kapselfrüchte. Die Canellales sind vorwiegend südhemisphärisch verbreitet und haben keine wirtschaftliche Bedeutung.

7.2.7 Pfefferartige (Piperales)

» (4 Familien, 17 Gattungen, ca. 4090 Arten)

Die Pfefferartigen (Piperales) sind verholzende oder krautige Pflanzen mit **einfachen Laubblättern,** die oft eine charakteristische **handförmige Blattnervatur** aufweisen (■ Abb. 7.19b–d). Durch Drüsen werden häufig **ätherische Öle** abgesondert, die als Fraßschutz dienen. Die Blüten stehen einzeln, in Ähren oder Trauben, mit Blütenorganen, die meist in **dreizähligen Wirteln** angeordnet sind. Die Piperales lassen sich in drei Familien untergliedern, wobei die Aristolochiaceae und Piperaceae die größte Bedeutung haben, weshalb nur auf diese im Folgenden eingegangen wird. Die Hydnoraceae (Lateinamerika und Ost bzw. Südafrika) und Saururaceae (Nordamerika und Ostasien) sind artenarm und wirtschaftlich unbedeutend.

7.2.7.1 Osterluzeigewächse (Aristolochiaceae)

Die Aristolochiaceae (Osterluzeigewächse) sind Sträucher, Lianen oder Stauden. Ihre zwittrigen, dreizähligen Blüten stehen meist einzeln in Blattachseln oder sind endständig;

Abb. 7.19 Pfefferartige (Piperales) und Canellales. Pfefferartige: **a** Kesselfallenblüte von *Aristolochia guichardii* (Aristolochiaceae). **b** *Aristolochia clematitis* (Osterluzei, Aristolochiaceae). **c** Europäische/Gewöhnliche Haselwurz (*Asarum europaeum*, Aristolochiaceae). **d** *Asarum caudatum* (Aristolochiaceae). **e** *Asarum maximum* (Aristolochiaceae). **f** Schwarzer Pfeffer (*Piper nigrum*, Piperaceae). **g** *Piper* sp. (Piperaceae). Canellales: **h** Magellanische Winterrinde (*Drimys winteri*, (Winteraceae). (Fotos **c**: Sten Porse, CC-BY-SA 3.0; **d**: Crow Vecchio, CC-BY 2.0; **e**: Rictor Norton & David Allen, CC-BY-SA 2.0; **f**: K Hari Krishnan, CC-BY-SA 3.0, alle unverändert)

werden Blütenstände gebildet, sind es Trauben oder Ähren, selten Zyme. Ist eine Kelchröhre vorhanden, wird häufig eine für *Aristolochia* typische S-förmige **„Kesselfalle"** ausgebildet (Abb. 7.19a, b). Diese **Fallenblüte** verströmt oft einen für den Menschen unangenehmen Geruch. Sie kann trüb-rot oder braun gefärbt sein und imitiert durch Farbe und Geruch Aas oder Dung, um Insekten anzulocken. Durch spezielle Haare krabbeln Insekten in die S-förmige Kronröhre, werden aber am Verlassen gehindert, bis die Bestäubung erfolgt ist **(Entomophilie).** Erst dann verwelken die Haare und bilden eine Art „Sprossleiter", die das Herauskriechen aus der Fallenblüte ermöglicht. In Europa und Zentralasien ist die Gewöhnliche Haselwurz (*Asarum europaeum*, Abb. 7.19c) heimisch, während manche asiatische Vertreter als Zierpflanzen kultiviert werden (Abb. 7.19d, e), wobei der **Aasgeruch** zur Blütezeit nicht unterschätzt werden sollte.

7.2.7.2 Pfeffergewächse (Piperaceae)

Die Pfeffergewächse sind als Unterwuchs in den Subtropen und Tropen fast weltweit verbreitet. Es handelt sich um krautige oder verholzte Pflanzen, die sowohl **terrestrisch** (auf dem Erdboden) oder **epiphytisch** (auf anderen Pflanzen) wachsen können; einige Vertreter werden sukkulent (dickfleischig, mit Wasserspeicherung im Gewebe). In der Regel handelt es sich um Kräuter, Sträucher und Lianen mit meist **wechselständigen Laubblättern.** Die Blüten stehen in Ähren oder Trauben und sind meist zwittrig, mit Ausnahme von Pfeffer *(Piper)*, bei dem sie diözisch sind. Die Blüten besitzen **keine Blütenhülle**, unterschiedliche Anzahl an freien Staubblättern und zwei bis fünf Fruchtblätter, wobei diese zu einem Fruchtknoten verwachsen und oberständig sind. Es werden Beeren oder Steinfrüchte gebildet. Die Gattungen *Peperomia* und *Piper* (**Pfeffer,** ◼ Abb. 7.19f, g) werden aufgrund ihres hohen ätherischen Ölgehalts als **Heil- und Gewürzpflanzen** verwendet. Weltweit unterscheidet man mehr als 1000 verschiedene Pfefferarten. Manche Pfeffergewächse werden als Zierpflanzen kultiviert.

7.3 Einkeimblättrige (Monokotyledonen)

» (11 Ordnungen, ca. 78 Familien, 60.100 Arten)

Die Monokotyledonen (Monokotyledoneae) sind eine bereits lange bekannte, gut charakterisierte Gruppe, die sehr **artenreich** ist und deren Taxa eine extrem **große Bedeutung für den Menschen** haben, z. B. als Nahrungsmittel oder Baumaterial. Nach der APG *(Angiosperm Phylogeny Group)*-Systematik umfassen die Monokotyledonen zum einen **Wasser- und Sumpfpflanzen** mit häufig kleinen, wenig auffälligen Blüten, zum anderen gehören auch **Landpflanzen** mit entweder insektenbestäubten, großblühenden Taxa zu den Monokotyledonen (z. B. Lilien und Orchideen), des Weiteren die größtenteils **windbestäubte** Verwandtschaft der **Gräser** und **Palmen.** Die Monokotyledonen sind – mit Ausnahme der Palmen – meist krautige Pflanzen mit sehr charakteristischen Merkmalsausprägungen:

- Sie haben eine zerstreute Leitbündelanordnung ohne Kambium und dementsprechend kein normales sekundäres Dickenwachstum.
- Die Wurzeln sind oft relativ gleichgestaltig und sprossbürtig (homorrhiz, zum Teil sekundär homorrhiz, ◼ Abb. 7.20c).
- Die Blätter sind paralleladrig (auch parallelnervig oder streifennervig genannt, ◼ Abb. 7.20b), ohne Nebenblätter und stehen in der Regel wechselständig am Spross.
- Die Blütenorgane sind meist dreizählig oder ein Vielfaches davon, oft wird ein Perigon mit Tepalen gebildet (◼ Abb. 7.20a).
- Keimlinge bilden meist nur ein Keimblatt aus (monokotyl).
- Ellagsäure fehlt den Monokotylen.
- Als Anpassung an Hydro- oder Geophytenwuchs werden häufig Zwiebeln (◼ Abb. 7.20c), Knollen oder Rhizome gebildet.

Im Folgenden werden nur die Ordnungen der Monokotyledonen (◼ Abb. 7.21) näher beschrieben, die die größte Bedeutung haben. Eine Besonderheit innerhalb der Einkeimblättrigen stellen vier Ordnungen dar [Palmenartige (Arecales), Commelinaartige (Commelinales), Süßgrasartige (Poales), Ingwerartige (Zingiberales)], die aufgrund gemeinsamer apomorpher Merkmale häufig als Commeliniden bezeichnet werden (Kasten 7.6)

7.3.1 Froschlöffelartige (Alismatales)

» (14 Familien, 166 Gattungen, >4550 Arten)

Die Froschlöffelartigen haben meist ein **Rhizom** (unterirdische Sprossachse) und weisen viele **ursprüngliche Merkmale** auf: **Tracheen fehlen** (oder es gibt nur Leitertracheen in den

Abb. 7.20 Typische Merkmale der Einkeimblättrigen. **a** Dreizähliger Blütenaufbau; **b** Perigon; **c** parallelnervige Blätter; **d** Geophytenwuchs (Zwiebel) mit homorrhizen Wurzeln

Wurzeln). Die **Blüten sind radiär, zwittrig oder diözisch,** meist **dreizählig,** jedoch zum Teil mit verringerter oder vermehrter Staubblattzahl; das Gynoeceum ist **chorikarp oder monomer** (▶ Abschn. 7.1). Der **Embryo** ist in der Regel **groß** und kann Chlorophyll und Nährstoffe speichern. Dadurch ist er häufig **grün,** was innerhalb der Angiospermen selten ist.

Zu den 14 Familien der Froschlöffelartigen gehören zum Teil kleine, artenarme, aber auch sehr artenreiche, charakteristische Familien, wobei nur auf die sieben wichtigsten im Folgenden eingegangen wird (◘ Abb. 7.22).

7.3.1.1 Aronstabgewächse (Araceae)

» (115 Gattungen, 3000–4000 Arten)

Die **Aronstabgewächse (Araceae)** sind weltweit verbreitet, mit einem Schwerpunkt in den Tropen. Sie können sehr unterschiedlich in Gestalt und Größe sein, es sind jedoch

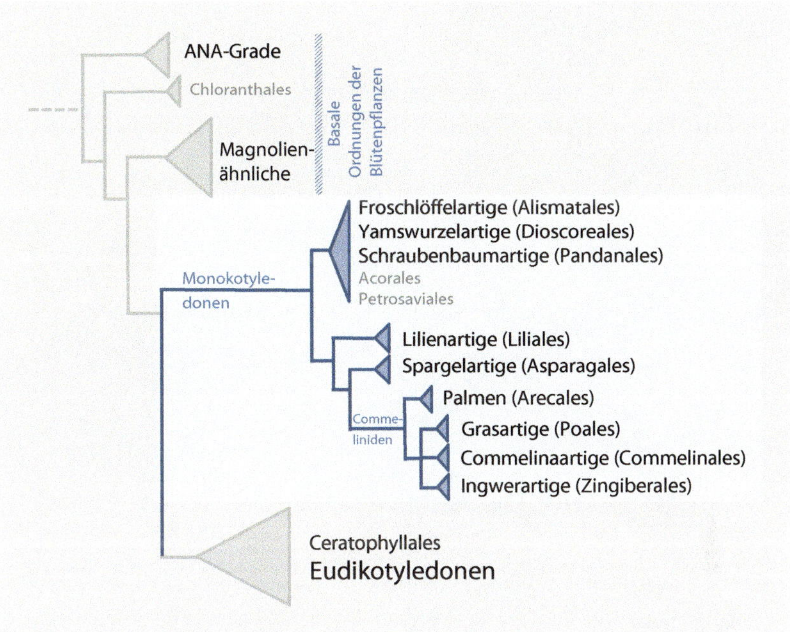

Abb. 7.21 Systematik der Einkeimblättrigen

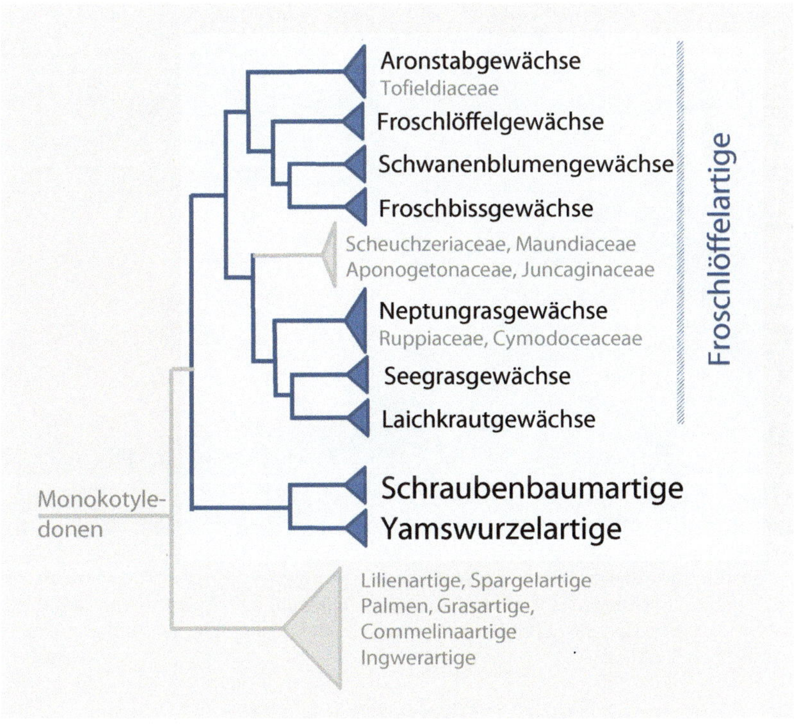

Abb. 7.22 Systematik der Froschlöffelartigen (Alismatales)

Abb. 7.23 Aronstabgewächse (Araceae). **a** Wurzellose Zwergwasserlinse (*Wolffia arrhiza*). **b, c** Wasserlinsen (*Lemna* sp.). **d** Gemeine Drachenwurz (*Dracunculus vulgaris*). **e** *Biarum tenuifolium* mit bodenbürtigen Blüten. **f** Fensterblatt (*Monstera speciosa*). **g** Einblatt (*Spathiphyllum* sp.). **h** Flamingoblume (*Anthurium bonplandii* subsp. *guayanum*). (Fotos: **b, c**: S. Mutz)

ausschließlich krautige Pflanzen. **Süßwasser-Schwimmpflanzen** sind z. B. die Wasserlinsenartigen: *Wolffia* (Zwergwasserlinse, Abb. 7.23a), *Lemna* (Wasserlinsen, Abb. 7.23b, c) und *Spirodela*, die keine Wurzelfäden ausbilden und keinen Kontakt zum Boden haben. Die Pflanzen bilden nur ein paar chlorophyllhaltige Zellen, die in ein Miniaturschwimmpolster integriert sind und an ihrer Oberfläche viele **Stomata** (Spaltöffnungen) aufweisen. Die Pflanzen sind monözisch mit extrem kleinen Blüten, vermehren sich jedoch meist vegetativ. Die **kleinste Blütenpflanze der Welt** ist die Wurzellose Zwergwasserlinse (*Wolffia arrhiza*, ◘ Abb. 7.23a). **Terrestrische Stauden** sind z. B. der Aronstab (*Arum*) und die Drachenwurz (*Calla, Dracunculus*, ◘ Abb. 7.23d). Diese Gruppe besitzt extrem reduzierte Blütenmerkmale. Ihre meist kleinen monözischen oder zwittrigen Blüten können in einem kolbigen Blütenstand angeordnet sein **(Spadix)**, der von einem häufig großen und auffällig gefärbten Hochblatt **(Spatha)** eingehüllt wird (◘ Abb. 7.23g, h). Sind die Blüten an der Spadix eingeschlechtlich, so sind die männlichen Blüten im oberen Teil des Blütenstandes, während sich die weiblichen Blüten an der Blütenstandsbasis befinden. Zwischen den fruchtbaren männlichen und weiblichen Blüten sitzen eine bis sechs Reihen steriler Blüten, die nach unten gebogen sind, um eine Selbstbestäubung zu verhindern. Jede einzelne Blüte kann eine Blütenhülle besitzen, die jedoch häufig reduziert wurde. Die Staubblatt- und Fruchtblattzahl variiert zwischen einem und vielen. Der Blütenstand riecht intensiv, um Käfer oder Fliegen anzulocken, zum Teil übernehmen Spadix und Spatha die Funktion einer Gleitfalle zur Anlockung sowie zum Festhalten von Insekten, bis eine ausreichende Bestäubung erfolgt ist. Im Gegensatz zur Fallenblüte der Aristolochiaceae (► Abschn. 7.2.7.1) handelt es sich bei den Araceae jedoch um die **Gleitfalle eines Blütenstandes** und nicht einer einzelnen Blüte. Somit verhindert nicht das Blütenblatt (Petalen), sondern das Hochblatt (Spatha) ein vorzeitiges Entschwinden der Insekten ohne vorangegangene Bestäubung. Als Besonderheit blüht *Biarum* unter der Erdbodenoberfläche und wird wahrscheinlich von bodenbewohnenden Insekten bestäubt (◘ Abb. 7.23e). Bei erfolgreicher Bestäubung und Befruchtung werden Beeren ausgebildet. **Epiphytische Vertreter** der Aronstabgewächse sind meist Pflanzen der tropischen und subtropischen Regenwälder, die entweder terrestrisch oder auf Bäumen wachsen, um mehr Licht zu bekommen. Bei uns werden sie häufig als **Zierpflanzen** verkauft, z. B. Fensterblatt (*Monstera*, ◘ Abb. 7.23f) oder der Baumfreund (z. B. *Philodendron*). Weitere Aronstabgewächse, die als Zierpflanzen dienen, sind z. B. die Dieffenbachie (*Dieffenbachia*), das Einblatt (*Spathiphyllum*, ◘ Abb. 7.23g), die Flamingoblume (*Anthurium*, ◘ Abb. 7.23h) und Kalla (z. B. *Zantedeschia aethiopica*). Auch in der Aquaristik werden Araceae verwendet, z. B. das Zwergspeerblatt (*Anubias barteri*) und eine Reihe von Wasserkelcharten (*Cryptocoryne*). Eine wichtige **Nutzpflanze** ist der in Südostasien beheimatete **Taro** (*Colocasia esculenta*), dessen stärkehaltige Knollen seit mehr als 7000 Jahren als Gemüse verzehrt werden.

7.3.1.2 Froschlöffelgewächse (Alismataceae), Schwanenblumengewächse (Butomaceae) und Froschbissgewächse (Hydrocharitaceae)

Die **Froschlöffelgewächse** (**Alismataceae**, ◘ Abb. 7.24a) umfassen weltweit nur 15 Gattungen und ca. 88 Arten. Charakteristisch sind schmale, pfeilförmige Blätter und Blüten entlang eines traubigen Blütenstandes auf einem dreikantigen Schaft mit dreizähligen Blütenorganen. Froschlöffelgewächse sind weltweit verbreitet und umfassen meist **krautige Pflanzen feuchter oder aquatischer Standorte**. In Deutschland heimisch ist das Gewöhnliche Pfeilkraut (*Saggittaria sagittigfolia*), das häufig auch als Teichpflanze im Handel angeboten wird.

Die **Schwanenblumengewächse** (**Butomaceae**, ◘ Abb. 7.24b) umfassen nur eine Gattung mit nur einer Art, die jedoch in der nördlichen Hemisphäre in Schilfröhrichten an feuchten Standorten weit verbreitet ist – der Schwanenblume (*Butomus umbellatus*). Die Laubblätter entspringen länglich, grasartig meist am Grunde des Stängels; die Blüten sitzen endständig in einem **doldigen Blütenstand.** Die

Abb. 7.24 Froschlöffelartige (Alismatales). **a** Froschlöffelgewächse: Froschkraut (*Luronium natans*). **b** Schwanenblumengewächse: Schwanenblume (*Butomus umbellatus*). **c** Froschbissgewächse: Europäischer Froschbiss (*Hydrocharis morsus-ranae*). **d** Neptungrasgewächse: Neptungras (*Posidonia oceanica*). **e** Zosteraceae: Seegras (*Zostera* sp.). (Fotos **b, c**: Christian Fischer, CC-BY-SA 3.0; **d**: Colin Faulkingham, CC-BY-SA 0; **e**: Guido Picchetti, CC-BY-SA 3.0, alle unverändert)

Blüten besitzen **dreizählige, rosa gefärbte Kelch- und Kronblätter.** Die Staubblattkreise sind vervielfacht, sodass **neun Staubblätter mit abgeflachten Filamenten** sich in einer Blüte befinden sowie **sechs Fruchtblätter,** die zum Teil nur an ihrer Basis verwachsen sind. Die Früchte entwickeln sich zu Balgfrüchten, die sich bei Reife öffnen und schwimmfähige Samen hervorbringen.

Die **Froschbissgewächse (Hydrocharitaceae,** Abb. 7.24c) umfassen 16–18 Gattungen und ca. 120 Arten, die im Süß- und **Brackwasser gemäßigter Breiten bis in die Tropen** verbreitet sind. Häufig bilden sie Rhizome oder Stolonen (unterirdische oder oberirdische Ausläufer), um sich am Gewässergrund zu verankern. Die Blüten sind **ein- bis zweihäusig** (monözisch bis diözisch), **radiärsymmetrisch** und **dreizählig** an einem Stängel mit einem **Hochblatt.** Einige Arten werden als Zierpflanzen an Teichen angepflanzt, oder sie dienen als Aquarienpflanzen.

7.3.1.3 Neptungrasgewächse (Posidoniaceae), Seegrasgewächse (Zosteraceae) und Laichkrautgewächse (Potamogetonaceae)

Die **Neptungrasgewächse (Posidoniaceae,** 1 Gattung, 9 Arten; Abb. 7.24d) und **Seegrasgewächse (Zosteraceae,** 4 Gattungen, ca. 20 Arten; Abb. 7.24e) gehören zu den wenigen meeresbewohnenden Angiospermen, die ihr **ganzes Leben submers** (unter Wasser) leben und maritime Seegraswiesen bilden. Die Neptungrasgewächse kommen in flachen temperierten bis subtropischen Meeresbereichen des Mittelmeeres sowie im Indischen Ozean südlich und westlich von Australien vor, während die Seegräser eher kältere Küstenregionen bevorzugen und dort weltweit verbreitet sind. Beide Familien bilden **grasartige, ausdauernde, krautige Pflanzen,** die sich auf dem Meeresboden mit **Rhizomen** verankern. Die

wechselständigen, zweizeiligen Laubblätter besitzen **keinen Blattstiel** und gliedern sich in **Blattscheide und Blattspreite,** jeweils **ohne Stomata.** Die Blüten entwickeln sich an Schäften in ährenähnlichen Teilblütenständen, wobei die sehr kleinen zwittrigen Blüten stark reduziert sind. Es gibt **keine Blütenhüllblätter,** jedoch **einen Kreis mit drei freien, fertilen, sitzenden Staubblättern ohne Staubfäden,** die die **fadenförmigen Pollenkörner** ins Meer entlassen. Pro Blüte ist nur **ein oberständiger Fruchtknoten** mit unregelmäßig gelappter Narbe und **ohne Griffel** vorhanden. Die Früchte sind mehr oder weniger fleischige Balgfrüchte, die durch Aerenchym (stark luftführendes Gewebe) im Perikarp schwimmfähig werden. Löst sich die Fruchtwand auf, so sinkt der Samen auf den Meeresgrund und beginnt sofort zu keimen.

Die **Laichkrautgewächse (Potamogetonaceae,** 4 Gattungen, 102 Arten) sind fast weltweit in Süß- und Brackwasserregionen verbreitet. Dabei handelt es sich um Schwimmpflanzen und am Gewässergrund verankerte Pflanzen mit meist langen Ausläufern und häufig **Schwimm- und Unterwasserblättern.** Die Blüten sitzen meist in **unscheinbaren ährigen Blütenständen** und können sowohl zwittrig als auch monözisch bzw. diözisch sein. Sie übernehmen wichtige ökosystemare Funktionen in unseren Gewässern **(Laichplatz, Sauerstoffversorgung, Lebensraum für Tiere),** sind aber durch die verstärkte Eutrophierung unserer Gewässer häufig stark gefährdet.

7.3.2 Yamswurzelartige (Dioscoreales)

» (5 Familien, 21 Gattungen, > 1000 Arten)

Die Dioscoreales (◘ Abb. 7.25a, b) sind meistens **ausdauernde, krautige Pflanzen** mit einer weltweiten Verbreitung. Sie weisen einen **typisch monokotylen Blütenaufbau** mit radiärsymmetrischen, häufig zwittrigen Blüten auf. Dabei sind das Perigon und die Staubblätter jeweils in **zwei dreizähligen Blütenorgankreisen** angeordnet. Das **unterständige Gynoeceum** besteht aus drei verwachsenen Fruchtblättern. Als Besonderheit für Monokotyle liegen die **Leitbündel oft in einem oder mehreren Kreisen** vor, ferner sind die **Laubblätter in Blattstiel und Blattspreite gegliedert** und die **Blattnervatur** ist häufig **netzartig.** Vor allem die Vertreter der

◘ **Abb. 7.25** Yamswurzelartige (Dioscoreales) und Schraubenbaumartige (Pandanales). Yamswurzelartige: **a** Schildkrötenpflanze (*Dioscorea elephantipes*); **b** Zottige Yamswurzel (*Dioscorea villosa*), eine Art, die in der Homöopathie angewendet wird. Schraubenbaumartige: **c** Schraubenbaum (*Pandanus tectorius*); **d** *Pandanus odoratissimus*. (Fotos **b**: H. Zell, CC-BY-SA 3.0; **c**: Forest & Kim Starr, CC-BY-SA 3.0; **d**: Razib Mustafiz, CC-BY 3.0, alle unverändert)

Dioscoreaceae wachsen als **ausdauernde krautige Kletterpflanzen** oder **verholzende Lianen,** seltener als Sträucher. Durch ihre besondere Blattform und Nervatur, den Blattstiel, die **Stelenanordnung,** den **Gerbstoffgehalt** und die **Heterokotylie** erinnern sie sehr stark an Dikotyledonen (◘ Tab. 5.1). Sie bilden meistens **Rhizome** oder **Knollen** als Speicherorgane aus, die bei der tropischen **Yamswurzel** *(Dioscorea batatas)* dem menschlichen Verzehr dienen und ein wichtiger Stärkelieferant sind. Mediterran-atlantisch verbreitet ist die **Gemeine Schmerwurz** *(Dioscorea communis),* mit diözisch verteilten, dreizähligen, epigynen Blüten und Beerenfrüchten, die auch teilweise in Süddeutschland vorkommt. Als Zierpflanzen kann man laubabwerfende Schlingpflanzen kaufen, die aus Südafrika stammen und **Schildkrötenpflanzen** genannt werden. Sie haben oft einen charakteristischen verholzten Stamm und gehören zur Gattung *Dioscorea* (z. B. *Dioscorea elephantipes,* ◘ Abb. 7.25a).

7.3.3 Schraubenbaumartige (Pandanales)

» (5 Familien, 36 Gattungen, 1345 Arten)

Die Pandanales (◘ Abb. 7.25c, d) sind eine Ordnung, die erst durch molekulare Merkmale als monophyletische Gruppe erkannt wurde. Dementsprechend haben die Taxa dieser Ordnung **relativ wenige gemeinsame phänotypische Merkmale;** hierzu zählen jedoch ein **verwachsenes Androeceum** und ein **stärkehaltiges Endosperm.** Zwei der fünf Pflanzenfamilien der Pandanales weisen **vierzählige Blüten** auf und da bei manchen Vertretern die **Stellung von Androeceum und Gynoeceum vertauscht** ist, wird diskutiert, ob es sich statt um zwittrige Blüten um stark reduzierte monözische Einzelblüten in einem Blütenstand handelt. Vertreter der Pandanaceae (Schraubenbaumgewächse, Scheinpalmengewächse oder Kolbenpalmengewächse genannt) **bilden gabelig verzweigte Bäume** mit **Stelz- und Luftwurzeln** oder **kletternde Lianen** und **Sträucher,** jedoch – wie für Monokotyledonen typisch – **ohne sekundäres Dickenwachstum.** Sie besiedeln Ufer und Sümpfe in den altweltlichen Tropen (Afrika, Asien, Australien) und liefern mit ihren scharf gezähnten, bis 5 m langen Blättern Flechtmaterial und mit ihren dichten, saftigen Fruchtständen Obst und Parfüm.

7.3.4 Lilienartige (Liliales)

» (11 Familien, 67 Gattungen, 1558 Arten)

Die Liliales (s. l., *sensu lato* – im weiteren Sinne) waren ursprünglich sehr artenreich, wobei die unterschiedlichen evolutionären Zusammenhänge erst vor kurzem erkannt wurden (◘ Abb. 7.26). Mittlerweile umfassen die Liliales s. str. (*sensu stricto* – im engeren Sinne) nur noch **Geophyten** (Zwiebeln, Knollen, Rhizom). Diese sind durch **meist elliptische Blätter** charakterisiert, die die Stängelbasis nicht umschließen. Die Blüten besitzen ein **Perigon** aus drei Blütenhüllblättern in zwei Kreisen (◘ Abb. 7.27b), die meist auffällig gefärbt sind. **Nektarsekretionsdrüsen** werden **am Grunde der Tepalen oder der 2 x 3 Antheren in zwei Kreisen** als Anpassung an die Insektenbestäubung angesehen. Das Gynoeceum besteht aus drei Fruchtknoten und ist verwachsen **(coenokarp).** Das Endosperm ist **stärkefrei,** mit Reservecellulose und Eiweiß, zum Teil werden ätherische Öle gebildet.

Die Ordnung **Liliales** unterscheidet sich von den **Asparagales** (► Abschn. 7.3.5) durch die Lage der **Nektarien** an der Basis der Perigonblätter oder Stamina und durch Kapselfrüchte mit hellen Samen.

7.3.4.1 Zeitlosengewächse (Colchicaceae)

» (15 Gattungen, 255 Arten)

Die Zeitlosengewächse (◘ Abb. 7.27f, g) bilden unterirdische **Sprossknollen** aus. Die Zeitlosen bilden im Frühling Blätter und **blühen im Herbst.** Nach der Blüte entwickeln sich **Kapseln,** deren Samen im Verlauf des Winters

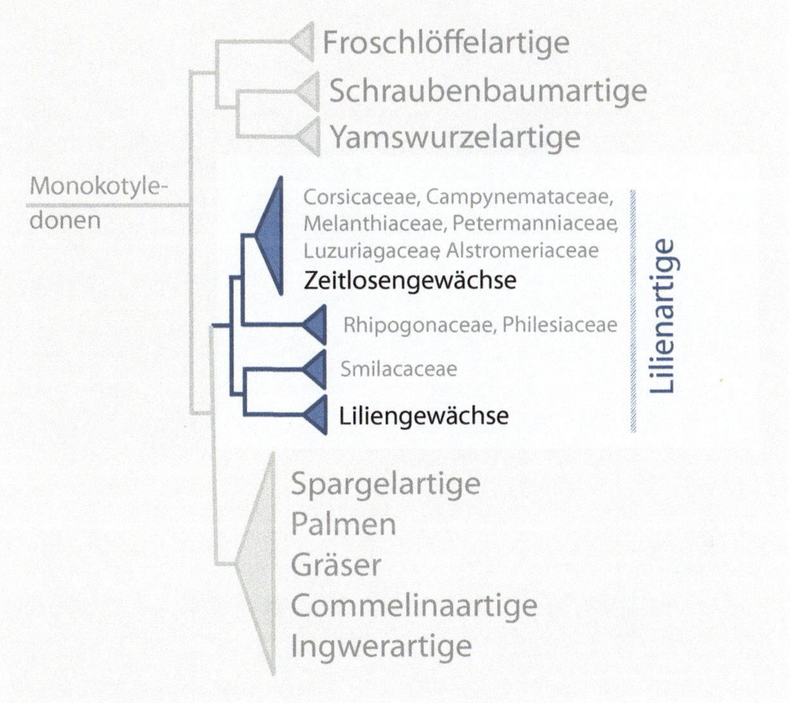

Abb. 7.26 Systematik der Lilienartigen (Liliales)

und Frühlings ausgestreut werden. Daraus bilden sich die neuen Jungpflanzen im kommenden Jahr. Bei uns ist die Herbstzeitlose (*Colchicum*, Abb. 7.27g) heimisch, die unter Naturschutz steht, sich aber mancherorts stark ausbreitet. Alle Teile der Herbstzeitlosen enthalten das giftige Alkaloid **Colchicin,** ein Kapillar- und Mitosegift. Es unterdrückt die **Kernspindelbildung** bei der sexuellen Fortpflanzung und wird deshalb in der **Polyploidenzüchtung,** aber auch als **Antikrebsmittel** eingesetzt. Bei Verdacht einer Vergiftung ist unbedingt ärztliche Hilfe angeraten, da es leicht zu Verwechslungen mit anderen ungiftigen Vertretern der Liliales s. l. kommen kann, z. B. dem Bärlauch *(Allium ursinum).*

7.3.4.2 Liliengewächse (Liliaceae s. str)

» (16 Gattungen, ca. 630 Arten)

Die Familie **Liliaceae** war ehemals sehr artenreich. Die damalige Umschreibung der Liliengewächse wird heute zum Teil als Liliaceae *sensu lato* (s. l.) bezeichnet Heute sind die Liliaceae s. l. stärker untergliedert. Die Liliengewächse nach heutiger Umschreibung (Abb. 7.26) sind auf der nördlichen Erdhalbkugel verbreitet. Es sind **ausdauernde krautige Pflanzen,** die eine **Zwiebel** als Überdauerungsorgan besitzen. Dabei besteht die Zwiebel aus **unterirdisch** angelegten **Laubblättern,** die auch der Nährstoffspeicherung dienen und einen **schnellen Austrieb** im Frühjahr ermöglichen. Die Blätter sind einfach, ganzrandig und besitzen die für Einkeimblättrige typische Parallelnervatur. Aufgrund des **Geophytenwuchses** der Zwiebeln blühen viele Liliengewächse relativ schnell, sobald es im Frühjahr wärmer wird, und so werden die Blüten meist von den ersten Insekten bestäubt. Die Blüten sind in der Regel groß und besitzen häufig eine auffällig gefärbte Blütenhülle **(Perigon).** Die Liliengewächse bilden **Kapselfrüchte.** Bei uns sind Liliengewächse beliebte Zierpflanzen, z. B. die

Abb. 7.27 Lilienartige (Liliales). Liliengewächse (Liliaceae s. str.): **a** Gelbstern (*Gagea peduncularis*); **b** Feuerlilie (*Lilium bulbiferum*); **c** Tulpe (*Tulipa systola*); **d** Lilie (*Lilium henryi*); **e** Türkenbundlilie (*Lilium martagon*). Zeitlosengewächse (Colchicaceae): **f** Ruhmeskrone (*Gloriosa superba*); **g** Herbstzeitlose (*Colchicum vulgare*). **h** Germergewächse (Melanthiaceae): Weißer Germer (*Veratrum album*). Stechwindengewächse (Smilacaceae): **i** Ovalblättrige Schmerwurz (*Smilax ovalifolia*) aus Indien; **j, k** Raue Stechwinde (*Smilax aspera*) aus dem Mittelmeergebiet. (Fotos **f**: Macvivo, CC-BY-SA 3.0, unverändert, **h**: Σ64, CC-BY-SA 3.0, leicht verändert, **i**: Dinesh Valke, CC-BY-SA 2.0, leicht verändert)

Tulpen (*Tulipa,* ◘ Abb. 7.27c), Lilien (*Lilium,* ◘ Abb. 7.27b, d), Schachbrettblumen *(Fritillaria)* und der Gold- bzw. Gelbstern (*Gagea,* ◘ Abb. 7.27a).

7.3.4.3 Germergewächse (Melanthiaceae)

» (17 Gattungen, 170 Arten)

Germergewächse kommen in den **gemäßigten Regionen** der **nördlichen Erdhalbkugel** vor. Die krautigen Pflanzen bilden meist unterirdische **Rhizome** oder **Knollen** als Überdauerungsorgane. Die einfachen, ganzrandigen, parallelnervigen Blätter sind entweder wechselständig, schraubig oder wirtelig am Stängel angeordnet. Selten werden Einzelblüten, meist werden Infloreszenzen gebildet, die Ähren, Trauben oder Rispen sind. Die Blüten sind **zwittrig** und **radiärsymmetrisch** und vielfach **dreizählig.** Zwei Gattungen sind in Deutschland heimisch: **Germer** *(Veratrum)* und **Einbeere** *(Paris).* Sowohl der Weiße Germer (*Veratrum album,* ◘ Abb. 7.27h) als auch der Schwarze Germer *(V. nigrum)* sind aufgrund von Alkaloiden, Flavonoiden und Steroidsaponinen **extrem giftig,** sowohl für den Menschen als auch für viele größere Säugetiere. Die Einbeere *(Paris quadrifolia)* ist durch charakteristische quirlständige Laubblätter in nur einem Blattquirl gekennzeichnet. Die Blüten stehen einzeln und terminal und sind **4 bis 11-zählig.** Die oberständigen Fruchtknoten entwickeln sich bei erfolgreicher Befruchtung zu **Beeren** oder **beerenähnlichen Kapselfrüchten** mit mehreren Samen, die **giftige Saponine** enthalten.

7.3.4.4 Stechwindengewächse (Smilacaceae)

» (1 Gattung, ca. 210 Arten)

Stechwindengewächse sind **lianenförmig-wachsende, verholzte** Pflanzen, die vorwiegend pantropisch (Tropen und Subtropen, ◘ Abb. 7.27i) verbreitet sind; einige Arten kommen in gemäßigten Regionen vor. Stechwindengewächse weisen **kein sekundäres Dickenwachstum** auf, bilden aber trotzdem häufig ein **Korkkambium,** um das Abschlußgewebe zu festigen. Die Pflanzen bilden Ranken oder Stachel, um als **Spreizklimmer** über andere Pflanzen hinweg zu ranken. Die Blätter haben eine für Einkeimblättrige untypische **Netznervatur** mit **anomocytischen Stomata** (► Kasten 7.3). Die Blüten sind **diözisch, dreizählig** und radiärsymmetrisch. Häufig ist der Staubblattkreis vervielfältigt. Selten sind die drei verwachsenen Fruchtblätter zu einem reduziert. Meist entwickeln sich Beeren mit 1–3 Samen. Die Raue Stechwinde (*Smilax aspera,* ◘ Abb. 7.27j–k) ist im Mittelmeergebiet verbreitet, während die Kanarische Stechwinde *(Smilax canariensis)* ein **Endemit** auf den Kanarischen Inseln, den Azoren und Madeira ist.

7.3.5 Spargelartige (Asparagales)

» (14 Familien, 1122 Gattungen, 26.070 Arten)

Die meisten Taxa der Spargelartigen (Asparagales) sind **südhemisphärisch** verbreitet, mit einigen Vertretern auch auf der Nordhalbkugel. Es sind meist **krautige Arten,** die zum Teil **sukkulent** sind, was sie von den Lilienartigen unterscheidet, die dies niemals sind. Selten umfassen die Spargelartigen **baumförmige Vertreter,** wie z. B. die in Australien beheimateten Grasbäume der Gattung *Xanthorrhoea.* Diese sind jedoch botanisch keine Bäume, da sie als Monokotyledonen **kein echtes sekundäres Dickenwachstum** haben. Die Spargelartigen entwickeln in ihren oberirdischen Pflanzenteilen häufig **Kristallsand** in Form von **Raphiden** (nadelförmige, feine Kristalle aus Calciumoxalat) als Fraßschutz vor Herbivoren. Der Blütenstand der Spargelartigen ist meist eine **Traube.** Die Blütenorgane sind in der Regel **dreizählig** mit einem **ober- oder unterständigen** Fruchtknoten, wobei Nektar – im Gegensatz zu den Lilienartigen – in Septalnektarien, also zwischen den

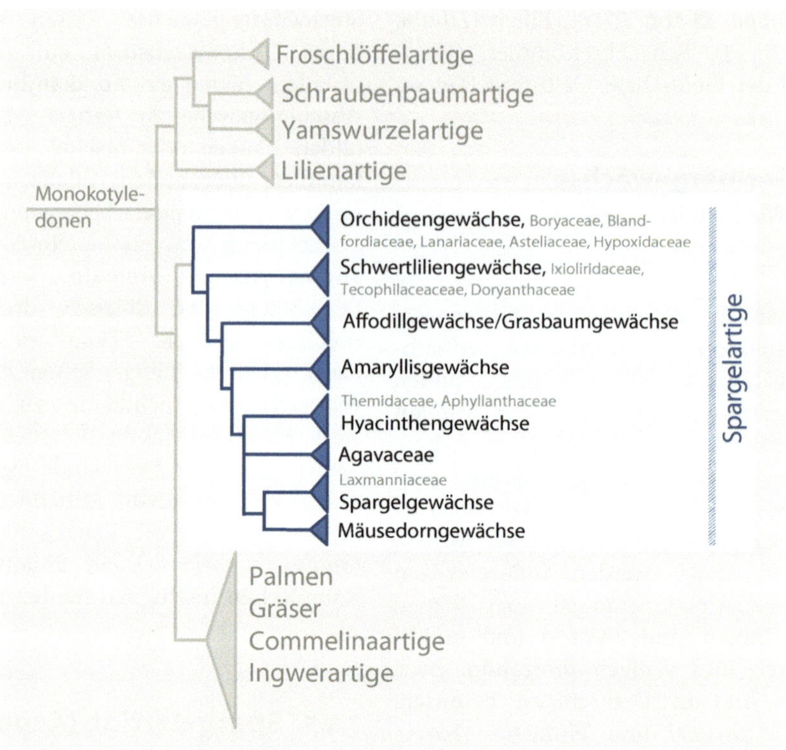

Abb. 7.28 Systematik der Spargelartigen (Asparagales)

Fruchtknotenfächern (Huber 1969), gebildet wird. Die Früchte sind in Fächer gegliederte **Kapseln** oder **Beeren.** Die Samen besitzen häufig eine schwarz gefärbte Samenoberfläche, was auf **Phytomelane** zurückzuführen ist – eine für die Spargelartigen typische acetylenhaltige Verbindung. Acht der 19 Familien werden näher vorgestellt (Abb. 7.28):

7.3.5.1 Orchideengewächse (Orchidaceae)

» (ca. 880 Gattungen, 25.800 Arten)

Die Orchideengewächse sind die größte Familie der Monokotyledonen und die zweitgrößte der Angiospermen[2]. Die extrem große Diversität der Orchideen steht in engem Zusammenhang mit einer extremen **bestäubungsbiologischen Spezialisierung,** die häufig mit sehr spezifischen Blütendüften und sehr mannigfaltigen Tepalen verbunden ist. Orchideen sind in der Regel ausdauernde Pflanzen, die sich in den vegetativen Merkmalen zum Teil sehr wenig, in den generativen Organen jedoch sehr stark voneinander unterscheiden. Sie sind weltweit verbreitet und wachsen **epiphytisch** (Abb. 7.29a–c), **terrestrisch** (Abb. 7.29d–g) oder seltener auf Fels und Stein **(lithophytisch).** Im gemäßigten **Europa** gibt es nur **terrestrische Erdorchideen.** Die Mehrzahl der Orchideen sind jedoch tropische Epiphyten mit **wasserspeichernden Organen** (Rhizome, Sprossknollen, Blattsukkulenz) oder **Luftwurzeln,** die ein besonderes „Gewebe" aus abgestorbenen Zellen als Außenhülle bilden **(Velamen radicum),** das schwammähnliche Strukturen aufweist und so Wasser und darin gelöste Nährstoffe schnell aufnehmen

2 Die größte Pflanzenfamilie der Angiospermen sind die Asteraceae.

Abb. 7.29 Orchideengewächse (Orchidaceae). Epiphytische, tropische Vertreter: **a** *Zygopetalum hybridum*; **b** *Schomburgkia tibicinis*; **c** *Oncidium leucochilum*. Einheimische, terrestrische Vertreter: **d** Gelber Frauenschuh (*Cypripedium calceolus*); **e** Fuchs-Knabenkraut (*Dactylorhiza fuchsii*); **f** Geflecktes Knabenkraut (*Dactylorhiza maculata*); **g** Stendelwurz (*Epipactis* sp.). (Fotos **d**: U. Gemeinholzer; **e**: C. M. Müller)

kann. Orchideen haben sich zum Teil stark an die epiphytische Lebensweise angepasst (**Pseudobulben,** besondere Abbruchregionen am Spross zur vegetativen Vermehrung und **CAM-Mechanismus**), um mit den teilweise widrigen Bedingungen wie Trockenheit und Nährstoffmangel im Kronenraum zurechtzukommen. Die Blüten besitzen teilweise starke Anpassungen an Insektenbestäubung (Entomophilie) oder Vogelbestäubung (Ornitophilie) – meist sind sie **deutlich zygomorph** und **auffällig.** Die Blüten der meisten Orchideen drehen sich von der Knospenbildung bis zur Blütenentfaltung um 180°, was als **Resupination** bezeichnet wird. Der **Blütenaufbau** ist **dreizeilig,** das mittlere Blütenhüllblatt des inneren Perigonkreises (**Labellum** oder **Lippe** genannt) ist meist groß und auffällig gestaltet. Bei völliger Blütenentfaltung zeigt es nach unten und dient als Landeplatz für Insekten. Bei einigen Gattungen ist es als **Kesselfalle** ausgebildet (z. B. *Cypripedium,* Frauenschuh, Abb. 7.29d) oder hat eine Funktion als **Weibchenattrappe,** die die männlichen Bestäuber zu Begattungsversuchen veranlasst (z. B. Ragwurz *[Ophrys]*); das Labellum kann aber auch in einen Sporn verlängert sein. Von den Staubblättern werden je nach Unterfamilie nur ein bis zwei fertil und verwachsen mit dem Griffel zu einer Säule **(Gynostemium).** Die Pollensäcke der Staubblätter entlassen bis zu 4 Mio. Pollenkörner entweder einzeln (Unterfamilie Cypripedioideae), zu Tetraden vereinigt (z. B. Vanilloideae) oder **in einer Theka** durch Sporopollenin zu einem **Pollinium** verklebt – einem Pollenpaket

7

(Unterfamilie Orchidoideae u. a.). Das Pollinium ermöglicht eine sehr effektive Verbreitung durch Insekten, da die Pollenpakete an definierten Stellen des Insektenkörpers kleben bleiben und so zur nächsten Blüte transportiert werden. Dieser Mechanismus ist so effektiv, dass sich Orchideen ein Pollen-zu-Samenanlagen-Verhältnis von 1:1 leisten. Der in der Regel aus drei Karpellen zusammengesetzte unterständige Fruchtknoten enthält ca. 10^4 bis 10^6 Samenanlagen.

Orchideensamen sind winzig. Die Kleinheit der **anemochoren** (windverbreiteten) **Samen** (0,005 mg) hat den Orchideen auch den veralteten Namen „Microspermae" eingetragen. Im Gegensatz zu anderen Samen fehlt den Orchideensamen meist das Nährgewebe oder Endosperm, sodass die meisten Orchideen auf eine **Symbiose mit Mykorrhizapilzen** angewiesen sind. Durch das Eindringen von Pilzfäden in den Samen erhält dieser Nährstoffe, indem er Teile des Pilzkörpers oder Ausscheidungen des Pilzes verdaut. Sobald der Sämling zur Photosynthese fähig ist, übernimmt dieser die Versorgung der Pflanze mit Nährstoffen und die Mykorrhiza ist zur weiteren Entwicklung nicht mehr notwendig. Die unreifen Kapseln der mittelamerikanischen *Vanilla planifolia* liefern **Vanille.** Ferner werden viele Orchideen als **Zierpflanzen** kultiviert (z. B. *Cattleya, Dendrobium, Phalaenopsis),* wobei viele Sorten durch Hybridisierung entstanden sind, ein Phänomen, das auch an den natürlichen Vorkommen der Orchideen weit verbreitet ist. Alle Orchideen sind streng geschützt und dürfen nicht aus der Natur entnommen werden – sie fallen unter das Washingtoner Artenschutzabkommen (CITES, ► Abschn. 1.1.3).

7.3.5.2 Schwertliliengewächse (Iridaceae)

» (66 Gattungen, ca. 2120 Arten)

Die **Schwertliliengewächse** besitzen **Knollen** (z. B. Krokus *[Crocus]* und *Moraea,* ◘ Abb. 7.30a, d) oder **Rhizome** (z. B. *Iris,* ◘ Abb. 7.30b). Teilweise erkennt man sie gut an den schwertförmig, reitenden **Blättern** (z. B. *Iris, Gladiolus*), die basal schmal-flächig, v-förmig ineinandergreifen. Die **Blütenhüllblätter** der Schwertliliengewächse sind miteinander **verwachsen** und häufig **groß** und **auffällig gefärbt.** Bei *Iris* sind die äußeren und inneren Blütenhüllblätter verschieden. In jeder Blüte gibt es drei auffällig gemusterte „Hängeblätter" und drei innere, aufrechte „Dornblätter". Ein verbreiterter Griffelast ist blütenblattähnlich und bildet eine lippenförmige Teilblüte **(Meranthium),** um männliche und weibliche Fortpflanzungsorgane räumlich zu trennen. Es gibt nur einen Staubblattkreis mit drei Staubblättern, die zum Teil aufgrund ihres sehr instabilen Staubfadens am oberen Ende am Griffel zusätzlich verwachsen sind. Der Fruchtknoten ist unterständig. Wichtige Zierpflanzen sind *Crocus* (◘ Abb. 7.30d), *Gladiolus* (Blüten schwach zygomorph, ◘ Abb. 7.30f), *Freesia* (Südafrika) und *Iris* (◘ Abb. 7.30b).

7.3.5.3 Grasbaumgewächse (Xanthorrhoeaceae)

» (19 Gattungen, ca. 785 Arten)

Die Grasbaumgewächse werden auch als **Affodillgewächse** (Asphodelaceae) bezeichnet und die Systematik ist immer noch umstritten. Die Gruppe umfasst drei sehr unterschiedliche Unterfamilien: 1) Die **Hemerocallidoideae** (◘ Abb. 7.31f; mit etwa 19 Gattungen und 85 Arten) sind krautige, ausdauernde Pflanzen mit Rhizomen oder Wurzelknollen, mit dreizähligen, zwittrigen Blüten in einem Perigon und einem oberständigen, verwachsenen Fruchtknoten aus drei Fruchtblättern. Es werden Kapselfrüchte und Beeren gebildet. Taglilien (*Hemerocallis* sp.) werden als Zierpflanze kultiviert und ähneln optisch den Lilien, besitzen aber statt einer für Liliengewächse typischen Zwiebel ein Rhizom. 2) Die Grasbaumgewächse (**Xanthorroeoideae;** ◘ Abb. 7.31g) sind in Australien mit einer Gattung und ca. 28 Arten heimisch. Manche

Abb. 7.30 Schwertliliengewächse (Iridaceae). **a** Mittags-Schwertlilie (*Moraea sisyrinchium*); **b** Sibirische Schwertlilie (*Iris sibirica*); **c** Roter Sumpfspaltgriffel (*Hesperantha coccinea*); **d** Krokus (*Crocus* sp.); **e** Scheinkrokus (*Romulea columnae*); **f** Sumpfgladiole (*Gladiolus palustris*). (Foto **f**: Benjamin Zwittnig, CC-BY-SA 2.5, unverändert)

Abb. 7.31 Grasbaumgewächse (Xanthorrhoeaceae). Asphodeloideae: **a** Fackellilie (*Kniphofia* sp.); **b, c** *Aloe* sp.; **d, e** Affodill (*Asphodelus luteus*). **f** Hemerocallidoideae: *Dianella caerulea*. **g** Xanthorrhoeoideae: *Lomandra longifolia*

Arten bilden einen Stamm, der durch die Bildung eines für Monokotyledoneae untypischen sekundären Meristems entsteht und durch Blattspurstränge zusätzlich stabilisiert wird. 3) Die **Asphodeloideae** umfassen 15 Gattungen und ca. 800 Arten, wobei der im Mittelmerraum und in Zentralasien verbreitete Affodill (*Asphodelus*, Abb. 7.31d, e) namensgebend ist, während Aloen (◘ Abb. 7.31b, c) mit ca. 500 Arten als charakteristische Florenelemente der Capensis (► Abschn. 8.2) große Bedeutung als Zier- und Heilpflanzen erlangten. Weitere Vertreter, die als Zierpflanze kultiviert werden, sind die Steppenkerze (*Eremurus* sp.) und die Fackellilien (*Kniphofia* sp., ◘ Abb. 7.31a). Typisch sind einfache, parallelnervige, meist grundständige Blätter, wobei die Blattaderung häufig nicht sichtbar ist. Die Samenschalen sind durch Phytomelane meist schwarz-gräulich.

7.3.5.4 Amaryllisgewächse (Amaryllidaceae)

7

» (73 Gattungen, 1605 Arten)

Ebenfalls **unterständige Fruchtknoten,** aber noch zwei Staubblattkreise à **3 + 3 Stamina** haben die weltweit verbreiteten Amaryllisgewächse, die in drei Unterfamilien gruppiert werden. Die Amaryllidaceae produzieren in den Stängeln und Blättern große Mengen an **glucomannanhaltigem Schleim,** während in den Zwiebeln neben Stärke auch **Fructane** gebildet werden. Die Amaryllidaceae haben einen **unterständigen Fruchtknoten,** wie z. B. das Kleine Schneeglöckchen (*Galanthus nivalis,* ◘ Abb. 7.32b) oder die Narzisse (*Narcissus* sp., ◘ Abb. 7.32a), die Amaryllis (*Hippeastrum* sp.), der Märzenbecher (*Leucojum* sp.) oder als Zier- und Kübelpflanze die Clivie (*Clivia* sp.). Die **Lauchartigen** werden als Unterfamilie der Amaryllisgewächse geführt und umfassen nur eine Gattung, den Lauch ***(Allium),*** allerdings mit mehr als 900 Arten. Lauch hat einen Verbreitungsschwerpunkt im zentralasiatischen Raum. Es sind meist **Zwiebelpflanzen** mit **lanzettlichen Blättern** und meist kugeligen **Scheindolden.** Oft kennzeichnet der typische Geruch die Lauchartigen, der durch **schwefelhaltige Aminosäuren** (Alliin) und enzymatische Prozesse

◘ **Abb. 7.32** Amaryllisgewächse (Amaryllidaceae) und Hyacinthengewächse (Hyacinthaceae). Amaryllidaceae: **a** Osterglocke (*Narcissus pseudonarcissus*); **b** Kleines Schneeglöckchen (*Galanthus nivalis*); **c** *Habranthus tubispathus*; Lauchartige: **d** Schnittlauch (*Allium schoenoprasum*); **e** Küchenzwiebel (*Allium cepa*). Hyacinthengewächse: **f** Traubenhyazinthe (*Muscari* sp.); **g** Dolden-Milchstern (*Ornithogalum umbellatum*). (Foto **e**: Marcin Białek, CC-BY-SA 1.0, unverändert)

bei Verletzung entsteht. Zu *Allium* gehören Lauch/Porree, Zwiebel (◘ Abb. 7.32e), Knoblauch, Schnittlauch (◘ Abb. 7.32d) und mehrere Zierpflanzen.

7.3.5.5 Spargelgewächse (Asparagaceae)

» (2 Gattungen, ca. 165 Arten)

Die Systematik der Spargelgewächse ist immer noch umstritten. Manche Autoren behandeln die Spargelgewächse als Großgruppe (**Asparagaceae s. l.** mit 153 Gattungen und 2525 Arten) und die folgenden Familien (► Abschn. 7.3.5.6–7.3.5.8) als Unterfamilien, d.h. die hier beschriebene Gruppe würde als **Asparagoideae** bezeichnet werden. Der Verbreitungsschwerpunkt der Spargelgewächse ist in der **Capensis** (► Abschn. 8.2). Es handelt sich um krautige Pflanzen oder verholzte Sträucher oder Lianen. Beim Spargel (*Asparagus*, ◘ Abb. 7.33e–g) bilden die Sprosse **Lang- und Kurztriebe** aus, wobei die Kurztriebe die Photosynthese übernehmen und **Phyllokladien** genannt werden. Die junge unterirdische Sprossachse des **Gemüsespargels** *(Asparagus officinalis)* mit zum Teil terminal kleinen Schuppenblättern gilt als Delikatesse. Diese wächst oberirdisch zu einem Strauch mit kleinen Schuppenblättern und Widerhaken als **Spreizklimmer** heran, bildet kleine, weiße zwittrige Blüten und bei erfolgreicher Befruchtung rote **Beeren.**

7.3.5.6 Agavengewächse (Agavaceae)

» (10 Gattungen, 340 Arten)

Die Agavengewächse sind **vorwiegend neuweltlich verbreitet** (*Agave*, ◘ Abb. 7.33b, c, und *Yucca*, ◘ Abb. 7.33d), es gibt aber mit der Graslilie *(Anthericum)* auch mitteleuropäische Vertreter, die ein **Rhizom** besitzen. Die Leitgefäße der Agave dienen der **Faserherstellung** (Sisal-Agave, *Agave sisalana* u. a.); aus dem Phloemsaft wird Agavendicksaft als **Zuckerersatzstoff** gewonnen und aus der Blauen Agave *(Agave tequilana)* wird **Tequila** hergestellt. Agaven können sehr alt werden, sterben aber nach der Blüte ab, weshalb sie manchmal als „Jahrhundertpflanze“ bezeichnet werden. Eine leicht

◘ **Abb. 7.33** Agavengewächse (Agavaceae) und Spargelgewächse (Asparagaceae). Agavengewächse: **a** Froschlöffelblättriges Liliengrün (*Chlorophytum alismifolium*); **b** *Agave americana*; **c** *Agave seemanniana*; **d** Yucca (*Yucca* sp.). Spargelgewächse: **e–g** verschiedene Spargelarten (*Asparagus* sp.). (Foto **g**: Rasbak GFDL, unverändert)

zu kultivierende Zierpflanze der Agavengewächse ist die Grünlilie oder das Liliengrün (*Chlorophytum* sp., ▣ Abb. 7.33a).

7.3.5.7 Blaustern- oder Hyacinthengewächse (Scilloideae oder Hyacinthaceae)

» (41–70 Gattungen, 800–1025 Arten)

Die **Systematik** der Blaustern- oder Hyacinthengewächse ist ebenfalls noch sehr **umstritten.** Vorwiegend besiedeln die Blausterngewächse die alte Welt, Asien und Europa. Nur wenige Arten kommen in Südamerika vor. Es sind vorwiegend **Geophyten** in sommergrünen Laubwäldern, nur selten Epiphyten in tropischen Tieflandregenwäldern. Sie bilden bodennahe **Zwiebeln,** die oft einen **schleimigen Milchsaft** enthalten. Die Laubblätter sind einfach, ungestielt, ganzrandig und parallelnervig. Die endständigen Blüten bzw. der Blütenstand (meist **Traube**) stehen in der Regel an einem unbeblätterten **Schaft** in der Achsel eines Hochblattes. Die Blüten sind **dreizählig,** von einem Perigon umgeben mit meist freien Blütenorganen, mit Ausnahme des dreikammrigen oberständigen Fruchtknotens und des Griffels, die verwachsen sind. Es bilden sich dreiklappige **Kapselfrüchte,** mit Samen, die durch **Phytomelane** schwarz gefärbt sind. Typische Vertreter sind die Gartenhyazinthe *(Hyacinthus orientalis),* die Traubenhyazinthe (*Muscari* sp., ▣ Abb. 7.32f) und der Milchstern (*Ornithogalum* sp., ▣ Abb. 7.32g).

7.3.5.8 Mäusedorngewächse (Ruscaceae)

» (26 Gattungen, 530 Arten)

Die Mäusedorngewächse werden häufig auch als **Nolinoideae** bezeichnet. Es handelt sich um eine Gruppe sehr unterschiedlicher Taxa, zu welchen z. B. die **Drachenbäume** (*Dracaena* sp., ▣ Abb. 7.34a) gezählt werden, ebenso wie der **Bogenhanf** (*Sansevieria* sp., ▣ Abb. 7.34b, c), das **Salomonssiegel** (mancherorts auch als Himmelsleiter bezeichnet, *Polygonatum* sp., ▣ Abb. 7.34f) und das **Maiglöckchen** (*Convallaria* sp., ▣ Abb. 7.34e) sowie der **Mäusedorn** (*Ruscus*, ▣ Abb. 7.34d), der **„Scheinblätter" (Phylokladien)** bildet und auf diesen Blüten entwickelt, wodurch ersichtlich wird, dass es sich um abgeflachte Sprossachsen mit Photosynthesefunktion handelt und sich die Blüten an Seitenverzweigungen entwickeln.

Kasten 7.6 : Commeliniden (Commelinidae)

Die folgenden fünf Ordnungen **(Arecales, Poales, Commelinales, Zingiberales, Dasypogonales)** haben einen monophyletischen Ursprung und werden deshalb als Commeliniden (oder Stärke-Einkeimblättrige) zusammengefasst. Folgende Merkmale kennzeichnet die Gruppe:

- Ferulasäure in den Zellwänden, die die UV-Strahlung reflektiert;
- meist Silikateinschlüsse in den Epidermiszellen (Kieselzellen);
- häufige Differenzierung der Rhizodermis in Lang- und Kurzzellen;
- Ausbildung von Wachsformationen auf der Kutikula;
- Spaltöffnungen mit spezialisierten Nebenzellen;
- Bildung eines stärkehaltigen Endosperms, Ausnahmen kommen jedoch bei den Palmen vor;
- bei zoophilen Taxa ist die Blütenhülle meistens in Kelch und Krone gegliedert, bei anemophilen Taxa (2/3 der ca. 25.000 Arten) ist sie spelzenförmig (dünn-hautrandig) oder ganz reduziert.

Aufgrund ihrer Bedeutung werden jedoch im Folgenden nur die Palmen (Arecales), die Gräser (Poales) und die Ingwerartigen (Zingiberales) besprochen.

7.3.6 Palmenartige (Arecales)

» (1 Familie, 187 Gattungen, 2650 Arten)

Die **Arecales** umfassen nur eine Familie, die Palmen (Arecaceae). Es handelt sich um Taxa, die tropisch bis subtropisch verbreitet sind.

Abb. 7.34 Mäusedorngewächse (Ruscaceae). **a** Kanarischer Drachenbaum (*Dracaena draco*). **b, c** Bogenhanf (*Sansevieria trifasciata* 'Laurenti'). **d** Mäusedorn (*Ruscus* sp.). **e** Maiglöckchen (*Convallaria majalis*). **f** Echtes Salomonssiegel oder Himmelsleiter (*Polygonatum odoratum*). (Fotos **a**: Steffen M., CC-BY-3.0; **f**: Hans Hillewaert, CC-BY-3.0, alle unverändert)

Es sind immergrüne **Holzgewächse ohne sekundäres Dickenwachstum.** Die meisten Arten sind **Schopfbäume,** selten kommen **Lianen** vor, z. B. ist die Rattanpalme der Gattung *Calamus,* die bei uns auch als Peddigrohr für Korbflechtarbeiten verwendet wird, eine bis zu 180 m lange Liane. Die gestielten, ursprünglich ungeteilt angelegten, parallelnervigen Blätter werden durch Aufreißen an den Faltkanten gefiedert (**Fiederpalmen,** z. B. Abb. 7.35h, i) oder gefingert (**Fächerpalmen,** Abb. 7.35e, g). Die kleinen Blüten stehen häufig in **doppelährigen Blütenständen** (Abb. 7.35f). Sie sind oft käferbestäubt. Selten sind sie zwittrig, **meist monözisch** oder **diözisch.** Ursprünglich sind die Blüten dreizählig (z. B. bei der Dattelpalme, *Phoenix dactylifera*), die ein radiärsymmetrisches Perigon aus je 2 × 3 Blütenblättern und Staubblättern und einem oberständigen Fruchtknoten aus drei Fruchtblättern besitzen. In verschiedenen Taxa der Palmen erfolgte eine Vervielfältigung der Blütenorgane, so gibt es z. B. Blüten mit bis zu zehn Perigonblättern in je zwei Kreisen oder mit sehr vielen Staubblättern bzw. mit bis zu zehn verwachsenen Karpellen in einem oberständigen Fruchtknoten. Im Gegensatz dazu finden sich jedoch auch starke Reduzierungen vom ursprünglichen Bauplan, sodass kein Perigonblatt mehr gebildet wird oder nur drei Staubblätter oder ein Karpel im Gynoeceum vorkommen. So enthält z. B. die **Steinfrucht** der Kokospalme (*Cocos nucifera,* Abb. 7.35i) nur einen Samen.

Die Ölpalme aus Afrika (*Elaeis guineensis,* Abb. 7.35b–d), die Kokospalme (Kokosnuss, *Cocos nucifera,* Abb. 7.35i), die ursprünglich aus den Tropen Afrikas stammt, aber auch diverse andere Palmenarten (z. B. *Astrocaryum,* Abb. 7.35a) liefern **Öl** und **Fett** und verschiedene Arten von **Fasern.** Die Betelpalme (*Areca catechu,* Abb. 7.35h) aus Südostasien ist ein Ausgangsstoff für **Alkaloiddrogen.**

Abb. 7.35 Palmen (Arecaceae). **a** *Astrocaryum aculeatissimum* – die essbaren Früchte werden im Amazonasgebiet zur Ölgewinnung genutzt. **b** Ölpalmenplantagen in Indonesien. **c, d** Ölpalme (*Elaeis guineensis*). **e** Zwergpalme (*Chamaerops humilis*). **f** Blütenstand einer Zwergpalme (*Chamaerops* sp.). **g** Fächerpalme (*Trachycarpus wagnerianus*). **h** Betelpalme (*Areca catechu*). **i** Kokospalme (*Cocos nucifera*). (Fotos **a**: Timinbrazil – Brejaúva, CC-BY 2.0; **b**: Achmad Rabin Taim, CC-BY 2.0; **c**: Bongoman CC-BY-SA 3.0; **d**: Atamari CC-BY 1.0; **h**: Jason Thien, CC-BY- 2.0; **i**: Captain-tucker, CC-BY-2.0, alle unverändert)

7.3.7 Grasartige (Poales)

» (17 Familien, 997 Gattungen, 18.325 Arten)

Zu den **Poales** gehören meist **grasähnliche** Familien mit Taxa, die überwiegend windbestäubt **(anemophil)** sind. Eine Ausnahme bilden die **tierbestäubten Ananasgewächse (Bromeliaceae).** Die Grasartigen sind meist ausdauernde Pflanzen. An den Sprossachsen stehen die **parallelnervigen Laubblätter** meist **zweizeilig.** Die **Epidermiszellen** haben oft **Silikateinschlüsse als Fraßschutz vor Herbivoren** (grasfressenden Tieren). Die Blüten sind **dreizählig.** Sie haben oft unterschiedlich **stark reduzierte Blüten** mit **spelzenartigen Blütenhüllblättern.** Nektarien und Pollenkitt fehlen in der Regel, was eine Anpassung an die anemophile Bestäubung ist. Die **Filamente** (Staubfäden) sind **lang und flexibel** und hängen häufig zur Blüte aus dieser heraus, damit der Pollen durch den Wind erfasst werden kann. Die **Narben** sind **häufig vergrößert,** oft gefiedert. Meist wird nur **ein Samen pro Blüte** ausgebildet.

Die Ordnung der Grasartigen (Poales; ◘ Abb. 7.36) umfasst – neben anderen – die Familien der **Ananasgewächse** (Bromeliaceae), die **Rohrkolbengewächse** (Typhaceae), die **Igelkolbengewächse** (Sparganiaceae), die **Binsengewächse** (Juncaceae), die **Riedgrasgewächse** (Cyperaceae) und die **Süßgräser** (Poaceae).

7.3.7.1 Ananasgewächse (Bromeliengewächse, Bromeliaceae)

» (69 Gattungen, 3540 Arten)

Die **Ananasgewächse** kommen aus Mittel- und Südamerika. Es sind in der Regel Stauden mit einer Rosette aus meist **steifen Blättern,** selten Sträucher. Die Blüten sind häufig in Ähren, Trauben oder Rispen

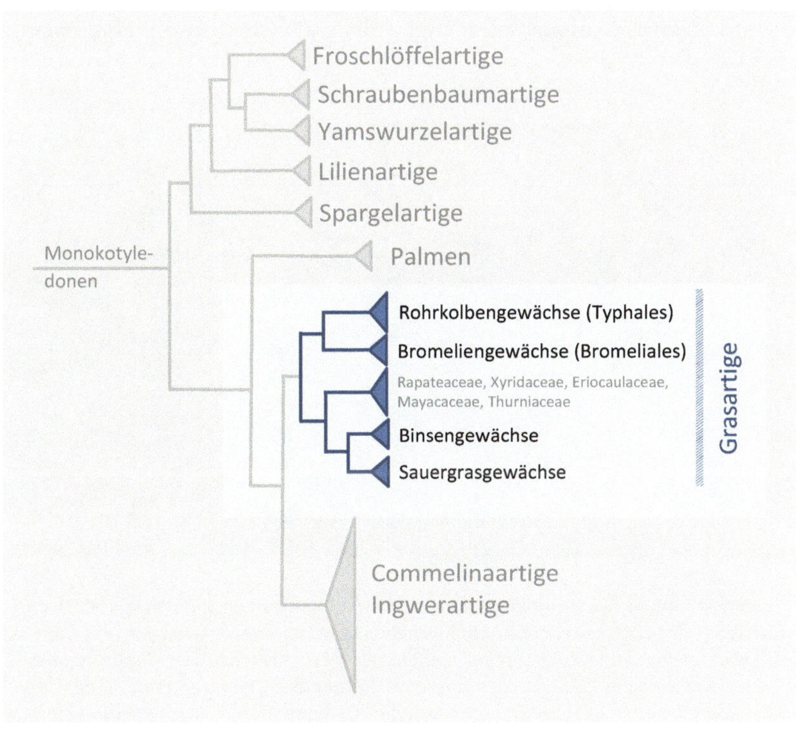

◘ **Abb. 7.36** Systematik der Grasartigen (Poales)

angeordnet. Sie sind in der Regel radiär und besitzen eine **doppelte Blütenhülle** mit einem **dreizähligen, radiärsymmetrischen Kelch,** mit **unverwachsenen Kelchblättern, drei verwachsenen Kronblättern, zwei Kreisen aus je drei Staubblättern** und einem **Gynoeceum,** das ebenfalls aus **drei verwachsenen Karpellen** besteht. Dieses kann entweder ober- oder unterständig sein. **Ornithophilie** ist bei den Bromeliaceae häufig, weshalb die Blüten, aber auch die Tragblätter und die Infloreszenzachsen, oft auffällig **rot gefärbt** und relativ **stabil gebaut** sind (◘ Abb. 7.37b). Die Früchte sind **Beeren** oder **Kapseln** mit Samen, die entweder geflügelt oder behaart sind, um durch den Wind (Anemochorie) oder Tiere (Zoochorie) ausgebreitet zu werden. Neben ursprünglichen, am Boden wurzelnden Kräutern, wie die **Ananas** (*Ananas comosus,* ◘ Abb. 7.37d), gibt es innerhalb der Bromeliaceae viele Zisternen-**Epiphyten** (◘ Abb. 7.37b) mit **Wasser absorbierenden Schuppenhaaren.** Da Epiphyten Wasserspeicherprobleme haben, werden hierfür Blattorgane und Gewebe umgebildet und bieten Lebensräume auch für viele weitere Organismen. Andere epiphytisch lebende Vertreter der Ananasgewächse bilden keine Wurzeln mehr aus, sondern nehmen über die Spross- und Blattoberfläche Wasser auf, indem sie den Tau „kämmen", z. B. die wurzellosen, epiphytischen Tillandsien, wie etwa *Tillandsia usneoides* (◘ Abb. 7.37e). Diese besitzt einen flechtenartig reduzierten Aufbau.

7.3.7.2 Rohrkolbengewächse (Typhaceae)

» (2 Gattungen, ca. 22 Arten)

Die Typhaceae sind fast weltweit verbreitet und umfassen zwei Gattungen, **Rohrkolben** (*Typha,* ◘ Abb. 7.37f) und **Igelkolben** (*Sparganium,* ◘ Abb. 7.37g), die früher jeweils in eine eigene Familie gegliedert wurden. Es sind **ausdauernde Sumpf-** und **Wasserpflanzen,** die krautig mit einem kriechenden Rhizom überdauern. Die selten verzweigten Stängel haben meist wechselständige Laubblätter. Bei dem Igelkolben *(Sparganium)* sind die weiblichen und männlichen Blütenstände

◘ **Abb. 7.37** Bromeliengewächse (Bromeliaceae) und Rohrkolbengewächse (Typhaceae). Bromeliaceae: **a** Epiphytisch wachsende *Bromelia* sp. **b** Zisternenblütenstand des Flammenden Schwertes (*Vriesea splendens* var. *splendens*). **c** Ährenrispen von *Deuterocohnia longipetala.* **d** Fruchtverband der Roten Ananas (*Ananas bracteatus*). **e** *Tillandsia usneoides.* **f** Rohrkolbengewächse: Rohrkolben (*Typha* sp.) mit männlichen Blüten und heraushängenden Staubbeuteln am Kolben oben und darunterliegenden weiblichen, dunkelbraunen Blüten. **g** Einfache Igelkolben (*Sparganium emersum*). m: männliche Blütenstände, w: weibliche Blütenstände. (Foto **g**: G.-U. Tolkiehn, CC-BY 3.0, leicht verändert)

kugelig und haben eine häutige, kleine Blütenhülle, während sie beim Rohrkolben (*Typha*, ◘ Abb. 7.37f) kolben- oder walzenförmig angeordnet sind und die **Blütenhülle zu Haaren reduziert** ist – eine Anpassung an Anemophilie. Die Blüten beider Gattungen sind in der Regel **monözisch,** wobei die weiblichen Blüten unterhalb der männlichen stehen, entweder auf demselben Blütenstand (Rohrkolben) oder in eigenen Blütenständen (Igelkolben).

7.3.7.3 Binsengewächse (Juncaceae)

» (7 Gattungen, 430 Arten)

Die **Binsengewächse (Juncaceae)** sind meist ausdauernde, krautige Pflanzen kalt-temperater, feuchter Standorte. Binsen (*Juncus*, ◘ Abb. 7.38d) und Hainsimsen (*Luzula*, ◘ Abb. 7.38c) sind in Mitteleuropa heimisch. Die Laubblätter sind überwiegend grundständig (entspringen am Boden) und fast immer dreizeilig angeordnet. Die Blätter sind entweder stängelähnlich, rund (Binsen) oder abgeflacht, mit weißem Mark gefüllt oder grasartig und dann häufig am Rand behaart (Hainsimsen). Der Blütenstand ist eine abgewandelte Form der Rispe, bei der die Randblüten am längsten gestielt sind, während die zentralen Blüten einen gestauchten Blütenstiel haben, was zu einer trichterförmigen Gestalt führt und als **Spirre** bezeichnet wird. Die Blüten der Binsengewächse sind in der Regel zwittrig und weisen einen **dreizähligen Blütenaufbau** auf, ähnlich dem der Liliaceae (radiärsymmetrische Blüten mit zwei Kreisen à drei Perigonblättern und Staubblättern sowie drei verwachsenen Fruchtblättern, die oberständig sind). Allerdings besitzen die Binsen und Simsen ein unauffälliges, **spelzenartiges Perigon,** statt einer auffällig gefärbten Blütenkrone. Die Juncaceae entwickeln **Kapselfrüchte** mit drei (*Luzula*, Hainsimse, ◘ Abb. 7.38c) oder mehr Samen (*Juncus*, Binsen, ◘ Abb. 7.38d).

◘ **Abb. 7.38** Binsengewächse (Juncaceae). **a** Blütenstand der Weißlichen Hainsimse (*Luzula luzuloides*). **b, c** Feld-Hainsimse (*Luzula campestris*). **d, e** Blütenstand und Habitus der Flatter-Binse oder Flatter-Simse (*Juncus effusus*). **f** Blüten der Einblütigen Binse (*Juncus monanthos*). (Fotos **a**: James Lindsey, CC-BY-SA 3.0; **b**: Rasbak, CC-BY-SA 3.0; **d**: Pethan Houten, GFDL 1.2; **e**: Di Esculapio, CC-BY-SA 3.0; **f**: Hermann Schachner, GFD Version 1.2, alle unverändert)

7.3.7.4 Sauer- oder Riedgrasgewächse (Cyperaceae)

» (98 Gattungen, 5695 Arten)

Die **Sauer- oder Riedgrasgewächse** (**Cyperaceae,** ◘ Abb. 7.39) kommen meist in **temperaten bis subarktischen, feuchten Regionen** der Erde vor. Die Sauergrasgewächse haben ihren Namen deshalb, da sie häufig auf kalkfreien, meist sauren Standorten vorkommen. Es sind Charakterarten der **Moore** und **Nasswiesen,** obwohl manche Arten auch in **Steppen** und **Halbwüsten** vorkommen. Sauergrasgewächse bilden entweder **horstige** oder **ausläuferbildende, mehrjährige Stauden,** nur sehr selten wachsen sie lianen-, strauch- oder baumförmig. Der Stängel der Sauergrasgewächse ist meist mehr oder weniger **dreikantig, markhaltig oder massiv, ohne Knoten** oder Blattgelenke (der Übergang von der Blattscheide zur Blattspreite ist nicht abgeknickt) und ohne Häutchen, wodurch die Sauergräser gut von den Süßgräsern zu unterscheiden sind. An dem dreikantigen Stängel stehen die Blätter meist **dreizeilig.** An der Blattbasis sind die Sauergrasgewächse oft faserartig vernetzt, was ein charakteristisches Bestimmungsmerkmal sein kann. Die Blätter sind einfach, lanzettlich und parallelnervig. Die Blüten stehen in **Ährchen,** wobei die Ährchen einzeln oder in ährigen, rispigen oder kopfigen Blütenständen vorkommen können. Die Blüten der Cyperaceae sind windbestäubt und dadurch **stark reduziert.** Sie sind entweder **zwittrig** oder **monözisch** oder **diözisch,** wobei ein Trend zur Diözie zu beobachten ist. Die Blüten bestehen aus einem **dreizähligen, meist häutigen Perigon,** das auch borsten- oder haarförmig sein kann, z. B. bei der **Simse** (*Scirpus,* ◘ Abb. 7.39e), oder dem **Wollgras** (*Eriophorum,* ◘ Abb. 7.39d), oder es fehlt ganz, z. B. bei der **Segge** (*Carex,* ◘ Abb. 7.39a–c). Die zwei artenreichsten Gattungen der Sauergrasgewächse sind die Seggen (*Carex,* mit mehr als 1700 Arten) und die Zyperngräser (*Cyperus,* mit mehr als 600 Arten, ◘ Abb. 7.39f). Es werden meist drei freie, fertile Staubblätter gebildet und zwei oder drei Fruchtblätter sind zu einem oberständigen coenokarpen Fruchtknoten verwachsen. Je nach Zahl der Karpelle sind zwei oder drei Narbenäste vorhanden, die meist recht groß sind. Bei erfolgreicher Befruchtung entwickelt sich eine einsamige Nussfrucht, die als Karyopse bezeichnet wird, da das verholzte Perikarp fest mit der Samenschale verbunden ist.

Die bei uns bedeutsamste Gattung der Cyperaceae sind die Seggen *(Carex).* Sie bilden **monözische Blüten,** wobei männliche und weibliche Blüten entweder auf verschiedenen Ährchen eines Individuums (**verschiedenährige Seggen**) (◘ Abb. 7.39a) oder auf einem Ährchen **(einährige Seggen)** vorkommen können (◘ Abb. 7.39c). Viele einährige Seggen besitzen apikal männliche und basal weibliche Ährchen. Die männlichen Blüten bilden nur drei Staubblätter, während der Fruchtknoten aus zwei bis drei Karpellen verwachsen ist und von einem schlauchförmigen Deckblatt **(Utriculus)** umhüllt ist.

7.3.7.5 Süßgräser (Poaceae)

» (707 Gattungen, 11.337 Arten)

Die **Süßgräser** (**Poaceae,** ehemals Gramineae) sind in der Regel **mehrjährige Kräuter** mit meist stielrunden, hohlen, deutlich **knotigen Stängeln** (◘ Abb. 7.40a). Sie weisen eine **zweizeilige Blattstellung** auf, im Gegensatz zu den Juncaceae und Cyperaceae, deren Blätter spiralig um den Spross angeordnet sind. Die Blätter der Süßgräser setzen am Stängel an einem Knoten an. Meist umschließt die Blattbasis mit einer Scheide den Stängel bis zum **Blattgelenk** (◘ Abb. 7.40a). Dieses kann mit Öhrchen (◘ Abb. 7.40b) und/oder einem Blatthäutchen (**Ligula,** ◘ Abb. 7.40c) versehen sein, ehe es in die Blattspreite übergeht. Die Süßgräser besitzen charakteristische Stomata, die in geschlossenem Zustand wie ein Hundeknochen oder eine Hantel aussehen, wobei zwei Nebenzellen die Spaltöffnungszellen

Abb. 7.39 Sauergrasgewächse (Cyperaceae). **a** Verschiedenährige Segge (zwei männliche Blütenstände (gelbe Antheren) und ein weiblicher Blütenstand (weiße Narbenäste) der Blaugrünen Segge (*Carex flacca*). **b** Männliche und weibliche Blütenstände der Sumpf-Segge (*Carex acutiformis*). **c** *Carex forficula* mit männlichen Blüten über den weiblichen in einem Blütenstand. **d** Wollgras (*Eriophorum* sp.). **e** Zyperngras-Simse (*Scirpus cyperinus*). **f** Zyperngras (*Cyperus alternifolius*). m: männliche Blüten, w: weibliche Blüten. (Fotos **a**: Michael Apel, CC-BY-SA 3.0; **b**: Sten, CC-BY-SA 3.0; **c**: Keisotyo, CC-BY-SA 4.0; **e**: Robert H. Mohlenbrock, GFD, alle unverändert)

am Spalt seitlich zudrücken, was als Gramineen-Typ bezeichnet wird. Häufig besitzen Süßgräser Silikatoxalate, meist in speziellen „Kieselzellen" in der Epidermis gegen Fraßfeinde.

Die Blüten sind zu **ährigen Teilblütenständen** zusammengefasst, die als **Ährchen** bezeichnet werden. Diese Ährchen stehen wiederum entweder in **Rispen** (z. B. *Poa*, Rispengras) oder **Ähren** (z. B. *Lolium*, Weidelgras) bzw. in kurz gedrungenen **Ährenrispen** (*Alopecurus*, Fuchsschwanz). Die Ährchen sind ursprünglich mehrblütig (z. B. *Bromus*, Trespe), bei *Panicum* (Hirse) zweiblütig, bei *Agrostis* (Straußgras) nur noch einblütig. Die beiden unteren Blätter des Ährchens tragen meistens keine Blüten, sie heißen **Hüllspelzen.** Darüber stehen die **Deckspelzen** (oft mit **Granne,** Abb. 7.40d), in deren Achseln die Blüten sitzen. Jede Blütenachse trägt zuunterst die **Vorspelze** (eventuell ein Rest des äußeren Perigonkreises), darüber zwei **Lodiculae** (Schwellkörperchen, die eventuell den stark reduzierten Rest des inneren Perianthkreises darstellen und die Blüte aktiv öffnen). Die drei Staubblätter stehen in einem Kreis und besitzen meist lange Filamente, zur optimierten Windbestäubung (Anemophilie). Der **oberständige, einsamige Fruchtknoten** mündet in **einen Griffel mit zwei langen federigen Narben** (Abb. 7.40d). Bei Reife entwickelt sich eine nussähnliche Frucht, deren

Abb. 7.40 Bezeichnungen der Poaceae. **a** Rohrschwingel (*Festuca arundinacea*. **b** Weizen (*Triticum aestivum*), mit Öhrchen (*Pfeile*). **c** Hafer (*Avena sativa*), mit Ligula (Blatthäutchen, *Pfeile*). **d** Blüte des Hafers (*Avena sativa*). A: Antheren, D: Deckspelze, G: Blattgelenk, Gr: Granne, H: Blatthäutchen, K: Knoten, L: Lodiculae (Schwellkörperchen), N: Narbe, Ö: Blattöhrchen, SD: Blattscheide, SP: Blattspelze, V: Vorspelze. (Fotos **b, c**: Rasbak, GDL Version 1.2)

Fruchtwand eng mit der **Testa** verwächst, was als **Karyopse** bezeichnet wird (Sonderform der Nussfrucht).

Die Süßgräser konnten sich in der Kreidezeit stark ausbreiten und sind **dominante Florenelemente** in **Steppen, Savannen** und **Wiesen.** Es sind wichtige **Futterpflanzen,** sie werden als **Nahrung** aufgrund ihrer stärkehaltigen Samen genutzt, und zur **Energiegewinnung** angebaut. Die **Süßgräser** sind die **weltweit ökonomisch bedeutendste Pflanzenfamilie,** da die Getreidesorten in diese Gruppe fallen. Bedeutende Nutzpflanzen für den Menschen sind beispielsweise:

- Weizen (*Triticum aestivum,* Abb. 7.41d),
- Gerste (*Hordeum vulgare,* Abb. 7.41e–g),
- Roggen (*Secale cereale,* Abb. 7.41k–m),
- Hafer (*Avena sativa,* Abb. 7.41h–j),
- Reis *(Oryza sativa),*
- Mais (*Zea mays,* Abb. 7.41a–c),
- Bambus *(Bambusa vulgaris),*
- Zuckerrohr *(Saccharum officinarum),*
- Rispenhirse (*Panicum miliaceum,* Abb. 7.41b) und viele mehr.

Abb. 7.41 Wirtschaftlich bedeutsame Süßgräser. **a** Blätter, Spross und weiblicher Blütenstand des Mais (*Zea mays*). **b** Mais- (rechts im Bild) und Rispenhirseanbau (links im Bild) in Korea. **c** Karyopsen in einem Kolben – der Maiskolben mit trockenen Blütenstandshüllblättern (*Zea mays*). **d** Weizen (*Triticum aestivum*), mit Ährchen ohne Grannen. **e–g** Gerste (*Hordeum vulgare*), mit einer Blattscheide, die den Stängel umhüllt, Blüten in einer Ähre mit unterschiedlich langen Grannen. **h–j** Hafer (*Avena sativa*), ohne Blattscheide und mit gestielten Blüten und Früchten in einer Rispe. **k–m** Roggen (*Secale cereale*), mit einer offenen Blattscheide, die den Stängel nicht ganz umschließt und Blüten in Ähren mit gleich langen Grannen. (Fotos **a, b–m**: S. Mutz)

Die Gliederung der großen Familie erfolgt nach dem Bau der Ährchen, der Früchte, des Embryos und nach der Blattanatomie. Momentan werden die Süßgräser in **zwölf Unterfamilien** gegliedert.

Die **Bambusoideae** sind in den feuchten Tropen in den Monsungebieten der Erde weit verbreitet. Die Bambusoideae besitzen drei Schwellkörperchen in der Blüte (Lodiculae) und zwei Kreise á drei Staubblätter. Selten sind sogar noch drei Narben zu finden. Manche Vertreter bilden bis zu 30 m hohe verholzte Blütenachsen (z. B. *Phyllostachys bambusoides*, Abb. 7.42d). Als krautiger Vertreter der Bambusoideae gilt der **Reis** *(Oryza sativa)*. Es ist das weltweit wichtigste Getreide und stammt aus Südostasien.

Die meisten Vertreter der Süßgräser sind in temperaten Regionen beheimatet und gehören zur Unterfamilie **Pooideae.** Die Taxa der Pooideae sind durch **zwei Schwellkörperchen pro Blüte, drei Staubblätter** und **zwei oberständige, verwachsene Karpelle** charakterisiert. Die Vertreter der Pooideae betreiben alle **C_3-Photosynthese.** Zu den Pooideae gehören unsere wichtigsten Wiesen- und Weidegräser, z. B. das Knäuelgras (*Dactylis*, Abb. 7.42a), der Glatthafer (*Arrhenatherum*, Abb. 7.42c), das Rispengras *(Poa)*, der Schwingel *(Festuca)* und das Weidelgras (*Lolium*, Abb. 7.42b). Der Saathafer (*Avena sativa*, Abb. 7.41h–j) mit seinen zweiblütigen Ährchen in Rispen entstand vor ca. 4000 Jahren wohl aus dem Flughafer, einem Ackerunkraut. Eine eigene Tribus innerhalb der Pooideae bilden die Triticeae (Ährengräser mit behaartem Fruchtknoten und einfachen Stärkekörnern). Zu den Triticeae

Abb. 7.42 Vertreter der Pooideae, Bambusoideae und Panicoideae. Pooideae: **a** Gewöhnliches Knäuelgras (*Dactylis glomerata*); **b** Deutsches Weidelgras (*Lolium perenne*); **c** Gewöhnlicher Glatthafer (*Arrhenatherum elatius*). **d** Bambusoideae: *Phyllostachys bambusoides*. Panicoideae: **e** Zuckerrohr (*Saccharum officinarum*); f Zitronengras (*Cymbopogon citratus*); g Rispenhirse (*Panicum miliaceum*). (Fotos **a**: Mike Pennington, CC-BY-SA 2.0; **b**: Arthur Chapman, CC-BY-SA 2.0; **c**: Bartosz Cuber, CC-BY-SA 3.0; **d**: Isidre Blanc, CC-BY-SA 4.0)

7

gehören die Gerste (*Hordeum*, einblütige Ährchen zu dritt an der Ährenachse, bei der Sommergerste ist nur das mittlere fertil, Abb. 7.41e–g), Roggen (*Secale cereale*, Ährchen zweiblütig, schmalspelzig, Abb. 7.41k–m) und Weizen (*Triticum*, Ährchen drei- bis fünfblütig, breitspelzig, Abb. 7.41d). Gerste und Weizen wurden im Orient schon vor ca. 10.000 Jahren angebaut, während der Roggen erst seit der Bronzezeit (vor ca. 4000 Jahren) aus einem Ackerunkraut gezüchtet wurde.

Neben den Pooideae sind die **Panicoideae** eine weitere für den Menschen wichtige Unterfamilie der Poaceae. Die Taxa dieser Unterfamilie sind überwiegend in den wintertrockenen Tropen und warmtemperierten Gebieten beheimatet und betreiben oft C_3- aber auch **C_4-Photosynthese.** Die Ährchen der Panicoideae sind zwittrig oder seltener eingeschlechtig, wodurch die Pflanze dann diözisch oder monözisch wird. Pro Ährchen gibt es meist **zwei Hüllspelzen** sowie **eine sterile und eine fertile Blüte.** Diverse Nutzpflanzen werden zu den Panicoideae gezählt, z. B. **Zuckerrohr** (*Saccharum officinarum*, Abb. 7.42e), aus dem Haushaltszucker und Bioenergie gewonnen wird und das aus Südasien stammt, das **Zitronengras** (*Cymbopogon citratus*, Abb. 7.42f), das wahrscheinlich aus Indien stammt, die **Rispenhirse** (*Panicum miliaceum*, Abb. 7.42g) aus Zentralasien, die **Mohrenhirse** (*Sorghum*-Arten), ein wichtiges tropisches Getreide Afrikas, und der **Mais** (*Zea mays*, Abb. 7.41a–c), der vor ca. 8000 Jahren aus dem mehrjährigen mexikanischen Gras Teosinte (eine Unterart von *Zea mays*) durch Makromutation und Selektion entstanden ist.

7.3.8 Ingwerartige (Zingiberales)

» (8 Familien, 92 Gattungen, 2111 Arten)

Die Zingiberales (■ Abb. 7.43) sind meist ausdauernde krautige Pflanzen, die fast ausschließlich **tropisch** verbreitet sind. Sieben Familien der Ingwerartigen sind eher gattungs- und artenarm, so umfassen z. B. die Blumenrohrgewächse (Cannaceae) und Heliconiengewächse (Heliconiaceae) nur eine Gattung mit jeweils mehr als 100 Arten, die häufig als Zierpflanzen verwendet werden; die Bananengewächse (Musaceae) und Strelitziengewächse (Strelitziaceae) umfassen jeweils nur drei Gattungen mit ungefähr 35 und sieben Arten, während die Ingwergewächse mit etwa 52 Gattungen und über 1000 Arten die artenreichste Gruppe in dieser Ordnung sind. Das Hauptverbreitungsgebiet der Ingwerartigen ist die Tropen.

Die Pflanzen bilden in der Regel ein **Rhizom** (■ Abb. 7.44c). Manche Arten, wie z. B. die Banane *(Musa)*, bilden **„Scheinstämme"**, wobei die Sprossachse jedoch nicht verholzt (■ Abb. 7.44i). Die Blätter sind meist groß und in **Blattscheide, Blattstiel** und **Blattspreite** gegliedert, ein Merkmal, das bei Monokotyledonen ungewöhnlich ist. Ebenso ist die Blattaderung **nicht parallelnervig,** sondern die Adern entspringen entlang der Blattmittelrippe. Die meist zwittrigen Blüten (Ausnahme bei den Bananen [Musaceae], die eingeschlechtig sind; ■ Abb. 7.44h) sind **zygomorph** und **dreizählig.** Es sind zwei Kreise mit je drei Blütenhüllblättern vorhanden, wobei die **Tepalen** der beiden Kreise unterschiedlich gestaltet sind. Meist ist ein Teil der Staubblätter rück- oder umgebildet, was als **corollinische Staminodien** bezeichnet wird, d. h. die Staubblätter bilden keine Antheren aus und sind somit unfruchtbar (Staminodien) und ähneln zum Teil Petalen, ähnlich einer Blütenkrone (Corolla). Die jeweils drei Fruchtblätter der Zingiberales sind zu einem **unterständigen Fruchtknoten verwachsen.** Es werden meist **Kapselfrüchte** oder **Beeren** gebildet.

Wahrscheinlich haben sich die Zingiberales in der **späten Kreidezeit** gebildet, vor ca. 80 Mio. Jahren. Taxa der Zingiberales werden vom Menschen genutzt, z. B. die **Banane** (*Musa,* ■ Abb. 7.44h–j), als Obst, Stärkelieferant

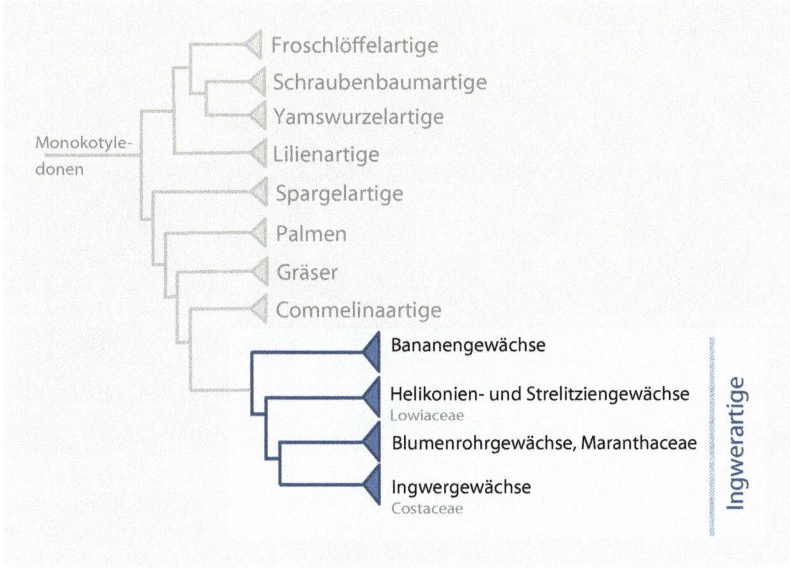

■ **Abb. 7.43** Systematik der Ingwerartigen (Zingiberales)

Abb. 7.44 Ingwerartige (Zingiberales). Ingwergewächse (Zingiberaceae): **a** Chinesischer Ingwer (*Boesenbergia rotunda*); **b** Grüner Kardamom (*Elettaria cardamomum*); **c** Gelbwurz, Kurkuma (*Curcuma longa*); **d** Spiralingwer (*Costus* sp.). **e** Strelitziengewächse (Strelitziaceae): Paradiesvogelblume (*Strelitzia reginae*). Costaceae: **f** *Tapeinochilos ananassae*; **g** *Costus* sp. Bananengewächse (Musaceae): **h** Japanische Faserbanane (*Musa basjoo*); **i** Banane (*Musa* sp.); **j** Faserbanane (*Musa textilis*). (Foto **d**: Berthold Werner)

und für Fasern. Ferner gehören der **Ingwer** (*Zingiber,* ◘ Abb. 7.44d), **Kurkuma** (*Curcuma longa)* und **Kardamom** (*Amomum subulatum* bzw. *Elettaria cardamomum,* ◘ Abb. 7.44b) in diese Pflanzenordnung sowie als Zierpflanzen die **Paradiesvogelblume** (*Strelitzia reginae,* ◘ Abb. 7.44e), die **Helikonien** *(Heliconia),* die auch Hummerscheren oder Falsche Paradiesvogelblumen genannt werden, oder das **Blumenrohr** *(Canna).*

7.4 Echte Zweikeimblättrige (Eudikotyledonen)

Ebenso wie die Vertreter der Basalen Ordnungen der Angiospermen (► Abschn. 7.2) – und im Gegensatz zu den Monokotyledonen (► Abschn. 7.3) – sind die Eudikotyledonen (Eudikotyledoneae; nach Cantino et al. 2007) **zweikeimblättrig.** Sie entsprechen in etwa der Klasse, die früher als Dreifurchenpollen-Zweikeimblättrige (oder Rosopsida) bezeichnet wurde, da ein ursprüngliches Merkmal dieser monophyletischen Gruppe **tricolpate Pollenkörner** (mit drei Keimfurchen) sind. Die Eudikotyledonen umfassen mehr als **75 % aller Angiospermae** mit einer sehr großen morphologischen, biochemischen und ökologischen Diversität. Ursprüngliche Merkmale dieser Gruppe sind Blüten in **Wirteln,** Blätter mit Netznervatur und anomocytische Stomata (variierende Anzahl an Nebenzellen, die die Spaltöffnungszellen umgeben). Eudikotyledoneae bilden das Flavonoid Myricetin, und die Blütenorgane sind ursprünglich vier- bis fünfzählig, aber es gibt Abwandlungen von dieser Grundzahl. Wahrscheinlich sind die nächsten Verwandten der Eudikotyledonen Vertreter der Hornblattgewächse (Ceratophyllales), einer monogenerischen Familie kosmopolitisch verbreiteter Süßwasserpflanzen, wobei zwei Arten des Hornblattes (*Ceratophyllum,* ◘ Abb. 7.45b) auch bei uns heimisch, aber selten sind.

Um die phylogenetischen Verwandtschaftsverhältnisse der basalen Eudikotyledonen (ohne Kerneudikotyledonen) zu klären, wurden mittlerweile mehr als 80 verschiedene molekulare Regionen sequenziert und analysiert. Dies führte dazu, dass die Hauptevolutionslinien klar identifiziert werden konnten, jedoch ihre verwandtschaftlichen Beziehungen zueinander immer noch nicht gut statistisch abgesichert und dadurch teilweise ungeklärt sind. Aus diesem Grund werden die basalen Eudikotyledonen als **paraphyletische Gruppe** ***(Grade)*** behandelt, und

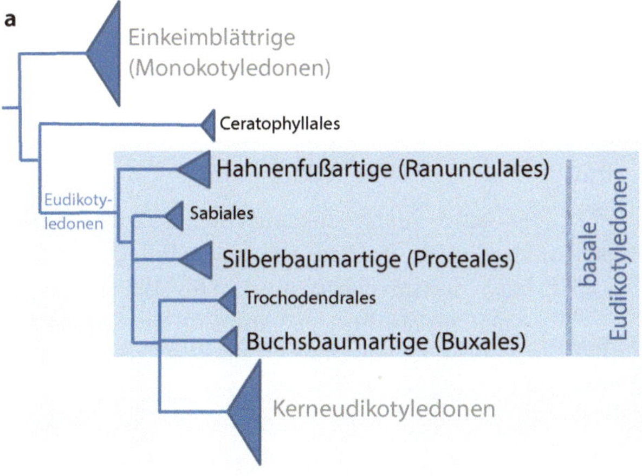

◘ **Abb. 7.45** **a** Stammbaum der basalen Eudikotyledonen. **b** Raues Hornblatt (*Ceratophyllum demersum*), Sprossteil mit männlichen Blüten. (Foto: Christian Fischer, CC-BY-SA 3.0, unverändert)

nur die wichtigsten Vertreter werden detailliert besprochen. Hierbei sind grundsätzlich die Ranunculales (Hahnenfußartigen) neben den Sabiales, die in den Tropen Südostasiens und Lateinamerikas verbreitet sind, und den Silberbaumartigen (Proteales) sowie den Trochodendrales und den Buchsbaumartigen (Buxales) die Schwestergruppe zu allen Kerneudikotyledonen. Im Rahmen dieses Kapitels werden innerhalb der basalen Eudikotyledonen nur die drei bei uns bedeutsamsten Ordnungen Ranunculales, Proteales und Buxales detailliert dargestellt.

7.4.1 Hahnenfußartige (Ranunculales)

» (7 Familien, 199 Gattungen, 4445 Arten)

Es sind krautige oder holzige Pflanzen, die **meist terrestrische Habitate** besiedeln, nur wenige Vertreter haben sich auf aquatische Lebensräume spezialisiert. Die Ranunculales haben meist **wechselständige,** entweder einfache, geteilte oder zusammengesetzte Laubblätter, und nur **selten** sind **Stipel** (Nebenblätter, z. B. bei Taxa der Berberitzengewächse, Berberidaceae) vorhanden; **Ölzellen fehlen.** Viele Taxa der Ranunculales enthalten zum Schutz vor Tierfraß **diverse Benzylisochinolinalkaloide.** Blüten stehen meist einzeln oder in einem zymösen Blütenstand (▶ Abschn. 7.1). Die Blütenorgane sind in der Regel zahlreich und schraubig oder wirtelig angeordnet. Üblicherweise sind die Blüten radiärsymmetrisch und zwittrig, selten eingeschlechtig, z. B. beim Mondsamen (*Menispermum* sp.), bzw. zygomorph, z. B. beim Eisenhut (*Aconitum* sp., ◘ Abb. 7.48a, b), der Akelei (*Aquilegia* sp.), dem Rittersporn (*Delphinium* sp.) oder dem Garten-Feldrittersporn (*Consolida ajacis*, ◘ Abb. 7.48c). Es wird entweder ein **Perigon oder** ein **Perianth** gebildet, mit meist freien, unverwachsenen Blütenhüllorganen (◘ Abb. 7.48f). Oft enthalten die Blüten **florale Nektarien** (Nektardrüsen in den Blüten, die bei den Hahnenfußartigen zum Teil auf umgebildeten Staubfäden sitzen bzw. auf sogenannten Honigblättern, blütenblattähnlichen, oberseits glänzenden Blütenorganen mit basalen Nektardrüsen, ◘ Abb. 7.48e). Die Staubblätter sind meist vielzählig und schraubig angeordnet (◘ Abb. 7.48f) und bilden meist **tricolpate,** seltener multiaperturate oder biaperturate **Pollen.** Die Fruchtblätter sind meist **oberständig, apokarp** (unverwachsen) und vielzählig (◘ Abb. 7.48e) oder **monomer.** Der Blütenboden kann gestreckt und nach oben gewölbt sein, z. B. beim Mäuseschwänzchen *(Myosurus).* Die Früchte sind Bälge, Nüsschen oder Kapseln (Hahnenfußgewächse, Ranunculaceae), Steinfrüchte (Mondsamengewächse, Menispermaceae) oder Beeren (Berberitzengewächse, Berberidaceae). Die Bestäubung ist meist **entomophil** (insektenbestäubt), seltener auch **ornithophil** (vogelbestäubt) oder **anemophil** (windbestäubt, z. B. bei der Wiesenraute, *Thalictrum*). Die Taxa der Ranunculales sind **weltweit** verbreitet. Das älteste Fossil, das eindeutig den Ranunculales zugeordnet werden kann, ist *Leefructus mirus*, dessen Alter auf **ca. 125 Mio. Jahre** geschätzt wird, sodass davon ausgegangen werden kann, dass die Ordnung einen noch älteren Ursprung hat. Heute werden sieben Familien zu den Ranunculales gestellt, wobei im Folgenden nur auf die drei wichtigsten eingegangen wird.

7.4.1.1 Berberitzengewächse (Berberidaceae)

» (ca. 14 Gattungen, 701 Arten)

Es sind meist ausdauernde Kräuter, Sträucher oder Bäume, die zum Teil immergrün bzw. sommergrün sind. Die Blätter stehen **wechselständig** oder **spiralig** am Spross und sind meist **gestielt.** Teilweise sind Nebenblätter vorhanden. Die Blätter sind krautig, derb-ledrig oder zu Dornen umgewandelt. Der Blattrand kann ganzrandig oder gesägt sein und ist oft dornig gezähnt (z. B. Darwins Berberitze [*Berberis darwinii*], ◘ Abb. 7.46b). Die **zwittrigen** Blüten sind **radiärsymmetrisch**

Abb. 7.46 Berberitzengewächse (Berberidaceae). **a** Mahonie (*Berberis aquifolium*, ehemals *Mahonia aquifolium*). **b** Darwins Berberitze (*Berberis darwinii*). **c** Mahonie – Gartenhybride. **d** Wollige Elfenblume (*Epimedium pubescens*). **e** Frohnleiten-Elfenblume (*Epimedium perralchicum*). (Foto **d**: Stan Shebs, CC-BY-SA 3.0; **e**: Schnobby, CC-BY-SA 3.0, alle unverändert)

und meist **dreizählig.** Die Staubbeutel öffnen sich oft mit zwei Klappen. Pro Blüte gibt es einen **monomeren** Fruchtknoten, als Früchte werden **Balgfrüchte** oder **Beeren,** selten **Nüsschen** gebildet. Das Hauptverbreitungsgebiet der Berberidaceae sind die gemäßigten Zonen der nördlichen Hemisphäre; einige verholzte Arten kommen aber auch in den Anden Südamerikas vor. Viele Gattungen haben ein zerstreutes **(disjunktes)** Areal. Die bekanntesten Vertreter sind z. B. die Elfen- oder Sockenblume (*Epimedium,* Abb. 7.46d, e), Berberitze (*Berberis,* Abb. 7.46b) und die Mahonie (*Berberis aquifolium,* Abb. 7.46a).

7.4.1.2 Mohngewächse (Papaveraceae)

» (44 Gattungen, ca. 760 Arten)

Die Vertreter der Mohngewächse sind meist ein- bis mehrjährige krautige Pflanzen, selten Sträucher oder Bäume, die vorwiegend in der **nördlich gemäßigten Zone** verbreitet sind. Einige Vertreter kommen jedoch auch in arktisch-alpinen Gebieten vor, in den mittel- und südamerikanischen Gebirgen, sowie in Südafrika und Australien. Die Pflanzen führen in gegliederten Milchröhren Milchsaft aus **Benzyltetrahydroisochinolinalkaloiden** (z. B. **Codein, Papaverin, Morphin**) und bilden oft cyanogene Glycoside. Cyanogene Glycoside selbst haben keinen toxischen Effekt, aber durch Spaltung des Moleküls kommt es zur Freisetzung von **Blausäure** (HCN), einem Stoff, der für fast alle Säugetiere und Vögel giftig ist. Dabei hemmt der Ester der Blausäure in den Zellen das Enzym Cytochrom-*c*-Oxidase der Atmungskette, sodass diese regelrecht „ersticken"; häufig ist die Konzentration in den Pflanzen jedoch sehr gering. Die Papaveraceae haben meist wechselständige, einfache, gelappte oder fiederteilige Blätter, **ohne Stipel** (Nebenblätter). Die Blüten sind immer **zwittrig,** radiärsymmetrisch oder zygomorph und häufig **groß** und **auffällig gefärbt,** oft mit **zerknitterten Petalen. Zwei grüne oder kronblattartige Sepalen** umhüllen im knospigen Stadium die Blütenkrone und fallen beim Öffnen der Blüten ab. Die Blüten haben in der Regel **vier Petalen** und je nach Unterfamilie **vier, sechs oder viele Staubblätter.** Zwei bis mehrere Fruchtblätter sind zu einem oberständigen Fruchtknoten mit **parietaler Plazentation** der Samenanlagen verwachsen. Oft werden **Kapselfrüchte** ausgebildet, die sich klappig oder porig öffnen. Die Papaveraceae werden in die zwei Unterfamilien **Papaveroideae (Mohnartige)** und **Fumarioideae (Erdrauchartige)** und darunter in sechs Tribe gegliedert. Die Familie enthält **wichtige Nutz- und Zierpflanzen.** Bekannte Vertreter der Mohnartigen sind z. B. **Schlafmohn** *(Papaver somniferum),* aus dem Opium gewonnen wird, **Klatschmohn** (*Papaver rhoeas,* ◘ Abb. 7.47a), Kalifornischer Mohn (*Eschscholzia californica,* ◘ Abb. 7.47c), Hornmohn (*Glaucium* sp., ◘ Abb. 7.47b) und häufig als „Unkraut" das **Schöllkraut** *(Chelidonium majus).* Bekannte Vertreter der Erdrauchgewächse sind z. B. der **Gewöhnliche Erdrauch** (*Fumaria officinalis,* ◘ Abb. 7.47d), der **Lerchensporn** (*Corydalis cava,* ◘ Abb. 7.47e), den es in lila, rosa und weiß gibt, und das **Tränende Herz** (*Lamprocapnos spectabilis,* früher *Dicentra spectabilis,* ◘ Abb. 7.47f).

7.4.1.3 Hahnenfußgewächse (Ranunculaceae)

» (62 Gattungen, ca. 2525 Arten)

Die Hahnenfußgewächse umfassen **vorwiegend ein- oder mehrjährige Kräuter,** selten Sträucher und Lianen (z. B. *Clematis,* Waldrebe). Sie besitzen sehr ursprüngliche Merkmale ähnlich den Magnoliengewächsen, jedoch im Gegensatz zu diesen besitzen sie keine Plastiden zur Ölspeicherung (Öl-Idioblasten). Die Blätter sind meist **wechselständig** (◘ Abb. 7.48a), zum Teil auch

◘ **Abb. 7.47** Mohngewächse (Papaveraceae). **a** Klatschmohn (*Papaver rhoeas*). **b** Hornmohn (*Glaucium* sp.). **c** Kalifornischer Mohn (*Eschscholzia californica*). **d** Gewöhnlicher Erdrauch (*Fumaria officinalis*). **e** Hohler Lerchensporn (*Corydalis cava*). **f** Tränendes Herz (*Lamprocapnos spectabilis*). (Fotos **c**, **f**: H. Bahmer, **d**: S. Mutz)

grundständig (z. B. Christrose, *Helleborus*, ◘ Abb. 7.48g) oder gegenständig *(Clematis)* und häufig **zusammengesetzt.** Sie haben **keine Stipel** (Nebenblätter). Die Blüten stehen oft an einem **Schaft** (unbeblätterte Sprossachse, z. B. ◘ Abb. 7.48f), einzeln oder in zymösen, traubigen oder rispigen Blütenständen. Die Blüten sind meistens zwittrig, selten zweihäusig (z. B. Waldgeißbart, *Aruncus* und Wiesenraute *Thalictrum*). Sie sind radiär (◘ Abb. 7.48h) oder zygomorph (◘ Abb. 7.48b) und besitzen entweder ein Perigon (◘ Abb. 7.48f) oder ein Perianth (◘ Abb. 7.48j) aus vier bis vielen freien Blütenhüllorganen. Beim Hahnenfuß (*Ranunculus*, ◘ Abb. 7.48e, h, k) wird das ursprünglich einfache, kronblattartige Perigon zum „Kelch", während von Staubblättern abgeleitete **Nektarblätter** (auch **Honigblätter** genannt) die Schau- und Insektenanlockfunktion der Kronblätter übernehmen. Dabei weisen die Honigblätter eine charakteristische **Nektartasche** am Grunde des Blattes auf und sind an ihrer glänzenden Oberfläche gut zu erkennen. Die **Staubblätter** sind häufig **vielzählig** (◘ Abb. 7.48f), wobei die äußeren zum Teil steril und zu **Staminodien** umgebildet sind. Die Fruchtblätter sind ebenso meist zahlreich (◘ Abb. 7.48g), oberständig, in der Regel chorikarp (frei) und nur selten verwachsen. Sie entwickeln sich zu Balgfrüchten, häufig zu Sammelbalgfrüchten, seltener zu

◘ **Abb. 7.48** Hahnenfußgewächse (Ranunculaceae). **a, b** Blauer Eisenhut (*Aconitum napellus*). **c** Garten-Feldrittersporn (*Consolida ajacis*). **d** Frühlings-Adonisröschen (*Adonis vernalis*). **e** Scharbockskraut mit Honigblättern zur Nektarsekretion (*Ranunculus ficaria*). **f** Trollblume (*Trollius europaeus*). **g** Christrose oder Schwarze Nieswurz (*Helleborus niger*). **h** Asiatischer Hahnenfuß (*Ranunculus asiaticus*). **i** Frühlingsanemone (*Anemone blanda*). **j** Acker-Schwarzkümmel (*Nigella arvensis*). **k** Wasserhahnenfuß (*Ranunculus aquatilis*)

7

Nüsschen, Beeren oder Kapseln. Alle Hahnenfußgewächse beinhalten **Protoanemonin,** weshalb sie für Menschen und Tiere **giftig** sind. Weitere wichtige chemische Inhaltsstoffe der Ranunculaceae sind Esteralkaloide, z. B. das extrem giftige Aconitin des Eisenhuts *(Aconitum),* Diterpen- und Isochinolinalkaloide sowie Glycoside, während **ätherische Öle fehlen.** Viele Ranunculaceae-Taxa werden wegen ihrer herzwirksamen Glycoside als Heilpflanzen verwendet, z. B. das **Frühlings-Adonisröschen** (*Adonis vernalis,* ◘ Abb. 7.48d) und der **Eisenhut** (*Aconitum* sp., ◘ Abb. 7.48a, b). Ferner werden diverse Arten als Zierpflanzen kultiviert, z. B. der **Rittersporn** (*Delphinium* sp.), die **Akelei** *(Aquilegia),* die **Waldrebe** *(Clematis),* der **Schwarzkümmel** (*Nigella,* ◘ Abb. 7.48j) und die **Küchenschelle** *(Pulsatilla).* Hahnenfußgewächse sind **weltweit** verbreitet mit einem Schwerpunkt in den temperaten Regionen der nördlichen Hemisphäre.

7.4.2 Silberbaumartige (Proteales)

» (3 Familien, 82 Gattungen, 1610 Arten)

Die Taxa der Proteales sind sehr unterschiedlich. Ihre Zusammengehörigkeit wurde erst aufgrund molekulargenetischer Merkmale erkannt, da sie wenige gemeinsame morphologische Merkmale aufweisen. Zu diesen gehören **Samen mit wenig oder keinem Endosperm.** Die **Samenanlagen** sind **anatrop** – dies bedeutet, dass die Integumente und der Nucellus um 180° gekrümmt sind und die Mikropyle sich dadurch neben dem Funiculus befindet (▶ Abschn. 7.1), der **Nucellus** ist **gerade.** Die Fruchtblätter (Gynoeceum) sind **unverwachsen (chorikarp),** und die Blüten sind häufig **zweizählig,** d. h. sie besitzen zwei oder eine Vielzahl von zwei Blütenorganen je Blütenkreis (Kelchblätter, Kronblätter, Staubblätter oder Fruchtblätter). Drei Familien werden in die Proteales gegliedert, die Silberbaum-, oder Proteusgewächse (Proteaceae), die Lotosblumengewächse (Nelumbonaceae) sowie die Platanengewächse (Platanaceae).

7.4.2.1 Silberbaumgewächse (Proteaceae)

» (ca. 77 Gattungen, ca. 1600 Arten)

Proteaceen sind meist **immergrüne verholzte** Pflanzen (Bäume oder Sträucher) mit zerstreuten **(disjunkten)** Arealen auf der **südlichen Erdhalbkugel.** Manche Taxa dieser Familie (z. B. *Protea,* ◘ Abb. 7.49e, f) zählen zu charakteristischen Vertretern der **südafrikanischen Kapflora.** Die Taxa weisen zum Teil relativ ursprüngliche morphologische Merkmale auf. Die Blätter sind **oft ledrig** mit einer **Gabelnervatur,** sie können ungeteilt, fein zerschlitzt bis nadelartig spitz sein. **Nebenblätter fehlen.** Die meist kleinen zwittrigen (selten monözischen bzw. diözischen) Blüten sind häufig zu **auffälligen Blütenständen** zusammengefasst (◘ Abb. 7.49). Dabei sind die Blüten radiärsymmetrisch oder zygomorph, vielzählig und weisen entweder ein Perigon oder ein Perianth auf. Meist ist nur ein Kreis mit vier (selten drei) Staubblättern vorhanden, wobei diese mit den Blütenhüllblättern verwachsen sind. Auf dem Blütenboden wird – auf einem sogenannten **Diskus** – eine aus vier Schuppen bestehende oder ringförmige Drüse zur **Nektarproduktion** gebildet. Dadurch werden Insekten, Vögel, kleine Beuteltiere oder andere Kleinsäuger zur Bestäubung angelockt. Der Fruchtknoten besteht aus nur einem Fruchtblatt **(monomer)** mit zahlreichen Samenanlagen. Dieser reift bei erfolgreicher Befruchtung zu Balg-, Stein- oder Nussfrüchten heran, die sich in der Regel erst nach Feuereinwirkung **(Pyrophyten)** öffnen. Bekannte Vertreter sind z. B. die afrikanischen Zuckerbüsche (*Protea,* ◘ Abb. 7.49e, f), die australischen Banksien (*Banksia,* ◘ Abb. 7.49a) und *Hakea* sowie die südwest-pazifisch verbreiteten **Makadamianüsse** *(Macadamia).*

Abb. 7.49 Silberbaumgewächse (Proteaceae). **a** *Banksia pilostylis*. **b** *Grevillea banksii*. **c, d** *Leucospermum oleifolium*. **e, f** Königs-Protea (*Protea cynaroides*), Habitus und Blütenstand. **g** *Leucadendron salignum*

7

7.4.2.2 Lotosblumengewächse (Nelumbonaceae)

» (1 Gattung, 2 Arten)

Die Familie umfasst nur die Gattung *Nelumbo*, die auch **Lotus oder Lotos** (◘ Abb. 7.50a–d) genannt wird, mit zwei Arten, die in Südostasien, Australien sowie Nordamerika beheimatet sind. Es handelt sich um ausdauernde **Wasserpflanzen** mit **Rhizomen,** die den Seerosengewächsen (Nymphaeaceae) ähneln. Die **langgestielten, schildförmigen** Blätter liegen meist flach auf der Wasseroberfläche oder werden trichterförmig über diese hinausgehoben. Auf der Epidermis der Blätter bilden sich 10–20 µm hohe und 10–15 µm voneinander entfernte **Papillen mit epikutikulären Wachsen** (auf der Kutikula), die **hydrophob** (wasserabweisend) sind. Dadurch perlt Wasser leicht von der Oberfläche ab und nimmt Schmutzpartikel mit, was mittlerweile auch zur Reinigung technischer Oberflächen genutzt wird (z. B. für Fassadenanstriche, Sanitärkeramik, Autolacke und Glasscheiben) und als **Lotuseffekt** bezeichnet wird. Die Nelumbonaceae bilden **große, zwittrige Blüten** mit **zahlreichen Blütenhüll- und Staubblättern** sowie **vielen freien Karpellen,** die in die **kegelförmige Blütenachse** eingesenkt sind. Die Bestäubung erfolgt durch **Käfer.** Ursprünglich wurde *Nelumbo* zu den Seerosengewächsen (Nymphaeales) gezählt. Aufgrund des **tricolpaten Pollens,** spezieller Tracheen und Ähnlichkeiten im Blütenaufbau mit den Berberidaceae beruhen Ähnlichkeiten mit den Nymphaeales vermutlich auf **konvergenten Entwicklungen,** getriggert durch ähnliche ökologische Nischen in **aquatischen Lebensräumen.**

7.4.2.3 Platanengewächse (Platanaceae)

» (1 Gattung, 10 Arten)

Die Gattung *Platanus* (Platane, ◘ Abb. 7.50e, f) ist mit zehn Arten die einzige Gattung dieser Familie. Sie ist in der **Holarktis** (den gemäßigten Klimazonen der Nordhalbkugel) **verbreitet** und bildet **Bäume** mit typisch **gescheckt abblätternden Rinden.** Die **wechselständigen, gestielten** Laubblätter sind **handförmig gelappt** und an ihrer Basis

◘ **Abb. 7.50** Lotosblumengewächse (Nelumbonaceae), Platanengewächse (Platanaceae) und Buchsbaumgewächse (Buxaceae). Lotosblumengewächse: **a–d** Indische Lotosblume (*Nelumbo nucifera*), mit kegelförmiger Blütenachse mit eingesenkten Früchten (**a**), Blüte (**b, c**) und schildförmigen Blättern (**d**). Platanengewächse: **e** Früchte und Blattaustrieb der Orientalischen Platane (*Platanus orientalis*); **f** Stamm der Ahornblättrigen Platane (*Platanus* x *hybrida*). **g** Buchsbaumgewächse: Früchte des Buchsbaums (*Buxus sempervirens*). (Foto **a–d**: C. M. Müller)

mit **Nebenblättern** versehen. Junge Pflanzenorgane sind mit **wolligen Sternhaaren** bedeckt. Die kleinen **monözischen** Blüten werden meist in gestielten, **kugeligen Blütenständen** gebildet, die achselständig an kurzen Zweigen stehen. Die männlichen Blütenstände fallen früh ab. Während die männlichen Blüten ein Perianth aufweisen, besitzen die weiblichen Blüten als Anpassung an die **anemophile** Bestäubung nur Kelchblätter, drei bis vier Staminodien und drei bis neun freie Karpelle. Bei erfolgreicher Befruchtung werden **einsamige Nüsschen** gebildet. Platanen werden häufig als Straßenbäume gepflanzt, da sie relativ unempfindlich gegenüber Abgasen und verdichteten Böden sind.

7.4.3 Buchsbaumartige (Buxales)

» (2 Familien, 5 Gattungen, 72 Arten)

Die Buchsbaumartigen sind verholzende oder krautige Taxa, die sehr **heteromorph** sind. Es sind immergrüne, krautige Pflanzen, Halbsträucher, Sträucher oder kleine Bäume. Alle Vertreter weisen **einfache Laubblätter ohne Nebenblätter** mit **glattem** bzw. **gezähntem** Blattrand auf, die wechsel- oder gegenständig am Spross angeordnet sind. Die Blüten sind monözisch bzw. diözisch. Die männliche Blüte umfasst vier Blütenhüllblätter und vier bis sechs Staubblätter, während die weiblichen Blüten sechs Blütenhüllblätter haben. Die drei Fruchtblätter verwachsen zu einem **synkarpen, oberständigen** Fruchtknoten, der sich meist zu einer **Kapselfrucht** entwickelt (◘ Abb. 7.50g). Die Buxaceae sind **weltweit verbreitet,** kommen jedoch stark **disjunkt** in Habitaten der gemäßigten Breiten sowie in den Tropen vor. Bei uns wird der in Mittel- und Südwesteuropa, Nordafrika und Westasien heimische **Buchsbaum** (*Buxus sempervirens,* ◘ Abb. 7.50g) häufig als Hecke oder Parkbaum angepflanzt.

7.5 Basale Ordnungen der Kerneudikotyledonen

Die Kerneudikotyledonen umfassen eine Vielfalt sehr unterschiedlichster Blütenpflanzen, die sehr **diverse Lebensräume** und **geographische Regionen** besiedeln und z. B. im Habitus, der Morphologie, der Biochemie etc. sehr variabel sind. Die **Kerneudikotyledonen** (Basale Ordnungen der Kerneudikotyledonen, Superrosiden und Asteriden) gemeinsam sind **monophyletisch,** die **Basalen Ordnungen der Kerneudikotyledonen** sind jedoch **paraphyletisch.** Synapomorphien, die die Kerneudikotyledonen aufweisen, sind, neben molekulargenetischen Merkmalen, die klare Differenzierung zwischen Kelch- und Kronblättern. Das Vorkommen von meist doppelt so vielen Staubblättern wie Kronblättern wird als ursprüngliches Merkmal dieser Gruppe betrachtet. Das Gynoeceum besteht aus **drei oder fünf meist verwachsenen Karpellen,** und als sekundärer Pflanzenstoff wird das Polyphenol **Ellagsäure** gebildet.

Innerhalb der Kerneudikotyledonen bilden die Gunnerales die Schwestergruppe zu allen übrigen Taxa dieser Klade (◘ Abb. 7.51), die zum Teil aufgrund ihrer häufig fünfgliedrigen Blütenhülle – bzw. ein Vielfaches oder eine evolutionäre Reduktion hiervon – als **Pentapetalae** bezeichnet werden.

7.5.1 Mammutblattartige (Gunnerales)

» (2 Familien, 2 Gattungen, ca. 65 Arten)

Die Mammutblattartigen (Gunnerales) umfassen zwei morphologisch sehr unterschiedliche monogenerische Familien, deren Blütenstruktur von der für Kerneudikotyledonen typischen **Fünfzähligkeit abweicht.** Jedoch bilden sie, wie alle anderen Vertreter der Kerneudikotyledonen, immer **Ellagsäure.**

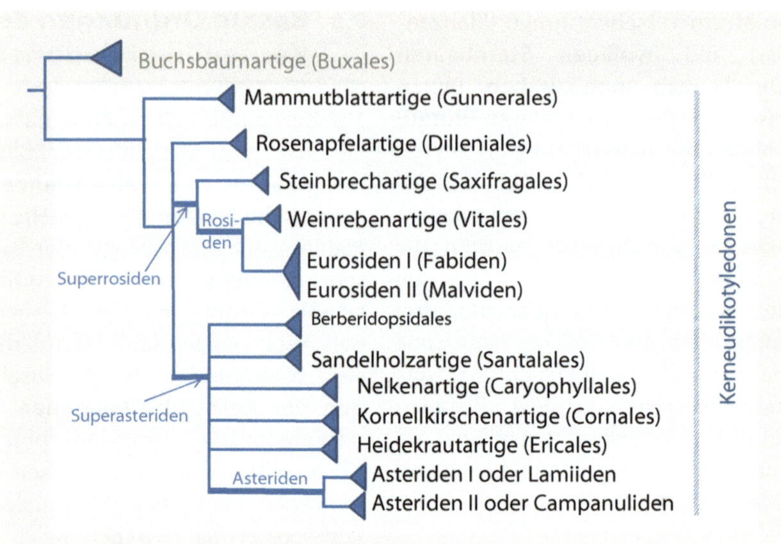

Abb. 7.51 Stammbaum der Kerneudikotyledonen

7

Trotz sehr unterschiedlicher morphologischer Gestalt haben die Taxa der Mammutblattartigen als gemeinsame Merkmale **Phloemzellen mit sehr vielen Plastiden,** die Blätter haben **gezähnte** Blattränder, und die Taxa sind **diözisch** mit **kleinen Blüten** und einem **reduzierten Perianth.** Während *Myrothamnus* (Myrothamnaceae) eine holzige, wechselfeuchte **(poikilohydre)** Gattung arider Gebiete Afrikas und Madagaskars mit nur zwei Arten ist, bildet das Mammutblatt (*Gunnera,* Abb. 7.52a, b) mit mehr als 60 Arten riesige **mesophytische Kräuter mit Rhizomen und Stolonen** als Speicherorgane. Die einfachen Laubblätter sind **grundständig** und können je nach Art einen Durchmesser von 1-2 cm oder bis zu 2 m haben. Der Blütenstand ist eine **Rispe** mit zwittrigen Blüten, die aus **zwei bis drei freien Sepalen, zwei freien Tepalen, ein bis zwei Antheren** und **zwei synkarpen, unterständigen Karpellen** bestehen. Als einzige bekannte Gattung höherer Pflanzen bilden alle *Gunnera*-Arten eine **Symbiose** mit **Cyanobakterien** der Gattung ***Nostoc*** (Kasten 2.8). Diese leben im Parenchym und fixieren Luftstickstoff, der pflanzenverfügbar ist; im Gegenzug erhalten die Cyanobakterien von der Pflanze Assimilate. *Gunnera* ist von den Tropen bis in die südhemisphärisch gemäßigte Zone verbreitet und besiedelt Areale im gesamten südpazifischen Raum sowie in Afrika und Madagaskar. Die Blattstängel von *Gunnera tinctoria* (Abb. 7.52a) werden im Süden Chiles und in Argentinien als Salat verzehrt oder zur Schnaps- und Marmeladengewinnung verwendet, während in Afrika *Gunnera perpensa* als Heilpflanze für medizinische Zwecke genutzt wird.

7.5.2 Rosenapfelartige (Dilleniales)

» (1 Familie, 11 Gattungen, ca. 300–400 Arten)

Die Vertreter dieser Ordnung sind morphologisch sehr variabel. Es sind meist Bäume, Sträucher oder Lianen, selten ausdauernde krautige Pflanzen, die von den **Tropen** bis in die **warm-gemäßigten Zonen** verbreitet sind. Die Blattstellung ist zum Teil sehr variabel: grundständig, gegen- oder wechselständig oder spiralig. Die Blätter sind meist

Abb. 7.52 Mammutblattartige (Gunnerales) und Rosenapfelartige (Dilleniales). Mammutblattartige: **a** Mammutblatt (*Gunnera tinctoria*); **b** Blätter und kolbenförmiger Blütenstand eines Mammutblattes (*Gunnera* sp.) Rosenapfelartige: **c** *Hibbertia scandens*; **d** *Dillenia suffruticosa*. (Fotos **c**: Casliber, CC-BY-SA 2.5; **d**: Wibowo Djatmiko, CC-BY-SA 3.0, beide unverändert)

gestielt, einfach oder gelappt mit glattem oder gesägtem Blattrand, teilweise sind Nebenblätter vorhanden. Die zwittrigen radiären bis zygomorphen Blüten stehen einzeln oder in zymösen oder traubigen Blütenständen. Die Blütenhülle besteht aus meist **fünf (drei bis 20) unverwachsenen Sepalen, meist fünf freien weißen oder gelben Petalen, vielen freien oder verwachsenen Antheren,** die zum Teil fertil oder steril sein können, und meist zwei bis sieben **synkarpen, oberständigen Fruchtblättern,** die jeweils einen eigenen Griffel auf dem verwachsenen Fruchtknoten besitzen. Diese entwickeln sich bei Reife zu **Balg-** oder **Nussfrüchten,** seltener zu **Kapseln** oder **Beeren.** Die Samen werden häufig von einem **Arillus** umhüllt, was mitunter als Rest einer Sarkotesta (▶ Abschn. 6.2) gedeutet wird. *Hibbertia* (Abb. 7.52c) ist eine in Australien verbreitete Gattung der Dilleniales, die zum Teil auch bei uns als Zierpflanze kultiviert wird.

7.6 Superrosiden

Die Superrosiden werden manchmal auch als Rosenähnliche bezeichnet, ein Name, der jedoch auch für die Rosiden (▶ Abschn. 7.7) verwendet wird und deshalb leicht zu Verwechslungen führt und deshalb hier nicht verwendet wird. Die Superrosiden sind nur durch molekulargenetische Merkmale gekennzeichnet und weisen keinerlei Synapomorphien auf.

7.6.1 Steinbrechartige (Saxifragales)

» (15 Familien, 112 Gattungen, 2470 Arten)

Die Vertreter der Saxifragales weisen sehr unterschiedliche Wuchsformen auf – von **krautig, strauchförmig, baumförmig** bis

sukkulent –, sie können **Wurzelparasiten** sein oder **aquatische Lebensräume** besiedeln. Häufig sind **Nebenblätter vorhanden.** Die Laubblätter sind meist **wechselständig,** häufig mit **Blattzahndrüsen.** Als morphologische Gemeinsamkeit der Saxifragales werden die **halb bis vollkommen unterständigen Fruchtknoten** gewertet sowie meist gestreifte **(striate) Pollenkornoberflächen.** Nur sieben der 15 Familien der Saxifragales (◘ Abb. 7.53) sind bei uns verbreitet bzw. werden als Zierpflanzen kultiviert, sodass nur diese im Folgenden kurz besprochen werden.

7.6.1.1 Pfingstrosengewächse (Paeoniaceae)

» (1 Gattung, 33 Arten)

Die Paeoniaceae umfassen nur die Gattung *Paeonia* (Pfingstrose, ◘ Abb. 7.54a), die bei uns häufig als Zierpflanze kultiviert wird. Es sind ausdauernde krautige oder verholzte Pflanzen, die meistens als Halbsträucher, seltener als Sträucher wachsen. Die Blütenhüllorgane sind schraubig angeordnet und umschließen ein **zentrifugal-polyandrisches Androeceum** und **freie Fruchtblätter,** die auf einem **Diskus** stehen, der als **Nektarium** ausgebildet ist. Bei erfolgreicher Befruchtung entwickeln sich **Balgfrüchte.**

7.6.1.2 Amberbaumgewächse (Altingiaceae)

» (1(–3) Gattung(en), 13 Arten)

Die Altingiaceae sind eine **kleine Pflanzenfamilie** laubabwerfender oder immergrüner **Bäume** mit Blättern, die entweder **einfach oder handförmig geteilt** sind. Die Pflanzen sind **monözisch** und **windbestäubt** mit Blüten, die zu kugeligen, ährigen oder köpfchenförmigen Teilinfloreszenzen zusammengefasst sind; diese sind wiederum in Trauben oder Rispen angeordnet. Die männlichen Blüten haben vier bis zehn Staubblätter. Die weiblichen Blüten enthalten **Staminodien,** die als

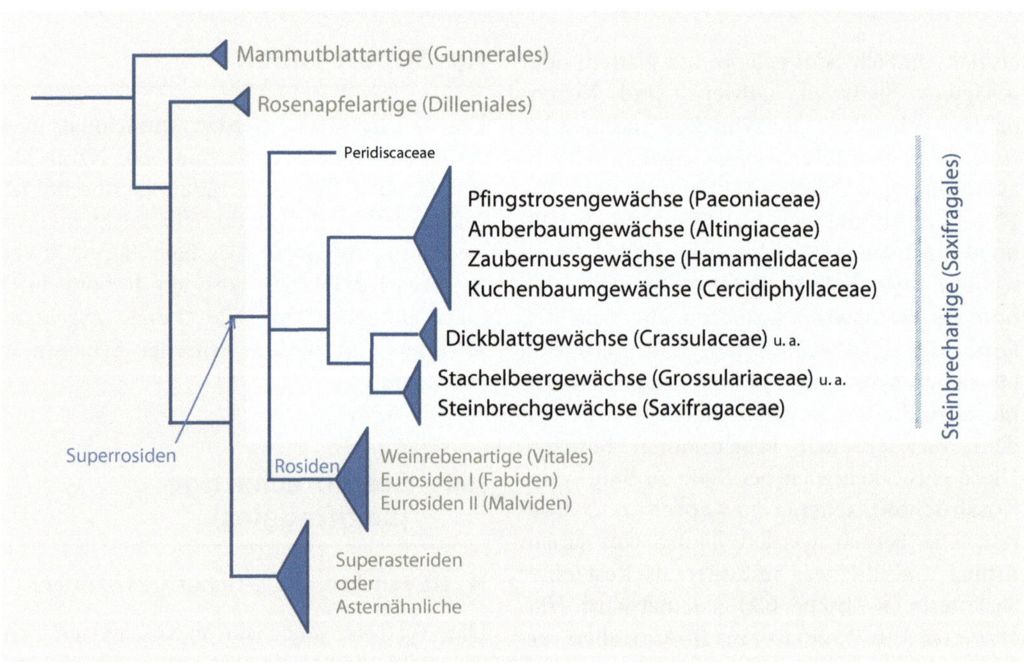

◘ **Abb. 7.53** Systematik der Steinbrechartigen (Saxifragales)

Abb. 7.54 Steinbrechartige (Saxifragales). **a** Pfingstrosengewächse (Paeoniaceae): *Paeonia clusii*. **b** Zaubernussgewächse (Hamamelidaceae): Japanische Zaubernuss (*Hamamelis japonica*). **c** Amberbaumgewächse (Altingiaceae): Amerikanischer Amberbaum (*Liquidambar styraciflua*). **d** Kuchenbaumgewächse (Cercidiphyllaceae): Kuchenbaum (*Cercidiphyllum japonicum*). (Foto **c**: Mohamed Rezk, CC-BY-SA 3.0, unverändert; **d**: MPF)

Schuppen um das Gynoeceum angeordnet sind. Dieses besteht aus **zwei unterständigen, verwachsenen Fruchtblättern,** die sich in kugeligen Fruchtständen zu **Kapselfrüchten** entwickeln und **geflügelte Samen** enthalten. Die Taxa der Pflanzenfamilie sind **disjunkt** verbreitet: Einige Arten kommen natürlicherweise in Mittel- und Nordamerika vor, während andere Arten im östlichen Mittelmeergebiet bzw. von Ost- bis Südostasien verbreitet sind. Aus einigen Arten (*Liquidambar orientalis, L. styraciflua,* Abb. 7.54c) wird ein Harz gewonnen, das auch als **„falsches Styrax",** flüssiges Amber oder Balsam bezeichnet wird, ein wohlriechendes Baumharz, das als Heilmittel oder für Räucherwerke verwendet wird.

7.6.1.3 Zaubernussgewächse (Hamamelidaceae)

» (24 Gattungen, 82 Arten)

Zaubernussgewächse sind **Sträucher** oder **Bäume,** die zum Teil immergrün oder auch laubabwerfend sein können. Die oberirdischen Organe sind meist mit **Sternhaaren** bedeckt. Die **Stomata** entsprechen dem **Rubiaceae-Typ**[3]. Viele Blüten stehen in dichten, ährigen, rispigen, traubigen oder kopfigen Blütenständen, wobei die Blüten immer **monözisch** sind. Die **zweiklappigen Kapselfrüchte** sind oft noch von den **Sepalen** umhüllt. Die Samen besitzen eine dicke, harte Samenschale mit einem großen **Hilum**[4] und können geflügelt sein. Während **viele Fossilien** der Zaubernussgewächse **aus Europa** stammen, kommt hier **rezent** keine Art mehr natürlich vor. Heute ist die Familie natürlicherweise von den **gemäßigten Zonen** bis in die **Tropen** zu finden, mit einem Verbreitungsschwerpunkt in den **Subtropen.** Häufig werden Zaubernussgewächse bei uns jedoch in Parks und Gärten kultiviert, z. B. die Japanische Zaubernuss (*Hamamelis japonica,* Abb. 7.54b).

3 Sie sind paracytisch (es werden zwei Nebenzellen parallel zu den Schließzellen gebildet).

4 Eine oft sichtbare Ansatzstelle, an der der Samen über den Funiculus mit der Plazenta zur Nährstoffversorgung verbunden war, die auch als „Nabel" bezeichnet wird.

7.6.1.4 Kuchenbaumgewächse (Cercidiphyllaceae)

» (1 Gattung, 2 Arten)

Die Kuchenbaumgewächse umfassen nur eine Gattung mit zwei Arten: den Japanischen Kuchenbaum (*Cercidiphyllum japonicum*, ◘ Abb. 7.54d) und den Prachtkuchenbaum (*C. magnificum*). Beide sind **sommergrüne Laubbäume** mit **gegenständigen Blättern**, die besonders auf **sauren Böden** eine prächtige **Herbstlaubfärbung** entwickeln. Es werden **vegetative Langtriebe** und **generative Kurztriebe** gebildet, wobei sich die Blütenstände an den Kurztrieben vor dem Laubaustrieb bilden. Als Anpassung an die **Anemophilie** (Windbestäubung) besitzen die **diözischen Blüten keine Blütenhüllblätter.** Die männlichen Blüten enthalten nur ein bis sieben (13) Stamina, die weiblichen Blüten ein oberständiges Fruchtblatt mit 15 bis 30 Samenanlagen in zwei Reihen, das sich zu Balgfrüchten entwickelt. Die **zweizelligen schwach colpaten Pollenkörner** besitzen **drei Aperturen.** Die **geflügelten,** flachen Samen besitzen **ölhaltiges Endosperm** und einen großen Embryo. Die Cercidiphyllaceae waren Bestandteil einer „tertiären China-Japan-Flora" und sind nativ heute nur noch in **disjunkten** Arealen in Asien als **lebendes Fossil** verbreitet bzw. werden als Zierpflanze in den gemäßigten Zonen der nördlichen Erdhalbkugel kultiviert. Ihr deutscher Name rührt daher, dass abgefallene, welke Blätter einen ausgeprägten (leb-)kuchenartigen Duft entwickeln.

7.6.1.5 Dickblattgewächse (Crassulaceae)

» (34 Gattungen, 1370 Arten)

Die Dickblattgewächse gehören in die Gruppe der **krautigen Saxifragales.** Es sind meist **ausdauernde** Pflanzen mit **sukkulenten** Blättern und Sprossachsen mit **Leitertracheen.** Die Laubblätter besitzen **anisocytische** Stomata (► Abschn. 7.1). Die zwittrigen oder diözischen radiären Blüten sind in einen Blütenbecher (Hypanthium) eingesenkt. Sie bestehen aus fünfzähligen, chorikarpen (unverwachsenen) Kreisen. Auf bzw. in der Nähe der Fruchtblätter befinden sich **Nektarschuppen,** um bestäubende Insekten anzulocken. Die Fruchtblätter entwickeln sich zu **Balgfrüchten** bzw. **Sammelbalgfrüchten** (**Synkarpie,** ► Abschn. 7.1) und bilden einen Samen mit einem geraden Embryo (crassinucellat) und **wenig ölhaltigem Endosperm.** Einige Vertreter der Gattung *Kalanchoe* (◘ Abb. 7.55f) bilden am Rand von Laubblättern sowie am Blütenstand **Brutknospen** zur vegetativen Fortpflanzung. Die Crassulaceae wachsen häufig auf **ariden Standorten.** Sie sind **kosmopolitisch** verbreitet, mit einem Verbreitungsschwerpunkt in Afrika sowie in den nördlichen gemäßigten Zonen. Viele sind bekannte Arten, die besonders für **Dachbegrünungen** und **Steingärten** angepflanzt werden, z. B. die Gattungen Fetthenne (*Sedum* sp., ◘ Abb. 7.55e, h), Dickblatt (*Crassula* sp., ◘ Abb. 7.55g) und Hauswurz (*Sempervivum* sp.). Als Zierpflanze ist ferner *Aeonium* von den Kanarischen Inseln sowie das Flammende Käthchen (*Kalanchoe blossfeldiana*) aus Madagaskar bekannt, während andere Vertreter der südafrikanischen Gattung *Kalanchoe* als **fakultative CAM-Pflanzen Modellorganismen** in der **Photosyntheseforschung** geworden sind.

7.6.1.6 Stachelbeergewächse (Grossulariaceae)

» (1 Gattung, 150 Arten)

Die Grossulariaceae oder auch Stachelbeergewächse umfassen nur eine Gattung, die den deutschen Namen **Johannisbeere** (*Ribes*, ◘ Abb. 7.55d) hat und nicht Stachelbeere (*Ribes uva-crispa*, ◘ Abb. 7.55c), wie der Name der Pflanzenfamilie vermuten lassen würde. Die Johannisbeeren sind meist Sträucher oder kleine Bäume, häufig mit einem intensiven Geruch der Blätter. Die radiärsymmetrischen, zwittrigen oder diözischen Blüten sind vier- bis fünfzählig und sitzen in

◘ **Abb. 7.55** Steinbrechartige (Saxifragales). Steinbrechgewächse (Saxifragaceae): **a** Efeublättriger Steinbrech (*Saxifraga hederacea*); **b** Purpurglöckchen (*Heuchera sanguinea* var. *pulchra*). Stachelbeergewächse (Grossulariaceae): **c** Stachelbeerblüte (*Ribes uva-crispa*); **d** Rote Johannisbeere (*Ribes rubrum*). Dickblattgewächse (Crassulaceae): **e** Kaukasus-Asienfetthenne (*Phedimus spurius*, ehemals *Sedum spurium*); **f** Einblütiges Flammendes Käthchen (*Kalanchoe uniflora*); **g** Dickblatt, Geldbaum (*Crassula ovata*); **h** Kamtschatka-Fetthenne (*Sedum kamtschaticum*); **i** *Aeonium haworthii*; **j** *Crassula alata*. (Foto **c**: Bernd Haynold, CC-BY 2.5, unverändert)

einem freien Blütenbecher **(Hypanthium).** Der **unterständige Fruchtknoten** mündet terminal in einen **Diskus**, auf dem ein **zweilappiger bzw. zweiteiliger Griffel** sitzt. Die Blüten entwickeln sich in einfachen, traubigen bzw. rispigen Blütenständen und bilden **Beerenfrüchte** aus, deren **Samen Öle, aber keine Stärke** ausbildet. Die Samenschale sowie das reichhaltige **Endosperm** bilden ein gelatineartiges Gewebe. Die Grossulariaceae kommen in den nördlichen gemäßigten Breiten sowie in den Anden und in Ostasien vor. Viele Arten werden als **vitaminhaltiges Obst** angepflanzt: die Rote Johannisbeere (*R. rubrum*, ◘ Abb. 7.55d), die Schwarze Johannisbeere (*R. nigrum*), die Stachelbeere (*R. uva-crispa*, ◘ Abb. 7.55c) und die Jostabeere (*Ribes* × *nidigrolaria*, eine gärtnerische Kreuzung aus *R. nigrum* × *R. divaricatum* × *R. uva-crispa*). Ferner dienen manche Arten als Ziersträucher bzw. zur Parfümherstellung.

7.6.1.7 Steinbrechgewächse (Saxifragaceae)

» (33 Gattungen, 540 Arten)

Die Steinbrechgewächse sind meist ein- bis mehrjährige Kräuter mit **Rhizomen** oder **Stolonen;** teilweise sind sie **sukkulent,** und einige Arten besitzen einen **CAM-Stoffwechsel.** Die gegen-, wechsel- oder grundständigen Blätter besitzen **keine Nebenblätter.** Sie sind meist **einfach,** mit zum Teil **uni- oder multiseriaten Haaren** und/oder **Drüsen** besetzt. Die meist zwittrigen, radiärsymmetrischen vier- bis fünfzähligen Blüten (Ausnahme: *Saxifraga,* zum Teil zygomorph) stehen terminal, einzeln oder in vielzähligen Blütenständen (◘ Abb. 7.55a). Die Blüte ist ein **Hypanthium** mit freien Kelch-, Kron-, Staub- und Fruchtblättern, wobei Letztere oft basal verwachsen sind und terminal in **(zwei bis) drei homostyle Griffel** münden (Ausnahme: *Jepsonia,* heterostyl). Es entwickeln sich **Kapsel-** oder **Balgfrüchte** mit vielen kleinen Samen, die eine **ornamentierte Samenschale** aufweisen und oft ein **ölhaltiges Endosperm** und kleine gerade Embryos besitzen. Die Steinbrechgewächse sind überwiegend **holarktisch** verbreitet; in Mitteleuropa ist der Steinbrech (*Saxifraga,* ◘ Abb. 7.55a) und das Milzkraut *(Chrysosplenium)* heimisch, während das Purpurglöckchen (*Heuchera,* ◘ Abb. 7.55b) sowie die Prachtspiere *(Astilbe)* als Gartenpflanze kultiviert werden.

7.7 Rosiden (Eurosiden)

Die monophyletische Gruppe der **Rosiden** oder **Eurosiden** umfasst heute mit ca. 140 Pflanzenfamilien und **1/3 aller Angiospermen-Arten** eine größere Vielfalt als die ehemals von Arthur John Cronquist (1919–1992) und Armen Takhtajan (oder Tachtadschjan, 1910–2009) vorgeschlagene Unterklasse Rosidae. Bisher gibt es nur molekulargenetische Ergebnisse, auf die sich die Monophylie der Rosiden stützt, während die Morphologie sehr variabel ist. Deshalb haben die Rosiden nur einen informellen Namen, der vom ICN (Internationalen Code der Nomenklatur für Algen, Pilze und Pflanzen, ► Abschn. 1.2.2) nicht akzeptiert ist und damit (noch?) keine taxonomische Rangstufe umfasst. Somit sind die Rosiden bislang die **größte problematische Gruppe innerhalb der Angiospermen.** Manche Autoren gruppieren in diese Gruppe die Saxifragales, die Vitales und die Eurosiden, während andere die Saxifragales ausschließen. Hier wird der Begriff Rosiden nach APG IV verwendet, der nur die Vitales und die Eurosiden umfasst und morphologisch zwar keine klaren evolutionären Weiterentwicklungen (Synapomorphien) aufweist, jedoch haben Vertreter dieser Klade Gemeinsamkeiten: 1) in der **Endospermentwicklung,**[5] 2) **lange Embryonen,** 3) der **Pollenexine,** 4) bei den **Leitbündelgefäßwänden** sowie 5) im Vorkommen von **Ellagsäure. Schleimzellen** besitzen verdickte innere Querwände und ein deutlich differenzierbares **Cytoplasma.** Die Taxa haben meistens **Blüten mit einem Perianth und freien Petalen; Stamina stehen in zwei oder mehr Kreisen** (◘ Abb. 7.56).

Innerhalb der Rosiden werden die **Eurosiden** auch als „echte Rosiden" bezeichnet und umfassen 17 Ordnungen sowie zwei Familien mit bisher noch unbekannten Verwandtschaftsverhältnissen[6]. Die Eurosiden gliedern sich in zwei große Schwesterngruppen, die Eurosiden I (Fabiden) und Eurosiden II (Malviden) und die Weinrebenartigen (Vitales), die sich bisher aber noch nicht mit morphologischen, sondern nur mit molekularen Merkmalen trennen lassen.

7.7.1 Weinrebenartige (Vitales)

» (1 Familie, 14 Gattungen, 850 Arten)

Die Ordnung Vitales umfasst nur eine Familie, die **Weinrebengewächse (Vitaceae).** Sie umfassen ausdauernde **Lianen** (meist mit **Ranken** und/oder **Haftschuppen**), **Klettersträucher, Sträucher** oder **sukkulente Kräuter.**

5 Sie bilden nukleäres Endosperm: Bei der Zellteilung werden keine Membranen und Wände eingezogen, sodass die Anzahl an Zellkernen pro Zelle im Endosperm schwankt.

6 Apodanthaceae (3 Gattungen und 23 Arten mit einer weltweiten, aber extrem disjunkten Verbreitung vom südöstlichen Nordamerika über das östliche Afrika, den Orient und Australien) und Huaceae (2 Gattungen und 3 Arten aus Zentralafrika).

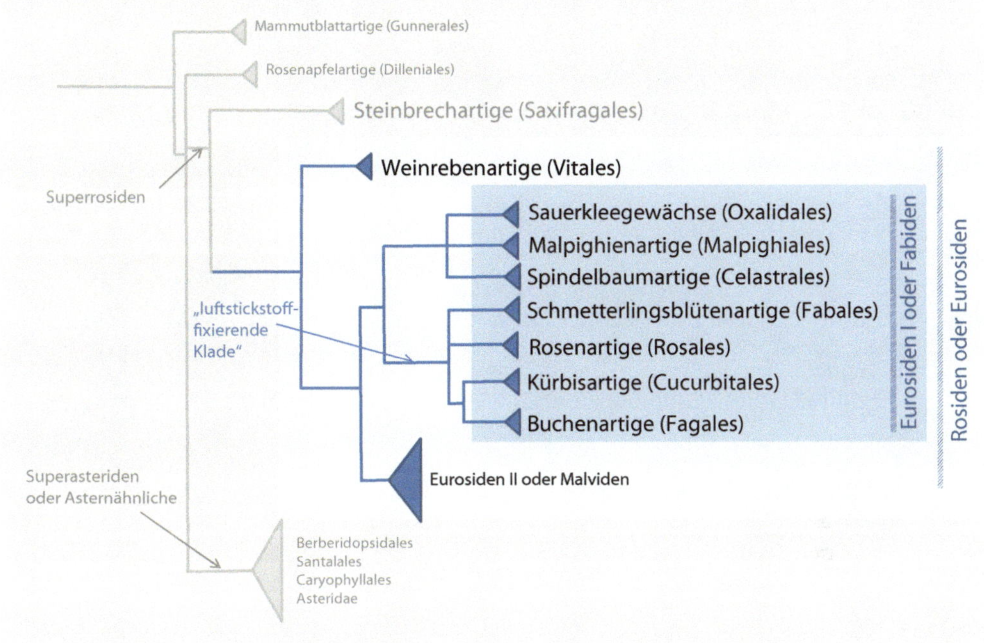

Abb. 7.56 Systematik der Eurosiden I (Fabiden)

Die wechselständigen, einfachen, handförmigen oder handförmig geteilten Laubblätter besitzen Nebenblätter, die jedoch bereits sehr früh abfallen. Häufig sind die Laubblätter heteromorph. Sie sind auf der Blattunterseite durch ein- bis mehrzellige Haare wollig bis filzig. Die Stomata sind **anomocytisch. Calciumoxalatkristalle** werden in Form von **Raphidenbündeln** in alle Pflanzenteile eingelagert. Die Blüten stehen nie einzeln, sondern immer in Rispen oder Trugdolden (nicht in Trauben – der Begriff „Weintrauben" ist also botanisch nicht korrekt). Die zwittrigen, monözischen oder diözischen Blüten sind radiär und meist vier- bis fünfzählig, wobei die Staubblätter den Kronblättern gegenüberstehen. Der oberständige Fruchtknoten wird aus zwei Karpellen mit kollateralen, anatropen Samenanlagen gebildet. Häufig ist ein becher- bis napfförmiger **Diskus** mit nektarabsondernden Drüsen zwischen Androeceum und Gynoeceum vorhanden, um Bestäuber anzulocken. Die Früchte sind **Beeren** mit Samen, die von einer **harten Testa** umgeben sind. Alle Vitaceae (neben Arten der Myrtaceae und Fabaceae) bilden den sekundären Pflanzenstoff **Stilben,** der für Schädlinge toxisch ist, insbesondere für Pilze, Bakterien und Insekten. Ferner bilden sie Ellagsäure und Myricetin und haben zum Teil einen C_3- bzw. einen CAM-Stoffwechsel. Die Weingewächse (Vitaceae) sind **pantropisch** bis **warm-temperat** verbreitete Pflanzen. Die Früchte des Weins (*Vitis vinifera,* Abb. 7.57c) werden zur **Weinherstellung** und für die Produktion von **Rosinen** und **Korinthen** verwendet, während der Wilde Wein (*Parthenocissus*-Arten, Abb. 7.57a) als **Kletterpflanze** zur **Fassadenbegrünung** verwendet wird.

7.8 Eurosiden I oder Fabiden

Die **Eurosiden I,** die auch Fabiden (engl. *Fabids*) bzw. Fabidae genannt werden umfassen **acht Ordnungen.** Zu diesen gehören zwei monophyletische Gruppen – die eine umfasst die **Sauerkleegewächse** (Oxalidales, ► Abschn. 7.8.1), **Malpighienartigen**

Abb. 7.57 Weinrebengewächse (Vitaceae). **a** Wilder Wein (*Parthenocissus tricuspidata*), mit Haftwurzeln (*kleine Abbildung*). **b, c** Weinrebe (*Vitis vinifera*), mit Blüten (**b**) sowie Früchten und Blättern (**c**). (Fotos **a**, **b**: S. Mutz)

(Malpighiales, ► Abschn. 7.8.2) und **Spindelbaumartigen** (Celastrales, ► Abschn. 7.8.3), die andere Gruppe umfasst die **Kürbisartigen** (Cucurbitales, ► Abschn. 7.8.6), **Schmetterlingsblütenartigen** (Fabales, ► Abschn. 7.8.4), **Buchenartigen** (Fagales, ► Abschn. 7.8.7) und **Rosenartigen** (Rosales, ► Abschn. 7.8.5), die auch als **„luftstickstofffixierende Klade"** bezeichnet wird, da sie alle Angiospermen umfasst, die in ihren Wurzeln eine **Symbiose mit luftstickstofffixierenden Knöllchenbakterien** eingehen. Die Jochblattartigen (Zygophyllales) stehen basal zu den beiden Gruppen, werden aber im Folgenden nicht weiter behandelt.

7.8.1 Sauerkleeartige (Oxalidales)

» (7 Familien, 60 Gattungen, 1815 Arten)

Die Sauerkleeartigen besitzen relativ wenig gemeinsame morphologische Merkmale und sind vorwiegend molekulargenetisch als Klade charakterisiert. Typisch für alle Vertreter ist, dass sie **Schleimzellen** besitzen, und die Blätter sind meist **unpaarig gefiedert.** Die wichtigste Familie der Sauerkleeartigen sind die **Sauerkleegewächse** (Oxalidaceae) mit sechs Gattungen und 770 Arten. Alle Vertreter dieser Familie enthalten **Oxalsäure.** Es sind Kräuter, Sträucher, Lianen und Bäume. Ihre Fiederblätter zeigen **Schlafbewegungen** (vergleichen Sie die Blattstellung des Hornsauerklees tagsüber und abends, ◘ Abb. 7.58b, c); die Blüten zeigen häufig **Heterostylie,** meist Tristylie, was bedeutet, dass der Griffel innerhalb derselben Art kurz, lang oder intermediär sein kann. Die Früchte sind **mehrsamige Kapseln** (Schleudersamen bei *Oxalis,* Sauerklee; ◘ Abb. 7.58a–d) oder **Beeren,** die bei der Sternfrucht *(Averrhoa carambola)* und dem Gurkenbaum (*Averrhoa bilimbi,* ◘ Abb. 7.58e, f) essbar sind. Ferner werden die unterirdischen Sprossknollen des Knolligen Sauerklees *(Oxalis tuberosa)* in den Anden als Nahrungsmittel angebaut.

Abb. 7.58 Sauerkleegewächse (Oxalidaceae). **a** Waldsauerklee (*Oxalis acetosella*). **b** Der ursprünglich aus dem Mittelmeerraum stammende Hornsauerklee (*Oxalis corniculata*) breitet sich in Deutschland kontinuierlich aus; **c** Blätter des Hornsauerklees im „Schlafzustand". **d** Der Nickende Sauerklee (*Oxalis pes-caprae*) aus der Capensis breitet sich im Mittelmeergebiet durch Ackerbau stark aus. **e, f** Blüten und Früchte des Gurkenbaums (*Averrhoa bilimbi*). (Fotos **a**: Chmee2, CC-BY-SA 3.0; **e**: Vinayaraj, CC-BY-SA 3.0; **f**: Ks.mini, CC-BY-SA 3.0, alle unverändert)

7.8.2 Malpighienartige (Malpighiales)

» (39 Familien, 716 Gattungen, ca. 16.000 Arten)

Die Malpighiales sind eine der größten und morphologisch vielfältigsten Ordnungen der Eudikotyledoneae. In der **Strauchschicht tropischer Regenwälder** gehören ca. 28 % aller Arten zu dieser Ordnung. Die Vertreter der Malpighiales kommen vorwiegend auf der südlichen Hemisphäre vor, einige Familien sind jedoch auch nordhemisphärisch verbreitet. Die Phylogenie der Ordnung ist immer noch relativ ungeklärt, aber als gemeinsames Merkmal weisen die Taxa häufig **Nebenblätter,** einen Fruchtknoten aus **drei verwachsenen Fruchtblättern, drei Leitbündelstränge pro Blattbasis** und **paracytische Stomata** (▶ Abschn. 7.1) auf. Im Folgenden werden neun wichtige Familien im Detail beschrieben, sowie der Kokastrauch *(Erythroxylum coca)*, der in die Familie der Kokastrauchgewächse (Erythroxylaceae) gehört (▶ Kasten 7.6).

Kasten 7.6: Kokastrauch (*Erythroxylum coca*, Malpighiales)

Der Kokastrauch gehört zur Familie der Rotholzgewächse (Erythroxylaceae) innerhalb der Malpighienartigen (Malpighiales). Es handelt sich um einen immergrünen, ca. 2–3 m hohen Strauch mit rötlicher Rinde. Er besitzt einfache, wechselständige Blätter und ein bis fünf unscheinbare grünlich-weiße Blüten, die sich zu ca. 1 cm langen, roten Steinfrüchten entwickeln. Der Kokastrauch ist in den Andenregionen Südamerikas beheimatet. Dort, aber auch in den Tropen Asiens und Afrikas, werden verschiedene *Erythroxylum*-Arten, jedoch insbesondere *E. coca* (Abb. 7.59a), zur Gewinnung der Blattdroge Koka in Plantagen kultiviert. Hierfür werden während der Regenzeit ca. alle 2 Monate alle Blätter der Sträucher geerntet, was dazu führt, dass die Sträucher kleinwüchsig bleiben und in den Blättern einen hohen Alkaloidgehalt (ca. 0,5–2,5 %) entwickeln, wovon ein Großteil das Tropanalkaloid Kokain ist, das als Droge genutzt wird. Außerdem enthalten die Blätter Kohlenhydrate, Eisen, Calcium und die Vitamine A und B2. In den Anden gelten Kokablätter als Genuss- und Nahrungsergänzungsmittel und werden für spirituelle und medizinische Zwecke verwendet. Kokablätter werden z. B. gegen Müdigkeit, Hunger und Kälte gekaut und sind ein wirksamer Schutz gegen die Höhenkrankheit. In Südamerika wird der Anbau von *Erythroxylum coca* streng überwacht, und die Weiterverarbeitung der Blätter zu Kokain sowie deren Ausfuhr sind verboten. Ausnahmen bilden Exporte für pharmazeutische Firmen, da Kokain in der Augenheilkunde verwendet wird. In Deutschland ist der unerlaubte Umgang mit *Erythroxylum* und dem daraus gewonnenen Kokain nach dem Betäubungsmittelgesetz grundsätzlich strafbar. Dies ist auch im internationalen Rahmen meist die Regel.

Abb. 7.59 Erythroxylaceae. **a** Blüte des Kokastrauchs (*Erythroxylum coca*). **b** Früchte des Kolumbianischen Kokastrauchs (*Erythroxylum novogranatense*). (Fotos **a**: H. Zell, CC-BY-SA 3.0; **b**: Ilmari Karonen, CC-BY-SA 3.0, alle unverändert)

7.8.2.1 Malpighiengewächse (Malpighiaceae)

» (68 Gattungen, 1250 Arten)

Diese Pflanzenfamilie weist eine **pantropische** Verbreitung mit einem Verbreitungsschwerpunkt in der **Neotropis** (▶ Abschn. 8.1) auf, ca. 80 % aller Gattungen und 90 % aller Arten kommen in Lateinamerika und dem südlichen Nordamerika vor (Davis und Anderson 2010). Es sind in der Regel verholzte Sträucher, Bäume oder Lianen mit meist einfachen, gegenständigen Laubblättern, die Stipel (Nebenblätter) besitzen. An vielen Pflanzen befinden sich häufig einzellige, T-förmige Haare. Die Blüten sind selten vier-, meist fünfzählig mit je einem Kreis an fünf Kelch- und Kronblättern, (zwei) fünf bis zehn (15) Staubblättern und meist drei verwachsenen Fruchtblättern in einem Fruchtknoten. Die Blütenblätter bezeichnet man als „genagelt", da sie terminal groß, herzförmig bis rundlich sind und basal in eine schmale, nagelförmige Blütenblattbasis übergehen (Abb. 7.60). Die Blüten produzieren keinen Nektar. Sie bieten blütenbesuchenden Insekten jedoch Pollen als Nahrungsmittel an und an der Außenseite der Kelchblätter werden häufig **paarige Öldrüsen** gebildet, die **ölsammelnde Bienen** zur Bestäubung anlocken. Bei erfolgreicher Befruchtung entwickeln sich Spalt- oder Steinfrüchte. Diese werden zum Teil kultiviert, z. B. die **Barbadoskirsche,** die auch als **Acerola** bezeichnet wird (*Malpighia glabra*, Abb. 7.60). Ihre roten Steinfrüchte besitzen einen extrem hohen Vitamin-C-Gehalt, weshalb sie als Nahrungsergänzungsmittel zur Behandlung von Vitamin-C-Mangel verwendet wird, insbesondere in Form von Fruchtsaft. Ferner dienen einige Malpighiengewächse als Zierpflanzen.

Abb. 7.60 Malpighiengewächse (Malpighiaceae) – Acerola (*Malpighia glabra*). (Foto: Mateus Hidalgo, CC-BY-SA 2.5, unverändert)

7.8.2.2 Wolfsmilchgewächse (Euphorbiaceae)

» (218 Gattungen, 5735 Arten)

Die Wolfsmilchgewächse umfassen annuelle Arten, perennierende Kräuter und verholzte Sträucher, Halbsträucher und Bäume. Meistens werden Laubblätter mit Nebenblättern **(Stipeln)** gebildet, wobei Letztere auch dornig oder drüsig sein können; zum Teil übernimmt die **sukkulente Sprossachse Photosyntheseaktivität.** Dies ist insbesondere bei vielen *Euphorbia*-Arten in den Trockengebieten Afrikas und Westasiens der Fall, die in diesen Regionen die gleiche ökologische Funktion der Kakteen auf dem amerikanischen Kontinent übernehmen (Abb. 7.61b). Die oberflächliche Ähnlichkeit mit den Kakteen ist ein Paradebeispiel für konvergente Evolution (ähnliche Merkmalsausprägung, die jedoch nicht auf einen monophyletischen Ursprung zurückzuführen ist, also nicht von einem gemeinsamen Vorfahren abstammt). Die Blüten und Blütenstände der Wolfsmilchgewächse sind sehr vielgestaltig, wobei die häufig stark reduzierten Blüten fast immer monözisch oder diözisch sind; zum Teil gibt es noch sterile Staubblätter **(Staminodien).** Die Blüten sind meist **radiärsymmetrisch** mit jeweils **drei bis sechs Blütenhüllblättern in ein bis zwei Kreisen (Sepalen und/oder Petalen),** oder sie besitzen **keine Blütenhülle** mehr, z. B. bei der Gattung *Euphorbia* (Wolfsmilch). Hier sind die Blüten auf Staubblätter bzw. Fruchtblätter reduziert und in einzelblütenähnlichen Blütenständen, sogenannte Scheinblüten **(Pseudanthien).** Bei den Wolfsmilchgewächsen sind die Pseudanthien besonders, da sie in der Regel mehrere auffällig gefärbte Hochblätter (Brakteen) besitzen, die zum Teil miteinander becherförmig verwachsen sein können, was auch als Involucrum (Blütenhüllblätter) bezeichnet wird. Im Zentrum dieser Brakteen stehen zentral weibliche Blüten, die nur aus einem kleinen Fruchtknoten bestehen und von männlichen Blüten umgeben sind, wobei jede Blüte nur aus einem einzigen Staubfaden besteht. Um männliche und weibliche Blüten herum werden große, auffällig-gefärbte Nektardrüsen gebildet. Diese besonderen Scheinblüten (Pseudanthien) werden als **Cyathien** bezeichnet (Abb. 7.61a). Oft stehen mehrere Cyathien zusammen im Blütenbereich. Es wird vermutet, dass durch die Rückkehr von einer anemophilen zu einer entomophilen Bestäubung Cyanthien als funktionelle Einheiten entstanden sind, die heute einer Zwitterblüte ähneln. Bunt gefärbte Hochblätter mit oft auffälligen Drüsen umgeben häufig die Blütenstände und erhöhen die Attraktivität, z. B. beim Weihnachtsstern (*Euphorbia pulcherrima*, Abb. 7.61g) oder dem Christusdorn (*E. milii*, Abb. 7.61f). Die Fruchtknoten aus drei verwachsenen Fruchtblättern sind oberständig; gewöhnlich sind **drei Griffel** vorhanden. Es werden meist **dreilappige Kapselfrüchte** oder seltener Steinfrüchte gebildet. Chemisch sind die Wolfsmilchgewächse vor allem durch den toxischen Milchsaft **(Latex)** gekennzeichnet, der in ungegliederten Milchröhren vieler Arten vorkommt und als Wundverschluss und Fraßschutz dient. Dieser tritt sehr schnell an Abbruch- und Verletzungsstellen als durchsichtig- bis weißlich-schleimiger Milchsaft aus und ist namensgebend für die Familie. Er setzt sich aus Reservestärke und polymerisierten Kautschuken (Isoprenbausteinen, wie **Polyisopren**) zusammen, weshalb Wolfsmilchgewächse wichtige Kautschuklieferanten sind. Die bedeutendsten Vertreter hierfür sind der **Kautschukbaum** (*Hevea brasiliensis*,

◘ Abb. 7.61 Wolfsmilchgewächse (Euphorbiaceae) – Wolfsmilch (*Euphorbia*, **a–g**). **a** Christusdorn (*Euphorbia milii*), Querschnitt durch ein Cyathium (b: Brakteen, i: Involucrum, g: Drüsen, mf: männliche Blüte, jmf: junge männliche Blüte, a: Anthere, ff: weibliche Blüte, pff: Blütenstiel der weiblichen Blüte, o: Fruchtknoten, s: Griffel). **b** Zypressen-Wolfsmilch (*Euphorbia cyparissias*). **c** Palisaden-Wolfsmilch (*Euphorbia characias*). **d** *Euphorbia obesa*. **e** Namibische Giftwolfsmilch (*Euphorbia virosa*). **f** Christusdorn (*Euphorbia milii*). **g** Weihnachtsstern (*Euphorbia pulcherrima*). **h** Wunderbaum (*Ricinus communis*), mit weiblichen rötlichen Büten terminal und männlichen gelben Blüten darunter. **i** Maniok (*Manihot esculenta*). **j** Kautschukbaum (*Hevea brasiliensis*). k Katzenschwänzchen (*Acalypha hispida*). (Fotos **a**: Frank Vincentz, CC-BY-SA 3.0; **e**: Willyman, CC-BY-SA 4.0; **h**: Alvesgaspar, CC-BY-SA 3.0; **i**: Tatters, CC-BY-SA 3.0; **j**: Kevin Carmody, CC-BY 2.0, alle unverändert)

◘ Abb. 7.61j) und eine **Maniok-Verwandte** (*Manihot carthagenensis* subsp. *glaziovii*). Daneben besitzen Wolfsmilchgewächse auch **cyanogene** (blausäurehaltige) **Verbindungen** und hautreizende Di- und Triterpenester mit **Apoptosewirkung** (Gewebezerstörung); insbesondere Augenverletzungen sind besonders gefährlich.

Maniok (*Manihot esculenta*, auch Cassava genannt, ◘ Abb. 7.61i) stammt ursprünglich aus

Amerika, wird aber wegen seiner stärkereichen Knollen mittlerweile weltweit in den Tropen kultiviert. *Ricinus communis* (Rizinusstaude oder Wunderbaum, ◘ Abb. 7.61h) aus dem tropischen Afrika ist bei uns eine Gartenzierpflanze, wobei sie in Indien, Brasilien und China industriell angebaut wird, um die ölhaltigen Samen zur Herstellung von Rizinusölen zu verwenden. Dieses ist für die Farben- und Lackherstellung wichtig. Giftstoffe im Samen verhindern momentan die weitere Nutzung, wobei die Krebsforschung an Rizinus forscht. Ein weiterer Ölproduzent ist *Jatropha curcas* (Purgiernuss), ein Strauch aus tropischen Regionen Amerikas. Bekannte Zierpflanzen sind der Weihnachtsstern (*Euphorbia pulcherrima,* ◘ Abb. 7.61g) und der Christusdorn (*Euphorbia milii,* ◘ Abb. 7.61f), während viele afrikanische Wolfsmilcharten sukkulent sind (◘ Abb. 7.61d, e). Alle **sukkulenten *Euphorbia*-Arten** fallen unter das **Washingtoner Artenschutzabkommen (CITES)** und dürfen am Naturstandort weder gepflückt noch von dort entwendet werden. Einheimische Arten, die bei uns häufig sind, sind das Wald-Bingelkraut *(Mercurialis perennis)* sowie die Zypressen-Wolfsmilch (*Euphorbia cyparissias,* ◘ Abb. 7.61b).

7.8.2.3 Johanniskrautgewächse (Hypericaceae)

» (9 Gattungen, 560 Arten)

Die Johanniskrautgewächse sind Kräuter, Lianen, Sträucher oder Bäume. Die Blätter sind meist **gegenständig,** einfach, **ganzrandig** und **mit Drüsen besetzt,** die häufig auffällig schwarz, braun oder rot gefärbt sind. Über **schizogene Kanäle** (durch Auflösung von Zellwänden entstanden) und Kammern können Sekrete und ätherische Öle abgesondert werden. Die in der Regel gelben Blüten sind radiärsymmetrisch und zwittrig (◘ Abb. 7.62a). Die Blütenhülle wird aus meist jeweils vier oder fünf Kelch- und Kronblättern gebildet, das **Androeceum** ist vielzählig, zuweilen **in zwei bis fünf Bündeln.** Der Fruchtknoten wird aus drei bis fünf Fruchtblättern gebildet und ist oberständig. Die drei bis fünf **Griffel** können **homo- oder heteromorph** sein, mit meist kopfigen, papillösen Narben. Die Früchte sind zumeist Kapseln, selten Beeren oder Steinfrüchte. Das bei uns häufige Echte Johanniskraut *(Hypericum perforatum)* wird auch als Arzneipflanze verwendet.

7.8.2.4 Leingewächse (Linaceae)

» (ca. 10–12 Gattungen, ca. 300 Arten)

Die Linaceae sind **kosmopolitisch** verbreitet. Sie besitzen einfache, ungestielte Blätter mit glattem oder gesägtem Blattrand und meist ohne Nebenblätter. Die zymösen Blütenstände besitzen zumeist radiärsymmetrische, zwittrige, fünfzählige Blüten mit unverwachsenen Kelch-, Blüten- und Staubblättern, teilweise sind Staminodien vorhanden. Der zwei- bis fünffächrige Fruchtknoten ist verwachsen und oberständig und bildet **Kapsel-** oder

◘ **Abb. 7.62** Johanniskrautgewächse (Hypericaceae), Leingewächse (Linaceae) und Rhizophoragewächse (Rhizophoraceae). **a** Johanniskrautgewächse: Behaartes Johanniskraut (*Hypericum hirsutum*). Leingewächse: **b** Zweijähriger Lein (*Linum bienne*); **c** Lein oder Flachs (Linum usitatissimum); **d** *Linum arboreum*. **e** Rhizophoragewächse: Rote Mangrove (*Rhizophora mangle*), mit deutlichen Stelzwurzeln und bodenbürtigen punktförmigen Luftwurzeln (*Pfeil*)

Steinfrüchte, wobei die Fruchttypen für die Unterfamilienklassifikation verantwortlich sind. Zu den Leingewächsen gehören Arten der sehr alten Kulturpflanze *Linum* (◘ Abb. 7.62b–d), auch Lein und Flachs genannt. Dieser war früher bei uns weit verbreitet; seine **Bastfasern** wurden zur **Textilherstellung** verwendet und seine Samen zur **Ölgewinnung** geerntet. Heute ist der Leinanbau durch Baumwollimporte fast vollständig zurückgegangen, die Pflanzen werden jedoch noch als **Heilpflanzen** (Purgier-Lein, *Linum catharticum*) und als Lebensmittel (*Linum usitatissimum,* Leinsamen und zur Gewinnung des **Leinöls** [Lebensmittel und Grundlage für Ölfarben]) kultiviert.

7.8.2.5 Rhizophoragewächse (Rhizophoraceae)

» (15 Gattungen, ca. 140 Arten)

Diese Familie ist ökologisch extrem bedeutsam, da sie mit verschiedenen Gattungen, wie *Rhizophora* (◘ Abb. 7.62e), *Bruguiera, Kandelia* und *Ceriops,* prägend für das Ökosystem der **Mangroven** ist, das neben den Korallenriffen und Tropen eines der produktivsten Ökosysteme der Erde ist. Dabei konnten sich die **salztoleranten** Mangrovenarten im Gezeitenbereich der tropischen Küsten durch spezielle Anpassungsstrategien etablieren. So bilden sie **Stelzwurzeln**, die die Pflanzen im Schlick verankern, sowie **Atemwurzeln** (Pneumatophore), die die Sauerstoffversorgung der Pflanze auch bei ständig nassem Boden gewährleisten (◘ Abb. 7.62e). Ferner keimen Samen bereits auf der Mutterpflanze und bilden Wurzel und Sprossachse **(Viviparie)** in einer Gesamtlänge von bis zu 50 cm. Sie lösen sich von der Mutterpflanze erst als schwimmfähige, längliche Keimlinge, sodass sie von der Meeresströmung mitgetrieben werden können. So können sie einige Wochen im Meerwasser driften und sich an geeigneten Standorten relativ schnell verankern und etablieren.

7.8.3 Spindelbaumartige (Celastrales)

» (3–4 Familien, 94 Gattungen, 1355 Arten)

Die Celastrales umfassen verholzte oder krautige Pflanzen mit einfachen Laubblättern und unscheinbaren, kleinen Blüten, die häufig **funktional einhäusig** sind bzw. einen sterilen und einen fertilen Staubblattkreis aufweisen. In der Blüte befindet sich meist ein **Diskus** mit **Nektardrüsen.** Das **synkarpe Gynoeceum** ist ober- bis mittelständig, und Samen sind häufig von einem **Arillus** umgeben. Bekannte Vertreter der mitteleuropäischen Flora sind das Pfaffenhütchen (*Euonymus europaeus,* ◘ Abb. 7.63a), das in manchen Regionen auch als Gewöhnlicher Spindelstrauch bezeichnet wird, sowie das nordhemisphärisch verbreitete Sumpfherzblatt (*Parnassia palustris,* ◘ Abb. 7.63g).

7.8.3.1 Passionsblumengewächse (Passifloraceae)

» (27 Gattungen, 935 Arten)

Die Passionsblumengewächse wachsen vorwiegend in den Tropen und Subtropen der Erde, nur einzelne Arten besiedeln auch aride Regionen und haben sich an diese morphologisch angepasst, z. B. die Arten der Gattung *Adenia,* dem **Wüstenkohlrabi,** die zum Teil sukkulent sind und einen „verdickten Stamm“ (Caudex) entwickeln. Als Besonderheit der Blüten wird oft ein großes, auffällig gefärbtes, fünfzähliges Perianth mit einem **Androgynophor** gebildet, wobei das Androeceum (die Gesamtheit der Staubblätter) und das Gynoeceum (die Gesamtheit der Fruchtblätter) auf einem kurzen Internodium stehen und emporgehoben werden. Das Androeceum kann aus fünf bis 60 Staubblättern bestehen, wobei viele Staubblätter steril sein können **(Staminodien)** und dann häufig auffällig gefärbt sind. Die meist drei bis fünf Fruchtblätter sind zu einem oberständigen

Abb. 7.63 Spindelstrauchgewächse (Celastraceae), Passionsblumengewächse (Passifloraceae) und Rafflesiengewächse (Rafflesiaceae). Spindelstrauchgewächse: **a** Stark reduzierte Blüten des Europäischen Spindelstrauchs bzw. Pfaffenhütchens (*Euonymus europaeus*) mit einem Diskus mit Nektardrüsen (*Pfeil*); **b** Früchte des Warzen-Spindelstrauchs (*Euonymus verrucosus*). Passionsblumengewächse: **c** Blüte einer Passionsblume (*Passiflora* sp.) mit Androgynophor (*Pfeil*); **d, e** *Passiflora incarnata*, Blüte und Frucht. **f** Rafflesiengewächse: Riesenrafflesie (*Rafflesia arnoldii*). **g** Spindelstrauchgewächse: Sumpfherzblatt (*Parnassia palustris*). (Foto **a**: Krzysztof Ziarnek, CC-BY-SA 2.0; **b**: Franz Xaver, CC-BY-SA 3.0; **d**: Rendra Regen Rais, CC-BY-SA 3.0, alle unverändert)

Fruchtknoten verwachsen und entwickeln sich zu Kapselfrüchten oder Beeren. In manchen Früchten entwickeln sich zahlreiche Samen, die von einem geleeartigen, gelb-orangenen **Arillus** umgeben sind. Bei einigen Arten werden die Beeren gegessen bzw. es wird Saft aus ihnen gewonnen, z. B. Maracuja *(Passiflora edulis)* und Grenadille *(Passiflora quadrangularis)*, während verschiedene Arten der Passionsblume (*Passiflora* sp., Abb. 7.63c–e) als Zierpflanze kultiviert werden.

7.8.3.2 Rafflesiengewächse (Rafflesiaceae)

» (3 Gattungen, 20 Arten)

Die Vertreter der Rafflesiaceae bilden **kein Chlorophyll** aus und sind sowohl **Wurzel-** als auch **Sprossparasiten.** Es handelt sich um **Holoparasiten** auf nur einer einzigen Wirtsfamilie, den Vitaceae. Die Pflanzen bilden kaum Blätter oder Wurzeln aus, dafür zum Teil kleine, aber auch extrem große Blüten. *Rafflesia arnoldii* (◘ Abb. 7.63f) entwickelt **die größte Einzelblüte weltweit** mit bis zu 1 m Durchmesser. Die monözischen und diözischen, radiären Blüten können einzeln stehen oder in Blütenständen zusammengefasst sein, bei manchen Arten sind sie von Hochblättern umgeben. Die Blütenblätter sind verwachsen, mit zwölf bis 40 Staubblättern oder vier bis acht unterständigen, verwachsenen Fruchtblättern. Bestäubt werden die Blüten durch Fliegen, die durch einen starken **Verwesungsgeruch** sowie die äußere Ähnlichkeit zu **verwesendem Fleisch** angelockt werden. Es entwickeln sich schwarz-bräunliche Beeren, die zoochor verbreitet werden. Die Rafflesiaceae sind südostasiatisch verbreitet.

7.8.3.3 Weidengewächse (Salicaceae)

» (55 Gattungen, 1010 Arten)

Die Weidengewächse umfassen immergrüne und sommergrüne Laubbäume und Sträucher bis hin zu Zwergsträuchern, die sich häufig vegetativ durch **bodenbürtige Triebe,** Rhizome und Absenker ausbreiten. **Heterophyllie** ist für manche Vertreter typisch. Salicaceae können monözisch, diözisch bzw. zwittrig sein, wobei alle mitteleuropäischen Arten diözisch sind. Die Blütenstände sind in Trauben oder Ähren angeordnet – sogenannten **Kätzchen.** Die Blüten sind stark reduziert und umfassen zwei bis viele Staubblätter und/oder einen Fruchtknoten mit einem Griffel. Die Früchte sind meist Kapseln, seltener Beeren oder Steinfrüchte. Pappeln (*Populus*, ◘ Abb. 7.64c) und

◘ **Abb. 7.64** Weidengewächse (Salicaceae) und Veilchengewächse (Violaceae). Weidengewächse: **a** Typische Uferauenhabitate der Silberweide (*Salix alba*); **b** blühende Kätzchen der Salweide (*Salix caprea*); **c** Blätter der Zitterpappel (*Populus tremula*). Veilchengewächse: **d** Wald-Veilchen (*Viola reichenbachiana*); **e** Zweiblütiges Veilchen (*Viola biflora*); **f** Stiefmütterchen (*Viola wittrockiana*-Hybriden). (Foto **c**: Ximenez, CC-BY-SA 3.0, unverändert)

Weiden (*Salix*, ◘ Abb. 7.64a, b) sind typische einheimische Gattungen der Salicaceae, wobei Erstere **windbestäubt** sind und vor dem Laub blühen, während Letztere **Nektardrüsen ausbilden,** um Insekten anzulocken. Salicaceae sind kosmopolitisch verbreitet, fehlen jedoch in ariden Zonen Afrikas und Australiens sowie in Neuseeland.

7.8.3.4 Veilchengewächse (Violaceae)

» (22 Gattungen, 795 Arten)

Die Veilchengewächse sind ein- bis mehrjährig und bilden Kräuter, Sträucher, Lianen und Bäume. Die Blätter besitzen **Nebenblätter.** Stomata sind **anisocytisch** oder **paracytisch.** Die stets radiärsymmetrischen, zwittrigen Blüten stehen einzeln oder in Blütenständen und sind von **Hochblättern** umgeben. Häufig besitzen die fünfzähligen Blüten einen **Sporn mit Nektardrüsen** und werden **insektenbestäubt. Kapseln** sind die häufigste Fruchtform der Violaceae, selten werden aber auch Beeren und Nussfrüchte gebildet. Größere Samen besitzen einen **Arillus,** als Anpassung für eine exozoochore Ausbreitung. Die häufigsten Vertreter bei uns sind das Hornveilchen *(Viola cornuta),* das Acker-Stiefmütterchen *(Viola arvensis),* das Wilde Stiefmütterchen *(Viola tricolor)* und als Zierpflanze das Garten-Stiefmütterchen (*Viola* x *wittrockiana*, ◘ Abb. 7.64f), das durch diverse Kreuzungen verschiedener Stiefmütterchenarten entstanden ist.

7.8.4 Schmetterlingsblütenartige (Fabales)

» (4 Familien, 754 Gattungen, 20.080 Arten)

Die Fabales sind morphologisch sehr unterschiedlich und sind vorwiegend molekulargenetisch als monophyletische Gruppe gekennzeichnet. Typisch für die meisten Vertreter sind jedoch **Blätter mit Nebenblättern,** eine **fünfzählige doppelte Blütenhülle** sowie ein **synkarper, oberständiger Fruchtknoten.** Die Bedeutung der Schmetterlingsblütenartigen ist insbesondere durch die drittgrößte Pflanzenfamilie der Fabaceae (Schmetterlingsblütengewächse) gekennzeichnet, die im Folgenden näher beschrieben wird.

7.8.4.1 Hülsenfruchtgewächse oder Schmetterlingsblütler (Fabaceae)

» (745 Gattungen, 19.500 Arten)

Die Fabaceae wurden früher auch Leguminosen genannt. Es sind krautige, ein- bis mehrjährige Pflanzen sowie verholzende Sträucher, Bäume und Lianen. Unter ihnen gibt es Vertreter, die **epiphytisch** leben bzw. sich an **trockene Extremstandorte** angepasst haben **(xerophytische Anpassungsstrategien).** Die **Symbiose** mit **Rhizobiumbakterien,** die sich in **Wurzelknöllchen** bilden und die Pflanzen mit Luftstickstoff versorgen, ist typisch, weshalb Schmetterlingsblütler **auch auf stickstoffarmen Böden wichtige Eiweißlieferanten** sind und zur Gründüngung verwendet werden. Viele Taxa bilden **Dornen** und **Stacheln** gegen Fraßfeinde, zum Teil werden Nebenblätter dazu umgebildet, die manchen Nützlingen auch Schutz bieten können (z.B. Ameisen). Manche Taxa führen mit der Sprossachse kreisende Bewegungen zum **Winden** (◘ Abb. 7.65c) und **Ranken** aus. Diese Funktion wird teilweise auch von der Blattrachis (Blattmittelrippe) oder von Blattseitenadern übernommen, die dann als Ranken bezeichnet werden (◘ Abb. 7.65d). Die Blätter besitzen normalerweise **Nebenblätter.** Die Blätter können einfach (z. B. beim Färberginster, *Genista tinctoria*), dreizählig (z. B. beim Klee, *Trifolium*, ◘ Abb. 7.65h), handförmig gefingert (z. B. bei der Lupine, ◘ Abb. 7.65l) oder paarig (z. B. bei der Frühlingsplatterbse, *Lathyrus vernus*) oder unpaarig gefiedert sein (z. B. Tragant, die artenreichste Pflanzengattung weltweit, *Astragulus* sp.). Einige Arten bilden keine oder nur sehr kurzlebige Blätter und stark reduzierte

Abb. 7.65 Schmetterlingsblütengewächse (Fabaceae). **a–c** Gartenbohne (*Phaseolus vulgaris*), mit Blüte (**a**), dreizähligem, unpaarig gefiedertem Laubblatt mit gestielter Endfieder (**b**) windende Ranken und eine Hülsenfrucht – der Bohne (**c**). **d** Saatwicke (*Vicia sativa*), Blüte und Blatt mit Ranken und Fiedern. **e** Erbse (*Pisum sativum*), mit sehr großen Nebenblättern (*Pfeil*). **f** Rote Platterbse (*Lathyrus cicera*). **g** Goldregen (*Laburnum anagyroides*), ein häufig angepflanzter Zierstrauch. **h** Mittelmeerklee (*Trifolium medium*). **i** Wundklee (*Anthyllis vulneraria*). **j** Besenginster (*Cytisus scoparius*). **k** Behaarter Dornginster (*Calicotome villosa*), ein typisches Element mediterraner Zwergstrauchvegetation; Fahne (F), Flügel (Ü) und Schiffchen (S) sind gut zu erkennen. **l** Vielblättrige Lupine (*Lupinus polyphyllus*), mit gefingerten Blättern – ursprünglich aus Nordamerika bei uns häufig angepflanzt und verwildert. **m** Verschiedenblättrige Platterbse (*Lathyrus heterophyllus*), mit Flügelleisten am Spross (*Pfeil*). **n** Johannisbrotbaum (*Ceratonia siliqua*), Unterfamilie: Cesalpinoideae, mit unpaarig gefiederten Blättern und Hülsenfrüchten. **o** Flammenbaum (*Delonix regia*), Unterfamilie: Cesalpinoideae. **p** Weidenblatt-Akazie (*Acacia saligna*), Unterfamilie: Mimosoideae mit Phyllodien. (Fotos **j**: Krzysztof Ziarnek, CC-BY-SA-3.0; **l**: Mykola Swarnyk, CC-BY 3.0, alle unverändert)

Phyllodien (Umbildung des Blattstiels, ■ Abb. 7.65p), die dann die **Photosyntheseaktivität** übernehmen (z. B. bei der Platterbse, ■ Abb. 7.65m). Manche Taxa besitzen **Blattgelenke,** die eine **„Schlafbewegung"** ermöglichen oder die Fiederblätter schließen sich bei einer Berührung, was z. B. zu dem Spruch „sensibel wie eine Mimose" geführt hat. Typische Kennzeichen der Fabaceae sind **Hülsenfrüchte** mit **Samen, die kein Endosperm** besitzen – der Embryo besitzt stattdessen dickfleischige Keimblätter mit Speicherfunktion **(Speicherkotyledonen).**

Traditionell wird die Familie in drei Unterfamilien gegliedert, während neueste molekulare Erkenntnisse sie mittlerweile in acht Unterfamilien einteilen. Von diesen sind die vorwiegend südhemisphärisch-tropisch verbreiteten **Mimosoideae** mit vielen Akazienarten (■ Abb. 7.65p) sehr artenreich. Sie sind gekennzeichnet durch **kleine, radiäre,** sekundär oft **polyandrische Blüten** in **kopfigen Infloreszenzen** (z. B. Mimosen oder Akazien, ■ Abb. 7.65p). Ferner sind die vorwiegend in den afrikanischen und amerikanischen Tropen verbreiteten **Caesalpinioideae** artenreich. Taxa dieser Unterfamilie haben **zygomorphe** Blüten mit **aufsteigender Knospendeckung** (die unteren Kronblätter bedecken die oberen), deren Staubblätter unverwachsen sind. Die Gattung *Ceratonia* (**Johannisbrotbaum,** ■ Abb. 7.65n) der Cesalpinioideae kommt im nördlichen Afrika sowie im Mittelmeergebiet vor. Das Fruchtfleisch der Hülsen („Carob") bzw. Samen (Johannisbrotkernmehl) werden häufig in der Nahrungsmittelindustrie verwendet. Ferner dient oft der Flammenbaum (*Delonix regia,* ■ Abb. 7.65o) in warmen Regionen der Erde als Straßenbaum.

In Mitteleuropa ist die Unterfamilie der **Faboideae** weit verbreitet. Sie hat typische **Schmetterlingsblüten** in traubigen (■ Abb. 7.65g, l), ährigen, rispigen, wickelförmigen oder kopfigen (■ Abb. 7.65h, i) Blütenständen. Die Blüten besitzen einen fünfzähligen verwachsenen Kelch und fünf Blütenblätter. Die beiden unteren Blütenblätter sind teilweise verbunden **(= Schiffchen),** die zwei seitlichen heißen **Flügel,** das obere Blütenblatt wird **Fahne** genannt. Ferner sind die Staubfäden **(10 bzw. 9 + 1)** zu einer Röhre verwachsen. Schmetterlingsblütler besitzen **einen oberständigen Fruchtknoten aus nur einem Fruchtblatt,** aus dem sich bei erfolgreicher Befruchtung die **Hülsen** mit den Samen entwickeln.

Schmetterlingsblütler sind in der Regel insektenbestäubt, wobei unterschiedliche Mechanismen evolvierten. Beim **„Pumpmechanismus"** wird der Pollen aus den Antheren, die in der Schiffchenspitze verborgen sind, herausgeschleudert, wenn ein Insekt auffliegt, z. B. beim Gewöhnlichen Hornklee *(Lotus corniculatus).* Beim **Klappmechanismus** (Färberginster, *Genista tinctoria*) bzw. **Explosionsmechanismus** (Besenginster, *Cytisus scoparius,* ■ Abb. 7.65j) wird der Pollen zielgenau auf bestimmten Regionen des Bestäubers platziert, damit der Griffel einer anderen Blüte den Pollen dort wiederfinden kann – die beiden Flügel der Schmetterlingsblüte dienen dabei als Landebahn, um das Insekt zu positionieren.

Aufgrund ihres **hohen Eiweißgehaltes** (Legumin) sind Fabaceae weltweit ein wichtiger Bestandteil der **menschlichen Ernährung,** z. B. Erbse (*Pisum,* ■ Abb. 7.65e), Linse *(Lens),* Bohne (*Phaseolus,* ■ Abb. 7.65a–c) und Kichererbse (*Cicer*) u. a., als **Ölpflanzen,** z. B. Sojabohne *(Glycine max)* und Erdnuss *(Arachis hypogaea),* sowie viele **Futterpflanzen,** wie Klee (*Trifolium,* ■ Abb. 7.65h), Luzerne *(Medicago)* und Lupine (*Lupinus,* ■ Abb. 7.65l), die auch als **Gründüngung** dienen.

7.8.5 Rosenartige (Rosales)

» (9 Familien, 261 Gattungen, 7725 Arten)

Viele Taxa der Rosenartigen fixieren Luftstickstoff mittels Symbiose mit einem Bakterium – ebenso wie die benachbarten Schmetterlingsblütenartigen (Fabales) und Kürbisartigen (Cucurbitales). Bei den Rosenartigen handelt es sich im Gegensatz zu den Fabales jedoch um den Symbiosepartner ***Frankia,*** ein

Aktinobakterium. Ebenso wie die Fabales weisen auch die Rosales **meist Nebenblätter** (Stipel) auf und bilden Samen **ohne oder** mit nur **sehr wenig Endosperm.** Meist handelt es sich um krautige, ein- bis mehrjährige Pflanzen, Bäume und Sträucher, selten um Lianen. Auffällig ist, dass es **keine obligat aquatischen Vertreter** sowie **keine Parasiten** in dieser Gruppe gibt. Die Blüten sind **meist zwittrig** und **radiärsymmetrisch.** Als ursprüngliches Merkmal gilt ein ausgeprägter Blütenbecher **(Hypanthium),** der durch Einsenkung in die Blütenachse - den Blütenstiel - entstanden ist. Die Blütenorgane und insbesondere die Staubblätter sind ursprünglich **fünfzählig,** durch **sekundäre Polyandrie,** insbesondere bei den Rosaceae, hat sich diese Zahl häufig jedoch vervielfacht. Die **Fruchtblattzahl variiert** stark und auch die Frucht selbst. Im Folgenden werden sechs der neun Familien (◘ Abb. 7.66) der Rosales näher beschrieben.

7

7.8.5.1 Rosengewächse (Rosaceae)

» (3 Unterfamilien, ca. 90 Gattungen, 2520 Arten)

Die Rosengewächse sind die artenreichste Gruppe innerhalb der Rosenartigen, und sie sind ökonomisch wichtig für den Menschen, als Nahrungsmittel und Zierpflanzen. Der Verbreitungsschwerpunkt der Rosengewächse ist auf der nördlichen Erdhalbkugel; meist sind es Kräuter, Sträucher, Bäume, aber auch Lianen, zum Teil mit Dornen und Stacheln. Manche Arten bilden **Rhizome** (unterirdische Ausläufer) bzw. oberirdische Ausläufer (z. B. die Erdbeere, *Fragaria vesca,* ◘ Abb. 7.67f). Die Blätter sind vielgestaltig, besitzen jedoch meist **Stipel.** Die radiären, zwittrigen Blüten besitzen meist ein Perianth. Kelch und Krone sind häufig fünfzählig und unverwachsen, wobei der Kelch von einem **Außenkelch** umgeben sein kann, z. B. bei der Erdbeere (*Fragaria* sp.) oder der mit Wiederhaken zur optimierten exozoochoren Fruchtausbreitung besetzt sein kann, z. B. beim Gemeinen Odermennig *(Agrimonia eupatoria)* (◘ Abb. 7.67m). Die Staubblätter sind oft **sekundär polyandrisch** mit einem **Hypanthium** im Bereich des Androeceums. Das Gynoeceum ist häufig **chorikarp.** Die Familie ist weltweit bedeutsam, durch viele **Nutzpflanzen,** wie Äpfel (*Malus domestica,* ◘ Abb. 7.67c), Birnen *(Pyrus communis),* Quitten (*Cydonia oblonga,* ◘ Abb. 7.67a), Süßkirschen *(Prunus avium),* Sauerkirschen *(Prunus cerasus),* Pflaumen *(Prunus domestica),* Aprikosen *(Prunus armeniaca),* Nektarinen (*P. persica* var. *nucipersica*), Pfirsiche *(Prunus persica),* Himbeeren, Brombeeren und viele andere. Auch gehören viele heimische **Wildsträucher** und Bäume zu den Rosaceae, wie die Schlehe (*Prunus spinosa,* ◘ Abb. 7.67d), die Traubenkirsche *(Prunus padus),* die Eberesche *(Sorbus*

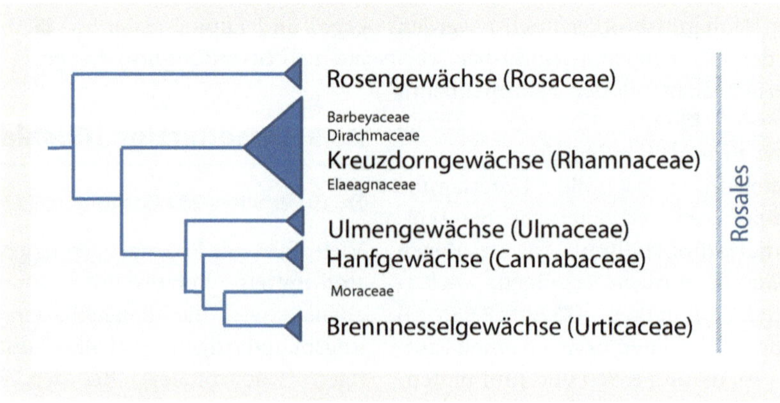

◘ **Abb. 7.66** Systematik der Rosenartigen (Rosales)

Abb. 7.67 Rosengewächse (Rosaceae). **a** Quitte (*Cydonia oblonga*). **b** Mandel (*Prunus dulcis*). **c** Apfelbaum (*Malus domestica*). **d** Schlehe (*Prunus spinosa*). **e** Wildbirne (*Pyrus spinosa*). **f** Gartenerdbeere (*Fragaria ananassa*), mit oberirdischen Ausläufern (Stolonen). **g** Frauenmantel (*Alchemilla* sp.). **h** Japanische Wollmispel (*Eriobotrya japonica*). **i** Weiße Silberwurz (*Dryas octopetala*). **j** Echtes Mädesüß (*Filipendula ulmaria*). **k** Kleiner Wiesenknopf (*Sanguisorba minor*), eine windbestäubte Art mit stark reduzierter Blütenhülle und köpfchenförmigen Blütenständen. **l, m** Gemeiner Odermennig (*Agrimonia eupatoria*), mit einem Außenkelch, optimiert zur exozoochoren Ausbreitung der Früchte. (Fotos **a, c, j–m**: S. Mutz; **f**: Frank Vincentz, CC-BY-SA 3.0, unverändert)

aucuparia), die Mehlbeere *(Sorbus aria)*, der Weißdorn (*Crataegus* sp.) und die Gewöhnliche Felsenbirne *(Amelanchier ovalis)*. Bei uns nicht heimische, jedoch oft **angepflanzte Straucharten** sind z. B. die Kerrie *(Kerria japonica)* und der Feuerdorn (*Pyracantha* sp.). Die

Familie wurde ursprünglich nach der Anzahl an Fruchtblättern und Samenanlagen sowie der Chromosomengrundzahl in vier verschiedene Unterfamilien gegliedert. Auch hier haben molekulargenetische Untersuchungen das bisherige System infrage gestellt, und bis heute konnte die systematische Stellung vieler Rosaceae noch nicht vollkommen geklärt werden, insbesondere durch Schwärme schwer unterscheidbarer Kleinarten (**„Agamospezies"**), die durch **Apomixis** entstanden sind, z. B. beim Frauenmantel (*Amelanchier* sp.).

Momentan untergliedert man die Rosaceae in drei Unterfamilien:

Die **Dryadoideae** haben eine Symbiose mit *Frankia* und Ektomykorrhiza. Sie bilden cyanogene Glycoside und geringe Mengen an Sorbit. Die Blätter sind einfach oder zusammengesetzt. Die Blüten besitzen nur ein Fruchtblatt und bilden Nussfrüchte mit einem behaarten Griffel, der sich bei Fruchtreife verlängert. Die Chromosomenzahl ist x=9. Ein typischer Vertreter ist die Silberwurz (*Dryas* sp., ◘ Abb. 7.67i).

Die **Rosoideae** sind Kräuter und Sträucher mit zusammengesetzten Blättern. Es werden keine cyanogene Glycoside und kein Sorbit gebildet. Oft besitzen die Blüten einen Außenkelch und einen vergrößerten Blütenboden (Rezeptakulum), auf dem sich zahlreiche freie Fruchtblätter bilden, die sich zu Schließfrüchten (Nüsschen oder Steinfrüchtchen) entwickeln. Die Chromosomenzahl ist x=7 (selten 8). Die Rosoideae haben einen Verbreitungsschwerpunkt in temperaten bis arktischen Regionen. Beispiele dieser Unterfamilie sind das Mädesüß (*Filipendula* sp., ◘ Abb. 7.67j), die Brombeere *(Rubus fruticosus)* und Himbeere *(Rubus idaeus),* der Wiesenknopf (*Sanguisorba* sp., ◘ Abb. 7.67k), der Odermennig (*Agrimonia* sp., ◘ Abb. 7.67l, m), die Erdbeere (*Fragaria* sp., ◘ Abb. 7.67f), Rosen (*Rosa* sp.), Fünffingerkraut (*Potentilla* sp.) und der Frauenmantel (*Alchemilla* sp., ◘ Abb. 7.67g).

Die **Amygdaloideae** sind verholzte Pflanzen (Bäume oder Sträucher), deren Wurzelrinden meist mit Ektomykorrhiza assoziiert sind. Es werden cyanogene Glycoside und Sorbit gebildet, Flavone und Ellagsäure fehlen. Die Blätter sind meist einfache (selten zusammengesetzte). Ein bis fünf verwachsene Fruchtblätter mit ein bis fünf Griffeln enden in einer meist papillösen, klebrigen Narbe und entwickeln sich zu sehr unterschiedlichen Fruchtformen: Balgfrüchte, Apfelfrüchte, Steinfrüchte, Nussfrüchte etc. Die Chromosomenzahl ist x=8, 9, 15 oder 17. Wichtige Tribus sind u. a.:

- **Kernobstgewächse (Malinae),** z. B. Birne (*Pyrus* sp.), Apfel (*Malus* sp., ◘ Abb. 7.67c), Quitte (*Cydonia* sp., ◘ Abb. 7.67a), Mispel (*Mespilus* sp.), Apfelbeere (*Aronia* sp.), Japanische Mispel (*Eriobotrya* sp., ◘ Abb. 7.67h), Zwergmispel (*Cotoneaster* sp.), Eberesche (*Sorbus* sp.), Weißdorn (*Crataegus* sp.), Felsenbirne (*Amelanchier* sp.).
- **Steinobstgewächse (Amygdaleae),** z. B. Mandel *(Prunus dulcis,* ◘ Abb. 7.67b), Aprikose bzw. Marille *(Prunus armeniaca),* Pfirsich *(Prunus persica),* Sauerkirsche oder Weichsel *(Prunus cerasus),* Kirschpflaume *(Prunus cerasifera),* Schlehen *(Prunus spinosa),* Süß- oder Vogel-Kirsche *(Prunus avium),* Kirschlorbeer *(Prunus laurocerasus),* Traubenkirsche *(Prunus padus).*
- **Spierstrauchgewächse (Spiraeae),** z. B. Waldbärte (*Aruncus* sp.), Spiersträucher (*Spiraea* sp.).

7.8.5.2 Kreuzdorngewächse (Rhamnaceae)

» (52 Gattungen, 925 Arten)

Die Kreuzdorngewächse sind vorwiegend verholzte Pflanzen. Sie besitzen häufig Dornen: **Sprossdornen** (z. B. beim Immergrünen Kreuzdorn, *Rhamnus alaternus,* ◘ Abb. 7.68a) oder **Blattdornen** (z. B. beim Christusdorn, *Paliurus spina-christi*). Die meist einfachen Blätter stehen wechselständig, gegenständig oder spiralig am Spross bzw. geknäult an Kurztrieben. Sie besitzen oft **Nebenblätter,** die zu Schuppen oder Dornen umgewandelt sein

Abb. 7.68 Kreuzdorngewächse (Rhamnaceae) und Hanfgewächse (Cannabaceae). Kreuzdorngewächse: **a** Immergrüner Kreuzdorn (*Rhamnus alaternus*); **b** Faulbaum (*Frangula alnus*). Hanfgewächse: **c** Hanf (*Cannabis sativa*); **d** Echter Hopfen (*Humulus lupulus*). (Fotos **b**: Louis Landry, Les Mehrhoff, CC-BY-SA 3.0; **c**: Chmee2, GDL, Version 1.2; **d**: S. Mutz)

können. Die (vier- bis) fünfzähligen zwittrigen oder monözischen Blüten mit doppelter Blütenhülle sind radiärsymmetrisch und klein. Typisch ist ein dünner bzw. sukkulenter Diskus mit **Nektardrüsen** zwischen Fruchtknoten und Staubblättern. Das **Hypanthium** umgibt den Fruchtknoten oder ist zum Teil mit diesem verwachsen, was zu einem **mittel- bis unterständigen Fruchtknoten** führt. Die Früchte sind Spaltfrüchte, Steinfrüchte oder geflügelte Nussfrüchte als Adaptation an Anemochorie. Kreuzdorngewächse sind weltweit verbreitet, mit einem Verbreitungsschwerpunkt in den Tropen und in warmen, temperaten Regionen. Der bekannteste Vertreter ist der Faulbaum (*Frangula* sp., Abb. 7.68b). Sein Name geht auf den leichten Fäulnisgeruch der Rinde zurück, deren Sud adstringierend (abführend) wirkt. Ferner diente das Holz früher der Schwarzpulvergewinnung.

7.8.5.3 Hanfgewächse (Cannabaceae)

» (11 Gattungen, ca. 170 Arten)

Zu den Hanfgewächsen gehört sowohl der **Hopfen** (*Humulus lupulus*, Abb. 7.68d) zur Biergewinnung, der **Hanf** (*Cannabis sativa*, Abb. 7.68c) zur Marihuana- und Haschischgewinnung als auch der Nessel- oder Zürgelbaum (*Celtis* sp.) als Zierpflanze. So sind in dieser Familie Lianen, Kräuter und Bäume vertreten. Die Blätter sind vielgestaltig, aber immer **gesägt** und meist mit **Nebenblättern** versehen. Die Blüten stehen in verzweigten, dichten, zymösen, rispigen oder traubigen Teilblütenständen mit zum Teil auffällig großen Tragblättern. Die meist zweihäusigen, selten einhäusigen, radiärsymmetrischen, fünfzähligen Blüten mit meist einfacher, stark reduzierter Blütenhülle sind an eine **anemophile** Bestäubung adaptiert. In den männlichen Blüten gibt es nur einen Kreis mit fünf fertilen Staubblättern, während in den weiblichen Blüten der oberständige Fruchtknoten aus zwei synkarpen Fruchtblättern besteht. Meist werden Steinfrüchte oder Nussfrüchte gebildet. Cannabaceae sind fast weltweit verbreitet.

7.8.5.4 Ulmengewächse (Ulmaceae)

» (6 Gattungen, 35 Arten)

Die relativ kleine, vorwiegend nordhemisphärisch verbreitete Pflanzenfamilie umfasst **meist Bäume,** selten Sträucher. Manche Arten bilden die eher seltene **Korkflügelrinde** aus. Charakteristisch sind die **gestielten,** am Blattgrund leicht **asymmetrischen Laubblätter** mit stark **gesägtem Blattrand** (◘ Abb. 7.69b). Die Blüten sind meist zwittrig, selten eingeschlechtig, z. B. bei der ostasiatischen Zelkove, die bei uns teilweise als Straßenbaum kultiviert wird (◘ Abb. 7.69a). Die Blüten sind stark reduziert als Anpassung an die

◘ **Abb. 7.69** Ulmengewächse (Ulmaceae), Brennnesselgewächse (Urticaceae) und Maulbeerbaumgewächse (Moraceae). Ulmengewächse: **a** Zelkove (*Zelkova* sp.); **b** Bergulme (*Ulmus glabra*), mit charakteristischen ungleichen Blattbasen und Früchten mit Anhängseln zur optimierten Windausbreitung. **c** Brennnesselgewächse: Gemeine Brennnessel (*Urtica dioica*) mit weiblichen (w) und männlichen (m) Pflanzen. Maulbeerbaumgewächse: **d** Feigenbaum (*Ficus carica*); **e** Feigenblütenstand im Querschnitt (*Pfeil* verweist auf kleine Blüten); **f** Schwarze Maulbeere (*Morus nigra*); **g** Kokon von *Bombyx mori* am Maulbeerbaum; **h** Fruchtverband der Maulbeere; **i** Feigen (*Ficus* sp.) besitzen in temperaten und tropischen Regionen Luftwurzeln; **j** Birkenfeige (*Ficus benjamina*) – eine beliebte Zimmer- und Büropflanze. (Fotos **b**: MPF, CC-BY-SA 3.0, unverändert; **f**: Wouter Hagens; **g**: Gerd A. T. Müller, CC-BY-SA 3.0; **h**: montillon.a, CC-BY-SA 2.0; **j**: Sten, CC-BY-SA 3.0, leicht verändert)

Windbestäubung (Anemophilie). Als anemochore Anpassung (Früchte werden durch den Wind ausgebreitet) werden **Flügelnüsse** gebildet (■ Abb. 7.69b), wobei sich die zwei Fruchtblätter des Fruchtknotens bei der Fruchtreife als **Spaltfrucht** trennen. Die in Mitteleuropa häufigsten Arten sind die Flatterulme *(Ulmus laevis)*, die Bergulme (*Ulmus glabra*, ■ Abb. 7.69b) bzw. die Feldulme *(Ulmus minor)*. Ulmen sind bei uns vom **Aussterben** bedroht, durch einen aus **Ostasien eingeschleppten Schlauchpilz** der Gattung *Ophiostoma*, der durch den **Ulmensplintkäfer** verbreitet wird. Der Pilz befällt die Wasserleitbahnen, insbesondere des Frühholzes, und verstopft dadurch die Leitbündelgefäße, wodurch speziell die Bergulme in ihrer Existenz stark gefährdet ist.

7.8.5.5 Maulbeerbaumgewächse (Moraceae)

» (39 Gattungen, ca. 1125 Arten)

Die Maulbeerbaumgewächse sind **Holzgewächse,** die in tropischen und subtropischen Regionen weit verbreitet sind. Es handelt sich um Bäume, Sträucher und Lianen, die zum Teil auch als **Baumwürger** bezeichnet werden. Alle Moraceae führen **Milchsaft,** und es sind **immer Nebenblätter** vorhanden. Die Arten sind monözisch bzw. diözisch, teilweise werden Pseudanthien gebildet (Scheinblüten, sodass der Blütenstand der Anlockung von Bestäubern dient). Die **Blüten** sind in der Regel **sehr klein.** Sie besitzen meist eine **reduzierte Blütenhülle,** oder es wird ein Perigon aus vier bis fünf (selten acht) häutigen Blütenhüllblättern gebildet. In den Blüten gibt es entweder **ein bis drei (sechs) freie Staubblätter** bzw. **ein bis drei verwachsene Fruchtblätter.** Die Samen enthalten zum Teil ölhaltiges Endosperm. Die stets **einsamigen Stein- oder Nussfrüchte** stehen häufig in **Sammelfruchtständen** zusammen (■ Abb. 7.69e, h). Mehr als 750 Arten der Moraceae werden zur Gattung ***Ficus* (Feigen)** gezählt. Diese besitzen einen hoch spezialisierten Blütenstand (■ Abb. 7.69e), der obligat (zwingend) auf die Bestäubung von Feigenwespen angewiesen ist, um keimfähige Samen zu produzieren. Viele Feigenbäume in unseren Breiten bilden deshalb keine keimfähigen Samen. Zur Gattung *Ficus* zählt die **mediterran verbreitete Feige** (*Ficus carica*, ■ Abb. 7.69d, e) genauso wie **viele tropische Arten** sehr großer Bäume bis hin zu strauchartigen Taxa, die bei uns auch als Topfpflanzen in den Handel kommen, z. B. die **Birkenfeige** (*Ficus benjamina*, ■ Abb. 7.69j) oder der **Gummibaum** *(Ficus elastica)*. Die **Maulbeerbäume** (*Morus*, ■ Abb. 7.69f) stammen ursprünglich aus Ostasien, ebenso wie der Seidenspinner *(Bombyx mori)*, dessen Raupen sich obligat von Blättern des Maulbeerbaums ernähren. Die **Raupen des Seidenspinners** weben mithilfe ihrer Spinndrüsen einen Kokon aus einem bis zu 900 m langen Seidenfaden aus Proteinen (■ Abb. 7.69g). Dieser Seidenfaden ist für die **Textilindustrie** von großer Bedeutung (Taft, Plisee, Trame, Damast, Chiffon, Brokat u. a.). Bis zum Mittelalter besaß China ein Monopol auf die Seidenproduktion und das Wissen rund um die Seidenherstellung; wichtige Handelsverbindungen profitierten von der Seide (z. B. die Seidenstraße), und Kriege entbrannten rund um dieses Handelsgut. Seit ca. 500 Jahren wird die Seide auch außerhalb ihres natürlichen Verbreitungsgebietes angebaut, z. B. im Mittelmeergebiet.

7.8.5.6 Brennnesselgewächse (Urticaceae)

» (54 Gattungen, 2625 Arten)

Zu der **weltweit verbreiteten Pflanzenfamilie** gehören Kräuter, Sträucher, Lianen und Bäume, die selten sukkulent sind bzw. epiphytisch wachsen. Urticaceae besitzen einen **farblosen Milchsaft.** Die Blätter sind **gegenständig** oder **spiralig** angeordnet und **meist mit Nebenblättern** versehen. Häufig besitzen die Urticaceae Haare (Trichome, Auswüchse der Epidermis) und Emergenzen (Auswüchse,

7

die auch mit subepidermalem Gewebe gebildet werden, z. B. Drüsen). Bekannt sind etwa die Brennhaare der Brennnessel (*Urtica* sp., ◘ Abb. 7.69c), die aus einem Sockel hypodermaler[7] chlorophyllhaltiger Zellen sowie einem Haar mit einem Köpfchen und einer präformierten Abbruchstelle bestehen. Nach Abbrechen der Spitze des Brennhaares tritt ein Zellsaft mit Entzündungsmediatoren (z. B. Acetylcholin, Histamin und/oder Serotonin) aus, der zu starken Hautreizungen beim Menschen führen kann. Die Urticaceae können sowohl **einhäusig, zweihäusig** (Gemeine Brennnessel, ◘ Abb. 7.69c) als auch **zwittrig** sein, mit meist seitenständigen rispigen, ährigen, traubigen oder knäuligen **Blütenständen.** Häufig sind Urticaceae anemophil, selten entomophil (**wind**- bzw. **insektenbestäubt**) und besitzen einen Schnellmechanismus im Androeceum zum **Ausschleudern des pulverartigen Pollens.** Die Früchte sind meist trockenhäutige Nussfrüchte bzw. Steinfrüchte. Zu den Urticaceae gehört unter anderen die in Südostasien verbreitete Ramie-Pflanze, die zur Fasergewinnung verwendet wird.

7.8.6 Kürbisartige (Cucurbitales)

» (ca. 7 Familien, 129 Gattungen, 2295 Arten)

Die Kürbisartigen (◘ Abb. 7.70) sind vorwiegend pantropisch verbreitet, einige Arten wachsen jedoch auch in subtropischen bis temperaten Regionen. Synapomorphien, die diese Ordnung kennzeichnen und sie von anderen Ordnungen abtrennen, sind das Vorkommen von **Libriformfasern**[8] sowie das **Fehlen von Schleimzellen, epikutikulären Wachskristallen** und **Sternhaaren.** Die Blattstellung der Kürbisartigen ist meist spiralig. Kelch und Krone weisen meist eine **Knospendeckung** auf, bei der sich die Blütenorgane berühren, ohne sich zu überdecken. Häufig sind die Blüten **eingeschlechtig**, **fünfzählig,** mit Petalen, die – wenn vorhanden – oft dickfleischig sind und in eine Spitze überlaufen. Das **Gynoeceum** ist meist **unterständig** und besteht aus drei verwachsenen Fruchtblättern mit **freien Griffeln** und wandständigen **(parietalen) Samenanlagen.**

Als **ursprüngliche Merkmale** innerhalb dieser Gruppe zählen das Vorkommen von **Nebenblättern** (Stipeln) sowie **zwittrige Blüten.** Im Folgenden werden nur zwei Familien näher behandelt, die von wirtschaftlicher Bedeutung sind.

7.8.6.1 Kürbisgewächse (Cucurbitaceae)

» (ca. 97 Gattungen, ca. 960 Arten)

Die Kürbisgewächse sind weltweit verbreitet, mit einem Verbreitungsschwerpunkt in tropischen und subtropischen Regionen und mit nur wenigen Arten in gemäßigten Gebieten. Typisch für die Kürbisgewächse sind ausgeprägte **Pfahlwurzeln,** die zum Teil als Speicherwurzeln fungieren, sowie eine häufige **Adventivwurzelbildung** entlang **kriechender Sprossachsen** (◘ Abb. 7.71f). Die Cucurbitaceae sind vorwiegend krautig, meist niederliegend, kriechend bzw. kletternd, häufig mit **Ranken** aus modifizierten Sprossachsen. Man unterscheidet verschiedene Rankentypen: einfache oder verzweigte Ranken, wobei Letztere noch in berührungssensible und berührungsunempfindliche Ranken untergliedert werden. Der **Sprossquerschnitt** ist oft **kantig** und innen **hohl,** zum Teil kann die Sprossachse verdickt sein und der Stoffspeicherung dienen. Haare **(Trichome)** und Auswüchse aus der Epidermis unter Beteiligung subepidermaler Gewebeschichten **(Emergenzen)** sind häufig vorhanden. Die Blätter sind einfach oder handförmig **gelappt.** Sie

7 Zellen aus der Hypodermis, der Schicht unterhalb der Epidermis.

8 Festigungsgewebe im sekundären Xylem zur zusätzlichen Stabilisation. Dies erfolgt durch einzelne, sehr lang gestreckte, tote, stark verholzte Zellen. Diese speziellen Holzfaserzellen sind am Ende nicht – wie sonst für Xylemzellen typisch – abgeflacht, sondern zugespitzt.

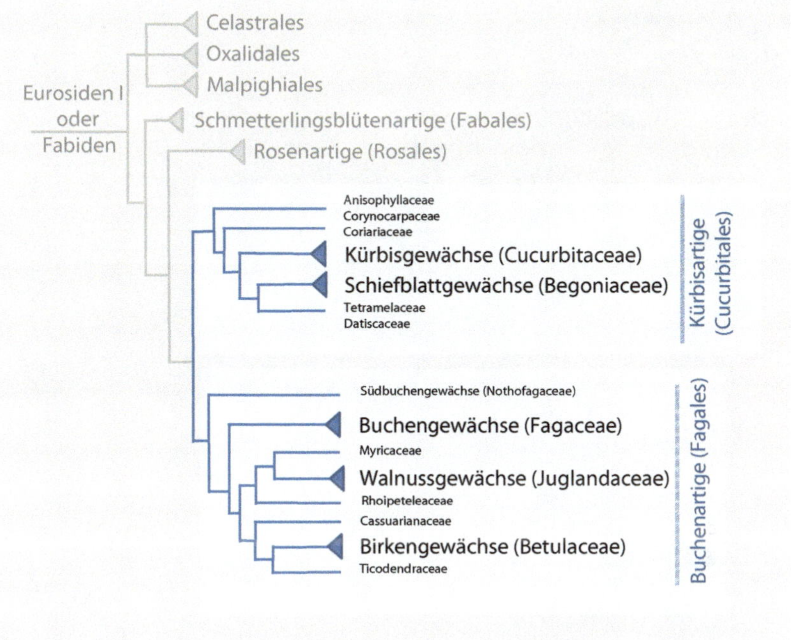

Abb. 7.70 Stammbaum der Kürbisartigen (Cucurbitales) und Buchenartigen (Fagales)

sind **wechselständig** am Spross angeordnet, **Nebenblätter fehlen** bzw. sind in **Dornen** umgewandelt. Die Blätter besitzen **anomocytische** Stomata (► Abschn. 7.1) ohne Begleitzellen. Viele Kürbisgewächse besitzen **extraflorale Nektarien** (Nektardrüsen außerhalb der Blüte). Die **Leitbündel** stehen in zwei **alternierenden** Kreisen, wobei der innere Kreis **bikollaterale Leitbündel** aufweist. Blüten werden in den Blattachseln einzeln oder zu mehreren gebildet und sind **oft eingeschlechtig.** Sie besitzen in der Regel eine **radiärsymmetrische,** doppelte Blütenhülle **(Perianth)** mit **verwachsenen, fünfzähligen** Blütenorgankreisen, die Blütenblätter (Petalen) sind meist weiß bis gelb/orange mit glocken- oder trichterförmiger Krone. Die meisten Staubblätter besitzen nur einen Pollensack (Theke) und stehen häufig auf einem **Hypanthium** (durch ein Internodium emporgehobener Bereich), das in der Regel mit **Nektardrüsen** versehen ist. Der Fruchtknoten ist unterständig aus meist drei (ein bis fünf) am Rande verwachsenen (parakarpen) Fruchtblättern mit wandständigen (parietalen) Samenanlagen. Die Narben können stark vergrößert sein, um die Attraktivität für Bestäuber zu erhöhen. Die Früchte sind meist Beeren, sogenannte **Panzerbeeren.** Sie besitzen ein ledriges äußeres Perikarp, eine Anpassung an trockene Standorte, damit die Wasserverdunstung im Samen möglichst lange reduziert werden kann. Einen besonderen Samen-Ausbreitungsmechanismus hat die Spritzgurke entwickelt (*Ecballium elaterium*, Abb. 7.71b), die die reifen Samen bei Berührung explosionsartig ausschleudern kann, sowie eine Gurkenart (*Cucumis humifructus*), die die Früchte in die Erde bohrt **(Geokarpie),** sodass die Samen vor Austrocknung geschützt sind. Von wirtschaftlicher Bedeutung sind der Gartenkürbis (*Curcubita pepo*), die Gurke (*Cucumis sativus*, Abb. 7.71c), die Zuckermelone (*Cucumis melo*) und die Wassermelone (*Citrullus lanatus*). Die einzige in Mitteleuropa vorkommende Gattung dieser Familie ist die Zaunrübe (*Bryonia* sp., Abb. 7.71a).

Abb. 7.71 Kürbisgewächse (Cucurbitaceae) und Schiefblattgewächse (Begoniaceae). Kürbisgewächse: **a** Blüten der Rotfrüchtigen Zaunrübe (*Bryonia dioica*); **b** Blüten und Früchte der Spritzgurke (*Ecballium elaterium*); **c** Gurkenfrucht (unterständiger Fruchtknoten mit terminalen Blütenblättern) und Blüte der Gartengurke (*Cucumis sativus*). Schiefblattgewächse: **d** Männliche Blüten der Gartenbegonie (*Begonia semperflorens*); **e** Blatt einer Korkenzieherbegonie (*Begonia rex-cultorum*). **f** Kürbisgewächse: Stachelbeergurke (*Cucumis myriocarpus*), eine Ziergurke. (Fotos **b**: RickP, CC-BY 2.5; **c**: Bff, CC-BY-SA 3.0; **d**: Andrey Korzun, CC-BY-SA 2.0; **e**: Nemracc, CC-BY-SA 3.0; **f**: Peripitus, CC-BY-SA 2.5, alle unverändert)

7.8.6.2 Schiefblattgewächse (Begoniaceae)

» (2 Gattungen, davon eine monospezifisch, ca. 1500 Arten)

Diese Pflanzenfamilie ist bei uns nur durch die gärtnerisch viel genutzte Gattung *Begonia* von Bedeutung. Schiefblattgewächse wachsen weltweit vorwiegend in tropischen und subtropischen Regionen, insbesondere in Südamerika. Die wichtigste Gattung der Schiefblattgewächse ist die Begonie. Ihre Arten können krautig oder basal verholzt und verzweigt sein und eine Wuchshöhe bis zu 3 m erreichen. Viele Arten bilden **Rhizome** oder **Knollen,** seltener werden oberirdische Ausläufer **(Stolonen)** mit **Adventivwurzeln** gebildet. Die Blätter besitzen immer eine mehr oder weniger **asymmetrische Blattspreite** (Blattfläche, Abb. 7.71e). Die Blätter können mehr oder weniger dickfleischig **(sukkulent)** sein und besitzen immer **Nebenblätter.** Begonien sind meist **monözisch,** selten diözisch. Die mehr oder weniger **zygomorphen** Blütenhüllorgane sind eingestaltig **(Perigon).** Männliche Blüten besitzen in der

Regel zwei oder vier Tepalen (► Abschn. 7.1) und vier bis viele Staubblätter (■ Abb. 7.71d), während die weiblichen Blüten zwei bis fünf (zehn) Tepalen besitzen. Ihr Fruchtknoten ist unterständig, meist aus drei Fruchtblättern verwachsen, mit zwei bis drei **Griffeln,** die ein- bis mehrfach **gegabelt** sein können. **Staminodien** (nicht fertile Staubblätter) sind in weiblichen Blüten häufig noch vorhanden. Es werden Kapsel- oder Beerenfrüchte gebildet.

7.8.7 Buchenartige (Fagales)

» (8 Familien, 33 Gattungen, 1350 Arten)

Die Buchenartigen (■ Abb. 7.70) umfassen **fast ausschließlich Bäume und Sträucher,** die **monözisch** oder **diözisch** sind. Oft ist in den Wurzeln eine **Symbiose mit stickstofffixierenden Aktinobakterien** *(Frankia alni)* zu beobachten, die verschiedene Wurzelknöllchen induzieren können (Aktinorrhiza). **Nebenblätter** sind in der Regel **vorhanden.** Die Buchenartigen besitzen meist zahlreiche, reichblühende, zymöse Infloreszenzen, die als **„Kätzchen"** bezeichnet werden. Die Fagales sind häufig **windbestäubt,** weshalb die **Blütenhülle einfach** ist **oder fehlen** kann. Die Blüten besitzen **keine Nektardrüsen.** Meist werden einsamige **Nussfrüchte** gebildet, die zum Teil **geflügelt** sein können und Samen besitzen, die **kein Endosperm** bilden. Im Folgenden wird nur auf die drei in Mitteleuropa wichtigsten Vertreter eingegangen. Ebenfalls zu den Fagales gehören die **Kasuarinengewächse (Casuarinaceae).** Die Familie umfasst vier Gattungen und ca. 95 Arten, die im tropischen Asien, Australien und auf den pazifischen Inseln verbreitet sind und statt echten Laubblättern schuppenförmige Blätter in Wirteln haben. Die **Scheinbuchengewächse (Nothofagaceae)** sind Bäume und Sträucher und umfassen nur eine Gattung mit 35 Arten. Sie sind auf der Südhalbkugel beheimatet. Die Ticodendraceae ist eine monogenerische und monspezifische Familie eines Baums, der in Zentralamerika vorkommt. Nur die **Gagelstrauchgewächse (Myricaceae)** mit (fast) weltweit vier Gattungen und 57 Arten kommen auch mit einer Art, dem Gagelstrauch *(Myrica gale)* in Heidemooren in Mitteleuropa vor.

7.8.7.1 Buchengewächse (Fagaceae)

» (7 Gattungen, 670 Arten)

Buchengewächse prägen unsere **mitteleuropäischen Laubwälder** durch bekannte Vertreter wie die Buche (*Fagus sylvatica,* ■ Abb. 7.72d) und verschiedene Eichen-Arten (*Quercus* sp., ■ Abb. 7.72b, c) sowie in wärmeren Regionen die Esskastanie (*Castanea sativa,* ■ Abb. 7.72e), die in deutschen Wäldern manchmal angepflanzt wird. Buchengewächse sind **immergrüne** oder **laubabwerfende Gehölze** aus vorwiegend gemäßigten Klimazonen der Erde, mit einem Verbreitungsschwerpunkt auf der **Nordhalbkugel.** Die Blätter sind **wechselständig** bis spiralig angeordnet. Sie sind **krautig** oder **derb** und **ledrig** und oft **gerbstoffreich.** Die Blattspreite ist häufig **behaart** mit einfachen oder verzweigten Haaren oder Sternhaaren. Alle Arten sind **monözisch.** Die stark reduzierten Blüten stehen einzeln oder in Infloreszenzen („Kätzchen") und sind mit ihrer stark reduzierten Blütenhülle an Windbestäubung angepasst (Anemophilie). Die Nussfrüchte sind häufig von einem Fruchtbecher (**Cupula,** ■ Abb. 7.72b) umgeben. Dieser wird von schuppenartigen oder langstachligen Auswüchsen der Blütenstandsachse oder des Blütenstiels gebildet, die die Nussfrucht napfförmig umschließen (z. B. Eiche) bzw. ganz umhüllen (z. B. Esskastanie, ■ Abb. 7.72e; Buche, ■ Abb. 7.72d). Das Holz vieler Arten wird als Brenn- und Baustoff genutzt, die Samen wurden früher als Viehfutter verwendet, und die Gerbstoffe in Holz und Rinde (Tannine) werden zur Lederherstellung sowie in der Lebensmittelindustrie (besonders im Weinbau) angewandt.

■ **Abb. 7.72** Buchengewächse (Fagaceae), Walnussgewächse (Juglandaceae) und Birkengewächse (Betulaceae). Buchengewächse: **a** Eichenblüten (*Quercus aucheri*); **b** Stieleiche (*Quercus robur*), mit langgestielten Früchten und Fruchtbecher; **c** Traubeneiche (*Quercus petraea*), mit ungestielten Früchten; **d** Rotbuche (*Fagus sylvatica*); **e** Esskastanie (*Castanea sativa*). **f** Walnussgewächse: Walnuss (*Juglans regia*). Birkengewächse**: g** Grünerle (*Alnus viridis*), männliche (m) und weibliche (w) Blütenstände; **h** Hängebirke (*Betula pendula*); **i** Haselblüte (*Corylus avellana*). (Fotos **b**: MPF GFDL; **c**: Nikanos, CC-BY-SA 2.5, unverändert; **d**: H. Krisp, CC-BY 3.0; **e**: Bartosz Cuber, CC-BY-SA 3.0, unverändert; **f**: R C Peña, CC-BY-SA 3.0, leicht verändert; **h**: DimiTalen, CC-BY-SA 3.0, unverändert)

7.8.7.2 Walnussgewächse (Juglandaceae)

» (ca. 7–10 Gattungen, ca. 50 Arten)

Die Walnussgewächse sind eine kleine Familie mit **disjunktem Verbreitungsgebiet** im Süden und Osten Asiens sowie in Zentral- und Südamerika. In Mitteleuropa ist die Familie nicht heimisch, die Walnuss (*Juglans regia*, ■ Abb. 7.72f) wird jedoch häufig hier angepflanzt – aufgrund ihrer essbaren Früchte und dem sehr wertvollen **Nussholz** für den Möbelbau. Ferner dienen Hickory (*Carya*) und die Flügelnuss (*Pterocarya*) häufig als Garten- und Parkbäume. Die Walnussgewächse sind vorwiegend Bäume, die viel **Tannin** produzieren. Die Blätter sind meist **sommergrün** und **wechselständig;** sie sind häufig **paarig oder unpaarig gefiedert** und haben **keine Nebenblätter.** Bricht man die Blätter an ihrer Ansatzstelle ab, weisen sie große Blattnarben mit drei Gruppen von Leitbündelsträngen auf. An Blättern, Knospen, Blüten und Früchten sind häufig **Harzdrüsen** zu finden, die einen charakteristischen Geruch produzieren. Es sind **monözische Pflanzen** mit Blüten in **Kätzchen** oder **Ähren,** selten in **Rispen.** Die **Blütenhülle ist reduziert** und besteht aus null bis vier Tepalen, sie sind jedoch meist mit einem Tragblatt versehen, das mit dem Blütenboden verwachsen ist und als Scheinblütenhüllorgan fungiert. Die Staubblätter erscheinen scheinbar sitzend auf der Blütenhülle. Das Gynoeceum besteht aus meist zwei (ein bis vier) verwachsenen unterständigen Fruchtblättern, wobei jedes eine grundständige Samenanlage entwickelt. Es werden **Nüsse** oder besondere **Steinfrüchte** (z. B. Walnuss, ◘ Abb. 7.72f) gebildet.

7.8.7.3 Birkengewächse (Betulaceae)

» (6 Gattungen, 145 Arten)

Die Birkengewächse sind primär **nordhemisphärisch** und in **tropischen Gebirgsregionen der Anden** verbreitet. Es handelt sich um **sommergrüne, verholzte, monözische Bäume** und Sträucher, die wahrscheinlich ausschließlich **windbestäubt** sind und deshalb vor oder mit dem Laubaustrieb im zeitigen Frühjahr blühen. Dies ist zum Leidwesen vieler **Pollenallergiker,** da die Pollen der Betulaceae ein hochpotentes Allergen darstellen. Die **Blätter** der Birkengewächse sind **einfach** und besitzen **Nebenblätter** (Stipel), die häufig früh abfallen. Blüten werden in **kätzchenförmigen Blütenständen** gebildet, wobei die weiblichen Blüten und Blütenstände von Trag- und Hochblättern umhüllt sein können (Unterscheidungsmerkmal der beiden Unterfamilien der **Birkenartigen** (Betuloideae) und **Haselnussartigen** (Coryloideae), die oft an der Frucht verbleiben und als Flugapparat dienen, eine Anpassung an die Ausbreitung per Wind **(Anemochorie).** Die weiblichen Blüten besitzen in der Regel eine **radiärsymmetrische, reduzierte Blütenhülle** mit (null bis zehn) Tepalen. Der **Fruchtknoten** besteht aus **zwei verwachsenen Fruchtblättern** und ist **unterständig,** in der Regel gibt es zwei freie Griffel. Die männlichen Blütenhüllen sind ebenso reduziert, in der Blüte sind zwei bis zehn Staubbeutel. Bekannte Vertreter sind **Birke** (*Betula* sp., ◘ Abb. 7.72h), **Erle** (*Alnus* sp., ◘ Abb. 7.72g), **Hainbuche** (*Carpinus* sp.) und **Haselnuss** (*Corylus* sp., ◘ Abb. 7.72i).

7.9 Eurosiden II oder Malviden

Die kleinere Gruppe **der Eurosiden II,** die auch Malviden (engl. *Malvids*) bzw. Malvidae oder Rosiden II genannt wird, umfasst acht Ordnungen, deren Taxa ein **Gynoeceum mit einfachem Griffel** haben und deren Samen meist nur über sehr **wenig Endosperm** verfügen. Ob alle Vertreter der Malvengewächse auf einen gemeinsamen Vorfahren zurückzuführen sind und eine monophyletische Gruppe darstellen, ist immer noch nicht endgültig geklärt, da molekulargenetische Merkmale diese Hypothese mit nur 25 % statistischer Wahrscheinlichkeit unterstützen. Auch sind die Verwandtschaftsverhältnisse innerhalb der Malviden noch nicht vollkommen gelöst, da bislang nur wenige morphologisch synapomorphe Merkmale gefunden werden konnten. Die acht Ordnungen, in welche die Eurosiden II gegliedert werden (◘ Abb. 7.73), lassen sich in zwei monophyletische Gruppen unterteilen, wobei die eine die Ordnungen der Storchschnabelartigen (Geraniales, ► Abschn. 7.9.1) und Myrtenartigen (Myrtales, ► Abschn. 7.9.2) umfasst, die sich außer durch molekulargenetische Merkmale durch einen auch im Fruchtstadium persistierenden (bleibenden) Kelch auszeichnet. Die andere Gruppe umfaßt sechs Ordnungen, wobei im

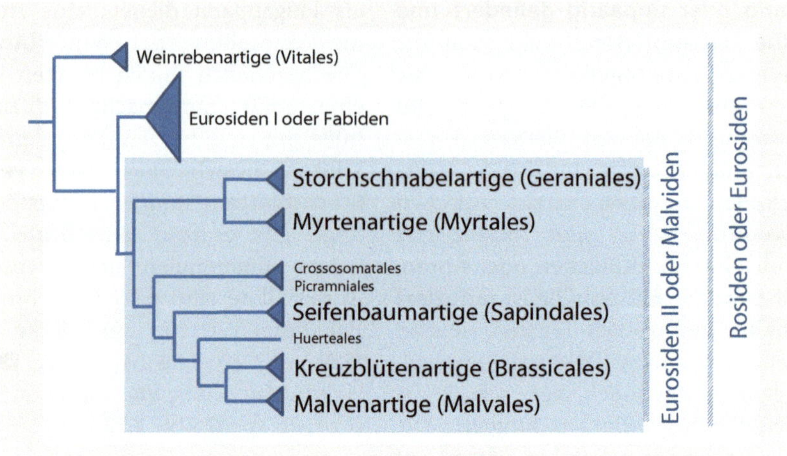

Abb. 7.73 Systematik der Eurosiden II (Malvenartigen, Malviden) im Überblick

Folgenden nur die drei wichtigsten, die Seifenbaumartigen (► Abschn. 7.9.3, die Kreuzblütenartigen (► Abschn. 7.9.4) und die Malvenartigen (► Abschn. 7.9.5), näher beschrieben werden.

7.9.1 Storchschnabelartige (Geraniales)

» (5 Familien, 17 Gattungen, 836 Arten)

Die Storchschnabelartigen sind eine bisher noch stark umstrittene Ordnung; die molekularen Merkmale sind statistisch nicht gut abgesichert, und auch morphologisch gibt es wenige Synapomorphien. Es sind **krautige bis verholzte Pflanzen,** deren **Laubblätter meist zusammengesetzt oder gelappt** sind und **immer Nebenblätter** besitzen. Die Blattränder sind häufig mit **Drüsen** besetzt, die Blütenstände sind in der Regel **zymös** und die meist radiärsymmetrischen oder zygomorphen Blüten **besitzen Nektarien,** die sich außerhalb des Androeceums (Staubblattkreises) befinden. Die Storchschnabelartigen umfassen drei Familien, wobei bei uns nur die Geraniaceae (Storchschnabelgewächse) von Bedeutung sind und hier näher beschrieben werden.

7.9.1.1 Storchschnabelgewächse (Geraniaceae)

» (7 Gattungen, 805 Arten)

Charakteristisches Merkmal dieser Pflanzenfamilie sind ihre Früchte: **Spaltfrüchte,** die bei einigen Gattungen als exozoochore Anpassungsstrategie **geschnäbelt** sind, was zur deutschen Namensgebung dieser Familie geführt hat. Es handelt sich um **Kräuter,** selten um Sträucher, vorwiegend aus **gemäßigten** bis **warmen Klimazonen.** Sehr artenreich sind die Storchschnabelgewächse im **südlichen Afrika** als wichtiges Element der **Kapflora.** Dort können Storchschnabelgewächse auch dickfleischig-sukkulent sein. Viele Storchschnabelgewächse enthalten **ätherische Öle,** die jedoch nicht unbedingt wohlriechend sind, z. B. beim Ruprechtskraut, das auch als Stinkender Storchschnabel bezeichnet wird (*Geranium robertianum,* Abb. 7.74a). Die gestielten, meist gelappten oder **zusammengesetzten Laubblätter** sind häufig **mit Haaren** versehen und besitzen **Nebenblätter.** Die meist **zwittrigen** (selten monözischen oder diözischen) Blüten stehen häufig **terminal**

Abb. 7.74 Storchschnabelgewächse (Geraniaceae). **a** Stinkender Storchschnabel (*Geranium robertianum*). **b** Wiesenstorchschnabel (*Geranium pratense*). **c** Armenischer Storchschnabel (*Geranium psilostemon*). **d** Reiherschnabel (*Erodium gruinum*). **e** *Pelargonium littorale*. **f** *Pelargonium laevigatum*

in langgestielten Infloreszenzen. Die **fünfzähligen Blüten** besitzen meist fünf unverwachsene Sepalen, fünf freie und häufig genagelte Blütenblätter (terminal rundlich und basal schmal zugespitzt) und ein bis zwei Kreise von je fünf Staubblättern, die zum Teil zu Staminodien (infertile Staubblätter) reduziert sein können und oft auf einem scheibenförmig-erhöhten **Diskus** mit **Nektarien** stehen. Die fünf Fruchtblätter sind zu einem **oberständigen Fruchtknoten** verwachsen, dessen samenlose Spitze sich schnabelförmig verlängern kann und mit **fünf Narben** versehen ist. Bei Fruchtreife öffnen sich die Teilfrüchte **(Kapselfrüchte)** der Spaltfrucht um die Mittelsäule und entlassen die Samen. Wichtige einheimische Vertreter der Storchschnabelgewächse sind der Storchschnabel (*Geranium* sp., Abb. 7.74a–c) mit handförmig geteilten Blättern, der Reiherschnabel (*Erodium* sp., Abb. 7.74d) mit gefiederten oder stark gelappten Laubblättern, und von gärtnerischer Bedeutung ist die Gattung *Pelargonium* (Abb. 7.74e, f), die häufig als Balkonkastenpflanze Verwendung findet und fälschlicherweise im deutschen Sprachgebrauch als Geranie bezeichnet wird.

7.9.2 Myrtenartige (Myrtales)

» (9 Familien, 380 Gattungen, 11.077 Arten)

Myrtenartige sind **krautige** oder **verholzte Pflanzen,** wobei Letztere häufig dann durch eine **schuppig-abblätternde Rinde** zu erkennen sind. Als Synapomorphien besitzen Myrtenartige **bikollaterale Leitbündel** (► Abschn. 7.1) und **gegenständige Blätter** und Verzweigungsmuster. Die Blüten sind meist **zwittrig** und **radiärsymmetrisch** und haben **vielzählige Blütenorgane,** die in ein **Hypanthium**[9] eingebettet sind. Meist ist in den Blüten ein **Diskus mit Nektardrüsen** vorhanden. Der in der Regel **aus**

9 Die Sprossachse ist becherförmig vertieft und umhüllt den Fruchtknoten.

zwei Fruchtblättern gebildete, verwachsene Fruchtknoten steht **mittel**- bis **unterständig.** Von den neun Familien dieser Ordnung werden im Folgenden die vier artenreichsten behandelt (■ Abb. 7.75).

7.9.2.1 Nachtkerzengewächse (Onagraceae)

» (22 Gattungen, 656 Arten)

Nachtkerzengewächse sind **Kosmopoliten,** mit einem Verbreitungsschwerpunkt in den **nördlichen gemäßigten Regionen der Erde** und in den **Subtropen.** In Mitteleuropa findet man das Hexenkraut *(Circaea),* das Weidenröschen (*Epilobium,* ■ Abb. 7.76c) und die Nachtkerzen (*Oenothera,* ■ Abb. 7.77), wobei unter den Letzteren Neophyten aus Nordamerika sind, die sich bei uns etabliert haben. Verschiedene *Fuchsia*-Arten (■ Abb. 7.76a, b) werden als Zierpflanzen kultiviert, und verschiedene Arten der Gattung *Oenothera* sind wichtige Versuchspflanzen in der Genetik (z. B. Genkoppelung, Plastidentypen, Bastardbildung, Merkmalsvererbung etc.; ► Kasten 7.7).

Nachtkerzengewächse sind **ein- bis mehrjährige Pflanzen, Kräuter, Sträucher** oder **selten Bäume.** Die Blätter sind meist **einfach,** selten fiederspaltig; sie können gegenständig, wechselständig oder spiralig angeordnet sein und weisen zum Teil Stipel auf. Die

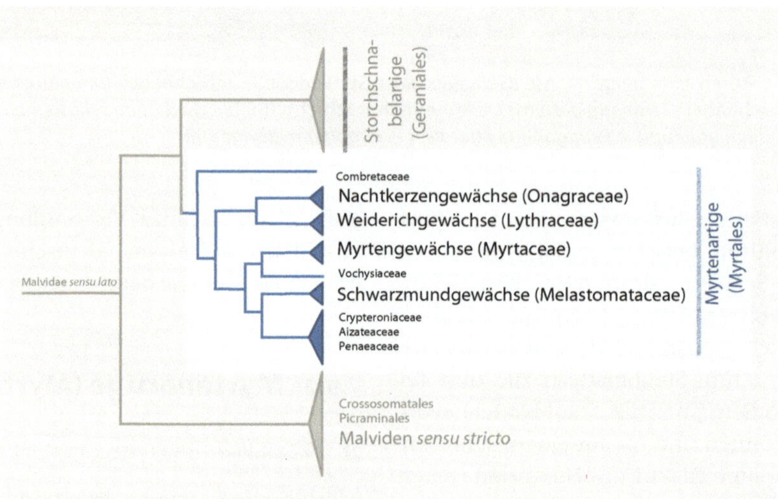

■ **Abb. 7.75** Systematik der Myrtenartigen (Myrtales)

■ **Abb. 7.76** Nachtkerzengewächse (Onagraceae). **a** Magellanfuchsie (*Fuchsia magellanica*). **b** *Fuchsia denticulata.* **c** Kiesweidenröschen (*Epilobium fleischeri*)

Infloreszenz ist eine Traube, Rispe oder Ähre mit meist zwittrigen, seltener diözischen Blüten. Das **Perianth** ist in der Regel **vierzählig** mit **verwachsenen Kelchblättern** und **freien, manchmal genagelten Kronblättern,** die selten fehlen. Es werden **zwei Kreise mit je vier Staubblättern** gebildet. Der **unterständige, verwachsene (synkarpe) Fruchtknoten** besteht aus **vier Fruchtblättern mit zentralwinkelständiger Samenanlagenanordnung (Plazentation)** und **einem Griffel** mit **kopfiger oder vierlappiger Narbe.** Das Androeceum und das Gynoeceum sitzen in einem Blütenbecher **(Hypanthium)** auf einem **mit Nektardrüsen besetzten Diskus.** Dadurch können nur langrüsselige Insekten (z. B. bei *Oenothera*) oder Kolibris (z. B. bei *Fuchsia*) den Nektar erreichen, um dabei der Bestäubung zu dienen, die häufig nachts erfolgt. Als Früchte entwickeln sich Kapseln, Beeren oder Nüsse, deren **Samen Öle,** aber **kein Endosperm** besitzen.

Kasten 7.7: Evolutions- bzw. Mutationstheorie

Ursprünglich waren Naturforscher davon überzeugt, dass Arten von Gott erschaffen wurden und deshalb konstante Einheiten darstellen. Charles Darwin (1809–1882) war einer der Ersten, der diese Theorie in seinem Buch *On the Origin of Species* öffentlich infrage stellte. Er beobachtete, dass in natürlichen Populationen stets Variation besteht und begründete dies mit der Anpassung von Organismen an ihre Lebensräume durch natürliche Selektion (natürliche Auslese). Damit postulierte er Variation mit anschließender Selektion als Grundlage für die Entstehung und Veränderung von Arten, was als **Evolutionstheorie** bezeichnet wird. Allerdings konnte Darwin zu seiner Zeit jedoch die Vererbbarkeit von Merkmalen nicht nachweisen, da Gregor Johann Mendel (1822–1884) zwar bereits seine Versuche mit verschiedenen Erbsenhybriden 1866 publizierte *(Versuche über Pflanzenhybriden)*, diese jedoch in Vergessenheit gerieten. Da die Beweisführung fehlte, war die Darwin'sche Evolutionstheorie stark umstritten und wurde nicht allgemein akzeptiert. Erst in den 1930er-Jahren wurde Darwins Evolutionstheorie mit der Mendel'schen Regel der Vererbung verknüpft und somit bewiesen. Kurz nach Darwin entwickelte Hugo de Vries (1901–1903) die **Mutationstheorie** anhand von Beobachtungen an der Nachtkerze (*Oenothera;* ◘ Abb. 7.77). Er postulierte, dass Merkmale, die Organismen charakterisieren, aus separaten und unabhängigen Einheiten bestehen. Er vertrat den **Saltationismus,** in dem singuläre, sprunghafte Merkmalsveränderungen zu Artbildungsereignissen geführt haben, im Gegensatz zu Darwins **Gradualismus** durch kontinuierliche Variation und Selektion. Beide Theorien wurden von diversen Wissenschaftlern zu

◘ **Abb. 7.77** **a** Missouri-Nachtkerze (*Oenothera macrocarpa*). **b, c** Gemeine Nachtkerze (*Oenothera biennis*). (Fotos **b, c**: S. Mutz)

der damaligen Zeit diskutiert, optimiert und verändert. Außerdem erfuhren weitere konkurrierende Theorien ebenso großen Zuspruch, z. B. der **Neolamarckismus,** der besagt, dass sich Lebewesen im Verlauf ihrer Existenz Eigenschaften aneignen, die sie an ihre Nachkommen weitervererben, bzw. die **Orthogenese,** die durch äußere (extrinsische) und innere (intrinsische) Faktoren versucht zu begründen, dass eine natürliche Auslese als organisierender Mechanismus in der Evolution eine optimale Anpassung bewirkt. Eine Gruppe von Evolutionsbiologen entwickelte im 20. Jahrhundert die **Synthetische Evolutionstheorie,** die auch *„New Synthesis"* oder „Neodarwinismus" genannt wird (Ernst Mayr 1963; Julian Huxley 1942). Im Kern beruht sie auf Darwins Hypothesen, verbunden mit Erkenntnissen aus der Populationsgenetik, die die zeitliche Veränderung von relativen Allelhäufigkeiten (Allelfrequenzen) in Populationen und damit auch die Bedeutung der Mutationstheorie berücksichtigt. Die Synthetische Evolutionstheorie basiert auf kausalen Erkenntnissen, die durch Naturbeobachtungen und Experimente bestätigt werden. Somit liefert sie eine plausible Erklärung für die heutige Artenvielfalt der Erde und ist deshalb weitgehend anerkannt.

7.9.2.2 Weiderichgewächse (Lythraceae)

» (31 Gattungen, 620 Arten)

Die Weiderichgewächse werden auch Blutweiderichgewächse genannt und umfassen krautige oder verholzte Landpflanzen **(Xerophyten)** bzw. teilweise oder ganz unter Wasser lebende Pflanzen (**Helophyten** bzw. **Hydrophyten**). **Junge Triebe** sind häufig **vierkantig.** Die in der Regel ungeteilten Laubblätter stehen **meist gegenständig bzw. wirtelig** und können **drüsig punktiert** sein. Die Blüten sind einzeln oder in achselständigen bzw. endständigen Trauben, Rispen oder Zymen, mit einem **Perianth,** dessen **verwachsene Sepalen** häufig von einem **Nebenkelch** umgeben sind. Die **Petalen** sind **unverwachsen,** häufig **geknittert,** und können **genagelt** sein (basal schmal und spitz zulaufend, terminal breit eiförmig). Es ist immer ein **Hypanthium** vorhanden. Es werden **nur fertile** (vier bis) acht (oder viele) **Stamina** gebildet. Der aus zwei bis vier (bis zu sechs) Fruchtblättern bestehende verwachsene Fruchtknoten ist unter- oder oberständig, ein Merkmal, das zur Unterfamilienklassifikation herangezogen wird. Unterschiedliche Griffellängen **(Heterostylie)** sind häufig als Anpassung (Adaptation) an spezielle Bestäuber entstanden. Die Früchte sind entweder **Kapseln** oder **Beeren.** Die Pflanzenfamilie ist weltweit überwiegend in den **tropischen** und **subtropischen Regionen** verbreitet; in unseren gemäßigten Zonen sind nur zwei Gattungen heimisch: der **Blutweiderich** (*Lythrum* sp., ◘ Abb. 7.78c, d) sowie die **Wassernuss** (*Trapa* sp., ◘ Abb. 7.78e). Arten, die vom Menschen genutzt werden, sind z. B. der **Granatapfel** (*Punica granatum,* ◘ Abb. 7.78a, b), Henna (*Lawsonia inermis,* ◘ Abb. 7.78f, g), das zum Färben der Haare bzw. als Tattoofarbstoff und zur Bemalung von Händen und Fußsohlen dient, und *Woodfordia fruticosa,* aus dem ein roter Farbstoff gewonnen wird. Wertvolle Holzarten sind das Brasilianische **Rosenholz** *(Physocalymma scaberrimum),* und als Topfpflanzen werden verschiedene Arten der **Zigarettenfuchsie** (*Cuphea* sp.) verwendet. In Aquarien werden die Süßwasserpflanzen **Bachburgel** *(Didiplis diandra)* und die Cognakpflanze (*Ammannia* sp.) kultiviert, die jedoch relativ anspruchsvoll sind.

7.9.2.3 Myrtengewächse (Myrtaceae)

» (131 Gattungen, 4620 Arten)

Diese Pflanzenfamilie umfasst viele Arten, die einen **charakteristischen Geruch** aufweisen. Dieser entsteht durch ätherische Öle, die in schizolysigenen Sekretbehältern gebildet werden. So gehören **Eukalyptusbäume** (◘ Abb. 7.79f), die Myrte (*Myrtus communis,* ◘ Abb. 7.79i) und die Gewürznelken *(Syzygium aromaticum)* zu dieser Pflanzenfamilie (◘ Abb. 7.79a). Andere Arten liefern essbare Früchte, wie z. B. die Guave *(Psidium*

Abb. 7.78 Weiderichgewächse (Lythraceae). **a, b** Granatapfel (*Punica granatum*). **c, d** Blutweiderich (*Lythrum salicaria*). **e** Wassernuss (*Trapa natans*). **f, g** Henna (*Lawsonia inermis*). (Fotos **e**: Di Georg Schramayr, CC-BY-SA 1.0; **f**: J. M. Garg, CC-BY-SA 2.0; **g**: Tu7uh, CC-BY 3.0, alle unverändert)

guajava). Es sind meist **immergrüne,** seltener laubabwerfende **Gehölze,** die **bikollaterale Leitbündel** besitzen und charakteristische Hoftüpfel in den Tracheenwänden aufweisen. Die Laubblätter variieren in Größe, Form und Anordnung entlang des Sprosses. Die **Blattspreiten** sind **oft einfach, ganzrandig** und **drüsig. Heterophyllie** ist häufig. Blätter können resupiniert sein, d. h. um 90° gedreht, um bei starker Sonneneinstrahlung die Oberfläche zu reduzieren. Stomata

Abb. 7.79 Myrtengewächse (Myrtaceae). **a** Gewürznelken-Baum (*Syzygium aromaticum*). **b** Teebaum (*Melaleuca nesophila*). **c** Zylinderputzer (*Callistemon comboynensis*). **d** Karminroter Zylinderputzer (*Callistemon citrinus*). **e** Eisenhölzer (*Metrosideros carminea*). **f** Eukalyptus (*Eucalyptus* sp.). **g** Südseemyrte (*Leptospermum scoparium*). **h** Weihnachtsbaum (*Metrosiderus excelsa*). **i** Myrte (*Myrtus communis*). (Foto **a**: Hafiz Issadeen, CC-BY-ND 2.0, unverändert).

sind anomocytisch, selten paracytisch. Die **Blüten sind terminal** oder seitenständig und häufig in köpfigen, ährigen, rispigen oder zymösen Blütenständen, die als **Pseudanthium** wirken und oft als Pinselblumen an eine zoophile Bestäubung angepasst sind (Insektenbestäubung [Entomophilie] oder Vogelbestäubung [Ornithophilie]). Die meist **zwittrigen, radiärsymmetrischen, vier- bis fünfzähligen Blüten** besitzen häufig ein **Hypanthium** und ein **Perianth** mit weißen, gelben, orangenen oder roten Petalen. Die **Staubblätter** sind meist **vielzählig** (bis 150) und können zum Teil steril sein oder verwachsene Filamente besitzen **(Bündelandroeceum).** Das Konnektiv der Staubblätter besitzt Drüsen, die Terpene führen. Ein **Diskus** ist **häufig vorhanden.** Die **coenokarpen Fruchtknoten** mit nur einem Griffel und einer Narbe sind **mittel- bis unterständig** und bestehen aus mehreren verwachsenen Fruchtblättern. Es entstehen Kapseln, Beeren, Steinfrüchte oder Nüsse, deren Samen kein Endosperm enthalten, aber teilweise geflügelt sein können. Die Myrtengewächse wachsen vorwiegend auf sumpfigen oder trockenen Standorten (Helophyten und Xerophyten). Sie sind weltweit vorwiegend in tropischen bis warm-temperaten Regionen verbreitet mit einem Verbreitungsschwerpunkt in der **Australis** und der **Neotropis** (► Abschn. 8.2).

7.9.2.4 Schwarzmundgewächse (Melastomataceae)

» (188 Gattungen, 5055 Arten)

Die **Schwarzmundgewächse** gehören zu den **zehn artenreichsten Pflanzenfamilien der Welt.** Sie sind vorwiegend in den **Tropen** und **Subtropen** verbreitet und wachsen dort in der Krautschicht als ein- oder mehrjährige Pflanzen oder als Sträucher, Bäume und Lianen; häufig kommen auch Epiphyten vor. Die Pflanzenfamilie ist sehr leicht durch ihre charakteristische **akrodrome Blattaderung** zu erkennen, bei der **mehrere dominante Hauptadern bogig von der Blattbasis Richtung Blattspitze verlaufen und durch Seitenadern miteinander verbunden sind.** Die Blätter sind stets **einfach,** ohne **Nebenblätter** und meist **gegenständig,** mit Haaren sehr unterschiedlicher Ausprägung auf der Epidermis. Die Blüten stehen selten einzeln, meist in rispigen Trugdolden; häufig unterstützen Hochblätter die Funktion des Schauapparates. Die **Blüten** sind radiärsymmetrisch bis zygomorph und **zwittrig.** Die jeweils drei bis fünf (selten sieben) Petalen und Tepalen bilden die Blütenhülle, wobei die Blütenorgane in ein **Hypanthium** eingebettet sind (eingesenkter Blütenboden). Das Androeceum besteht meist aus dimorphen (zweigestaltigen, selten monomorphen – eingestaltigen), fertilen, freien Staubblättern und/oder Staminodien (nicht fertile Staubblätter), wobei zum Teil sehr charakteristische und auffällige **Staubbeutelanhängsel** gebildet werden. Diese dienen pollensammelnden Bienen als Landemöglichkeit, da in den Blüten in der Regel kein Nektar gebildet wird und die Blüten überwiegend **zoophil bestäubt** werden, was aber auch durch Vögel und Nagetiere möglich ist. Der Fruchtknoten ist **synkarp, ober- bis unterständig** mit **einem Griffel und einer Narbe** und entwickelt sich zu vielsamigen **Kapseln** oder **Beerenfrüchten.** Viele Schwarzmundgewächse akkumulieren Aluminium und bilden schwarze und gelbe Farbstoffe, weshalb manche Arten als **Färberpflanzen** verwendet werden. Ökologisch ist diese Pflanzenfamilie sehr bedeutsam durch ihren Artenreichtum, allerdings gelten auch viele Arten in den Tropen als invasiv. Einige Arten werden bei uns als Zierpflanze kultiviert, z. B. der Gattung *Tibouchina* (◘ Abb. 7.80).

7.9.3 Seifenbaumartige (Sapindales)

» (9 Familien, 471 Gattungen, 6095 Arten)

Die Sapindales (◘ Abb. 7.81) umfassen ca. **3 % der Angiospermendiversität.** Sie sind **weltweit verbreitet, fehlen** jedoch **in den weit nördlichen Regionen** der Erde sowie in den **Wüsten.** Sie haben einen Verbreitungsschwerpunkt in subtropischen bis tropischen Regionen. Zu den Seifenbaumartigen gehören zum Teil sehr bekannte Bäume und Sträucher, wie z. B. die **Rosskastanie** (*Aesculus*

Abb. 7.80 Schwarzmundgewächse (Melastomataceae). **a** Prinzessinnenblume (*Tibouchina urvilleana*). **b** *Tibouchina lepidota* ‚Alstonville'. (Fotos **a**: C. T. Johansson, CC-BY 3.0; b: Tatters, CC-BY 2.0, beide unverändert)

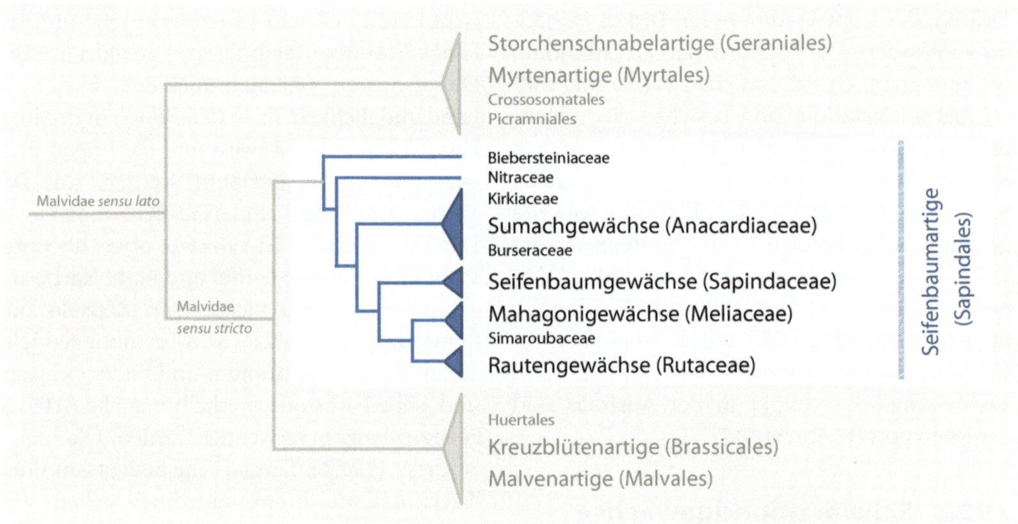

Abb. 7.81 Systematik der Seifenbaumartigen (Sapindales)

hippocastanum, Abb. 7.83e–g) und der **Ahorn** (*Acer* sp., Abb. 7.83a), aber auch **Mango** (*Mangifera indica*, Abb. 7.82e–h), Pistazie (*Pistacia vera*, Abb. 7.82b–d) oder Cashew *(Anacardium occidentale)*; selten entwickeln sich Kräuter. Durch ihre sekundären Inhaltsstoffe in Form von Harzen, Alkaloiden und teilweise bitteren Triterpenderivaten lassen sich die Seifenbaumartigen gut von benachbarten Ordnungen unterscheiden. In das Holz der Seifenbaumartigen wird häufig Siliziumdioxid (SiO_2) eingelagert, was als Verkieselung oder Silifizierung bezeichnet wird. Die Laubblätter sind oft zusammengesetzt, fiederspaltig, handförmig geteilt oder gelappt. Die meist zwittrigen, selten eingeschlechtlichen Blüten (zum Teil in einem Blütenstand) sind schwach bis stark zygomorph mit meist freien (acht bis zehn) Petalen, die in ein bis zwei Kreisen angeordnet sind. In der Regel wird ein extrastaminaler Diskus (außerhalb des Staubblattkreises) gebildet, der deutlich ausgeprägte Nektarien besitzt. Der oberständige synkarpe Fruchtknoten besteht aus zwei bis fünf Fruchtblättern mit axilarer Plazentation.

Abb. 7.82 Sumachgewächse (Anacardiaceae). **a** *Rhus coriaria*. **b–d** Pistazie (*Pistacia vera*). **e–h** Mango (*Mangifera indica*); se: Sepalen, pe: Petalen, d: Diskus mit Nektardrüsen, auf dem der oberständige Fruchtknoten (f) und Staubblätter (s) mit nur einem fertilen Staubblatt pro Blüte stehen. (Fotos **b–h**: H. Barmer)

7.9.3.1 Sumachgewächse (Anacardiaceae)

» (81 Gattungen, 873 Arten)

Die Sumachgewächse umfassen **vorwiegend Bäume, Sträucher und Lianen tropischer und temperater Regionen** der Erde mit einem Verbreitungsschwerpunkt in **Südostasien.** Die Anacardiaceae lagern häufig **Quarzkristalle in ihr Holz** ein, das dadurch zum Teil schwach fluoreszierend ist. Häufig wird **Mark** gebildet. Ferner bilden Anacardiaceae im Holz und **im Parenchym milchig, harzige Sekrete,** die sich bei **Oxidation schwarz** verfärben und einen charakteristischen Terpentingeruch entwickeln. Holz, Blätter und Früchte riechen dadurch meist auffällig und können **giftig** sein. Durch das Vorkommen von Dihydroxybenzolen kann es bei Berührungen zu Hautreizungen kommen, z. B. beim Giftefeu *(Rhus toxicodendron)*. Die meist **wechselständigen** oder terminal in **Wirteln** stehenden **Blätter** sind in der Regel **einfach** oder **unpaarig gefiedert.** Sie besitzen oft einen **verdickten** oder **geflügelten Blattstiel,** die **Blattfläche ist häufig schwarz ornamentiert,** und der **Blattrand ist glatt oder gezähnt.** Die meist **fünfzähligen,** häufig radiärsymmetrischen Blüten stehen in **Rispen oder Scheindolden.** Die Blütenhülle umfasst ein Perianth mit je drei bis fünf Blütenhüllorganen bzw. ein Vielfaches davon. Das Androeceum besteht aus meist monomorphen (gleichgestaltigen), freien Antheren (fünf bis zehn, selten zwölf), die alle fertil oder zum Teil steril sein können. Das meistens **oberständige Gynoeceum** besteht aus meist drei bis fünf (oder sechs) **verwachsenen Karpellen** mit meist **einem Griffel** und einer ein- bis fünflappigen Narbe. Die Früchte sind in der Regel fleischige einsamige **Steinfrüchte,** deren Samen ein **öl- oder stärkehaltiges Endosperm** besitzen, selten entwickeln sich Nüsse oder Flügelnüsse. Als Besonderheit sei die Frucht von *Anacardium* erwähnt. Hier bildet der **Fruchtstiel eine Scheinfrucht,** den sogenannten **Cashew-Apfel,** der fleischig, süß und vitaminreich ist und bei Reife gelb oder rot gefärbt sein kann. Er kann als Obst, zum Einkochen von Saft oder Marmelade oder zur Weinherstellung verwendet werden. Terminal auf diesem Cashew-Apfel wird die **Cashewfrucht** gebildet, eine Steinfrucht, deren Kern als Cashewnuss auch bei uns im Handel erhältlich ist. Weitere Vertreter der Anacardiaceae, die von wirtschaftlicher Bedeutung sind, sind Mango (*Mangifera indica,* ◘ Abb. 7.82e–h), Pistazie (*Pistacia vera,* ◘ Abb. 7.82b–d) und seltener der Saft von Marula *(Sclerocarya birrea)*. Der Essigbaum *(Rhus typhina)* ist durch seine leuchtend rote Herbstfärbung bei uns ein beliebter Zierbaum. Der Gerber-Sumach (*Rhus coriaria,* ◘ Abb. 7.82a) ist im Mediterranraum und Kleinasien verbreitet. Seine getrockneten, gemahlenen Steinfrüchte werden als säuerliches Gewürz verwendet, die Blätter dienen dem Gerben von Leder und mit der Rinde wurde früher Wolle gefärbt.

7.9.3.2 Seifenbaumgewächse (Sapindaceae)

» (140 Gattungen, 1630 Arten)

Die Seifenbaumgewächse umfassen vorwiegend **milchsaftführende Bäume, Sträucher, Lianen,** nur einige wenige Arten sind krautig. Ihr Verbreitungsschwerpunkt liegt in den **Tropen,** und nur wenige Gattungen kommen auch in den gemäßigten Regionen der Erde vor. Die Blätter sind gegenständig, wechselständig oder spiralig, mit einfacher oder gefiederter Blattspreite und **stark gesägtem Blattrand.** Sie sind in der Regel **gestielt,** mit **verdickter Blattstielbasis,** und nur sehr selten mit Stipeln versehen. Die Blüten werden meist in **zymösen, rispenartigen Infloreszenzen** gebildet. Sie sind oft funktional eingeschlechtlich, **klein und meist vier- bis fünfzählig,** radiärsymmetrisch oder zygomorph. Die Blütenhülle ist doppelt, mit je einem Kreis **unverwachsener Kelch- und verwachsener Kronblätter.** Die Staubblätter sind meist zehn und in zwei Kreisen angeordnet und von einem extrastaminalen Diskus (außerhalb des Staubblattkreises) umgeben. Der synkarpe Fruchtknoten ist **oberständig,** besteht aus meist drei Fruchtblättern und besitzt meist einen, seltener zwei bis vier Griffel. Die Sapindaceae werden in vier **Unterfamilien** gegliedert, die sich durch ihre **Anzahl an Samenanlagen je Karpell** unterscheiden. Als Früchte werden Kapseln, Beeren, Steinfrüchte oder Nüsse gebildet, wobei Letztere auch geflügelt sein können. In Mitteleuropa sind z. B. der **Bergahorn** (*Acer pseudoplatanus,* ◘ Abb. 7.83a), **Spitzahorn** *(Acer platanoides)* und **Feldahorn** *(Acer campestre)* heimisch, die Gewöhnliche **Rosskastanie** (*Aesculus hippocastanum,* ◘ Abb. 7.83e–g) kommt ursprünglich aus dem Balkan und wird bei uns seit Langem kultiviert, ebenso wie der Rispige **Blasenbaum** (*Koelreuteria*

Abb. 7.83 Seifenbaumgewächse (Sapindaceae). **a** Blüten eines Bergahorns (*Acer pseudoplatanus*). **b** Litschi (*Litchi chinensis*). **c** Rispiger Blasenbaum (*Koelreuteria paniculata*). **d** Waschnussbaum (*Sapindus mukorossi*). **e–g** Gewöhnliche Rosskastanie (*Aesculus hippocastanum*). (Fotos **d**: B. Navez, CC-BY-SA 3.0; **e**: Alexxl Walkder; **f**: Dinesh Valke, CC-BY-SA 2.0, alle unverändert)

paniculata, Abb. 7.83c), der aus Asien stammt. Manche Seifenbaumgewächse liefern essbare Früchte, wie z. B. die **Litschi** (*Litchi chinensis*, Abb. 7.83b). Die Pflanzenfamilie hat ihren Namen aufgrund des **Saponingehalts,** z. B. werden die Fruchtschalen des Westlichen Seifenbaums *(Sapindus saponaria)* oder die Früchte des Waschnussbaums (*Sapindus mukorossi*, Abb. 7.83d) zum Waschen verwendet.

7.9.3.3 Mahagonigewächse (Meliaceae)

» (50 Gattungen, 640 Arten)

Zu dieser Pflanzenfamilie gehören **wertvolle und wichtige Nutzhölzer** wie das **Amerikanische Mahagoni** (*Swietenia macrophylla*, Abb. 7.84c), dessen Handel unter das Washingtoner Artenschutzabkommen fällt (CITES, ► Abschn. 1.1.3) und dessen Einfuhr beispielsweise nach Deutschland einer Genehmigung durch das Bundesamt für Naturschutz bedarf. Aber auch andere Arten und Gattungen der Meliaceae sind beliebte Nutzhölzer, z. B. die Westindische Zedrele *(Cedrela odorata)*, Andiroba *(Carapa guianensis)* und verschiedene *Khaya*-Arten, die auch als **Afrikanisches Mahagoni** bezeichnet werden. Der **Niembaum** (*Azadirachta indica*, Abb. 7.84b) weist **antibakterielle, antivirale, insektizide und fungizide** Eigenschaften in seinen oberirdischen Pflanzenteilen auf.

Die Meliaceae sind vorwiegend **pantropisch** verbreitet. Es sind meist **Bäume** und **Sträucher** mit **wechselständigen oder spiralig** angeordneten Blättern. Diese sind in der Regel gefiedert, weisen einen meist **glatten Blattrand** auf und besitzen **keine Nebenblätter.** Häufig sind sie mit **uni- oder multizellularen Haaren** sowie mit **Drüsen** besetzt, die **Harze** besitzen. Ferner befinden sich im Mesophyll häufig **Idioblasten** – **Plastiden,** die **Calciumoxalatkristalle** beinhalten. Die meist zwittrigen, aber auch monözischen oder diözischen, **radiärsymmetrischen Blüten** sind häufig in **achselständigen Thyrsen, Trauben oder Rispen** angeordnet. Das **Perianth** besitzt zwischen drei und sechs Sepalen und Petalen und ebenso viele oder mehr Staubblätter, die häufig

Abb. 7.84 Mahagonigewächse (Meliaceae). **a** Zedrachbaum oder Persischer Flieder (*Melia azedarach*) – im Mittelmeerraum oft angebaut. **b** Niembaum (*Azadirachta indica*). **c** Mahagoni (*Swietenia macrophylla*). (Fotos **a**: Dhanabalbsc, CC-BY-SA 3.0; **c**: jayeshpatil912, CC-BY-2.0, alle unverändert)

zu einer Röhre verwachsen sind. Der Blütenboden besitzt weder ein Androphor noch ein Gynophor (Sockel, um entweder das Androeceum und/oder das Gynoeceum emporzuheben), allerdings umgibt den Fruchtknoten häufig ein **Diskus mit Nektardrüsen.** Der Fruchtknoten besteht aus zwei bis fünf (selten mehr) **verwachsenen Fruchtblättern;** zum Teil wurde der Griffel reduziert, und die **kopfige Narbe** sitzt dann direkt auf dem Fruchtknoten. Als Früchte entwickeln sich Kapseln, Beeren (Abb. 7.84a) oder Steinfrüchte, wobei die Testa des Samens manchmal zu einem Flügel umgeformt sein kann.

7.9.3.4 Rautengewächse (Rutaceae)

» (161 Gattungen, 2070 Arten)

Die wichtigsten Vertreter dieser Pflanzenfamilie sind die **Zitrusgewächse** (Abb. 7.85a–c): **Zitronen** *(Citrus limon),* **Orangen** *(Citrus × sinensis),* **Grapefruits oder Pampelmusen** *(Citrus maxima),* **Mandarinen** *(Citrus reticulata),* **Gewöhnliche Limetten** (*Citrus ×latifolia*), **Clementinen, Bitterorangen** oder **Pomeranzen** (alle *Citrus ×aurantium*). Die Pflanzenfamilie ist charakteristisch durch ihre **ätherischen Öle** in fast allen Vertretern, die **meist baum- oder strauchförmig** wachsen und selten krautig sind. Manche Arten bilden kaum Laubblätter und übernehmen die **Photosyntheseaktivität mit der Sprossachse,** die zum Teil bedornt sein kann. Andere Arten entwickeln meist einfache, gestielte **Laubblätter,** die häufig **drüsig punktiert** sind, aber niemals den Stängel umfassen. Manche Blätter sind klein, lanzettlich und erikaartig, andere sind größer und einfach oder fiederteilig. Die meist **zwittrigen Blüten** stehen in der Regel in Blütenständen als **Zymen, Rispen** oder **Trauben.** Sie sind in der Regel **wohlriechend** und meist **etwas unregelmäßig radiärsymmetrisch.** Sie besitzen ein **Perianth mit je drei bis fünf freien oder verwachsenen Sepalen und Petalen** (Abb. 7.85b, e), wobei der Kelch jedoch auch stark reduziert sein kann. Es wird ein intrastaminaler Diskus gebildet (Diskus unterhalb des Staubblattkreises). Die Staubblattzahl kann stark variieren, mit Staubfäden, die frei, aber basal verbreitert und zum Teil dort auch verwachsen sind. Die **Staubbeutel besitzen keine Anhängsel.** Die meist (ein) vier bis fünf (bis 100) oberständigen Karpelle können frei oder verwachsen sein, bei Letzteren wird ein (selten zwei bis drei) Griffel gebildet. Es entwickeln sich Beeren, Steinfrüchte, Kapselfrüchte, Flügelnüsse oder Balgfrüchte.

Die Pflanzenfamilie ist in den **gemäßigten Zonen sowie in den Subtropen und Tropen** verbreitet, einige Arten kommen auch in **Mitteleuropa** vor, wie z. B. der **Diptam** (*Dictamnus albus,* Abb. 7.85h) oder die **Weinraute** (*Ruta graveolens,* Abb. 7.85g). Weitere Arten, die von wirtschaftlicher Bedeutung sind, sind das Westindische **Sandelholz** *(Amyris balsamifera),* dessen Öl extrem wertvoll ist und für die Parfümherstellung verwendet wird; die aus

Abb. 7.85 Rautengewächse (Rutaceae). **a** Bitterorange (*Citrus × aurantium*). **b** Zitrusblüte (*Citrus* sp.). **c** Dreiblättrige Orange (*Poncirus trifoliata*). **d** *Zieria pilosa*. **e** Ein australischer Gartenhybrid aus *Correa alba* x *Correa backhousiana*, genannt *Correa* ‚Ivory bells'. **f** Skimmie (*Skimmia japonica*). **g** Weinraute (*Ruta graveolens*). **h-j** Diptam oder Brennender Busch (*Dictamnus albus*). (Fotos **g**, **h**: S. Mutz; **i**, **j**: H. Bahmer)

Zentralamerika stammende Weiße **Sapote** (*Casimiroa edulis*) kann auch bei uns als exotisches Obst gekauft werden, ebenso wie die aus Asien stammenden **Kumquat**-Pflanzen (*Fortunella* sp.), die auch als **Zwergorangen** oder Zwergpomeranzen bezeichnet werden und im Gegensatz zu den Zitrusfrüchten mit Kernen und Schale gegessen werden.

7.9.4 Kreuzblütenartige (Brassicales)

» (17 Familien, 398 Gattungen, 4765 Arten)

Die Kreuzblütenartigen besitzen ein sehr spezifisches Abwehrsystem gegen Herbivoren, das als **Senfölglycosid-Myrosinase-Syndrom** bezeichnet wird. Bei Verletzung des Pflanzengewebes kommt das Substrat Glucosinolat (Senfölglycosid) mit dem Enzym Myrosinase in Kontakt, das aus speziellen Idioblasten freigesetzt wird. Hierbei werden die Glucosinolate durch das Enzym zu unterschiedlich flüchtigen, zum Teil scharf schmeckenden bis giftigen Verbindungen abgebaut und dienen als **Abwehrstoff gegen Tierfraß.** Außerhalb der Brassicales sind die Senfölglycoside nur von der Gattung *Drypetes*, einer monogenerischen Pflanzenfamilie der Malpighiales bekannt.

Weitere Kennzeichen der Brassicales sind **Androgynophore** (Emporheben des Androeceums und Gynoeceums durch einen Sockel in der Blüte), eine **Diskusbildung** (Ring naktarführender Drüsen in der Blüte), ein

oberständiger, synkarper Fruchtknoten aus drei Karpellen, eine meist **parietale Plazentation** (▸ Abschn. 7.1) sowie ein meist **chlorophyllführender Embryo.**

Von den 17 Familien der Brassicales werden im Folgenden nur fünf vorgestellt, die in Mitteleuropa vorkommen, kultiviert werden bzw. eine wirtschaftliche Bedeutung haben (◼ Abb. 7.86).

7.9.4.1 Kapuzinerkressengewächse (Tropaeolaceae)

» (1 Gattung, 105 Arten)

7

Die Kapuzinerkressengewächse sind eine **monogenerische Familie aus Mittel- und Südamerika,** wobei einige Arten der Gattung *Tropaeolum* weltweit als **Zierpflanze** kultiviert werden, wie z. B. die **Große Kapuzinerkresse** (*Tropaeolum majus,* ◼ Abb. 7.87a–c). Es sind kriechende oder kletternde, ein- bis mehrjährige **Kräuter** mit zum Teil **berührungssensitiven, windenden Organen.** Selten werden Wurzelknollen gebildet. Die Laubblätter sind **schildförmig** (◼ Abb. 7.87a), **handförmig gelappt** oder **gefiedert** und immer gestielt. Die meist einzelnen Blüten entspringen in der Regel axilar und sind langgestielt. Sie sind häufig groß, auffällig gefärbt, zwittrig und aufgrund einer **Spornbildung** zygomorph. Der Sporn wird in der Regel aus **drei verwachsenen Kelchblättern** gebildet, während zwei weitere frei sind. Die **Krone besteht aus fünf freien, meist genagelten Petalen** (breites terminales Blütenblatt mit nagelförmig zugespitzter Basis). In der Regel werden **acht Staubblätter** gebildet, und der Fruchtknoten besteht aus **drei Karpellen,** die **oberständig-synkarp** sind, mit einem Griffel, der in einer dreilappigen Narbe oder in

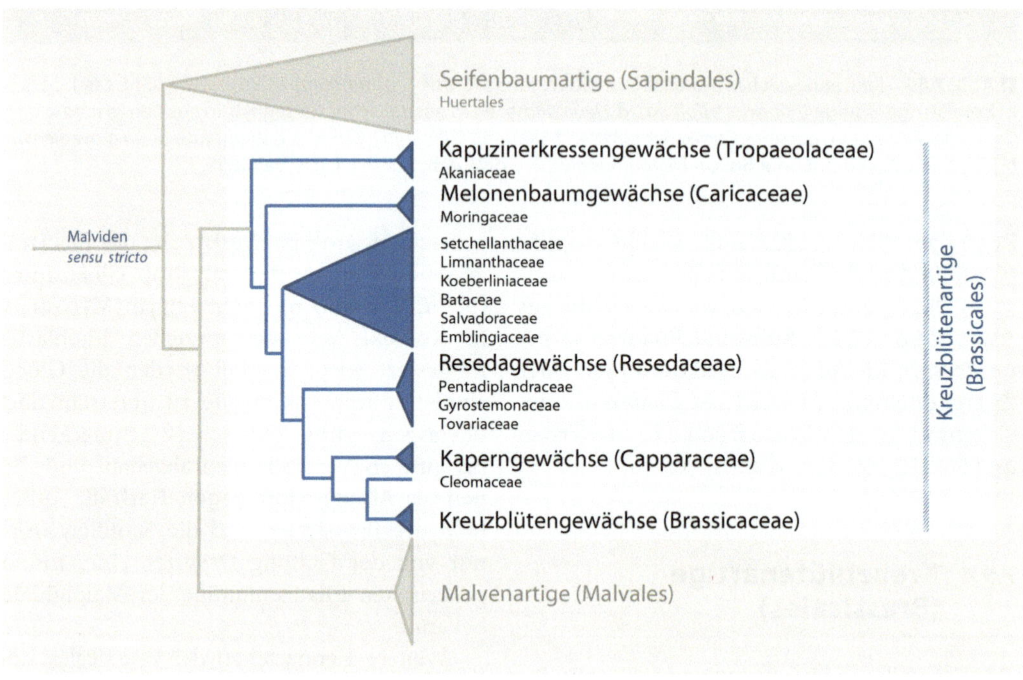

◼ **Abb. 7.86** Systematik der Kreuzblütenartigen (Brassicales)

◘ **Abb. 7.87** Kapuzinerkressengewächse (Tropaeolaceae), Melonenbaumgewächse (Caricaceae), Resedagewächse (Resedaceae) und Kaperngewächse (Capparaceae). **a–c** Kapuzinerkressengewächse: Kapuzinerkresse (*Tropaeolum majus*), mit gespornten, gelb-orangenen oder roten Blütenblättern und schildförmigen Blättern (**a**, **b**) sowie Spaltfrüchten aus drei Fruchtblättern (**c**). **d** Melonenbaumgewächse: Papaya (*Carica papaya*). **e** Resedagewächse: die einheimische Gelbe Resede (*Reseda lutea*). **f, g** Kaperngewächse: Kapern (*Capparis spinosa*). (Fotos **a–c, f–g**: H. Bahmer; **e**: AnRo0002, CC0 1.0, unverändert)

drei Narben endet. Bei Fruchtreife bilden sich **Spaltfrüchte,** die in Nüsschen oder Steinfrüchte zerfallen.

7.9.4.2 Melonenbaumgewächse (Caricaceae)

» (6 Gattungen, 34 Arten)

Die Caricaceae sind eine relativ kleine Pflanzenfamilie, die **disjunkt im tropischen Afrika** sowie in **Mittel- und Südamerika** mit nur wenigen Arten vorkommt. Die **Papaya** (*Carica papaya*, ◘ Abb. 7.87d) kommt bei uns jedoch häufig in den Handel. Die Familie umfasst meist **kurzstämmige, bedornte Bäume, selten Lianen.** Caricaceae besitzen einen **latexähnlichen Milchsaft** und zusammengesetzte **handförmige oder stark gelappte Laubblätter** (◘ Abb. 7.87d). Die Blüten stehen einzeln oder in achselständigen Rispen und sind immer **monözisch oder diözisch.** Sie sind **klein, fünfzählig und radiärsymmetrisch** und bestehen aus **fünf Sepalen, fünf verwachsenen Petalen** und entweder ein bis zwei Kreisen aus je **fünf fertilen Staubblättern,** die **mit den Petalen verwachsen** sind, oder einem **oberständigen synkarpen Fruchtknoten aus fünf Karpellen mit ein bis fünf Griffeln.** Es bilden sich vielsamige, große **Beeren** bzw. **Panzerbeeren.**

7.9.4.3 Resedagewächse (Resedaceae)

» (3 Gattungen, 75 Arten)

Die Resedagewächse sind eine **sehr kleine Pflanzenfamilie,** die ein sehr weites Verbreitungsgebiet in Mitteleuropa, Asien, Afrika und Nordamerika in temperaten bis subtropischen Regionen aufweist, mit einem Verbreitungsschwerpunkt im **Mediterranraum.** Nur eine Gattung ist in Mitteleuropa zu finden, die **Resede** (*Reseda* sp., ◻ Abb. 7.87e) oder **Wau** genannt wird. Es sind **krautige Pflanzen,** die ein- und mehrjährig sind, mit meist **wechselständigen Blättern mit Stipeln.** Die Blüten stehen in **ährigen oder traubigen Blütenständen** und sind meist **zwittrig und zygomorph.** Sie besitzen in der Regel (vier) sechs (acht) Sepalen, keine, zwei, vier oder acht Petalen und drei bis viele Staubblätter und zwei bis sechs Fruchtblätter, die auf einem Gynophor (Sockel des Gynoeceums) in einem synkarpen, oberständigen Fruchtknoten zusammenstehen. In der Regel ist in der Blüte ein extrastaminaler Diskus mit Nektardrüsen vorhanden. Meist bilden sich Kapselfrüchte, die häufig von einem Arillus umgeben sind als Anpassung an eine myrmekochore Ausbreitung (Ausbreitung der Samen durch Ameisen).

Der Wau wurde früher insbesondere aufgrund des Wohlgeruchs der Blüten kultiviert und zur Parfümherstellung verwendet. Die Wurzeln können zur Gelbfärbung verwendet werden, doch war dieses Prozedere häufig zu mühsam, und der gleiche Effekt wurde mit dem Färberwaid (*Isatis tinctoria,* Brassicaceae, ◻ Abb. 7.88a) sowie dem Färberkrapp (*Rubia tinctorum,* Rubiaceae) leichter erzielt.

7.9.4.4 Kaperngewächse (Capparaceae)

» (16 Gattungen, ca. 480 Arten)

Die Kaperngewächse haben eine überwiegend **südhemisphärische Verbreitung** in **tropischen Savannenregionen** und kommen dort vorwiegend **verholzt als Bäume, Sträucher und Lianen** vor. Die Laubblätter sind einfach oder unpaarig gefiedert und können **zu Stacheln umgeformte Nebenblätter** besitzen. Die **meist zwittrigen, selten monözischen Blüten** sind mehr oder weniger **radiärsymmetrisch** und **vielzählig,** mit ein bis mehreren Kreisen an Kelch-, Kron- und Staubblättern, die jeweils vier oder ein Vielfaches davon sind (◻ Abb. 7.87f). Die Filamente sind häufig lang und auffällig. Ein Diskus mit Nektardrüsen ist vorhanden. Der

◻ **Abb. 7.88** Kreuzblütengewächse (Brassicaceae). **a** Färberwaid (*Isatis tinctoria*). **b, c** Früchte und Blüten des Ausdauernden Silberblatts (*Lunaria rediviva*). **d** Hirtentäschel (*Capsella bursa-pastoris*). **e** Österreichische Rauke (*Sisymbrium austriacum*). **f** Frühlings-Hungerblümchen (*Draba verna*). (Fotos **b–e**: S. Mutz)

synkarpe, oberständige Fruchtknoten steht auf einem Gynophor und wird aus zwei bis zwölf Fruchtblättern gebildet. Es werden oft **Beeren oder Kapselfrüchte,** selten Stein- oder Nussfrüchte gebildet.

Die geschlossenen Knospen von *Capparis spinosa* (◘ Abb. 7.87g) und *Capparis ovata* kommen bei uns als **Kapern** in den Handel. Sie werden nach der Ernte angetrocknet und danach in Salzlake und Essig eingelegt. Die dadurch entstehende Caprinsäure und die Senfölglycoside führen zu dem charakteristischen Geschmack.

7.9.4.5 Kreuzblütengewächse (Brassicaceae)

» (338 Gattungen, 3710 Arten)

Die Kreuzblütengewächse wurden früher auch als Cruciferae bezeichnet. Es sind **Kosmopoliten** mit einem Verbreitungsschwerpunkt in der **nördlichen Hemisphäre.** Durch zahlreiche Kulturpflanzen sind sie **eine der wichtigsten dikotylen Pflanzenfamilien der Welt.** Es sind meist **ein- bis mehrjährige krautige Vertreter;** nur wenige Arten sind strauch- oder lianenförmig. Die Laubblätter sind **grundständig** oder **wechselständig,** ungeteilt oder zusammengesetzt; häufig sind sie behaart. Der Blattgrund ist in der Regel geöhrt bzw. stängelumfassend. Es werden **nie Nebenblätter (Stipel)** gebildet. Die Blütenstände sind oft **Trauben, Ähren** oder **Rispen** bzw. **Trugdolden,** meist **ohne Tragblätter.** Die **zwittrigen Blüten** besitzen **vierzählige Blütenorgane,** die kreuzförmig angeordnet sind, was den deutschen Namen dieser Pflanzenfamilie begründet. Es werden **vier Kelchblätter** und **vier Kronblätter** sowie in der Regel **zwei kurze und vier längere Staubblätter in zwei Kreisen** gebildet. Dadurch werden die Blüten auch als **disymmetrisch** bezeichnet. Die Bestäubung erfolgt **meist entomophil** (insektenbestäubt), selten anemophil (windbestäubt). Der **oberständige Fruchtknoten** besteht aus **vier verwachsenen Karpellen,** wobei umstritten ist, ob es sich um vier fertile Karpelle handelt oder zwei sterile und zwei fertile Karpelle gebildet werden, wobei Letztere eine falsche Scheidewand einziehen. Die Frucht ist eine Sonderform der Kapsel, die sich zweiklappig öffnet und als **Schote** (über dreimal so lang wie breit, ◘ Abb. 7.88b) bzw. **Schötchen** (kleiner) bezeichnet wird. Selten bilden sich Gliederschoten, die in einsamige Teilfrüchte zerfallen und sich nicht selbstständig öffnen.

Wichtige Inhaltsstoffe der Kreuzblütengewächse sind **fette Öle** (z. B. **Rapsöl**) und **Senfölglycoside,** die für den charakteristischen kohlartigen Geruch und Geschmack verantwortlich sind. Viele Kreuzblütengewächse werden als **Gemüse kultiviert** (► Kasten 7.8). Als **Zierpflanzen** dienen der Goldlack *(Erysimum cheiri),* die Blaukissen (*Aubrieta*-Hybriden), Levkojen (*Matthiola* sp.), Nachtviolen *(Hesperis matronalis)* und die Silberblätter (*Lunaria* sp., ◘ Abb. 7.88b, c). Beispiele für **einheimische Wildkräuter** – insbesondere der **Ruderal- und Ackervegetation** – sind z. B. das Hirtentäschel (*Capsella bursa-pastoris,* ◘ Abb. 7.88d), das Ackerhellerkraut *(Thlaspi arvense),* das Frühlings-Hungerblümchen (*Draba verna,* ◘ Abb. 7.88f), der Hederich *(Raphanus raphanistrum),* die Weg-Rauke (*Sisymbrium* sp., ◘ Abb. 7.88e), die Ackerschmalwand (*Arabidopsis thaliana,* ► Kasten 7.9) und viele andere.

7

Kasten 7.8: Gemüsepflanzen der Kreuzblütengewächse

Die Kreuzblütengewächse (Brassicaceae) umfassen weltweit viele wichtige Gemüsepflanzen. Insbesondere aus dem **Gemüsekohl** (***Brassica oleracea***, **■** Abb. 7.89) wurden viele Gemüsesorten gezüchtet, z. B. der Rotkohl, Weißkohl, Grünkohl, Spitzkohl, Brokkoli, Blumenkohl, Rosenkohl und der Kohlrabi. Hierbei wurden verschiedene **Metamorphosen pflanzlicher Grundorgane** (evolutionäre Anpassungen an bestimmte Umweltbedingungen) vom Menschen selektiert und züchterisch weiterentwickelt.

- Beim **Kopfkohl** (Brassica oleracea convar. *capitata*, ■ Abb. 7.89a) dienen die Blätter des gestauchten Sprosses der menschlichen Ernährung – gezüchtet wurden daraus der **Weißkohl, Spitzkohl, Rotkohl** und **Wirsing.**
- Beim **Kohlrabi** (*Brassica oleracea* var. *gongylodes*, ■ Abb. 7.89b) dient die verdickte Sprossachse als Gemüse.
- Beim **Brokkoli** (*Brassica oleracea* var. *italica*) und **Blumenkohl** (*Brassica oleracea* var. *botrytis*, ■ Abb. 7.89c) wird die sich in der Entwicklung befindliche Infloreszenz (der noch unreife Blütenstand) als Gemüse verwendet.
- Beim **Rosenkohl** (*Brassica oleracea* var. *gemmifera*) werden die Blätter der gestauchten Seitensprosse verzehrt.

Aber auch weitere *Brassica*-Arten dienen der menschlichen Ernährung, z. B. der **Chinakohl** (*Brassica rapa* subsp. *chinensis*) und die **Speiserübe** (*Brassica rapa* subsp. *rapa*), die auch als **Weiße Rübe** bezeichnet wird und als **Teltower Rübchen, Mairübe** oder **Herbstrübe** in den Handel kommt. Weitere Kulturpflanzen sind die **Steckrübe** (*Brassica napus* subsp. *rapifera*) und insbesondere der **Raps** (*Brassica napus* subsp. *napus*) sowie der **Schwarze Senf** (*Brassica nigra*).

Zu anderen Gattungen der Kreuzblütengewächse gehören der **Weiße Senf** (*Sinapis alba*, ■ Abb. 7.89d), der **Rettich** (*Raphanus sativus* subsp. *niger*, ■ Abb. 7.89h) und das **Radieschen** (*Raphanus:sativus*:var. *sativus*, ■ Abb. 7.89i), der **Meerrettich** (*Armoracia rusticana*, ■ Abb. 7.89j) und **Wasabi** (*Eutrema japonicum*). Ferner werden verschiedene Gattungen der Kreuzblütengewächse als **Rucola** verkauft, z. B. Blätter der etwas milderen **Garten-Senfrauke** (*Eruca sativa*, ■ Abb. 7.89g) bzw. des schärferen **Schmalblättrigen Doppelsamens** (*Diplotaxis tenuifolia*, ■ Abb. 7.89e, f), der mancherorts in Städten an Straßenrändern verwildert und sich massiv ausbreitet.

Kasten 7.9: Ackerschmalwand *(Arabidopsis thaliana)*

Die Ackerschmalwand ist eine einjährige, krautige Pflanze, die bis zu 30 cm groß wird (■ Abb. 7.90). Sie besitzt Grundblätter und Stängelblätter, die Blüten sind in einer Traube als Blütenstand angeordnet. Die Blüten, die im März bis Mai erscheinen, sind weiß und vierzählig, mit vier Kelch- und vier Kronblättern, zwei + vier Staubblättern in zwei Kreisen sowie einem Fruchtknoten aus vier Fruchtblättern, der oberständig ist und sich bei Reife zu einer länglichen Schote entwickelt. Die Ackerschmalwand kann sich selbst bestäuben, aber Fremdbestäubung ist ebenfalls möglich. Sie ist natürlich in den gemäßigten Zonen Eurasiens beheimatet, kommt mittlerweile aber als Neophyt auch in vielen anderen Regionen der Erde vor.

Die Ackerschmalwand hat sich als **Modellpflanze der Genetik** etabliert – aufgrund ihres kleinen Genoms, der guten genetischen Manipulierbarkeit durch die Transformation mithilfe von *Agrobacterium tumefaciens* (einem Bodenbakterium, mit dessen Hilfe Fremd-DNA-Stücke in das *Arabidopsis*-Genom geschleust werden können) und aufgrund des schnellen Reproduktionszyklus (8 Wochen von der Keimung bis zur Samenreife). *Arabidopsis thaliana* war die erste Pflanze, deren gesamtes Genom sequenziert wurde, welches nur 125 Mbp (Megabasenpaare) umfasst. Diese befinden sich auf fünf Chromosomenpaaren und beinhalten kaum nicht-codierende Regionen. Mittlerweile wurden jedoch noch sehr viel kleinere pflanzliche Genome gefunden, z. B. bei der parasitischen Art *Genlisea aurea* (► Abschn. 7.9.2), die jedoch nicht so gut zu kultivieren und dementsprechend zu manipulieren ist, weshalb noch immer weltweit sehr viel Forschung rund um *Arabidopsis* stattfindet.

Abb. 7.89 Gemüsepflanzen der Kreuzblütengewächse. **a** Rotkohl bzw. Rotkraut (*Brassica oleracea* convar. *capitata*). **b** Kohlrabi (*Brassica oleracea* var. *gongylodes*). **c** Blumenkohl (*Brassica oleracea* var. *botrytis*). **d** Weißer Senf mit charakteristisch geschnäbelten und weiß behaarten Schoten (*Sinapis alba*). **e, f** Rucola (Schmalblättriger Doppelsame, *Diplotaxis tenuifolia*). **g** Rucola (Garten-Senfrauke, *Eruca sativa*). **h** Garten-Rettich (*Raphanus sativus*). **i** Radieschen (*Raphanus sativus* var. *sativus*). **j** Meerrettich (*Armoracia rusticana*). (Fotos **a–c**: S. Mutz; **e**: Nessun, CC-BY-SA 2.5, leicht verändert; **f**: T. Voekler, CC-BY-SA 3.0, unverändert; **h**: Moushomi BC, CC-BY-SA 3.0, unverändert; **j**: Christian Fischer, CC-BY-SA 3.0, unverändert)

7.9.5 Malvenartige (Malvales)

» (10 Familien, 338 Gattungen, 6005 Arten)

Vertreter der Malvales sind bekannte Arten, vor allem **tropische Nutz- und Zierpflanzen,** und nur wenige Vertreter sind in Mitteleuropa und im Mediterranraum zu finden (nur diese werden in den folgenden Abschnitten vorgestellt, Abb. 7.91). Es sind meist **verholzende, seltener krautige Pflanzen.** Die Blüten sind in der Regel fünfzählig mit Blütenhüllblättern, die meist in Kelch- und Kronblätter gegliedert sind, wobei die Thymelaeaceae hier eine Ausnahme bilden können. In der Regel sind **viele**

Abb. 7.90 Ackerschmalwand (*Arabidopsis thaliana*). **a** an einem Ruderalstandort, **b** eine Versuchspflanze (Foto **b**: S. Mutz)

Staubblätter vorhanden. Es werden meist **Kapselfrüchte** gebildet. Familien, auf die im Folgenden nicht näher eingegangen wird, sind die Neuradaceae (3 Gattungen, 10 Arten), krautige Pflanzen und Halbsträucher in ariden Gebieten Südwest- und Nordafrikas, des Vorderen Orients bis Indien. Die Sphaerosepalaceae (2 Gattungen, 18 Arten) und Sarcolaenaceae (10 Gattungen, 79 Arten) kommen ausschließlich auf Madagaskar vor. Es sind Bäume und Sträucher, mit ledrigen, ganzrandigen einfachen Laubblättern mit Nebenblättern, Blüten mit ledrigen Sepalen und reduzierten oder leicht zerknitterten Petalen und sehr vielen Staubblättern. Der Fruchtknoten ist halbunter- oder oberständig aus meist drei verwachsenen Fruchtblättern mit einem Griffel. Die **Annattogewächse** (Bixaceae, Orleansbaumgewächse) umfassen vier Gattungen und 21 Arten und sind pantropisch verbreitet. Es sind meist verholzte Pflanzen, die einen rötlichen Milchsaft aufweisen. Die Samen des **Orleansbaum** oder **Annattostrauch** *(Bixa orellana)* werden als Gewürz und natürlicher Farbstoff für **Kosmetika** oder **Lebensmittel** (beispielsweise zum Färben von Fleisch oder Käse) verwendet. Die **Flügelfruchtgewächse (Dipterocarpaceae)** umfassen 17 Gattungen und 680 Arten, mit einer pantropischen Verbreitung und einem Verbreitungsschwerpunkt im indo-malayischen Regenwald. Die Muntingiaceae umfassen nur drei Gattungen und drei Arten und kommen in den tropischen Regenwäldern Lateinamerikas vor.

7.9.5.1 Seidelbastgewächse (Thymelaeaceae)

» (46–50 Gattungen, 891 Arten)

Die Seidelbastgewächse sind **vorwiegend südhemisphärisch verbreitet,** kommen jedoch mit zwei Gattungen auch in Mitteleuropa vor: der Spatzenzunge *(Thymelaea)* und dem **Seidelbast** (*Daphne*, ■ Abb. 7.92a, b). Es sind **meist verholzte Pflanzen,** die oft eine faserige Rinde besitzen und deren Epidermiszellen viele Schleimstoffe enthalten. Bei Verletzung riechen viele Arten unangenehm. Die meist **spiralig** angeordneten **Blätter** sind vorwiegend **einfach** und **ganzrandig** und besitzen keine oder nur sehr kleine Nebenblätter. Die mehr oder weniger radiärsymmetrischen, meist **zwittrigen Blüten**

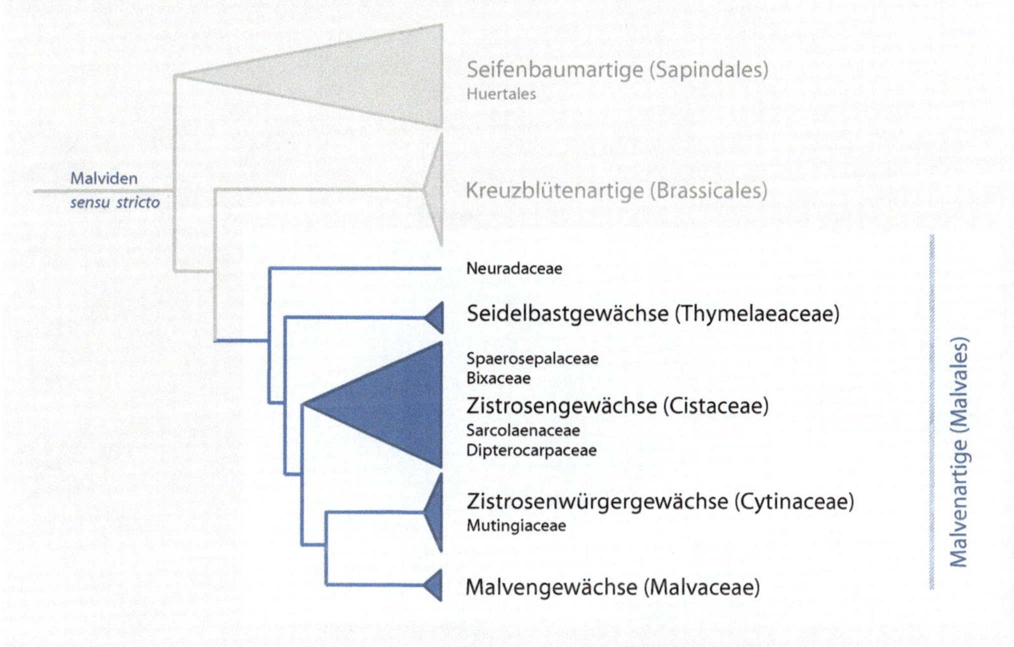

Abb. 7.91 Systematik der Malvenartigen (Malvales)

stehen einzeln oder in zymösen Blütenständen (Trauben oder Ähren) und können kauliflor **(stammblütig)** sein, wie z. B. beim Seidelbast (Abb. 7.92b). Die Blüten besitzen in der Regel ein **Hypanthium** (Blütenachse eingesenkt in den Blütenstiel) mit einem **Diskus** – eine wulstförmige Verdickung der Blütenachse innerhalb der Blüten, die mit Nektardrüsen besetzt sind. Die Blütenhülle besteht aus **vier bis fünf (sechs) verwachsenen Kelchblättern.** Sind diese auffällig gefärbt, dann fehlen die Kronblätter. Die mit den Blütenhüllblättern gleichzähligen, fertilen, untereinander unverwachsenen Staubblätter können mit der Blütenhülle verwachsen sein. Der Fruchtknoten besteht aus ein bis zwölf oberständigen verwachsenen Fruchtblättern, die sich zu Beeren, Kapselfrüchten, Nüsschen oder Steinfrüchten entwickeln. Durch die Bildung von **Diterpenestern** sind die Seidelbastgewächse in der Regel **sehr giftig.** In der Rinde wird **Daphnetoxin** gebildet, während die Samen **Mezerein** enthalten. Die **Giftaufnahme** ist beim Menschen **auch über die Haut möglich** und kann neben starken Reizungen auch zu Schäden der Niere, des Kreislaufs und des Zentralnervensystems führen.

7.9.5.2 Zistrosengewächse (Cistaceae)

» (8 Gattungen, 175 Arten)

Die Zistrosengewächse sind überwiegend im Mediterranraum, in Mitteleuropa, Klein- und Zentralasien, am Horn von Afrika und in den östlichen Teilen Nordamerikas verbreitet; einige wenige Taxa kommen in Südamerika vor. Die Familie ist im Mittelmeergebiet ein ökologisch wichtiger Bestandteil der offenen Strauchheidenformation auf flachgründigen Böden (Garrigue-Vegetation, z. B. das Thymianblättrige Nadelröschen [*Fumana thymifolia*, Abb. 7.92]). In Mitteleuropa kommen das Sandröschen *(Tuberaria guttata)*, verschiedene Sonnenröschenarten (*Helianthemum* sp., Abb. 7.92c) sowie das Zwerg-Sonnenröschen oder Gewöhnliche Nadelröschen *(Fumana procumbens)* auf Trockenrasen oder alpinen Matten vor.

◻ Abb. 7.92 Seidelbastgewächse (Thymelaeaceae), Zistrosengewächse (Cistaceae) und Zistrosenwürgergewächse (Cytinaceae). Seidelbastgewächse: **a, b** Echter Seidelbast (*Daphne mezereum*). Zistrosengewächse: **c** Weidenblatt-Sonnenröschen (*Helianthemum salicifolium*); **d** Thymianblättriges Nadelröschen (*Fumana:thymifolia*); **e** Salbeiblättrige Zistrose (*Cistus salviifolius*); **f** Kleinblütige Zistrose (*Cistus parviflorus*). Zistrosenwürgergewächse: **g** Roter Zistrosenwürger (*Cytinus ruber*), der auf der Kretischen Zistrose (*Cistus creticus*) schmarotzt; **h** Gelber Zistrosenwürger (*Cytinus hypocystis*), der auf *Cistus salviifolius* und *C. parviflorus* schmarotzt

Es handelt sich um **kleine Sträucher oder mehrjährige, krautige Pflanzen,** die an **trockene Standorte** angepasst sind und häufig aromatisch riechen. Die Laubblätter sind **wechselständig** und **einfach,** mit **gezähntem Blattrand,** der häufig als Verdunstungsschutz eingerollt wird. Ebenso sind die Blätter meist mehr oder weniger stark behaart, oft kommen **Sternhaare** vor. Die **zwittrigen, radiärsymmetrischen, meist fünfzähligen Blüten** sind vorwiegend **einzeln** oder stehen in **zymösen Blütenständen.** Der häufig charakteristische Kelch besteht in der Regel aus **zwei Kreisen von zwei kleineren und drei größeren Kelchblättern** während die **Krone aus fünf – häufig zerknitterten – Kronblättern** besteht (z. B. die Mittelmeer-typischen Zistrosen, ◘ Abb. 7.92e, f). Die **Staubblätter** stehen **vielzählig** in mehreren Kreisen und reifen von innen nach außen, was im Pflanzenreich ungewöhnlich ist. Drei oder fünf (bis zu zehn) Fruchtblätter sind zu einem **oberständigen Fruchtknoten** verwachsen, der einen Griffel und eine Narbe besitzt und sich bei Reife zu einer **Kapselfrucht** entwickelt.

7.9.5.3 Zistrosenwürgergewächse (Cytinaceae)

» (2 Gattungen, 10 Arten)

Die Zistrosenwürgergewächse sind eine sehr kleine Pflanzenfamilie, soll hier jedoch Erwähnung finden, da sie nur **Holoparasiten** (auch Vollschmarotzer genannt) umfasst, die **kein Chlorophyll** ausbilden und somit vollkommen auf die Photosyntheseaktivität der Wirtspflanze und deren Assimilate angewiesen sind. Zistrosenwürgergewächse bilden **Haustorien,** die in das Wurzelgewebe der Wirtspflanze eindringen, sodass diese den Schmarotzer miternähren muss. Dementsprechend sind Zistrosenwürger **sehr klein,** entwickeln entlang des Sprosses meist nur **sehr kleine schuppenförmige Blätter ohne Chlorophyll und Spaltöffnungen** (Stomata). Sie bilden jedoch einen ausgeprägten, meist **traubigen, ährigen** oder **kopfigen Blütenstand.** Die Blüten sind **monözisch** oder **diözisch,** meist **klein, radiärsymmetrisch,** und mehr oder weniger **stinkend.** Die Blütenhülle besteht meistens aus vier bis neun zu einer Röhre verwachsenen Kelchblättern, während Kronblätter fehlen. Entweder sind acht bis viele Staubblätter vorhanden, die ohne Filament und von Nektardrüsen umgeben sind, sodass sie von Ameisen oder Vögeln besucht werden; alternativ verwachsen vier bis acht (bis zu 14) Fruchtblätter zu einem synkarpen, unterständigen Fruchtknoten, während in Griffelnähe am Blütenboden Nektardrüsen gebildet werden. Meist entwickeln sich Beeren. Die **Samen** werden von **Käfern gefressen** und dadurch endozoochor ausgebreitet. Die Gattung *Bdallophyton,* mit ein bis vier Arten, ist in Mexiko und Mittelamerika verbreitet, während *Cytinus* im Mittelmeerraum sowie in Südafrika und Madagaskar vorkommt. Der mediterran verbreitete **Zistrosenwürger** (*Cytinus hypocystis,* ◘ Abb. 7.92g, h) parasitiert ausschließlich Zistrosen (*Cistus,* Cistaceae, ◘ Abb. 7.92e, f), die ebenfalls zu den Malvales gehören, womit eine **Koevolution** naheliegt, während afrikanische *Cytinus*-Arten auf Korbblütengewächse (Asteraceae) spezialisiert sind.

7.9.5.4 Malvengewächse (Malvaceae)

» (ca. 243 Gattungen, ca. 4225 Arten)

Die Malvengewächse sind **weltweit verbreitet,** mit einem Verbreitungsschwerpunkt in tropischen Regionen. Sie werden in neun verschiedene Tribe gegliedert, wobei die Arten einiger Tribe sehr leicht zu erkennen sind anhand ihrer besonderen Staubblatt-Griffel-Anordnung **(Androgynophor).** Dabei sind die Staubfäden (Filamente) der vielzähligen Staubblätter zu einer Röhre verwachsen, um die Bestäuberattraktivität zu erhöhen (◘ Abb. 7.93a, b). Bekannte Vertreter, die dieses Merkmal aufweisen, sind z. B. der Hibiskus (*Hibiscus* sp., ◘ Abb. 7.93a), die Schönmalve (*Abutilon* sp.), die Wilde Malve (*Malva sylvestris,* ◘ Abb. 7.93b) und die Stockrosen (*Alcea* sp., ◘ Abb. 7.93c).

Die Malvengewächse sind **ein- bis mehrjährige,** krautige oder verholzte Pflanzen, selten Lianen. Die verholzten Vertreter besitzen eine faserige Borke. Häufig besitzen Malvaceae **schleimführende Zellen im Gewebe,** sowie **Sternhaare auf der Epidermis.** Nektarien außerhalb der Blüte **(extraflorale Nektarien)** können vorhanden sein, um Nützlinge zu belohnen (z. B. für Ameisen, die Blattläuse oder Insekteneier entfernen). Dornen und Stacheln werden selten gebildet. Die meist **wechselständigen** Blätter sind **einfach bis handförmig gelappt** und geteilt und besitzen meist **Nebenblätter** (Stipel). Die zwittrigen, aber auch monözischen oder diözischen Blüten können **kauliflor** (stammblütig) sein (◘ Abb. 7.93f).

Abb. 7.93 Malvengewächse (Malvaceae). **a** Eibisch (*Hibiscus rosa-sinensis*). **b** Wilde Malve (*Malva sylvestris*). **c** Stockrose (*Alcea rosea*). **d, e** Blätter und Früchte (**d**) sowie Blüte (**e**) der Baumwolle (*Gossypium* sp.). **f, g** Kauliflore Blüten und Früchte des Kakaobaums (*Theobroma cacao*). **h** Geflügelte Früchte der Sommerlinde (*Tilia platyphyllos*). **i** Habitus der Winterlinde (*Tilia cordata*). (Fotos **c**: Dinesh Valke, CC-BY-SA 2.0; **h**: Pleple2000, CC-BY-S 3.0; **e**: Victor M. Vicente Selvas, GFD, alle unverändert)

Bei manchen Arten umschließt ein **Nebenkelch** die Blüte, die in der Regel **radiärsymmetrisch** ist und eine **einfache oder doppelte Blütenhülle** aufweist. Auf den Kelchblättern finden sich häufig Drüsenhaare, die Nektar absondern. Die Blütenblätter sind meist fünf und unverwachsen, die Staubblätter sind häufig vielzählig. Zwei bis vier Fruchtblätter sind frei oder verwachsen, oberständig, mit einem Griffel und kopfiger oder fünflappiger Narbe, die vorwiegend **entomophil** (insektenbestäubt) oder in tropischen Regionen auch **ornithophil** (vogelbestäubt) ist. Es bilden sich häufig stachelige, dornige Kapsel- oder Spaltfrüchte, seltener Beeren, Steinfrüchte oder Nüsse. Bei manchen Arten werden auf der **Samenoberfläche Haare** gebildet (z. B. Baumwolle, Abb. 7.93d), andere entwickeln **„Flügel"** (dünne, vergrößerte Zellschichten) für bessere Flugeigenschaften zur anemochoren Ausbreitung (Windausbreitung). Andere Strategien bestehen in der Bildung saftiger, auffällig riechender, bunt gefärbter Früchte (z. B. bei der exotischen Frucht Durian, *Durio*) als zoophile Anpassungsstrategie.

Nutzpflanzen innerhalb der Malvengewächse sind z. B. die **Kolabäume** (insbesondere *Cola nitida* und *Cola acuminata*), die in Afrika südlich der Sahara beheimatet sind. Die Bäume werden wegen ihren Nussfrüchten kultiviert, die extrem koffein- und theobrominhaltig sind. Ihre Wirkung ist deutlich stärker als die der Kaffebohnen, weshalb sie vor Ort gekaut werden. Früher wurden sie gemahlen und zur Getränkeherstellung verwendet, mittlerweile wird der Cola-Geschmack jedoch synthetisch erzeugt. Eine weitere Nutzpflanze ist der **Kakaobaum** (*Theobroma cacao,* ◘ Abb. 7.93f, g), der busch- oder baumförmig im Unterholz der Regenwälder Lateinamerikas wächst. Genutzt werden die Samen innerhalb der Panzerbeeren, die nach diversen Verarbeitungsschritten zu Kakaomasse, Kakaopulver und Kakaobutter verarbeitet werden. Ferner ist die **Baumwolle** (*Gossypium* sp., ◘ Abb. 7.93d, e) weltweit von großer wirtschaftlicher Bedeutung.

Mitteleuropäische Vertreter der Malvengewächse, die als **Straßenbäume** kultiviert werden, sind z. B. die **Winterlinde** (*Tilia cordata,* ◘ Abb. 7.93i) und die **Sommerlinde** (*Tilia platyphyllos,* ◘ Abb. 7.93h).

7.10 Basale Ordnungen der Superasteriden

Die Superasteriden oder Asternähnlichen umfassen ca. **1/3 aller Arten der Bedecktsamer** (Angiospermen). Die Asternähnlichen besitzen meist **tetrazyklische isomere Blüten,** d. h. es wird je ein Kreis Kelchblätter, Kronblätter, Staubblätter und Fruchtblätter entwickelt, und in jedem Kreis gleicht sich die Anzahl an Gliedern. Nur Vertreter der **basalen Ordnungen der Asternähnlichen** entwickeln teilweise noch **pentazyklische Blüten,** wobei das Androeceum (die Gesamtheit aller Staubblätter) verdoppelt wird.

Die Blüten der basalen Ordnungen der Asternähnlichen sind meist **vier- oder fünfzählig.** Häufig sind die **Blütenhüllblätter verwachsen.** Das **Gynoeceum** besteht in der Regel aus drei verwachsenen **(synkarpen)** Fruchtblättern **(trilokulär),** oder die Anzahl der Fruchtblätter ist reduziert. Die Samenanlagen besitzen nur **ein Integument** (Hülle, die die Samenanlage umschließt). Die **Endospermbildung** (► Abschn. 7.1) ist **zellulär,** und es entwickeln sich als Sekundärstoffe entweder **Iridoide** (Secoiridoide), **Indol- und Steroidalkaloide** oder **Polyine** und **Sesquiterpenlactone**.

Im Gegensatz dazu besitzen die Kernasteriden (Asteriden I + II, ► Abschn. 7.9 und 7.10) meist Staubblätter, die den Kelchblättern gegenüberstehen und deren Staubfäden mit der Kronröhre verwachsen sind. Ferner besitzen sie meist einen aus zwei Fruchtblättern verwachsenen Fruchtknoten.

Im Folgenden werden nur die wichtigsten Vertreter der basalen Ordnungen der Asternähnlichen vorgestellt (◘ Abb. 7.94), z. B. wird auf die Ordnung der Berberidopsidales nicht näher eingegangen (nicht zu verwechseln mit den Berberidaceae der Ranunculales [► Abschn. 7.4.2]!). Die Berberidopsidales umfassen zwei Familien, drei Gattungen und vier Arten, die disjunkt in Chile und im östlichen Australien beheimatet sind und ohne wirtschaftliche Bedeutung sind.

7.10.1 Sandelholzartige (Santalales)

» (13 Familien, 151 Gattungen, 1992 Arten)

Der Sandelholzbaum *(Santalum album)* ist der Namensgeber dieser Ordnung; er liefert das gleichnamige Holz und Sandelholzöl. Insgesamt weisen die Sandelholzartigen eine **weltweite Verbreitung** auf, mit einem Verbreitungsschwerpunkt in den **Tropen.** In **Mitteleuropa** sind zwei der 13 Santalalesfamilien verbreitet, deren Vertreter bei uns durchweg **parasitisch** wachsen: die Santalaceae (**Leinblattgewächse,** ◘ Abb. 7.95a, b, d–f) und die Loranthaceae (**Riemenblumengewächse,** ◘ Abb. 7.95c). Das Leinblatt (*Thesium,* ◘ Abb. 7.95d) wächst terrestrisch und ist ein **Wurzelparasit,** während die Mistel (*Viscum,* ◘ Abb. 7.95a, b) und die Riemenblume *(Loranthus)* epiphytische, verholzte **Halbparasiten** auf Bäumen und Sträuchern sind. Die Laubblätter sind **wechsel- oder gegenständig ohne Stipel.** Die kleinen, meist radiärsymmetrischen Blüten können zwittrig, monözisch oder diözisch sein und stehen häufig in **Zymen.** Sie sind meist **drei- oder**

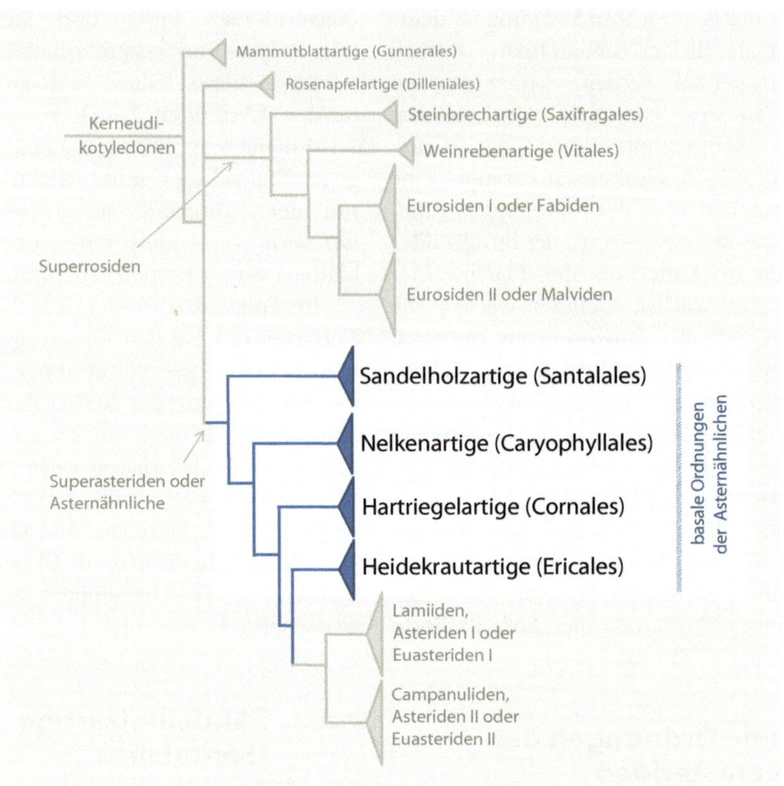

Abb. 7.94 Systematik der basalen Ordnungen der Asternähnlichen

7

vierzählig und besitzen eine **einfache Blütenhülle. Stamina** stehen den **Tepalen** gegenüber und sind zum Teil mit ihnen **verwachsen.** Der **unterständige Fruchtknoten** besteht aus meist **drei verwachsenen Fruchtblättern** und entwickelt sich zu **Beeren,** einsamigen **Steinfrüchten** oder **Nüssen.** Die epiphytischen Parasiten werden meist über Vogelkot ausgebreitet, wodurch die klebrigen Samen auf Astgabeln und Äste in die Bäume gelangen. Die Parasiten bilden zwar Blätter mit Chlorophyll aus und können Photosynthese betreiben, Wasser und Nährstoffe entziehen sie in der Regel jedoch vorwiegend dem Wirt, den sie über Haustorien in die Leitbündel anzapfen. Nur wenige Wirtspflanzen können sich durch gezielten Zelltod **(Apoptose)** vor den Haustorien der Santalales schützen, allerdings führt das Parasitieren des Wirtes in der Regel nicht zum Absterben desselben.

7.10.2 Nelkenartige (Caryophyllales)

» (34 Familien, 811 Gattungen, 11.510 Arten)

Die Nelkenartigen sind in unseren Regionen die artenreichste und diverseste Ordnung der basalen Asteriden, manche Autoren gliedern sie sogar basal zu diesen. Sie umfassen vorwiegend **krautige Arten;** Gehölze sind selten. Die Laubblätter sind meist **gegenständig** angeordnet; in der Regel sind sie **einfach** mit **glattem Blattrand.** Die in den Siebröhren des Phloems vorkommenden Plastiden **(Siebröhren-Plastiden)** besitzen meist ringförmig angeordnete **Proteinfilamente** (dünne, fadenförmige, leicht auf- und abbaubare Zellstrukturen eukaryotischer Zellen, die der Stabilität und Formgebung

Abb. 7.95 Sandelholzartige (Santalales). **a, b** Laubholzmistel (*Viscum album*, Santalaceae). **c** *Phragmanthera usuiensis* (Loranthaceae). **d** Das einheimische Vorblattlose Vermeinkraut oder Leinblatt (*Thesium ebracteatum*, Santalaceae). **e, f** Sandelholzbaum (*Santalum album*, Santalaceae), der in vielen tropischen Regionen kultiviert wird. **g, h** Riemenmistel (*Loranthus europaeus*, Loranthaceae) Früchte und Blüten (Fotos **d**: Ivar Leidus, CC-BY-SA 4.0; **e, f**: J. M. Garg, CC-BY-SA 4.0, **g**: Jacopo Werther, CC-BY-SA 2.0, **h**: Hermann Schachner, CC0 1.0, alle unverändert)

dienen) und ein zentrales **Proteinkristalloid,** was für alle Vertreter dieser Ordnung charakteristisch ist und als **synapomorphes Merkmal** für diese Ordnung angesehen wird (Leins und Erbar 2008). Die Blütenhülle ist entweder einfach **(Perigon)** oder doppelt **(Perianth)** und meist fünfzählig. Die **Blütenfarbe** wird durch **Betalaine** bestimmt, die als Glycoside in der Vakuole gespeichert werden und sonst im Pflanzenreich nicht weiter vorkommen (aber innerhalb der Caryophyllaceae und Molluginaceae fehlen). In der

7

Nähe der Staubblätter werden **Nektarien** gebildet, und es können **multistaminate Bündelandroeceen** entwickelt werden. Aus einem meist **dreizähligen, synkarpen, oberständigen Fruchtknoten** mit **parietaler Plazentation** (wandständige Samenanlagen, ► Abschn. 7.1) entspringt ein Griffel mit langen Griffelästen. Als Frucht entwickeln sich **meist Spaltkapseln,** seltener Nüsse oder Beeren. Die Ordnung umfasst sehr viele Taxa, die an **spezielle ökologische Nischen** angepasst sind, z. B. auf **Salzstandorten,** in **trockenen Regionen** der Erde, auf **immerfeuchten Böden,** an **nährstoffarmen Standorten** (z. B. durch **insektivore Vertreter**), und Taxa weisen **physiologische Besonderheiten** in Form der **C_3-, C_4-Photosynthese** oder des **Crassulaceen-Säurestoffwechsels** (CAM) auf. **Nur selten** sind die Nelkenartigen mit **Mykorrhiza** vergesellschaftet. **Nutzpflanzen** umfassen z. B. Zuckerrübe, Spinat, Mangold, Rote Bete, Rhabarber, Amarant und Quinoa.

Im Folgenden wird nur auf sieben der 34 Familien der Caryophyllales im Detail eingegangen (◘ Abb. 7.96), neben anderen werden folgende Familien vernachlässigt:

- **Wunderblumengewächse (Nyctaginaceae):** Sie sind pantropisch verbreitet und durch die lianenförmig wachsende Drillingsblume (*Bougainvillea* sp.) mit auffällig gefärbten Hochblättern (◘ Abb. 7.97a) bekannt. Die Wunderblume (*Mirabilis* sp., ◘ Abb. 7.97b) dient als **Modellpflanze der Vererbungsregeln,** als seltenes Beispiel für einen **intermediären Erbgang** durch Uniformität der hybridogenen Nachfahren. Kreuzt man zwei Wunderblumen mit verschiedenen Blütenfarben miteinander, so können die Nachkommen aufgrund intermediärer Vererbung „geflammte Blütenblätter" mit den Farben beider Elternteile aufweisen (◘ Abb. 7.97b), eine Mischform, da beide Gene der Blütenfarbe der Eltern ausgeprägt werden.

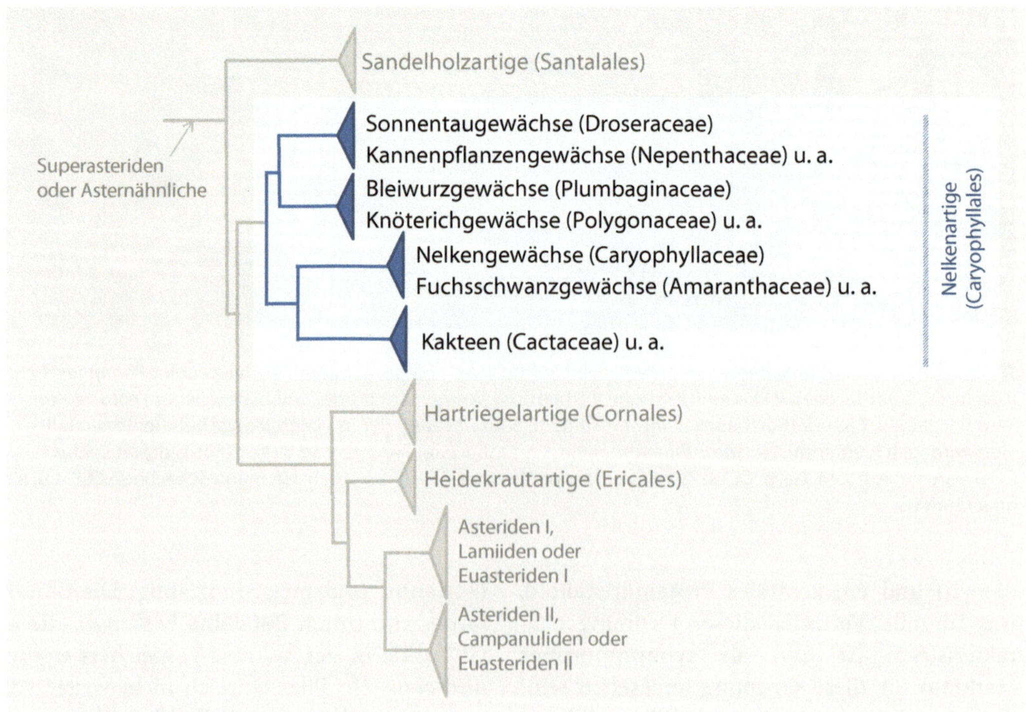

◘ **Abb. 7.96** Systematik der Nelkenartigen

- **Portulakgewächse (Portulacaceae):** Dazu gehören z. B. das Gewöhnliche Tellerkraut *(Claytonia perfoliata)* als neophytisches Ackerunkraut sowie der Gemüse-Portulak (*Portulaca oleracea*, ◘ Abb. 7.97c, d), der weltweit kultiviert wird, als die achthäufigste Pflanzenart auf der Erde gilt und zu den zehn schädlichsten „Unkräutern" auf der Welt zählt.
- **Kermesbeerengewächse (Phytolaccaceae):** In diese Familie gehört die essbare Kermesbeere (*Phytolacca* sp., ◘ Abb. 7.97e), außerdem die Schmink- oder Blutbeere (*Rivina humilis* var. *glabra*, ◘ Abb. 7.97f), aus deren Früchten ein roter Farbstoff gewonnen wird.
- **Mittagsblumengewächse (Aizoaceae):** Sie kommen in wärmeren Regionen (insbesondere Australien und der Capensis) auf sandigen, trockenen Standorten vor. Bei uns werden sie als Zierpflanzen angeboten, zu welchen die Mittagsblumen (◘ Abb. 7.97g) und die Lebenden Steine (◘ Abb. 7.97h) gehören.

7.10.2.1 Sonnentaugewächse (Droseraceae)

» (3 Gattungen, 115 Arten)

Sonnentaugewächse sind weltweit verbreitet, fehlen jedoch in manchen Regionen Zentralasiens, in der Sahararegion und in manchen Teilen Süd- und Nordamerikas. Sie wachsen häufig auf **nährstoffarmen Standorten** (z. B. Mooren) und entwickelten Mechanismen, sich über **Karnivorie** – meist **Insektivorie** – Nährstoffe zugänglich zu machen. Diese Familie „fleischfressender" Pflanzen umfasst nur **krautige Taxa** und **kleine Halbsträucher,** die – wenn sie unter Wasser leben (z. B. bei der Wasserfalle, *Aldrovanda,* ◘ Abb. 7.98f) – auch wurzellos sein können. Die Blätter sind meist klein bis mittelgroß und häufig rosettig. Ein typisches Merkmal der Sonnentaugewächse sind **Blattheteromorphien** (unterschiedlich gestaltete Blätter), z. B. in Form von **Klapp-** oder **Klebefallen** (▶ Kasten 7.10). Klappfallenblätter sind mit borstigen Emergenzen (Auswüchsen der

◘ **Abb. 7.97** Wunderblumen-, Portulak-, Kermesbeeren- und Mittagsblumengewächse. Wunderblumengewächse: **a** Blütenstand der Drillingsblume (*Bougainvillea*) mit auffällig gefärbten Hochblättern; **b** Wunderblume (*Mirabilis jalapa*), mit gelb-orange geflammten Blütenblättern. **c, d** Portulakgewächse: Portulak (*Portulaca oleracea*). Kermesbeerengewächse: **e** Amerikanische Kermesbeere (*Phytolacca americana*); **f** Schmink- oder Blutbeere (*Rivina humilis* var. *glabra*), aus deren Früchten ein roter Farbstoff gewonnen wird. Mittagsblumengewächse: **g** Essbare Mittagsblume (*Carpobrotus edulis*); **h** Lebende Steine (*Lithops karasmontana*). (Fotos **b**: Kenpei, CC-BY-SA 2.1; **c**: Tanaka Juuyoh, CC-BY-SA.2.0; **d**: Ethel Aardvark, CC-BY 3.0; **e**: Tubifex, CC-BY-SA 1.0; *h*: Luis Fernández García, CC-BY-SA 2.1, alle unverändert)

Abb. 7.98 Sonnentaugewächse (Droseraceae) und Kannenpflanzengewächse (Nepenthaceae). Sonnentaugewächse: **a, b** Der einheimische Rundblättrige Sonnentau (*Drosera rotundifolia*), k: Klebdrüsen, v: Verdauungsdrüsen; **c–e** Venusfliegenfalle (*Dionaea muscipula*), Habitus (**c**), aktive Fangfalle (**d**) und Blüte (**e**); **f** Wasserfalle (*Aldrovanda vesiculosa*), mit schmal-länglichen Blättern und breiten Fallenblättern. **g** Kannenpflanzengewächse: Kannenpflanze (*Nepenthes* sp.). (Fotos **b**: S. Eschenbrenner; **c–e**: S. Mutz; **f**: Daiju Azuma, CC-BY-SA 2.5, leicht verändert; **g**: H. Bahmer)

7

Epidermis und darunterliegender Schichten) besetzt. Bei Reiz, wie etwa der Landung von Beute, können die Klappfallen schnell reagieren und zusammenklappen, z. B. bei der Wasserfalle (*Aldrovanda*, Abb. 7.98f) oder der Venusfliegenfalle (*Dionaea*, Abb. 7.98c–e). Die Oberflächen der Klebefallenblätter sind mit klebrigen Drüsenhaaren besetzt und rollen sich nach Kontakt mit der Beute langsam ein (Sonnentau, *Drosera*, Abb. 7.98a, b). Die Beute wird jeweils durch Enzyme verdaut, und die Nährstoffe können über spezielle Drüsen ins Gewebe geleitet werden.

Die meist **(vier- oder) fünfzähligen, radiärsymmetrischen Blüten** stehen in der Regel in **Wickeln** (▶ Abschn. 7.1) an sehr **langen Stängeln** über den Blättern, damit die Bestäuber nicht zur Beute werden. Die Blüten besitzen ein **Perianth** aus jeweils einem Kreis an Blütenhüllorganen und meist **fünf (zehn bis 20) Staubblättern,** die alle fertil sind. Der **synkarpe** (verwachsene), **oberständige Fruchtknoten** besteht aus **drei bzw. fünf Fruchtblättern** und kann einen oder drei Griffel ausbilden. Als Frucht entwickeln sich **Spaltkapseln,** häufig kann jedoch auch vegetative Vermehrung erfolgen, z. B. durch das Absterben von einzelnen Sprossabschnitten, sodass neue Einzelpflanzen an den jeweiligen Enden entstehen. Bei der im Wasser lebenden Wasserfalle (*Aldrovanda*) werden auch **Turionen** gebildet. Kurz vor Wintereinbruch bilden sich Sprossspitzen mit Blattwirteln, in die sehr viel Zucker als „Frostschutzmittel" eingelagert wird. Die Sprossspitzen lösen sich von der Pflanze, und durch ihr hohes Gewicht und das Ausstoßen von Gasen sinken sie auf den Gewässergrund. Die Turionen bleiben trotz Frost und Temperaturen bis −15 °C lebensfähig und steigen bei wärmeren Temperaturen wieder an die Wasseroberfläche und setzen ihr Wachstum fort. Da die Sonnentaugewächse meist auf sehr spezialisierten Standorten vorkommen, sind viele Arten an ihren Standorten **bedroht** bzw. bereits **ausgestorben.** In Deutschland stehen die Wasserfalle (*Aldrovanda vesiculosa*, Abb. 7.98f) und alle Sonnentauarten (*Drosera* sp., Abb. 7.98a, b) unter **Naturschutz.**

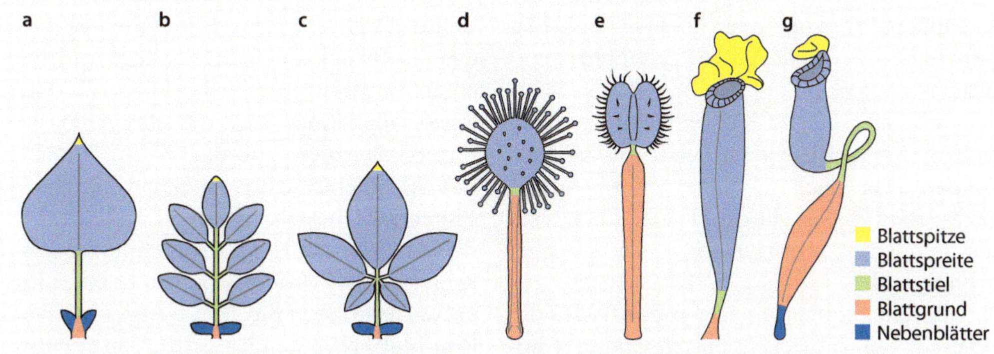

Abb. 7.99 Metamorphosen der Blattbestandteile. „Normales" Laubblatt: **a** Einfaches Laubblatt (OB: Oberblatt, UB: Unterblatt, Lamina = Spreite, Petiolus = Stiel, Stipulae = Nebenblätter, Rhachis = Mittelrippe, Blattbasis oder Blattgrund); **b** gefiedertes Laubblatt; **c** handförmiges (gefingertes) Laubblatt. Fangblätter: **d** Passives Fangblatt des Sonnentaus (*Drosera*); **e** aktives Fangblatt der Vernusfliegenfalle (*Dionaea*); **f** passives Fangblatt der Schlauchpflanze (*Sarracenia*); **g** passives Fangblatt der Kannenpflanze (*Nepenthes*)

Kasten 7.10: Metamorphosen der Blattbestandteile karnivorer Pflanzen

Ein normales Laubblatt besteht aus einem **Blattgrund** bzw. einer **Blattbasis** (Abb. 7.99a–c). Bei Süß- und Sauergräsern (► Abschn. 7.3.7) sowie Doldenblütengewächsen (► Abschn. 7.10.1) kann die Blattbasis stängelumfassend als **Scheide** ausgebildet sein. Seitliche Auswüchse der Blattbasis werden als **Nebenblätter (Stipel)** bezeichnet, z. B. bei den Rosengewächsen (► Abschn. 7.8.5) und Schmetterlingsblütengewächsen (► Abschn. 7.8.4). Auf den Blattgrund folgt der **Blattstiel (Petiolus),** der auch fehlen kann. Ist der Blattstiel verdickt und dient der Photosynthese, wird er als **Phyllodium** bezeichnet, z. B. bei Akazien (Schmetterlingsblütengewächse, ► Abschn. 7.8.4). In der Regel ist die **Blattspreite (Lamina)** der Hauptteil eines Laubblattes. Man unterscheidet einfache, gefiederte und handförmige bzw. gefingerte Blätter, deren Mittelrippe als **Rhachis** bezeichnet wird. Manch eine Rhachis kann auch als **Ranke** umgebildet werden, wie z. B. bei den Schmetterlingsblütengewächsen (► Abschn. 7.8.4). Bei den Karnivoren erhalten manche Blattbestandteile andere Aufgaben, und man erkennt deshalb kaum mehr ihre eigentliche evolutionäre Herkunft (Abb. 7.99d–g).

7.10.2.2 Kannenpflanzengewächse (Nepenthaceae)

» (1 Gattung, 90 Arten)

Die Kannenpflanzen sind eine **monogenerische Familie.** Sie ist in tropischen Regenwald- und Bergregionen auf der Südhemisphäre verbreitet, von Madagaskar bis zu den Südseeinseln im Pazifik. Alle Arten sind immergrün, ausdauernd und werden als **„fleischfressend"** bezeichnet; viele Arten bilden Halbsträucher oder Lianen. Die Wurzeln können klein und brüchig sein, zum Teil sind sie verdickt und dienen der Wasserspeicherung. Die „Blätter" sind wechselständig und in der Regel dreigeteilt, meist übernimmt der verbreitete, umgebildete Blattgrund die Photosyntheseaktivität. Die Blattspreite ist meist zur Kanne umgeformt, und die Blattspitze bildet einen Deckel, um die Kanne vor zu viel Regen zu schützen (Abb. 7.98g). Die Kannen sind **passive**

Fallgruben, deren Form (Hochkannen oder Bodenkannen) von den unterschiedlichen Beutetieren abhängig ist. Um Insekten anzulocken, werden Nektardrüsen auf den Blättern gebildet und die Kannen meist auffällig gefärbt. Viele Kleinstlebewesen nutzen die Kannen aber auch als Lebensraum, sofern sie resistent gegen die in den Kannen vorkommenden zersetzenden Verdauungsenzyme sind.

Die Kannenpflanzen sind **monözisch** oder **diözisch.** Sie entwickeln **langgestielte Trauben** oder **Rispen,** sodass die Bestäuber bestmöglich von den Beutetieren getrennt werden. Die Blütenhülle besteht aus einem (drei-) vierzähligen mit Nektardrüsen besetzten **Perigon.** Es werden vier bis viele Staubblätter gebildet, die zu einer Säule verwachsen sind, oder es entwickelt sich ein oberständiger Fruchtknoten aus vier verwachsenen Fruchtblättern, der zu einer Kapsel heranreift.

Durch die starke Abholzung der tropischen Regenwälder und die Verwendung der Kannenpflanzen (*Nepenthes* sp., ◘ Abb. 7.98g) als Zierpflanze sind alle Arten der Nepenthaceae in der Roten Liste des IUCN *(International Union for Conservation of Nature and Natural Resources)* als stark bedroht, bedroht oder gefährdet geführt. Alle Arten sind **durch das Washingtoner Artenschutzabkommen (CITES) geschützt,** sodass der internationale Transport und Handel von aus der Natur entnommenen Taxa naturschutzfachlicher Genehmigungen bedarf.

7.10.2.3 Bleiwurzgewächse (Plumbaginaceae)

» (27 Gattungen, 836 Arten)

Die Bleiwurzgewächse sind häufig **salztolerant** und **trockenresistent** und wachsen bevorzugt in **Steppen, Halbwüsten** oder in **Strandnähe**; es kommen aber auch Mangroven (z. B. als Kleinsträucher der Gattung *Aegialitis*) in dieser Pflanzenfamilie vor. Meistens handelt es sich jedoch um **krautige Taxa, Halbsträucher** und **Lianen.** Die Blätter sind vielgestaltig, aber immer **wechselständig.** Beim Strandflieder (*Limonium* sp.) laufen die Blätter am Stängel hinab und bilden einen **Hautrand** am Stängel, der als **Flügelleiste** bezeichnet wird (◘ Abb. 7.100e). Die immer **zwittrigen, fünfzähligen** Blüten stehen in unterschiedlichen Blütenständen. Die Blütenhülle besteht aus zwei Kreisen, wobei der **Kelch** in der Regel deutlich **kürzer als die Krone** ist. Die **Krone** ist meist zu einer **Röhre** verwachsen, oder die Taxa besitzen **genagelte Kronblätter** (Blütenblätter sind terminal groß und auffällig und basal schmal-nagelförmig). Es wird ein Kreis mit fünf mit den Kronblättern verwachsenen Staubblättern gebildet, die **heterostyl** sein können. Dies bedeutet, dass die Länge der Staubfäden (Filament) in Bezug zum Griffel (Stylus) unterschiedlich lang sein kann. Der Fruchtknoten besteht aus **fünf synkarpen** (verwachsenen), **oberständigen Karpellen** und mündet in **fünf Griffel.** Es werden Kapselfrüchte oder Nüsse gebildet.

Die Pflanzenfamilie ist überwiegend mediterran bis zentralasiatisch verbreitet und kommt ansonsten weltweit nur zerstreut vor. Bekannte Vertreter unserer Breiten sind z. B. der Strandflieder (*Limonium* sp., ◘ Abb. 7.100b, e, f) und die Grasnelke (*Armeria* sp., ◘ Abb. 7.100a).

7.10.2.4 Knöterichgewächse (Polygonaceae)

» (55 Gattungen, 1100 Arten)

Die Knöterichgewächse sind meist **ein- bis mehrjährige krautige Pflanzen,** seltener holzige, windende Lianen oder Bäume. Die **Sprossachsen** sind meist **gerillt mit deutlich verdickten Knoten am Blattstiel** der meist **wechselständig** angeordneten Laubblätter. Der Blattstiel kann stängelumfassend mit einer **röhrigen bis häutigen Scheide** sein, die aus verwachsenen Stipeln gebildet wird und dann **Ochrea** oder **„Tute"** genannt wird. Die **meist zwittrigen** oder **eingeschlechtigen** Blüten sind in der Regel klein und stehen

Abb. 7.100 Bleiwurzgewächse (Plumbaginaceae) und Knöterichgewächse (Polygonaceae). Bleiwurzgewächse: **a** Strand-Grasnelke (*Armeria maritima*); **b** Lobins Strandflieder (*Limonium lobinii*); **c** Kap-Bleiwurz (*Plumbago auriculata*). **d** Knöterichgewächse: Rhabarber (*Rheum rhabarbarum*). **e, f** Bleiwurzgewächse: Strandflieder (*Limonium sventenii*). Knöterichgewächse: **g** Schlangenknöterich (*Bistorta* sp.); **h** junger Spross eines Japanischen Staudenknöterichs (*Fallopia japonica*) mit einer Tute an der Blattbasis. (Foto **a**: Hans Hillewaert, CC-BY-SA 3.0, unverändert)

in vielblütigen end- oder achselständigen Infloreszenzen. Sie sind dreizählig mit einem häufig **trockenhäutigen Perianth,** das auch bei Fruchtreife noch zu sehen ist, sich vergrößert, geflügelt, warzig oder stachelig werden kann und die Frucht umschließt. Es werden sechs Staubblätter gebildet, die auf einem oft ringförmig gelappten, gestauchten Internodium mit Nektardrüsen (Diskus) stehen. Es entwickelt sich ein oberständiger, aus zwei bis drei (oder vier) Fruchtblättern verwachsener Fruchtknoten mit zwei bis drei (oder vier) Griffeln. Die Früchte sind oft **dreikantige Nussfrüchte,** die auch als Achänen bezeichnet werden und von den Blütenhüllblättern umgeben sind und dadurch häufig **geflügelt** wirken.

Die Knöterichgewächse sind vorwiegend in der **nördlichen gemäßigten Zone** verbreitet. Einheimische Vertreter sind z. B. der Schlangen-Knöterich (*Bistorta officinalis,* Abb. 7.100g), Arten des Knöterichs (*Persicaria* sp.), des Flügelknöterichs (*Fallopia* sp., Abb. 7.100h) und des Ampfers (*Rumex* sp.). Der Buchweizen (*Fagopyrum esculentum*) und der Rhabarber (*Rheum rhabarbarum,* Abb. 7.100d) dienen der menschlichen Ernährung.

7.10.2.5 Nelkengewächse (Caryophyllaceae)

» (86 Gattungen, 2200 Arten)

Die Familie ist **kosmopolitisch verbreitet,** besiedelt bevorzugt jedoch gemäßigte Regionen, insbesondere auf der nördlichen Erdhalbkugel. Die Nelkengewächse sind eine wichtige Familie der mitteleuropäischen Flora. Sie kommen vorwiegend auf **offenen Standorten** vor, z. B. auf Wiesen, Schutthalden, Ruderalstellen (menschlich beeinflusste Standorte) und auf Segetalstandorten (Ackerpflanzengesellschaften). Es sind meist **krautige Pflanzen** mit **kreuzgegenständigen,**

einfachen, meist lanzettlichen bis ovalen, ganzrandigen, ungestielten Laubblättern. Die sitzenden Blätter sind am Grund miteinander verwachsen und gliedern den Stängel dadurch in **Nodien** und **Internodien.** Nebenblätter sind selten und charakterisieren zwei von vermutlich elf Unterfamilien innerhalb der Nelkengewächse. Die Blüten stehen selten einzeln, meist in **Dichasien,** zum Teil aber auch in **Wickeln** oder **Scheindolden** (▶ Abschn. 7.1). Die Blüten sind **radiärsymmetrisch, zwittrig** oder **diözisch,** mit meist **doppelter, fünfzähliger Blütenhülle,** selten ist sie einfach. Die Sepalen sind frei oder verwachsen, während die **Petalen immer frei** sind. Zum Teil sind die Petalen **„genagelt"**, wobei der „Nagel" eine längliche Blütenblattbasis darstellt, während die „Platte" der terminale, ovale Bereich des Blütenblatts ist – am Übergang befindet sich häufig eine **„Nebenkrone" (Ligula,** ◻ Abb. 7.101a). Die meist zehn (selten ein, drei, vier oder fünf) Staubblätter in zwei Kreisen sind in der Regel frei und fertil, viele Arten weisen Vormännlichkeit **(Protandrie)** auf, sodass das Androeceum (Gesamtheit der Staubbeutel) den Pollen vor der Narbenreife entlässt, um Selbstbestäubung zu verhindern oder zu minimieren. Die Nelkengewächse werden meist von **Insekten bestäubt.** Der **oberständige, aus fünf, drei oder zwei Fruchtblättern verwachsene** Fruchtknoten mit aufgelösten Fruchtblattwänden (lysikarp) besitzt entsprechend **fünf, drei oder zwei Griffel.** In der Regel entwickeln sich **Kapselfrüchte** (◻ Abb. 7.101i), seltener Beeren oder Nüsschen.

Die Nelkengewächse bilden **Saponine** gegen Fraßfeinde und Pilze, was sich der Mensch früher zum Wäschewaschen zunutze gemacht hat, z. B. die Wurzeln des **Seifenkrauts** (*Saponaria* sp., ◻ Abb. 7.101a). Alkaloide werden selten gebildet und cyanogene Verbindungen, wie **Iridoide und Ellagsäure, fehlen** in dieser Pflanzenfamilie. Nelkengewächse werden in der **Homöopathie** sowie in der **traditionellen chinesischen Medizin** verwendet. Sie sind **wichtige Zierpflanzen,** z. B. das Schleierkraut (*Gypsophila* sp., ◻ Abb. 7.101b), die Gartennelke (*Dianthus caryophyllus,* ◻ Abb. 7.101c), die Bartnelke *(Dianthus carthusianorum)* und andere Nelkenarten (◻ Abb. 7.101d), die Kornrade (*Agrostemma githago,* ◻ Abb. 7.101g), Leimkräuter (*Silene* sp., ◻ Abb. 7.101f) und Pechnelken (*Lychnis* sp., ◻ Abb. 7.101e). Einige Arten sind häufige Ackerunkräuter, wie z. B. Arten des Hornkrauts (*Cerastium* sp.), die Sternmiere (*Stellaria* sp., ◻ Abb. 7.101i) und des Sandkrauts (*Arenaria* sp.), während diverse Arten auch auf der Roten Liste der gefährdeten Pflanzenarten Deutschlands zu finden sind (z. B. die Kornrade, ◻ Abb. 7.101g).

7.10.2.6 Fuchsschwanzgewächse (Amaranthaceae)

» (174 Gattungen, 2050–2500 Arten)

Die Blütenstände der Amaranthaceae ähneln einem „Fuchsschwanz", was zum deutschen Familiennamen dieser Pflanzenfamilie geführt hat; neuere molekulargenetische Erkenntnisse haben jedoch zur Eingliederung der Gänsefußgewächse (Chenopodiaceae) in die Fuchsschwanzgewächse geführt, sodass die momentan gültige Klassifikation der Pflanzenfamilie nun schwieriger zu umschreiben ist. Sie umfasst meist **krautige Individuen** (nur selten Lianen), die auch **sukkulent** sein können, mit **Sprossachsen,** die **meist kantig** sind. Die meist **wechselständig** angeordneten Laubblätter sind immer **einfach,** zum Teil auch zu kleinen Schuppen **reduziert** bzw. **fleischig verdickt** und **ohne Nebenblätter.** Die Blüten sind meist klein und unscheinbar, zwittrig oder monözisch und stehen in knäuligen **Thyrsen** oder **Dichasien** (▶ Abschn. 7.1), **achsel-** oder **endständig,** mit häufig krautigen oder **trockenen Tragblättern.** Die **Blütenhülle fehlt** oder ist **einfach** und häufig **trockenhäutig** aus meist fünf (selten ein bis vier) **Tepalen.** Diese wird nach der Blüte häufig grünlich/rötlich, vergrößert sich und wird fleischig oder hart. Die meist **fünf Staubblätter** entspringen auf einem **Diskus,** der weitere **Pseudostaminodien**

Abb. 7.101 Nelkengewächse (Caryophyllaceae). **a** Rotes Seifenkraut (*Saponaria ocymoides*), mit Nebenkronen an der Öffnung der Blütenkronröhre. **b** Gipskraut (*Gypsophila tenuifolia*) – ein naher Verwandter des Schleierkrauts. **c** Gartennelke (*Dianthus caryophyllus*). **d** Felsennelke (*Dianthus petraeus*). **e** Kuckuckslichtnelke (*Lychnis flos-cuculi*). **f** Weibliche Blüte der Weißen Lichtnelke (*Silene latifolia*). **g** Das giftige und stark gefährdete Ackerunkraut Kornrade (*Agrostemma githago*). **h** Miere (*Minuartia circassica*). **i** Sich entwickelnde Kapselfrüchte einer weiblichen Pflanze der zweihäusigen Ohrlöffel-Lichtnelke (*Silene otites*) mit drei Narbenästen. **j** Vogelmiere (*Stellaria media*). (Fotos **a, g**: S. Mutz)

(nicht fertile, zurückgebildete, stamina-ähnliche Anhängsel) aufweisen kann. Der **oberständige** aus meist **zwei bis drei verwachsenen Fruchtblättern** bestehende **Fruchtknoten** besitzt **ein bis drei Griffel** und entwickelt sich zu einer **Kapsel** oder Beere, die von der persistierenden Blütenhülle bzw. von Hochblättern umschlossen wird.

Die Fuchsschwanzgewächse sind **weltweit verbreitet** und häufig in warmen bis temperaten Regionen. Es sind häufig **Helophyten** (Sumpfpflanzen) bis **Xerophyten** (Pflanzen trockener Standorte), während die ehemaligen Vertreter der Chenopodiaceae fast ausnahmslos **Halophyten** (auf Salzstandorten) sind. Als ökologische Anpassungsstrategien haben viele Amaranthaceae einen **C_4-Stoffwechsel** entwickelt, mit 17 verschiedenen Blattanatomietypen (unterschiedliche Kranzzellenanordnung). Die Fuchsschwanzgewächse umfassen wichtige Nutzpflanzen, z. B. viele, die aus der Gemeinen Rübe (*Beta vulgaris*, ◘ Abb. 7.102d–f) gezüchtet wurden, wie die Zuckerrüben (◘ Abb. 7.102d), Futterrüben, Rote Bete (◘ Abb. 7.102f) und Mangold (◘ Abb. 7.102e). Ferner gehört auch der Spinat (*Spinacia oleracea*) in diese Pflanzenfamilie, ebenso wie Quinoa (*Chenopodium quinoa*) und Amarant (*Amaranthus caudatus*, ◘ Abb. 7.102a, b), wobei Letzterer auch als Garten-Fuchsschwanz kultiviert wird.

7.10.2.7 Kakteen (Kakteengewächse, Cactaceae)

» (131 Gattungen, 1866 Arten)

Die Kakteengewächse besitzen in der Regel einen charakteristischen Wuchs, da fast alle Vertreter als Anpassung an trockene oder temporär trockene Standorte **Stammsukkulenz** aufweisen. Es sind meist ausdauernde Pflanzen (Kräuter, Sträucher und Lianen) mit einer Wuchshöhe zwischen wenigen Zentimetern und 15 m Höhe, selten werden Geophyten gebildet. Der meist für die Photosyntheseaktivität verantwortliche grüne Hauptspross kann verzweigt oder unverzweigt sein, ist oft zylindrisch oder als **Platykladium** abgeflacht (z. B. ◘ Abb. 7.103h, i) und hat häufig Rippen oder Warzen, auf welchen die seitlichen stark reduzierten Kurztriebe (**Areolen** ◘ Abb. 7.103d) entspringen. Diese sind in der Regel filzig oder borstig behaart und besitzen Dornen und häufig kleine, sukkulente, kurzlebige Laubblätter, die jedoch auch vollkommen fehlen können. **Nebenblätter**

◘ **Abb. 7.102** Fuchsschwanzgewächse (Amaranthaceae). **a, b** Garten-Fuchsschwanz (*Amaranthus caudatus*). **c** Mauer-Gänsefuß (*Chenopodium murale*). **d–f** Verschiedene Züchtungsformen von *Beta vulgaris* subsp. *vulgaris*: Zuckerrübe (**d**), Mangold (**e**), Weiß-Rote-Beete (**f**), wodurch die bikollateralen Leitbündel gut sichtbar werden, die beim sekundären Dickenwachstum zur Bildung immer neuer Kambiumringe führen. (Fotos **a, b**: S. Mutz; **d**: 4028mdk09, CC-BY-SA 3.0, unverändert; **e**: JH Mora, CC-BY-SA 3.0, unverändert; **f**: Jörgens.mi, CC-BY-SA 3.0, leicht verändert)

Abb. 7.103 Kakteen (Cactaceae). **a** *Reboutia* sp.; **b** *Reboutia flavistyla*. **c** Binsen- oder Gliederkaktus (*Hatiora salicornioides*). **d** *Cleistocactus candelilla*. **e** Schwarzbraundorniger Feigenkaktus (*Opuntia phaeacantha*). **f** *Ferocactus histrix*. **g** Diverse Kakteengewächse im botanischen Garten von Gran Canaria. **h** Kaktusfeige (*Opuntia ficus-indica*); **i** *Opuntia cymochila*. (Fotos **b**: Otakar Sidaderivative und Peter Coxhead, CC-BY 3.0; **c**: Paul Kaluschke, CC-BY 3.0, alle unverändert)

werden nie gebildet. Die **Leitbündel sind im Spross in der Regel kreisförmig bis oval angeordnet** und weisen häufig **Skleriden im Phloem** auf, während in die **Meristemzellen** häufig **Calciumoxalate** eingelagert werden. Neben einer oft **ledrigen, dickwandigen Epidermis** mit **dicker Kutikula** wird zur Stabilität meist noch eine darunterliegende Stützschicht mit lebenden Zellen, die **Hypodermis,** gebildet. Kakteen besitzen einen **C3-** bzw. **CAM-Stoffwechsel.** Die **Blüten** entstehen **seiten- oder endständig am sukkulenten Hauptspross** oder an den **Areolen.** Sie sind mit nur wenigen Ausnahmen **zwittrig** und **radiärsymmetrisch.** Das Perianth ist meist **vielzählig** mit sepaloiden und petaloiden Blütenhüllblättern, die **schraubig angeordnet** sind, ebenso sind die **Staubblätter vielzählig.** Abhängig von der Bestäuberspezifität (Nacht-, Tagfalter, Bienen, Käfer, Kolibris, Fledermäuse) sind die Blüten **röhren-, glocken- oder radförmig** und dementsprechend zu unterschiedlichen Zeiten und unterschiedlich lang bzw. kurz geöffnet bzw. geschlossen. Selten sind die Blüten kleistogam (öffnen sich nicht, sodass Selbstbestäubung erfolgt). Auf dem Blütenboden befinden sich **ringförmige, diskusartige Nektarien.** Der Fruchtknoten aus fünf bis vielen verwachsenen Fruchtblättern ist unter-, selten mittelständig und äußerlich mit Schuppen, Dornen oder Haaren besetzt, um Fraßfeinde abzuhalten. Die Früchte sind **Beeren** mit meist vielen wandständig (parietal) angeordneten Samen, die von Vögeln, Kleinsäugetieren oder Insekten (häufig Ameisen) ausgebreitet werden. Mit Ausnahme der Gattung *(Ripsalis)* kommen Kakteen ausschließlich auf dem **amerikanischen Kontinent** vor, vom südlichen Kanada bis Patagonien, in den verschiedensten Lebensräumen, denen jedoch gemein ist, dass saisonale Wasserknappheit vorherrschen muss. Viele Kakteen sind **Lokalendemiten** mit sehr kleinen Verbreitungsgebieten.

Die Indianer Nordamerikas und die Azteken nutzten Kakteen bereits sehr früh schon für rituelle Handlungen, so wurden z. B. auf dem „Schwiegermuttersessel" *(Echinocactus grusonii)* Menschenopfer dargebracht, und die Alkaloide mancher Arten wurden für Trancezustände verwendet. Heute werden Kakteen vom Menschen recht unterschiedlich genutzt, etwa als **Nahrungsmittel** (z. B. die Kaktusfeige, *Opuntia ficus-indica* [Abb. 7.103h], als Obst, Saft oder Marmelade), als **Brennstoff** oder wertvolles **Bauholz.** Ferner dienen Kakteen als Wirtspflanzen für die Cochenilleschildlaus *(Dactylopius coccus)*, die **Karminsäure produzieren,** aus dem der rote Farbstoff für **Campari** (natürlicher **Lebensmittelfarbstoff E120**), **Kosmetikartikel** (Lippenstifte) sowie für **Malerfarben** gewonnen wird. Kakteen werden oft als **Zimmerpflanzen** kultiviert, wobei zu beachten ist, dass alle Arten mit Ausnahme der Gattungen *Pereskiopsis*, *Pereskia* und *Quiabentia* unter das **Washingtoner Artenschutzabkommen** fallen und viele Arten durch Anhang I sehr streng geschützt sind. So kann z. B. das Ausgraben von Kakteen in Lateinamerika zu einer Gefängnisstrafe führen.

7.10.3 Hartriegelartige (Cornales)

» (6 Familien, 51 Gattungen, 590 Arten)

Zu den Hartriegelartigen gehören viele Arten, die bei uns als **Ziersträucher** und **-bäume** kultiviert werden, wie die **Hortensien** (*Hydrangea* sp., ◘ Abb. 7.104f), die **Kornelkirsche** (*Cornus mas*, ◘ Abb. 7.104b, c), der **Hartriegel** (*Cornus* sp., ◘ Abb. 7.104e), der **Taschentuchbaum** (*Davidia involucrata*, ◘ Abb. 7.104a), die **Pfeifensträucher** (*Philadelphus* sp.) und die **Deutzie** (z. B. *Deutzia gracilis, D. scabra*, ◘ Abb. 7.104d).

Es sind überwiegend **verholzte** Taxa, es kommen aber auch Kräuter und Lianen in dieser Ordnung vor. Häufig besitzen die

◘ **Abb. 7.104** Hartriegelartige (Cornales). **a** Taschentuchbaum in Blüte (*Davidia involucrata*). **b, c** Die einheimische Kornelkirsche (*Cornus mas*). **d** Raue Deutzie (*Deutzia scabra*). **e** Asiatischer Blütenhartriegel (*Cornus kousa*). **f** Hortensie (*Hydrangea macrophylla*). (Fotos **a–d**: S. Mutz)

Abb. 7.105 Heidekrautartige (Ericales). Ebenholzgewächse (Ebenaceae): **a** Lotuspflaume (*Diospyros lotus*); **b** Kaki (*Diospyros kaki*). Teestrauchgewächse (Theaceae): **c** Kamelie (*Camellia japonica*); **d** Teestrauch (*Camellia:sinensis*). Schlauchpflanzengewächse (Sarraceniaceae): **e** Kleine Schlauchpflanze (*Sarracenia minor*); **f** Rote Schlauchpflanze (*Sarracenia purpurea*). Strahlengriffelgewächse (Actinidiaceae): verschiedene Kiwi-Arten: **g** *Actinidia arguta*; **h** *Actinidia polygama*; **i** *Actinidia kolomikta*. Springkrautgewächse (Balsaminaceae): **j, k** Echtes Springkraut (*Impatiens noli-tangere*). (Fotos **b**: Sphl, CC-BY-SA 3.0, unverändert; **f, j, k**: S. Mutz)

Hartriegelartigen **einfache, gegenständige** oder **zusammengesetzte, spiralige Blätter.** Die Blüten stehen in der Regel in **Zymen** oder **Trauben** mit **vier- bis fünfzähligen, radiärsymmetrisch** angeordneten **Blütenorganen.** Die **Kronblätter und Staubblätter sind frei,** Letztere können vielzählig sein und sind häufig als **Bündel- oder Ringwallandroeceum** ausgebildet, z. B. beim Asiatischen Blütenhartriegel (Abb. 7.104e). Der **Fruchtknoten** ist **unterständig,** und es entwickeln sich Beeren, Kapseln oder steinfruchtartige Scheinfrüchte, die häufig von einem **persistierenden Kelch** umgeben sind, was dem Taschentuchbaum zu seinem Namen verholfen hat. Das Hauptverbreitungsgebiet der Hartriegelartigen liegt in den nördlichen gemäßigten Regionen und in den Subtropen, während sie auf dem amerikanischen Kontinent auch in den Anden zu finden sind.

7.10.4 Heidekrautartige (Ericales)

» (25 Familien, 346 Gattungen, 11.545 Arten)

Die Heidekrautartigen sind **meist verholzte** Pflanzen, die häufig **auf sauren, stickstoffarmen Böden** wachsen und **mit Mykorrhiza** vergesellschaftet sind. Heidekrautartige besitzen meist **wasserunlösliche Tannine** und **Triterpenoide,** insbesondere **Saponine** sowie **Ellagsäure.** Die Blätter sind meist **spiralig** angeordnet. Blüten sind in der Regel **zwittrig, fünfzählig** und besitzen **verwachsene Blütenblätter** (synpetal). Das Androeceum kann vielzählig sein, und häufig sind **Bündel- oder Ringwallandroeceen** zu finden.

Die Heidekrautartigen sind **weltweit verbreitet,** mit einem Verbreitungsschwerpunkt in den nördlichen gemäßigten Regionen der Erde sowie im Unterholz tropischer Regenwälder. Bei uns sind sie eher selten und dann schwerpunktmäßig in den Alpen, in Wäldern und in Mooren zu finden.

In den folgenden Kapiteln werden nur einige wenige Familien der Heidekrautartigen im Detail vorgestellt. Zu den Familien, auf die im Folgenden nicht weiter eingegangen wird, sollen jedoch einige wichtige Nutzpflanzenarten erwähnt werden:

- **Ebenholzgewächse (Ebenaceae):** mit verschiedenen Ebenholz-Arten der Gattung *Diospyrus* (■ Abb. 7.105a), zu welchen auch die Kakifrucht (*Diospyros kaki*, ■ Abb. 7.105b) gezählt wird.
- **Strahlengriffelgewächse (Actinidiaceae):** Hierzu zählt die Kiwi *(Actinidia deliciosa)*, die kultiviert wird, aber auch diverse Wildformen sind sehr schmackhaft (■ Abb. 7.105g–i).
- **Sapotengewächse (Sapotaceae):** Hierzu gehört der Breiapfelbaum *(Manilkara zapota)*, der mit Chicle einen wichtigen Grundstoff für die Kaugummiindustrie liefert.
- **Sperrkrautgewächse (Polemoniaceae):** Sie waren ursprünglich nordamerikanisch verbreitet, aber verwildern zum Teil bei uns, z. B. die Himmelsleiter *(Polemonium caeruleum)*. Manche Taxa werden als Zierpflanzen kultiviert, wie z. B. der Phlox (z. B. *Phlox paniculata*) sowie die Glockenrebe *(Cobaea scandens)*.
- **Schlauchpflanzengewächse (Sarraceniaceae):** Die mit ihren neuweltlich verbreiteten „fleischfressenden" Vertretern der Schlauchpflanzen (*Sarracenia*, ■ Abb. 7.105e, f), Sumpfkrüge *(Heliamphora)* und Kobralilie *(Darlingtonia californica)* fallen alle unter das Washingtoner Artenschutzabkommen und sind geschützt, werden aber aus zertifizierten Gartenbaubetrieben bei uns im Handel angeboten.
- **Teestrauchgewächse (Theaceae):** Hierzu gehören der Teestrauch (*Camellia sinensis*, ■ Abb. 7.105d), aus welchem Schwarzer sowie Grüner Tee gewonnen wird, die Kamelie (*Camellia japonica*, ■ Abb. 7.105c), die als Zierpflanze dient, und eine besonders ölhaltige Art der Teepflanze *(Camellia oleifera)* zur Speiseölproduktion.
- **Balsaminen**- oder **Springkrautgewächse (Balsaminaceae):** Sie sind vorwiegend in Afrika und Südasien an feuchteren Standorten verbreitet, aber auch mit dem Rührmichnichtan (*Impatiens noli-tangere*, ■ Abb. 7.105i, j) in Europa heimisch bzw. haben sich hier eingebürgert, z. B. das Drüsige Springkraut *(Impatiens glandulifera)* oder das Kleinblütige Springkraut *(Impatiens parviflora)*. Das Fleißige Lieschen *(Impatiens walleriana)* wird häufig als Beet- und Balkonpflanze kultiviert.

7.10.4.1 Primelgewächse (Primulaceae)

» (58 Gattungen, 2590 Arten)

Die Primelgewächse sind weltweit von den Dauerfrostzonen bis zu den Tropen verbreitet, mit einem **Verbreitungsschwerpunkt** in den **nördlichen gemäßigten Regionen.** Die krautigen Vertreter dieser Familie sind in der Regel **mehrjährig** und entwickeln **häufig Knollen oder unterirdische** bzw. oberirdische Ausläufer (**Rhizome** bzw. **Stolonen**). Die verholzten Arten können sowohl strauchförmig, baumförmig oder als Lianen wachsen. Einige Arten bilden farbigen Milchsaft (Latex), den sie in Interzellularkanäle (schizogene Kanäle) abgeben. Die Blätter sind meist einfach und sehr unterschiedlich angeordnet. Sie können **Drüsen** besitzen, sodass die Blattoberfläche drüsig punktiert erscheint. **Nebenblätter** kommen **nie** vor.

Die Blüten stehen **einzeln** oder in **Infloreszenzen**. Sie sind **zwittrig, radiärsymmetrisch, meist (drei- bis) fünfzählig (bis zu neunzählig).** Die **Kelchblätter** sind **verwachsen,** ebenso wie die **Kronblätter,** die zwar tief geteilt sein können, **basal** aber eine **Röhre** bilden. Die **fünf Staubblätter sind mit den Kronblättern verwachsen.** Der **oberständige Fruchtknoten** (mit aufgelösten Fruchtblattwänden [lysikarp] aus wahrscheinlich ehemals fünf verwachsenen Fruchtblättern) weist eine **zentrale Samenplazentation** auf. Es wird **ein Griffel** mit einer Narbe gebildet, wobei unterschiedliche Griffellängen in Bezug zur Filamentlänge (Staubfadenlänge) – **Heterostylie** genannt – **häufig** auftritt (◘ Abb. 7.106c). Die Frucht entwickelt sich zu einer **Kapsel** (meist Deckelkapsel). Typische chemische Inhaltsstoffe sind **Triterpensaponine,** und manche Arten scheiden über Drüsensekrete hautreizende Benzochinonderivate aus, jedoch nicht in unseren Regionen.

Bekannte **einheimische Arten** sind z. B. die Schlüsselblumen (*Primula veris,* ◘ Abb. 7.106a, b, oder *Primula elatior*), die Mehlprimel *(Primula farinosa)* bzw. die Aurikel *(Primula auricula),* die Mannsschilder

◘ **Abb. 7.106** Primelgewächse (Primulaceae). **a, b** Wiesen-Schlüsselblume (*Primula veris*). **c** Garten-Primel (*Primula* x *pubescens*) mit zwei Blüten, die Heterostylie aufweisen, *links* sind die Staubfäden kürzer als die Narbe und nicht zu sehen, *rechts* überragen die Staubblätter die Narbe, die dadurch nicht zu sehen ist. **d** Goldprimel oder Gelber Mannsschild (*Androsace vitaliana*). **e** Drüsiger Gilbweiderich (*Lysimachia punctata*). **f** Gewöhnliches Alpenglöckchen (*Soldanella alpina*). **g, h** Acker-Gauchheil (*Anagallis arvensis*), das mit orangener (**g**) und blauer (**h**) Blütenblattfarbe vorkommt. **i** Geschweiftblättriges Alpenveilchen (*Cyclamen repandum* susbsp. *peleponesiacum*), das im Mittelmeergebiet heimisch ist. (Fotos **c**: S. Mutz; **e**: Nicu Farcas, CC-BY-SA 3.0; **f**: fr:utilisateur:cptcv, CC-BY-SA 3.0, alle unverändert)

(*Androsace* sp., ◘ Abb. 7.106d), die insbesondere zur Blütezeit als überwiegend alpine Polster oder Gartenzierpflanze kultiviert sehr auffällig sind, ebenso wie das in montanen Regionen weit verbreitete Alpenglöckchen (*Soldanella* sp., ◘ Abb. 7.106f). Verschiedene Arten des Gilbweiderichs (*Lysimachia* sp., ◘ Abb. 7.106e) sind auf feuchten Standorten zu finden oder werden als Zierpflanze kultiviert. Bekannte Zierpflanzenvertreter, aber selten in der freien Natur zu finden und deshalb streng geschützt, sind das Alpenveilchen (*Cyclamen* sp., ◘ Abb. 7.106i) und die Wasserfeder *(Hottonia palustris),* die in Tümpeln, Gräben und Altwässern zerstreut vorkommt und in Deutschland in der Roten Liste der bedrohten Pflanzenarten als gefährdet geführt wird. Ein relativ häufiges Ackerunkraut dagegen ist der einjährige Gauchheil (*Anagallis* sp., ◘ Abb. 7.106g, h), das häufig auf ungespritzten nährstoffreichen Äckern oder mäßig trockenen Ruderalstellen zu finden ist.

7.10.4.2 Heidekrautgewächse (Ericaceae)

» (126 Gattungen, 3995 Arten)

Die Heidekrautgewächse sind meist **verholzte Bäume und Sträucher** bzw. **Kleinsträucher,** die häufig **immergrün** sind. Eine ganz besondere Ausnahme sind jedoch die Taxa der tropisch- und subtropisch verbreiteten Unterfamilie der Fichtelspargelartigen (Monotropoideae), die kein Chlorophyll bilden. Sie leben stattdessen parasitisch von einem Pilz, der die Pflanzen über die Pilzhyphen mit Nährstoffen versorgt. Der Pilz bezieht diese Nährstoffe wiederum von einer anderen Pflanze, mit der er in echter Symbiose lebt.

Die Blätter der Heidekrautgewächse sind **wechselständig** oder **spiralig** am Spross angeordnet, meist **ungeteilt** und **ohne Stipel.** Der **Blattrand** ist **glatt oder gezähnt** und kann eingerollt sein. Meist **fehlt ein Petiolus** (Blattstiel), und die Blätter sitzen direkt am Spross. Oft ist die Epidermis der Heidekrautgewächse mit **Haaren** und/oder **Drüsen** besetzt.

Die in der Regel **radiärsymmetrischen, fünfzähligen, langgestielten Blüten** sind **einzeln** oder häufiger in **terminalen Blütenständen** angeordnet. Die vier bis sieben Kelchblätter und drei bis sieben Kronblätter sind frei oder verwachsen. Das **Androeceum** steht in der Regel auf einem mit Nektardrüsen besetzten **Diskus.** Das **Gynoeceum** aus meist **vier bis fünf verwachsenen Fruchtblättern** kann oberständig bis unterständig sein, der Griffel besitzt häufig eine **kopfige Narbe.** Kapseln, Beeren und Steinfrüchte sind die typische Fruchtform, wobei Samen geflügelt oder mit Anhängseln versehen sein können.

Die Heidekrautgewächse haben einen Verbreitungsschwerpunkt in **borealen Regionen;** in den Tropen kommen sie eher in montanen Regionen vor. Sehr artenreich sind die Heidekrautgewächse in der Capensis (► Abschn. 8.2). Fast alle Heidekrautgewächse sind mit Mykorrhizapilzen vergesellschaftet, wodurch sie häufig saure, nährstoffarme Böden – besonders in Mooren und Heidegebieten – besiedeln können. **Heidelbeeren** (*Vaccinium myrtillus,* ◘ Abb. 7.107d) und **Preiselbeeren** (*Vaccinium vitis-idaea,* ◘ Abb. 7.107e) dienen dem menschlichen Verzehr. **Erika, Schnee-** und **Besenheide** (*Erica* sp., *Calluna* sp., ◘ Abb. 7.107b, c) sowie **Rhododendren** und **Azaleen** (*Rhododendron* sp., ◘ Abb. 7.107a) werden als Zierpflanzen kultiviert. In den mitteleuropäischen Gebirgen werden *Rhododendron hirsutum* und *R. ferrugineum* als **Alpenrose** bezeichnet, obwohl dieser Name irreführend sein kann, da die Rosengewächse einer anderen Ordnung zugehören. Ebenso gibt es im Mittelmeer die Erdbeerbäume (*Arbutus* sp., ◘ Abb. 7.107f), die auch zu den Heidekrautgewächsen gehören, bei denen nur die Früchte in sehr geringem Maße bei Reife einer Erdbeere ähneln (◘ Abb. 7.107g).

Abb. 7.107 Heidekrautgewächse (Ericaceae). **a** Rhododendron. **b** Besenheide (*Calluna vulgaris*). **c** Heide (*Erica georgica*). **d** Heidel- oder Blaubeere (*Vaccinium myrtillus*). **e** Preiselbeere (*Vaccinium vitis-idaea*). **f, g** Östlicher Erdbeerbaum (*Arbutus andrachne*) aus dem Mittelmeerraum, mit Blüten in Rispen und noch unreifen Früchten, die bei Reife rot (wie Erdbeeren) werden. (Fotos **d**: Anneli Salo, CC-BY-SA 3.0; **e**: Jonas Bergsten, CC-BY-SA 3.0, beide unverändert)

7.11 Asteriden I, Lamiiden oder Euasteriden I

Die Lamiiden (Abb. 7.108) waren ehemals nach der Gattung *Lamium* (Taubnessel) benannt und werden entweder als Asteriden I oder Euasteriden I bezeichnet. Häufig besitzen sie **gegenständige,** mehr oder weniger **ganzrandige, einfache Blätter** sowie Blüten, deren **Kronblätter verwachsen** sind. Ihr Fruchtknoten besteht in der Regel aus **zwei verwachsenen Fruchtblättern** und ist meist

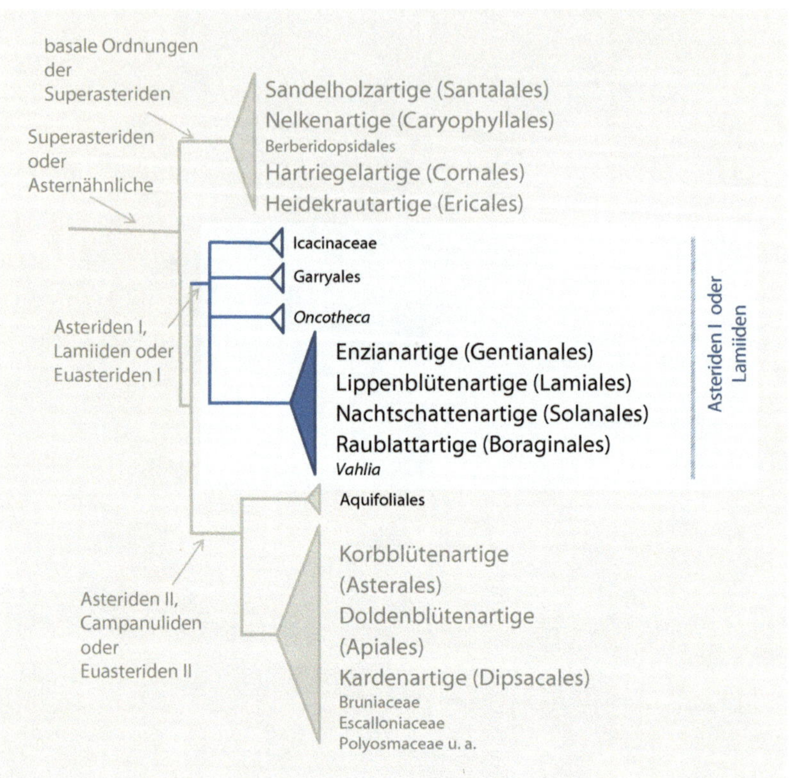

Abb. 7.108 Systematik der Lamiiden, die auch Euasteriden I oder Asteriden I genannt werden

oberständig, wobei die Rötegewächse (Rubiaceae) hier eine Ausnahme darstellen. Die Früchte sind oft **vielsamige Kapseln.**

7.11.1 Enzianartige (Gentianales)

» (5 Familien, 1118 Gattungen, 16.637 Arten)

Die Enzianartigen umfassen **krautige** als auch **verholzte Pflanzen** sehr unterschiedlicher Lebensformen. Typische Merkmale sind jedoch einfache, **meist ganzrandige, gegenständige Laubblätter, bikollaterale Leitbündel** und sehr charakteristische Sekundärstoffe in Form von **Iridoidderivaten, Indolalkaloiden, Flavonen, wasserunlöslichen Tanninen** (z. B. Myricetin) und herzwirksamen **Glycosiden** des Cardenolidtyps. Die **vier- bis fünfzähligen Blüten** sind gewöhnlich **radiärsymmetrisch,** mit einfacher oder doppelter Blütenhülle und nur **einem Staubblattkreis.** Die Fruchtknoten sind recht unterschiedlich, auffällig sind jedoch häufig die **kopfigen Narben.**

Von den fünf Familien der Enzianartigen werden im Folgenden nur drei im Detail vorgestellt. Nur kurz erwähnt werden sollen die **Brechnussgewächse (Loganiaceae),** die mit 13 Gattungen und 142 Arten tropisch bis subtropisch verbreitet sind und zu welchen die Gewöhnliche Brechnuss *(Strychnos nux-vomica)* gehört, deren Rinde, Blätter und Samen das giftige Alkaloid **Strychnin** enthalten, das als Nervengift, Aufputsch- und Dopingmittel, Aphrodisiakum und in der ayurvedischen und homöopathischen Medizin Anwendung findet. Ferner gehört **Curare** *(Strychnos toxifera)* in diese Gruppe, dessen Milchsaft von der indigenen Bevölkerung Südamerikas als **Pfeilgift** genutzt wurde.

7.11.1.1 Hundsgiftgewächse (Apocynaceae)

» (ca. 415 Gattungen, 4555 Arten)

Die Hundsgiftgewächse wurden aufgrund ihrer Inhaltsstoffe, wie **Herzglycoside, Indolalkaloide, Triterpene** und **Kautschuk** so benannt. Insbesondere Vergiftungen mit herzwirksamen Glycosiden führen zu schlimmer **Übelkeit, Magen-Darm-Beschwerden, Hypertonie, Koma** und schlussendlich zum **Herzstillstand** und gelten als sehr gefährlich.

Die Hundsgiftgewächse sind **vorwiegend in tropisch-warmen Regionen** der Erde zu finden, mit einem Verbreitungsschwerpunkt in der **Capensis** (▶ Abschn. 8.2). Nur vier Gattungen – jeweils zwei hundsgiftartige (Apocynoideae) und zwei seidenpflanzenartige (Asclepiadoideae) – wachsen auch in Mitteleuropa, wobei die aus Nordamerika stammende Seidenpflanze *(Asclepias syriaca)* in Mitteleuropa verwildert und teilweise eingebürgert ist.

Weltweit gehören zu den Hundsgiftgewächsen **Bäume und Sträucher, seltener krautige Pflanzen,** jedoch **viele Lianen,** die meist einen **klaren Milchsaft** enthalten und **immergrün** sind. In Trockenregionen entwickeln sich aber auch „kaktus-" oder „elefantenfußartige" Vertreter mit **sukkulenten Sprossachsen** oder basal verholzten **Sprossknollen,** auch **Rutensträucher** oder zur Photosynthese verbreiterte Sprossachsen **(Phylokladien).** Die meist gegenständigen oder spiraligen, einfachen, ganzrandigen Laubblätter haben entweder nur **sehr kleine** oder **gar keine Stipel (Nebenblätter). Stomata** sind **paracytisch,** sodass zwei Nebenzellen des Spaltöffnungsapparates parallel zu den Schließzellen liegen. Ferner werden **bikollaterale Leitbündel** gebildet.

Die **zwittrigen, radiärsymmetrischen,** meist **fünfzähligen Blüten** stehen in der Regel in **Rispen,** die **von auffällig gefärbten Hochblättern** umgeben sein können. Die **Blütenhülle** ist meist **doppelt,** und der aus **fünf verwachsenen Sepalen** bestehende Kelch ist häufig auf der Außenseite basal mit mehrzelligen **Drüsenhaaren** besetzt. Die **verwachsenen Kronblätter** sind oft **windradartig gedreht** (◘ Abb. 7.109b). Die **fünf Staubblätter formen eine zusätzliche Nebenkrone** aus Wülsten, die eine Nektarwanne bilden. Entlang der Antheren werden spezielle Leisten gebildet, an welchen Bestäuber weggleiten und in die Klemmkörper rutschen. Beim Befreien lösen sie automatisch die zu Pollinien verklebten Pollenkörner aus den Pollensäcken und/oder berühren den fünfkantigen Narbenkopf, um mitgebrachte Pollinien auf die Narbe zu transportieren. Dieser hoch spezialisierte Bestäubungsmechanismus wird auch als **Klemmfallenmechanismus** bezeichnet. Der aus meist **zwei Karpellen** bestehende, **synkarpe** (verwachsene), **oberständige Fruchtknoten** ist **basal mit Nektarien** versehen und entwickelt sich meist zu **Balgfrüchten.** Die **Samen** sind oft **behaart** (◘ Abb. 7.109d). Viele Hundsgiftgewächse sind triploid oder stark polyploid.

Einheimische Vertreter sind die Schwalbenwurz (*Vincetoxicum hirundinaria,* ◘ Abb. 7.109g) sowie das Kleine und das Große Immergrün (*Vinca minor, V. major,* ◘ Abb. 7.109a, b). Als Zierpflanzen werden die Wachsblumen (*Hoya* sp.), Stapelien *(Stapelia lepida),* der Oleander (*Nerium oleander,* ◘ Abb. 7.109c, d) und die Dipladenie *(Mandevilla sanderi)* kultiviert, während Frangipani (*Plumeria rubra,* ◘ Abb. 7.109f) in wärmeren Regionen der Erde ein häufiger Straßenbaum ist. Unterschiedliche Arten des Tribus Stapelioideae werden auch als **Aasblumen** bezeichnet, z. B. der Gattungen *Stapelia, Hoodia, Huernia* und *Orbea.*

7.11.1.2 Rötegewächse (Rubiaceae)

» (611 Gattungen, 13.150 Arten)

Die Rötegewächse gehören in die Gruppe der **fünf artenreichsten Pflanzenfamilien.** Sie sind

Abb. 7.109 Hundsgiftgewächse (Apocynaceae). **a, b** Großes Immergrün (*Vinca major*). **c, d** Oleander (*Nerium oleander*) an seinem Wildstandort und mit Blüten. **e** Westafrikanische Korkenzieherblume (*Strophanthus preussii*). **f** Frangipani (*Plumeria rubra*). **g** Schwalbenwurz (*Vincetoxicum hirundinaria*). (Fotos **d**: Magnus Manske, CC-BY-SA 3.0; **f**: Olivier Pichard, CC-BY-SA 3.0; **g**: Minghong, CC-BY-SA 3.0, alle unverändert)

weltweit verbreitet, vorwiegend auf der **südlichen Hemisphäre,** insbesondere in Madagaskar und der Andenregion. In Deutschland sind nur fünf Gattungen mit ca. 38 Arten heimisch (z. B. der Acker-Meier Abb. 7.110a und die Ackerröte Abb. 7.110b) und dadurch eher unbedeutend. Allerdings umfassen die Rötegewächse einige Nutzpflanzen für den Menschen, z. B. die **Kaffeepflanze** (*Coffea* sp., Abb. 7.110d), den **Waldmeister** *(Galium odoratum)* und die Färberröte, auch Färberkrapp genannt, *(Rubia tinctorum)*, die ehemals ein wichtiges Handelsgut zwischen Europa und Asien war. Die Früchte des Nonibaums *(Morinda citrifolia)* werden zur Saftherstellung verwendet, während die Brechwurzel *(Carapichea ipecacuanha)* und die Brechsträucher (*Psychotria* sp., Abb. 7.110c) als Abführmittel

Abb. 7.110 Rötegewächse (Rubiaceae) und Enziangewächse (Gentianaceae). Rötegewächse: **a** Acker-Meier (*Asperula arvensis*); **b** Ackerröte (*Sherardia arvensis*); **c** Brechsträucher (*Psychotria cathagensis*); **d** Kaffeestrauch (*Coffea arabica*); **e** Gardenie (*Gardenia jasminoides*). Enziangewächse: **f** Schusternagel oder Frühlingsenzian (*Gentiana verna*); **g** Schwalbenwurzenzian (*Gentiana asclepiadea*); **h** Gewöhnlicher Fransenenzian (*Gentianopsis ciliata*); **i** Kalk-Glockenenzian (*Gentianella clusii*). (Foto **a**: Kurt Stueber, CC-BY-SA 3.0, b: Fornax, CC-BY-SA 3.0, **e**: Shih-Shiuan Kao, CC-BY-SA 2.0, alle unverändert)

und aufgrund ihrer halluzinogenen Wirkungen als Medizinalpflanzen verwendet werden. Der Knopfbusch *(Cephalanthus occidentalis)* wird mitunter als Gartenziergehölz kultiviert, während die Gardenie (z. B. *Gardenia jasminoides*, Abb. 7.110e) eher als ausdauernde Topfpflanze in den Handel kommt.

In den tropischen bis subtropischen Regionen sind die Rötegewächse meist Bäume und Sträucher, während sie bei uns eher krautig und ein- bis mehrjährig sind. Der **Stängel** ist meist **vierkantig** und knotig verdickt und immer **ohne Milchsaft.** Die Blätter sind meist **gegenständig** oder **wirtelig** angeordnet und besitzen Stipel, die laubblattähnlich sind. Die Blattspreite ist immer **einfach,** häufig mit paracytischen Spaltöffnungen, sodass zwei Nebenzellen parallel zu den Schließzellen angeordnet sind. Oft sind **Trichome und Raphiden** (Calciumoxalatkristalle) vorhanden. Häufig, insbesondere bei Rubiaceae wärmerer Regionen, werden **Domatien** gebildet – Wohnräume für Tiere (meist Milben oder Ameisen) auf der Pflanze in Form von Gruben, Taschen oder durch Haarbüschel.

Die Blüten stehen einzeln oder in Zymen, Rispen oder Köpfen, manchmal mit auffällig gefärbten Hochblättern. Tropische und subtropische Vertreter, wie z. B. der Kaffeestrauch, blühen am Stamm **(Cauliflorie)** und werden von Tieren, die den Stamm

7

entlangkrabbeln, bestäubt. Die meist **zwittrigen Blüten sind radiärsymmetrisch, (drei-) vier- bis fünfzählig, mit einfacher oder doppelter Blütenhülle.** Manchmal besitzen die Sepalen einen **Außenkelch.** Der Kelch ist vielgestaltig, während die **Kronblätter basal röhrig verwachsen** sind und in Mitteleuropa meist **Stieltellerblüten** bilden. Die **Staubblätter** sind in der Regel **fünfzählig** und **unverwachsen** und stehen auf einem **Diskus** (Wulst mit Nektardrüsen). Die meist zwei (bis neun) verwachsenen **(synkarpen) Fruchtblätter** sind in der Regel **unterständig** und besitzen großenteils **einen oder zwei bis fünf Griffel.** Oft liegt **Heterostylie** vor (unterschiedliche Staubfadenlängen in Bezug zur Griffellänge), um Selbstbestäubung zu vermeiden. Es bilden sich meist Spaltfrüchte, selten Beeren, Steinfrüchte oder Kapseln, die auch zu Sammelfrüchten verwachsen sein können, z. B. beim Nonibaum *(Morinda citrifolia).* Als Bestäuber dienen Insekten, während die Früchte meist autochor (selbstständig) oder zoochor (durch Tiere) verbreitet werden.

7.11.1.3 Enziangewächse (Gentianaceae)

» (88 Gattungen, ca. 1675 Arten)

Die Enziangewächse sind **kosmopolitisch verbreitet,** fehlen jedoch in den Trockenregionen der Erde. Es sind **ein- bis mehrjährige, krautige Pflanzen,** selten sind sie verholzt. Sie besitzen meist **gegenständige** oder **rosettige, ungestielte, einfache Laubblätter** mit **glattem Blattrand** und **ohne Behaarung,** was als Synapomorphie (evolutionäre Weiterentwicklung) gewertet wird. Am Stängel sitzen die Laubblätter häufig in Form von Leisten an. **Nebenblätter kommen nie vor.** Die Blüten stehen end- oder achselständig, einzeln oder in Dichasien, die von Hochblättern umgeben sein können. Sie besitzen ein **Perianth** aus meist vier bis fünf (bis zwölf) zumindest **basal verwachsenen Sepalen und** vier bis fünf (bis zwölf) **verwachsenen Petalen, die radiär, röhren- oder radförmig und häufig auffällig gefärbt sind.** Der Staubblattkreis umfasst die gleiche Anzahl an Blütenorganen wie die einzelnen Blütenhüllkreise, und die Staubblätter sind mit der inneren Blütenhülle verwachsen. **Heterostylie** ist häufig, um das Risiko einer Selbstbestäubung durch Insekten zu reduzieren. **Nektarien werden nie gebildet,** was ebenfalls als synapomorphes Merkmal gewertet wird.

Der aus **zwei Fruchtblättern** verwachsene, mit aufgelösten Fruchtblattwänden versehene **(lysikarpe), oberständige** Fruchtknoten, entwickelt sich meist zu einer **Kapsel,** seltener zu einer wenigsamigen Beere. Die kleinen **Samen** enthalten **Öl** und können **geflügelt oder ungeflügelt** sein. Häufig fungieren **Bitterstoffe** als Abwehrmechanismen gegen Herbivoren, wobei es sich meist um Secoiridoide handelt.

Verschiedene Enzianarten (*Gentiana* sp., ◘ Abb. 7.110f, g), Kranzenzianarten (*Gentianella* sp., ◘ Abb. 7.110i), der Sumpfenzian *(Swertia perennis),* alle Arten des Tausendgüldenkrauts (*Centaurium* sp.) sowie das Tauernblümchen *(Lomatogonium carinthiacum)* stehen in Deutschland unter **Naturschutz** und dürfen weder ausgegraben noch gepflückt werden. Aus der Wurzel des Gelben Enzians *(Gentiana lutea)* wird **Schnaps** gewonnen, diverse Enzianarten (*Gentiana* sp.) dienen als **Gartenzierpflanzen** und Arten der nordamerikanischen Gattung *Eustoma* werden als **Schnittblumen** kultiviert.

7.11.2 Lippenblütenartige (Lamiales)

» (24 Familien, 1059 Gattungen, 23.810 Arten)

12,3 % aller Arten, die zu den Eudikotylen gezählt werden, gehören zu den Lippenblütenartigen. Sie umfassen viele krautige Vertreter mit meist gegenständigen Blättern, die häufig multizelluläre, drüsige Haare aufweisen. Die meist zwittrigen Blüten sind in der Regel vier- bis fünfzählig mit zwei oder vier Staubblättern, die häufig mit den Blütenblättern verwachsen sind. Die Lippenblütenartigen besitzen einen Fruchtknoten mit meist zwei, selten bis zu fünf verwachsenen Fruchtblättern, die zum Teil falsche Scheidewände aufweisen. Als sekundäre Inhaltsstoffe werden neben ätherischen Ölen häufig Iridoide gebildet, und in den Samen wird Stärke durch Oligosaccharide ersetzt. Innerhalb der Lamiales wurde bislang bei den parasitischen und insektivoren Vertretern keine Mykorrhiza gefunden.

Nur auf die wichtigsten Vertreter wird im Folgenden mehr im Detail eingegangen, einige Familien sollen trotzdem hier kurz Erwähnung finden:

- Die **Akanthusgewächse (Acanthaceae,** ◘ Abb. 7.111a–e) sind vorwiegend tropisch und zum Teil im Mittelmeerraum verbreitet. Als Zierpflanzen werden Akanthus (*Acanthus* sp.) und die Schwarzäugige Susanne *(Thunbergia alata)* kultiviert. Die Blätter von *Acanthus* dienten im antiken Griechenland als Vorlage zur Verzierung von korinthischen Kapitellen und Säulen. Diverse *Avicennia*-Arten der Acanthaceae sind für Mangroven und tropischen Küstenschutz von Bedeutung. Die krautige Wasserpflanze *Hygrophila polysperma* wird in der Aquaristik verwendet und als Wasserfreund bezeichnet.
- Die **Eisenkrautgewächse (Verbenaceae,** ◘ Abb. 7.111f–i) sind vorwiegend in den gemäßigten Regionen der Tropen und Subtropen zu finden. Sie besitzen einen charakteristischen vierkantigen Stängel mit meist gegenständigen, selten quirligen Blättern ohne Stipel. Die Zitronenverbene *(Aloysia citrodora)* verströmt beim Zerreiben einen stark zitronenhaltigen Duft aufgrund von ätherischen Ölen. Das Wandelröschen (*Lantana* sp.) ist in der Neotropis verbreitet und eine häufige Zierpflanze, das Eisenkraut (*Verbena* sp.) wird als Gartenpflanze kultiviert und kommt mit einer Art in Mitteleuropa vor *(Verbena officinalis)*.
- Zu den **Gauklerblumengewächsen (Phrymaceae)** wird die Gelbe Gauklerblume (*Mimulus guttatus,* ◘ Abb. 7.111j) gezählt, die bei uns als Neophyt eingewandert ist und sich entlang von Flussläufen und feuchten Standorten ausbreitet.
- Zu den **Ölbaumgewächsen (Oleaceae,** ◘ Abb. 7.111k–o) gehören neben dem Olivenbaum *(Olea europaea)* viele Ziersträucher, wie der Flieder *(Syringa vulgaris)*, der Liguster (*Ligustrum* sp.), der Jasmin (*Jasminum* sp.) und die Forsythie *(Forsythia suspensa)*. Ein einheimischer Vertreter ist z. B. die Gemeine Esche *(Fraxinus excelsior)*.
- Die **Gesneriengewächse (Gesneriaceae,** ◘ Abb. 7.111s–u) sind überwiegend tropisch verbreitet. Da sie meist schattenverträglich sind, wachsen sie oft im Unterwuchs oder als Epiphyten in tropischen Regionen. Typisch sind röhrenförmige Blüten und behaarte Blätter. Bekannte Zierpflanzen sind das Usambaraveilchen (*Saintpaulia* sp.), die Gloxinie *(Sinningia speciosa)*, die Drehfrucht (*Streptocarpus* sp.) sowie diverse Blumenampelpflanzen als Zierpflanzen.
- Die **Wasserschlauchgewächse (Lentibulariaceae,** ◘ Abb. 7.111p–r) umfassen drei Gattungen: Wasserschläuche *(Utricularia)*, Fettkräuter *(Pinguicula)* und Reusenfallen *(Genlisea)*. Alle Taxa sind karnivor („fleischfressend"). Der Wasserschlauch (*Urticularia* sp.) besitzt mikroskopisch kleine Fangblasen an Unterwassersprossen. Durch Unterdruck kann er kleine Beutetiere, wie Wasserflöhe, Rädertierchen, Fadenwürmer und Schnecken hineinsaugen, damit diese in den Fangblasen verdaut werden. Die Fangbewegung des Wasserschlauchs wird bislang als die schnellste mechanische Pflanzenbewegung angesehen. Das Fettkraut (*Pinguicula* sp.) ist in alpinen Regionen weit verbreitet und besitzt Klebe- und Verdauungsdrüsen auf der Blattoberfläche für seine Beute. Die Reusenfallen *(Genlisea)* sind wurzellos, besitzen stattdessen aber unterirdische Reusenblätter (Rhizophylle), um bodenbewohnende Lebewesen zu fangen und zu

Abb. 7.111 Lippenblütenartige (Lamiales). Akanthusgewächse: **a, b** Akanthus (*Acanthus* sp.); **c** *Thunbergia laurifolia*; **d** *Thunbergia mysorensis*; **e** *Fittonia albivenis*. Eisenkrautgewächse: **f** Mönchspfeffer (*Vitex agnus-castus*); **g** Echtes Eisenkraut (*Verbena:officinalis*); **h** Wandelröschen (*Lantana camara*); **i** *Phyla nodiflora*. **j** Gauklerblumengewächse: Gelbe Gauklerblume (*Mimulus guttatus*). Ölbaumgewächse: **k** Olive (*Olea europaea*); **l** Winterjasmin (*Jasminum nudiflorum*); **m** Forsythie (*Forsythia suspensa*); **n** Flieder (*Syringa vulgaris*); **o** Esche (*Fraxinus excelsior*). Wasserschlauchgewächse: **p** Gewöhnlicher Wasserschlauch (*Utricularia vulgaris*); **q** Echtes Fettkraut (*Pinguicula vulgaris* var. *macroceras*); **r** Gelbe Reusenfalle (*Genlisea aurea*). Gesneriengewächse: **s** *Aeschynanthus speciosus*; **t** *Haberlea rhodopensis*; **u** Echtes Usambaraveilchen (*Saintpaulia ionantha* subsp. *pendula*). (Fotos **e**: Karelj, CC-BY-SA 3.0; **h**: Fan Wen, CC-BY-SA 4, ut; **j**: Docentjoyce, CC-BY 2.0; **q**: Foto H. Zell, CC-BY-Sa 3.0; **q**: Alpsdake, CC-BY-SA 4.0; **r**: Michal Rubeš, CC-BY 3.0, alle unverändert)

verdauen. Die Reusenfallen verfügen über das kleinste bekannte pflanzliche Genom mit ca. 63,4 Mbp (Megabasenpaaren, 63.400.000 bp).

7.11.2.1 Trompetenbaumgewächse (Bignoniaceae)

» (110 Gattungen, 800 Arten)

Die Trompetenbaumgewächse sind schwerpunktmäßig in den **tropischen** und **subtropischen** Regionen, insbesondere in **Mittel- und Südamerika** verbreitet. Es sind **meistens verholzte Pflanzen,** selten sind sie krautig. Die Blätter sind meist mehr oder weniger **gegenständig** und zusammengesetzt, **ohne Nebenblätter.** Die Blüten sind **zwittrig** und **zygomorph.** Die doppelte Blütenhülle ist **fünfzählig, verwachsen** oder **zweilippig.** Das Androeceum besteht aus **vier Stamina,** die **mit den Petalen verwachsen** sind. Der **oberständige Fruchtknoten** aus **zwei verwachsenen Fruchtblättern** steht in der Regel auf einem nektarführenden **Diskus** und besitzt **einen Griffel.** Als Frucht entsteht normalerweise eine **Kapsel,** die geflügelt sein kann.

Bei uns wird der **Trompetenbaum** (*Catalpa bignonioides* ◘ Abb. 7.112a) als Straßenbaum angepflanzt und ist leicht an seinen herzförmigen, großen Blättern und den Kapselfrüchten zu erkennen. In tropischen Ländern wird häufig der **Palisanderholzbaum** (*Jacaranda mimosifolia,* ◘ Abb. 7.112b) als Straßenbaum angepflanzt, der oft üppig blau-violett blüht, bzw. es werden die Afrikanischen Tulpenbäume (*Spathodea campanulata, S. nilotica*) angepflanzt, die zur Blütezeit üppig orange-rot blühen. Dem **Leberwurstbaum** (*Kigelia pinnata,* ◘ Abb. 7.112c), der leberwurstähnliche Früchte bildet, wird eine Wirkung als Aphrodisiakum nachgesagt, während die Rinde von **Lapacho** *(Tabebuia impetiginosa)* als Tee verwendet wird. Die **Trompetenblume** (*Campsis radicans,* ◘ Abb. 7.112d) wird als Kletterpflanze häufig in Gärten kultiviert, ist jedoch nicht vollständig winterhart. Weitere Zierpflanzen, die bei uns in den Handel kommen, sind z. B. die **Gartengloxinie** *(Incarvillea delavayi)* und die **Schönranke** *(Eccremocarpus scaber).*

7.11.2.2 Wegerichgewächse (Plantaginaceae)

» (90 Gattungen, 1900 Arten)

Aufgrund von molekulargenetischen Erkenntnissen wurden die Wegerichgewächse in den letzten Jahren sehr stark umgruppiert und umfassen heute eine **relativ große Formenvielfalt.** Alle Taxa besitzen jedoch eine mehr oder weniger **pfeilförmige Basis der Staubbeutel** (◘ Abb. 7.113e, *Pfeil*), **Kapselfrüchte,** die sich an den Seiten öffnen, und besondere **Drüsenhaare**. Ansonsten umfassen die Wegerichgewächse **meist einjährige oder ausdauernde, krautige Pflanzen, selten Sträucher.** Die Blattanordnung am Stängel ist divers. Die meist einfachen Blätter **ohne Stipel** können einen glatten Blattrand besitzen oder bis fiederspaltig gelappt sein. Die Blüten stehen einzeln oder in Infloreszenzen und sind meist **zwittrig und zygomorph.**

◘ **Abb. 7.112** Trompetenbaumgewächse (Bignoniaceae). **a** Gewöhnlicher Trompetenbaum (*Catalpa bignonioides*). **b** Palisanderholzbaum (*Jacaranda mimosifolia*). **c** Leberwurstbaum (*Kigelia pinnata*). **d** Trompetenblume (*Campsis radicans*). (Fotos **a**: Le.Loup.Gris GFDL; **b**: Caroig, GFDL; **c**: Bjørn Christian Tørrissen, CC-BY-SA 3.0, alle unverändert)

Die Blüten besitzen einen vier- oder fünfzähligen Kelch, der frei oder verwachsen sein kann. Bei manchen Arten, z. B. dem Wegerich (◘ Abb. 7.113e), der **windbestäubt** ist, wurden die Kronblätter zurückgebildet. Sind Kronblätter vorhanden, so besteht die Krone aus meist fünf verwachsenen Petalen (Ausnahme: z. B. Ehrenpreis, ◘ Abb. 7.113i). Manche Taxa bilden eine Blütenkrone mit einem **Sporn** (länglich ausgezogene Blütenblätter mit Nektardrüsen in der Spornspitze für die Bestäuber, ◘ Abb. 7.113c, d, *Pfeile*).

◘ **Abb. 7.113** Wegerichgewächse (Plantaginaceae). **a** Großes Löwenmäulchen (*Antirrhinum majus*). **b** Acker-Löwenmaul (*Misopates orontium*). **c** Gewöhnliches Leinkraut (*Linaria vulgaris*) mit gespornten Blüten (*Pfeil*). **d** Aleppo-Leinkraut (*Linaria chalepensis*), gespornte Blüten (*Pfeil: Staubbeutel der Blüten mit stark reduzierter Blütenhülle in einem ährenförmigen Blütenstand*). **e** Alpenwegerich (*Plantago alpina*). **f** Gelber Fingerhut (*Digitalis lutea*). **g** Strauchveronika (*Hebe* sp.). **h** Kugelblume (*Globularia nudicaulis*). **i** Dreilappiger Efeublättriger Ehrenpreis (*Veronica hederifolia* subsp. *trilobata*). **j** Lanzettblättriges Tännelkraut (*Cymbalaria microcalyx* subsp. *acutiloba*)

Bei anderen Taxa ist die Kronröhre entweder durch **Haare** oder eine **Ausstülpung des Blütenblatts** verengt (z. B. bei den Löwenmäulchen oder den Leinkräutern, ◘ Abb. 7.113a–d, j), um den Zugang zu Pollen und Nektar zu regulieren, denn nur Bestäuber mit ausreichendem Gewicht sind in der Lage, das entsprechende Blütenblatt herunterzudrücken. Sind **Kronblätter** vorhanden, so sind die zwei bis fünf **Staubblätter** meist mit diesen **verwachsen. An der Basis** der Staubblätter befinden sich **Nektardrüsen** auf einem verdickten Wulst **(Diskus).** Das **Gynoeceum** aus **einem oder zwei verwachsenen Fruchtblättern** ist **oberständig** und besitzt einen Griffel mit einer **zweilappigen** oder **kopfigen Narbe.** Es entwickeln sich vielsamige **Kapselfrüchte,** wobei die Samen geflügelt sein können und als Stärke das Trisaccharid **Planteose** bilden.

Als Schutz vor Fraßfeinden werden häufig **Iridoide** gebildet, und einige Arten entwickeln **herzwirksame Glycoside** und **Steroidsaponine.** Die Wegerichgewächse sind fast **weltweit** verbreitet; heimisch in Mitteleuropa sind z. B. das Zimbelkraut *(Cymbalaria muralis)*, das häufig in feuchten Mauerritzen zu finden ist, die Leinkräuter (*Linaria* sp., ◘ Abb. 7.113c, d, j), der Fingerhut (*Digitalis* sp., ◘ Abb. 7.113f), Ehrenpreis (*Veronica* sp., ◘ Abb. 7.113i), Wegeriche (*Plantago* sp., ◘ Abb. 7.113e) auf Trittrasenflächen mit stark reduzierter, an anemophile Bestäubung angepasster Blütenhülle, des Weiteren die Kugelblume (*Globularia* sp., ◘ Abb. 7.113h) sowie die Sumpf- oder Wasserpflanzen Tannenwedel *(Hippuris vulgaris)* und Wassersterne (*Callitriche* sp.). Von medizinischer Bedeutung sind diverse Wegericharten, z. B. der Spitzwegerich *(Plantago lanceolata)* und der Flohsamen *(P. afra)* sowie Fingerhüte, z. B. der Wollige oder der Rote Fingerhut *(Digitalis lanata, D. purpurea)*. Verschiedene Arten werden als Zierpflanzen kultiviert.

7.11.2.3 Braunwurzgewächse (Scrophulariaceae)

» (65 Gattungen, 1800 Arten)

Früher wurde diese Pflanzenfamilie auch als Rachenblütler bezeichnet, wobei jedoch viele Gattungen mittlerweile zu den Wegerichgewächsen gezählt werden. Von der ehemals sehr umfangreichen Familie sind heute nur noch drei Gattungen in Deutschland verbreitet: der ehemals aus Ostasien stammende und bei uns stark verwilderte **Sommerflieder** (*Buddleja* sp., ◘ Abb. 7.114c) sowie die **Braunwurz** (*Scrophularia,* ◘ Abb. 7.114a, b) und die **Königskerze** (*Verbascum* sp., ◘ Abb. 7.114d, e). Es handelt sich überwiegend um **ein- bis mehrjährige Kräuter, selten Sträucher** mit wechsel- oder gegenständigen Blättern **ohne Stipel.** Die Blütenstände sind meist **Trauben mit vier- bis fünfzähligen zygomorphen Blüten,** die zum Teil oberflächlich betrachtet als radiärsymmetrisch erscheinen, aufgrund der Staubfadenanordnung jedoch zygomorph sind. Die **Kelchblätter** und die **Kronblätter** sind jeweils **zu einer Röhre verwachsen,** manche Kronblätter entwickeln sich zu einem **Sporn** bzw. zu einer wulstigen Aufwölbung, um die Kronröhre zu verengen und dadurch die Bestäuberspezifität zu erhöhen. Die **Staubblätter sind vier oder fünf,** der **Fruchtknoten** aus **zwei verwachsenen Fruchtblättern** ist **oberständig** und entwickelt sich zu einer vielsamigen **Kapsel.**

7.11.2.4 Lippenblütengewächse (Lamiaceae)

» (236 Gattungen, 7173 Arten)

Zu den Lamiaceae gehören viele **Gewürz-, Heil- und Duftpflanzen,** da in der Regel viele **ätherische Öle** gebildet werden. So gehören z. B. Basilikum (*Ocimum basilicum,* ◘ Abb. 7.114f), Thymian (*Thymus* sp.), Oregano *(Origanum vulgare)*, Salbei *(Salvia*

Abb. 7.114 Braunwurzgewächse (Scrophulariaceae) und Lippenblütengewächse (Lamiaceae). Braunwurzgewächse: **a, b** Helle Braunwurz (*Scrophularia lucida*); **c** Sommerflieder (*Buddleja davidii*); **d, e** Kleinblütige Königskerze (*Verbascum thapsus*). Lippenblütengewächse: **f** Basilikum (*Ocimum basilicum*); **g** Rosmarin (*Rosmarinus officinalis*); **h** Strauchsalbei (*Salvia frutescens*); **i** Stängelumfassende Taubnessel (*Lamium amplexicaule*); **j** Purpurrote Taubnessel (*Lamium purpureum*); **k** Weiße Taubnessel (*Lamium album*); **l** Gewöhnlicher Gundermann (*Glechoma hederacea*); **m** Kleinblütige oder Gewöhnliche Braunelle (*Prunella vulgaris*); **n** Waldziest (*Stachys sylvatica*); **o** *Stachys monieri*; **p** Schopflavendel (*Lavandula stoechas*). (Fotos **d**: Stan Shebs, CC-BY-SA 2.5; **e**: Andrew Curtis, CC-BY-SA 2.5, alle unverändert)

officinalis) sowie Rosmarin (*Rosmarinus officinalis,* ◘ Abb. 7.114g) in diese Familie, ebenso wie die Zitronenmelisse *(Melissa officinalis)* und die Pfefferminze *(Mentha × piperita)* oder der Lavendel *(Lavandula officinalis)* bzw. der Indische Patschuli (*Pogostemon* sp.).

Die Lippenblütengewächse umfassen ein- bis mehrjährige Kräuter und Sträucher, selten Bäume und Lianen. Sie haben oft eine **vierkantige, hohle Sprossachse.** Die meist einfachen Laubblätter sind oft **kreuzgegenständig oder quirlständig** und besitzen **keine Stipel.** Der Blattrand ist glatt, gezähnt, gekerbt oder gesägt. Die **Spaltöffnungen** (Stomata) sind **anisocytisch** (die Schließzellen sind von drei Nebenzellen umgeben, wobei eine von diesen meist auffällig kleiner ist), und häufig sind **Drüsen** und mehrzellige **Haare** auf den oberirdischen Pflanzenorganen zu finden. Die Blüten sind meist einzeln oder **achselständig** in dichten **Scheinquirlen** (◘ Abb. 7.114k). Der Kelch aus **fünf verwachsenen Sepalen** kann **zwei- oder fünfzipflig** sein und verbleibt bis zur Fruchtreife an der Pflanze. Von den **fünf Kronblättern** sind in der Regel zwei zu einer **„Oberlippe"** und drei zu einer **„Unterlippe"** und **basal zu einer Röhre verwachsen.** Meist sind **(zwei) vier Staubblätter** vorhanden, der Fruchtknoten mit **einem Griffel** wird aus zwei oberständigen Fruchtblättern gebildet, die in der Regel eine falsche Scheidewand aufweisen und sich zu einer **vierteiligen Klausenfrucht** (► Abschn. 7.1) entwickeln.

Bestäubt werden Lippenblütengewächse meist von **Insekten** oder **Vögeln,** wofür zum Teil hoch komplexe **Anpassungsmechanismen** gebildet werden, z. B. der **Hebelmechanismus beim Salbei.** Hier wurden zwei Staubblätter zurückgebildet und fungieren als Klappmechanismus – stößt ein Insekt bei seiner Suche nach Nektar an diese verkürzten sterilen Staubblattreste, klappen die beiden langen, fertilen Staubbeutel auf den Rücken des Insekts und platzieren dort den Pollen. Hier wird er beim nächsten Blütenbesuch vom Griffel abgeholt. Andere Lippenblütengewächse haben sogenannte **Saftmale** auf den **Blütenblättern der Unterlippe,** die UV-reflektieren und wie eine Landebahn am Flughafen das Insekt zum Nektar (und zur Bestäubung) geleiten. **Basale Nektardrüsen in der Kronröhre** bewirken eine **Bestäuberspezifizierung,** sodass z. B. nur langrüsslige Insekten bzw. Kolibris an den Nektar gelangen können.

Die Lippenblütengewächse sind **kosmopolitisch** verbreitet. Bei uns sind Lamiaceae häufig auf feuchten Wiesen und in Wäldern zu finden, z. B. verschiedenste Vertreter der **Taubnessel** (*Lamium,* ◘ Abb. 7.114i–k), der **Wiesensalbei** *(Salvia pratensis),* der **Gundermann** (*Glechoma hederacea,* ◘ Abb. 7.114l), die **Stinknessel** *(Ballota nigra),* die **Gewöhnliche Braunelle** (*Prunella vulgaris,* ◘ Abb. 7.114m), der **Waldziest** (*Stachys sylvatica,* ◘ Abb. 7.114n) und viele andere.

7.11.2.5 Sommerwurzgewächse (Orobanchaceae)

» (99 Gattungen, 2060 Arten)

Die Sommerwurzgewächse sind **ein- bis mehrjährige Voll- oder Halbschmarotzer,** die **weltweit verbreitet** sind, jedoch einen Verbreitungsschwerpunkt in den gemäßigten Regionen der nördlichen Erdhalbkugel aufweisen. In der Regel bilden die meist krautigen Arten **Haustorien,** um den Wurzeln ihrer Wirtspflanze Nährstoffe und Wasser zu entziehen. Dabei haben manche Sommerwurzgewächse eine **Wirtsspezifität** entwickelt, während andere **Generalisten** sind, sich jedoch häufig auf spezielle **Pflanzengruppen oder Pflanzenfamilien spezialisiert** haben (z. B. Poaceae). Die Blätter sind, wie für die Lippenblütenartigen typisch, **gegenständig oder spiralig** angeordnet, meist **einfach,** aber oft **gezähnt** oder **tief gelappt,** zum Teil können sie aber auch sehr **klein und schuppenförmig** sein, insbesondere bei den Vollparasiten, die kein Chlorophyll entwickeln. Häufig sind die Blattoberflächen **behaart.** Der Blütenstand ist in der Regel eine **Ähre oder Traube** mit **zwittrigen, zygomorphen Blüten.** Die Blütenhülle besteht aus einem verwachsenen, **zwei- oder**

fünfzipfligen Kelch und einer **zweilippigen Krone aus fünf verwachsenen Petalen.** Es bilden sich **zwei längere** und **zwei kürzere Staubblätter** in einem Kreis, die **mit der Kronröhre verwachsen** sind, selten wird zudem noch ein steriles Staminodium entwickelt. Der aus **zwei bis fünf Fruchtblättern verwachsene, oberständige Fruchtknoten** bildet **einen Griffel** mit kopfiger, keulenförmiger oder lappiger Narbe und entwickelt sich bei Reife zu **vielsamigen Kapseln.** Oft werden die Sommerwurzgewächse schwarz, wenn man sie trocknet. Einheimische Vertreter sind z. B. die Klappertöpfe (*Rhinanthus* sp., ◘ Abb. 7.115f), Sommerwurzen (*Orobanche* sp., ◘ Abb. 7.115a, b) und Läusekräuter (*Pedicularis* sp., ◘ Abb. 7.115c). Der Augentrost (*Euphrasia* sp., ◘ Abb. 7.115d) wird in der homöopathischen Augenheilkunde verwendet.

7

7.11.3 Nachtschattenartige (Solanales)

» (5 Familien, 165 Gattungen, 4080 Arten)

Die Nachtschattenartigen sind **krautige und verholzte Pflanzen** mit **wechselständigen** Blättern und meist **radiärsymmetrischen** bis **schwach zygomorphen** Blüten. In der Regel ist der **Kelch persistent,** sodass er auch bei Fruchtreife noch zu erkennen ist. Die Nachtschattenartigen weisen **keine Iridoide** auf, jedoch werden **zahlreiche Alkaloide** gebildet. Von den fünf Familien der Nachtschattenartigen sind drei mit insgesamt fünf Gattungen und 19 Arten nur südhemisphärisch verbreitet und ohne wirtschaftliche Bedeutung, weshalb auf sie hier nicht näher eingegangen wird.

◘ **Abb. 7.115** Sommerwurzgewächse (Orobanchaceae). **a, b** Gewöhnliche Violette Sommerwurz (*Orobanche purpurea*). **c** Quirlblättriges Läusekraut (*Pedicularis verticillata*). **d** Steifer Augentrost (*Euphrasia stricta*). **e** Wald-Wachtelweizen (*Melampyrum sylvaticum*). **f** Klappertopf (*Rhinanthus* sp.). (Fotos **d**: Sander van der Molen, CC-BY 2.5; **e**: Kristian Peters, CC-BY-SA 3.0; **f**: Teun Spaans, CC-BY-SA 3.0, alle unverändert)

7.11.3.1 Windengewächse (Convolvulaceae)

» (57 Gattungen, 1625 Arten)

Die Windengewächse sind durch ihre **trichter- bis radförmigen, verwachsenen Kronblätter** und den **meist windenden Wuchs** sehr charakteristisch. Sie sind **weltweit verbreitet** mit einem Schwerpunkt in **tropischen Regionen.** Bei uns kommen nur drei Gattungen natürlich vor, wovon eine – der **Teufelszwirn,** der auch als Jungfernhaar oder Hexenseide bezeichnet wird (*Cuscuta* sp., ◘ Abb. 7.116q, r) – ein **einjähriger, windender Vollschmarotzer** ist, der **ohne Wurzeln und Bodenkontakt,** meist nur mit stark reduzierten, schuppenförmigen Blättern, fadenförmig auf seinen Wirtspflanzen wächst. Der Schmarotzer parasitiert die Wirtspflanze über Haustorien (umgebildete Wurzelorgane), um zu Wasser und Nährstoffen zu gelangen.

Alle anderen einheimischen Windengewächse sind **ausdauernd,** enthalten **häufig Milchsaft** und **winden sich immer gegen den Uhrzeigersinn.** Die Blätter sind **wechselständig, gestielt, ohne Stipel** und **meist einfach,** selten gelappt oder zusammengesetzt, mit glattem Blattrand. Die Spaltöffnungen sind von **paracytischen Nebenzellen** umgeben (zwei Nebenzellen parallel zu den Schließzellen des Spaltöffnungsapparates). Häufig werden **Trichome** gebildet. Die meist **fünfzähligen, radiären Blüten** (z. B. der Winde, *Convolvulus,* ◘ Abb. 7.116n, o) stehen oft einzeln und sind in der Knospenanlage gedreht. Der Kelch kann zusätzlich von **Hochblättern** umgeben sein, z. B. bei der Zaunwinde *(Calystegia).* Die **Krone** ist **verwachsen, Staubblätter** können **behaarte** oder **basal verdickte Staubfäden** haben. Der oberständige Fruchtknoten besteht aus **zwei (drei) verwachsenen Fruchtblättern.** Die **Süßkartoffel** (*Ipomoea I. batatas,* ◘ Abb. 7.116p) ist von wirtschaftlicher Bedeutung, während die Purpur-Prunkwinde *(Ipomoea purpurea)* und die Himmelblaue Prunkwinde *(Ipomoea tricolor)* bei uns häufig als Zierpflanzen in den Handel kommen.

7.11.3.2 Nachtschattengewächse (Solanaceae)

» (102 Gattungen, 2460 Arten)

Die Nachtschattengewächse sind eine **wirtschaftlich bedeutende Pflanzenfamilie,** z. B. mit der **Tomate** (*Solanum lycopersicum,* ◘ Abb. 7.116b), **Aubergine** *(S. melongena),* **Kartoffel** (*S. tuberosum,* ◘ Abb. 7.116c, d), **Paprika und Chillis** (*Capsicum* sp., ◘ Abb. 7.116a), der **Kapstachelbeere** *(Physalis peruviana),* **Tabak** (*Nicotiana tabacum,* ◘ Abb. 7.116g, und *Nicotiana rustica,* ◘ Abb. 7.116h) und diversen **Arznei- und Giftpflanzen,** wie der **Bittersüße Nachtschatten** (*Solanum dulcamara,* ◘ Abb. 7.116e), das **Bilsenkraut** (*Hyoscyamus,* ◘ Abb. 7.116i), die **Tollkirsche** (*Atropa belladonna,* ◘ Abb. 7.116j, k), die **Alraune** (*Mandragora officinarum,* ◘ Abb. 7.116l, m), der Stechapfel *(Datura stramonium)* und die Engelstrompete (*Brugmansia* sp.). Ferner zählen **viele Zierpflanzen** zu dieser Familie, wie die **Petunien** (*Petunia* sp.), die Spaltblumen (*Schizanthus* sp.), **Brunfelsien** (*Brunfelsia* sp.) und die **Lampionblume** *(Physalis alkekengi).* Insbesondere die Gattung *Solanum* umfasst alleine mehr als 1000 verschiedene Arten.

Nachtschattengewächse sind **meist Kräuter und Sträucher, seltener Bäume und Lianen.** Die **wechselständigen Blätter ohne Stipel** sind häufig **einfach, ganzrandig oder gezähnt, gelappt** bis **gefiedert.** Die fast immer **zwittrigen Blüten** sind oft einzeln oder in Trauben oder Rispen. Der **Kelch** ist in der Regel **fünfzählig, verwachsen und radiärsymmetrisch,** bei manchen Arten vergrößert sich der Kelch während der Fruchtreife, z. B. bei der Kapstachelbeere *(Physalis peruviana).* Die **fünf** teilweise verwachsenen **Kronblätter** können klein, aber auch groß und auffällig sein, wie z. B. bei den Engelstrompeten (*Brugmansia* sp.). Die **Staubblätter** sind **meist fünf und basal mit den Kronblättern verwachsen.** In der Regel besteht der **Fruchtknoten aus zwei verwachsenen Fruchtblättern** und **steht schief zur Blütenachse,** was ein synapomorphes Merkmal für diese Pflanzenfamilie ist.

Abb. 7.116 Nachtschattengewächse (Solanaceae) und Windengewächse (Convolvulaceae). Nachtschattengewächse: **a** Paprika (*Capsicum annuum*); **b** Tomaten (*Solanum lycopersicum*); **c, d** Kartoffeln (*Solanum tuberosum*); **e** Bittersüßer Nachtschatten (*Solanum dulcamara*), ein Ackerwildkraut; **f** Wilde Blasenkirsche oder Lampionblume (*Physalis alkekengi*); **g, h** Tabak (*Nicotiana tabacum* und *N. rustica*); **i** Gelbes Bilsenkraut (*Hyoscyamus aureus*); **j, k** Tollkirsche (*Atropa belladonna*); **l, m** Gemeine Alraune (*Mandragora officinarum*), um welche diverse Mythen im Mittelalter rankten. Windengewächse: **n** Ackerwinde (*Convolvulus arvensis*); **o** Wald-Zaunwinde (*Calystegia sylvestris*); **p** Süßkartoffel (*Ipomoea batatas*); **q, r** Teufelszwirn (*Cuscuta* sp.). (Fotos **a**: Franco Folini, CC-BY-SA 2.0; **b**: NaJina McEnany. & Ram-Man., CC-BY-SA 2.5; **c**: Scott Bauer, USDA ARS Public Domain; **d, g, h, j, k, n**: S. Mutz, alle unverändert)

Die Früchte sind meist **Beeren** oder **Kapselfrüchte,** selten Steinfrüchte.

Die Nachtschattengewächse sind **kosmopolitisch verbreitet,** mit einem Schwerpunkt in Lateinamerika. Als Sekundärstoffe sind insbesondere die **Alkaloide, Steroide** und **Flavonoide** von Bedeutung, ferner werden **Cumarine** gebildet, während ätherische Öle bislang nicht gefunden wurden. Insbesondere Alkaloide sind für die stark **halluzinogenen Wirkungen** der Solanaceae verantwortlich, was Schamanen in Trancezustände versetzt, jedoch bei Überdosierung aufgrund sehr starker Herzrhythmusstörungen sehr leicht zum

Tod führen kann. Das Atropin der Tollkirsche (*Atropa belladonna*, ▣ Abb. 7.116j, k) wird auch heute noch in der Augenheilkunde zur Pupillenvergrößerung verwendet.

7.11.4 Raublattartige (Boraginales)

» (6 Familien, 148 Gattungen, 2755 Arten)

Durch die Sekundärstoffe **Pyrrolizidinalkaloide** und **Alkannin** lassen sich die Raublattartigen von Vertretern benachbarter Ordnungen unterscheiden; ferner werden **bikollaterale Leitbündel** gebildet. Viele Boraginales haben eine **schraubige Blattstellung mit Blättern**, die oberflächlich **rau** sind und oft **keinen Blattstiel** besitzen. Die **Blütenstände** sind meist **Zyme** oder **Wickel** (► Abschn. 7.1). Die Blüten sind häufig **radiärsymmetrisch** bis **leicht zygomorph**. Das **Gynoeceum** wird meist aus **zwei Fruchtblättern** – häufig mit falschen Scheidewänden – gebildet, und meistens entwickeln sich **Klausenfrüchte** (► Abschn. 7.1).

Die meisten Familien der Raublattartigen sind **südhemisphärisch** bzw. **neuweltlich** verbreitet; in Mitteleuropa kommen nur die Raublattgewächse (Boraginaceae) und die Sonnenwendengewächse (Heliotropiaceae) vor, die teilweise auch als Unterfamilie der Boraginaceae genannt werden. Zu den Sonnenwendengewächsen zählt die Europäische Sonnenwende *(Heliotropium europaeum)*, die in nährstoffreichen Äckern, Weinbergen und Brachen in Deutschland vorkommt, stark bedroht ist und durch das Vorkommen von Pyrrolizidinalkaloiden für Menschen und Tiere giftig ist. Die ursprünglich aus den peruanischen Anden stammende Vanilleblume *(Heliotropium arborescens)* ist eine beliebte Beet- und Balkonpflanze.

7.11.4.1 Raublatt- oder Borretschgewächse (Boraginaceae)

» (110 Gattungen, 1595 Arten)

Durch die **Behaarung auf der Blattoberfläche** machen die Raublattgewächse ihrem Namen häufig alle Ehre, obwohl es auch Vertreter mit glatter Blattoberfläche gibt, z. B. bei der in Mitteleuropa heimischen, aber sehr seltenen Wachsblume (*Cerinthe* sp.). Ferner erkennt man die Raublattgewächse oft sehr leicht an einer Merkmalskombination: den **meist wechselständigen, einfachen, ganzrandigen Blättern,** die zum Teil **am Stängel herablaufen** können, in Kombination mit **Zymen oder Wickeln** und **Klausenfrüchten.** Die Raublattgewächse sind weltweit verbreitet und können verholzte Sträucher, Bäume und Lianen sein, während in Mitteleuropa nur ein- bis mehrjährige, krautige Vertreter und im Mittelmeergebiet auch Strauchformen vorkommen. Die **zwittrigen Blüten** sind meist **radiärsymmetrisch,** selten schwach zygomorph und in der Regel **fünfzählig.** Die **Sepalen** und die Petalen sind jeweils zumindest basal **verwachsen**. Oft sind die Petalen mit sogenannten **Schlundschuppen** besetzt, d. h. mit wulstigen, fransigen oder lappenförmigen Auswüchsen der Blütenblattoberfläche, um die **Kronröhre** zu verengen. Die Schlundschuppen besitzen zum Teil eine andere Farbe als die Blütenblätter (z. B. beim Vergissmeinnicht, *Myosotis* sp., ▣ Abb. 7.117a, oder der Ochsenzunge, *Anchusa* sp., ▣ Abb. 7.117f, g), um die Bestäuberattraktivität zu erhöhen. Es werden **fünf** fertile **Staubblätter** gebildet, deren Filamente **mit den Kronblättern verwachsen** sind und die in Lücke zu den Schlundschuppen stehen, falls diese gebildet werden. Der **Fruchtknoten** besitzt **einen Griffel,** der terminal zweiästig sein kann und

7

Abb. 7.117 **a** Scharfkantiges Sumpf-Vergissmeinnicht (*Myosotis nemorosa*) mit gelben Schlundschuppen. **b** Geflecktes Lungenkraut (*Pulmonaria officinalis*). **c** Gewöhnlicher Beinwell (*Symphytum officinale*), mit sehr typischen Wickeln. **d, e** Gewöhnlicher Natternkopf (*Echium vulgare*), der eine zygomorphe Krone besitzt. **f, g** Gewellte Ochsenzunge (*Anchusa undulata*). **h** Schminkwurz (*Alkanna tinctoria*). **i** Apulischer Steinsame (*Neatostema apulum*)

meist **kopfige Narben** aufweist. Er besteht aus **zwei verwachsenen Fruchtblättern** mit jeweils **falschen Scheidewänden.** Das Ovar ist **oberständig** und entwickelt sich bei vollkommener Befruchtung zu einer **vierteiligen, verholzten Klausenfrucht,** die **bestachelt und behaart** sein kann. Sehr selten entwickeln sich **Steinfrüchte** oder Kapseln.

Die **Blütenblattfarbe** kann sich durch einen Wechsel des **Turgordrucks** bei Alterung von rosa zu blau, gelb zu weiß oder gelb zu rosa oder blau verändern, was als Signal für die Bestäuber (Insekten oder in Lateinamerika Vögel) dient.

Borretsch *(Borago officinalis)* wird bei uns als Küchenkraut oder Arzneipflanze verwendet, während die medizinische Wirkung des Lungenkrauts (*Pulmonaria officinalis*, Abb. 7.117b) und des Beinwells (*Symphytum officinale*, Abb. 7.117c) umstritten ist. Die **Natternköpfe** (*Echium* sp., Abb. 7.117d, e) mit einem Verbreitungsschwerpunkt im zirkummediterranen Raum sowie mit einer extremen Radiation auf den Kapverden und den Kanarischen Inseln werden häufig als Beispiel von **Inselendemismus**, **Inselgigantismus** und **Verholzung durch Insellagen** aufgeführt (► Abschn. 1.3.5).

7.12 Asteriden II, Campanuliden oder Euasteriden II

Die Bezeichnung dieser Gruppe ist immer noch kontrovers. Sie ist vorwiegend durch molekulare Merkmale gekennzeichnet. Campanuliden besitzen oft **wechselständige Blätter** mit **gesägtem** oder **gezähntem Blattrand,** charakteristisch ist darüber hinaus ihre frühe **Sympetalie** (die Kronblattanlagen sind bei der Bildung zuerst ringförmig miteinander verbunden, später werden Kronzipfel gebildet). Zum Zeitpunkt der Staubblattanlage ist die Kronröhre bereits deutlich ausgebildet. Der **Fruchtknoten** ist **meist unterständig** und entwickelt sich zu **Schließfrüchten.**

Zu den Asteriden II werden sieben Ordnungen gezählt, wobei im Detail nur auf die drei wichtigsten in Mitteleuropa eingegangen wird (Abb. 7.118). Die anderen Ordnungen sind artenarm und überwiegend südhemisphärisch verbreitet. Eine Ausnahme bildet

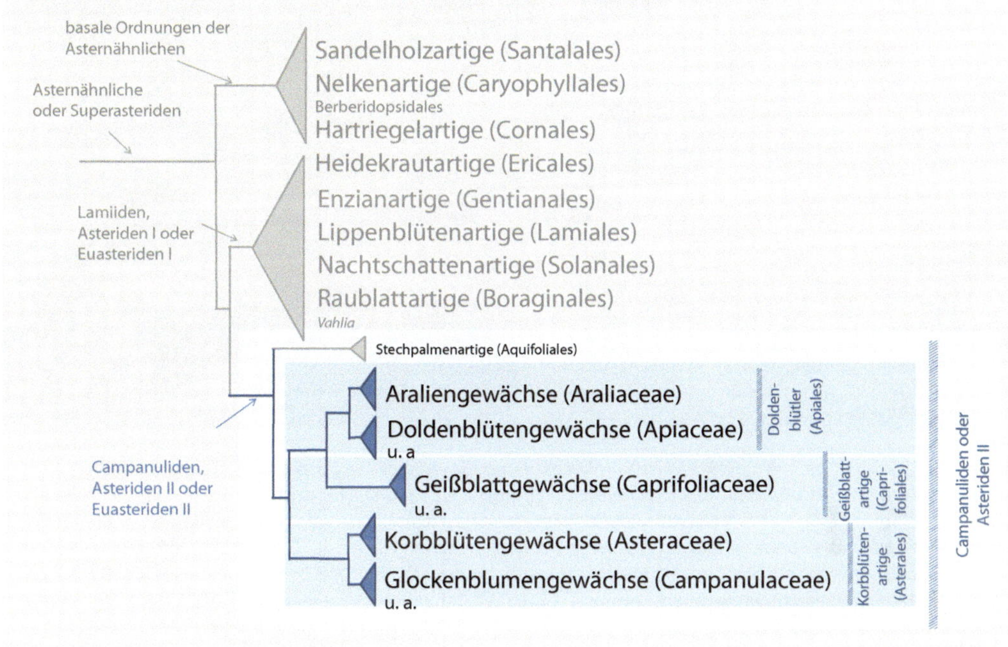

Abb. 7.118 Systematik der Asteriden II oder Campanuliden mit den Gruppen, auf die näher eingegangen wird

eine einzige Ordnung, die Stechpalmenartigen (Aquifoliales), mit der Familie der **Stechpalmengewächse (Aquifoliaceae),** mit einer einzigen Gattung, den **Stechpalmen** (*Ilex* sp.), die weltweit 450 Arten umfasst. Eine einzige Art, die Europäische Stechpalme (*Ilex aquifolium*, Abb. 7.119a), ist auch in Mitteleuropa heimisch. Sie wird häufig als Weihnachtsdekoration verwendet, wobei Blätter und **Früchte** durch ihren hohen Gehalt an Nitrilen, Triterpenen und Saponinen **stark giftig** sind.

7.12.1 Doldenblütenartige (Apiales)

» (7 Familien, 494 Gattungen, 5489 Arten)

Die Doldenblütenartigen umfassen zwei artenreiche Familien sowie diverse primär südhemisphärisch verbreitete Familien, die nur wenige Arten und Gattungen umfassen. In der Regel sind es **holzige** oder **krautige** Pflanzen, deren **Laubblätter oft geteilt** sind und die Nebenblätter besitzen können. Die meist **fünfzähligen Blüten** sind in der Regel **klein** und stehen **einzeln, in doldigen Blütenständen oder in Köpfen.** Es wird nur **ein Kreis** an **Staubblättern** gebildet; dieser ist **nicht** mit den Kronblättern **verwachsen.** Auf dem **Blütenboden** wird ein **Diskus** (Wulst, gestauchtes Internodium) gebildet, der mit **Nektardrüsen** besetzt ist. Als charakteristisches Merkmal gelten die **sekundären Inhaltsstoffe,** wie **Sesquiterpene** und **triterpenoidähnliche Substanzen** sowie **Polyacetylene.** Hingegen werden nur **selten Alkaloide** oder **Gerbstoffe** gebildet, ebenso **fehlt Ellagsäure.** Das **Trisaccharid Umbelliferose** dient als **Reservestoff.** Häufig sind die Parenchyme der Apiales mit **Harzkanälen** durchzogen, die **ätherische Öle, Harze** und **kautschukartige Verbindungen** führen.

Abb. 7.119 Stechpalmengewächse (Aquifoliaceae) und Efeugewächse (Araliaceae). **a** Stechpalmengewächse: Europäische Stechpalme (*Ilex aquifolium*). Efeugewächse: **b** Blätter und Früchte des Efeus (*Hedera helix*); **c** schildförmige Blätter des Gewöhnlichen Wassernabels (*Hydrocotyle vulgaris*); **d, e** Kleine Strahlenaralie (*Schefflera arboricola*); **f** *Panax trifolius*; **g** Wurzel des Amerikanischen Ginsengs (*Panax quinquefolius*); **h** *Oreopanax* sp. (Fotos **a**: AnemoneProjectors, CC-BY-SA 2.0; **c**: Bởi Atgrims, CC-BY-SA 3.0; **d**: Tree Species, CC-BY 2.0; **e**: Mokkie, CC-BY-SA 3.0, leicht verändert; **f**: Jomegat, CC-BY-SA 3.0; **g**: John Carl Jacobs, CC-BY-SA 4.0, alle unverändert)

7.12.1.1 Efeugewächse (Araliaceae)

» (43 Gattungen, 1450 Arten)

Die **Efeugewächse** sind weltweit verbreitet, mit einem Verbreitungsschwerpunkt in den **Tropen.** Meistens sind es **verholzte Pflanzen.** Sie besitzen meist **langgestielte, wechselständig angeordnete Laubblätter,** die einfach, tief geteilt oder gefiedert sein können. Die Efeugewächse können sowohl zwittrig als auch monözisch oder diözisch sein mit **fünfzähligen Blüten,** die achsel- oder endständig in Dolden oder Köpfchen stehen. Die **Sepalen** und die **Petalen** sind jeweils frei (unverwachsen). Die Staubblätter entsprechen entweder der Anzahl der Blütenhüllblätter oder sind ein Vielfaches davon. Der Fruchtknoten besteht aus **zwei bis fünf verwachsenen Fruchtblättern** und ist meist **unterständig.** Auf dem Fruchtknoten befindet sich ein **Griffelpolster mit Nektardrüsen,** aus dem **ein Griffel** entspringt (bei den Doldenblütengewächsen [Apiaceae] sind es zwei). Bei Reife entwickeln sich **Beeren,** seltener einsamige **Stein- oder Spaltfrüchte.**

Einheimische Vertreter sind der **Efeu** (*Hedera helix*, Abb. 7.119b) und der Gewöhnliche **Wassernabel** (*Hydrocotyle vulgaris*, Abb. 7.119c). Als Arzneipflanze wird die verdickte Wurzel des **Ginsengs** (*Panax ginseng*, Abb. 7.119g) verwendet, während das Mark vom Reispapierbaum (*Tetrapanax papyrifer*) der Herstellung von Reispapier dient. Als Zierpflanzen werden diverse *Schefflera*- und *Aralia*-Arten (Abb. 7.119d, e) kultiviert.

7.12.1.2 Doldenblütengewächse (Apiaceae)

» (434 Gattungen, 3780 Arten)

Die Doldenblütengewächse (oder Doldenblütler, ehemals Umbelliferae genannt) umfassen viele **Gemüsesorten, Gewürze,** aber auch **Giftpflanzen** und sind aufgrund ihres **charakteristischen Blütenstandes** relativ leicht zu erkennen, obwohl **Dolden** und **Doppeldolden** auch in anderen Pflanzenfamilien gebildet werden.

Die vorwiegend in **gemäßigten Regionen der Erde** verbreiteten Doldenblütengewächse sind meist **krautig** und **mehrjährig,** mit einem **oft kantigen, hohlen Stängel,** der an den **Blattansätzen knotig verdickt** ist. Viele Vertreter bilden eine **Pfahlwurzel,** was sich der Mensch zunutze gemacht hat, z. B. bei der **Karotte** (*Daucus carota,* ◘ Abb. 7.120r, s), der **Wurzelpetersilie** (*Petroselinum crispum* subsp. *tuberosum*), der **Pastinake** (*Pastinaca sativa*) und dem **Echten Sellerie** (*Apium graveolens,* ◘ Abb. 7.120i). Die **wechselständigen Laubblätter** sind in der Regel **ein- bis mehrfach gefiedert** (◘ Abb. 7.120m, n) und besitzen eine **Blattscheide,** die basal verdickt sein kann und z. B. beim **Fenchel** (*Foeniculum vulgare,* ◘ Abb. 7.120l) dem menschlichen Verzehr dient. Die Blüten stehen meist in **Dolden** (◘ Abb. 7.120a–c), die von kleinen bis mittelgroßen **Hüllblättern** umgeben sind, die zum Teil auch schon früh abfallen können. Häufig treten **Doppeldolden** auf (◘ Abb. 7.120d, s), sodass die Blütenstände schirmartig sind, weshalb die Apiaceae früher als Umbelliferae bezeichnet wurden. Bei Doppeldolden werden **Hüllblätter (Hüllen)** und **Doldenstrahlen (Dolden)** sowie **Hüllchenblätter** und **Döldchenstrahlen** (◘ Abb. 7.120s) gebildet. Die Blüten sind meist **weiß** oder **gelb,** selten **rosa;** sie sind **fünfzählig, radiärsymmetrisch,** aber die **Randblüten** der Dolden können auch **leicht zygomorph** sein. Die Blütenhülle weist in der Regel **keine Kelchblätter** und **freie (unverwachsene) Kronblätter** auf, und es werden **fünf fertile Staubblätter** gebildet. **Zwei Fruchtblätter** sind zu einem **unterständigen Fruchtknoten** verwachsen, der **terminal schnabelartig verlängert** sein kann. **Zwischen Fruchtknoten** und den jeweils **zwei Griffeln** bildet sich ein **nektardrüsenbesetztes Griffelpolster** (◘ Abb. 7.120j). Häufig sind die Blüten **protandrisch,** d. h. die Pollen in den Staubbeuteln (Androeceum) reifen vor dem Fruchtknoten, um Selbstbestäubung zu vermeiden. Die Bestäubung erfolgt meist über Insekten **(entomophil).** Es bildet sich eine **zweiteilige Spaltfrucht** (◘ Abb. 7.120k), wobei beide **verholzte Fruchtblätter terminal durch einen Fruchthalter (Karpophor) verbunden** sind. Die Früchte besitzen **Ölgänge,** die als Rippen **aufgewölbt** und **bestachelt** oder **mit Leisten versehen** sein können. Die Früchte werden zum Teil als **Gewürz** verwendet, z. B. beim Echten **Kümmel** (*Carum carvi,* ◘ Abb. 7.120f, g) oder dem **Anis** (*Pimpinella anisum*). Die Samen des **Korianders** (*Coriandrum sativum,* ◘ Abb. 7.120h) werden zur Curryherstellung gemahlen.

In Mitteleuropa gibt es viele krautige Wildpflanzen der Doldenblütengewächse; es sind typische Wiesenpflanzen, oder sie kommen in lichten Wäldern, an Wegrändern und entlang von Gewässern vor. Diverse **Blätter** von Doldenblütengewächsen dienen **als Gewürz oder Gemüse,** z. B. **Dill,** (*Anethum graveolens*), **Liebstöckel** (*Levisticum officinale*), **Petersilie** (*Petroselinum crispum,* ◘ Abb. 7.120o) und **Sellerie** (*Apium graveolens,* ◘ Abb. 7.120i).

Manche Doldenblütengewächse sind durch **Polyacetylene extrem giftig,** wie z. B. der Gefleckte Schierling (*Conium maculatum,* ◘ Abb. 7.120p) oder der Wasserschierling (*Cicuta virosa*), und gingen deshalb auch in die **Geschichte** ein. So wurde beispielsweise der griechische Philosoph **Sokrates** durch den **Schierlingsbecher** hingerichtet. Ferner sind die in manchen Arten vorkommenden **Furanocumarine krebserregend** und **phototoxisch,** d. h. bei Berührung und in Kombination mit UV-Strahlung (z. B. durch Sonnenlicht) entstehen verbrennungsähnliche Symptome. Dies ist insbesondere bei dem seit einigen Jahren in Mitteleuropa invasiv auftretenden Riesenbärenklau (*Heracleum mantegazzianum,* ◘ Abb. 7.120q) zu beobachten, der sich entlang von Flüssen und Bächen ausbreitet und bis zu 2,5 m hoch werden kann.

7.12.2 Kardenartige (Dipsacales)

» (2 Familien, 46 Gattungen, 1090 Arten)

Die Systematik der Kardenartigen ist immer wieder umstritten gewesen, mittlerweile hat sich jedoch herausgestellt, dass sich die

Abb. 7.120 Doldenblütengewächse (Apiaceae). **a, b** Alpen-Mannstreu (*Eryngium alpinum*), mit sitzenden Blüten auf einem Köpfchen mit einer dornigen Hochblatthülle. **c** Große Sterndolde (*Astrantia major*), mit einer einfachen Dolde. **d** Doppeldolde der Hundspetersilie (*Aethusa cynapium*), mit Hüllblättern und Hüllchenblättern. **e** Fruchtstand der Französischen Erdkastanie (*Conopodium majus*), mit gelbem Griffelpolster, auf dem die zwei Griffeläste sitzen. **f, g** Echter Kümmel (*Carum carvi*). **h** Echter Koriander (*Coriandrum sativum*). **i** Echter Sellerie (*Apium graveolens*). **j–l** Fenchel (*Foeniculum vulgare*), Blüten mit drüsenbesetztem Griffelpolster (*Pfeil* in **k**) und mit Früchten, die sich in zwei Spaltfrüchte mit einem terminalen Karpophor teilen (*Pfeil* in **k**), sowie verdickter Blattbasis (**l**). **m** Einfach gefiederte Laubblätter beim Gewöhnlichen Giersch (*Aegopodium podagraria*), ein gefürchtetes Gartenunkraut, das sich über Rhizome vermehrt. **n** Zweifach gefiederte Laubblätter beim Gold-Kälberkropf (*Chaerophyllum aureum*). **o** Blätter der Krausen Petersilie (*Petroselinum crispum*). **p** Das letzte Genussmittel von Sokrates: die hochgiftigen Früchte des Gefleckten Schierlings (*Conium maculatum*). **q** Der in Mitteleuropa invasive Riesenbärenklau (*Heracleum mantegazzianum*, berührungstoxisch!). **r, s** Möhre, Gelbe Rübe, Karotte oder Schneemannnase – je nach Dialekt und Gepflogenheit (*Daucus carota*); H: Hülle, h: Hüllchen, D: Dolde, d: Döldchen. (Fotos **f–h, p**: S. Mutz; **j, k**: H. Bahmer; **i**: Rasbak, GFDL (unverändert); **l**: Door Paolo Ciarlantini, CC-BY-SA 2.5 (unverändert); **q**: Terry English, CC-BY-SA 3.0 (leicht verändert); **r**: Howard F. Schwartz, CC-BY-SA 3.0, leicht verändert; **s**: J. Reiker)

Kardenartige in zwei Familien gliedern: die **Moschuskrautgewächse (Adoxaceae)** und die **Geißblattgewächse (Caprifoliaceae).** Letztere werden in sechs Unterfamilien gegliedert, die lange Zeit als eigenständige Familien geführt wurden. Drei dieser Unterfamilien sind artenreich und haben eine größere Bedeutung: die Caprifolioideae (ehemals Geißblattgewächse), die Dipsacoideae (ehemals Kardengewächse) und die Valerianoideae (ehemals Baldriangewächse).

Als gemeinsames Merkmal weisen die Kardenartigen meist **gegenständige Laubblätter ohne Stipel** mit einfachen, gefiederten, gelappten, oder gekerbten Blattspreiten auf. Der **Fruchtknoten** ist **unterständig** und hat zum Teil **sterile Kammern.** Es sind Kräuter, Sträucher oder Bäume. Die Blüten können **Scheindolden** oder **Schirmrispen** sein. Diese kommen sowohl bei den Moschuskrautgewächsen vor, z. B. dem **Holunder** (*Sambucus* sp., ◘ Abb. 7.121a) und dem **Schneeball** (*Viburnum* sp., ◘ Abb. 7.121b), als auch bei den Geißblattgewächsen, z. B. beim **Baldrian** (*Valeriana* sp., ◘ Abb. 7.121d, e). Alternativ werden **Köpfe** gebildet, z. B. bei den Dipsacoideae, wie der **Karde** (*Dipsacus* sp., ◘ Abb. 7.121j, k), der **Skabiose** (*Scabiosa* sp.) oder der **Witwenblume** (*Knautia* sp., ◘ Abb. 7.121l, m).

Die Blüten sind meist fünfzählig (mit manchen Ausnahmen, z. B. der Witwenblume mit nur vier Petalen, ◘ Abb. 7.121l, m). In der Regel sind die Blüten radiär bis zygomorph, mit **verwachsenen Kronblättern.** Der Kelch kann reduziert sein und später bei der Fruchtreife an der Frucht bestehen bleiben und wie ein Pappus (Asteraceae, ► Abschn. 7.10.3) zu einer optimierten exozoochoren Fruchtausbreitung durch Haare oder Schuppen dienen. Der **Fruchtknoten ist unterständig** und entwickelt sich bei Fruchtreife in der Regel zu einer **Steinfrucht.**

Bekannte Ziersträucher aus dieser Ordnung sind z. B. die Weigelien (*Weigela* sp., ◘ Abb. 7.121g), die Schneebeeren oder Knallerbsen (*Symphoricarpos* sp., ◘ Abb. 7.121i) und die Kolkwitzie (*Kolkwitzia amabilis*). Wahrscheinlich die wirtschaftlich bedeutsamste Kardenartige ist der **Feldsalat** (*Valerianella* sp., ◘ Abb. 7.121f).

7.12.3 Korbblütenartige (Asterales)

» (11 Familien, 1743 Gattungen, 26.870 Arten)

Die Korbblütenartigen sind eine **weltweit** verbreitete und **extrem artenreiche** Gruppe. Der Erfolg dieser Taxa ist wahrscheinlich auf die Evolution sehr spezifischer pflanzlicher Inhaltsstoffe zurückzuführen. So werden z. B. Kohlenhydrate in Form von **Polyfructosanen** gespeichert, meist in Form von **Inulin.** Diese lassen sich gut mobilisieren und ermöglichen es, Biosynthesewege zu verkürzen, sodass Asteraceae sehr erfolgreich auf Standorten mit nur sehr kurzen Vegetationsperioden wachsen können. Stärke wird nur sehr selten gebildet. In speziellen Kanälen oder Zellen werden bittere **Sesquiterpenlactone** und **Monoterpene** gegen Fraßfeinde vorgehalten. Selten werden Lignin, Gerbstoffe oder cyanogene Verbindungen entwickelt.

Die Blattstellung der Korbblütenartigen ist meist spiralig – eine Sonderform des Wechselständigen. In der Regel sind **keine Nebenblätter** vorhanden. Meist sind die Blüten fünfzählig und die **Blütenkronblätter verwachsen.** Die meist fünf Staubblätter entspringen basal dem Blütenboden, sie sind nie mit den Petalen verwachsen. Samenanlagen sind nur von einem Integument umgeben. Als Früchte entwickeln sich häufig Kapselfrüchte oder Achänen.

Acht Familien der Korbblütenartigen sind ausschließlich auf der südlichen Hemisphäre verbreitet. Von diesen sei nur die Fächerblume (*Scaevola* sp., ◘ Abb. 7.122a) der **Goodeniengewächse (Goodeniaceae)** erwähnt, die als Zierpflanze bei uns im Handel zu finden ist. Die drei weiteren Familien sind kosmopolitisch verbreitet, auf zwei von ihnen wird im Folgenden näher eingegangen, während die

◘ Abb. 7.121 Kardenartige (Dipsacales). Moschuskrautgewächse: **a** Schwarzer Holunder (*Sambucus nigra*); **b** Koreanischer Duftschneeball (*Viburnum carlesii*), häufiges Gartengehölz; **c** Moschusröschen (*Adoxa moschatellina*), das in Mitteleuropa heimisch ist. Geißblattgewächse – Valerianoideae (Baldriangewächse): **d** Echter bzw. Arznei-Baldrian (*Valeriana officinalis*); **e** *Valeriana dioscorides*; **f** Feldsalat (*Valerianella locusta*). Caprifolioideae (Geißblattgewächse): **g** Weigelie (*Weigela hybrida*), eine typische Heckenpflanze; **h** Wohlriechendes Geißblatt (*Lonicera caprifolium*), eine Liane in Buchen-Mischwäldern; **i** Schneebeere oder Knallerbse (*Symphoricarpos albus*), stammt aus Nordamerika, wird aber bei uns häufig angepflanzt. Dipsacoideae (Kardengewächse): **j** Wilde Karde (*Dipsacus fullonum*); **k** Behaarte Karde (*Dipsacus pilosus*); **l** Gewöhnliche Wald-Witwenblume (*Knautia dipsacifolia*); **m** Einjährige Witwenblume (*Knautia integrifolia* subsp. *urvillei*) aus dem Mittelmeerraum. (Fotos **a**: M. de Jong; **c**: Jeff de Longe, GFDL; **d, k**: S. Mutz; **f**: J. F. Gaffard, GFDL; **g**: Sten GNU-FDL; **i**: Muriel Bendel, CC-BY-SA 4.0 (unverändert); **j**: Bernd Haynold, GFDL)

Abb. 7.122 Korbblütenartige (Asterales). **a** Goodeniengewächse: Fächerblume (*Scaevola taccada*). Fieberkleegewächse: **b** Seekanne (*Nymphoides* sp.); **c** Fieberklee (*Menyanthes trifoliata*). Korbblütengewächse: **d** Löwenzahn (*Taraxacum officinale*), Körbchen im Querschnitt; **e** Gänseblümchen (*Bellis perennis*), Köpfchen im Querschnitt; **f** Blütenanordnung auf dem Blütenstandsboden im Detail. (Foto **a**: Robert Lafond, CC-BY-SA 2.0, unverändert)

Fieberkleegewächse (Menyanthaceae) mit zwei Gattungen – der Seekanne (*Nymphoides,* Abb. 7.122b) und dem Fieberklee (*Menyanthes,* Abb. 7.122c) – und je einer Art in Mitteleuropa selten sind und beide stark an ihrem Naturstandort gefährdet sind.

7.12.3.1 Korbblütengewächse (Asteraceae)

» (13 Unterfamilien, 1620 Gattungen, 25.040 Arten)

Die Korbblütengewächse sind die **artenreichste Pflanzenfamilie** der Erde, ca. 10 % aller höheren Pflanzen gehören in diese Familie, die **weltweit verbreitet** ist.

Die meisten Vertreter der Korbblütengewächse sind **ein- bis mehrjährige Kräuter,** selten werden Halbsträucher, Sträucher, Lianen oder Bäume (Abb. 7.123o, q) gebildet; Epiphyten oder Wasserpflanzen sind selten. Die Blätter sind meist **wechselständig** oder formen eine basale, bodenbürtige **Rosette** (z. B. beim Gänseblümchen, *Bellis perennis,* Abb. 7.123f, oder dem Löwenzahn, *Taraxacum officinale,* Abb. 7.123c). Die Laubblätter sind einfach bis tief geteilt oder gefiedert. **Nebenblätter fehlen** in der Regel. Blüten sind immer terminal, selten achselständig. Sie sind in **Blütenständen** zusammengefasst und sitzen entweder auf einem unbeblätterten **Schaft,** wie z. B. beim Gänseblümchen (*Bellis perennis,* Abb. 7.123f), oder auf einem beblätterten **Spross,** wie z. B. bei der Kornblume (*Centaurea cyanus,* Abb. 7.123b). Der Blütenstand ist in der Regel von Blütenstandshüllblättern – dem **Involucrum** – umgeben (Abb. 7.122d).

Abb. 7.123 Korbblütengewächse (Asteraceae). **a** Sonnenblume (*Helianthus annuus*), mit Zungen- und Röhrenblüten. **b** Kornblume (*Centaurea cyanus*), ausschließlich mit Röhrenblüten. **c** Löwenzahn (*Taraxacum officinale*), ausschließlich mit Zungenblüten. **d** Gold-Aster (*Aster linosyris*). **e** Rispenflockenblume (*Centaurea stoebe*). **f** Gänseblümchen (*Bellis perennis*), mit einem Schaft. **g** Artischocke (*Cynara scolymus*. **h** Schwarzfrüchtiger Zweizahn (*Bidens frondosa*). **i** Kohlkratzdistel (*Cirsium oleraceum*). **j** Edelweiß (*Leontopodium alpinum*). **k** Rainfarn (*Tanacetum vulgare*). **l** Ruhrkraut (*Gnaphalium* sp.). **m** Gewöhnlicher Beifuß (*Artemisia vulgaris*). **n** Das sukkulente Greiskraut (*Senecio medley-woodii*) aus Südafrika. **o** Eine baumförmige Asteraceae (*Montanoa leucantha*). **p** Ein Kanarenendemit, der Gigantismus entwickelte und mit den bei uns einheimischen, krautigen Gänsedisteln verwandt ist (*Sonchus congestus*)

Als Blütenstand bildet sich ein **Körbchen** (viele Einzelblüten auf einer abgeflachten, eingesenkten Blütenstandsache, ◘ Abb. 7.122d) oder **Köpfchen** (die Blütenstandsachse ist aufgewölbt, ◘ Abb. 7.122e). Körbchen oder Köpfchen wirken als **Pseudanthium** – ein gemeinsamer Schauapparat zur Anlockung von Bestäubern. Dabei blühen zuerst die randständigen Blüten eines Köpfchens oder Körbchens und später die zentralen Blüten. Die Blüten können sowohl **zwittrig** als auch **eingeschlechtlich** sein, auch innerhalb eines einzigen Blütenstandes. Dann sind häufig die Randblüten zur optimierten Attraktivität vergrößert und eingeschlechtlich oder steril, während die inneren Blüten fertil sind (z. B. bei der Sonnenblume, *Helianthus annuus,* ◘ Abb. 7.123a).

Jede Einzelblüte steht zusammen mit einem Tragblatt, den **Spreublättern** (◘ Abb. 7.122f), auf dem Blütenstandsboden des Körbchens oder Köpfchens, wobei die Spreublätter zu Schuppen oder Haaren umgebildet worden sein können; sie können aber auch fehlen.

Die meisten Blüten sind **fünf-** oder **dreizählig.** Der Kelch ist in der Regel zu Haaren, Borsten oder Schuppen reduziert und bleibt auch bei Reife mit der Frucht verbunden; er wird als **Pappus** bezeichnet und dient der Fruchtausbreitung (◘ Abb. 7.122f). Ist der Pappus behaart, so können die Haare schuppenförmig, einfach oder vogelfederartig verzweigt sein; ein Pappus kann aber auch fehlen.

Die Kronblätter sind **basal** zu einer **Röhre** verwachsen. Terminal können die Kronblattzipfel ebenfalls einseitig verwachsen, dann entstehen **zygomorphe Blüten,** die auch als **Zungenblüten** oder Strahlenblüten (◘ Abb. 7.122d, e) bezeichnet werden. Sind die terminalen Blütenblattzipfel unverwachsen, sind die Blüten **radiärsymmetrisch** und werden als **Röhren**- oder **Scheibenblüten** bezeichnet (◘ Abb. 7.122e). In einem Körbchen oder Köpfchen können nur Zungenblüten, nur Röhrenblüten oder Zungen- und Röhrenblüten auftreten, was für verschiedene Unterfamilien der Korbblütengewächse charakteristisch ist. Die **Staubblätter** sind meist **fünf** mit einer Besonderheit, dass die Staubfäden unverwachsen sind, während die **Staubbeutel eine Röhre** bilden. Die Pollensäcke öffnen sich nach innen und entlassen den Pollen in die Staubblattröhre. Der **unterständige Fruchtknoten** wird aus **zwei miteinander verwachsenen Fruchtblättern** gebildet, die je einen Samen ausbilden. Dem Fruchtknoten entspringt **ein Griffel,** der mit **Fegehaaren** besetzt ist, um den Pollen emporzuheben. Der Griffel mündet in **zwei Narbenäste,** die sich erst nach Hindurchwachsen durch die Staubblattröhre entfalten, sodass sich der Pollen jeweils auf der Narbenastunterseite befindet, was als **sekundäre Pollenpräsentation** bezeichnet wird. Falls keine Fremdbestäubung stattgefunden hat, ermöglicht dies vielen Asteraceae, die Narbenäste einzurollen, um sich selbst zu bestäuben.

Als Frucht wird eine Sonderform der Nussfrucht gebildet, die als **Achäne** bezeichnet wird, da die Fruchtwand mit der Samenschale fest verwachsen ist. Die Achänen mancher Arten können bei Reife einen verlängerten **Schnabel** (länglich verschmälerte Fruchtbestandteile ohne Samenanlage, ◘ Abb. 7.122f) bilden, der der optimierten Samenausbreitung dient – entweder um Flugeigenschaften zu optimieren (z. B. beim Löwenzahn, *Taraxacum*) oder um besser in Tierfellen anhaften zu können. Zum Teil übernehmen aber auch die Blütenstandshüllblätter Samenausbreitungsfunktionen, z. B. bei der Klette (*Arctium* sp.).

Das Polysaccharid **Steviolglycosid** wird in der Wurzel und zum Teil in oberirdischen Pflanzenorganen gespeichert und dient vielen Diabetikern als **Zuckerersatzstoff,** z. B. **Stevie** *(Stevia rebaudiana)* und **Zichorienwurzel** *(Cichorium intybus).* Ein wichtiger **Öllieferant** ist die Sonnenblume (*Helianthus annuus* ◘ Abb. 7.123a). Der Kopfsalat *(Lactuca sativa)* ist eine Asteraceae, ebenso wie die Endivie *(Cichorium endivia)* und die Artischocke

(*Cynara scolymus*, ◘ Abb. 7.123g). Seltener werden Topinambur (*Helianthus tuberosus*), die Schwarzwurzel (*Scorzonera hispanica*) oder die Haferwurzel (*Tragopogon porrifolius*) verzehrt. Die Zichorienwurzel (*Cichorium intybus*) diente geröstet in Kriegszeiten als Kaffeeersatz und ist noch heute in Getreidekaffeemischungen enthalten. Estragon (*Artemisia dracunculus*) und Beifuß (*Artemisia vulgaris*, ◘ Abb. 7.123m) werden als **Gewürze** verwendet. Die Ringelblume (*Calendula officinalis*), der Rote Sonnenhut (*Echinacea purpurea*), die Arnika (*Arnica montana*) oder die Echte Kamille (*Matricaria chamomilla*) sind wichtige Arzneipflanzen. Die Färberscharte (*Serratula tinctoria*) und die Färberdistel (*Carthamus tinctorius*) waren früher wichtige **Färberpflanzen.** Viele **Zierpflanzen** sind Asteraceae, z. B. Gerbera, Chrysantheme, Aster, Dahlien oder die Studentenblumen (*Tagetes* sp.). Das Alpen-Edelweiß (*Leontopodium alpinum*, ◘ Abb. 7.123j) ist kennzeichnend für eine ganze Region.

7

Korbblütengewächse können weit verbreitete Generalisten sein, wie z. B. das weltweit verbreitete Gänseblümchen (*Bellis perennis*, ◘ Abb. 7.123f), das bei uns fast ganzjährig blühen kann, oder sie sind auf ganz bestimmte Habitate, Regionen oder Klimazonen beschränkt (z. B. der Endemit auf den Kanarischen Inseln *Sonchus congestus*, ◘ Abb. 7.123p). Ihre zum Teil schnellen Vegetationszyklen prädestinieren sie auch für Wüstenregionen, sodass mancherorts (z. B. in Namaqualand in Südafrika oder in trockenen Regionen Australiens) nach Regenfällen die ganze Wüste blüht. Die Asteraceae haben in der Regel **keine Bestäuberspezifität** entwickelt, sondern sie werden als Krabbel- und Schlafblumen von vielen Insekten besucht und können sich bei Bedarf selbst bestäuben; dies hat ihnen evolutionär viele Vorteile gebracht. Nur wenige Vertreter sind **windbestäubt,** wie z. B. der Gewöhnliche Beifuß (*Artemisia vulgaris*, ◘ Abb. 7.123m) und die bei uns invasive Art *Ambrosia*, die zum Leidwesen vieler **Allergiker** im Spätsommer blüht.

7.12.3.2 Glockenblumengewächse (Campanulaceae)

» (84 Gattungen, 2380 Arten)

Die Glockenblumen (*Campanula* sp., ◘ Abb. 7.124a–f) sind namensgebend für diese Pflanzenfamilie, zu der jedoch auch andere einheimische Vertreter gehören, wie z. B. die Teufelskralle (*Phyteuma* sp., ◘ Abb. 7.124h), die Sandglöckchen (*Jasione* sp., ◘ Abb. 7.124i) oder die selteneren Gattungen wie der Frauenspiegel (*Legousia* sp.), das Moorglöckchen (*Wahlenbergia* sp.) und die Schellenblume (*Adenophora* sp.). Häufig sind Glockenblumengewächse auch beliebte Garten- oder Zierpflanzen, wie z. B. das Männertreu (*Lobelia erinus*, ◘ Abb. 7.124g). Die Familie der Glockenblumengewächse ist weltweit verbreitet.

Meistens handelt es sich um **ausdauernde oder einjährige, krautige Pflanzen,** selten Sträucher. Glockenblumengewächse führen häufig **Milchsaft** aus **Triterpenen** und **Phytosterolen.** Meist sind die **Blätter wechselständig,** selten rosettig oder gegenständig, mit glattem oder gezähntem Blattrand. **Nebenblätter** werden **nie** gebildet. Die Blüten stehen einzeln oder in einem Blütenstand, der in der Regel eine terminale Traube, Ähre oder Rispe ist. Die **zwittrigen, radiärsymmetrischen** oder **zygomorphen** Blüten sind meist **fünfzählig,** mit **doppelter Blütenhülle,** selten wird neben dem Kelch noch ein Nebenkelch entwickelt. Die **Petalen** sind **häufig mehr oder weniger glockenförmig verwachsen.** Die **fünf freien Staubbeutel** sind **protandrisch** (reifen vor den Samenanlagen). Der **Fruchtknoten** aus meist **drei bis fünf verwachsenen Fruchtblättern** ist ober- bzw. unterständig und mündet in **ein bis drei Griffel** (◘ Abb. 7.124d). Dieser ist behaart mit sogenannten **Fegehaaren,** die der **sekundären Pollenpräsentation** dienen; wurde kein Pollen auf der Narbe abgelagert, so rollen sich die Staubbeutel nach innen und die Fegehaare unterstützen die **Selbstbestäubung.** Häufig wird basal, rund um den Fruchtknoten, ein

Abb. 7.124 Glockenblumengewächse (Campanulaceae). **a** Ackerglockenblume (*Campanula rapunculoides*), häufig an Wegrändern zu finden. **b** Straußglockenblume (*Campanula thyrsoides*) aus den Alpenregionen. **c** Nesselblättrige Glockenblume (*Campanula trachelium*), mit behaarten Kelchblättern. **d** Pfirsichblättrige Glockenblume (*Campanula persicifolia*). **e** Rundblättrige Glockenblume (*Campanula rotundifolia*), wobei nur die ersten Blätter rund, die restlichen jedoch schmal-lanzettlich sind. **f** Milchblüten-Glockenblume (*Campanula lactiflora*) aus Kleinasien. **g** Gartenlobelie, Männertreu (*Lobelia erinus*). **h** Kugelige Teufelskralle (*Phyteuma orbiculare*). **i** Bergsandglöckchen (*Jasione montana*). **j** Kanaren-Glockenblume (*Canarina canariensis*) – ein Endemit auf den Kanarischen Inseln. (Foto **i**: Anne Burgess, CC-BY-SA 2.0, unverändert)

röhrenförmiges Nektarium zur Anlockung und Belohnung für Insekten und ihre Bestäubungsaktivitäten angelegt.

Aus dem Fruchtknoten entwickeln sich bei Reife meist **Kapseln,** selten Beeren. Der Samen ist **ölhaltig** und deshalb häufig **ohne stärkehaltiges Endosperm.** Als Reservestoff bilden die Glockenblumengewächse **Inulin,** was ihre nahe Verwandtschaft zu den Korbblütengewächsen manifestiert. Weitere Sekundärstoffe sind **Polyacetylene** und zum Teil Alkaloide, während **Iridoide** und **Tannine fehlen.**

Zusammenfassung

Sie haben in diesem Kapitel charakteristische Merkmale der Blütenpflanzen kennengelernt mit den jeweiligen spezifischen Benennungen und evolutionären Weiterentwicklungen, z. B. im Bereich der

Fortpflanzung (morphologische, vegetative und generative Vielfalt, optimierter Generationswechsel, Anpassungsstrategien an Lebensräume etc.). Die basalen Ordnungen der Blütenpflanzen sind durch ursprüngliche Merkmale gekennzeichnet. Das ANA-*Grade* und die Magnolienähnlichen mit den Magnolien-, Lorbeer- Cannellales und Pfefferartigen sind typische Vertreter der Basalen Ordnungen der Blütenpflanzen.

Einkeimblättrige (Monokotyledonen) sind monophyletisch und morphologisch gut charakterisiert. Die Einkeimblättrigen umfassen wichtige Nutzpflanzen, z. B. Weizen, Gerste, Roggen, Mais, Reis und viele andere Getreide der Süßgräser, aber auch Sauergräser, Palmen, Orchideen, Tulpen, Krokusse und viele weiter Taxa.

Die Echten Zweikeimblättrigen (Eudikotyledonen) umfassen 75 % aller Blütenpflanzen. Die wichtigsten basalen Gruppen in dieser Klade sind die Hahnenfußartigen mit den Berberitzen-, Mohn und Hahnenfußgewächsen, während auf der Südhalbkugel der Erde die Silberbaumgewächse eine große Bedeutung besitzen. Der Lotuseffekt ist nach den Lotosblumengewächsen benannt, aber auch Platanen und der Buchsbaum werden zu den basalen Gruppen der Echten Zweikeimblättrigen gezählt.

Zu den basalen Ordnungen der Kerneudikotyledonen gehört eine Vielfalt unterschiedlichster Blütenpflanzen, die sehr diverse Lebensräume und geographische Regionen besiedeln. Mammutblattartige, Rosenapfelartige und Steinbrechartige gehören in diese Gruppe, ebenso wie die Weinrebenartigen.

Die Superrosiden umfassen die Steinbrechartigen und die Rosiden. Die Rosiden (Eurosiden) sind durch nukleäres Endosperm, lange Embryonen, charakteristische Pollenexine, Leitbündelgefäßwände und das Vorkommen von Ellagsäure gekennzeichnet. Innerhalb der Rosiden stehen die Weinrebenartigen basal zu den Eurosiden I (Fabiden) und den Eurosiden II (Malviden). Ordnungen innerhalb der Eurosiden I, die wichtige Nutzpflanzen umfassen und in das luftstickstofffixierende Klade gruppieren, sind die Schmetterlingsblütler (z. B. Bohne, Erbse, Linse, Lupine), die Rosenartigen (z. B. Apfel, Birne, Kirsche, Pfirsich, Erdbeere und viele mehr), die Kürbisartigen (z. B. Gurke, Melone, Kürbis) und die Buchenartigen (Buchen, Weiden, Ulmen, Birken, Walnuß). Aber auch das Johanniskraut, der Lein, die Wolfsmilch, der Kokastrauch, der Hanf, und viele andere Vertreter gehören in diese Klade.

Innerhalb der Eurosiden II (Malviden) sind insbesondere die Kreuzblütenartigen (z. B. Kohlgewächse, Raps, Ackerschmalwand) wirtschaftlich bedeutsam. Daneben wurden aber auch die Seifenbaumartigen, Storchschnabelartigen, Myrtenartigen und Malvenartigen vorgestellt.

Die Superasteriden (Asternähnlichen) umfassen ca. 1/3 aller Arten der Bedecktsamer und sind durch tetrazyklische, isomere Blüten gekennzeichnet. Sandelholzartige, Nelkenartige, Hartriegelartige und Heidekrautartige gehören in diese Gruppe.

Die Asteriden I (Lamiiden) besitzen meist gegenständige, mehr oder weniger ganzrandige, einfache Blätter sowie Blüten, deren Kronblätter verwachsen sind. Ihr Fruchtknoten besteht in der Regel aus zwei verwachsenen Fruchtblättern und ist meist oberständig. Die Früchte sind oft vielsamige Kapseln. Neben den Enzianartigen und den Raublattartigen sind die Lippenblütenartigen und Nachtschattenartigen für den Menschen von großer Bedeutung.

Die Asteriden II (Campanuliden) besitzen oft wechselständige Blätter mit gesägtem oder gezähntem Blattrand. Der Fruchtknoten ist meist unterständig und entwickelt sich zu Schließfrüchten. Typische Familien innerhalb der Asteriden II sind die Doldenblütengewächse mit Möhre, Sellerie, Kümmel, Fenchel und vielen weiteren Nutzpflanzen, die durch das typische Senfölglycosid-Myrosinase-Syndrom gekennzeichnet sind. Von großer Bedeutung für den Menschen sind ferner die Korbblütengewächse, die artenreichste Pflanzenfamilie der Erde.

7.13 Vokabelheft

- Bedecktsamigkeit, Koevolution, Therophyten, Epiphyten, Hydrophyten, Karpelle, Ovarium, Gynoeceum, Siphonogamie, Stamina, Androeceum, Sepalen, Filament, Theken, Konnektiv, Pollenkorn, Exine, Intine, Apertur, Colpi, Petalen, Tepalen, Perigon, Perianth, monözisch, diözisch, zwittrig, radiärsymmetrisch, zygomorph, disymmetrisch, Blütenstand, Anemophilie, Zoophilie, Hydrophilie, Allogamie, Autogamie, Kleistogamie, Protandrie, Protogynie, Heterostylie, Herkogamie, coenokarper, chorikarper und synkarper Fruchtknoten, marginale und laminale Plazentation, oberständig, mittelständig, unterständig, Endosperm, doppelte Befruchtung, Kotyledonen, Integumente, Samenschale, Perikarp, Exokarp, Mesokarp und Endokarp.
- Einzelfrüchte, Sammelfrüchte, Fruchtverbände, Öffnungsfrüchte, Schließfrüchte, Stomata, Schließzelle, Nebenzelle.
- Basale Ordnungen, kugelige Idioblasten, ursprüngliche Blütenmerkmale, ANA-*Grade,* Staminoide, heterophyle Blätter.
- Hypanthium, unilakunär, Kesselfallen, Spatha, Spadix, Gleitfalle, Diskus, Nektarien.
- Lodiculae, fedrige Narbe, Hüllspelze, Deckspelze, Vorspelze, Granne, Ligula, Ährchen, Karyopse.
- Schaft, Spross, Knoten (Nodien), Platikladium, Blattöhrchen, Blatthäutchen, Blattgelenke, Blattscheide, Blattstiel, Nebenblätter, Stipel, Phyllodium, Rhachis.
- Rhizom, tricolpates Pollenkorn, monomer.
- Nektarblätter (Honigblätter), Nektartasche, Staminodien, Bündel- oder Ringwallandroeceum, epikutikuläre Wachse, Lotuseffekt.
- Poikilohydre Gebiete, Arillus, Blattzahndrüsen, rezent, disjunkt, Diskus, luftstickstofffixierende Klade, Schlafbewegung, Pseudanthien, Cyathien, Latex, schizogene Kanäle, Stelzwurzel, Atemwurzel, Viviparie, Androgynophor, Androphor, Gynophor, Diskus, Nektarring, Holoparasiten, Heterophyllie.
- Epiphytische und xerophytische Anpassungsstrategie, Phyllodien, aufsteigende Knospendeckung, Schiffchen, Fahne, Flügel, verwachsene Staubfadenröhre.
- Sekundäre Polyandrie, Außenkelch, Sprossdornen, Blattdornen, Korkflügelrinde, Trichom, Emergenz, epikutikuläre Wachse, Panzerbeeren, sukkulent, Adventivwurzeln, Rhizome, Knollen, Stolonen, Cupula, persistierend, geschnäbelte Früchte, Staubbeutelanhängsel.
- Mutationstheorie, Gradualismus, Saltationismus, Neolamarckismus, Orthogenese, synthetische Evolutionstheorie.
- Xerophyten, Helophyten, Hydrophyten, Senfölglycosid-Myrosinase-Syndrom, Schoten, Schötchen, Metamorphosen, *Arabidopsis thaliana,* Koevolution, intermediärer Erbgang, Vererbungsregel.
- Tetrazyklisch-isomere Blüten, Apoptose, Siebröhrenplastiden, Proteinfilamente, Proteinkristalloide, Klapp- und Klebefallen, Blattheteromorphismus, Karnivorie, Insektivorie, Turionen, passive Fallgruben, Klemmfallenmechanismus, Aasblume, Domatien, Oberlippe, Unterlippe, Klausenfrucht, Sympetalie.
- Flügelleiste, Ochrea, Tute, Nebenkrone, Dolde, Doppeldolde, Köpfchen, Körbchen, Griffelpolster, Karpophor, Hüllblätter, Hüllchenblätter, Röhrenblüten, Zungenblüten, Blütenstandshüllblätter, Spreublätter, Pappus, geschnäbelter Fruchtknoten, Involucrum, Pseudanthium, Fegehaare, Achäne, sekundäre Pollenpräsentation.

? Fragen

1. Erklären Sie, aufgrund welcher Merkmale die Bedecktsamer evolutionär so erfolgreich geworden sind.
2. Beschreiben Sie den Aufbau einer Blütenpflanze.

3. Können Sie den Generationswechsel der Blütenpflanzen erklären unter Berücksichtigung von Megasporophyllen und Mikrosporophyllen?
4. Ist Fremdbestäubung im Pflanzenreich vorteilhaft, und können Sie Merkmale nennen, die dabei hilfreich sein können?
5. Erklären Sie den Unterschied zwischen Einzelfrüchten, Sammelfrüchten und Fruchtverbänden, und nennen Sie Fruchtformen bzw. Pflanzenbeispiele, um dies zu veranschaulichen.
6. Wie viele Angiospermen gibt es, und nach welchen Kriterien werden sie klassifiziert?
7. Erklären Sie typische Merkmale, die die „basalen Ordnungen" der Blütenpflanzen charakterisieren, und nennen Sie Beispiele dazu.
8. Beschreiben Sie die Vielfalt der Monokotyledonen, und nennen Sie Beispiele. Welche charakteristischen Merkmale kennzeichnen die Monokotyledonen?
9. Kennen Sie Vertreter der Spargelartigen, der Lilienartigen und der Grasartigen, und welche Merkmale unterscheiden sie voneinander?
10. Wissen Sie, warum die Commeliniden (Stärke-Einkeimblättrigen) zusammengruppiert werden, und können Sie Vertreter für diese Gruppe nennen?
11. Beschreiben Sie den Unterschied zwischen Süßgräsern und Sauergräsern.
12. Nennen Sie Nutzpflanzen der Grasartigen.
13. Welche Gruppen gehören zu den basalen Zweikeimblättrigen – nennen Sie einzelne Vertreter und ihre Merkmalseigenschaften.
14. Wissen Sie, welche Gruppen zu den Steinbrechartigen gezählt werden und warum? Nennen Sie einige Vertreter dieser Gruppe, und beschreiben Sie den Nutzen für den Menschen.
15. Die Rosengewächse sind durch diverse Gemeinsamkeiten gekennzeichnet – nennen Sie diese, und geben Sie einige Beispiele für die verschiedenen Gruppen innerhalb der Rosengewächse (Rosidae).
16. Welche Bedeutung haben die Hülsenfruchtgewächse (Schmetterlingsblütler), und welche Merkmale kennzeichnen die Familie? Nennen Sie typische Vertreter.
17. Beschreiben Sie Merkmale der Rosengewächse, und nennen Sie typische Vertreter, die der Mensch nutzt.
18. Buche, Walnuss, Eiche, Erle, Haselnuss, Birke und Esskastanie gehören in eine Gruppe – in welche, und welche Merkmale charakterisieren diese?
19. Welche Bedeutung haben die Myrtenartigen? Kennen Sie Vertreter dieser Gruppe?
20. Kennen Sie Seifenbaumartige, die vom Menschen genutzt werden? Nennen Sie Vertreter und in welche Gruppen diese gehören.
21. Welche Merkmale charakterisieren die Kreuzblütenartigen und insbesondere die Kreuzblütengewächse? Nennen Sie Merkmale und Pflanzenbeispiele.
22. Welche Bedeutung besitzt die Ackerschmalwand *(Arabidopsis thaliana)* und warum?
23. Sind die Malvenartigen in Mitteleuropa weit verbreitet? Nennen Sie einige Taxa und ihre charakteristischen Merkmale.

24. Welche morphologischen Gemeinsamkeiten besitzen die Asternähnlichen? Kennen Sie Vertreter, die in diese Gruppe gehören?
25. Beschreiben Sie die Nelkenartigen – insbesondere die Nelkengewächse.
26. Gehören alle fleischfressenden Pflanzen in eine monophyletische Gruppe? Beschreiben Sie diese und ihre Fangmechanismen.
27. Die Enzianartigen (Gentianales), Lippenblütenartigen (Lamiales), Nachtschattenartigen (Solanales) und Raublattartigen (Boraginales) gehören in eine Gruppe. Was wissen Sie über diese Gruppe und ihre Vertreter? Nennen Sie Nutzpflanzen.
28. Beschreiben Sie die Lippenblütenartigen und ihre charakteristischen Eigenschaften, und nennen Sie typische Vertreter, die zum Kochen verwendet werden.
29. Welche Bedeutung haben die Nachtschattengewächse, und kennen Sie Nutzpflanzen aus dieser Gruppe?
30. Wodurch sind die Doldenblütengewächse gekennzeichnet, und werden Doldenblütler vom Menschen genutzt?
31. Beschreiben Sie den charakteristischen Aufbau einer Asteraceae (Korbblütengewächs) – insbesondere die Blütenstandsmerkmale. Gibt es wichtige Nutzpflanzen innerhalb der Korbblütengewächse?

Weiterführende Literatur

Allen GE (1969) Hugo de Vries and the reception of the "mutation theory". J Hist Biol 2(1):55–87

Bowler PJ (1978) Hugo De Vries and Thomas Hunt Morgan: The mutation theory and the spirit of Darwinism. Annals Sci 35:61

Cantino PD, Doyle JA, Graham SW et al (2007) Towards a phylogenetic nomenclature of Tracheophyta. Taxon 56:822–846

Davis CC, Anderson WR (2010) A complete phylogeny of Malpighiaceae inferred from nucleotide sequence data and morphology. Am J Bot 97:2031–2048

Huber H (1969) Die Samenmerkmale und Verwandtschaftsverhältnisse der Liliflorae. Mitt Bot Staatssamml 8:219–538 (München)

Huxley J (1942) Evolution: the modern synthesis. Allen & Unwin, London

Jäger EJ (Hrsg) (2017) Rothmaler – Exkursionsflora von Deutschland. Gefäßpflanzen: Grundband. Springer, Berlin

Kadereit JK, Körner C, Kost B, Sonnewald U (2014) Strasburger – Lehrbuch der Pflanzenwissenschaften, 37. Aufl. Springer Spektrum, Heidelberg

Leins P, Erbar C (2008) Blüte und Frucht. Schweizerbart'sche Verlagsbuchhandlung, Stuttgart

Mayr E (1963) Animal species and evolution. Harvard University Press, Cambridge

Renner O (1918) Oenothera lamarckiana und die Mutationstheorie. Die Naturwissenschaften 6:49–52

Soltis DE, Bell CD, Kim S et al (2008) Origin and early evolution of Angiosperms. Ann New York Acad Sci 1133:3–25

Stevens PF (2012) Angiosperm Phylogeny Website. ► http://www.mobot.org/MOBOT/research/APweb/

Takhtajan A (2009) Flowering plants. Springer, Berlin

Systematik und Evolution pflanzlichen Lebens im erdgeschichtlichen Zusammenhang

B. Gemeinholzer, *Systematik der Pflanzen kompakt*, https://doi.org/10.1007/978-3-662-55234-6_8

Lernziele

Die Erde entstand vor 4,5 Mrd. Jahren, älteste Spuren organismischen Lebens sind rund 3,8–2,6 Mrd. Jahre alt. Die plattentektonischen und klimatischen Einflüsse über verschiedene Erdzeitalter hinweg werden in einem pflanzenevolutionären Zusammenhang vorgestellt (► Abschn. 8.1). Außerdem wird die Frage, ob wir im Zeitalter des 6. Massensterbens leben, erörtert (Kasten 8.1).

Die Florenreiche werden vorgestellt (► Abschn. 8.2) und Flora, Vegetation sowie zonale und azonale Vegetationszonen erklärt.

8

8.1 Erdzeitalter, Kontinentaldrift und Evolution

8.1.1 Präkambrium

Die Erde entstand vor ca. **4,5 Mrd. Jahren** (► Abschn. 2.1). Als älteste unumstrittene Spuren des Lebens werden rund **3,8–2,6 Mrd. Jahre** alte Mikrofossilien angesehen, die sich in Gesteinsformationen aus dem **Präkambrium** finden lassen. Wie die Erdoberfläche damals ausgesehen haben mag, ist umstritten.

Gegen **Ende des Präkambriums** nahmen Bakterien photoautotrophe Prokaryoten durch Endocytobiose auf (**Endosymbiontentheorie**, Kasten 2.4) und konnten sich dadurch vorteilhaft vermehren (es entstanden z. B. die Grünalgen, ► Abschn. 3.1.3). Verstärkte Photosyntheseaktivitäten führten zu einer **erhöhten Sauerstoffanreicherung** in der Erdatmosphäre. Dies war für viele Organismen eine Sauerstoffkatastrophe, die wahrscheinlich das erste globale Massensterben auslöste (Kasten 8.1). Die Erdoberfläche bildete zu dieser Zeit wahrscheinlich verschiedene Superkontinente (Rodinia und Pannotia), die wiederholt kollidierten und wieder in kleinere Landmassen zerfielen, mit jeweils gravierenden Einflüssen auf Meeresströmungen und globale Wasser- und Wärmeaustausche sowie Niederschlagsereignisse. Da sich Mutations- und Selektionsfaktoren (► Abschn. 1.3) auf die Lebewesen dementsprechend immer wieder veränderten, hatte dies erhebliche Folgen für die Organismen.

8.1.2 Kambrium

Im Kambrium (vor 542–485 Mio. Jahren) bestanden die Landmassen wahrscheinlich aus vier großen Teilen – **Laurentia**, **Siberia**, **Baltica** und **Gondwana** – und mehreren kleineren Landfragmenten, die vom weltumspannenden Panthalassa-Ozean umgeben waren, der heute als „Urpazifik" angesehen wird. Global herrschten wahrscheinlich warme Temperaturen und eine hohe CO_2-Konzentration in der Atmosphäre. Es entwickelten und diversifizierten sich **eukaryotische Pflanzenzellen** (► Abschn. 2.2.3.3), etwa bezüglich Organisationsformen, sexuellen Fortpflanzungssystemen (z. B. Generationswechsel, Oogamie u. a.) und Zellkompartimentierungen (z. B. in Vakuolen, Plastiden, Mitochondrien und Zellkern). Im Tierreich müssen die Bedingungen noch vorteilhafter für Artbildungsprozesse gewesen sein, dort spricht man von einer kambrischen Artenexplosion bzw. kambrischen Radiation.

8.1.3 Ordovizium

Im Ordovizium (vor 488–443 Mio. Jahren, ◘ Abb. 8.1a) **besiedelten erste pflanzliche Organismen das Land** (► Abschn. 3.2). Vorfahren der heute noch lebenden Coleochäten und Armleuchteralgen (► Abschn. 3.1.4) waren wahrscheinlich die ersten Landpflanzen. Es entwickelten sich die ersten Moosverwandten, die den heutigen **Lebermoosen** geähnelt haben. Dies konnte bislang jedoch noch nicht bewiesen werden, da Fossilien der damaligen Urmoose noch nicht gefunden wurden. Allerdings konnten Fossilfunde der **Symbiose** ersten pflanzlichen Landlebens mit arbuskulären Mykorrhizapilzen in das Ordovizium datiert werden.

Das Klima war im Ordovizium zunächst warm und trocken, gegen Ende des Ordoviziums fand eine zunehmende Vergletscherung der Landmassen statt, die sich in der Nähe des Südpols befanden. Als Grund für den Temperaturrückgang wird neben der Lage der Kontinente die zunehmende Vegetationsbedeckung der Landmassen genannt, was zu einer erhöhten Bindung von Luftstickstoff und zu einer damit einhergehenden **Temperaturabkühlung** führte. Starker **Vulkanismus** veränderte zudem die Atmosphäre durch den Ausstoß von Schwefeldioxiden und Stickoxiden. Dies hatte jedoch Fossilfunden zufolge keinen sehr großen Einfluss auf pflanzliche Organismen, während die Zoologie vom ersten Massensterbeereignis spricht.

8.1.4 Silur

Im Silur (vor 443–419 Mio. Jahren, ◘ Abb. 8.1b) kollidierten die Kontinentalplatten von Laurentia und Baltica, und es entstand ein neuer Großkontinent im Norden, **Laurussia** oder *Old-Red*-Kontinent genannt. Die plattentektonischen Verschiebungen wurden von ausgeprägtem Vulkanismus begleitet. Nach Abklingen der Eiszeit herrschte ein **warmes, gemäßigtes Klima,** die Erde war fast eisfrei. Pflanzliches Leben auf dem Land breitete sich weiter aus und differenzierte sich. Fossilfunde zeigen, dass erste **Urfarne** und einfache **Bärlapppflanzen** entstanden, sowohl in Laurussia als auch in Gondwana. Pflanzen entwickelten Abschlussgewebe mit Kutikula und Spaltöffnungen sowie Leitgefäße (Tracheiden) in einfachen Leitsystemen (Protostele, ► Abschn. 3.2, Kasten 4.1).

8.1.5 Devon

Im Devon (vor 416–359 Mio. Jahren, ◘ Abb. 8.2a) führten starke **tektonische Veränderungen** zu verschiedenen Landmassenabbrüchen und Zusammenstößen sowie Ozeanbildungen (z. B. Paläotethys,

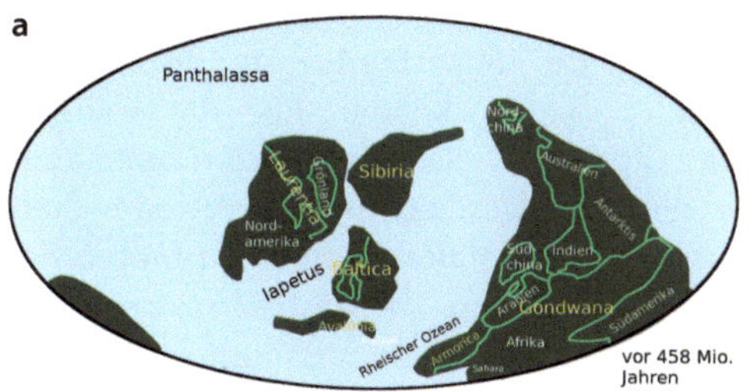

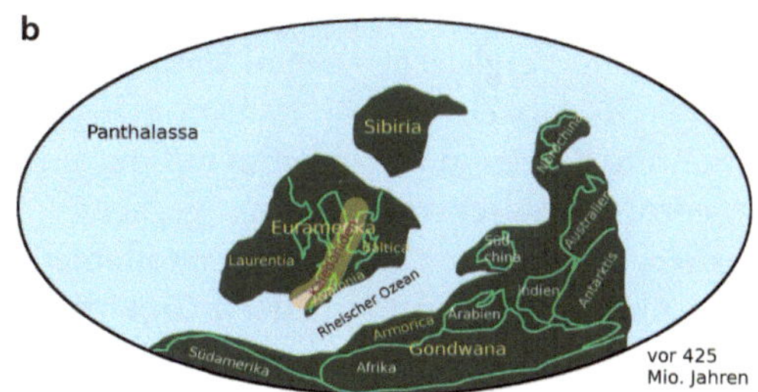

◘ **Abb. 8.1** **a** Ordovizium. **b** Silur. (© ► https://physik.wissenstexte.de)

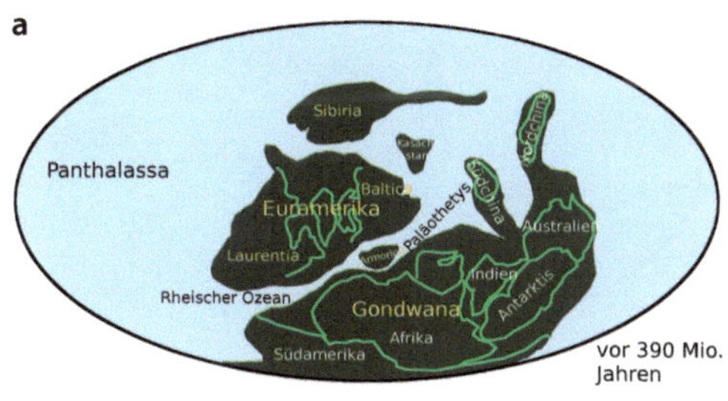

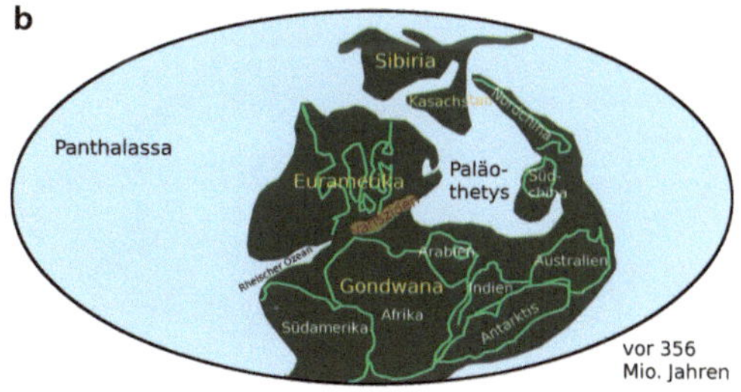

◘ **Abb. 8.2** **a** Devon. **b** Oberkarbon. (© ► https://physik.wissenstexte.de)

8

Rhenoherzynischer Ozean u. a.). Das Klima war **warm und trocken,** mit teilweise vereisten Polkappen. Urfarne und Bärlappe verbreiteten sich weltweit, und erste gesicherte Fossilfunde der Lebermoose (► Abschn. 3.3.1) werden dem Devon zugerechnet. In sumpfig-trockenen Regionen entstanden erste **höhere terrestrische Lebensgemeinschaften** von Vorfahren unserer heutigen Bärlappe, Schachtelhalme, Farne und Samenpflanzen. Die ersten **Progymnospermen** (ausgestorbene Holzgewächse) entwickelten Bäume mit bis zu 20 m Höhe, und gemeinsam mit **Bärlappbäumen** und **Riesenschachtelhalmen** (Kalamiten, *Calamites*) entstanden die **ersten Wälder.**

8.1.6 Karbon

Das Karbon (vor 359–299 Mio. Jahren, ◘ Abb. 8.2b) wird auch als **(Stein-)Kohlezeitalter** bezeichnet. Die Kontinentalplatten drifteten weiter aufeinander zu und stießen zusammen, z. B. entstanden dadurch die Appalachen und das Uralgebirge. Die Kontinentalplatten drehten sich, und es fanden erste Vergletscherungen statt, die sich im Perm fortsetzten. Im Karbon scheint es **mehrere Kalt- und Warmzeiten mit extremen Meeresspiegelschwankungen** gegeben zu haben. Durch einen hohen Sauerstoffanteil in der Atmosphäre entstand zuerst **Gigantismus** in vielen Organismengruppen; durch Bindung von Sauerstoff in Biomasse fand jedoch wiederum eine Fixierung statt.

Auf der Nordhalbkugel der Erde bildeten sich **ausgedehnte Sumpflandschaften** mit Farnen und den heute ausgestorbenen Siegelbäumen *(Sigillaria)* und Schuppenbäumen *(Lepidodendron),* die zu den Bärlappen gezählt werden. Wälder entstanden durch Riesenschachtelhalme (Kalamiten, *Calamites,* Kasten 4.2) und heute ausgestorbene Gefäßsporenpflanzen sowie Vorfahren der heutigen Gymnospermen (Cordaiten, Kasten 6.1). Im Karbon entstanden die reichhaltigen Kohlelagerstätten. Auf der Südhalbkugel entwickelte sich unter dem Einfluss eines kühl-gemäßigten Klimas eine artenärmere **Gondwana-Flora** mit **ersten Nadelgewächsen** und **Baumfarnen**.

8.1.7 Perm

Im Perm (vor 299–252 Mio. Jahren, ◘ Abb. 8.3a) bildeten alle Kontinentalplatten zusammen den **Superkontinent Pangäa**, der vom Riesenozean Panthalassa umgeben war; mit einer großen Bucht im Osten, der Tethys. Die Vergletscherung der südlichen Pangäa führte zu einem **trocken-kühlen Klima mit wüstenähnlichen Bedingungen im Landesinneren** des Superkontinents. Die Sümpfe und Moore trockneten aus, die weltgrößten **Gips- und Salzlagerstätten** entstanden in dieser erdgeschichtlichen Periode. Starke **vulkanische Aktivitäten** bzw. ein **Meteoriteneinschlag** führten zu drastischen organismischen Veränderungen. Vermutlich sind 80 % aller Tier- und Pflanzenarten im Perm ausgestorben. Die **Massenextinktion** resultierte

a

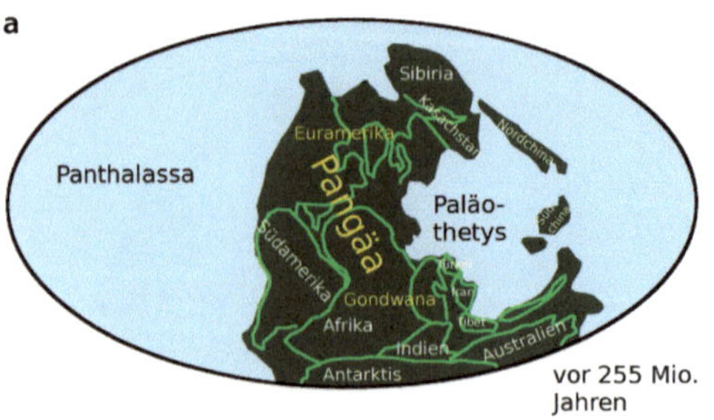

b

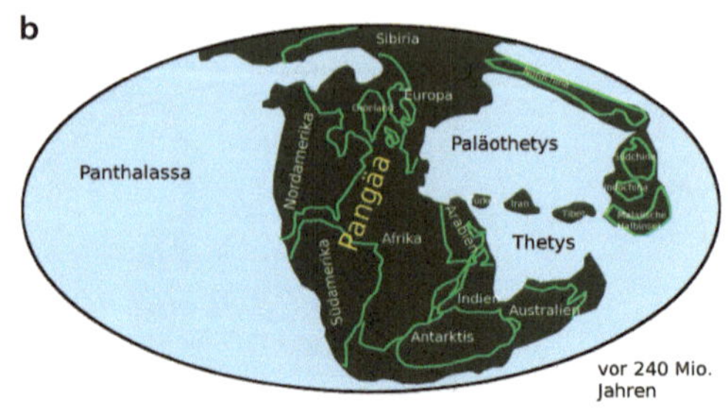

◘ **Abb. 8.3** **a** Perm. **b** Trias. (© ► https://physik.wissenstexte.de)

in eine starke Radiation besser angepasster Organismen. Die Nadelgehölze breiteten sich aus, weshalb das Perm auch als **Zeitalter der Gymnospermen** bezeichnet wird.

8.1.8 Trias

Die Trias (vor 252–201 Mio. Jahren, ◘ Abb. 8.3b) war durch **warm-heiße Temperaturen** auf dem Superkontinent Pangäa geprägt. Viele **Wüstengebiete** beherrschten das Landesinnere. Die ursprünglich weit verbreiteten Farne, Bärlappe und Schachtelhalme der Feuchtgebiete wurden, ebenso wie die Wälder, zurückgedrängt und verschwanden in vielen Regionen. Manche pflanzlichen Fossilfunde weisen erste Zeichen von Sukkulenz (Wasserspeicherungsmöglichkeiten im Gewebe und Oberflächenverkleinerung) auf. Die **Palmfarne** (Cycadales), der **Ginkgobaum** und die **Koniferen** (► Kap. 6) waren die am weitesten verbreiteten Pflanzen der terrestrischen Ökosysteme der Trias. Der Ginkgobaum besiedelte weite Bereiche des nördlichen Superkontinents, und die heute ausschließlich südhemisphärisch verbreiteten Araukarien (Araucariaceae, ► Abschn. 6.4.4) waren über ganz Pangäa verbreitet. Die **ersten insektenbestäubten Blüten** entwickelten sich in einer heute ausgestorbenen Gruppe, den Bennettitales. Gegen Ende der Trias zerfiel Pangäa, und das Klima wurde milder. Neue Hypothesen verlegen den Ursprung der ersten Blütenpflanzen bereits in die Trias (Foster et al. 2016).

8.1.9 Jura

Im Jura (vor 201–145 Mio. Jahren, ◘ Abb. 8.4a) entwickelten sich aus Pangäa **Laurasia** (die nördlichen Landmassen umfassen das heutige Nordamerika und Eurasien) und **Gondwana** (die südlichen Landmassen umfassen Südamerika, Afrika, Indien, Antarktis und Australien). Die Tethys trennte Gondwana und Laurasia. Es entwickelten sich das **Tethysmeer,** das später zum Mittelmeer werden wird, sowie Vorläufer des Atlantiks. Das Aufbrechen der großen Landmassen führte zu **mild-feuchtem Klima**. Die Landmassen wurden von **Dinosauriern** bevölkert, und auch die Fossilfunde des Urvogels **Archäopteryx** und **erster Säugetiere** datieren in diese Zeit. Koniferen und Palmfarne waren die dominante Vegetation, zusammen mit Farnen und Schachtelhalmen; die ersten Kiefern und Mammutbäume entstanden.

8.1.10 Kreide

In der Kreidezeit (vor 145–66 Mio. Jahren, ◘ Abb. 8.4b) zerfielen die Landmassen weiter, es trennten sich Australien und Antarktika sowie später Afrika und Südamerika, und auch Indien spaltete sich ab. Kontinentalplatten drifteten nach Norden. Das Klima war zunächst mild, die Pole waren eisfrei. Es entwickelte sich der noch heute existierende **Temperaturgradient** von den Polen zum Äquator, und es entstanden **Jahreszeiten.**

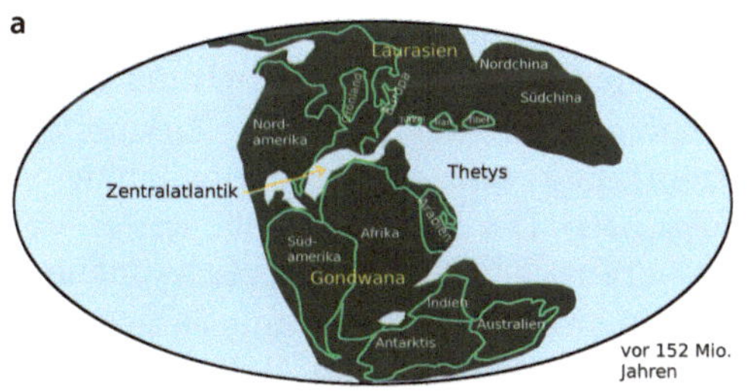

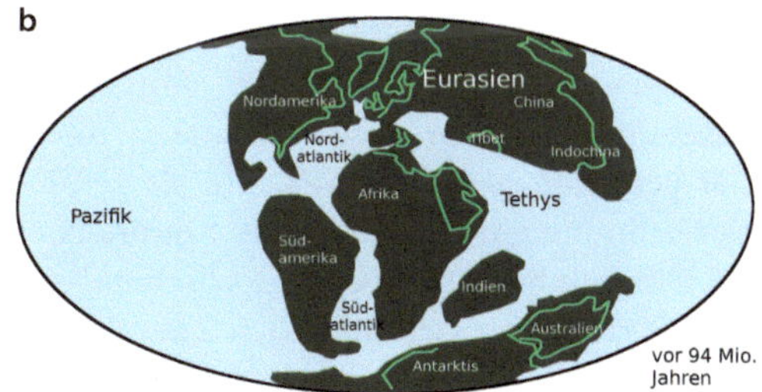

◘ **Abb. 8.4** **a** Jura. **b** Kreide. (© ► https://physik.wissenstexte.de)

In den meisten Lehrbüchern der Botanik wird der Ursprung der **ersten Blütenpflanzen** und **ersten Laubgehölze** aufgrund von Fossilfunden in die Kreide datiert. Molekulare Untersuchungen datieren diesen jedoch in die Trias (▶ Kap. 8.1.8). In der Kreide diversifizierten sich jedoch viele Gruppen der rezenten (heute noch vorkommenden) Blütenpflanzen, weshalb die Kreidezeit immer noch als eine der evolutionär bedeutsamsten erdgeschichtlichen Perioden für die Botanik angesehen wird. Gegen Ende der Kreidezeit bildeten Ahornbäume (*Acer* sp.), Eichen (*Quercus* sp.) und Walnüsse (*Juglans* sp.) zusammen mit Koniferen ausgedehnte Wälder. Am Ende der Kreidezeit kam es – vermutlich durch **Vulkanausbrüche** oder einen **Meteoriteneinschlag** (z. B. der Chicxulub-Krater im Golf von Mexiko) bzw. die Kombination beider Ereignisse – zu einem **globalen Massenaussterben** (Kasten 8.1), mit signifikanten Konsequenzen für alle Organismen. Farne und Gymnospermen konnten nur schwer auf die sich schnell verändernden Umweltbedingungen reagieren, sodass die Angiospermen freie Nischen besetzen konnten, was zur heute noch existierenden Dominanz der Bedecktsamer führte. Vorteile der Bedecktsamer bestanden z. B. in der Pollenselektion durch Bestäuberanlockung und -spezifität, Fruchtbildung, optimierten Samenausbreitung, den kurzen Lebenszyklen und Generationszeiten sowie der Bildung diverser sekundärer Pflanzenstoffe (▶ Kap. 7).

8.1.11 Paläogen und Neogen (Tertiär)

Im Paläogen (vor 66–23 Mio. Jahren), das zusammen mit dem Neogen ehemals zum **Tertiär** gerechnet wurde (was heute als veraltete Bezeichnung gilt), drifteten die Kontinente in etwa in ihre heutige Position. Zwischen Nord- und Südamerika bestand noch eine Meeresverbindung, Afrika und Eurasien wurden noch durch die Tethys getrennt, die jedoch kontinuierlich schmaler wurde; Australien und Antarktika bewegten sich langsam voneinander weg. Die Indische Platte kollidierte mit der Eurasischen Platte, und es faltete sich der Himalaja auf. Ebenso entstanden durch plattentektonische Verschiebungen die Anden und Rocky Mountains in Amerika und die Alpen, Pyrenäen, Karpaten und der Apennin in Europa. Die Tethys schloss sich nach Osten hin und öffnete sich zum Atlantik.

Im **Paläogen** herrschten verschiedene Temperaturen vor, weshalb dieses Erdzeitalter oft dreigeteilt wird. Das Paläogen begann mit einem 1) warm-feuchten **Paläozen** – Braunkohleablagerungen zeugen noch heute von der großen Formenvielfalt der Vegetation in diesem Erdzeitalter. Dieses mündete in 2) das **Eozän** mit einem sehr starken Temperaturanstieg durch eine erhöhte Kohlenstoffdioxidkonzentration in der Erdatmosphäre, eventuell ausgelöst durch instabile Methanvorkommen auf dem Meeresboden oder Permafrostböden, die auftauten. Es entwickelten sich subtropisch-feuchte Lorbeerwälder vom Äquator bis nach Europa, die nach Norden von Laub-Mischwäldern abgelöst wurden. Die Vegetation wurde von den heutigen basalen Gruppen der Bedecktsamer und Einkeimblättrigen (▶ Abschn. 7.2 und 7.3) dominiert (z. B. Magnolien, Eichen, Lorbeergewächse, Palmen); Wälder und Strauchformationen fanden sich bis nahe an die Polregionen. An den Küsten Europas wuchsen Mangroven. Diese Periode mündete 3) in ein kühleres **Oligozän**. Die Temperaturveränderungen im Oligozän entstanden zum einen durch die Gebirgsbildungen mit verschiedenen Höhenstufen, Expositionen und Lebensräumen, zum anderen spaltete sich Australien von Südamerika ab, was zur zirkumpolaren Meeresströmung rund um den Südpol führte (antarktischer Zirkumpolarstrom) und eine weltweite Abkühlung zur Folge hatte. Der Südpol vereiste, was zu weltweit drastischen Meeresspiegelschwankungen und zu trockenem Klima mit ausgedehnten Steppen, Savannen und Wüstenbildungen auf allen Kontinenten führte. Pflanzen entwickelten die C_4-Photosynthese, die weniger

CO_2 benötigt als die evolutionär ältere C_3-Photosynthese. Der schwankende Meeresspiegel schuf diverse Landverbindungen und ermöglichte so Wanderbewegungen im Pflanzen- und Tierreich, die ursprünglich nicht möglich gewesen waren. Dies führte zu diversen Aussterbe- bzw. Einwanderungsereignissen. Die ehemalige Dominanz der Reptilien auf der Erde wurde von den Säugetieren abgelöst. Die auf der Nordhemisphäre ehemals dominanten immergrünen subtropischen bis tropischen Wälder mit Laub- und Nadelbäumen, Palmen und Farnen wurden in tropische Regionen verdrängt. Durch das aride Klima (Niederschlag ist geringer als die Verdunstung) entwickelten sich in Europa Hartlaubgehölze, die heute noch in mediterran geprägten Vegetationszonen, z. B. im Mittelmeerraum, in Chile, Namibia und in Kalifornien, zu finden sind.

Das **Neogen**, das in 1) Miozän und 2) Pliozän unterteilt werden kann, gilt als Zeitalter der Gebirgsbildung. Die Landbrücke zwischen Nord- und Südamerika schloss sich. Das globale mild-warme Klima kühlte sich ab, bis es zur Vereisung der Polkappen kam.

8.1.12 Quartär

Das Quartär (vor 2,5 Mio. Jahren bis heute) wird in **Pleistozän** und **Holozän** unterteilt. Insbesondere das Pleistozän ist geprägt von starken klimatischen Schwankungen, was auch als quartäres Eiszeitalter bezeichnet wird und in mehr als 20 verschiedene globale Kalt-Warmzeitzyklen mündete: z. B. in Mitteleuropa in die Elbe-Kaltzeit im Norden bzw. Günz-Kaltzeit im Süden, gefolgt von der Elster/Mindel-, der Saale/Riß- und der Weichsel/Würm-Kaltzeit mit wärmeren Perioden dazwischen, wobei jeder Zyklus ca. 100.000 Jahre umfasste. Die Schwankungen sind wahrscheinlich auf Veränderungen der Erdumlaufbahn und veränderte Neigungen der Erdachse zurückzuführen. Während der Kälteperioden wurden Arten in Refugialräume zurückgedrängt oder starben aus, in den Wärmeperioden erfolgte eine Ausdehnung der Verbreitungsgebiete und Neubesiedelung frei gewordener Habitate und Nischen. Dies förderte im Pflanzenreich die Artbildung durch geographische Isolation bzw. eine anschließende Hybridisierung und Polyploidisierung (▶ Abschn. 1.3).

Das Holozän begann mit Ende der letzten Eiszeit vor ca. 10.000 Jahren. Die länger werdenden Sommermonate führten dazu, dass sich die wasserlimitierte Steppenvegetation zu Strauch- und Waldvegetation umwandelte, z. B. in der Tundra. In vielen Regionen der Welt verschwanden die großen Säugetiere, wie z. B. das Mammut. Der Mensch begann, Getreide und Gemüse zu kultivieren sowie Nutztiere zu domestizieren, was heute als Neolithische Revolution bezeichnet wird.

Kasten 8.1: Leben wir im Zeitalter des 6. Massensterbens?

Die Evolution beruht auf Aussterbe- und Artbildungsereignissen, wobei diese Prozesse im Verlauf der Erdgeschichte nicht immer kontinuierlich verliefen. Immer wieder gab es Zeiten mit erhöhtem Artenrückgang, wodurch neue Nischen frei wurden, die zu erhöhten Artbildungsraten führten.

Als Massenextinktionen (Massensterben, Massenaussterbeereignisse) werden solche bezeichnet, die zu starken Artverlusten in geologisch kurzen Zeiträumen (bis zu 10 Mio. Jahren!) führten.

Paläozoologen sprechen häufig aufgrund mariner Fossilfunde von fünf Massenextinktionen:

1. **Silur/Ordovizium** vor 446 Mio. Jahren, aufgrund von Klimawandel oder Meeresspiegelschwankungen (◘ Abb. 8.5);
2. **Devon** vor ca. 371 Mio. Jahren;
3. **Perm/Trias** vor 252 Mio. Jahren, eventuell aufgrund von Kontinentalverschiebung, Vulkanismus oder Meteoriteneinschlag. Diese Massenextinktion ist die größte gewesen, die sich über mehrere

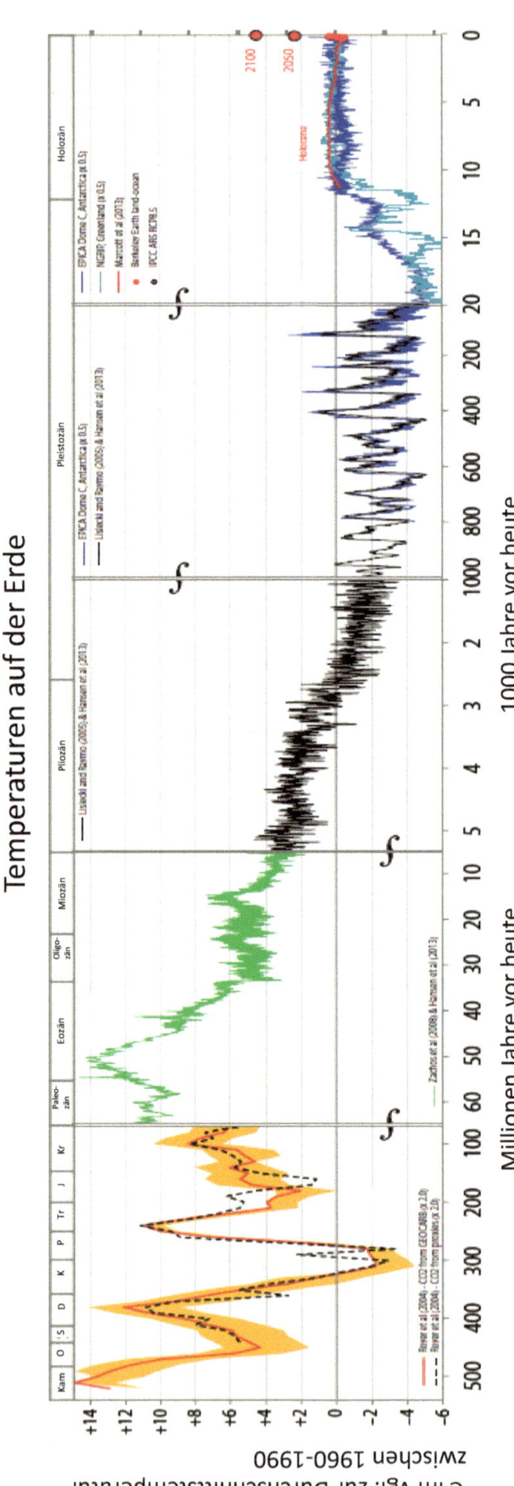

Abb. 8.5 Globale durchschnittliche Temperaturberechnungen der letzten 540 Mio. Jahre. (Von Glen Fergus, CC-BY-SA 3.0, leicht verändert). Kam: *Kambrium*, O: *Ordovicium*, S: *Silur*, D: *Devon*, K: *Karbon*, P: *Perm*, Tr: *Trias*, J: *Jura*, Kr: *Kreide*

zigtausend Jahre hinweg zog;
4. **Trias/Jura** vor 206 Mio. Jahren, wahrscheinlich durch vulkanische Aktivität. In Australien lebende Organismen waren von diesem Massensterben wenig betroffen;
5. **Kreide/Tertiär** vor 65 Mio. Jahren.

Pflanzliche Fossilfunde spiegeln dieses Bild nicht wider (◘ Abb. 8.6), was auf die größere Regenerations- und physiologische Anpassungsfähigkeit, z. B. durch Überdauerung im Boden, zurückzuführen sein kann. Auch wenn das Aussterben einiger Pflanzenfamilien zeitlich mit einigen der fünf Massenextinktionsereignissen korreliert, kann man im **Pflanzenreich** nur von **zwei erhöhten Aussterberaten** im Verlauf der Erdgeschichte reden. Diese korrelieren zeitlich mit der **3. und 5. Massenextinktion:**

- **Perm/Trias:** Dies führte dazu, dass ca. 55 % aller bis dahin lebenden Pflanzenfamilien ausstarben, was sowohl südhemisphärisch als auch nordhemisphärisch lebende Pflanzenfamilien und Pflanzengruppen in den Tropen betraf.
- **Kreide/Tertiär:** Ursache dafür waren wahrscheinlich der starke Rückgang der temperaten eurasischen Feuchtgebiete, während sich tropische Feuchtgebiete verstärkt bildeten.

Aktuelle Publikationen (beispielsweise Silvestro et al. 2015; Lehtonen et al. 2017; Halley et al. 2017) zeigen, dass im Verlauf der Evolution Pflanzen von Klimaveränderungen meist nur gering betroffen waren, aufgrund von unterschiedlichen Altersstrukturen (langlebige und kurzlebige Arten) und unterschiedlicher Biomasseproduktion bzw. den Möglichkeiten, Biomasse zu verlagern (z. B. in die Wurzel, den Stamm oder in Samen). Somit konnten sie sich relativ gut an sich verändernde Klimabedingungen (Temperatur und Niederschlag) anpassen.

Nicht der Klimawandel, sondern die menschliche Landnutzung könnte aber trotzdem einen extremen Einfluss auf die Verbreitung von Organismen und ein Artensterben haben, was von vielen Wissenschaftlern heftig diskutiert wird. Momentan sind ca. 10 % der Pflanzen vom Aussterben bedroht.

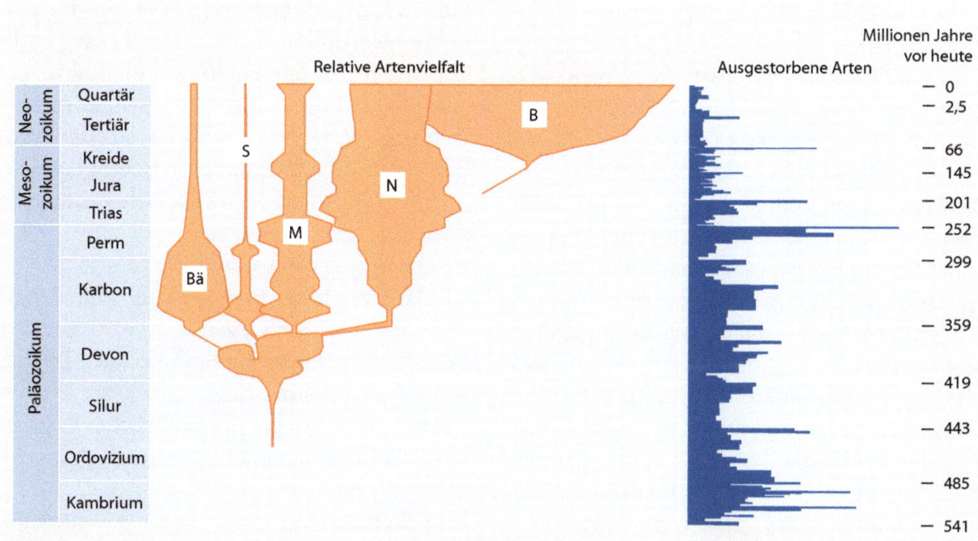

◘ **Abb. 8.6** Relative Artenvielfalt und Schätzungen der ausgestorbenen Arten der wichtigsten Landpflanzengruppen seit dem Beginn des Ordoviciums. B: Bedecktsamer, S: Schachtelhalme, N: Nacktsamer, Bä: Bärlappe, M: Marattiopsida. (Smith609, CC-BY-SA 3.0, unverändert und Kadereit et al. 2014)

8

8.2 Florenreiche, Flora und Vegetation

Die heute existierende pflanzliche Vielfalt lässt sich global in sieben charakteristische Florenreiche einteilen. Dabei ist ein Florenreich eine biogeographische Region, in welcher eine große Anzahl von typischen Pflanzensippen vorkommt, die man als Florenelemente bezeichnet. An der Grenze eines Florenreichs zum nächsten verändert sich die pflanzliche Vielfalt über relativ kurze Distanz drastisch. Häufig bilden Gebirge, Ozeane oder Wüsten diese natürliche Grenze. Die Eigenständigkeit der verschiedenen Florenreiche lässt sich über die unterschiedlichen evolutionären Entstehungsgeschichten der im Florenreich vorkommenden Pflanzen erklären, was als Phylogenese bezeichnet wird. Florenreiche sind hierbei die größten pflanzengeographischen Einheiten, innerhalb dieser werden jedoch noch kleinere Einheiten, wie Florenregionen, Florenprovinzen etc., untergliedert.

Die **Holarktis** umfasst hierbei die gesamte nicht-tropische Nordhalbkugel der Erde. Typische Florenelemente der Holarktis sind Buchengewächse, Birkengewächse, Doldenblütengewächse, Hahnenfußgewächse, Rosengewächse sowie Ahorn, Kiefern und Seggen.

Die **Paläotropis** umfasst die „Tropen der Alten Welt“ über Afrika und Asien hinweg bis nach Ozeanien. Typische Florenelemente sind die Kannenpflanzen, die Schraubenbaumgewächse (Pandanaceae), die Flügelfruchtgewächse (Dipterocarpaceae), eine Familie in der Ordnung der Malvenartigen (Malvales), und die Didiereaceae, die zur Ordnung der Nelkenartigen (Caryophyllales) gehören. Aloen innerhalb der Spargelartigen (Asparagales) und die Nipapalme (*Nypa* sp.) sind charakteristische Florenelemente der Paläotropis.

Die **Neotropis** umfasst die Tropenregionen der Neuen Welt. Kennzeichnende Florenelemente sind Kakteen (Cactaceae), Bromelien (Bromeliaceae), Blumenrohrgewächse (Cannaceae) der Ingwerartigen (Zingiberales), Malpighiengewächse (Malpighiaceae) sowie Agaven, Fuchsien und die Passionsblume *(Passiflora)*, die zu den Malpighienartigen (Malpighiales) gehört.

Die **Australis** ist durch sehr charakteristische Florenelemente gekennzeichnet, die Kasuarinengewächse (Casuarinaceae), die ihrem äußeren Erscheinungsbild nach den Nadelbäumen ähneln, aber zu den Angiospermen und hier zur Ordnung der Buchenartigen (Fagales) gehören. Ferner kennzeichnet die Australis die Grasbaumgewächse der Spargelartigen (Asparagales), die Akazien der Hülsenfruchtgewächse (Fabales), die Banksien der Silberbaumgewächse (Proteaceae), der Eukalyptus der Myrtengewächse (Myrtaceae) und diverse andere.

Die **Antarktis** weist als kennzeichnende Florenelemente die Südbuche (*Nothofagus* sp.) der Buchenartigen (Fagales) und die Stachelnüsschen (*Acaena* sp.) der Rosengewächse (Rosaceae) auf.

Die **Capensis** an der Südwestspitze Afrikas ist das artenreichste Florenelement der Erde, das dadurch gekennzeichnet ist, dass dort keine Palmen vorkommen. Charakteristische Florenelemente der Capensis sind die Mittagsblumengewächse (Aizoaceae) sowie die hochdiverse Gattung der Heidekräuter *(Erica)*, der Silberbaum (*Protea* sp.), Freesien innerhalb der Schwertliliengewächse (Iridaceae) und die bei uns häufig als Balkonkastenpflanze kultivierten Geranien, die botanisch korrekt zur Gattung *Pelargonium* gehören, aus der Familie der Storchschnabelgewächse (Geraniaceae).

Das **Ozeanische Florenreich** umfasst vorwiegend pazifische Inseln, die zum Teil zur Paläotropis gezählt werden.

Als **Flora** bezeichnet man alle Pflanzenarten eines Gebietes. Im Gegensatz dazu umfasst der Begriff **Vegetation** die Summe aller Pflanzenindividuen in einer Region, was der Pflanzendeckung entspricht. Als natürliche Vegetation wird die ursprüngliche Pflanzendeckung ohne menschliche Einflüsse bezeichnet, was in Mitteleuropa fast nicht mehr zu finden ist. Auch wenn man menschliche Einflüsse auf eine Vegetation wieder reduziert, sind die Standort- und Wachstumsvoraussetzungen irreversibel verändert. Da die Vegetation durch biotische und abiotische Einflüsse – maßgeblich das Klima – geprägt wird, spricht man häufig auch von **Vegetationszonen**. Diese charakteristischen Vegetationszonen (zonale Vegetationszonen) sind klimatisch beeinflusst, z. B. ozeanisch, kontinental oder mediterran geprägt. So unterscheidet man z. B. Wüsten, Halbwüsten, Steppen etc. nach ihren klimatischen Standortbedingungen (◘ Abb. 8.7, 8.8). Manche Pflanzenformationen sind jedoch nicht nur durch das Klima, sondern stärker durch weitere Faktoren geprägt. Hierzu gehören **Höhenstufen** im Gebirge, **Salzwiesen** an den Küsten, **Moore** an Feuchtstellen etc., was als **azonale Vegetation** bezeichnet wird.

Zusammenfassung

Plattentektonische und klimatische Veränderungen hatten dramatische Auswirkungen auf die Entstehung pflanzlicher Vielfalt. Wichtige Ereignisse waren z. B. die Endosymbiose im Präkambrium, die zu einer Sauerstoffkatastrophe führte, die Evolution der Endocytobiose im Kambrium und die erste Besiedlung terrestrischer Standorte durch Pflanzen im Ordovizium. Erste Wälder und höhere Sumpfvegetationen mit Riesenschachtelhalmen und Bärlappbäumen entwickelten sich im Silur, während das Karbon aufgrund starker klimatischer Schwankungen auch als Steinkohlezeitalter bezeichnet wird. Auf der Nordhalbkugel bildeten sich ausgedehnte Sumpflandschaften, im Süden entstand die Gondwana-Flora mit ersten Nadelgewächsen und Baumfarnen. Im Perm formierte sich Pangäa mit einem trocken-kühlen Klima im Landesinneren, vulkanischen Aktivitäten und wahrscheinlich einem Meteoriteneinschlag mit drastischen Konsequenzen für die Pflanzen. Nacktsamer florierten. Palmfarne, *Ginkgo*, Koniferen und Araukarien waren in der Trias weit verbreitet, erste Blüten entstanden. Im Jura zerfiel Pangäa in Gondwana und Laurasia. Die ersten Blütenpflanzen und Laubgehölze entwickelten sich in der Kreidezeit. Vulkanausbrüche und ein Meteoriteneinschlag führten zu einem globalen Massenaussterben in der Kreide.

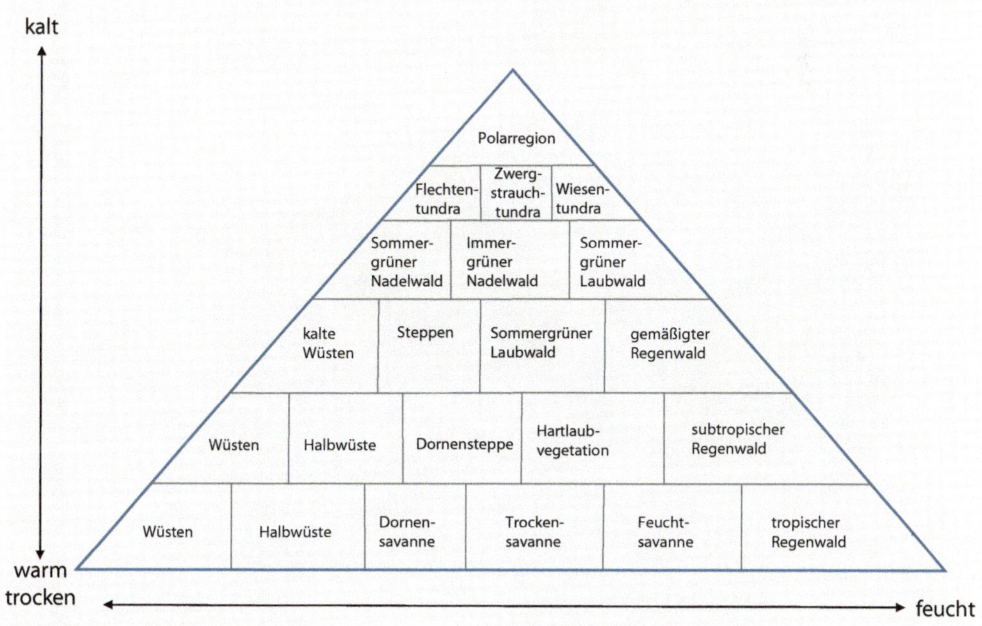

◘ **Abb. 8.7** Vegetationszone der Erde

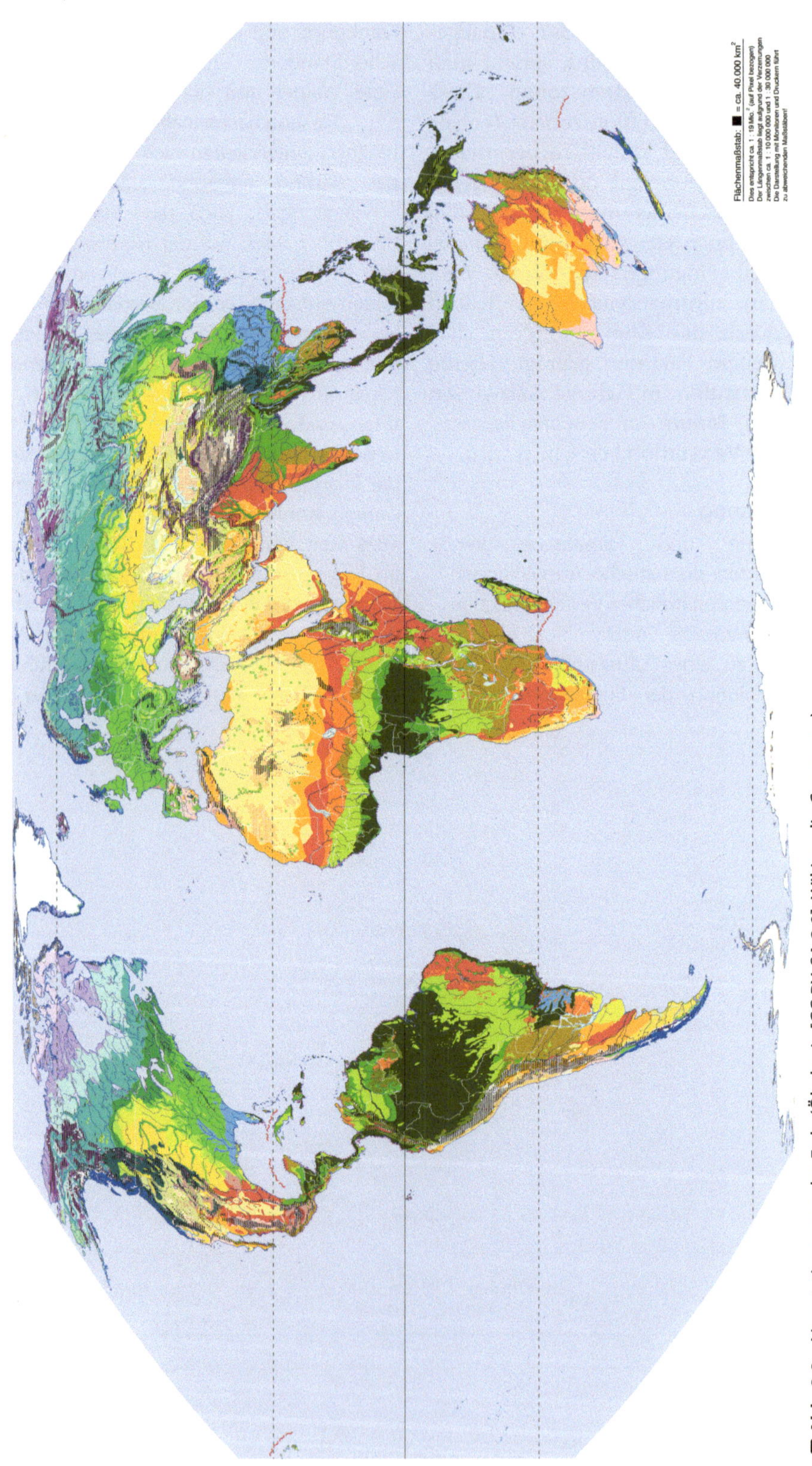

Abb. 8.8 Vegetationszone der Erde (Ökologix [CC BY-SA 3.0], Wikimedia Commons)

Bedecktsamer waren besser an die sich schnell verändernden Umweltbedingungen angepasst und breiteten sich aus. Im Paläogen und Neogen (Tertiär) entstanden viele Gebirge weltweit. Klimaschwankungen, insbesondere ausgelöst durch die Formierung des antarktischen Zirkumpolarstroms, veränderten die Vegetation gravierend. C_4-Pflanzen entstanden. Im Quartär wechselten zunächst globale Warm- und Kaltzeiten, mit Einflüssen auf Verbreitungsgebiete, Refugialräume, Isolation, Hybridisierung und Polyploidisierung. Erst im klimatisch wärmeren Holozän wurden ehemalige Steppenregionen zu Wald- und Strauchvegetation. Der Mensch begann, Getreide und Gemüse zu kultivieren (Neolithische Revolution).

Die sieben Florenreiche der Erde sind die Holarktis, Paläotropis, Neotropis, Australis, Antarktis, Capensis und das Ozeanische Florenreich, die durch charakteristische Pflanzensippen gekennzeichnet sind. Als Flora werden alle Pflanzenarten eines Gebiets bezeichnet, während die Vegetation die Pflanzendeckung umfasst. Vegetation wird maßgeblich durch Klimaeinflüsse geprägt, und aufgrund klimatischer Bedingungen werden zonale Vegetationszonen charakterisiert (z. B. Wüste, Steppe, tropischer Regenwald etc.). Azonale Vegetation wird nicht durch das Klima, sondern durch andere abiotische Einflüsse geprägt, z. B. Salzwiesen, Moore etc.

8.3 Vokabelheft

- Präkambrium, Kambrium, Ordovizium, Silur, Devon, Karbon, Perm, Trias, Jura, Kreide, Paläogen, Neogen, Tertiär.
- Steinkohlezeitalter, Zeitalter der Gymnospermen, Zeitalter der Braunkohleablagerungen, Ursprung vieler Angiospermengruppen, Zeitalter der Gebirgsauffaltungen, Eiszeitalter, Neolithische Revolution.
- Laurentia, Siberia, Baltica, Gondwana, Laurussia, Paläotethys, Rhenoherzynischer Ozean, Pangäa, Laurasia, Tethys, antarktischer Zirkumpolarstrom.
- Progymnospermen, Kalamiten, Siegelbäume, Schuppenbäume, Urfarne, Bennettitales, Gigantismus, Gondwana-Flora.
- Holarktis, Paläotropis, Neotropis, Australis, Antarktis, Capensis, Ozeanisches Florenreich.
- Florenreich, Flora, zonale Vegetationszonen, azonale Vegetation.

Fragen

1. Wann und wie entstanden erste Organismen auf der Welt und unter welchen Bedingungen?
2. Erklären Sie, unter welchen Bedingungen erste eukaryotische Pflanzenzellen entstanden.
3. Wann fand der Landgang der Pflanzen statt, und welches waren die ersten Organismen an Land?
4. In welchen Erdzeitaltern waren Farne und Bärlappe vorhanden, und wann waren sie dominant?
5. Unter welchen Bedingungen entwickelten sich die ersten Blüten?
6. Warum veränderten sich die Lebensbedingungen im Paläogen und Neogen auf der Erde, und was waren die Auswirkungen für die Pflanzen?
7. Beschreiben Sie das Klima und die Plattentektonik im Quartär und deren Einfluss auf die Vegetation.
8. Leben wir im Zeitalter des 6. Massensterbens?
9. Erklären Sie den Begriff Florenreich, und nennen sie für die verschiedenen Elemente charakteristische Pflanzen.
10. Welcher Unterschied besteht zwischen dem Begriff Flora, Vegetation und zonaler bzw. azonaler Vegetationszone?

Weiterführende Literatur

Cascales-Minana B, Cleal CJ (2014) The plant fossil record reflects just two great extinction events. Terra Nova 26:195–200

Chapin FS, Zavaleta ES, Eviner VT et al (2000) Consequences of changing biodiversity. Nat 405:234–242

Foster CSP, Sauquet H, van der Merwe M et al (2016) Evaluating the impact of genomic data and priors on Bayesian estimates of the angiosperm evolutionary timescale. Syst Biol 66(3):338–351

Halley JM, Monokrousos N, Mazaris AD et al (2017) Extinction debt in plant communities: where are we now? J Veget Sci 28(3):459–461

Hansen MC, Potapov PV, Moore R et al (2013) High-resolution global maps of 21st-century forest cover change. Sci 342(6160):850–853

Kadereit JK, Körner C, Kost B, Sonnewald U (2014) Strasburger – Lehrbuch der Pflanzenwissenschaften, 37. Aufl. Springer Spektrum, Heidelberg

Kerp H, Abu Hamad A, Vörding B et al (2006) Typical Triassic Gondwanan floral elements in the Upper Permian of the paleotropics. Geology 34:265–268

Knoll AH (1984) Patterns of extinction in the fossil record of vascular plants. In: Nitecki MH (Hrsg) Extinctions. Chicago University Press, Chicago, S 21–68

Lehtonen S, Silvestro D, Karger DN et al (2017) Environmentally driven extinction and opportunistic origination explain fern diversification patterns. Sci R 7:4831

Lisiecki LE, Raymo ME (2005) A Pliocene-Pleistocene stack of 57 globally distributed benthic δ18O records. Paleoceanography and Paleoclimatology 20(1):1–17

Marcott SA, Shakun JD, Clark PU et al (2013) A reconstruction of regional and global temperature for the past 11,300 years. Sci 339(6124):1198–1201

McElwain JC, Punyasena SW (2007) Mass extinction events and the plant fossil record. Trends Ecol Evol 22:548–557

Nentwig W, Bacher S, Brandl R (2009) Ökologie kompakt. Springer, Heidelberg

Raup D, Sepkoski J (1982) Mass extinctions in the marine fossil record. Sci 215:1501–1503

Rohde RA, Muller RA (2005) Cycles in fossil diversity. Nat 434:209–210

Royer A, Berner RA, Montañez IP et al (2004) CO_2 as a primary driver of Phanerozoic climate. GSA Today 14(3):4–10

Silvestro D, Cascales-Miñana B, Bacon CD et al (2015) Revisiting the origin and diversification of vascular plants through a comprehensive Bayesian analysis of the fossil record. New Phytol 207(2):425–436

Sepkoski J (2002) A Compendium of Fossil Marine Animal Genera. Jablonski D, Foote M. (Hrsg.) Bull. Am. Paleontol. 363

Signor P, Lipps J (1982) Sampling bias, gradual extinction patterns and catastrophes in the fossil record", in *Geologic* Implications of Impacts of Large Asteroids and Comets on the Earth in I. Silver, P. Silver (Hrsg). Geol Soc Amer 190:291–296

Storch V, Welsch U, Wink M (2013) Evolutionsbiologie. Springer, Heidelberg

Traverse A (1988) Plant evolution dances to a different beat. Plant and evolutionary mechanisms compared. Hist Biol 1:277–356

Zachos JC, Dickens GR, Zeebe RE (2008) An early Cenozoic perspective on Greenhouse warming and carbon cycle dynamics. Nat 451(7176):279–283

Serviceteil

B. Gemeinholzer, *Systematik der Pflanzen kompakt*, https://doi.org/10.1007/978-3-662-55234-6

How to.... Herbarisieren

Ehe Sie Pflanzen sammeln, denken Sie über eine (i) **Sammelstrategie**, eine (ii) **Technik im Feld** zum Einlegen der Pflanzen, (iii) eine **Aufbereitungsstrategie** und eine (iv) **Langzeitlagerstrategie** nach. Diese Punkte beeinflussen Ihre Aufsammlung im Feld (Gemeinholzer et al. 2010).

- **zu i) Sammelstrategie:**
  - Was möchte ich sammeln?
  - Benötige ich eine Sammelgenehmigung bzw. Betretungsgenehmigung für die Pflanzen und Flächen? (Rote Liste Pflanzen oder Naturschutzgebiete, siehe z. B. Jäger et al. 2013)
  - Welcher Zeitraum ist optimal, um alle notwendigen Merkmale für weiterführende Fragestellungen zu besammeln? (z. B. benötigt man Früchte oder bodenbürtige Merkmale zur Identifikation?)
  - Benötige ich Einzelpflanzen oder Pflanzenpopulationen?
  - Welche Ausgangsmengen und Aufbewahrungstechniken (Konservierungsmethoden) benötige ich für weiterführende Analysen (z. B. chemische Analysen, DNA-Analysen, z. B. mit Silikagel, siehe Richtlinien für das Sammeln von DNA-Belegen: www.dnabank-network.eu/downloads/SammelanleitungPflanzenDNABank.pdf)
  - Welche Zusatzinformationen benötige ich (z. B. in Bezug zur Populationsgröße, Abundanz), die für weiterführende Fragestellungen von Bedeutung sein könnten?
  - Ausrüstungsbedarf: Protokollbuch, Bleistifte (diese sind besser als alle anderen Schreibmaterialien im Feld geeignet), Plastiktüten (Design/Marke egal, wobei leuchtende Farben das Wiederfinden im Feld erleichtern), Schippchen (zum Ausgraben unterirdischer Pflanzenteile), Gartenschere (zum Abschneiden von Ästen u. Ä.)
- **zu ii) Technik im Feld**
  - Dokumentation: Standortbeschreibung, Allgemeine Merkmale, GPS, Höhenmeter, Exposition, Untergrund, Vegetationsangaben, Besonderheiten, Sammelnummer.
  - Pflanzen mit allen zum Bestimmen relevanten Merkmalen auswählen und -graben (Blüten, wenn möglich Frucht, unterirdische Pflanzenteile, heterophile Blätter berücksichtigen (Lichtblätter, Schattenblätter, Schwimmblätter, Unterwasserblätter).
  - Pflanzen mit „robusten" Pflanzenorganen können im Feld in Plastiktüten gesammelt werden (sie müssen aber für schöne Belege noch am selben Tag in die Pflanzenpresse eingelegt werden). Zu empfehlen ist eine Tüte pro Standort (gute Beschriftung der Tüten!). „Fragile Pflanzen", z. B. viele Mohn- und Rosengewächse mit leicht abfallenden Blütenblättern sollten direkt im Feld in die Pflanzenpresse gelegt werden.
  - Pflanzen in die Herbarpresse (meist in Seidenpapier oder einzelne Zeitungspapierseiten mit Kurzdokumentation zum Beleg) einlegen – nur schöne, aussagekräftige Pflanzen mit allen notwendigen Pflanzenmerkmalen zur Bestimmung einlegen. Dafür die Pflanzen sorgfältig ausbreiten. Bei Bedarf überlappende Pflanzenteile auseinanderfächern und evtl. überschüssige Blätter so reduzieren, dass dies ersichtlich ist (unbedingt Bodenblätter oder untypische Blätter an der Pflanze belassen). Pfahlwurzeln oder dicke Stängel können halbiert werden, damit sie schneller trocknen. Bei kleinen Pflanzen mehrere Individuen pro Beleg sammeln. Entnehmen Sie aber nie mehr als 5 % einer Population aus der Natur!
  - Bei Bedarf Silikaproben entnehmen – beachten Sie, dass Wurzeln in der Regel mit Mykorrhiza vergesellschaftet sind

und Blütenblätter großlumige Zellen mit Farbstoffen beinhalten. Am Besten eignen sich Blätter ohne Fraßschäden oder Pilze. Milchsaft und andere sekundäre Pflanzenstoffe können die DNA-Extraktion erschweren.
- Legen Sie zwischen die einzelnen Pflanzen im Herbar dicke Saugschichten von Zeitungsmaterial dazwischen – diese müssen täglich ausgewechselt und getrocknet werden, bis der Beleg trocken ist. Ab und an empfiehlt es sich stabilisierenden Karton dazwischen zu legen, damit die Herbarbelege nicht wellig werden. Sehr gut hierfür eignen sich Wellpappen mit glatten Oberflächen, die Luft durch die Presse lassen und so das Trocknen beschleunigen.
- Zurren Sie insbesondere am Anfang des Trocknungsprozesses die Presse sehr stark zu, damit die Belege nicht wellig werden.

- **zu iii) Aufbereitungsstrategie**
- Wechseln Sie regelmäßig die trocknenden Zeitungslagen zwischen den Belegen (täglich am Anfang!)
- Schreiben Sie Herbaretiketten
- Möchten Sie ein eigenes Herbar haben, kleben Sie die Belege und die entsprechenden Etiketten auf weiße Kartonagen auf– hierfür empfiehlt es sich, die Belege nur mit dünnen Klebestreifen zu fixieren. Geben Sie Ihr Herbar an große naturkundliche Sammlungen ab, so werden diese dort auf Kartonagen fixiert bzw. ummontiert.
- Lagern Sie Ihre Herbarbelege dunkel und trocken, sonst bleichen die Farben aus.
- Frosten Sie Ihre Belege 1x jährlich bei Minustemperaturen für 2–3 Tage um Fraßfeinde abzutöten (z. B. Gefriertruhe).

- **zu iv) Langzeitlagerstrategie**
- Naturkundliche Sammlungen übernehmen gerne gut dokumentierte und gut gesammelte Herbarbelege in ihre Sammlungen, wenn Sammelgenehmigungen vorhanden sind. Der Vorteil ist, dass diese Belege dann optimal gelagert werden können und häufig digitalisiert online weltweit zur Verfügung stehen (das digitale Herbarium am Botanischen Garten und Botanischen Museum Berlin-Dahlem, http://ww2.bgbm.org/herbarium/default.cfm).
- Institutionen der Global Genome Biodiversity Initiative (www.ggbi.org.) sind bereit, qualitativ hochwertige DNA und Gewebe von Herbarbelegen langzeitzulagern, um sie der Wissenschaft zugänglich zu machen
- Die German Federation for Biological Data (www.GFBio.org) archivieren wissenschaftliche Daten, die z. B. in Zusammenhang mit Herbar- und Silikabelegen gesammelt und erhoben wurden.

Gemeinholzer B, Rey I, Weising K, et al (2010) Organizing specimen and tissue preservation inthe field for subsequent molecular analyses. In:Eymann J, Degreef J, Häuser C, Monje JC, Samyn, Y,VandenSpiegel D (Hrsg) ABC-Taxa. 8(1):129–157

Jäger EJ, Müller D, Ritz CM, et al (2013) Rothmaler, Exkursionsflora von Deutschland. Springer Spektrum, Heidelberg

Übersicht: Stammbaum des Lebens, der zur Evolution der Blütenpflanzen geführt hat

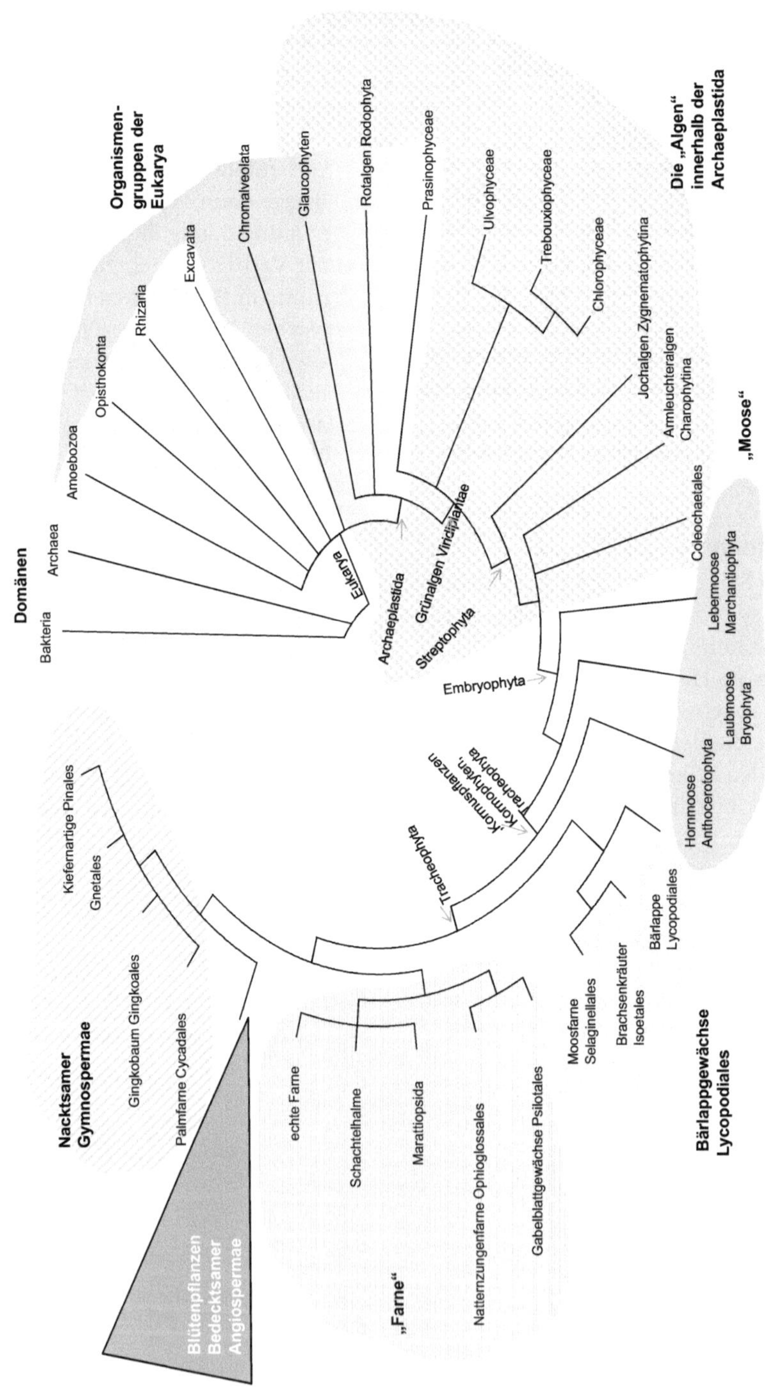

Übersicht: Stammbaum der Blütenpflanzen

Manche Ordnungen der Blütenpflanzen besitzen keinen deutschen Namen, weshalb die lateinischen Namen kursiv geschrieben sind

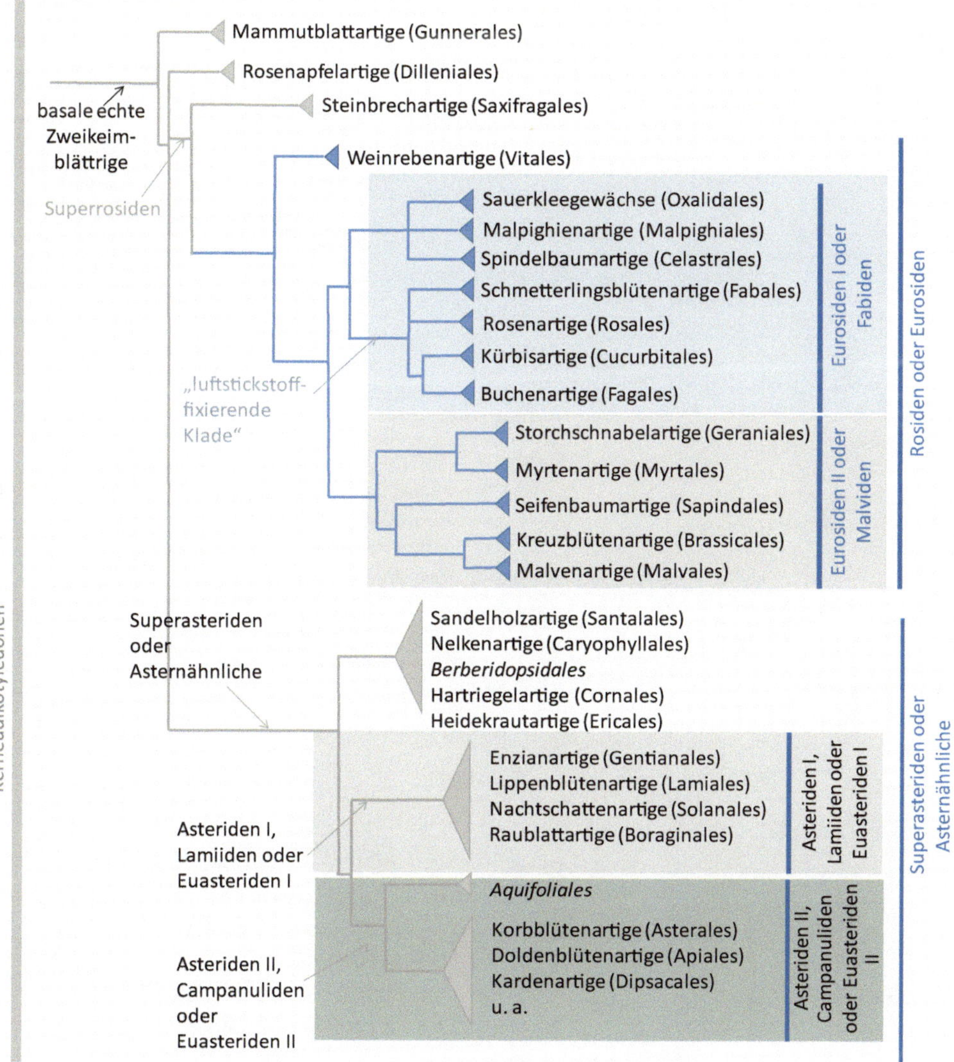

Übersicht: Stammbaum der Kerneudikotyledonen

Manche Ordnungen der Blütenpflanzen besitzen keinen deutschen Namen, weshalb die lateinischen Namen kursiv geschrieben sind

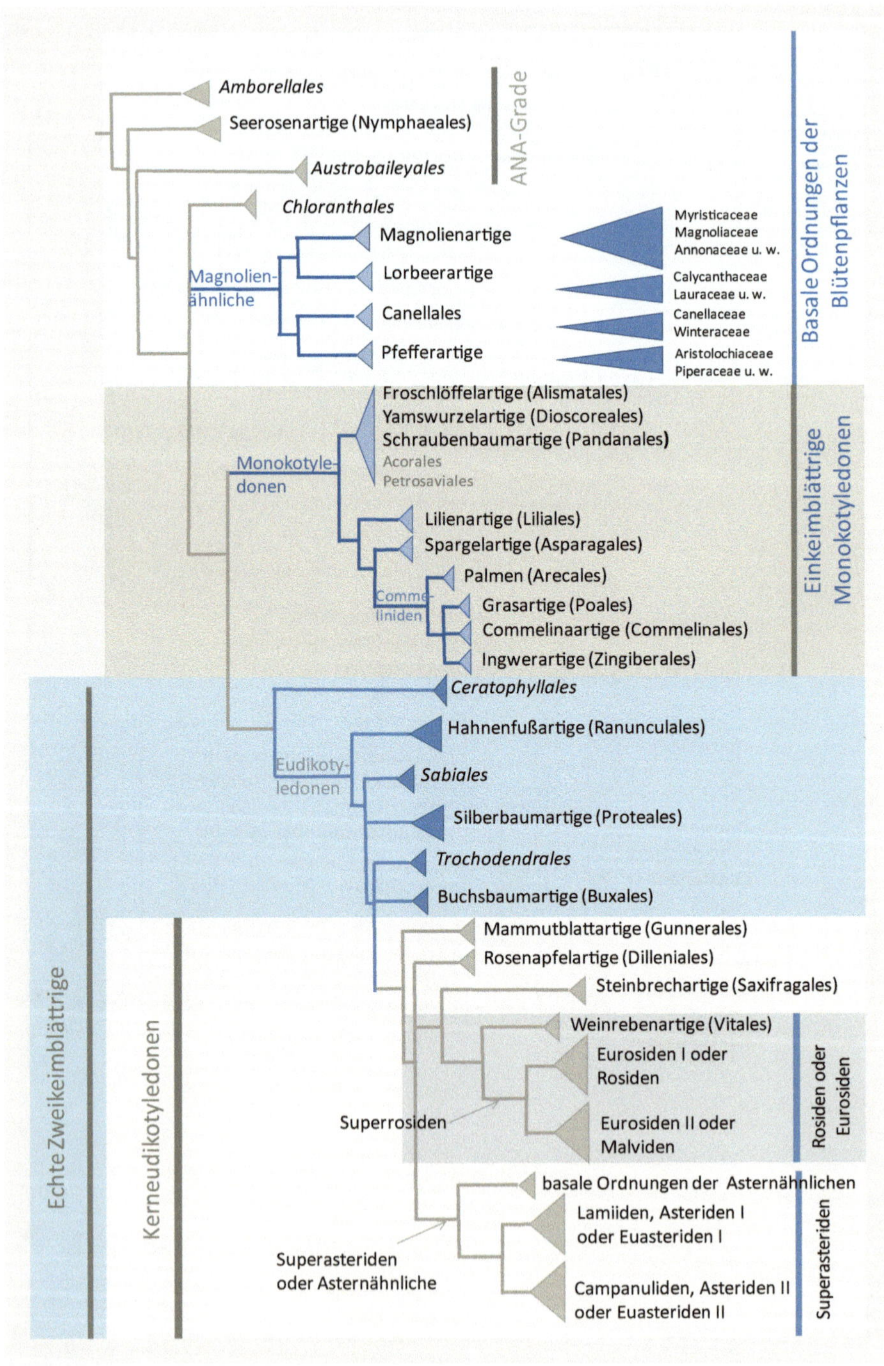

Sachverzeichnis

A

B

E

F

G

H

I

J

K

L

M

N

O

P

Q

R

S

T

U

V

W

Z